Psychometrics
An Introduction
(3rd edition)

心理测量学

（第3版）

[美] R. 迈克尔 · 弗（R. Michael Furr）
李英武　董　妍　著

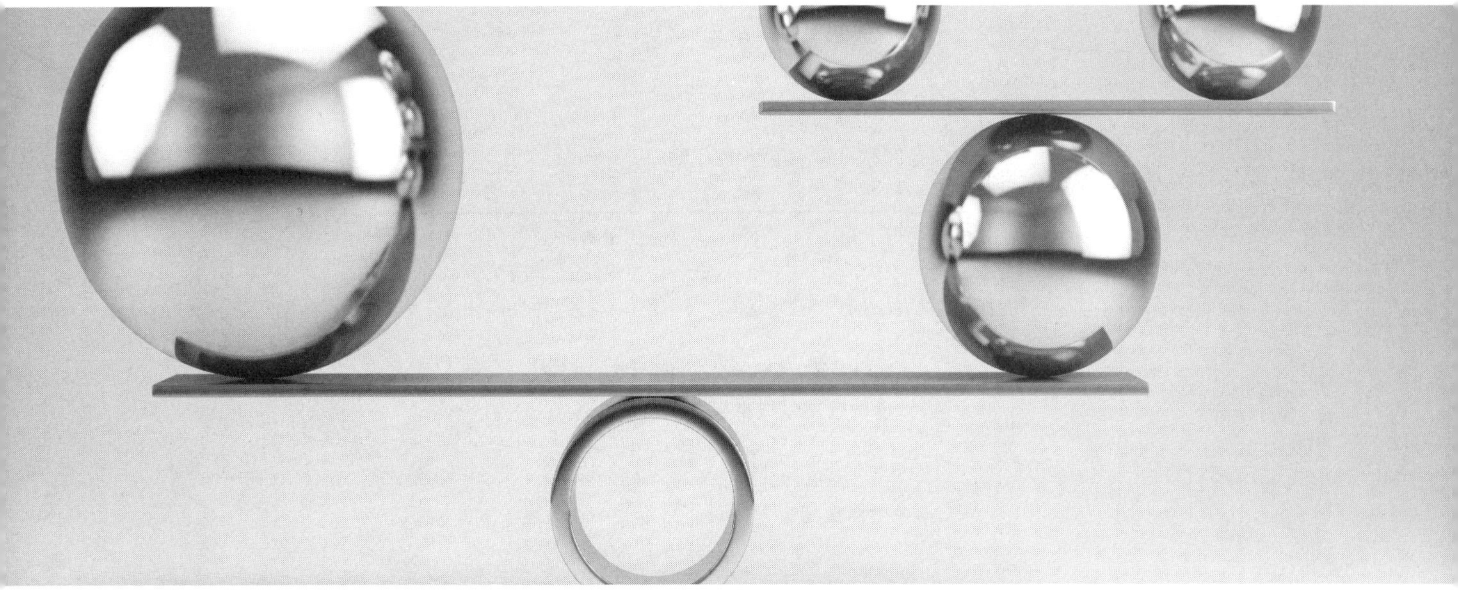

北京师范大学出版集团
BEIJING NORMAL UNIVERSITY PUBLISHING GROUP
北京师范大学出版社

图书在版编目(CIP)数据

心理测量学/(美)R. 迈克尔·弗,李英武,董妍著.—3版.—北京:北京师范大学出版社,2021.3
ISBN 978-7-303-25557-3

Ⅰ. ①心… Ⅱ. ①迈…②李…③董… Ⅲ. ①心理测量学—教材 Ⅳ. ①B841.7

中国版本图书馆 CIP 数据核字(2020)第 016278 号

营销中心电话 010-58807651
北师大出版社高等教育分社微信公众号 新外大街拾玖号

XINLI CELIANGXUE
出版发行:北京师范大学出版社 www.bnupg.com
北京市西城区新街口外大街 12-3 号
邮政编码:100088
印 刷:北京京师印务有限公司
经 销:全国新华书店
开 本:890 mm×1240 mm 1/16
印 张:27.5
字 数:619 千字
版 次:2021 年 3 月第 1 版
印 次:2021 年 3 月第 1 次印刷
定 价:118.00 元

策划编辑:何 琳 责任编辑:周 鹏 沈英伦
美术编辑:李向昕 装帧设计:李向昕
责任校对:段立超 王志远 责任印制:马 洁

前　言

测量(measurement)是科学和应用科学的核心，在各种试图去了解和预测人类行为的应用科学中，测量均发挥着极为重要的作用。无论是教育学家、心理学家还是其他社会学家所开展的行为研究，研究起点均源于对人类行为以及对影响行为的各种心理属性进行的有效测量。心理学或教育学的应用同样取决于规范而有效的测量。从某种意义上讲，测量的重要性并不亚于研究本身。事实上，科学合理的临床项目、教育项目和干预措施都需要对参加这些项目的个人行为或相关心理属性进行有效的测量。因此，心理测量(psychological measures)被誉为心理与行为科学对社会最大的贡献之一。

心理测量是通过科学、客观、标准的测量手段对人的特定素质进行测量、分析、评价，并依据一定的心理学理论，使用一定的操作程序，对人的能力、人格及心理健康等心理特性和行为确定出一种量化的价值的过程。对心理测量质量(好坏)进行的科学研究称为心理测量学(psychometrics)。在教育考试、水平考试、职业技能鉴定、能力素质评价等领域，心理测量学的知识和技能均为重要的理论依据，因此得到广泛的应用。

心理测量学是心理学专业的重要基础课程和核心实践方法，为个人和团体的评估提供了基础而重要的信息源。一个编制严谨、效度较高的测量工具，不仅可以给施测者与受测者提供大量内容丰富的信息，同时也可以为教育与人事选拔做出公正的决策提供重要依据。

本书定位和目标读者

心理测量学是一个非常重要的研究领域，涉及的内容知识较为庞杂，技术也相对多样。《纽约时报》曾有专栏作家撰文(Herszenhorn，2006)指出，心理测量学是一门晦涩、深奥和费脑(cerebral)的学科，但是目前它不仅在美国也在世界其他各国都是急需和最热门的专业。不久前有研究表明，各种职位或岗位，在未来受到人工智能影响而可能被替代的概率中，心理学相关工作被认为只有1%的替代概率，是可替代率最低的职业之一，心理测量学在低替代率中发挥着重要的作用。改革开放后，中国心理测量事业的重要开创者张厚粲教授就曾多次在演讲中指出“心理测量是每位心理学工作者的必备技能，也是心理学硕士和博士必须掌握的核心技能”。

尽管心理测量学非常的深奥和费脑，但本书的目的是面向所有有志于涉猎心理学的学生、其他行为科学中志在科学地使用心理测量方法的实践者，以及期望掌握基本的心理测量属性的研究者，深入浅出地介绍心理测量学的基本知识。基于此目标，本书在撰写时，几位作者达成一致，不以高度技术性(highly technical)和通篇数学公式推导的方式呈现。因此，我们的读者更广泛，可以说既包括心理测量学的“小白”，又包括最初将心理测量学视为晦涩、深奥、费脑而远离它的学习者。全书行文尽量使用通俗易懂的语言，解释和说明心理测量学的基本原理和核心概念。

为了达成上述目标，本书在对心理测量学介绍时多采用案例、图例以及表格，知识和理论逐步铺陈深入且足够直观，尽量弱化术语的专业性表述。我们期待这种新颖的写作方法能够令本书更具特色，一方面，让书的内容比本科生通常涉及的粗浅的心理测量知识面更广，理论深度要更深；另一方面，比心理测量学领域的专业人士使用的书籍和期刊文章的复杂技术性的介绍更为直观和概念化。我们相信任何熟悉基本代数和本科统计课程的人都会对本书的大部分内容感到满意。总的来说，我们希望我们的读者能对心理测量学的核心概念、各章节内容的重要意义、心理测量学参数检验等过程，有一个直观而透彻的理解。

本书内容和多门课程高度相关，如心理测验、心理测量学、教育测量、人格评估、认知评估、临床评估等。坦率地说，本书和任何评估课程都相关。另外，它也是测量学的诸多基础和应用科学领域的课程如医学培训、社会学、运动科学和公共卫生的重要组成部分。

因此，本书适合行为科学和相关学科的研究生、本科生学习，同时也可以作为教授、学者参照的阅读资料。后面的很多章节增加了大量心理测量学最新的研究进展，因此对心理测量和相关测量领域已经具备坚实基础的读者，仍然具有阅读和学习的价值。尽管本书的初始目标读者并非心理测量专家，但是本书新补充的很多前沿内容，仍可以为专业人士进行知识更新和迭代。

为了使我们的目标读者能够深入了解心理测量学的核心概念，我们采用案例模拟数据来诠释测验概念的来龙去脉，进而阐释心理测量学概念的重要特征。测验数据和代数证明通常用于解释基本心理测量概念的内涵。我们没有采用心理测量学教科书为统计专设一个章节的写作惯例，取而代之的是我们在各章节中引用统计学的概念，把它们用作工具来解决特定的心理测量学问题。比如，我们在探索测验维度的背景下，讨论因素分析(factor analysis)。因此，我们将统计程序和一系列重要而直观的概念问题联系在一起。教学经验告诉我们，当统计学的数量化概念(quantitative concepts)以这样的方式与测量学问题相联系时，学生更容易从中受益，因为这种联系强化了学生对统计程序和心理测量学概念的理解。

全书概览

本书的组织方式是为了帮助读者深入地了解心理测量学的核心概念和观点。在第1章中，我们首先阐述了心理测量和心理测量学的重要性，对贯穿全书其他章节的几个重要问题和关键概念进行了解释说明。厘清概念和基础问题将有助于读者理解和掌握随后章节阐述的概念。

第2章到第4章，为了帮助学生深入理解和探讨心理测量学、夯实理论基础，我们阐述了测量理论和心理测量学中的统计基础理论以及相关重要问题。具体而言，第2章讨论了心理测量中的度量(scaling)问题(又称“量尺化”)、心理差异量化概念、心理变量之间的相关量化问题、测验分数解释的问题以及测验维度的评估和意义概念。虽然这些主题都是专业性(technical)的，但是我们的目标是让它们以更直观和更概念化(conceptual)的方式呈现出来。

在第5章到第7章中，我们探讨了心理测量中的信度(reliability)概念。在本部分，我们区分了信度的3种基本类型。第5章从经典测量理论的角度介绍了信度的基本概念。第6章我们讨论和评估了测验分数信度验证的评估方法。第7章我们讨论了测验应用、科学研究和测验开发中信度的重要性。我们认为区分信度这三方面内容，可以促进读者对信度有一个更加深刻和清晰的理解。在所有的章节中，我们都强调了概念和程序的心理意义。我们希望这能最大限度地提高读者有意义地解释信度问题以及运用信度检验的能力。

在第8章和第9章中，我们探讨了效度(validity)的心理测量学概念。我们首先梳理了效度这个心理测量学核心问题的内涵，讨论了常用效度验证的方法，强调在效度验证过程中需要考虑的重要问题。在这些章节中，我们对效度的概念界定采用了最新的研究观点，与三大心理测量学研究组织——美国心理学会(APA)、美国教育研究学会(AERA)和美国国家教育测量委员会(NCME)——对效度概念的界定保持一致，同时对比介绍了中国心理学会心理测量专业委员会对效度验证的规范要求。我们虽然也会和大多数心理测量学教材一样，讨论传统的效度三维模型(内容效度、效标效度和构想效度)，但是在这两章中诠释了效度验证最新的观点和前沿研究证据。

在第10章和第11章中，我们讨论了威胁心理测量学质量的两个重要影响因素。我们认为，承认并且理解心理测验开发者、管理者和解释者面临的挑战是非常重要的。另外，我们认为掌握应对影响心理测验质量的创造性、有效性的方法也是至关重要的。在第10章中，我们探讨了反应偏差(又称为“反应偏向”，response bias)。在心理测验中，反应偏差会模糊个体间真正的差异。在这独特的一章中，我们描述了几种不同类型的偏差。我们介绍了它们对心理测量的不利影响，并且介绍了一些预防或降低这些影响的方法。在第11章中，我们介绍了测验偏差(test bias)，它会掩盖群体之间真正的偏差。这一章介绍了测验偏差的重要性、测验偏差的不同形式以及测验偏差和测验公平性的重要区别。

最后，在第12章到第14章中，我们介绍了最新的心理测量学研究进展。本书的大部分内容反映了在行为研究和应用——经典测量理论——中最常见的心理测量方法。在最后3章，我们提供了一些超越传统方法的概述。在第12章中，我们介绍了验证性因素分析(confirmatory factor analysis，CFA)，这是一个可以帮助测验开发人员和测验用户灵活而严格地验证重要的心理测量问题的强大工具。在第13章中，我们讨论了概化理论(generalizability theory)的基本概念和目的，它可以看作对传统心理测量学理论方法的扩展。在第14章中，我们讨论了项目反应理论(又称为“潜在特质理论”或“现代测验理论”，item response theory)。虽然它和经典测量理论有一些相似之处，但是它和概念化测验的心理测量是完全不同的方式。在这3章中，我们提供了应用和解释实例，使读者可以深入地了解这些重要的、先进的方法。尽管对这些高级方法的全面理解需要更多的统计学知识，但我们的目标更多的是在概念基础而不是统计基础上呈现这些方法。

本版的新颖之处

本书是教材的第三个版本，是先前版本的集大成者。在书稿第三版写作时，我们采纳了第二版审稿人的修改建议，增补内容也反映了本书作者对心理测量学重要问题的理念，即新的内容、更用心、更简洁。第三版所有修改内容和补充案例，都是为了帮助教师更好地教学，帮助学生更快地理解。

总体修改情况

第三版在写作时，修改不限定于既往两个版本的特定章节，特别是第三版(中文版)有两位中国作者加入，我们共同对整本书进行了更新。主要更新的内容如下。

①为了增加全书内容的清晰度和易读性，我们首先确定了需要更新的章节、段落、句子和新的术语，然后在整本书中重新编写和组织了这些内容。

②本版内容广度和深度都显著增强。有时候这种广度和深度的增强是通过一两个句子，有时候是一个段落，大多数情况下是一个新的章节。贯穿整本书的14个核心章节，覆盖的内容就字数而言比以前增加了20%以上。增加之后，整本书无论是在主题方面还是在深度方面都对心理测量学有了更全面的补充。

③为了更好地呈现心理测量学领域最新的研究进展和参考文献，我们花费了大量时间来梳理和整合这些文献。由于这个原因，第三版中的参考文献相比第二版中的参考文献，更新了多达11年的内容。第三版中，60%的参考文献是2000年以后的，而上一版中65%的参考文献是2000年以前的。最终版本中最新的85篇参考文献都是在上一版(2012年)之后发表的。因此，这个新版本能更好地代表心理测量学领域的最新进展。

④与前两个版本内容变化相关的是，正文引用的文献也进行了扩展。具体来说，相比之前版本的220篇参考文献，最新版本的参考文献已经扩展到大约400篇文献，增加了约80%的参考文献，为读者提供了更多的原始资料，便于读者后期拓展测量信息、专业讨论和研究指导。重要的是，和之前提到的一样，这些增补反映了这些概念最新的发展和应用。

⑤每章末尾的“推荐阅读”也有所增加，目的是帮助师生找到与每章中关键概念相关的一些最重要、最有趣或最具说明性的参考文献来源。总的来说，推荐阅读的数量是原来书稿的2倍。

⑥全书章节之间的联系也更加清晰。多个章节在讨论现有知识时，均建立在先前章节的概念或准则基础之上。书中还会明确地提到其他章节，这些改变旨在帮助读者更加方便地翻阅，使读者在构建知识点时可以对比联想一些重要的相关知识点。

⑦我们在书后增添了心理测量学“专业术语”部分，帮助读者识别和了解关键术语，新的“专业术语”提供了将近250个有用的专业术语定义。

特定章节修改

当然，本版也有一些针对特定章节的修改。虽然一些章节比其他章节修改得多，但是所有修改过的章节在内容和风格上都有一些改进。

第1章(心理测量学导论)：读者将会从本章3个关键的修订中获益。首先，它现在包括一个效果性/反应性指标(effect/reflective indicator)①和成因性/形成性指标(causal/formative indicator)分数差异的讨论。这是这本书的先前版本中完全忽略的一个区别。其次，“心理测量学的简史”部分以一种比先前版本更具包容性和概念性的方式来描述该领域的概念根源。最后，我们扩大和澄清了一个重点——心理测量学应该是所有行为科学(不仅是差异心理学)需要重点关注的领域。

第2章(心理度量)(scaling②)：本章的主要修订是进一步深入探讨以及采用例证说明了应用特定的度量方式对于不同类型的描述性统计所意义，此外本章还在语言表述上进行了微调，增加了章节内容的清晰性。

第3章(个体差异及相关概念)：第二版对本章的内容进行了很多重要的修改，使本书获益不少，为此本版修订相对较少，主要侧重在提高清晰度方面。

第4章(测验维度和因素分析)：本章包含一个全新的部分——“对因子、因子载荷和因子旋转进行了深入解读”。作为一名教师，笔者发现学生经常对因子旋转感到困惑不解，但是笔者发现澄清这个问题可以大大提高学生对因素分析的理解。因此，增添这个重要的新部分的目的是通过说明和比喻来提高清晰度。一个更小的但是有用的修改是让读者关注了因子模型的概念，因为它最近广受关注。

第5章(信度的概念基础)：这是本版中修订得最多的章节之一。现在它包含一个全新而又丰富的部分——“从理论到实践：测量模型及其对信度估计的启示”。这一节涵盖了核心测量模型[平行测验(parallel test)，τ 等价测验(Tau-equivalent test)等]，它们对于评估信度各种方法的适当性有直接影响。因此，这个新的部分在信度理论和评估信度的实践间架起了一座桥梁。这本书先前版本缺失了一部分重要信息，这一部分包括一个综合表格、表格总结和区分了的模型，对模型及其差异

---

① 反应性测量模型(reflective measurement model)，相应的指标被称为反应性指标(reflective indicator)，在统计上对应公因子模型。潜变量的意义是由测量指标来定义的，即通过观测指标指向潜在建构的单向箭头表示，这样的测量模型称作形成性测量模型(formative measurement model)或组合测量模型(composite measurement model)，指标称作形成性指标(formative indicator)也称作成因性指标(causal indicator)，在统计上对应主成分模型。

② Scaling，中文翻译有很多名称，比较常见的有：计分方法(张厚粲，2005)，度量方式(余民宁，2009)，量尺化(欧沧和，2009)，量表化(谢小庆，2008)，计分方式(郑日昌，2016)。综合既往中文教材的观点，本书中文版将Scaling译为“心理度量”(或“心理度量方式”)。

进行了广泛讨论，并且用与每个模型完全一致的简单数据进行了说明。

第6章(信度的经验估计)：本章有几个重要的补充，第一，补充最多的一点是本章将各种评估信度的方法和前一章新增的测量模型整合起来讨论，目的是澄清什么时候用特定的方法评估信度以及为什么特定的方法可以合理地评估信度。因此，修订后的章节进一步整合了信度的概念与实践基础间的差距。第二，本章新增讨论α的置信区间(confidence interval around alpha)，也讨论了它们的意义以及通过SPSS获得它们的方法。第三，本章讨论了ω系数和信度相关估计。这些是心理测量学理论中最新和最重要的进展，但是在以前的版本中完全忽略了它们。第四，这一章在参考了测量模型新增的文献之后，进一步概括了α作为信度指标的局限性。心理测量学家对心理测验中多数情况下α的适用性提出了疑问，修订后的版本更深入地探讨了这些问题，并且指出ω系数有更广泛的适用性。

第7章(信度的重要性)：与之前的第4章到第6章相比，本章的修改相对较小，除了对个体分数的置信区间有更深入、更彻底的补充之外，本章的修订还集中在清晰性和可读性上以及更新了参考文献。

第8章(效度的概念基础)：新版本对本章的修改体现了本书新的基本修订方向。经过反思，我们认识到先前版本中所提到的5种效度中的3种(内容效度、反应过程效度和结果效度)都缺乏深度。效度的另外两个方面(内部结构和与其他变量的相关)受到了更多的关注，并且涵盖了与每个证据类型相关的信息。但是，内容的覆盖率、反应过程和结果效度相比而言都是比较少的，并且当我们评估这些效度的时候，没有对测验使用者应该考虑的证据类型进行系统的描述。因此，为了解决本书以前版本中所欠缺的重要遗漏，本版增加了大量的内容。此外，本书还包括一个综合的表格，这个表格定义了效度的各个方面，指出相关的证据，并且为推荐阅读提供了相关引用资料。

第9章(聚合效度与区分效度的证据)：这一章有3个主要的修改。第一，本章包括一个更加吸引读者，并且为要讨论的概念和实际问题做更好铺垫的引言部分。新的部分描述了在开发和估计归属需要量表(Need to Belong Scale，NTBS)时所进行的效度验证工作。这样的方式突出了一个定律网络(nomological network)的概念，它是后面章节所描述的方法的核心。第二，本章深化了限制范围和效度系数影响的内容。修改后的章节为这个问题提供了一个更强有力的例子，并对问题进行了比较常见的修正。第三，本章对敏感性和特异性进行了更深层次的介绍，这是某些领域行为科学(如医学)效度估计的中心。

第10章(反应偏差)：本章读者也将从修订中获益。修订主要集中在整合最近文献中每种类型偏差的意义、含义和存在上。因此，整章提供了对反应偏差最新的讨论。虽然各种反应偏差都受到了重视和更新，但是随机反应(random response)在本书中得到了最广泛的关注，这在先前版本中关注较少。本章也有一个定义每种类型的偏差和引用相关文献的整合的表格。关于平衡量表(balance sacle)讨论的扩大和更新反映了反向项目的利弊的最新争论。

第11章(测验偏差)：本章有几个重要的修改。首先，讨论了信度和构想偏差(construct bias)的关系。其次，扩展了探索性因素分析和验证性因素分析方法的内容，它们也可以用来评估构想偏差。这是非常重要的，因为验证性因素分析和探索性因素分析在定义和评估构想偏差中是最常用的精确方法。最后，这一章明显提高了多元回归对于检验预测偏差(predictive bias)[不管是截距偏差(intercept bias)还是斜率偏差(slope bias)]的实际应用，还增加了检测预测偏差挑战的最新文献的讨论。

第12章(验证性因素分析)：本章是第二版的新增内容，在第三版中有扩展。本章在第二版中主要着眼于描述验证性因素分析的目的、逻辑、应用和解释，但是对验证性因素分析如何被用来解决各种心理测量问题的描述较少。本章的新版本更好地描述和说明了验证性因素分析用于概念化和评估各种基本问题的方式。这些问题包括：①用验证性因素分析评估测量方法的特定类型；②如新增的第5章、第6章所示，用验证性因素分析来预估信度；③用验证性因素分析来评估方差，并在第11章的构想偏差得到了讨论。由于验证性因素分析在心理测量理论和分析中的应用越来越广泛，因此扩充和深化这一章至关重要。

第13章(概化理论)：本章的修订相对较少，主要关注点在章节的清晰度上。另外，新的章节还包括了大量概化理论在各个学科中的实际应用，从运动心理学到听觉感知和医学研究等一系列学科。

第14章(项目反应理论和Rasch模型)：本章进行了几处关键的修订。首先，它提出了什么是项目反应理论模型及其与项目反应理论的相关性。其次，更重要的是，它重新讨论了三参数逻辑模型(three-paramater logistic model)，该模型在一些测量领域得到了广泛应用。最后，它扩展了对参数估计过程的说明，希望为读者提供一个更加完整一致的理解，最重要的是，它包含了一个关于模型拟合的全新讨论——它是什么以及它为什么这么重要。

Psychometrics
An Introduction

作者致谢

在出版第三版时，本书作者得到了多位专家的鼎力相助，以及世哲出版公司(SAGE Publication)的里德·赫斯特(Reid Hester)和中文版出版机构北京师范大学出版社的何琳编辑。编辑老师们一直鼓励我们撰写新版本，督促我们为新版本拿出修改意见、反馈审阅者建议，帮助我们确定新版本的章节顺序。很感激里德多年来对本书的关注和支持。此外，阿比·里卡德(Abbie Rickard)和詹妮弗·克莱因(Jennifer Cline)对编写和提交修订稿件的后勤工作非常有帮助。在世哲出版公司工作的其他人对先前的版本贡献良多，这些人包括第一版中的吉姆·布鲁斯·汤普森(Jim Brace-Thompson)、切里·德雷罗(Cheri Dellelo)、安娜·米西克(Anna Mesick)，以及第二版中的查尔斯·马尔多内(Chris Cardone)、阿斯特里德·弗丁(Astrid Virding)、莉萨·肖(Lisa Shaw)、萨丽塔·萨拉克(Sarita Sarak)。本书先前的版本也受益于维克森林大学和阿巴拉契亚州立大学的支持。本书第三版中文版出版，受益于中国人民大学心理学系对建设高水平教材的鼎力支持，以及中国人民大学"十三五"本科规划教材项目。

在本书第三版中文版写作时，我们有幸邀请到两位年轻的中国学者加盟，担任中文版的共同作者——中国人民大学心理学系的李英武和董妍副教授。他们为本书的中文版提供了大量本土测验内容情境和案例，为中文版的翻译和重新编写做出了大量贡献。

中国人民大学心理学系张海丽、于焱文、于晓琪、文雯等同学在教材编写过程中收集和翻译了部分资料。

Psychometrics
An Introduction

出版商的致谢

世哲出版公司真诚地感谢以下评审的贡献。

第一版评审

雷纳·班斯(Rainer Banse)，波恩大学社会与法律心理学系

帕特里夏·L.布斯克(Patricia L. Busk)，圣弗朗西斯科大学

凯文·D.克雷恩(Kevin D. Crehan)，内华达大学，拉斯维加斯

丹尼斯·多佛斯派克(Dennis Doverspike)，阿克伦大学

芭芭拉·A.弗里兹(Barbara A. Fritzsche)，中佛罗里达大学

杰弗里·H.卡恩(Jeffrey H. Kahn)，伊利诺伊州立大学

霍华德·B.李(Howard B. Lee)，加利福尼亚州立大学，北岭市

克雷格·帕克斯(Craig Parks)，华盛顿州立大学

史蒂文·普洛斯(Steven Pulos)，北科罗拉多大学

大卫·劳斯(David Routh)，艾克赛特大学和布里斯托大学

艾伦·L.汤森德(Aloen L. Townsend)，凯斯西储大学曼德尔应用社会科学学院

维斯·C.维斯瓦拉姆(Vish C. Viswesvaran)，佛罗里达国际大学

阿尔弗雷德 W.沃德(Alfred W. Ward)，佩斯大学

第二版评审

芭芭拉·弗里兹切(Barbara Fritzsche)，中佛罗里达大学

迈克尔·R.科托斯基(Michael R. Kotowski)，田纳西大学诺克斯维尔分校

基思·克拉辛斯基(Keith Kraseski)，图罗学院

刘璐(Sunny Lu Liu)，加州州立大学长滩分校

乔尔·T. 纳德勒(Joel T. Nadler)，南伊利诺伊大学，爱德华兹维尔

帕特里夏·纽康(Patricia Newcomb)，德克萨斯大学阿灵顿分校

第三版(英文版)评审

伊斯梅尔·迪亚兹(Ismael Diaz,) 加州州立大学圣杯纳迪诺分校

霍姆斯·芬奇(W. Holmes Finch)，波尔州立大学

杰曼·霍顿(Jemeen W. Horton)，卡尔顿大学，皇家渥太华精神健康中心

凯伦·马克莱特(Karen Machleit)，辛辛那提大学

沙洛莫·萨维洛夫斯基(Shlomo Sawilowsky)，韦恩州立大学

肯尼斯·B. 索尔伯格(Kenneth B. Solberg)，明尼苏达圣玛丽大学

第三版(中文版)评审

胡平教授，张积家教授，陈立鹏教授，张清芳教授，李欢欢教授，买晓琴教授，陈文峰教授，中国人民大学心理学系

车宏生教授，罗良教授，卞冉副教授，北京师范大学心理学部

王力研究员，中国科学院心理研究所

方平教授，邢淑芬副教授，首都师范大学心理学院

张丽教授，窦东辉副教授，中央财经大学社会与心理学院

李中权副教授，南京大学社会学院心理学系

Psychometrics
An Introduction

目 录

第 1 章

心理测量学导论

心理测量可能影响着个体生活中的方方面面。不管你是学生、教师、心理学家、医生、护士、律师、警察还是商人，你或你的家人都可能参加过心理测验，或者被参加过心理测量的人所影响。这些心理测量影响着我们的教育、职业、家庭生活、健康、潜力评价甚至是幸福。事实上，几乎每个工业化社会的成员在生活的某个阶段都直接或间接地受到心理测量的影响。

在某些极端情况下，心理测量可能会产生生死攸关的后果。这个说法听起来可能有点危言耸听，但这确实是真实存在的。在某些国家和地区，当犯罪嫌疑人被确诊为严重认知障碍时或可以免于死刑处罚。例如，在美国的北卡罗来纳州，州公民大会(the General Assembly)立法规定"任何智力障碍者都不应被处以死刑"。上述规定中将智力残疾部分定义为"明显低于平均智力水平"。但是什么是"明显低于平均智力水平"以及我们怎么知道一个人的智力是不是真的"明显低于平均水平"呢?

这些难题可以通过心理测量来回答。具体而言，美国某些州的公民大会认定的所谓"明显低于平均智力水平"是指由具备执业资格的精神病学家或心理学家，使用经过科学的过程验证的标准化智商测验进行施测和独立评价，受测者智力测验分数在70分及以下。若是受测者的智力测验分数低于70分，那么可能不会在北卡罗来纳州被判处死刑；但是当受测者的智力测验分数高于70分时，那么会被依法处以死刑。虽然这似乎让人难以置信，但是智力测验确实会影响一个男性或女性的生死。当然，心理测量的结果很少如此戏剧化，但它的结果也的确是真实持久而又异常重要的。

鉴于心理测量在我们的生活和社会中的重要作用，这些测量必须具有极高的质量。如果测量真的具有如此强大的影响力，那么应该使用最完善的工具和最严谨的程序进行检验。

这本书是关于理解测量工具和程序是否稳定，也就是如何确定一个测验分数是否产生了心理学上的意义并且是值得信赖的。另外，本书讨论的原则和概念对于编制心理学上有意义且值得信赖的测验也非常重要，这些原则和概念汇集成心理测量学（或心理计量学）(psychometrics)。

心理测验的重要意义

心理测验在各行各业中无处不在，潜移默化地发挥着积极的影响，我们认为每个人都需要了解心理测量的基本原理。无论你是想成为行为科学的实践者、行为研究者还是现代社会的富有经验的一员，你的生活都有可能受到心理测量学的影响。

如果你正在阅读本书，那么你可能正在考虑从事心理测量相关的行业，你可能会考虑行为科学实践或应用方面的职业。无论你是临床心理学家、校园心理学家、人力资源总监、学校招生人员还是教师，你的工作都可能要求你根据某种心理测验的分数做出决定。当患者对某个精神病理学的评估做出反应时，当学生完成认知能力或学术能力的测验时，当求职者填写人格量表时，他们总是在试图测量某一类的心理品质。

在这种情况下，施测者有责任检查和解释受测者使用的测验的含义及质量的重要信息。如果对心理测量的基本原理没有深入的了解，施测者可能会误解或者误用从心理测验中获得的信息。这种误解或误用可能会伤害患者、学生、客户、员工和求职者，并且施测者可能要承担法律责任。恰当解释和使用测验对于施测者和受测者来说都是十分有益的。

可能有些人正在考虑从事行为研究的职业，无论你从事的行业是心理学、教育学还是其他行为科学，测量都是你们研究过程的核心；无论你是进行实验研究、调查研究还是其他类型的定量研究，测量都是研究过程的核心；无论你感兴趣的是个体的差异、人在不同时期的变化、性别的差异、教室的差异、对待条件的差异、教师的差异还是文化的差异，测量都将是你研究的核心。如果某种东西没有被测量或者没有被测量好，那么就无法科学有效地进行研究。如果你的目标是对你的研究结果进行有意义且准确的解释，那么你就要严格评估你在研究汇总时收集到的测量结果。

如上所述，即使你没有从事心理测量的职业，你也会在很大程度上直接或间接地面对心理测量的结果。研究生院和不同专业的学校申请者必须进行知识和成就测验；求职者能否被雇用，部分取决于性格测验的分数高低；员工能否被提拔，也部分取决于上级在他们心理特征上的评定，如态度、能力及合作性；家长要面对孩子的考试结果；寻求心理咨询的人很可能会根据他们对各种心理测量的反应被诊断和治疗。

更广泛地说，我们的社会基于研究发现和获得信息与建议。无论你是(或即将成为)求职者、员工、家长、客户还是见多识广的社会成员，你获得的心理测量知识越多，你也就越容易成为一个有鉴别力的用户。你也将更好地了解什么时候去接受或相信一个测验分数，什么时候去利用一个测验分数以及在做重要判断的时候你需要知道什么。

鉴于心理测量的广泛使用和重要性，了解影响心理测量质量的属性就显得相当重要了。本书就是关于心理学家用测量工具的重要属性来衡量心理属性和过程的著作。

我们阐述的几个基本问题都是与逻辑、发展、评估和使用等相关的。将分数归因于智力、记忆、自尊、羞怯、开心或执行功能等特征是什么意思？如何知道一个特定的心理测量是否值得信赖或具有可解释性？在解释特定心理测验中的个人分数时，你有多大把握？在评估心理测验的质量时你应该问什么样的问题？不同类型的心理测量具体包括什么？心理测量的挑战是什么？心理特征的测量和具体物体的物理测量有什么相同或不同之处？应该如何解释关于心理测量的技术(technical)信息？

我们希望通过诠释这些问题为心理测量学提供更深刻和直观的理解。本书旨在帮助你获得明智地评估心理测验所需要的知识和技能。心理测验在心理科学和心理实践中发挥着重要作用，也在我们的社会生活中起着越来越重要的作用。我们希望本书能帮助你成为一个更有洞察力的人，可能的话，成为一个心理学知识的生产者。

可观察的行为与不可观察的心理属性

人们用各种各样的工具来测量物理世界的可观察的属性。例如，如果一个人想要测量一块木板的长度，他(她)可能会用卷尺。人们还会使用各种仪器来测量不可直接观察到的物理世界的属性。例如，钟表计量时间，电压表测量电路中两点间的电压。

类似地，心理学家、教育工作者和其他人使用心理测验作为衡量物理世界中可观察事件的工具。在行为科学中，这些可观察到的事件通常是某种行为，而进行行为测量通常有两个目的。有时候，心理学家测量一种行为，是因为他们自己对特定的行为感兴趣。例如，一些心理学家研究了面部表情影响情绪感知的方式，表情编码系统(Facial Action Coding System，FACS；Ekman & Friesen，1978)的开发是为了让研究人员能够精确地定位某一块面部肌肉的运动。研究人员用表情编码系统可以准确地测量“面部行为”，从而检测一个人的哪一部分的面部肌肉运动影响到他人的情绪感知。在这些情况下，研究人员自己对特定的面部行为感兴趣，他们不把这些面部表情解释为潜在的心理过程或特征的信号。

然而，更为常见的是，行为科学家将人类的一些行为作为评估智力、抑郁、知识、能力、外倾性或能力等不可观察到的心理特征的一种方式。在这种情况下，他们确定了某种类型的可观察到的行为，他们认为这些行为代表了特定的不可观察的心理属性、状态或过程。然后，他们测量行为，并且试图根据他们认为的反映在行为中不可观察的心理特征来解释这些测量结果。在大多数情况下——并非所有的情况下，心理学家都会进行心理测验来抽样检查某种他们认为会反映其潜在心理属性的行为。

例如，假设我们希望确定两个学生山姆和威廉谁的工作记忆(working memory)更强大。为了确定结果，我们必须单独测量他们每个人的工作记忆。遗憾的是，没有现成的方法直接观测工作记忆，我们不能直接看到一个人大脑里的工作记忆情况。因此，我们必须开发一项涉及可观察行为的任务，使我们可以间接地测量工作记忆。比如，我们会要求学生重复一串呈现在他们面前的数字，然后我们就能确定他们的工作记忆是不同的。也就是说，我们观察他们任务表现的差异，然后我们将其解释为这种差异反映了他们工作记忆的差异。如果张珊回忆的数字比李斯多，我们就可以推断，张珊的工作记忆在某种程度上要强于李斯。这个结论让我们做出推断：一个可观察的行为——回忆出来的数字的数量和不可观察的心理属性工作记忆系统相关。

关于这种测量工作记忆的方法需要注意 3 件事情。首先，我们要根据可观察的行为推测不可观察的心理属性，也就是说，我们假设观察到的特定行为反映了工作记忆。如果我们的推论是合理的，那么我们会说我们对行为的解释有一定的效度(validity)。虽然效度的程度是个问题，但如果测量分数真实地反映了我们认为其测量的心理状态或心理过程，那么我们可以说测量分数的解释是有效的。

其次，我们对回忆的数字数量的解释是有效的，理论上，回忆任务必须与工作记忆相关。例如，通过计算张珊和李斯在 100 米冲刺中的跑步速度来测量工作记忆在理论上是没有意义的。在行为科学中，我们经常从可观察到的行为来推测不可观察的心理特征。因此，心理学的测量经常是涉及某种理论，如心理特征、心理过程、状态到可观察的行为，这些都被视为反映心理属性的差异。

最后，工作记忆本身是一个理论概念，在测量工作记忆时，我们认为工作记忆不是我们想象中的臆造事件。心理学家、教育工作者和其他社会科学家往往转向理论概念，如用工作记忆来解释人们行为的差异。心理学家将这些理论概念称为假设构想(hypothetical construct)或潜在变量(latent variables)。有一些理论心理特征、属性、过程和状态是不能被直接观察到的，它们包括知识、智力、自尊、态度、饥饿、记忆、人格特质、抑郁和注意力等。我们用来衡量这些假设构想或测量其他事物的操作或程序，被称为操作性定义(operational definitions)。在我们的例子中，回忆数字的数量作为工作记忆某个方面的操作性定义，其本身也是一个不可观测的假设构想。

你不能为心理学家、教育学家和其他社会科学家依赖不可观测的假设构想来解释人类行为而感到沮丧，因为这种方法适用于很多科学分支，物理科学和行为科学经常涉及基于可观察的事件来对不可观察的事件和过程做推断。比如，物理学家认为宇宙间存在四种“力”(force)：①强相互作用力；②电磁力；③弱相互作用力；④万有引力。每一种力都是不可见的，但是它们对可见事件的行为影响却是可被观察到的。例如，物体不会飘浮在地球表面的太空中，理论上讲是万有引力阻止了这种情况的发生。物理学家已经搭建了一些设备，为观察这些力对可观察现象的影响创造条件。事实上，这些设备被用来创建场景，以测量由看不见的力引起的可观察的现象。

可以肯定的是，不同的科学所关心的不可观察的特征、事件或过程在数量和性质上有所不同，一些科学对此可能依赖得较少，而另一些科学可能依赖得较多。一些科学可能对其不可观测的构想有很强的经验基础，如重力，其他的则可能具有较弱的经验基础，如“阴茎嫉妒”。尽管如此，所有科学在某种程度上都依赖于不可观察的构想，并且他们都通过测量可观察的事件或行为来测量不可观察的构想。

心理测验的定义和类型

什么是心理测验

根据克隆巴赫(Cronbach，1960)的定义，心理测验是比较两人或多人行为的系统过程。该定义明确指出心理测验的目的是比较两人或多人的行为，并说明了心理测验包括 3 个重要组成部分：①测验涉及某种行为样本；②行为样本必须以某种系统的方式收集；③测验的目的是比较两个或更多人的行为。我们修改了第三部分，使其还包括同一个人在不同时间点的表现比较，但除此之外，我们会发现这个定义非常具有吸引力。它的吸引力体现在以下几个重要特征。

这个定义的一个吸引人的特征是其具有普遍性。一提到测验，大家可能想到的是纸笔测验，但是心理学的测验有很多形式。比如贝克抑郁量表Ⅱ(Beck Depression-Ⅱ，BDI-Ⅱ；Steer & Brown，1996)是一个非常经典的由 21 个项目来测量抑郁的纸笔测验。参加测验的人阅读每个问题，然后从几个选项中选择一个答案，通过计算他(她)给出答案的数值来评估一个人的抑郁程度。很显然 BDI-Ⅱ是一种测验，但是系统抽样行为的其他方法也是测验。例如，在实验室条件下，研究人员要求被试以各种方式对明确的刺激事件做出反应。被试可能会被要求观察特定的视觉事件，并通过尽可能快地按键来做出反应；在其他实验室条件下，被试要求对刺激的强度如声音做出反应。根据克隆巴赫的定义，这也是测验。

克隆巴赫定义的普遍性也可以扩展到由测验产生的信息类型上。一些测验产生的数字代表一个人具有某种心理属性的量。比如，中国国家义务教育质量监测项目以及中国大学生英语四级或六级考试，均会使用科学的统计程序来筛选合适的测验项目，至少在理论上，这些项目产生的数据可以解释个体在各个学术领域(如阅读)中所拥有的知识或技能的数量。另外一个例子是房—树—人测验(The House-Tree-Person Test；Burns，1987)，参加测验的儿童被要求画一所房子、一棵树和一个人。根据图画评估特定的特征，根据评估的结果，儿童被分到不同的组(但是，这个程序在克隆巴赫的定义中可能不够系统)。需要注意的是，我们没有对我们正在使用的测验案例的质量做任何说明。在第 2 章中，我们将讨论从心理测验中获得的数据。

克隆巴赫定义的另一个极其重要的特征涉及心理测验的一般目的。具体而言，测验必须能够比较不同人的行为(个体间差异)或同一个体在不同时间点或不同情况下的行为(个体内差异)。心理学测量的目的是识别并在可能的情况下量化个体间或个体内的差异，这个目的是贯穿本书的一个基本主题，每一章我们都会重申这个目的。测验成绩的个体间差异和个体内差异对测验成绩变异性的贡献，是测量任何心理属性的必要组成部分。

测验类型

在公共领域有数以万计的心理测验[美国教育测验服务中心(Educational Testing Service),2016],这些测验根据测验内容和性质的差异划分为几十个不同的类别。比如,根据测验内容的不同划分,有各种各样的成就测验(achievement tests)、行为倾向测验(aptitude tests)、智力测验(intelligence tests)、性格测验(personality tests)和态度调查(attitude surveys)等。根据不同的反应类型划分,有开放式测验——被试说出任何想说的话来回答测验问题;封闭式测验——被试在选项中进行选择来回答问题。根据施测者采用的方法不同,测验也有不同的种类,有单独施测的,也有团体施测的。

还有一个测验的常见分类方法,是基于测验分数的预期目的(intended purpose)。心理测验通常被分为标准参照测验(criterion referencedtest,也被称为"内容参照测验",domain referencedtest)或常模参照测验(norm referencedtest)。标准参照测验常用于对某人的技能水平做出决定的情况。在这种背景下,测验分数线(cutoff test score)会作为一个标准来把人分为两组:一组是绩效高于标准的人;另一组是绩效未达标的人。相比之下,常模参照测验通常用于了解某人与其他人的比较结果。这是通过比较一个人的测验分数与参照样本(reference sample)或常模样本(normative sample)的分数来完成的。参照样本通常是完成测验的人群的样本,这些样本被认为能很好地代表某一类人群。因此,通过将一个人的测验分数和从参照样本中获得的分数做比较,我们就可以知道某个体在相关群体中的分数是高于还是低于"普通人(average person)"(并且知道高多少或低多少)。如果参照样本不是某一群体的典型代表,或者相关群体的定义不明确,或者对被试是否属于相关群体有疑问,那么常模参照测验的分数是没有价值的。原则上讲,在标准参照测验中评估分数时,这些问题是不会出现的。

实践中,常模参照测验和标准参照测验的界限通常是模糊的。标准参照测验在某种意义上讲是规范化的,也就是说,标准参照测验的分数线不是随机确定的,其分数线通常与参加测验的判定标准或预期人员的绩效的评定标准相关。例如,很多人参加过的机动车驾驶证考试,就是一种典型的标准参照测验,因为测验者的分数必须超过某个预先设定的合格线分数。标准参照测验的目的是确保有资格参加测验的普通人回答足够的问题以通过测验。当常模参照测验分数被用作分数线时,标准参照测验和常模参照测验的区别会进一步模糊。高等教育机构对入学或各种类型的奖学金、学术能力评估测试(Scholastic Assessment Test,SAT)或美国大学入学考试(American College Testing,ACT)有最低的分数要求。公立学校使用智力测验的分数线将儿童分组。在某些情况下,使用常模参照测验的分数会有至关重要的后果。除此之外,由于标准参照测验和常模参照测验的区别,我们将看到用于评估标准参照测验和常模参照测验质量的方法略有不同。

另一个常见的区别是速度测验(speeded test)和能力测验(power test)。速度测验是限时测验,一般来说,参加速度测验的人无法在规定的时间内完成整个测验。速度测验的评分是计算规定时间内回答的题目的数量。假设每个问题答对的概率很高，那么速度测验的每一个问题的难度的区分性很高。相反，能力测验不是限时的，受测者要回答所有的问题，能力测验是通过计算正确答案的数量来评分。如果测验分数是用来区分同一个心理属性，那么测验项目必须有难度上的变化。由于标准参照测验和常模参照测验的明显不同，在评估速度测验和能力测验质量的时候，方法也有些许不同。

值得注意的是，本书中概述的大多数和分数相关的程序都是基于反映性指标(reflective)或效应性(effect)指标的(Bollen & Lrnnox，1991)，比如智力测验和性格测验就是这种类型的。一个人的智力测验的结果通常被认为是由他(她)的实际智力水平所引起的，也就是说假设构想(如智力)部分决定其在智力测验项目上的反应，这些反应被视为构想的指标，这样的测验在心理学中非常普遍。然而，基于所谓的“形成性”(formative)指标和“成因性”(causal)指标，测验有不同的分数类型。社会经济地位(socioeconomic status，SES)就是一个典型的例子。我们可以通过收入、教育水平和职业地位等指标来量化一个人的社会经济地位。在这种情况下，指标不被视为由这个人的经济地位所造成的，而是社会经济地位指标部分定义了社会经济地位。我们的目标是要注意这一重要区别的存在，并且承认本书的重点是从反映性指标/效应指标得出的测验分数，因为这也是大多数心理学测验和测量中用得最多的。

关于术语的简要说明：不同的名词通常用作测验术语的同义词。诸如，测量(measure)、工具(instrument)、量表(scale)、调查表(inventory)、成套测验(batterytest)、施测程序(schedule)、评估(assessment)等名词会被用于不同的背景，并被不同的作者所使用，作为“测验”的同义词。我们有时将测验(test)称为工具或测量。但是成套测验仅限用于多种测验组合(bundled tests)。将多种测验组合在一起的目的是统一施测而不是只测量单个心理属性。在心理测验文献中，“测量”这个词是最容易混淆的词之一。在第 2 章中，我们会详细讨论“测量”这个词的动词形式，例如可以使用 BDI-Ⅱ测量抑郁；“测量”也经常被用作名词形式，如 BDI-Ⅱ是很好的抑郁测量工具。因此，在用到“测量”这个单词时，应基于上下文背景来考虑“测量”的名词和动词形态并阐述其含义。

心理测量学

心理测量学的定义

我们之前将测验定义为系统地对行为进行取样的过程。这些行为样本试图去衡量，或至少在某种意义上测量人的心理属性。对人们进行心理测验的行为称为测试(testing)，本书的重点不是测试的过程而是测验本身，我们不会关心特定的心理测验，除非这个测验说明了一个重要原则。总之，我们关注的是测验的属性。

就像心理测验测量的是人的属性(如焦虑和智力)一样，心理测量学也是评估心理测验属性的科学。其中有3个属性是非常特别的：①使用心理测验产生的信息类型（在大多数情况下是分数）；②心理测验的信度；③心理测验的效度。本书剩余的章节介绍了心理测量学学者使用怎样的程序来评估测验这些属性。

值得注意的是，正如人们的心理属性（如焦虑）经常被概念化为假设构想（意识的抽象理论属性）。心理测验也可以由一些抽象的概念表示，如信度和效度。简言之：心理测验是关于人的理论属性，而心理测量学是关于心理测验的理论属性。正如人的心理属性可以被测量一样，测验的心理测量属性也可以被估计出来。心理测量学是关于估计（estimate）和评估（evalute）测验属性的程序。

心理测量学的简史

心理测量学建立在两个重要的基石之上，其中一个是心理测验和测量的实践。正如大多数心理测验教科书（比如，Miller & Lovler，2016）所指出的那样，在中国使用某种类型的正式测验来评估个人的能力可以追溯到2000年前甚至是4000年前，因为走仕途的考生需要完成一系列考试。很多大儒也在著作中表述过颇具“心理测量学萌芽思想”的论述，例如，孟子有言：“权，然后知轻重；度，然后知长短。物皆然，心为甚。”（《孟子·梁惠王上》）

中国心理测量的起源

胡克（Hucker，1978）认为世界历史上第一个文字考试始于中国公元前165年（汉文帝十五年），当时皇帝昭书士子就四项议题（朕之不德、吏之不公、政之不行、民之不宁）谏言，考试即“策问”起源于此。策问是指中国古代以策试士时由主考一方出题发问，其中由皇帝亲自发问或者代表皇帝发问的称为“制策”，由各级主考的政府部门发问的称为“试策”。士子的回答则称为对策。著名汉学家毕雪梅（Pirazzolit' Serstevens，1982）也同意中国古代的策试作为所有考试的源头。此外，埃伯哈德（Eberhard，1977）认为，在这之前的古代中国（如尧帝选拔舜作为接班人）可能早就出现过一些评估程序用来选拔官员，只不过此类评估更关注的是个体素养而非知识。此后，两汉时期选拔官吏的方法，主要是察举和征辟，其取舍的标准主要是乡里对有关人物德行学业的评论。这种选才方式客观上推动了品评人物的风气的盛行。东汉后期，察举制因其没有客观标准开始弊端丛生，并成为造成社会政治危机的一个十分尖锐的问题。“人不尽其材”和“官废其职”的问题成为当时吏制的突出问题。刘劭奉诏作《都官考课》七十二条及《说略》，其指导思想正是要解决这一问题。《人物志》也正是这种政治需要的产物。

约在246年，刘劭完成《人物志》一书，在书中他开门见山地说：“夫圣贤之所美，莫美乎聪明；聪明之所贵，莫贵乎知人。知人诚智，则众材得其序，而庶绩之业兴矣。”并进一步阐述了心理观察的八条基本原理“八观之法”。

一曰观其夺救，以明间杂。二曰观其感变，以审常度。

三曰观其志质，以知其名。四曰观其所由，以辨依似。

五曰观其爱敬，以知通塞。六曰观其情机，以辨恕惑。

七曰观其所短，以知所长。八曰观其聪明，以知所达。

刘劭认为在心理观察的过程中，要创设一定的情境条件，诱发相应的条件行为，进而对个体的资质情况进行判断。应该说八观之法已经初步具备了“行为样本的标准化测量”形态。1937 年，美国心理学家施赖奥克(J. K. Shryock)将《人物志》翻译成英文，取名为《人类能力的研究》(*The study of human abilities*，见图 1-1)，在当时的西方产生了很大的影响。

图 1-1 The study of human abilities 《人类能力的研究》封面

西汉时期的扬雄模仿《论语》著述了《法言》。扬雄提出可以以人的语言和书法表达为标准来判断智力的高低，“故言，心声也。书，心画也”，“圣人矢口而成言，肆笔而成书”。

诸葛亮把问答法作为心理鉴定的重要手段。他在《心书》中指出了解人性的方法有七种：问之以是非，以观其志；穷之以辞辩，以观其变；咨之以计谋，以观其识；告之以祸难，以观其勇；醉之以酒，而观其性；临之以利，而观其廉；期之以事，而观其信。这里前四种属于问答法，不过观察的范围涉及智力以外的品格特征(品格测验中广泛使用的问答法又叫作“自我报告法”)。诸葛亮知人性的后三种方法是，利用特定情境诱导出所要观察的行为品质。1928—1930 年，美国的哈茨霍恩(H. Hartshorne)和梅(M. A. May)设计的好几套《品德教育检查测验》(CEI Tests，包括诚实、义务感、自我约束力等测验)就采用了“临之以利”“期之以事”。

现代国际通用的智力测验中，以词为内容的问答法有许多变种，常见的一种是填空测验(Completion Test)。这在我国唐代叫作“帖经试士”。据《选举考》记载，“帖经者，以所习之经，掩其两端，中间惟开一行，裁纸为帖，凡帖三字，随时增损”。当时这种方法用于全国规模的统考，在中央举行，影响甚大，历代继续使用。谢小庆(2012)认为，我国古代的科举考试是形式上非常完备的考试，有些保证公平的措施今天都很难做到。例如，科举的“单间”施测、进场搜身、誊录(为了辨认笔迹将所有答卷全部重新抄录)等。但是，科举考试并没有带来人员素质的提高。为了真正达到选拔人才和维护公平的目的，我们还需要重视考试本身的质量问题，其中建立教育与心理测量标准就是构建科学心理测验与评估的重要环节。

1400 多年前，《颜氏家训》的作者颜之推就强调了客观观察心理的可能性。他在《名实篇》中提到，诚于此者形于彼，人之虚实真伪在乎心，无不见乎迹，但察之未熟耳。一为察之所鉴，巧伪不如拙诚，承之以羞大矣。他在《风操篇》中记载了我国民间测试婴儿心理发展的方法：“江南风俗，儿生一期(指一周岁——作者注)，为制新衣，盥浴装饰，男则用弓矢纸笔，女则刀尺针缕，并加饮食之物，及珍宝服玩，置之儿前，观其发意所取，以验贪廉智愚，名之为试儿。"这种方法针对婴儿期感觉、运动发展的特点，用近似标准化的实物做材料，观察他对视觉现象的动作反应，是 1925 年和 1930 年美国的格塞尔(A. Gesell)和奥地利的彪勒(C. Bühler)婴儿发展测验(程序表)的前导。

谈到智力测验中广泛使用的机巧板，我们一定会首先想到我国有名的七巧板(又称"益智图"，见图 1-2)。至少在 1860 年之前就已经有了。据文献记载，西方第一个机巧板是法国人塞金(E. Seguin)1864 年制作的，它包括 10 块木制的几何形小板，被试只是把这些小板放置到形状相应的木槽里去。1908 年比奈(A. Binet)在他的智力量表中要求被试把两张同样的三角形卡片拼成一个长方形。直到 1914 年才出现了由 5 块小板组成一个长方形的机巧板，称为对角线机巧板，是肯普夫(G. A. Kempf)制作的。这个对角线机巧巧板包括 3 块直角三角形(两大一小)，1 块长方形，1 块四边形。

图 1-2　七巧板

20 世纪二三十年代，中国心理学发展进入了"学科化"的时代。一大批学者学成回国后，在我国高校致力于心理学的建设与发展，很多人在各大学和研究所担任要职。其中，陆志韦担任燕京大学心理系主任，郭任远在复旦大学创建心理学院并亲任院长，北京大学的心理学发展更是得到校长蔡元培的亲自扶植。在蔡元培的支持下，陈大齐于 1917 年建立了我国第一个心理学实验室，后来随着唐钺、孙国华、刘廷芳、樊际昌、汪敬熙、陈雪屏等一批著名的留洋心理学家的加入，专业教师阵容不断扩大，培养了诸多后备人才。到 1924 年，郭任远受聘于复旦大学，着手建立了中国第一个心理学院，还向外国输送了一批心理学留学生。

在这批学者的呼吁下，各大学相继成立了心理学系。值得一提的是，作为师范学校的北京师范大学，心理学科目在清末时就已经被规定为必修课，由留美心理学家张耀祥来校任教，使心理学在北京师范大学盛极一时，吸引一部分学子转向心理学学科。留美心理学家陈鹤琴和廖世成就为当时的南京高等师范学校心理学的发展打下了较为牢固的基础；陆志韦作为"中国现代心理奠基人"，致力于燕京大学心理学学科化发展，还为科学心理学在我国的普及和发展做了大量工作。1934 年，他组织北京五所大学(燕京大学、辅仁大学、清华大学、北京大学、北京师范大学)每月举行一次心理学界联谊会，商讨发展大计，还主编出版了《中国心理学报》。

南京大学前身南京高等师范学校和国立东南大学，在南京高等师范学校阶段心理学系就得到了相当的发展，国立东南大学时期该校心理学系更是为全国最先进完备者。国立中央大学成立后，在艾伟、潘菽、萧孝嵘为首的留学心理学家的领导下，该校的心理学事业，尤其是教育心理学得到了长足发展。国立中央大学成为众多心理学留学学者的首选。

1921 年中华心理学会成立，留学归国的心理学学者后来陆续创办了等 10 余种专业杂志。其中，《测验》(见图 1-3)期刊专门刊载关于测验的学术论文，旨在“就同人研究所得，发刊杂志与社会相见。循其本义，名曰《测验》”。该刊 1932 年 5 月 1 日创刊，刊名请于右任亲题。创刊号刊登了学会同人合影、蔡元培手书的“聪明密微”及考试院院长戴传贤长达 300 余言的题词，并发表了艾伟的《测验学上对减错计算法之研究》、萧孝嵘的《一种智力测验法之商榷》、陈选善的《测验在教育上的地位》等文。同年 7 月 1 日，第二期“新法考试专号”出版。“七七事变”后经费来源断绝，以致停顿。《测验》期刊共刊载学术论文 97 篇。内容涉及测验的意义，测验在教育上和国家考试中的地位，心理测验的起源和发展等，对推动我国心理测量学事业发挥了重要作用。

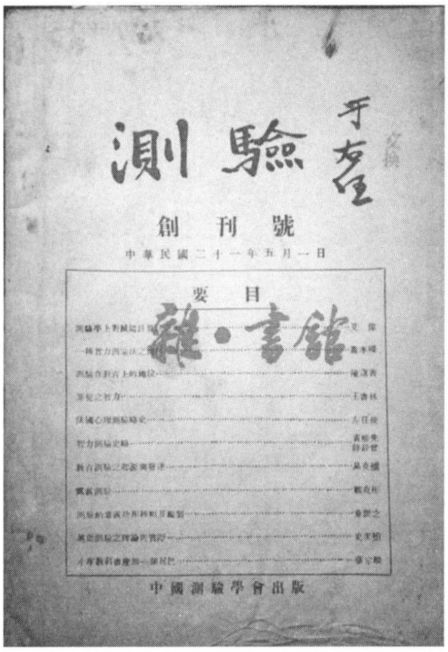

图 1-3 《测验》1932 年创刊号

1931 年 5 月，经选举产生了中国测验学会第一届理事会，理事有艾伟、陈鹤琴等 7 人，常务理事艾伟等。1933 年 12 月，例行理事改变，选出萧孝嵘、艾伟等人任常务理事，陈鹤琴、陆志韦等 7 人任理事。以后，该会再也没有进行过理事选举。抗日战争爆发后，该会由京移渝，暂设在中央大学师范学院内办公。在呈交国民党中执会社会部的会务报告中，署名为中国测验学会常务理事萧孝嵘、艾伟等人。显然，该会的倡导者和领导者艾伟等人在抗战初期仍履行着常务理事的职责。

第一次年会 1931 年 6 月 21 日在北平举行，宣告中国测验学会正式成立。大会通过了《中国测验学会简章》，共 6 章 22 条，内容分总则、会员、组织、会议、经费和附则 6 个部分。全体会员选出理事会，还选出编译委员会委员 9 人，研究部主任艾伟及干事 6 人。

第二次年会于 1933 年 12 月 29 日在南京举行，到会会员有 200 余人，主席为萧孝嵘。大会共收到论文 19 篇，按其内容可分为：关于教育测验的论述，关于心理测验的研究以及测验编制和统计测量。撰写论文者多为高校心理学系教援及国内知名心理学家，他们在学术上都有所建树。论文分三次宣读完毕。会议期间还进行了简章的修正和理事选举。增设经济委员会委员 13 人，学会设驻北平干事、驻上海干事、驻杭州干事、驻无锡干事各一人。又成立测验译名委员会，并编选中小学标准测验。

第三次年会1936年5月2日在江苏无锡省立教育学院举行，到会者有沈有乾、艾伟、俞子夷、刘廷芳、陈选善等人。大会主要议程为讨论会务、讨论测验译名复审问题和论文宣读。

据1937年《中国心理学报》报道，“中国测验学会已订于6月27日在南京召开年会，并宣读论文。前已通知会员届时出席。至论文题目应于6月15日以前寄交该会云”。由此说明该会有举行第四次年会的打算，后因“七七事变”未能开成。

1937年“七七事变”后，《测验》停刊。抗战期间并没有以测验学会名义开展活动，但测验工作仍继续进行，并且实施测验的范围逐渐扩展。如最初各种测验量表只适用于小学生，后来逐渐向上扩展至大学，同时也向下扩展至幼儿的智力测定。除在教育上的应用外，还延伸到实业界和当时国民党的党政部门，并重视品性测验的应用。还有一些教育心理学者利用测验进行心理学问题的研究，如关于教法问题、汉字问题、民族心理的比较等均用测验方法(高觉敷，1985)

新中国成立前出版的心理与教育测验方面的书籍有20多种，如王征葵的《态度测量法》、沈有乾的《心理与测量》、王书林的《心理与教育测量》、陈选善的《教育测量》、艾伟的《小学儿童能力测验》、孙邦正的《心理与教育测验》等(郑日昌，1999)，都有很重要的学术价值。

当时的很多心理学者希望用心理学解决中国的社会实际问题。其中，学术中国化的代表是心理学家潘菽，他认为中国不能把德、美等国家的心理学搬来了事，而是要研究我们自己要研究的问题，提倡研究中国实际需要的应用心理学。陈鹤琴、艾伟这两位留美学者也关注到了这一点。1934年，艾伟在南京建立第一所学科心理实验学校——万青天才试验学校，“七七事变”后，他又转移至大后方，在重庆沙坪坝创办了我国教育史上第一个学习心理实验班。

20世纪上半叶，我国出现过一次“教育测验运动”，规模很大。参与者认为，通过各种测验，可以解决当时中国教育改革和社会经济发展中的某些问题。至抗日战争前夕，我国出版或修订合乎标准的智力与人格测验约20种，教育测验50多种：廖世成团体智力测验、陈鹤琴图形智力测验、刘湛恩非文字智力测验、艾伟订正宾特纳智力测验、陆志韦与吴天敏完成比奈智力量表的第二次修订等。心理测量与心理测验在我国形成了“黄金时代”，一时群星璀璨，发展速度几乎与世界水平等起，有些测验甚至领先于世界。

新中国成立后，从1949年至1978年，由于政治上的变迁，在一切向苏联学习的口号指引下，心理测验在我国被视为禁区，各级师范院校都取消了心理和教育测量与统计课程，这方面的研究工作和实际应用也相应地停止(张厚粲，余嘉元，2012)。心理测量学被视为“唯心的、反动的”，成为研究的禁区，当然不再有研究者敢于轻易涉及。1976年，“文化大革命”结束。心理学得到新生，人们对心理测量和各种测验的作用又重新予以认同，社会实践也要求了解个体差异在现实生活中的重要意义。从此，心理测验在我国逐步恢复了地位并再度得到发展。

1979年心理学刚恢复活动不久，在天津召开的中国心理学会第三届全国学术会议上，由张厚粲和胡德辉等几位测验爱好者首先呼吁恢复心理测验，得到了大量与会者的广泛认同和积极响应。但是会后当一些心理学工作者满怀热情地欲采取行动恢复测验工作时，却发现实践中所面临的竟是一个既缺乏人力又缺少资料的困难境地。于是林传鼎、张厚粲和吴天敏三位教授联合于1979年春季在武汉举办了一个全国性的心理测验培训班，这是心理测验在我国再度出现的标志。从此，中国的心理测量工作开始恢复与发展。参加该班的几十位来自全国的心理学教师，大多数日后成为测验工作的骨干。该培训班以提高认识、培训人才和为实践准备材料为目的，除了讲授统计学基础知识和心理测验的基本原理外，还介绍了吴天敏参与修订的比奈智力量表，并由林传鼎和张厚粲主持对韦氏儿童智力量表(WISC-R)的修订工作进行了组织准备。日后韦氏儿童智力量表(1974年修订版，即WISC-Ⅱ)经过10多所院校参与协作，先后在11个省市进行了施测，最后制定了它的中国常模，于1986年正式出版。与此同时，根据临床需要，一些医学心理学家在湖南医学院龚耀先的领导下，也开始使用、译制与修订外国通用的各种心理测验，如韦氏成人智力量表(WAIS)等(张厚粲，余嘉元，2012)。

1980年秋，北京师范大学首先开设了心理测验课程，上述工作为心理测验在国内顺利发展奠定了重要基础。20世纪80年代初期，一方面，有条件的高等院校开始开设心理测量学课程，积极培训专业人员；另一方面，各高等院校着力于从国外引进传统的和现代的心理测量理论(如经典测量理论、概化理论、项目反应理论等)，并采取从修订外国测验开始，逐步向编制我国测验发展的策略，几年中取得了很好的效果。这时期修订的测验主要包括智力测验和人格评定量表两大类。智力测验方面，有比奈智力量表第三版(吴天敏)、韦氏成人智力量表和韦氏幼儿智力量表(WPPSI)(龚耀先)以及用于团体智力测验的瑞文标准推理测验(Raven's SPM)(张厚粲)等；在人格测验方面，有明尼苏达多相人格调查表(MMPI)(中国科学院心理研究所)、十六种人格测验(16PF)(李绍衣)、艾森克人格问卷(EPQ)(陈仲庚)等多种测验。它们都相继出现了中文版，并经过修订，制定出中国常模，长期、广泛地得到应用，填补了国内研究领域的空缺。改革开放带来经济的发展，使得社会对心理测验的重视逐步提高，应用领域不断扩大。除上述普遍应用的测验外，H-R神经心理成套测验、韦克斯勒记忆量表、加州人格量表和爱德华个人兴趣量表等，也陆续地得到修订并供研究工作使用(张厚粲，余嘉元，2012)。

从1978年恢复全国统一高考制度以来，我国的高考招生工作取得了显著成绩，为高等学校选拔了一大批新生，高考制度在社会上享有很高的声誉。但是事物总是一分为二的，它的弊端也是客观存在的。譬如，仅凭一次高考分数决定取舍，不管中学阶段的学业成绩，这不能不说有失偏颇。又如，在考查方向上，重知识、轻能力，从而使学生死记硬背成风，陷于题海之中而不能自拔，大学新生中累有高分低能的现象出现。这个问题用教育测量学的术语可以归结为高考效度如何。

北京师范大学心理系高考研究组对高考效度进行了研究。他们从全国6个大区的16所院校中抽取了24个教学班级为样本，以大学一年级各科学习成绩总分为效度准则，对1978年、1979年两年的高考成绩进行效度分析。结果24个效度系数绝大多数都很低，中位数也只有0.124；24个效度系数中有6个竟为负相关；对全部效度系数进行统计检验，只有5个达到5%或1%的显著水平(戴忠恒，1990)。

从20世纪80年代中期起，心理测量标准化得以在高考中应用。1985年，国家教育委员会将广东省作为高考试验区，在普通高校招生中进行标准化考试的改革试验。标准化考试的主要工作有：①增加客观题目；②制定各学科的测量目标；③进行预试，对试题进行质和量的两方面分析；④试题等值化；⑤控制评分误差；⑥测验分数的转换和常模制定(戴忠恒，1990)。

随着测验理论与技术水平的提高，测量学者开始编制适合中国人的心理测验工具。例如，中国科学院心理研究所研究员查子秀编制了用于鉴别超常儿童的智力量表；杭州大学汪文鋆编制了用于筛查低智力儿童的智力量表；其他学者还编制了各种幼儿的发育、发展量表等。

在中国儿童发展中心发起和给予一定资助的情况下，由张厚粲主持编制的CDCC中国婴幼儿智能发育量表(3～6岁)出版，主要用于测查3～6岁儿童的发育与智力发展，包括语言认知、社会认知、身体素质与动作技能4个方面共16个分测验，应用较广。量表长度适中，内容形式多样，易于施测；具有较高的信度和效度，正式通过了专家鉴定。此外，中国科学院心理所范存仁编制了以0～3岁幼儿为对象的幼儿发展量表。这些自编测验由于密切结合了中国文化和当代国情，更适合实际应用，体现了中国心理测验的发展方向，受到使用者的普遍欢迎(张厚粲，2001)。

随着心理测量教学和研究工作的开展，心理测验开始在很多实践部门得到应用，如飞行员的选拔、运动员的选拔、精神疾病的诊断、儿童多动症以及智力超常与落后儿童的检查等。1983年年初，在昆明召开的普通心理、实验心理专业年会上，大会就测验问题进行了讨论，总结了近几年测验工作中的经验，进一步找出了问题，明确了方向(郑日昌，1999)。1984年召开的第五届全国心理学年会上，中国心理测量工作委员会(现改名为“心理测量分会”)作为中国心理学会的一个下属分支机构宣告成立。组织机构的建立，对于心理测验的发展起到了积极的促进作用，更有利于加强国际学术交流。上面提到的许多实用性很强的心理测验量表都发表在这段时期。为了提高测验工作的理论水平，1988年《教育研究》上发表了张厚粲和丁艺兵合著的《心理测验理论及其发展》一文，除了进一步阐明经典测量理论外，又介绍了现代测量理论中的项目反应理论和概化理论，引起有关学者的兴趣和重视，促使这个领域的很多研究与论著相继出现。

1990年秋，中国心理学会心理测量专业委员会在无锡召开第一次学术会议。国际上最通用的10个测验在我国都已修订，说明我国心理测量已取得了很大进步(程家福、王仁富、武恒，2001)。会议除交流学术论文外，还决定组织力量对心理测量的最新领域进行研究。1994年10月在江西南昌召开第二届学术年会，出席代表34人，收到论文24篇，内容涉及心理测量的有关理论、心理测量在各个领域的应用、心理测验的编制以及心理测验的使用与管理业务等各个方面。会议对心理测量的有关问题进行了讨论，气氛活跃。

1992年开始了与台湾的学术交流活动。北京师范大学的张厚粲在与中国台湾学者张春兴、吴武典进行学术交流中，将她领导的两个二级学会(中国心理学会心理测量专业委员会和中国教育学会教育统计与测量分会)联合起来与中国台湾的测验学会建立起相互交流的固定联系。

从1993年12月在台北举行第一次学术研讨会开始，双方约定隔年一次分别在中国海峡两岸定期举行海峡两岸心理与教育测量学术研讨会，截止到2018年，已经举办了13届。这项学术交流活动不仅使测验工作者增加了信息来源，通过交流提高了研究的积极性，同时加深了彼此的了解，增进了两岸学者的友谊，有一些合作研究也开始建立。总之，这项活动在进一步促进心理与教育测量的发展中，起到了积极的推动作用(张厚粲，余嘉元，2012)。

在国际方面，从1987年在国际行为发展研究会(International Society for the Study of Behavioral Development，ISSBD)的东京会议上，从张厚粲做了题为“中国的心理测量”(Psychological Measurement in China)的专题报告开始，有关中国心理测验的报告多次在国际学术会议上出现。1990年中国加入了国际测验委员会(International Test Commission，ITC)，并且张厚粲被选为其1990—1994年的理事会成员。1991年12月南京师范大学举办了一次心理测验国际学术讨论会。内容包括：项目反应理论的最新发展，经典测量理论，心理测验在教育、临床、工业和体育文化等领域的应用和心理测验的跨文化比较等重要问题。会议共收到论文和论文摘要41篇。出席代表60余人，包括来自澳大利亚、奥地利、加拿大、英国、日本、荷兰、美国、西班牙、尼日利亚、新加坡等国和中国港澳地区的著名学者。参会人员通过热情的交流和积极的讨论，不仅圆满地达到了交流学术、增进友谊的预期目的，讨论会更是为中国心理测量的进一步发展开辟了广阔前景。

从80年代后期开始，随着知识产权保护意识的加强，翻译、修订国外心理测验工具的工作明显放缓；而这时我国心理学家通过多年的研究和实践已经积累了一定的心理测量的知识和经验，于是心理学家着重编制适合中国人自己的测验工具并大幅度地发展起来。虽然在初期，有些量表的编制存有“临摹”的印迹，或者是在国外同类量表的基础上改编而成的，但它终究是在向着“中国本土化”的方向迈进。

西方心理测量的起源

图1-4 高尔顿

19世纪，由于心理科学的出现和研究者开始系统地测量被试在实验研究中的各种反应，心理测验也逐渐增加。随着早期智力测验和早期人格量表的开发，心理测量实践在20世纪急剧增加。在过去的100年中，心理测验的数量、种类和应用已经数不胜数。有了这样的发展，就有了建立高质量测验、评估和改进测验的需求。这种需求促进了心理测量学的发展。

从19世纪开始，学者开发了一些方法来理解和处理由心理测验产生的定量信息(quantitative information)。这项工作的早期先驱有斯皮尔曼(Charles Spearman)、皮尔逊(Karl Pearson)和高尔顿(Francis Galton，见图1-4)。他们都在19世纪和20世纪初做出了重要贡献。高尔顿甚至有时被认为是现代心理测量学的创始人之一。他的学术兴趣广泛，包括现在被认可倡导的优生学理论(theory of eugenics)。高尔顿、斯皮尔曼和皮尔逊的重要概念和技术创新都和我们要讨论的内容相关。事实上，你可能已经熟悉了一些内容——标准差(standard deviation)和相关系数(correlation coefficient)(参见第 3 章)，因素分析(factor analysis)(参见第 4 章和第 12 章)，正态分布(normal distribution)(或者叫钟形曲线，参见第 3 章)的使用可以代表很多人类社会的特征，以及识别和处理测量误差。这些关键的统计概念和工具都很快被采用，有时也被明确地开发出来，以便通过使用心理测验收集的数字信息去理解。我们将在本书的后续章节详细介绍这些概念和工具。

基于这些新的统计工具在心理测验评估中的应用，心理测量学在 20 世纪 30 至 40 年代真正成为一个独立的学术领域。在此期间，《心理测量学期刊》(*Journal of Psychometrika*)创刊，美国心理测量学会(Psychometric Society)、美国心理学会(American Psychological Association)、心理评估和测量委员会(Division of Evaluation and Measurement)相继建立。

2007 年，学者吉尔福特(J. P. Guilford)和瑟斯顿(L. L. Thurstone)出版了为心理测量学领域奠定概念基础的教科书(*Field-defining Texts*)。许多我们至今耳熟能详的经典测量理论的相关原理在他们的教科书中已经被阐述(参见第 5 至第 7 章)，这些书籍的出版为民众了解测验成绩和熟悉测验属性提供了广泛基础。到了 20 世纪 70 年代，克隆巴赫及其同事又进一步将经典测量理论扩展到了概化理论(参见第 13 章)。大约在同一时间(或者更早之前)，经典测量理论的替代理论也在兴起，产生了现在所熟知的项目反应理论(参见第 14 章)。同样在 20 世纪 50 年代，测验效度的关键概念正在经历迅猛的发展和演化，同时伴随着 20 世纪 90 年代特别重要的再概念化，产生了现在的框架，本书将在第 8 章和第 9 章阐述(Angoff，1988)。

在过去的几十年中，心理测量学领域在各个方向上都有所发展，经典测量理论自身也得到演进，比如研究者意识到了信度使用的局限性。伴随着各种模型和应用的发展，项目反应理论也获得越来越多的关注。此外，随着结构方程模型(structural equation modeling)等统计工具的发展，研究者已经发现了使用这些工具来定义和检验重要心理学概念的方法。

总之，心理测量学作为一门科学的学科相对年轻，但却在快速发展并获得了广泛应用。从这一点上讲，我们不仅要关注它的历史，更要把注意力放在先驱们在工作中已经产生的现代概念、工具和实践上。

心理测量的挑战

我们永远无法确定测量是否完美。你浴室的体重秤是完全准确的吗？你车里的里程表能准确地记录里程吗？你的卷尺是否 100%正确？当你看医生时，护士给你的血压测量有偏离吗？即使使用高度精确的科学仪器，也有可能受到各种错误的潜在影响，影响最大的可能是人为阅读错误。所有的测量，甚至所有的科学都会受到各种挑战的影响，这些挑战都会降低测量的准确性。

尽管科学之间有许多相似性，但行为科学中的测量具有物理科学中不存在的特殊挑战。这些挑战影响了我们对行为观察的理解和解释的信心。我们会发现第一个挑战与心理现象的复杂性有关。比如，智力、自尊、焦虑、抑郁等概念有很多不同的方面。因此，我们面临的挑战之一是尝试以单一的数字来识别和捕捉这些人类心理属性类型的重要方面。

被试反应(participant reactivity)是第二个挑战。因为在大多数情况下，心理学家测量人的心理特征时，这些被试都是有意识并且通常知道他们正在被测量，所以测量行为本身会影响被试的心理状态或过程。假如我们设计问卷来确定你是否是种族主义者，你在问卷上的反馈可能会受到社会赞许性(social desirability)而不是自己对其他种族群体真实态度的影响。因此，当人们意识到他们被观察的时候会导致对他们的观察行为的解释变得模糊。测量无知觉的物体时是不会有这样的问题的，比如当你测量一串葡萄的时候，测量行为并不会影响葡萄的重量。

被试的反应多种多样。在一些实验条件下，一些被试可能试图去了解研究者的研究目的，并改变他们的行为以适应研究者的需要。在研究和应用测量两种情况下，一些被试可能会感到紧张不安，另外一些人则可能为了给主试留下好印象而改变自己的行为，如社会赞许性，还有些人可能会为了给主试留下不好的印象而改变行为，如装病(malingering)。在每一种情况下，测量的信度都会受到影响——被试真实的心理特征会被暂时的动机和状态所掩盖。

心理测量的第三个挑战是，在行为科学中行为数据的收集者(比如在观察行为、测验评分口头解释等)可能会对他们的任务带有偏差和期望。当主试允许这些问题存在时，测量也会受到影响。期望和偏差效应(bias effect)是很难发现的。在大多数情况下，我们相信行为数据的收集者并不是故意作弊才出现这些问题，然而即使是很轻微的、无意的偏差也会对测量有影响。比如，研究人员可能会对幼儿进行智力测验，作为改善儿童认知发展研究项目的一部分。研究者可能会从某些智力测验的成绩中产生既得利益，因此，他可能会允许一些偏差，可能是无意识的偏差影响测验程序。这种类型的偏差可能也会出现在自然科学的观察者和计分者身上，但是却更少发生，因为自然科学家比社会科学家更多地依赖机械设备收集数据。

行为科学中使用的测量往往和行为科学家使用的测量在这方面有所不同。心理学家在测量心理属性时倾向于依赖合成分数(composite scores)。许多心理学家使用的测验涉及一系列问题，所有这些问题都旨在测量特定心理属性或过程的某些方面。例如，一个人格测验可能有10个问题旨在测量外向。同样，用于测量学习或知识的班级考试也通常包含许多问题。通常的做法是对每个问题进行评分，然后合计或合并项目总分以创建总分或综合分数。总分代表了相关构想的最终测量，比如外向性分数或代数考试的分数。尽管综合分数确实有其益处(后面的章节我们将会讨论)，但是有几个问题使其使用和评分复杂化。相比之下，自然科学在测量过程中更少地依赖综合分数(尽管也有例外)。当测量世界的物理特征时，比如，木材的长度、分子的重量或移动物体的速度时，科学家通常依赖从单一类型的测量中获得的单一值。

心理测量的第四个挑战是分数灵敏度(score sensitivity)。灵敏度是指一个测验能够充分区分维度差异的关键数量或单位的能力。以自然世界中的事物为例，假设有人用标准码尺来测量头发的宽度。在这种情况下，因为码尺单位太大而无法使用。同样地，心理学家可能会发现测量心理属性或过程的程序可能不足以区分属性或过程的真实差异。

比如，想象一位临床心理学家希望跟进她的患者(client)从一次治疗到下一次治疗之间的情绪变化，如果她选择不够敏感的测量方法来分析这些微小的差异，那么她有可能错过微小而重要的情绪变化。比如，她可能会要求她的患者在每次治疗之后完成一个简单的测量：

在下面的方框中，对你过去几周的情绪状态描述最为贴切的是：

☐	☐
好	坏

心理学家可能会因为她的患者没有好转而感到沮丧，因为她的客户很少感到高兴并在心情好的选框里打钩。这个测量的重点问题在于她的测量方法掩盖了她的患者真正改善了的地方。也就是说，她的患者可能有所改善——以前感到极度焦虑和抑郁，治疗之后焦虑和抑郁减轻。但是，客户可能情绪没有达到"好"的地步，只是比刚开始接受治疗的时候感觉好些而已。遗憾的是，她的量表太粗糙或者太不敏感，因为它只提供了两种反应——好和坏，并且没有区分好和坏的重要水平。一个精确并且敏感的量表应该如图 1-5 所示。

请选择最能描述你过去一周整体情绪状态的数字。

1	2	3	4	5	6	7	8	9
非常好		有些好			有些糟		非常糟	

图 1-5 情绪量表

相比于之前的量表，这个量表对于好和坏的维度进行了更加细致的划分。

对于心理学家来说，灵敏度问题是很严重的，因为我们可能无法预测与所要测量的心理属性有关的重要差异的大小。虽然这个问题在自然科学中也有，但是自然科学家在做研究之前就意识到了它的存在。相反，社会科学家即使在收集完他们测量的数据之后，也可能意识不到量表的敏感性问题。

最后一个挑战是，没有意识到重要的心理测量学信息。在行为科学中，特别是在行为科学的应用中，心理测量学通常是社会或文化活动。无论是治疗师获得的患者的有关精神症状的信息，还是教师获得的关于学生知识掌握程度信息，抑或雇主获得的关于雇员的性格特征或技能信息，应用心理测量往往被用来促进人们之间的信息交流。遗憾的是，这种测量往往很少或者根本不考虑测验的心理测量学质量。

例如，大多数教师都会给学生考试。只有在极少的情况下，教师才能获得关于考卷的心理测量学属性的信息。事实上，教师们可能无法明确给出考试的理由。教师是在测量学生掌握知识的情况(潜在变量或假设构想)，看看学生能否回答问卷上的大多数问题，能否鼓励学生掌握相关的知识。由于学生在特定科目上知识掌握情况的不同，使得一些课堂测验的质量无法令人信服。即使如此，这些测验也可能有助于鼓励学生获得相关的知识。

虽然一个构想不好的测验在某些人群中会起到某些有意义的作用(比如激励学生去掌握重要知识)，在心理测量学上构想良好的信息比构想不好的信息要好。此外，如果测验或测量旨在反映人们之间的心理差异，那么测验必须有较强的心理测量学属性。这些属性知识应该反映测验的发展或选择情况——所有其他方面都应该是平等的，测验用户应该使用在心理测量学上指标好的工具。

总之，这些挑战表明，虽然行为科学测量和自然科学测量具有很多共同之处，但也存在重要差异，这些差异会让我们理解心理测量中的数据收集情况。比如，我们应该意识到被试的反应会影响对心理测验的反映。

同时，我们证明了行为科学家对这些挑战具有深刻的理解，并且他们采取了有效的方法来最大限度地减少、探查和解释各种各样的问题。同样地，行为科学家已经开发出在实验过程中减少被试偏差潜在影响的方法。在本书中，我们将讨论心理测量学家开发的方法来处理在发展、评估和测量心理属性与行为特征过程中遇到的挑战。

个体差异的重要性

识别和表征心理差异的能力是所有心理测量的核心，也是用于评估测验的所有方法的基础。事实上，心理测量的目的是识别和量化随着时间和条件的变化存在于人们之间的心理差异。这些心理差异是测验分数差异的条件，也是所有心理测量学知识的基础。当一名执业心理学家(practicing psychologist)、教育工作者或教育顾问，基于一个人心理测验的得分来对其做决定的时候，也要在测验能力背景下去理解这个人得分的含义和质量。

心理学中所有测量都要求我们获得某种行为样本。行为样本可能包括纸笔测验的分数，问题的书面或口头回答，或基于行为观察的记录。只有当人们对我们采样的行为反应有所不同时，我们才能获得有用的关于样本的心理测量信息。如果一个行为抽样程序在不同人身上产生不同的分数(或随着时间和条件不同而不同)，那么从抽样程序得到的心理属性的分数可以沿着各个维度进行评估。本书中，我们将介绍与这些心理测量属性相关的逻辑和分析过程。

如果我们认为一个特定的行为抽样程序可以测量一个不可观察的心理属性，那我们可以说从这个程序得出的分数差异确实和相关的、潜在的心理属性的差异有关。比如，心理学家可能对测量视觉注意(visual attention)感兴趣。因为视觉注意是一个不可观察的假设构想，所以心理学家必须创建一个反映视觉注意个体差异的行为抽样程序或测验。然而，在得出该程序确实能够解释视觉注意的结论之前，心理学家要积累证据，证明个人在测验中的分数与他们真实的视觉注意水平存在相关关系。心理学家积累证据的过程被称为验证过程(validation process)，这在之后的章节中会介绍。

在接下来的章节中，我们将展示个体差异是如何量化的，以及这种量化是如何成为解决心理测量中遇到的挑战的第一步的。个体差异代表了心理测量分析的现状，事实上，个体差异为心理测验的分析提供了数据支持。

超越了“差异”心理学的心理测量学

虽然前面的部分强调了测量是基于人们之间的心理差异，但是我们想要避免一种常见的误解。误解是心理测量学或者是更广泛的心理测量仅仅和心理学家相关，这些心理学家研究特定的现象，有时这些现象也被称作“个体差异”变量。

事实上，心理测量学很大限度上是在某些研究领域(如智力测验)的背景下发展起来的，这些研究领域被视为差异心理学的一部分。事实上，虽然许多心理学先驱追求适用于所有人心理现象的一般规律或原则，但高尔顿、斯皮尔曼等人则关注人类特征的多变性。例如，高尔顿主要关注人们彼此不同的方式——有些人更高，有些人更聪明，有些人更具有吸引力，有些人更具有侵略性。他对这些差异类型的程度、原因和后果感兴趣。

因此，高尔顿、斯皮尔曼等人采取的心理学研究方法被称为差异心理学(differential psychology)，即对个体差异的研究。人们对于差异心理学没有明确的定义和分类，但它常常包括智力、才能和个性。它通常与实验心理学形成对照，实验心理学主要集中在一般人身上，而不是人们之间的差异。

也许因为高尔顿与心理测量学和差异心理学都有紧密联系，当代心理学家有时把心理测量学只视为研究个体差异(如智力、能力/才能或性格等话题)的学科。他们有时候相信心理测量学并不关注对人类行为采取实验方法。我们完全不同意这个观点。

我们的观点是心理测量学并不局限于差异心理学中的问题。我们认为所有的心理学家，不论是在具体的研究领域还是实践领域，都必须关注测量行为和心理属性。因此，他们都应该了解与测量行为和心理属性有关的问题，而这些问题是心理测量的重要问题。

不管一个人的兴趣如何，所有的行为科学及其应用都依赖于识别和量化人类行为变异性(variability)的能力。我们稍后在本书中会讲到这个问题，并用具体的例子和原则强调心理测量学概念的广泛相关性。心理测量学研究测量行为变异性的操作和程序，并将测量结果与心理现象联系起来。

推荐阅读

关于心理测验的早期发展史：

DuBois，P. H.（1970）. *A history of psychological testing*. Boston，MA：Allyn & Bacon.

关于心理测量历史：

Jones，L. V. & Thissen，D.（2007）. A history and overview of psychometrics. In C. R. Rao & S. Sinharay(Eds.)，*Handbook of statistics*，26：*Psychometrics*(pp. 1-27). Amsterdam：North Holland.

关于心理学测量史的现代历史和哲学观点：

Michell，J.（2003）. Epistemology of measurement：The relevance of its history for quantification in the social sciences. *Social Science Information*，42，515-534.

关于当代测验和心理测验问题概述：

Miller，L. A. & Lovler，R. L.(2016). *Foundations of psychological testing*：*A practical approach* 5th Ed.). Thousand Oaks，CA：Sage.

第 2 章

心理度量

凡客观存在的事物都有其数量(E. L. Thorndike, 1918)。心理学家又普遍认同人具有一些心理属性，如思维、情感、情绪、人格特征、智力、学习风格等。如果我们认可这一点，那么我们就可以假设每个心理属性都寓于某种数量之中。在这种考虑下，心理测量可以被看作一个用数字来代表心理属性数量的过程。如果数字反映了该属性的实际数量，那测量就是成功的。

在大多数关于测验和测量的介绍性文本中，测量的标准定义(引自 Stevens, 1946)是这样的："测量是根据一定规则将数字分配给对象或事件的过程。"就心理学、教育学和其他行为科学而言，感兴趣的"事件"通常是个体的行为样本。这个定义中提到的"规则"通常指史蒂文斯(Stevens, 1946)提出的测量尺度。

本章将介绍心理度量的有关内容，它涉及数值被分配给心理属性的方式。度量是心理测量中的一个基本问题，对度量及其含义的理解是否充分取决于对各种抽象问题的理解程度。在本章中，我们将讨论数字的意义，数字可以用来表示心理属性的方式，以及将心理属性与数字建立联系过程中的问题。正如第 1 章所讨论的那样，我们重点关注那些旨在计量不可观测的心理特征的心理测验，如态度、个性特征和智力等。这些心理特征在测量过程中有一些特殊的问题，我们将讨论这些问题的几种可能的解决方案。

我们承认，这些问题可能不会引起一些读者，也许是大多数读者的兴奋和热情(或许对任何读者都如此)；然而，这些问题对心理测量、一般测量乃至对科学的追求和应用都是至关重要的。更具体地说，这些问题的重要性体现在它们有助于定义测量尺度，也就是说，它们有助于区分心理学家在心理测量中应用数值的方式。反过来，这些差异对心理测量中分数的使用和解释也具有重要意义。科学家和从业者使用和理解测验的方式在很大程度上取决于所使用的测量尺度。

因此，我们希望你注意本章中的概念，相信你将收获对心理测量的基础乃至对数字的本质的新认识。在编写本章时，我们对这些问题也有了更深入的理解。

有关数字的基本问题

在心理测量中，数字被用来代表个体的心理属性水平。例如，在智商测验中我们使用一个人获得的数字分数来代表他的智力水平，我们可能会用他在罗森伯格自尊量表上的数字分数来代表其自尊水平，我们甚至可能使用 0 或 1 来代表其性别(例如，男性可能被称为“0 组”，而女性为“1 组”)。因此，心理测量有很强的数字和量化导向。

重要的是，考虑到这种数值导向，我们要理解数字可以通过不同的方式代表心理属性，这取决于用于代表属性的数字的性质。在本节中，我们会描述数字的重要性质，并展示这些性质如何影响其表示心理属性的方式。

我们要理解数字的三个重要性质，也要理解 0 的意义。本质上，类别特征、等级特征和数量特征(property of quantity)反映了数字在心理属性中的潜在差异。此外，0 是一个有趣而复杂的数字，这种复杂性会对不同类型的测验分数的含义有影响。在不同的测量情境中，“0 分”可以有非常不同的含义。

类别特征

最基本形式的测量要能够反映“相同与不同”。确实，最简单的测量就是区分不同类别的人。例如，你可能会要求一年级的教师去发现教室里那些有行为问题的儿童。被归类为有行为问题的儿童在行为上应该是相似的。此外，有行为问题的儿童应该有别于被归类为没有行为问题的儿童。也就是说，一个类别中的个体在共有的心理特征方面应该是相同的，且应不同于其他类别的个体。其想法是对象或事件可以归为基于特征相似性的类别。在许多情况下，这些特征是反映心理属性的行为特征，如快乐或悲伤、内向或外向等。

在将人归类时，我们必须遵循某些规则。第一，最直接的规则是类别中的人必须具备类别特征(the property of identity)，即在特定类别中的所有人员必须与类别所反映的特征“相同”。例如，“行为问题组”中的每个人都必须客观存在行为问题，而“无行为问题组”中的每个人都不能有行为问题。第二，类别必须是互斥的。如果一个人被归类为有行为问题，那么他就不能同时被归类为无行为问题。第三，这些类别必须是详尽无遗的。如果你认为所有的一年级学生可以被归类为有行为问题或无行为问题，那么这些类别就是详尽无遗的。此外，如果你想到一个人不能这样简单地归类，那你就需要另一个类别来表示此人的行为。将第二条和第三条规则整合起来就是，每个人都要落入一个类别，且只能落入一个类别。

在这个层面上，数字只是作为类别的标签。这些类别可以用字母、名称或数字进行标记。我们可以将有行为问题儿童的类别标记为“行为问题儿童”，也可以将该类别称为“B 类”，也可以给这一类别指定一个数字。例如，我们可以将该组标记为“0”“1”或“100”。在这个层面上，数字通常不会被认为具有真正的数学价值。例如，如果用“1”来表示有行为问题的儿童类别，用“2”来表示没有行为问题的儿童类别，那么我们并不会将数字标签之间1的数值差异解释为任何形式的定量意义。

在人们之间进行分类区分时，不同类别成员之间的区别代表的是种类或质上的差异，而不是数量上的差异。再次回到教师对儿童分类的问题，两个群体之间的差异是儿童的类型不同——有无行为问题。在这个例子中，分类不是用来表示问题的数量，而是表示问题的存在与否。这样来看，分类代表的是两个有质的不同的儿童群体。

当然，你可能会反对说，用这样的方法测量或表示行为问题过于粗糙、不精确。你可能认为相较于用简单的有或无分类，这样的属性用一些量化的表示会更准确。这就引出了数字的其他属性。

等级特征

类别特征能够反映测量最基本的形式，但等级特征能传达更多的信息。如上所述，当数字只具有类别特征时，它们可以传递两个个体是相似或不同的信息，但仅此而已。不同的是，当数字具有等级特征时，就可以传递人们关于某一属性的相对数量的信息。

当数字具有等级特征时，就能根据某一维度来表示相对于对方的等级顺序。在这种情况下，我们将数字1分配给一个人，是因为他的对应属性比组中其他任何人都大，数字2可能被分配给在对应属性上第二大的人，以此类推。例如，我们假定教师要根据教室中儿童的学习兴趣来对他们进行排列。根据指示，教师可能会将对学习表现出最大兴趣的儿童标为数字1，而学习兴趣大于除第一个儿童以外的其他所有儿童的那个儿童则标为2，以此类推，直到对所有的孩子都依据其对学习的兴趣做出排名。

在用于表述顺序时，数字在本质上是作为标签的。例如，数字1表示了一个对应属性中比组中其他人更多的人。数字1分配给学习兴趣最大的儿童，作为描述儿童排名的一个标签。事实上，我们同样可以用字母来表示儿童们的排名。在这种情况下，学习兴趣最大(或最少)的儿童可以用A来表示他的排名。一组中的每一个人都有一个数字(或字母)，表示该人在组中基于某一属性的相对地位。为了便于交流，我们必须明确定义用于表示排名的符号的含义。在每个情境中，我们只需要知道1或者A表示的是什么意思。

虽然等级特征比类别特征传达了更多的信息，但它仍然是相当有限的。虽然它可以告诉我们人们在特定属性上的相对差异，但它并没有告诉我们他们的实际差异程度。例如，根据等级特征信息，我们可能知道，排名第一的儿童学习兴趣比排名第二的儿童要大，但我们不知道他们究竟有多大的学习兴趣。这两个儿童在学习兴趣上可能只是略微不同，也可能有巨大的差异。这样来看，即便数字有了等级特征，用来表示心理差异的话，仍然是一个相当不精确的方式。

数量特征

等级特征比类别特征传达了更多的信息，而数量特征传达的信息要比等级特征多得多。如上所述，具有等级特征的数字可以传递两个个体中哪一个具有较高的心理属性的信息，但它们不传达有关该属性的确切数量的信息。而当数字具有数量特征时，就可以给人们提供属性之间差异大小的信息。

在这个层面上，数字所反映的是一个个实数，或者表示数量的数字。数字 1 用于定义任意特定刻度上基本单位的大小。刻度上的所有其他值都是 1 的倍数或 1 的小数。每个数字(如数字 4)代表有多少个基本单位。思考一下用来测量温度的温度计。为了描述天气的温暖程度，温度计以“度数”(零上或零下)的形式反映温度。摄氏度就是测量的单位，温度用这一单位的形式来表示。

测量的单位是经过标准化的量，一个单位的大小一般由一些惯例决定或由人们共同约定。例如，1 摄氏度(1℃)最初是以冰融化的温度与水沸腾的温度差值的 1/100 来定义的。我们会在这一重点上稍作展开。

人们称实数是连续的。原则上，任何实数都可以分为无穷小的部分。在测量的情境下，实数通常被称为标量、进制或基数，或者有时只是作为量值。

实数的强大在于它们可以用来衡量事物、人或事件的属性的量。当实数以适当的方式应用于某一属性时，就可以表示某事物的数量。例如，温度为 50℃ 的一天比温度为 40℃ 的一天要热，且热了恰好 10 个单位(即 10℃)。

当心理学家使用心理测验来测量某些心理属性时，往往假定测验分数具有数量特征。而我们稍后会讲到，这个假定经常不那么合理。

数字 0

数字 0 是一个奇怪的数字(见 Seife，2000)，它至少有两个潜在的含义。要正确地解释“0”，你必须理解它对应的是哪个含义。

在其中一个可能的意义上，0 反映了这样一种状态，即对象或事件的属性并不存在。如果你说一个物体长 0.0 cm，你就可以声称物体没有长度，至少在普通意义的长度上是这样的。这种情况下的 0 被称为绝对 0 点(absolute zero)。在心理学中，比较符合绝对 0 点的行为测量的最好例子，可能就是反应时了。

0 的第二个可能含义是将其视为属性的任意数量。这种类型的 0 被称为相对 0 点(relative zero)或任意 0 点(arbitrary zero)。在物理世界中，诸如时间(如日历、时钟)和温度(由温度计测量)等属性，0 只是用于测量该特性的刻度上相对的一点。例如，0 摄氏度的温度代表了冰的熔点，但它并不代表某一事物“不存在”(即，它并不代表没有温度或温暖)。

心理世界充满了具有相对 0 点的属性，至少潜在地可以这样认为。例如，我们很难想象一个有意识的人真的没有(0)智力、自尊、内向、社交技能、态度等。虽然我们可能会开玩笑地说某人“没有社交技能”，但这是一种非正式的说法，实际上，我们认为每个人都具有一定的社会技能(以及自尊等)，虽然有些人可能较其他人的水平更低。

尽管大多数心理属性没有绝对0点，但针对这些属性的心理测验是可以产生0分的。在这种情况下，0就被视为主观的任意0点，而不是真的说某个属性缺失。此外，我们还会看到很多心理测验的分数用 Z 分数的形式来表示，这些我们将在第3章详细讨论。Z 分数分布的均值始终为0，这种情况下，0自然表示为任意0点或相对0点。

在心理学中，判断0应该被视为相对的还是绝对的是一个很严肃的问题。这个问题涉及一个重要的区别，即用来测量某一心理属性的测验与被测量的心理属性的特点之间的区别。

我们借用桑代克(Thorndike，2005)的一个例子来说明这个问题。桑代克曾描述过这样一个场景，一群六年级的儿童参加了拼写测验，请我们想象有一个儿童没有正确拼写考试中的任何单词。也就是说，这个孩子在测验中得了0分。在这种情况下，拼写测验是用来测量孩子的某个属性——拼写能力——的工具，测验本身具有绝对0点。也就是说，测验分数为0意味着孩子无法正确回答任何拼写问题。然而，很难想象一个六年级的孩子完全不会拼写，这个孩子的拼写能力可能并不为0。于是，问题就变成了我们如何对待孩子的考试成绩。我们应该认为它是绝对0点，还是相对0点呢？

心理测验分数的解释会受到测验的0点类型的影响。从运算的角度看，如果我们假设一个测验具有绝对0点，那么我们就可以自由地对测验分数进行数学上的乘法和除法运算；如果一个测验的0点是相对0点，那么对测验分数可能的算术运算将会受限，只能进行加减运算。而作为一个评价问题，重要的是要知道0意味着什么。这是否意味着一个在测验中取得0分的人在被测量的属性上完全缺失？抑或是意味着此人在被测量的属性上的量不可测量，至少无法用当前的给定测验来测量？

总而言之，理解数字的3个性质和0的意义，是理解和解释心理测验分数的基础。如果两个人具有共同的心理特征，那么就具备了类别特征。如果两个人具有一个共同的属性，但其中一人的这一属性比另一人多，就具备了等级特征。如果有了等级特征，并且能够确定在这个属性上一个人比他人多了多少，那么它就具备了数量特征。换句话讲，类别特征是最基本的测量水平。要测量任何事物，必须要明确它的个性所在。一旦某一属性的类别特征已知，就可能建立等级特征。此外，等级特征是数量特征的基本特征。下面我们也会讲到，数字在表示心理属性方面起着不同的作用，这取决于它们的测量水平。

我们一般把大多数心理测验都当作能够提供具有数量特征的数字分值。在接下来的两节中，我们将讨论两个基本问题，即有关这些定量测验分数的含义和使用。具体来说，我们要讨论“测量单位”的含义，计算这些单位所涉及的问题，以及这些计算的含义。

测量单位

数量特征要求清楚地定义测量单位(units of measurement)。正如我们将在下一节讨论的那样，能否定量测量取决于我们能否用这些单位进行计数。在讨论用测量单位计数的过程和意义之前，我们有必要先理解测量单位的含义。

在我们熟悉的许多物理测量案例中，测量单位是显而易见的。如果人们想测量一块木材的长度，那么他们可能会使用某种标记了米或厘米单位的卷尺。木材的长度是通过数木材的一端到另一端的这些单位的数量来确定的。

相比之下，在许多心理测量的情况下，测量单位往往不那么明显。当我们测量害羞、工作记忆、注意或智力等心理特征的时候，我们的测量单位是什么？想必它们是某种对一系列的问题或项目的反应，但是，我们怎么知道这些反应与心理属性本身有什么关系呢？这些问题代表了心理测量中最棘手的问题，让我们稍后再来回答。现在，我们只想集中讨论测量单位的概念。为便于理解，我们下面通过类比对物体长度的测量(Michell，1990)来介绍这一概念。

试想一下你正在制作一个书架，你需要测量木料的长度。遗憾的是，你找不到卷尺、码尺或任何类型的尺子，你要怎么对你手上各种木料的长度做出精确的量化呢？

在迫不得已的时候，你可以自创一套独特的测量系统。首先试想，你碰巧发现了一个之前剩下的木制窗帘杆。你裁下一小截窗帘杆——对这一小截，我们可以自创一个词，称为1 xrod。因为你的书架木料比1 xrod长，你需要用数字，也就是几xrod来表示它。因此，你可以用最开始的那个xrod作为模板，生成一个同样大小的xrod的集合。也就是说，你可以从窗帘杆上再裁出额外的几个xrod，确保每个xrod和一开始裁下的1 xrod长度完全相同。现在，你就可以用你的xrod来测量你所有木料的长度了。例如，要测量一个货架的长度，只要将一个xrod放在将要用作货架的那块木料的一端，然后将别的xrod一个接一个地排成一条直线，直到到达木料的另一端。现在只要数一下xrod的数量就可以了，例如，你可能会发现架子是8 xrod长。

你刚刚用一个叫xrod的单位测量了长度。你可以用这些xrod来测量每块木料的长度。事实上，不仅仅是木料，你还可以用你的xrod来测量许多其他东西的长度。在诸多层面上(除了可能只有你一个人知道xrod表示什么以外)，你的测量和用其他单位的任何一种测量是一样好的。

任意性是理解测量单位的一个重要概念，它在不同类型的测量单位中有所区别。测量单位的任意性有三个层面。第一个层面的任意性是指单位大小可以是任意的。即单位的特定大小可能是任意的。回想一下你自创的xrod——你最开始裁下的1xrod——可能是任何长度的。在你裁第一个xrod的时候，你可以任意决定它的长度——没有所谓“真正的”1 xrod应该要多长。你只是随便选择了一个长度来裁下，这个长度就成为了1 xrod的“官方”长度。从这个意义上说，我们测量单位的实际长度是完全任意的。同样，1磅所表示的质量的量也是任意的。虽然现在我们对1磅所代表质量的量已经有了明确的共识，但我们也可以问，为什么1磅代表的是这些质量呢？这种选择很可能是任意的。

第二个层面的任意性是指某些测量单位不与任何一种类型的对象绑定在一起。也就是说，对可应用测量单位的对象可能没有固有的限制。我们的 xrod 可以用来测量任何一个具有空间范围的东西的空间范围。例如，可以用来测量一块木头的长度，一张桌子的长度，两个物体之间的距离，或者游泳池里水的深度。同样，千克可以用来测量许多不同种类的物体的质量。

第三个层面的任意性是指当采取物理形式时，某些测量单位可以用来测量物体的不同特征。例如，我们用来测量一块木材长度的 xrod 也可以用作质量单位。想象一下，你需要测量一袋水果的质量，如果你有一台天平，你可以把袋子放在秤的一端，然后在秤的另一端一个 xrod 一个 xrod 地放上去。当天平的两边“平衡”时，你就会知道那袋水果的质量，比方说，4 xrod。

标准测量，是基于具有所有3种任意性的测量单位的。在物理测量中，标准单位包括磅、升和毫秒等单位。这种单位的任意性使得它们具有很大的灵活性和普遍性。例如，可以使用毫秒来测量人对刺激做出反应的时间等。

与众多物理测量不同，大多数心理测量的单位(例如在测验中的分数，机械能力测验或智力测验等)通常只在上述第一个意义上是任意的。即大多数心理测量单位的大小是任意的，但它们通常与特定的对象或维度有关。例如，IQ 测验的“单位”是与智力挂钩的，不适用于任何其他维度。由于 IQ 测验分数的这一特点，我们将 IQ 评分单位称为“IQ 点数”；这些点数除了用于测量智力的测验之外，没有任何指代。但这一现象也有一个重要的例外，即标准测量有时也用来测量心理属性。例如，反应时经常被用来测量各种认知过程。

可加性和计数

计数(counting)是测量过程的核心。无论我们是要测量物理世界的特征还是心理世界的特性，所有的测量都涉及计数。例如，当你用 xrod 来测量一块木头的长度时，你把 xrod 一个接一个地排成直线，从木头的一端排到另一端。然后对 xrod 计数，以确定对象的长度，这个计数的结果就是长度的测量。同样地，当你使用行为抽样程序(即测验)来测量一个人的自尊时，就要对某种反应进行计数。例如，你可以将作答为“是”的测验语句数进行计数，并且可以将作答“是”的数目解释为作答者自尊水平的反映。即你对测量单位计数，以获得测量的分数。

可加性

重要的是，作为测量的一个方面的计数过程涉及一个关键假设，这一假设可能在许多心理测量中并不适用。这一假设就是，单位的大小是不变的——被计数的每个单位都是相同的。换言之，可加性(additivity)要求单位大小保持恒定，测量过程中某一点的单位增量必须与其他任何点上的单位增量相同。

回想一下 xrod 的例子。在这个例子中，你以初始的那个 xrod 为指导，裁下其他的 xrod。我们希望你“确保每个 xrod 都与初始的那个 xrod 长度相同”。这样的话就可以保证，每当你把 xrod 一个接一个地排起来并计数的时候，你的计数能够准确地反映长度。比方说你裁了 10 xrod，如果它们都是相同的，那么你在测量长度时使用哪几个 xrod 并不重要。也就是说，你测量为 5 xrod 的一块木头将被一直测量为 5 xrod，不管你用来测量这块木头的这 5 xrod 具体是哪 5 个 xrod。

现在试想一下你的 xrod 有不同的长度，而不是相等长度的集合。在这种情况下，如果你两次测量同一块木材，你可能会得到两个不同的计数——表明两个不同的长度。即如果有一些 xrod 比其他的长，那么这块木头用较短的一些 xrod 测量可能有 5 xrod，而用长一些的 xrod 测量可能只有 3 xrod。因为你用的单位的大小不是恒定的，所以整个测量系统是有瑕疵的——1 xrod 所代表的的单位长度并不唯一。这样你就无法确定木头的真实长度。

此外，测量单位的大小不应随测量条件的改变而发生变化。例如，xrod 的大小应保持不变，而不考虑将其用于测量一块木头的时间。事实上，我们希望我们的测量只受我们所测量的事物的那一个属性的影响，而不管测量的时间或地点有什么变化。这个条件被称为联合测量(Luce & Tukey，1964)，由于这一问题过于复杂，超出了本书的范围，因而不做赘述，如果读者感兴趣，可以参阅格林和劳(Green & Rao，1971)的论文。

假如有一个学生两个问题都回答正确。在真正的知识量方面，这位学生会有 4 个心理单位的历史知识。然而，在测量方面，他的分数只有 2。即如果你简单地把正确回答的题目数量归纳成总分，这位学生将获得 2 分。这就意味着这位学生有 2 个单位的历史知识，而实际上他有 4 个单位的知识。

虽然这些问题在物理测量方面是再清晰不过的(xrod 的例子)，但我们最关心的是心理测量。所以想象一下，你是一个历史教师，想要测量一个心理属性，如“世界历史知识”。一般来说，通过问学生一系列可以反映世界历史知识的问题并记录他们对问题的回答就可以做到。让我们暂时区分测量单位和心理单位，即，每个测验项目都代表一个测量单位；然后再计算所有回答正确项目的数量以获得一个分数，解释为学生对世界历史的了解。相对应地，我们粗糙地、非正式地用心理单位来表示“真实”的知识水平。理想情况下，测量单位是与心理单位对应的，即我们可以使用测验分数来表示心理属性的水平。考虑到这一点，你可以以某种方式(例如，通过计算每个学生正确回答的问题的数量)将每个学生的测验反应整合起来，创建一个总分，解释为对历史知识的真实测量。

假设你的测验中有一个问题是“美国的第一任总统是谁”，另一个是“第一个驶入‘海湾之声’的欧洲人是谁”。应该清楚的是，正确回答第一个问题所需要的美国历史知识量远远低于正确回答第二个问题所需的知识量。在心理单位方面，打个比方，正确回答第一个问题只需要 1 心理单位的美国历史知识，但要正确回答第二个问题则需要 3 倍的知识(即 3 心理单位的美国历史知识)。

之所以会出现这种差异，是因为测量单位在其要反映的内在属性方面不是恒定的，即问题的回答不是一个同等大小的知识单位的函数，也就是说回答第一题比回答第二题需要的知识要少。因此，正确作答的简单加法计数并不是测量知识量的好方法。

从心理学的视角来看，我们一般假设美国历史知识的心理属性实际上是以某种数量存在的。然而，不像木头的“长度”可以直接观察，我们不能直接观察“美国历史知识”。因此，我们不能直接看出某人的美国历史知识问题正确作答的计数是否与其所拥有的美国历史知识的实际数量相对应。

这里存在一个悖论：我们要将心理属性的数量转换为一组数字，从而达到我们的测量目的，但这似乎做不到，因为我们不知道这一属性实际上存在多少。这一点是测验效度过程的核心(见第8、第9章)，在很大程度上是一个对应属性的理论建立和经验数据收集之间的反复过程。

计数：什么情况下有资格作为测量

虽然所有测量都依赖于计数，但并非所有的计数形式都符合测量形式。事实上，当我们计算事物个数而不是属性时，就会产生关于计数和测量之间关系的争论(Lord & Novick，1968；Michell，1986；Wright，1997)。例如，如果要你数一下桌子上的叉子数，你是在“测量”什么东西吗？同样地，如果要你数教室里孩子的数量，你是在测量什么东西吗？

有专家认为，仅仅计算某种物体的数量并不符合“测量”的标准。他们认为，只有当计数是为了反映某一物体的某一特征或属性的数量时，计数才有资格作为测量。例如，如果一个物理科学家使用盖格计数器来计算物体的放射性排放量，那么他就在测量物体的放射性，其中的“放射性”是物体的特征。同样，如果教授计算了学生在数学考试中正确作答的题目数量，那他可能在测量学生的数学知识量，其中“数学知识量”是学生的心理属性。

四种测量尺度

如前所述，测量涉及将数字分配给观测对象，从而使数字反映心理属性水平之间存在的真实差异。而另一个度量是将数字与观测行为关联起来以构建描述测量值的特定方式(Allen & Yen，1979；Crocker & Algina，1986；Guilford，1954；Magnusson，1967)。

事实上，度量的定义本身就存在争议。一方面，有专家可能会认为我们对它的定义过于自由而不可接受，因而会将其限制为对至少有等级特征的数字的分配(Magnusson，1967；McDonald，1999)；另一方面，有专家可能希望将这个定义进一步限制，即需要使用标量(Wright，1997)。这一争论在测量学文章中经常可以看到，在这里我们不再讨论。应该指出的是，这两个术语，即测量和度量，对于一些作者来说其实是同义词(Bartholomew，1996)。

史蒂文斯(Stevens，1946)在一个后来经常被引用的研究中，提出了四种测量水平。在测量的标准定义中，他认为将数字分配给行为的观察是“受规则支配的”。在大多数情况下，这些“规则”是指史蒂文斯(1946，1951)提出的几类测量尺度，或称量表水平。史蒂文斯给出的尺度之所以是“规则”，是因为它们提示了数字的某些属性如何与心理属性相关的特定类型的行为观察联系起来。表 2-1 将这些测量水平与前面概述的数字性质做了整合。

表 2-1　数字性质与测量水平之间的相关

数字性质	测量水平			
	称名量表	顺序量表	等距量表	等比量表
类别特征	√	√	√	√
等级特征		√	√	√
数量特征			√	√
绝对 0 点				√
示例	生物性别	班级排名	温度	距离

称名量表

最基本的测量水平是称名尺度的测量。在称名量表(nominal scales)中，具有类别特征的数字被用来标记观察，即根据某种心理属性将行为归为某些类别。例如，我们可以通过将人归类为两类——男性和女性，分别表示为 0 组和 1 组，来“测量”生物性别。同样地，如前所述，教室中的儿童也可以根据行为问题的存在与否而被归为两类，数字 1 表示儿童有行为问题，数字 2 表示没有行为问题。只要我们能确定这些分类是互斥和详尽无遗的，那唯一需要关注的就是我们能否正确地将儿童分组了。

需要注意的是，要把称名量表所用的“标签”与用于识别或命名个体的“标签”区分开来。称名量表的标签是用于标识共有同一属性的一组人，组外的所有人都不具备这一相同属性。相比之下，用于标识个体的数字(如社保号码)则一般不起区分不同组成员的作用。然而，当数字以某种系统的方式分配给个体时，这种区别可能会被掩盖。例如，可以根据出生年份对人们进行分组，足球运动员球衣上的数字可以用来区分在团队中扮演不同位置的人。重要的一点是，当使用数字来识别人的时候，你需要清楚你的意图。即你是使用数字来区别个体属于哪个不同的组(即称名量表的情况)，还是作为个体的编号，起到类似姓名的作用?

顺序量表

顾名思义，顺序量表(ordinal scales)指的是以具有等级特征的数字为形式的测量。也就是说，顺序量表可以提供顺序信息，即根据其所拥有的某种属性的数量来排序。例如，一个代表队的运动员可以根据他们的运动竞技的等级排列。队伍的教练可以根据自己对每个运动员水平的判断来进行排名。水平最高的运动员可能被分配为数字 1，水平第二高的运动员记为数字 2，以此类推。

如前所述，在这个意义上使用的数字是简单的标签，表明人们在被测量的属性(例如运动)上的相对地位。但是，这种量表没有尝试确定每个人在该属性上的水平实际是多少。这些数字只是表明在这一属性上一个人比另一个人多或少。

这一水平的测量比称名量表传达了更多的信息，但它仍是有限的。考虑其局限性，我们可以设想有两个不同的运动员代表队，一支由职业运动员组成，另一支由高中生组成。每个队的运动员分别由各自的教练根据他们的水平进行排名，即每个职业运动员都与其他职业运动员进行比较，每个高中生运动员也都与其他高中生运动员比较，最终确定排名。水平最高的职业运动员和水平最高的高中生运动员都排名为“1”。他们的“分数”告诉我们，这两个人是他们所在队里水平最高的运动员。事实上，尽管他们都排第一名，但这并不意味着他们处于同样的水平。显然，我们不能得出水平最高的高中生运动员与水平最高的职业运动员水平相当的结论。这种数量上的比较需要有数量特征的测量。

等距量表

数量特征是其余两类量表都具备的特点。即，等距量表(interval scales)和等比量表(ratio scales)是基于数值的，能够代表人与人之间在被测量的属性上的数量差异。然而，两种量表的区别主要在于0的意义。

等距量表的0点为任意0点。如前所述，以摄氏度(或华氏度)单位表示的温度是在等距量表上测量的属性(温度)的典型示例。即，0℃(或0℉)是主观设定的，因为它并不代表没有任何属性。即，它并不代表没有热量。

在等距量表中，测量单位的大小是恒定的、可加的，但等距量表不允许做乘法解释。你可以把40℉加2℉得到42℉，也可以把2℉加到80℉里得到82℉。在每种情况下，温度计中2℉的改变表示了相同大小的温度改变。然而，将80℉的温度理解为40℉的2倍，是不恰当的。

我们后面还会讨论到，许多心理测验在其使用和解释的过程中，被视为基于等距量表的测量。例如，绝大多数的智力测验、人格测验、成就测验、发展测验和许多其他类型的心理评估都被视为等距量表。通过假设测验的分数具有数量特征，并且测量单位具有恒定的大小，测验使用者可以将测验分数应用到诸多研究和实践中去。

遗憾的是，据许多测量专家表示，很少有心理测验可以是真正的等距评分(Ghiselli, Campbell & Zedeck, 1981)。一些知名的学业评估测验，如学术能力评估测试和美国大学入学考试得到的分数，可能是基于等距量表的。然而，也有人认为，绝大多数心理测验中的分数实际上并不是基于等距量表的。稍后我们会再回来探讨这个问题。

等比量表

与等距量表的任意0点相比，等比量表拥有的是绝对0点。例如物理距离的测量就是等比量表。假如我们打算测量两个物体之间的距离，发现距离是0。在这种情况下，0表示真正的

“没有距离”，即0表示被测量特征是缺失的。

等比量表被认为是比等距量表、顺序量表和称名量表更高水平的测量，因为它们能提供更多的信息，并允许进行更复杂的推论。具体来说，等比量表既允许加法，又允许比率形式的乘法。例如，我们可以把80千米的距离理解为40千米距离的“2倍远”，这并无不妥。

该问题对我们解释对象之间的差异有重要作用。在应用情境下，等比量表允许测验使用者做出诸如“精神病患者A的精神障碍程度是精神病患者B的2倍”这样的陈述。在研究情境下，等比量表允许研究人员根据所测量的基本属性来解释某些统计过程的结果。

大多数测验专家认为，可能并没有哪个心理测验能够产生等比数据，这可能有些出乎意料，因为你可能想起了用标准测量对心理属性进行测量的办法。例如，反应时(以毫秒为单位)是认知心理学中常见的测量形式，在人格心理学中也越来越受欢迎。诸如“以毫秒为单位计时”的标准测量是等比的测量，那么为什么我们又说没有等比水平的心理测验呢?

记住，等比量表有绝对0点。然而，稍加思考我们就可以发现，一个人不可能在0秒(或毫秒)内对任何事情做出反应。测量装置有绝对0点(如一块静止的手表)，但人的反应时不可能为0。我们并不是在说测量反应时的方法不好或不能应用于心理过程的测量，事实上，反应时可能是测量心理活动的最自然的方法(Jensen，2005)。举这个例子的要点在于，测验的使用者必须把测量设备的0点与我们所测量的心理属性特征的0点区分开来。尽管测量仪器可能有绝对0点，但这并不意味着被测量的心理属性有绝对0点(Blanton & Jaccard，2006)。

测量尺度：实际意义

如前所述，测验的测量尺度可以产生重要的影响。在行为科学研究中，人们普遍认为这个问题可能会影响到特定形式的统计分析的意义。具体说来，有人认为一些最常见的、基本的和我们熟悉的统计程序只能应用于等距量表或等比量表，而不能用于称名量表或顺序量表。

变量的测量尺度对某些描述性统计(如均值或相关性)的意义有重要的影响(见第3章)。举一个相当具体的例子，考虑一个称名变量，如头发的颜色。比如，我们有20名被试的样本，我们对每个人头发的颜色进行分类：组1=金色(13人)，组2=黑色(4人)，组3=棕色(3人)。如果我们用这些数字来计算“平均发色”，我们会得到1.5这个值。

虽然在数学上可以简单地计算一个称名变量的平均分数，但问题在于这样做是否有意义。“平均发色”到底是什么意思?更重要的是，这里的1.5又意味着什么?这是否意味着平均头发颜色是金—黑色，因为1.5是在1和2之间(在本文中代表金色和黑色)?更糟糕的是，我们可以采用不同的分类方法：组1=黑色(4人)，组2=棕色(3人)，组3=金色(13人)。这样也是可以的，因为这里的数字(对称名量表来讲)只是标签而已。然而，在这种情况下，平均分数就变成了2.45。同样地，这次这个数值又意味着什么——人们的平均发色是金—棕色?我们对“平均发色”问题的回答发生了改变，这是因为我们选来代表头发颜色的数字发生了变化。这是一个问题。

这个例子想要传达的一点是，某些描述性统计概念的意义在很大程度上可以依赖于测量的尺度。某些描述性统计概念在应用于某些量表的分数上时并不十分有意义。

对于描述性统计的问题是相对清晰的。相比之下，关于测量尺度是否会对参数统计的使用(例如 t 检验或方差分析，你有可能熟悉)有明显的影响，并存在较大分歧。一方面，许多统计教科书和研究人员认为，参数统计程序仅适用于等距或等比量表。例如，科恩(Cohen，2001)指出，“只有在处理等距或等比数据时，参数统计才真正有效”。另一方面，也有许多专家反对这一观点。例如，豪厄尔(Howell，1997)断言，“基于什么测量量表对于我们选择什么统计技术并不重要”。更有针对性的是，加伊托(Caito，1980)提出，那些认为测量尺度对参数(和非参数)统计程序的适当性有直接影响的人“显然没有读统计期刊的文献，因为已经有很多文章表明，测量尺度与统计技术无关”。考虑到这种分歧，马克斯韦尔和德莱尼(Maxwell & Delaney，2004)承认，“测量的水平是否会影响参数和非参数方法之间的选择，仍是有争议的问题”。

尽管这个问题还存在分歧或模棱两可，但行为研究人员一般将大多数测验和测量视为具有等距测量水平。尤其对于从多项量表中得到的累积分数，研究人员假定分数具备“合理的”等距水平。而对于非常简短或单一项目的量表，这种假设则更弱一些。在这种情况下，研究人员要么考虑其他分析策略，要么承认潜在的问题。

关于测量尺度的其他问题

史蒂文斯提出的关于将符号(包括数字)分配给测验中行为观测的规则，应作为启发式的工具，而不是作为一个明确和详尽的分类。事实上，也有其他作者提出了别的测量水平，并制定了相应的量表规则。例如，库姆斯(Coombs，1950)主张在称名量表和顺序量表之间、顺序量表和等距量表之间各增加一个水平。同样地，莫斯特勒和图基(Mosteller & Tukey，1977)也提出了六种类型的量表。而米歇尔(Michell，1986)认为，根据某些定义，只有等距量表和等比量表可以称为“测量”。此外，计数本身也可以被认为是一个测量的水平，而当用于量化的心理属性时，它可以被认为是拥有绝对 0 点和固定非任意单位(数字 1)的一种测量。我们的讨论之所以着眼于史蒂文斯的模型，是因为它最常用，并且能为理解与心理有关的关键问题提供合理的基础。

另一点是，一些二分变量，即只用两个数值(如 0 和 1)编码的变量有时也可以被认为是一种等距数据，尽管这种变量通常见于称名量表。如果你有理由相信，离散二分分类是基于某种基本的定量心理属性创建的，那么二分变量就拥有与数量相关的所有属性。例如，假设你要对抑郁症进行测量。你对一群人实施了测验，并根据分数把他们分为两类(抑郁的和不抑郁的)。如果你把数字代码分配给这些类别，那么数字就可以视为反映了两类人抑郁症的数量的差异。在这种情况下，可以在等距量表上概念化这些值。另外，如果分类不是以数量属性为前提的，那么将代码视为具有量化属性是没有意义的。例如，根据是否使用过非法药物来将人群分为两类。

总 结

本章讨论了许多重要的理论问题，力图勾勒出心理测量的理论基础。在本书中，测量的核心目标是将数值与人的心理属性联系起来。如本章所述，测量方面的基本问题包括：①行为观察和数字符号之间的联系；②这种联系使这些符号识别出被观测的行为间真正差异的程度。

对心理属性的测量面临着一些挑战，一部分原因是心理属性(如特征、能力、技能、态度等)不能被直接观测到。因此，在许多心理测量的案例中，心理学家可能会用非定量的方法对心理属性进行测量，或者假定采用的测量模型足以近似量化所测的心理属性。然而，所有心理测量程序都有一个共同点——它们都是表示人们之间差异的过程。在第3章中，我们将讨论用于处理和描述这些个体差异的统计过程。

推荐阅读

一篇心理测量方面的经典文章：

Stevens, S. S. (1946). On the theory of scales of measurement. *Science*, 1103, 677-680.

一篇讨论史蒂文斯测量尺度的数学模型的文章：

Coombs, C. H., Raiffa, H. & Thrall, R. M. (1954). Some views on mathematical models and measurement theory. *Psychological Review*, 61, 132-144.

了解"0"的趣味史：

Seife, C. (2000). *Zero: The biography of a dangerous idea*. New York, NY: Penguin.

深入审视不同的概念化测量方法，以及数字在科学中的应用：

Michell, J. (1986). Measurement scales and statistics: A clash of paradigms. *Psychological Bulletin*, 100, 398-407.

有关心理测量最基本问题之一的讨论：

Blanton, H. & Jaccard, J. (2006). Arbitrary metrics in psychology. *American Psychologist*, 61, 27-41.

第 3 章

个体差异及相关概念

本章内容包括构造心理测量的 3 个重要部分：变异性(variability)、协变性(covariability)和测验分数解释。它们是测量理论、测验评估和测验使用的基础。本章内容会涉及很多统计学知识，如果你对其中的概念了解得并不全面，通过对本章的学习可加深你对各个概念的理解程度，从而更好地为随后学习心理测量理论和心理测验分数意义奠定基础。

本章主要包括 3 部分内容：首先，我们介绍变异性概念——一组测验分数间或一个心理学属性贡献量的差异程度以及变异性的重要性和测量变异性的步骤方法。之后，我们会探讨协变性——一组测验分数的变异性与另一组测验分数变异性的一致性程度。同样地，我们也将介绍协方差的重要性和量化的步骤方法。最后，我们将基于变异性这一概念，系统介绍提升测验使用者解释分数能力的方法。

变异性的本质

正如我们之前提到的，心理测量基于一个假设，即人们的心理特性及行为是不同的(或者可能是不同的)。在某些情况下，这个假设是显而易见的，比如一些想要探索人们心理差异的来源及意义的研究。然而，在一些情况下，这一假设是内隐的，例如，一个测验使用者可能想要了解某个个体的一些心理特质，比如对一些心理障碍下诊断。但是即使在这种个案的情况下，测量过程依然基于个体间存在差异这一假设，并且认为诊断性的测量可以检验出这种差异。

至少有两种差异是行为学家想要测量的。一种是个体间差异，比如高中生参加 SAT 会取得不同的分数，这种分数的不同就体现了个体间差异。同样地，当研究者在实验中测量一个因变量时，不同的被试在因变量上的不同得分也体现了个体间差异。值得注意的一点是，在一个实验中，有些个体间差异会出现在同一实验组中，而有些个体间差异则出现在不同的实验组中。因此，即便是严格控制的实验，其关键也在于对个体间差异的测量和分析。

行为学家想要测量的另一种差异是个体内差异，即一个个体在不同时间或环境下表现的差异。精神病人在治疗过程中的症状变化就是个体内差异。

我们在心理学中编制、评价到最后使用测验都是基于心理差异存在且可以被量化这一前提的，而在本章中，我们将主要关注和很多心理测量应用相关的个体间变异性。

个体差异的重要性

在心理学中我们怎么强调个体差异的重要性都不为过，因为心理学就是关于个体行为的变化性的研究。可以说行为科学主要就是理解人们之间差异的科学，这些差异包括不同群体间或者不同条件下个体间的差异。而对这些差异的测量则是行为科学的必要组成部分。

所以，变异性是行为科学研究及研究应用中的核心。在研究中，行为科学家通常想努力地理解人与人之间的差异(包括不同群体间差异)。当心理学家和其他行为科学家研究攻击性、智力、精神病、婚姻满意度或者学业能力时，他们想要确定和理解个体间差异的原因与结果。为什么有些人攻击性更强？智力的差异是否和生物学特性的差异相关？父母婚姻满意度的差异性和孩子自尊的差异性有关吗？不同的药物剂量会影响患者的抑郁水平吗？所有这样的问题都起源于一个假设，即人们在很多重要方面存在差异并且该差异可被测量。

在应用领域，行为科学家通常假设心理特质是有差异的。招聘方试图通过甄别求职者责任心、诚信度和智力这些心理特质的差异程度来提高招聘效率。而大学招生办试图通过甄别学生在学业能力上的差异以做出更好的招生决策。临床治疗师则想要甄别出不同心理障碍的差异，从而确定对不同的来访者而言哪种治疗方式最有效。

个体差异也是心理测量的基础。正如之前提到的，测量依赖于一个简单但至关重要的假设，心理差异存在且可通过精心设计的测验方法测量。我们将在本书后面看到个体差异的存在和检测是测验编制和评估的核心。更具体地说，信度和效度等心理测量概念完全取决于测验量化人与人之间差异的能力。我们在第1章提到，在传统观念里，人们认为只有建构和使用传统的心理测试的人才关注个体差异。比如，人们认为对个体差异的研究通常只与研究个性、智力或成就的研究人员有关。这种普遍的传统观点将“个体差异”的重要性和意义局限于行为科学的某些领域，同时也将心理测量学局限于行为科学的几个领域。尽管这一观点长期普遍存在，但是它是错误的。实际上心理学上所有的研究和应用都依赖于测量个体差异的能力。比如，实验心理学家会让被试接受不同的实验处理，然后测量这些实验处理对他们行为的影响。例如，临床实验人员可能为了测试一种新药治疗抑郁症的效果而随机将一些抑郁个体分配到接受新药组或接受安慰剂组，然后在2个月的“治疗”后测量所有被试的抑郁水平。当然，实验人员可能想要发现个体抑郁水平的差异与接受治疗的类型存在高相关——接受新药治疗的个体比接受安慰剂组的个体抑郁水平更低。因此，实验心理学家试图说明个体心理反应(比如抑郁情绪)上的差异在某种程度上是个体所接受的实验条件不同导致的。同样，在所有条件下心理学的科学应用至少都要求个体差异能被测量。比如，在临床领域，心理障碍的诊断依赖于治疗师测量精神疾病的能力，这要求治疗师能分辨出精神病患者与非患者的差异。如果这个治疗师致力于心理学研究，那么他还会试图确定患者的行为是否随时间发生变化，若发生了变化，那么这种变化是否是由治疗带来的。

因此，心理学的各个领域——不论是实验性还是非实验性，是基础领域还是应用领域——都依赖于个体差异的存在及量化，而认识到这一点是至关重要的。

对心理特质的差异进行量化，第一步是认识到心理测验的分数可能会基于测验对象的不同、测验时间的不同而发生变化。当不同的人或者同样的人在不同时间点进行测验后，测验分数会形成一个分布，这个分布中分数的差异通常被称为变异性。很多行为研究中的重点就是精确地量化一组分数分布中的变异性。

变异性和分数分布

为了理解心理测量的基本概念，我们首先需要理解一些统计的基本概念。其中最重要的是理解方差及协方差的概念和计算方法以及它们之间的联系，计算方差就是量化在一个分布或者一组分数中的变异性或个体差异，而协方差则是量化一组方差与另一组方差的联系。

心理测量的很多基本概念都是建立在对分数分布的解释和描述上。当一群人参加一个测验时，每个人都会得到一个分数，而通常他们的分数各不相同，有人得高分，有人得低分，也有人分数中等。这群人的一组分数就构成了一个分数的分布。表 3-1 以 6 人参加 IQ 测试为例，6 人分数的分布反映出个体的差异——个体的分数最低 90，最高 130。

表 3-1　对分数分布描述的样例

IQ(X)	离均差($X-\bar{X}$)	离均差的平方$(X-\bar{X})^2$
110	0	0
120	10	100
100	−10	100
90	−20	400
130	20	400
110	0	0

注：和(sum) $\sum(X)=660$，平方和(sum of squares) $\sum(X-\bar{X})^2)=1000$，平均数($\bar{X}$)=110；方差(s^2)=166.67，标准差(s)=12.91。

统计的一个重要目标是以一种有意义的方式描述分数分布，而至少有 3 种类别的信息可以做到这一点。这其中很多的概念可能你都已经很熟悉了，比如集中趋势、方差和形状等。接下来我们将一起探究这些概念并以此为我们之后学习信度和效度等心理测量的概念打下基础。

集中趋势

集中趋势可能是一组分数分布中最基本的属性：一个分布中最“典型”的分数或者最能代表整个分布的分数。虽然有很多统计量可以用来反映集中趋势(如中位数、众数)，但是我们最常用的还是平均数。

算术平均数($\overline{X}$)是指一个能代表一组分数分布的“典型”的分数值。你们可能都很熟悉这种平均数的公式：

$$\overline{X}=\frac{\sum X}{N} \tag{3-1}$$

在式(3-1)和接下来的公式中，“X”代表每个个体的分数，sigma 符号($\sum$)是指将所有 X 的值相加，N 代表的是一个群体中的人数(或者说是 X 值的个数)。在表 3-1 的数据中，IQ 的平均数是 110：

$$\overline{X}=\frac{110+120+100+90+130+110}{6}=\frac{660}{6}=110。$$

因此，这个群体中“一般人”的 IQ 分数是 110。

虽然一组分布中的平均数是很有用且有趣的信息，但我们还是更关注如何量化一组人之间的差异程度，其中一种方式是量化每个人的分数偏离平均数的程度，也就是我们接下来要讲的内容。

离散程度

我们之前反复强调过，测量是基于变异性这个概念的。所以，如果我们的测量是有用的，那么它要能够反映人们心理特质的差异，即对有意义的心理差异敏感。因此，我们必须要精确地量化一组分数中的变异性。

虽然有不少的统计量可以用来量化一组分数的变异性，但我们只会着重介绍其中两个——方差和标准差。这主要是因为这两个指数在行为科学里是最常用来衡量变异性的，并且也是心理测量理论核心内容的基础。

方差和标准差通过一组分布中的分数偏离分布平均数的程度来反映变异性。在表 3-1 的数据中，我们看到 IQ 分数存在差异，有一个人比平均数高 20 分，也有人比平均数高 10 分，而在分布的另一端，有一个人比平均数低 20 分，也有人低 10 分，方差就是从这些偏离中计算出来的。

方差是心理测量中的一个重点概念，所以我们需要仔细地思考它是如何得来的，它又意味着什么。基于计算每个分数偏离平均数的程度，计算方差可以总结为三个步骤。第一步，计算分布中每个分数偏离平均数的值(在此之前需要计算出平均数)，从形式上讲，即($X-\overline{X}$)，在表 3-1 中“离均差”一栏可以看到。这些值代表了每个分数高于或低于平均数的程度。第二步，同表 3-1 在“离均差平方”一栏中一样，我们计算离均差平方：$(X-\overline{X})^2$。第三步，计算离均差平方的平均数，得到方差：

$$s^2=\frac{\sum(X-\overline{X})^2}{N} \tag{3-2}$$

在表 3-1 中，方差为 166.67。

$$s^2=\frac{(110-110)^2+(120-110)^2+(100-110)^2+(90-110)^2+(130-110)^2+(110-110)^2}{6}$$

$$=\frac{(0)^2+(10)^2+(-10)^2+(-20)^2+(20)^2+(0)^2}{6}$$

$$=\frac{0+100+100+400+400+0}{6}$$

$$=\frac{1000}{6}$$

$=166.67$。

方差的分母有时被称作“离差平方和”，但是通常会被简称为“平方和”(sum of squares)。其实方差本身还是一种平均数的形式，是离均差平方的平均数。我们之前提到，离均差平方代表了个体偏离平均数的程度，那么通过计算这些离均差平方的平均数，我们可以得到一个代表每个人彼此之间差异的平均程度的值，也就是一个代表变异性的值。

标准差是方差开平方的结果：

$$s=\sqrt{s^2}=\sqrt{\frac{\sum(X-\overline{X})^2}{N}}。 \tag{3-3}$$

根据表 3-1 的数据，IQ 分数的标准差为：

$$s=\sqrt{s^2}=\sqrt{166.67}=12.91。$$

作为变异性指数，标准差的优点是反映了原始离均差的变异性，而方差则反映了离均差的平方的变化。因此，有时候标准差更能直观地反映数据的变异程度。

虽然方差和标准差是很多心理测量概念的基础，但是有时候对它们的解释还是难以明确。这是因为方差及标准差的大小取决于两个因素。第一个因素是一个分布中分数离散的程度，这是最直接明显的因素。在表 3-1 的数据中，IQ 分数的方差是 166.67。如果我们有一组变异性较小的 IQ 分数分布，那么方差自然会更小。比如，我们可能有这样一组分布：111、110、109、112、110、108，这样一组数据分布非常接近平均数 110，距离平均数最远的数也只差 2 分，这组数的方差只有 1.67。所以在其他条件一致的条件下，更大的方差(或标准差)表明一组分布变异性更大。然而，其他条件并不总是一致，因此会有影响方差的第二个因素。

决定方差大小的第二个因素是一个分布中分数的度量标准。以 IQ 分数和平均学分绩点(Grade Point Average，GPA)的差异为例，IQ 分数要远远高于 GPA。IQ 分数的平均数接近 100，所以有 130 和 80 这样的分数并不奇怪，但是 GPA 只能在 0 到 4.0 之间，因此 IQ 分数和

GPA 的测量形式大相径庭。举例来讲，根据表 3-2 中的平均学分绩点(GPA 数据，分数平均数为 2.7，浮动范围从 1.5 到 3.4，跨度 2 分)，显然，2 分的跨度在 GPA 中的意义与在 IQ 分数中的意义大不相同。因此，虽然 IQ 分数的方差是 166.67，而 GPA 的方差仅有 0.39，但是这也不能说明人们在 IQ 分数上的差异大于在 GPA 上的差异。因此两个方差间的显著差异主要是两组分数间度量标准的差异造成的。

表 3-2　计算协方差和相关的样例

IQ 分数(X)	GPA(Y)	IQ 偏差 $(X-\overline{X})$	GPA 偏差 $(Y-\overline{Y})$	交叉乘积 $(X-\overline{X})(Y-\overline{Y})$
110	2.6	0	−0.1	0
120	3	10	0.3	3
100	2.5	−10	−0.2	2
90	1.5	−20	−1.2	24
130	3.2	20	0.5	10
110	3.4	0	0.7	0

注：平均数 $\overline{X}=110$，平均数 $\overline{Y}=2.70$，交叉乘积的和 $\sum(X-\overline{X})(Y-\overline{Y})=39$；方差 $s_x^2=166.67$，方差 $s_y^2=0.39$，协方差 $c_{xy}=6.5$；偏差 $s_x=12.91$，标准偏差 $s_y=0.62$，相关 $r_{xy}=0.81$。

考虑到方差的性质和影响它的因素，解释方差和标准差有四个方面需要注意。第一，方差和标准差都不会小于 0，它们最小可以是 0。当它们是 0 时就意味着这组分数分布没有差异，当它们是正数时意味着分数分布中存在变异性。不论是在数学意义上还是在概念意义上，方差和标准差都绝不可能出现负值。

第二，方差或标准差不能被简单地解释为大或者小。如果我们告诉你有一个分数分布的方差是 56.23，但是我们并不告诉你这个分布是关于什么的(即这是 SAT 分数，或是决策任务的毫秒，还是自尊问卷的分数)，或者在这样一个分布中常见的方差可能是多少(即在这个测验中，我们通常会得到多大的方差)，那么在这样的情况下，你没有办法判断 56.23 的方差值是大还是小。

第三，和第二一脉相承，即当一个分数分布的方差被放在某种特定的环境中时是最好解释也是最有意义的。举例来讲，一组分数分布的方差可能会比另一组分数分布(比如，来自另一个群体的分数)更有意义。如果两个分布都是基于同样的测量(比如，都是 IQ 测试，或者都是 GPA 的分数分布)，那么方差大的分数分布比方差小的分数分布变异性就要更大一些。值得注意的是，只有在两个分布是基于同样的测量时，这样的比较才有意义。如果将 IQ 分数的方差和 GPA 的方差进行比较，并由此认为人们在智商上的差异大于 GPA 的差异则是不合适的。

第四，就我们的目的而言，方差和标准差的重要性主要是体现在它们对其他可以被更直接解释的概念的作用上。方差和标准差是很多心理测量概念和方法的基础。举例来讲，在本书中，我们将讲到方差和标准差是相关系数、信度系数、置信区间和测量误差这些概念中的组成部分。因此你可能不会经常听到或者看到方差或者标准差的解释，但是你对很多重要的概念

（比如，相关和信度）的理解都会基于对方差和标准差所揭示的不同分布间的各个指标差异程度的理解。

冒着引发一些困惑的风险，我们知道你或许会发现式（3-2）和式（3-3）有一些奇怪。之前学习过统计课程的同学可能注意到，我们给出的公式和你们在其他课程或者教材中看到的方差和标准差的公式有细微的差别。具体来说，就是方差和标准差通常都是以 $N-1$ 为分母而不是简单地用 N 来计算的。当研究者想要计算关于人口属性的推论统计量（比如，t 检验）时，“$N-1$”的公式是合适的，但是本书中涉及的问题并不要求计算这类推论统计量，因此我们采用更简单并且逻辑上合适的“N”版本的公式。这个有些离题的问题并没有改变方差和标准差揭示一组分数分布变异程度的本质属性。

分布形态及正态分布

最后一个我们将要讨论的分布属性是分布的形态。一组分数分布可以通过一条曲线以图像的形式展现。图 3-1 展示了一组 IQ 分数的分布曲线。x 轴表示 IQ 分数这一变量值，y 轴表示比例。因此这条曲线展现了在一群拥有 IQ 分数的人中不同分数值的人数占比。图 3-1 告诉我们这个样本中 IQ 分数为 100 的人数比例最大，同时它也告诉我们极少数人的 IQ 分数远超过或者低于 100。

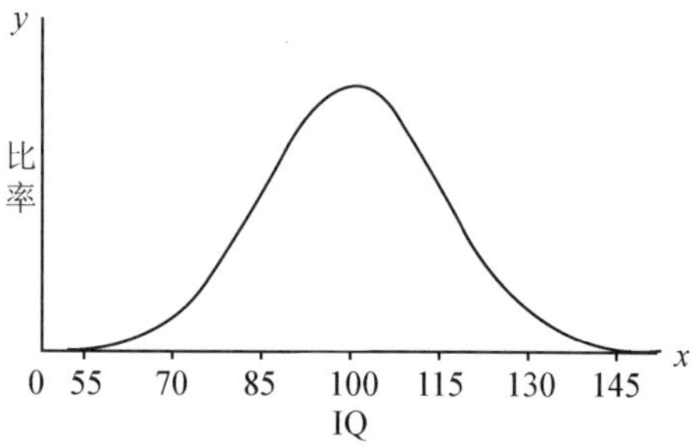

图 3-1　正态分布曲线

图 3-1 的曲线展现了一个对称的分布——曲线的形态关于 IQ 分数 100 呈左右两边镜面对称。能够形成这种曲线形态的分数分布叫作正态分布。正态分布这个概念非常重要，并且隐含在许多统计方法和概念中。事实上，很多能在分数分布中应用的统计方法都基于该组分数是正态分布的假设（至少这组分数的样本所代表的总体人群具有正态分布的潜在结构）。另外，正如我们将要提到的，测验分数的具体意义有时候取决于这组分数是正态分布这一假设。

尽管我们将要提到的一些方法是基于分数分布是正态的这一假设，但是一个完美的正态分布只是理论上的范例。当我们处理实际的测验分数分布时，极少的分布（即便有的话）会是完美的正态。举个例子，在一个真实 IQ 分数的分布中，可能有稍多的人在较低分数段的一边（见图 3-2），而在另一个真实的 IQ 分数分布中可能有更多的人 IQ 分数偏高，更少的人 IQ 分数偏低（见图 3-3）。这样的分布是偏态的，不是完全正态的（即使它们接近正态）。尽管真实的数据不太可能是完美的正态，但是它们足够接近正态分布，所以可以用正态分布的模型去解释分数分布。

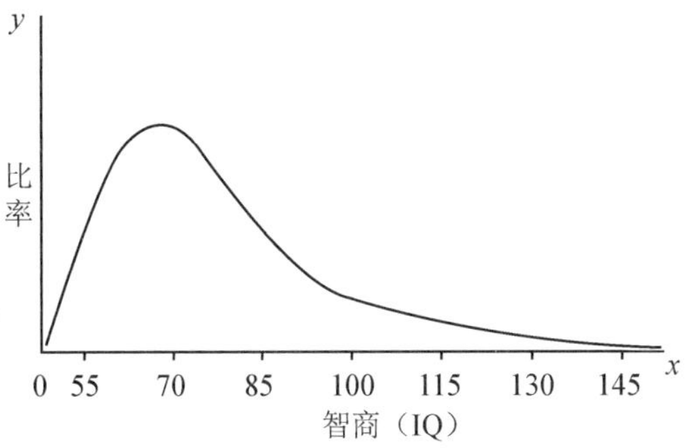

图 3-2 正偏态分布曲线

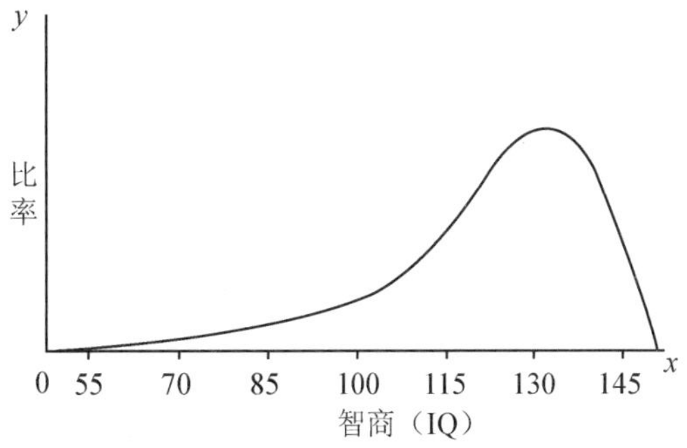

图 3-3 负偏态分布曲线

量化分布间相关

虽然科学和测量是基于变异性的，但是一个同等重要的概念是协变性(相关性)。协变性是指两个分数分布以对应的形式变化的程度。举个例子，我们可能发现人们在 IQ 分数上存在差异，同时我们可能发现这些人在 GPA 上同样存在差异(见表 3-2)。当我们考察 IQ 分数的变异性与 GPA 变异性的相关(比如，共变关系)时，以上两个点就变得更加有趣了——拥有高 IQ 分数的人会获得相对较高的 GPA 吗？如果是这样，那么是多大程度的相关呢？IQ 分数和 GPA 的相关强还是弱？这样的问题是很多行为科学研究的核心，也是心理测量理论的重点。

在考察协变性的很多问题时，都需要每个被试至少在两个变量上有分数，比如我们要考察 IQ 分数和 GPA 的相关，那么我们就需要获得一组每个被试都进行了 IQ 测试并且有 GPA 的样本。因此，我们需要一个有两组分数分布的数据集，同时每个分布基于不同的变量。然后我们将计算能够揭示两个变量(由它们的分布代表)相关程度的统计量。

变量间关联程度的解释

对两个变量(比如两个分数分布)的关联，我们需要了解两类信息。第一类信息，我们需要知道关联的方向。在一个变量上获得相对高的分数的人在另一个变量上也会获得相对高的分数吗？如果是这样，那么我们称这两个变量有正向相关。然而如果在一个变量上得分相对高的人在另一个变量上得分相对低，那么我们说这两个变量有负向或者逆向相关。

我们想要了解的两个变量间关联的第二类信息是关联程度的大小。两个变量间有很强的相关还是很弱的相关呢？比如 SAT 的分数和大学的 GPA 相关的强度。许多大学和学院都将 SAT 分数作为大学生入学的重要指标，这也是基于 SAT 分数和 GPA 有很强的正相关这一假设。美国大学招生办也基于这一假设进行招生，即获得相对高的 SAT 分数的学生更有可能获得相对高的 GPA。但是实际上 SAT 分数和 GPA 的相关有多强呢？我们应该都认识至少一个在 SAT 考试中失利但是大学表现优秀的同学，我们也可能认识一个在 SAT 中成绩优异但是在大学中表现糟糕的人。显然，SAT 成绩和大学 GPA 的相关并不是紧密相连的。很多行为科学研究的开展都有助于理解重要的行为变量间的相关强度。

一致性是考虑变量间关联程度的一个非常重要的概念。通过描述个体差异在两个变量间的一致性来解释两个变量的强相关。举例来讲，就是 SAT 分数和 GPA 的强正相关意味着 SAT 分数的差异和 GPA 的差异有高一致性——有着相对高 SAT 分数的人更可能会得到高 GPA。事实上，强的负相关也可以用一致性来解释。比如，上课缺勤次数和 GPA 的强负相关可以说明缺勤次数的差异和 GPA 差异是逆向一致的——上课缺勤更多的人更有可能获得一个更低的 GPA。

强相关(不管是正的还是负的)代表了两个变量间高度的一致性，弱相关则代表了非一致性。如果我们发现两个变量间没有明显的相关，那么我们可以知道一个变量的个体差异和另一个变量的个体差异是完全没有一致性的。举例来讲，我们可能发现鞋的码数和 GPA 没有相关——更大鞋码的人比更小鞋码的人没有一致的高(或者低)的 GPA。换句话说，你找到一个鞋码大且 GPA 高的人的概率和找到一个鞋码小且 GPA 高的人的概率是一样的。在我们对信度的讨论中(见第 5 章)，我们将很大程度上依赖于一致性的概念。

在这部分剩下的内容中，我们将讨论两个可以用来量化两组分数分布的相关，或者说协变性的统计量。我们将展示这两个统计量——协方差和相关系数——是从我们之前讨论过的统计概念中延伸出来的。这部分的讨论应该会帮助你建立关于这些统计量直观且明晰的概念。

协方差

协方差是构建变异性概念以及解释协变性指标的桥梁。之前我们讲过，方差是由一组分数分布计算得出的。相对而言，协方差是由两个不同的分数分布的方差算出的，代表了两个分数分布方差的关联性程度。

像我们之前提到的一样，关联性的指标要求每个人都至少有两个分数，即一个分数分布中的一个分数(比如，IQ 分数)和另一个分数分布中的唯一一个分数(比如，GPA)相匹配。表 3-2 是一组有 6 个同时在两个变量——IQ 分数和 GPA——上有分数的被试数据。

计算两个分数分布的协方差可以分成三步。第一步，和方差一样，我们算出偏差分数。具体来说，我们计算出每个分数与分布平均数的差。在表 3-2 中，这些值在标签“IQ 偏差”和“GPA 偏差”下列出。如果我们把 IQ 分数设为变量 X，把 GPA 设为变量 Y，那么这些偏差分数可以被分别规范地记作$(X-\overline{X})$和$(Y-\overline{Y})$。

第二步，我们通过将每个个体的两个偏差分数相乘，得到这些偏差分数的“交叉乘积”(见表 3-2 的“交叉乘积”纵列)。交叉乘积可以规范地记作$(X-\overline{X})(Y-\overline{Y})$。让我们花一点时间来思考这些值的意义，从表 3-2 中可见，一些交叉乘积是正数，这是为什么呢？当个体的分数在两个变量上一致的时候可以得到一个正的交叉乘积：个体在两个变量上要么是都高于平均数要么是都低于平均数。现在我们考虑一下负的交叉乘积的意义，当个体在两个变量上的分数不一致时会得到一个负的交叉乘积：个体在一个变量上的分数高于平均数(因此在该变量上是一个正的偏差分数)，但是在另一个变量上低于平均数(因此在该变量上是一个负的偏差分数)。

第三步，我们要计算交叉乘积的平均数。我们需要理解样本中所有人交叉乘积的趋势。总的来说，人们是有正的交叉乘积还是负的交叉乘积呢？或者交叉乘积相互抵消最后成0了吗？另外交叉乘积有多大呢？第三步提出了协方差的公式：

$$c_{xy}=\frac{\sum(X-\bar{X})(Y-\bar{Y})}{N}。\tag{3-4}$$

把这些整合起来，表3-2的数据的协方差的值为6.5。

$$\begin{aligned}c_{XY}&=\frac{(0)(-0.1)+(10)(0.3)+(-10)(-0.2)+(-20)(-1.2)+(20)(0.5)+(0)(0.7)}{6}\\&=\frac{0+3+2+24+10+0}{6}\\&=\frac{39}{6}\\&=6.5。\end{aligned}$$

我们之前提到过，在解释变量间的相关时有两个重要的问题需要考虑——方向和大小。协方差提供了以上一个问题清晰的信息，但是忽略了另一个清晰的信息。

协方差提供了相关信息的清晰信息。如果协方差是正的，就如我们的例子一样，那么我们就知道两个变量间有正的或者直接的相关。因为在例子中我们获得了一个正的协方差，那么我们知道在某种程度上，有更高的IQ分数的人倾向于获得更高的GPA。如果协方差是负的，那么我们就知道两个变量间有负的或者反向的相关。

然而协方差并不能提供两个变量间相关大小的清晰信息。在这个意义上，协方差和我们之前讨论的方差很像。具体来说，两个因素会影响协方差的大小。第一，相关的强度会影响协方差的大小——当其他条件一样的时候，更大的协方差(不管是大的正值还是大的负值)反映了更强的相关。所以在IQ分数和GPA相关的例子中，6.5的协方差值比2.3的协方差值意味着更强的相关。然而，两个变量的量度也会影响协方差的大小。也就是说，不管相关强度如何，两个大比例尺的变量(比如，SAT分数和IQ分数)的协方差很可能比包含一个或更多小比例尺的变量(比如，GPA)协方差更大。因此我们可能会发现IQ分数和SAT分数的协变量(假设等于154.32)会远远大于IQ分数和GPA的协方差(在我们的例子中，等于6.5)，但是这并不能说明IQ分数和SAT分数的相关就一定比IQ分数和GPA的相关大。

因此，尽管协方差是一个很重要的统计概念，但是它的直接解释力是有限的。它很重要，是因为和方差一样，它是很多重要的统计方法和概念的基础。就我们的目的而言，它很重要，是因为它是连接变异性和一个易于解释的相关系数的桥梁。这样的系数是相关系数，我们马上就会讲到。

在进入相关系数之前，我们需要花一点时间来讲一下之后会在本书中提到的一些内容：方差—协方差矩阵(variance-covariance matrix)。一些心理测量和统计方法是基于一组方差和协方差的，而这些值可以被高效地整合在方阵中，例如表 3-3a。表 3-3a 列出了一个最小的方差—协方差矩阵——基于仅仅两个变量，也就是说包含两个方差和一个协方差。

一个方差—协方差矩阵通常是以一种有着标准特性的特定方式组织的。首先，每个变量有 1 个横排和 1 个纵列。在本例中，表 3-3a 中的矩阵有 2 个横排和 2 个纵列，且各自基于两个变量——IQ 分数和 GPA。同样地，表 3-3b 列出了一个基于 4 个变量的方差—协方差矩阵的一般形式——有 4 个横排和 4 个纵列。

方差—协方差矩阵的第二个特点是变量的方差都是列在对角线上的。也就是说方差列在矩阵从左上角到右下角的对角线上。在表 3-3a 中，我们可以看到 IQ 分数的方差(166.67)是在左上角，而 GPA 变量(0.39)则位于右下角。同样的，表 3-3b 展示了一个更为常见的形式，变量 1 的方差位于最左上角的一格，变量 2 的方差位于对角线上的下一格，以此类推。

方差—协方差矩阵的第三个特点是其他所有的格子都显示了两对变量间的协方差值。举例来讲，表 3-3a 中，非对角线上格子中列出了 IQ 分数和 GPA 的协方差值(6.5)。同样地，在表 3-3b中，第一纵列第二排的值是变量 1 和变量 2 的协方差，第一纵列第三排的值是变量 1 和变量 3 的协方差，以此类推。

表 3-3a　2×2 方差—协方差矩阵样例

	IQ 分数	GPA
IQ 分数	166.67	6.5
GPA	6.5	0.39

表 3-3b　4×4 方差—协方差矩阵的一般形式

	变量 1	变量 2	变量 3	变量 4
变量 1	(s_1^2)	c_{12}	c_{13}	c_{14}
变量 2	c_{12}	(s_2^2)	c_{23}	c_{24}
变量 3	c_{31}	c_{32}	(s_3^2)	c_{34}
变量 4	c_{41}	c_{42}	c_{43}	(s_4^2)

方差—协方差矩阵的第四个特点则是协方差的值是对称分布的，对角线下的值和对角线上的值是完全一样的。这一点在表 3-3a 中非常清晰，即 IQ 分数与 GPA 的协方差既出现在矩阵的左下角又出现在矩阵的右上角。这个特征在表 3-3b 中也是明显的，比如说变量 1 和变量 4 的协方差既列在最左下角的格子里也列在最右上角的格子里。

相关系数

相关系数意图提供一种关于线性相关易解释的指数。相关系数的可能值被限定在一个特定的范围中——它只能从 −1 到 1 变化。因为划定了边界条件，使得相关系数比协方差更容易解释。

和协方差一样，相关系数能够揭示两个变量间相关的方向。位于 0 到 1 之间的相关值表示两个变量间有着正相关。相反地，－1 到 0 之间的相关值意味着两个变量间有着负相关。

相关系数的优点在于它比协变量更加清晰地揭示了两个变量间相关的大小。不管相关是基于什么变量，相关系数特定的绝对值大小(比如，$r_{XY}=0.30$ 或者 $r_{XY}=-0.30$)代表了相关的强度。不管变量的度量如何，一个更大的相关系数值(就绝对值而言)反映了更强的相关，而一个小的相关系数值(比如，一个接近 0 的相关)反映了一个弱的相关。比如，我们都知道 0.30 的相关比 0.20 的相关反映出一个更强的相关，而比 0.40 的相关反映出一个更弱的相关。另外，我们也知道 0.30 的相关和－0.30 的相关反映的是同样的大小。进一步讲，不管我们是在考察 IQ 分数和 GPA 的关系还是 IQ 分数和 SAT 分数的关系，可能出现的最大的相关都是 1(或者－1)。而我们之前提到过，在协方差中这是不成立的。

相关基于我们之前讨论过的统计量。作为相关的一种测量方式，两个变量的相关部分是基于两个变量间的协方差的。然而，相关系数通过将协方差除以两个变量的标准差从而获得其边界：

$$r_{XY}=\frac{c_{XY}}{s_X s_Y}。\tag{3-5}$$

在表 3-2 中，两个变量间相关很强。

$$r_{XY}=\frac{6.5}{(12.91)(0.62)}=\frac{6.5}{8}=0.81。$$

相关的重要性怎么强调都不为过。从现在起，之后的每个章节都会以某种方式用到相关这个概念。你将发现相关系数是信度理论、信度估计、效度概念基础、效度估计、测验分数的反应偏向效应和测验偏差中非常重要的部分。

我们再重申一遍，将相关看作反映个体差异一致性的指数是很有用的。一个强正相关意味着一种一致性的趋势，即在一个变量上取得较高分的人在另一个变量上会取得较高分(而在一个变量上取得相对低分数的人在另一个变量上会取得相对低的分数)。一个强的负相关意味着一个一致的逆向趋势，即在一个变量上取得较高分的人在另一个变量上分数较低。一个弱的相关——接近 0 的一个相关——意味着个体差异没有一致性，也就是说在一个变量上取得高分的人在另一个变量上取得高分的可能和取得低分的可能基本一致。

方差和协方差的“复合变量”

在很多情况下，心理学测验的分数是通过问人们一些问题或者基于一些行为观察而得到的。对这些问题的回答或者(对行为的)观察通常会被整合或者平均，从而构建一个合成分数。举例来讲，贝克抑郁量表Ⅱ包含了关于抑郁症很多症状的 21 个项目。一个被试对每个条目的回答被从 0 到 3 评分。一个被试在贝克抑郁量表Ⅱ上的得分就是其在 21 个项目上得分的总和。因此，贝克抑郁量表Ⅱ的得分范围是 0～63。

复合分数的方差可以通过我们之前列出的公式计算[见式(3-2)]。然而，认识到一个复合分数的变异是由其中每个条目的变异和项目间相关所决定的这一点很重要。我们将用最简单的复合分数为例——当一个复合分数是一个被试在两个项目上分数的和(注意这个例子在第 5 章中信度的概念中也会被直接采用)时，我们可以把这两个项目成为 i 和 j，那么复合分数的方差是：

$$s_{composite}^2 = s_i^2 + s_j^2 + 2r_{ij}s_is_j。 \tag{3-6}$$

式(3-6)中，$s_{composite}^2$ 是复合分数的方差(通过将项目 i 和项目 j 的分数相加)；s_i^2 和 s_j^2 分别是项目 i 和项目 j 的方差；r_{ij} 是两个项目分数的相关；s_i 和 s_j 是两个项目的标准差。注意：如果两个项目之间没有相关，那么复合分数的方差就等于两个项目的方差之和(即如果 $r_{ij}=0$，则 $s_{composite}^2 = s_i^2 + s_j^2$。

在多于一对项目时，表达式的后边项被展开，以相同方式对每一对附加的项目重复。就我们的目的而言，这个公式的重要特征在于它显示了总测验分数的方差仅依赖项目的变异性和每对项目间的相关。我们在之后的章节将会讲到，在信度理论中这是一个很重要的方面。

更进一步，我们可以考虑两个复合分数的相关，这也和我们之后对信度这一心理测量理论的讨论相关。假设有两个复合分数，一个是项目 i 和 j 的复合，一个是项目 k 和 l 的复合。在这种两个条目的复合中，复合分数间的协方差就等于交叉复合协方差的和，也就是不同复合的项目间的协方差的和(比如，复合 1 中项目和复合 2 中项目的协方差的和)。

$$c_{composite\ 1\ composite\ 2} = c_{ik} + c_{il} + c_{jk} + c_{jl}. \tag{3-7}$$

为了避免不必要的复杂性，我们不再给出计算两个复合之间相关的公式，但是有兴趣的读者可以通过代换式(3-7)中的值得到。

二分变量(Binary Items)题目

很多心理测验都是基于两个选项的回答或者两点评分的行为观察的。比如，我们可能会要求被试对问题做出“是”或“否”的回答，或者问他们同意或者不同意一些观点。还有些时候，问题的回答通过正确或者不正确进行评分，或者我们可能会等待某种行为的出现，然后记录这种行为出现与否。在我们使用二项的这些情况中，每次观察或者每个项目的两个可能结果只可能出现一个。

正如我们之前讨论的，方差是心理测量中最重要的概念之一，所以考察二项条目中方差的形式是有价值的。假设一个抑郁测验中的问题要求做出“是”或“否”的回答。比如，人们可能被简单地问到“你感觉抑郁吗?”，“0”代表否定回答，“1”代表肯定回答。像这样用 0 作为负性效价答案的编码对二项回答赋值是很正常的。负性效价的回答可以是“否”“从不”“不同意”“假”或者“不正确”这样的答案，而 1 被赋值给正性效价的答案(比如，“是”“总是”“同意”“真”或者“正确”这样的答案)。

就像其他测验一样，二项条目的测验通常通过将不同项目的回答相加或求平均来评分。举例来讲，如果我们的抑郁测验有10个项目，那么我们很可能会通过把10次反应相加(或者平均)来计算一个被试的分数。如果我们采用0、1编码的模式，那么这个和的范围就是0到10，表示该被试回答"是"的项目个数。我们也可以不把回答相加而是平均这些答案。这个平均数的范围会在0～1，表示该被试回答"是"的条目所占的比例。

在这种意义上，基于二项条目的测验和其他测验很像；然而之后我们将讲到二项条目有一些特殊的属性。为了给之后的内容做准备，我们将概述二项条目的均值和方差的特殊性。具体来讲，我们将基于一些回答了一个条目的一些被试来考虑二项条目的均值和方差。

如果回答是0、1编码，那么二项条目的均值和正性效价答案的比例应该一样。我们将用 p 来代表该条目的正性效价答案的比例(即对二项抑郁项目回答"是"的人数比例)。

$$p = \overline{X} = \frac{\sum X}{N} \tag{3-8}$$

这当然也是求任意一组数值平均数的公式。假设有10个人参加了包含一个二项条目的抑郁测验，其中6个人回答了"是"，4个人回答了"否"。在这组数据中，我们得出回答"是"的比例为：

$$\overline{X}=p=\frac{1+0+1+1+1+0+0+1+0+1}{10}=\frac{6}{10}=0.60。$$

一旦我们意识到 p 和二项测验项目的平均数是一样的时候，我们就可以用这个条件将二项条目的方差转换为比例的简单表达式。我们让 q 代表负性效价答案的比例。因为比例只能在0到1的范围变动，所以我们知道 $q=1-p$。回忆式(3-2)，计算一组分数分布的方差的公式是：

$$s^2 = \frac{\sum (X-\overline{X})}{N}。$$

我们可以看到，在二项中 X 和 p 是等价的，因此，我们可以用 p 代替 X。

$$s^2 = \frac{\sum (X-p)^2}{N}$$

如果我们将公式展开，可以得到：

$$s^2 = \frac{\sum X^2}{N} + \frac{\sum p^2}{N} - \frac{2p\sum X}{N}。$$

然而，因为一个二项条目的得分不是1就是0，所以 X 只可能是1或者0。由于0的平方是0，1的平方是1，所以 $X=X^2$。因此：

$$\frac{\sum X^2}{N} = \frac{\sum X}{N}。$$

X 也等于 p[见式(3-8)]。将其代换进方差的公式，可得：

$$s^2 = p + \frac{\sum p^2}{N} - 2p^2。$$

因为 p 对所有的回答者都一样，所以：

$$\frac{\sum p^2}{N}=\frac{Np^2}{N}=p_2。$$

再次替换，我们可以得到：

$$\begin{aligned}s^2&=p+p^2-2p^2\\&=p-p^2\\&=p(1-p)。\end{aligned}$$

因为我们将 q 定义为 $1-p$(即给出负性效价答案的被试人数比例)，所以二项条目的方差可以表示为：

$$s^2=pq。\tag{3-9}$$

在六个被试回答“是”的单项目抑郁测验例子中，方差则是：

$$\begin{aligned}s^2&=(0.60)\times(0.40)\\&=0.24。\end{aligned}$$

式(3-9)的重要性在于它揭示了二项回答条目的方差仅仅依赖于 p 和 q。

另一个重点是二项方差在一半被试做出正性效价回答而另一半被试做出负性效价回答时取得最大值($p=q=0.5$)的时候，项目的方差会是 $s=0.25$。任意其他的 p 值都会使方差减小。如果 $p=1$ 或 0，那么这个条目就没有方差。回到我们对协方差的定义，我们可以清楚地知道如果测验分数没有方差，则这组分数就不可能与其他任意组分数相关。同样地，我们在本书之后的内容中会再次提及这些观点。

解释测验分数

就像我们在本书的开篇中提到的，很多心理测验都基于本身就模棱两可的分数，比如想象你在做一个人格问卷，问卷包含一些同意或不同意类的问题来测验你的神经质程度，然后施测者对反映你有神经质倾向的问题回答的数目计数(比如，你对“我很容易变得失落”这类问题回答“同意”的次数)。我们假设施测者告诉你，你在神经质量表上的原始分数是 34。你会怎样解释这个分数呢？34 这个分数意味着什么呢？你是有 34 个“单位”的神经质吗？这个分数高还是低？如果你的朋友做了另一套神经质测验，得了 98 分，能说明你的朋友比你更神经质吗？实际上，这也可能代表你的朋友比你更不神经质。

在很多心理测验中，测验的原始分数本身并不具有意义，因此也不能被简单地解释。原始分数是指最直接从测验项目的回答中获得的分数，例如，在人格测验中回答“同意”的数目或者在成就测验中答对题目的个数。

在心理测量中测验分数的意义至少有两个方面。第一个方面是原始分数是高或者低的这一基本意义。你可能会感到惊讶的是，对很多心理测验而言这样一个基本的解释都是不清晰的。在本章接下来的内容中，我们将讨论一些已经发展起来的让施测者明确这一基本测验解释的概念和方法。这些方法很多都是从本章前面的内容——平均数、标准差和正态分布中衍生而来的。

第二个方面的意义则更加抽象和偏心理学。具体来讲，第二个方面关注测验分数的心理含义，也就是在某一个测验中高分在心理学上意味着什么。基于本章之后将讲到的概念，你可以做一个测验，然后了解到你的分数确实很高，但是你可能仍然不清楚你的高分有什么心理学上的意义。测验编制者或者施测者可能会告诉你这个测验是测量神经质的，但是真的就是这样吗？如果它确实是测量神经质的，那么高水平的神经质又意味着什么呢？这样的问题将基于心理研究、理论和统计分析来回答，我们在第8章将提及。

因此这章剩下的内容将基于解释测验分数的大小，即低、中等或高这一基本问题。这个问题的答案可以由我们之前讨论过的在一组分数分布间量化个体差异这个点而构建。也就是说，为了解释一个个体的原始分数，我们需要考察这个测验的整体分布，然后确定个体分数在这组分数分布中的位置。

当一个人参加一个心理测验时，他会得到一个测验分数。这些分数可以以不同的方式呈现。比如，当人们参加课堂测验时，教授有很多方式报告分数。教授可能会报告“正确的个数”(例如，40)或者“正确的比例”(例如，80%)。我们之前提到，心理测验最重要的问题之一就是测验的原始分数通常都很难解释。比如，在课堂测验中获得40的原始分数意味着什么？测验分数是基于行为样本的，而它们很少能代表一个心理特质的真正大小。

因此为了解释测验分数，我们需要一个可解释的参照框架来帮助我们理解原始分数。也就是说，我们需要在某种信息背景下理解一个人的原始分数。

在很多心理测验的应用中，解释性的参照框架基于一个测验分数和一组测验分数分布的关系的两个关键信息。第一个是原始分数低于还是高于整个分数分布的平均数(或者也许恰好等于平均数)。比如，你可能将自己课堂测验的40分和班级平均分比较。为了便于解释，我们假设班级平均分是36分，那么班级平均分提供了一个解释你的分数的参照框架。通过比较你的分数和平均分，你现在知道你的测验分数高于一般学生的测验分数。这个信息向明确你分数的解释迈出了重要的一步。

你的原始分数高于或低于平均数告诉了你，相比你的同学，你在测验中的表现如何，但是如果你知道你的测验分数高于或低于平均分到底多少，那么这个信息就会更丰富。你40分的分数比平均分高一点呢，还是高一些呢，抑或是高很多呢？也就是说，如果班级平均分是36，那么你就知道你比平均分高4分，但是4分代表的是一个微小的差异还是一个巨大的差异呢？4分在很多IQ测试中是相对小的心理差异，但是在其他类型的测验中可能意味着极大的差异。

一个解决差异程度问题的方法包含了解原始分数中个体差异的信息。如果测验分数有很大的个体差异(比如人们在测验中分数分布很广)，那么40分可以被解释为一个稍高的分数。然而，如果班上很多学生的分数在34到38之间(很多个体间的差异都很小)，那么你的40分就比较高甚至非常高。我们需要的是一个能提供你的分数和平均分距离相对大小的信息。

因此，第二个解释测验分数的关键信息是原始分数分布的变异性。最为常见的是用标准差来帮助解释一个特定分数到平均分的距离。就像我们之前讨论过的，标准差告诉了我们一个分布中原始分数间差异的程度。因此，知道一个分布的标准差，可以帮助我们校准个体分数高于或低于平均数的程度，然后帮助我们解释你的分数是稍高、较高还是非常高。

这两个信息——原始分数在平均分之上还是之下和该分数到平均分的距离——被用来计算 Z 分数[有时被称作标准分数(standardized scores)]，这也是我们接下来要讲的内容。在讨论完 Z 分数后，我们将转向另外两个表示测验分数的方式：①转化后标准分数(converted standardized scores，有时被称作标准化分数)；②百分位数。然后我们将讨论在有些情况下测验研发者会使用的测验分数标准化方法。

Z 分数(标准分数)

在这部分，我们将介绍 Z 分数的计算、逻辑和解释。然后，我们将介绍其作为一种解释心理测验分数方式的优点和不足。最后，我们将介绍它的一些重要的统计特点。

至少有两个原因使得理解 Z 分数很重要。第一点，就我们的目的而言，Z 分数提供了对测验分数的高、中、低的理解。更具体地说，它们提供了关于个体的测验分数高于或低于平均测验分数程度的相当精确的信息。因此，它们本身是有信息的，但它们也是其他可以用来表示测试分数的方法的基础，我们将在本章后面讨论。Z 分数之所以重要的第二点原因是它可以被用来概念化和计算其他重要的统计值，如相关系数。

为了赋予测验分数意义，我们可以将个体的原始分数转化为可以反映个体分数高于或低于平均数距离的 Z 分数。我们可以通过个体分数减去分布的平均数再除以分布的标准差来计算 Z 分数：

$$Z=\frac{X-\overline{X}}{S_X}。\tag{3-10}$$

举例来讲，为了计算你课堂测验的 Z 分数，我们首先假定原始分数有很大的个体差异。也就是说，原始分数的分布有一个相对大的标准差，假设为 8，那么你的 Z 分数就是：

$$Z=\frac{40-36}{8}=\frac{4}{8}=0.5。$$

Z 分数尽管有些抽象，但有具体的解释。它可以用标准差的单位来解释。也就是说，你可以解释你的 Z 分数为：代表着你的测验分数是“高于平均数 0.5 个标准差”或者“高于平均数半个标准差”。

另一个考虑 Z 分数的原因是它表达了一个分数的极端性。Z 分数越大，意味着分数越极端(就绝对值而言)。因此你的 Z 分数只有 0.5，意味着你的测验分数不是很极端。换句话说，一个和平均数只差半个标准差的分数，在考虑任何其他条件的情况下，都是相当接近平均数的。理论上 Z 分数是没有边界的——它可以无限大。但是在实际的接近正态分布的数据中，很难找到超过 3 或者 4(抑或小于－3 或者－4)的 Z 分数。

现在让我们假定在原始分数中个体差异很小，也就是假定这组分数分布的标准差很小，这意味着原始分数紧密地集中在它们的平均数上。在这样的情况下，标准差可能只有 2 而不是 8。如果是这样，那么你的 Z 分数会大很多，是 2。

$$Z=\frac{40-36}{2}=\frac{4}{2}=2。$$

你可以解释为你的测验分数比平均数大 2 个标准差，也就是相当极端的分数(即比平均数大很多)。

充分理解和解释 Z 分数的重要一点在于其独特而重要的统计特性。如果你有一个测验分数的分布，之后将分数都转化为 Z 分数，然后你这组 Z 分数的平均数会是 0，而标准差会是 1。这一点的重要性在于它会影响一些统计指标的可能取值，如相关。

Z 分数在解释测验分数上有很多优点。第一点，它以一种去除了很多心理测量模糊性的方式表达了测验分数。通过以“与平均数的距离”来构建分数意义，Z 分数使我们不用担心原始测验分数的单位。

第二点，Z 分数可以用来比较不同单位测验间的分数。比如有两个人，亚当和芭芭拉，可能参加了不同的神经质测验，亚当在一个测验上得了 34 分，而芭芭拉在另一个测验上得了 98 分。像我们之前介绍的那样，他们自己的分数不能简单地用来比较。我们可以通过将每个测验分数转化为 Z 分数(基于每个分布的平均数和标准差)，然后比较 Z 分数来解决这个问题。我们可能发现亚当的分数转化为 Z 分数后是 1.4，芭芭拉的分数转化后是 −0.4。那么在这种情况下，我们可以得出结论：在某种意义上，亚当的神经质水平高于芭芭拉。

当使用有明确单位定义的工具来测量行为时，Z 分数转换仍然是有用的，例如，记录毫秒的时钟就是这种工具。尽管我们知道 1 毫秒是多少，也可以通过减法来比较不同个体或不同条件下反应时的差异，但是我们可能还想要将反应时和其他类型测验的行为做比较，比如以其他方式记录的行为(如重量)或者以非标准单位表示的行为(如乐观性测验的分数)。这些比较可以通过将毫秒和其他测量方式的分数转化为 Z 分数进行。

另外一个关于 Z 分数应该强调的有解释意义的事实是：它通过一个分数和整个分数分布的关系来表示分数，也就是说它通过一个相对的概念来表示分数。举例来讲，你在课堂测验中的 Z 分数 2 告诉我们，相比于其他同学你的表现如何。具体来讲，通过根据高于或低于平均数的距离来构建分数，Z 分数告诉了我们和一般的人相比你做得有多好。然而，Z 分数不能以一种绝对的方式告诉我们你整体的表现水平如何。比如说，我们可能知道你在生物测验上的得分高于平均数 1 个标准差，这告诉我们你应该比一般的学生知道更多的生物知识。但是这不能告诉我们在绝对水平上你到底知道多少生物知识。虽然 Z 分数以一种相对的而不是绝对的方式来表示分数，但是这也许并不能被看作一个问题。毕竟，就像我们之前提到的，“绝对”的含义在很多心理测验上都是模糊的。Z 分数非常有用，就在于它提供了一个基于分数之间关系的参考框架。

我们之前提到过，Z 分数不只是在测验分数中起到了重要的解释作用，它同样也可以被用来概念化和计算一些重要的统计量。比如，将相关看作用 Z 分数单位表示的个体差异的一致性有时候非常有用。当原始分数的值用不同的单位表示时，通常很难去测量它们的一致性。举例来讲，假设你收集了 100 个学生的 GPA，然后你想要知道他们的 GPA 是否和他们每周学习的小时数相关。GPA 值通常用一个相对小的数表示(例如，3.2)，而每周学习的小时数可能会用一个相对大的值表示(比如，10)。进一步讲，这两个变量是使用不同的单位——GPA 的单位和每周学习小时数的单位——测量的。通过将每组值转化为 Z 分数，我们将两组分数都用一个统一的单位——Z 分数的单位——表示出来。现在，比如说我们可以问是否比一般的学生学习时间更长的学生也会比一般的学生有更高的 GPA。我们可以通过 GPA 的 Z 分数和每周学习小时数的 Z 分数来进行比较。如果个体间有一致性的差异，那么你将会发现每个个体有一组大小基本一致的 Z 分数(并不一定是一样大)。

用 Z 分数计算变量间相关的公式是：

$$r_{XY} = \frac{\sum Z_X Z_Y}{N}。 \tag{3-11}$$

其中，$\sum Z_X Z_Y$ 是每个个体 Z 分数交叉乘积的和。可以证明式(3-11)等价于式(3-5)，即用协方差和标准差表示的相关。你们有些人可能在其他书籍或者课程中学习相关系数时已经遇到过式(3-11)了。

回到 Z 分数解释测验分数的作用上，它很有用，但是要达成某些目的可能并不理想。也就是说，尽管 Z 分数作为解释测试分数的方法具有优势，但一些被试和施测者可能会发现它并不直观。

事实上，施测者和被试有时难以解释 Z 分数，至少有两个可能的原因。第一个是一些被试的测验分数可能是以负数形式呈现的。如果一个被试的测验分数低于平均数，那么他就会有一个负的 Z 分数。对于不熟悉"标准偏差单位"和"到平均数的距离"这些概念的人，在神经质、自尊或者智力上获得负性水平可能是难以理解甚至是不接受的。Z 分数可能难以理解的第二个原因是它经常用分数或小数表示。有些人可能不太清楚也不喜欢被告知："你的智商测验分数是 1.24。"

为了解释 Z 分数的一些非直观的方面，测验编制者和施测者有时会再次转换分数。这些分数——我们接下来将会讲到——有时被称为转换后标准分数、标准化分数或派生标准分数。

转换后标准分数

转换后标准分数就是被转换为人们更容易理解的值的 Z 分数。这通过重置分数度量完成，所以转换后标准分数会有一个不同的平均数和标准差。举例来讲，明尼苏达多项人格测验的临床量表(MMPI-2；Butcher，Dahlstrom，Graham，Tellegen & Kaemmer，1989)的得分通常会被转换，从而使每个量表的平均数都为 50，标准差都为 10。这假设了施测者和受测者可能会更容易理解偏执分量表上65或45的分数，而不是1.5或−0.5的分数。

这种转换可以通过两个步骤完成，测验编制者和施测者首先为分数选择一个新的平均数，为转换后分数分布选择一个新的标准差。之前提到过，MMPI-2的市场营销人员选择了50的平均数和10的标准差。

在第二步中，个体的Z分数通过以下这一公式转换：

$$T_i = Z_i(s_{new}) + \overline{X}_{new}。 \quad (3\text{-}12)$$

其中，T是转换后标准分数，Z是个体的原始Z分数。举例来讲，一个人在MMPI-2偏执分量表的Z分数是1.5，则其T分数为：

$$\begin{aligned} T &= 1.5 \times 10 + 50 \\ &= 15 + 50 \\ &= 65。 \end{aligned}$$

T分数为65，就告诉我们该个体在偏执分量表上得分高于平均数1.5个标准差。

你们可能会对这个流程有一些质疑——由施测者简单地决定他想要让分数有怎样的特定平均数和标准差合理吗？我们理解这样的怀疑，但是事实上，这些类型的转换在心理学意义上是有效并且有意义的。

这种转换的合理性可以追溯到很多心理测量的模糊性。就像我们之前提到的，34的神经质得分几乎没有固定的含义。对于很多心理测量来讲，个体分数的意义只在和其他个体分数的关系中显现。34的神经质分数没有清晰的含义，除非我们知道它比其他人的得分高还是低，还有它比其他人得分高多少或者低多少。因此，Z分数(标准分数)的信息性仅在于它显示了一个分数高于或者低于平均数的距离。进一步讲，转换后标准分数是有信息的，因为它简单地用一种对很多人来说直观的方式重新展现了Z分数。转换后标准分数的本质和意义与Z分数是一样的——它告诉我们一个分数低于或高于平均数多少。解释转换后标准分数的技巧在于你必须知道转换后分数的平均数和标准差。比如说，为了知道MMPI-2偏执分量表上得分65是高于平均数1个标准差，你必须知道MMPI-2的偏执分量表的标准差是15。这些(或者非常相关的)信息应该可以从测验编制者和施测者处获得。

这种转换流程是否能真正加强施测者和受测者的交流是一个很有趣的问题，但是对于构建心理测验的人而言这是一种很常见的操作。很多你可能熟悉的测验都报告了转换后标准分数，包括学术能力评估考试、中国大学英语四六级考试、美国研究生入学考试(Graduate Record Examination，GRE)、美国医学院入学考试(Medical College Admission Test，MCAT)、美国法学院入学考试(Law School Admission Test，LSAT)，还有很多人格和智力测验。

百分位数等级

另一个常用来呈现和解释测验分数的是百分位数，百分位数代表着低于某一个特定分数的分数比例。比如说，如果我们知道一个考生在成就测验中得分在第85的百分位，那么我们就知道他有一个相对高的成绩。具体来说，我们知道他得分高于其他参加这个测验的85%的人。因此，百分位数是另一种以相对的方式表示测验分数的方法。

有两种方法可以确定个体分数的百分位数。如果一个人可以知道一个分布中所有的原始分数，那么直接或者经验的方式就是有用的。一个人的百分位数可以通过确定分布中低于其原始分数的分数个数再除以分布中总的分数个数得到。比如，如果有75人参加一个测验，他们其中一个人，卡罗尔得了194的原始分数，我们可能想要报告她的百分位数。因此首先我们要数出得分低于194的人数(假设我们找到了52人)。然后我们简单地将这个分数除以75再乘100来得到一个百分位数：(52/75)(100)=69%。这告诉我们卡罗尔的得分在第69百分位。如果卡罗尔的分数与一个或更多的人联系在一起，那么计算百分位数的直接或经验方法就会变得更加复杂，但是其基本概念和解释是一样的。

如果我们不能获得个体分数的完整分布，那么第二种确定个体百分位数的方法可能会有用。比如，我们可能只有关于原始分数平均数和标准差的信息。在这种情况下，我们可以计算个体的标准分数(即 Z 分数)，然后将其与百分位数联系起来。如果(这个"如果"很重要)假定个体差异在作为测验分数基础的心理属性上是正态分布的，那么我们可以将标准分数和标准正态分布[也被称作单位正态分布(unit normal distribution)或标准正态曲线，有些读者可能会比较熟悉]联系。标准正态分布，不出意料地代表了标准分数在一种完美的正态形式(见之前关于正态分布和偏态分布的讨论)下的分布。标准正态分布有一个特定的值，使得我们可以将特定的标准分数和百分位数联系起来。这个过程是让 Z 分数对一些受测者而言更具有解释力的一种潜在有用的方式。

至少有两种方便的方式可以利用标准正态分布来将标准分数与百分位数联系起来。第一种也是最现代的一种，我们可以通过网站或者电脑程序来用标准分数计算百分位数(比如，使用Excel里"NORMSDIST"这一功能)。

第二种也是更传统的方法，很多统计书都会提供标准正态分布的表格(见表3-4，部分该分布的例子)。当我们计算了个体的标准分数后(比如，$Z=1.5$)，我们可以查找这个表格，然后联系到百分位数。美中不足的是，尽管它们会提供解释表格的足够信息，但每本书呈现标准正态分布表格的方式不同，表3-4的呈现是一种包含两列的相当常见的格式。一列呈现了可能的 Z 分数，所以我们只需要找到包含我们计算出的 Z 分数的一行。第二列，正如它的标签介绍的，呈现了平均数和我们计算的 Z 分数之间的分数比例。比如说，有一个人的 Z 分数是1.5，表3-4告诉我们分布中有0.4352的分数在该个体分数与平均数之间。为了估计所有低于该个体分数的分数比例，我们将表3-4中的值加上0.5再乘100，得到93.32%。这告诉我们：如果这组分数分布的形态是正态的，那么标准分数1.5的个体的百分位数是93.32%——也就是大概93%的参加测验的人的分数低于该个体。

表 3-4 标准正态分布表摘要

Z 分数	平均数与 *Z* 分数之间的面积
1.40	0.4192
1.41	0.4207
1.42	0.4222
1.43	0.4236
1.44	0.4251
1.45	0.4265
1.46	0.4279
1.47	0.4292
1.48	0.4306
1.49	0.4319
1.50	0.4332
1.51	0.4345
1.52	0.4357
1.53	0.437
1.54	0.4382
1.55	0.4394
1.56	0.4406
1.57	0.4418
1.58	0.4429
1.59	0.4441
1.60	0.4452

总而言之，只需要一个程序上的考虑和一个理论上的考虑，表 3-4 这样的表就可以被用来估计任意 *Z* 分数的百分位数。程序上的考虑是关于表格使用方式的。如果 *Z* 分数是正值，那么就像我们之前阐释过的，我们在表 3-4 的数上再加 0.5。然而，如果 *Z* 分数是负的，那么我们需要用 0.5 减去这个比例。比如，如果有人的 *Z* 分数是－1.5，我们计算百分位数的方式就是 0.5－0.4432＝0.0568。再乘 100 后，我们会知道这个分布中只有 5.68％的分数低于这个人的分数。理论上的考虑是关于之前提到的假设，即潜在的分布是正态的。如果我们可以合理地假设这个分数分布是正态的，那么我们可以用标准正态分布来联系标准分数和百分位数。然而，如果有一个充分的理由质疑这个分数分布不是正态的，那么我们就不可以用标准正态分布来联系标准分数和百分位数。

将分数正态化

对于被广泛销售、分发和使用的测验，测验编制者可能会说他们的测验测量的是一个在人群中正态分布的心理属性。比如，很多理论家认为在总人口中智力的分布在形态上是相当正态的。因此，如果我们开发一个新的智力测验，我们可能会提供一个产生正态分布分数的打分机制，从而给施测者提供一个假定心理构念具有正态性的解释指南(即“常模”)。

然而，我们可能会遇到一个问题。具体而言，如果从受测者中得到的分数并不是正态分布的，那么我们就会遇到一个麻烦，这使得我们构造一组正态分数的目标变得复杂。也就是说，在我们基于理论的关于心理属性的构念(比如，智力是正态分布的)和实际得到的测验数据(比如，我们样本中的 IQ 测验分数不是恰好正态分布的)之间存在差异。

测验编制者试图解决非正态问题的一种方式是将不完美(即非正态)的测验分数分布转化为更加接近正态的分布。这个过程有时被称作正态化变换或面积转换。测验编制者必须满足两点假设才能使用这个程序：①他们的理论是正确的(即这个特性确实是正态分布的)；②由他们的样本得到的真实测验数据(在本例中指 IQ 分数)是对(理论)构建本身分布的不完美体现。

正态化变换分成 3 个步骤。第一步是由原始测验分数算出直接或经验的百分位等级。也就是说，我们用在介绍百分位等级时的第一个程序(即基于分布中所有原始分数已知)将每个个体在 IQ 测验上的原始分数转换成百分位等级。第二步是将百分位数等级转换为标准分数(即 Z 分数)。我们得到一个百分位数等级(由第一步得到)，查找标准正态分布表(见表 3-4)，搜寻百分位数等级那一列，找到我们得到的百分位数等级的那个值，然后确定其对应的 Z 分数。第三步，我们得到了标准分数(Z 分数)，然后用我们想要的度量计算出一个转换后标准分数(即确定一个特定的平均数和标准差)

举例来讲，我们可能想要我们的 IQ 分数以平均数为 100、标准差为 15 的度量报告，同时我们希望报告由原始分数 28 经正态化程序转换得到的转换后标准分数。我们首先要找到和分数 28 相关的百分位数等级。

假设分数 28 很高，基于我们得到的所有测验回答的百分位数等级是 92%。我们取这个值，然后查找表 3-4，发现约 92%的百分位数和正态分布中 1.41 的标准分数相联系(即，0.92－0.5＝0.42，其是正态分布中 1.41 的标准分数所对应的比例)。因为我们想要以平均数 100、标准差 15 的度量报告，所以我们将其转换为标准分数(T)：

$$
\begin{aligned}
T &= 1.41 \times (15) + 100 \\
&= 21.15 + 100 \\
&= 121.15。
\end{aligned}
$$

因此测验中原始分数 28 的个体会得到 121.15 的正态后转换分数。如果我们作为测验的编制者想要对测验的使用者做一个综合的解释指南，我们会对测验中所有可能出现的原始分数进行正态化。然后测验使用者在将来的测量中可以用我们的指南，将任何个体的原始分数和恰当的正态化转换后标准分数相联系。

我们介绍的正态化转换是处理非正态测验数据的一个选择。另外的选择包括计算“正态等值曲线”或“标准九分”。这些程序的细节超出了我们目前讨论的范围，但是它们可以从其他的来源获得，特别是教育测量相关的内容中会有介绍。

测验常模

在心理测量中，很多测验都被标准化，以方便测验使用者对测验结果进行解释。通常在测验构建过程中，测验编制者将新编制的测验施测于他们认为能够代表相关人群的一大群人(又称“常模团体”或“参照样本”)。在这一群人完成测验并计算出分数后，测验使用者可以将他们的分数作为参考框架来解释之后真正参加测验的人的分数。在构建测验过程中使用的这群人被称作参照样本，而他们的分数分布被称作测验的“常模”。

因此，测验编制者用我们刚才提到的这种方式来准备给测验使用者的解释指南，然后测验使用者可以用这样的指南来解释测验中每一个新的分数。举例来讲，测验编制者会用参照样本来计算原始测验中每个可能的分数的“转换后标准分数”。之后，当一个测验使用者得到一个新的受测者的测验分数时，他就可以直接用参照样本常模将受测者在测验上的原始分数和一个更容易解释的 T 分数(即转换后标准分数)或者百分位数等级相联系。因为测验编制者已经进行了我们之前讨论过的所有的转换和变换，所以测验使用者不需要担心这些过程。这种常模规范过程让测验使用和解释更加简单和高效。

在研究背景下，基于两个原因，测验使用者可能不会强烈地依赖常模。第一个，研究者使用的很多测验可能不会提供测验常模、标准分数和百分位数等级。通常在行为科学的应用领域中广泛使用的心理测验才会进行我们讨论过的常模和标准化过程，比如临床评估、成就测验、智力测验和员工筛选。当测验被用于更加特定的研究时，测验编制者不大可能会花费时间和精力来编制一套常模和标准分数。研究者更少使用关于测验常模和标准分数的第二个原因是他们通常并不关心如何解释个体分数。研究者们通常更关心变量间的关系——计算相关和其他统计量来理解重要的行为变量是怎样相互联系的。因为他们通常不关注某个体的分数，那就基本没有理由担心刚好来参加研究的被试的百分位数等级和标准分数是多少。

参照样本的代表性

就像我们之前看到的，测验被常模标准化从而作为参照框架来为解释个体测验分数提供信息。然而，常模化数据的价值取决于参照样本真正代表一个相关群体的程度和参加常模化测验个体可以被视为群体成员的程度。在两种情况下，目标群体都需要有明确的定义，同时我们需要确认参照样本真的能够代表那一群体。

举例来讲，假设你想要编制一个在大学的心理咨询中心使用的自尊测验。为了解释客户的测验数据，你想要把测验常模化。你要做的第一件事就是确定合适的目标群体。在本例中，这个群体可能包括美国大学的四年本科中的全日制学生。因为将你的测验施测于这个群体中所有的学生基本上是不可能的，所以你需要从学生目标人群中选择一个学生样本(即参照样本)。这个参照样本必须要能代表群体。“代表性”意味着如果这个自尊测验问卷施测于群体中的每一个人，那么参照样本中的测验分数所表现的统计特性应该和整个群体分数的统计特性一样（比如，同样的平均数和标准差）。

选择真正能够代表目标群体的参照样本中的个体是一件相当复杂的事情。有的书用一整本来解释这个问题，但是基于我们的目的，我们只需要讨论两个类型的抽样方法：①概率抽样方法；②非概率抽样方法。

概率抽样方法是使用一种能保证样本代表性的特定的流程。举例来讲，你可能很熟悉随机抽样的概念。如果一个抽样选择流程以一种真正随机的方式选取一个样本的人群，我们可以说这个样本是随机样本。还有一些更复杂的概率抽样的方式，包括分层随机抽样和分组取样。关于这类流程的完整讨论超出了我们目前内容的范畴，但是有兴趣的读者可以在很多“研究方法”或者“测验与测量”的书籍中找到相关内容。

和概率抽样相反，非概率抽样不太可能产生对目标群体有代表性的样本的抽样流程。比如，你可能去你附近的大学寻找自愿来做参照样本的学生。因为自愿参加的学生可能并不能很好地代表所有学生，所以这个流程会产生一个非概率样本。

总体而言，在测定一组测验常模的效用时，我们必须注意参照样本的代表性，而代表性与选择和招募样本的方式有关。你永远不能明确地知道某一个样本对某一个特定的人群是否有代表性，但是如果一个参照样本是由概率抽样方法得到的，那么你可以相当确信该样本能很好地代表目标群体。

总　结

个体差异作为统计方法的基本数据来源，常用于评估心理测验的心理测量特性。心理测验是确定个体差异的工具，反过来我们也可以说，一个好的心理测验可以准确地描述个体差异。

在本章中，我们介绍了测验分数或者特质水平上的个体差异，可以通过计算方差或标准差进行量化。方差是反映一组分数分布中分数的平均差异大小（平方后）的值；每个受测个体都有一个可能与分数分布平均数有所差异的测验分数。这些差异被用来计算方差。

我们也介绍了协方差的意义和重要性——一组值的方差与另一组值的方差的一致性程度。从方差和协方差的逻辑中衍生出相关系数，它是代表一组分数方差与另一组分数方差系统联系程度的值，并且其在心理测量评估中起重要作用。

最后我们讨论在解释测验分数时的模糊性，同时我们介绍了一些处理这种模糊性的方法。具体来说，我们介绍了标准分数（Z 分数）和转换后标准分数（T 分数）。这些分数让我们可以比较一个人在两个测量度量不一样的测验上的得分。和正态分布联系后，我们还可以通过一个测验情境中的表现预测在之后测验情境中的表现，也可以转换为百分位数等级，或者做出关于一个人的测验表现和其他人测验表现的比较的推断。我们的讨论强调了这些解释性的值是基于一个解释性的框架，即个体测验分数是由它与其他个体测验分数的关系所定义的。也就是说，我们的基础是把测验分数解释为反映受测者的个体差异。

推荐阅读

关于基本概念(如平均值、方差、标准差)计算方法的入门统计教材：

Howell，D. C. (2012). *Statistical methods for psychology*(*8th ed.*). Belmont，CA：Wadsworth.(第2章)

关于个体差异及其重要性的文章：

Darwin，C. (1859). *On the origin of the species by means of natural selection*. London，England：John Murray.

关于个体差异在实验认知心理学中作用的介绍：

Jensen，A. R. (2006). *Clocking the mind*：*Mental chronometry and individual differences*. Oxford，England：Elsevier.

理解个体差异是人格理论的核心：

Eysenck，H. J. & Eysenck，M. W. (1985). *Personality and individual differences*：*A natural science approach*. New York，NY：Plenum.

被试抽样程序概览：

Rosenthal，R. & Rosnow，R. L. (2008). *Essentials of behavioral research*，*methods and data analysis*(*3rded.*). New York，NY：McGraw-Hill. (第9章)

一段易于理解的关于皮尔逊积差相关系数的代数讨论：

专题讨论式(主要在第4至第8章) Edwards，A. L. (1976). *An introduction to linear regression and correlation*. San Francisco，CA：W. H. Freeman.

13种概念化和定义相关的方法概览：

Rodgers，J. L. & Nicewander，W. A. (1988). Thirteen ways to look at the correlation coefficient. *The American Statistician*，42，59-66.

关于不同类型测验常模的讨论：

Thorndike，R. M. & Thorndike-Christ，T. M. (2010). *Measurement and evaluation in psychology and education*(*8thed.*). Boston，MA：Pearson Education. (第3章)

第4章

测验维度和因素分析

假如你的一位同事想采用包含以下6个形容词的人格调查表开展人格研究：健谈的、坚定的、富有想象力的、富有创意的、外向的和聪明的。实验参与者自我评估每个形容词，整体描述与自己人格的吻合程度。你的同事向你咨询，对这个常见的基于形容词形式的人格评估有何高见。你陷入沉思，开始思考这个人格调查表到底测量了什么。是否测量了人格6个不同的方面？测量了一个构想(contract)？如果是这样的话，这个构想是什么——6个形容词作为心理特质或维度来说有何共同点？或者说这6个形容词能否反映2～3个不同的维度？这个人格调查表应该如何计分以及解释？

用简短的时间来考虑这个简短的调查表中的6个形容词，然后将它们分组，使得每组中的词有共同意义。也就是说，根据它们彼此间的相似性分组。一些人可能认为这个量表只包含两组。比如，一些人可能认为健谈的、坚定的和外向的是一个特质的3个变量(让我们称之为“外向性”)，而富有想象力的、富有创意的和聪明的是另一个特质的3个变量(让我们将其称作“经验开放性”)。从这个观点出发，对这6个形容词的回答反映了2个基本的维度：一组回答是外向性维度的反映，另一组回答是经验开放性维度的结果。

相反地，有一些人会认为这6个形容词反映了3个而不是2个维度。具体来说，健谈的、坚定的和外向的可以被归为一类，富有想象力和有创意的可以归为一类，但是聪明的和其他五个词有重大的不同。从这个观点出发，对这6个形容词的回答反映了3个基本的维度。换句话说，这6个测验项目本质上反映了人们心理上彼此不同的3个方面。

这个例子解释了在测验编制、评估和使用中一个基本的关注焦点——测验维度(test

dimensionality)①。解释一个测验的维度至少需要包含 3 个基本的心理测量问题，这 3 个问题的答案在评价行为测验的心理测量特性，对某个测验合理地评分以及在合理地解释测验分数时都具有非常重要的意义。

在本章中，我们将讨论维度的概念，关于维度的重要问题以及维度在测验构建、评估、使用和解释中的含义。正如图 4-1 所示，对于 3 个关键问题的回答引出了 3 种基本类型的测验：①单维测验；②维度相关的多维测验；③维度不相关的多维测验。测验编制者和测验使用者必须明白编制和使用的测验是哪一种，因为这些测验彼此之间有很大的心理测量上的差异。

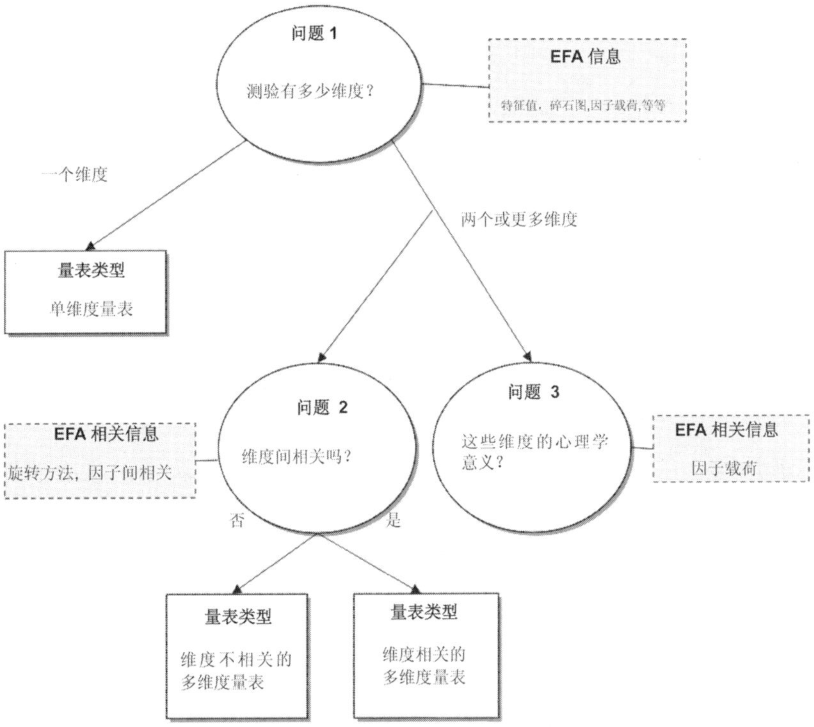

图 4-1 维度的三个核心问题、测验的三种类型以及探索性因素分析中的相关信息

考虑到理解测验维度的重要性，我们也会介绍一种量化维度问题的方式。我们将介绍一种测验的编制者、测验的评分者和测验的使用者通常试图来确定一个测验反映的维度数目、这些维度的意义和维度间相互联系的程度的方式。一种叫作因素分析的统计方法是心理测量学家的统计工具箱中非常有用的工具。尽管因素分析是一种很高级的程序，但是我们会用一种对高级统计没有兴趣或背景的人也能理解的方式介绍它的基本逻辑和使用方法。对于因素分析基本的理解将为掌握很多重要的心理测量问题打下坚实的基础。

① Test Demensionality，在不同教科书中，译法不同。例如，测验维度(张厚粲，黎坚，2008)；向度(周□山，包傑恩，2005)。

测验的维度

如果你站上体重秤，那么秤上的示数会告诉你关于你的一个物理属性或特点的值——你的体重。作为人类，你有很多其他的物理属性，包括身高、肤色、头发长度等。当你称重的时候，代表你体重的数值不能直接地反映出你的头发颜色、身高或者年龄等属性。体重秤上的“分数”应该(也确实)反映了一个且仅一个物理维度。

同样地，如果你参加了一个会产生某种分数的心理测验，那么我们会将其分数视为代表一个心理特点或属性的值。举例来讲，假设你有一个评估社会焦虑的量表，某个体在该量表上的分数代表了他社会焦虑的水平——除此以外，别无其他。然后我们可以认为社会焦虑是该个体的一个属性，同时我们可以将这个测验分数看作代表该个体社会焦虑的值。这个量表的分数应该反映出一个且仅一个心理维度。

作为一个普遍但不是永远适用的规则，当我们测量一个物体或者一个人的物理或者心理学属性时，我们倾向于测量那个物体或者人的单个的属性。就体重的例子而言，我们想要测量体重，所以我们的测量不会被受测者的其他属性所影响。

进一步讲，测量一个人的身高和头发的长度，然后将这两个分数加起来形成一个总的分数是不合理的。显然，这个总的分数是两个基本上毫不相关的物理属性的混合物，而这两个分数的结合不会有一个清晰的解释。也就是说，这个总的分数对单个物理属性不会有清楚的参照作用，因此它也没有明确的意义。同样地，测量个体的社会焦虑程度和智力水平，然后将两个分数相加形成一个总的分数也不是合理的。这个总的分数同样是两个基本上毫不相关的维度的混合物，即一个人的社会焦虑水平可能和他的智力水平并没有关系。两个独立的心理属性的分数的结合会制造一个没有明确意义的测验总分。

就像我们在复合分数中讨论的，很多心理测验的分数是基于几个问题或者测验条目的。比如，人格测验的长度从 5 个及以下的问题到几百个问题。在这类测验评分中，项目的回答一般是通过计算某种形式的一个或者更多个分数并进行结合，这些结合后的分数被用来反映心理属性。这些分数被称作复合分数，理论上，复合分数反映一个并且只反映一个维度。但是一个测验可能包含不只反映单个维度的项目。

三个关于维度的问题

正如之前提到的，关于测验的维度至少有三个核心问题。第一个核心问题，测验的项目反映了多少个维度？就像我们将看到的，一些测验反映了一个维度，但是有一些却反映了两个或者更多个心理维度。这个问题很重要，因为一个测验的每个维度很可能是分开评分的，而每个维度都需要心理测量分析。

第二个核心问题，如果一个测验有超过一个维度，那么这些维度彼此是相关的吗？就如我们将看到的，一些测验有几个多少有些相关的维度，而另一些测验有几个本质上独立的维度。这个问题很重要，部分是因为一个测验维度的相关本质上会影响测验总分数的意义。

第三个核心问题，如果一个测验有多于一个的维度，那么这些维度是什么？也就是说这些维度反映了哪些心理属性？比如，在之前介绍的 6 个形容词的人格测验中，第一个维度反映的是外向性的心理属性还是其他属性？这个问题的重要性应该是相当明显的，如果我们想对一个测验的一个维度准确地评分和解释，那么我们必须要知道这个分数的心理意义。

图 4-1 总结了这些问题并且呈现了在 3 种不同类型的测验中它们的联系。这 3 种类型的测验有不同的特性，对评分和心理测量评价有不同的影响，从而最后有不同的心理含义。

单维测验

第一个关于测验维度的问题关注了一组测验项目反映的维度数目。一些测验包含了反映单个心理属性的项目，而另一些包含的项目反映了多于一个的属性。

当一个心理测验包含的项目只反映一个人的一个属性时，就意味着对这些项目的回答都仅仅是被这一个属性所影响的(同时在某种程度上也被随机测量误差影响——见第 5 至第 7 章)。在这样的情况下，我们说这个测验是单维度的，因为它的项目只反映了一个心理属性。

考虑一个在班级里进行多项选择型的几何测验。一般来说，一个学生参加测验，然后得到一个基于他答对问题数目的分数。这个学生的分数被解释为对他“几何知识”总量的测量。这个解释只有在所有的测验项目都真正需要几何知识并且只需要几何知识时才说得通。比如，如果我们可以相信测试不会(错误地)包含代数项目、微积分项目或除几何项目之外的词汇项目，那么我们可以比较确定地用几何能力来解释分数。也就是说，我们可以假设测验中每个问题的回答都受到单个心理属性的影响。这样一个测验可以被看作单维的。除此之外，测验的项目或者问题需要具有概念同质性这一特征——对每个问题的回答应该是同一个心理属性的功能体现。

图 4-2 展示了单维测验的概念。该图使用了图像化表示测验维度的标准格式(或者说“因素结构”，我们之后将会介绍)。在这样的图中，一个圆或者椭圆代表了影响被试对测验问题回答的一个假设的心理属性或者潜在的变量。回到几何测验这个例子，这个圆圈就代表“几何知识”，因为其是决定学生是否能正确回答测验项目的心理特性(假设)。相对应地，在像图 4-2 这样的图中，正方形或者长方形代表对每个测验项目的回答。最后，箭头的方向(即它们从特质指向回答)代表心理特性影响测验问题的回答。比如，它们代表了几何知识(作为一个心理能力)影响学生对测验的回答这个假设。因为它展现了单个心理属性影响被试回答的情形，所以这个表阐释了一个单维测验。

正如我们之前提到的，一个测验的维度会影响其评分和使用。对单维测验而言，只计算反映测验测量的单个心理属性的一个分数。也就是说，所有的项目都以某种方式结合(一般是通过平均、求和或者计数)从而构造一个复合或者总分数。举例来讲，如果几何测验真的是单维的，那么它就产生了一个反映几何知识的分数(比如，对正确回答的问题的计数)。在心理测量的评估上，心理测量品质的评估是基于在单维测验中获得的唯一分数。在之后的章节中，我们会讨论反映心理测验的品质的信度和效度。对于单维测验，信度和效度应该基于测验产生的总分数来估计和评价。在测验使用方面，测验使用者计算和解释单维测验产生的测验总分。

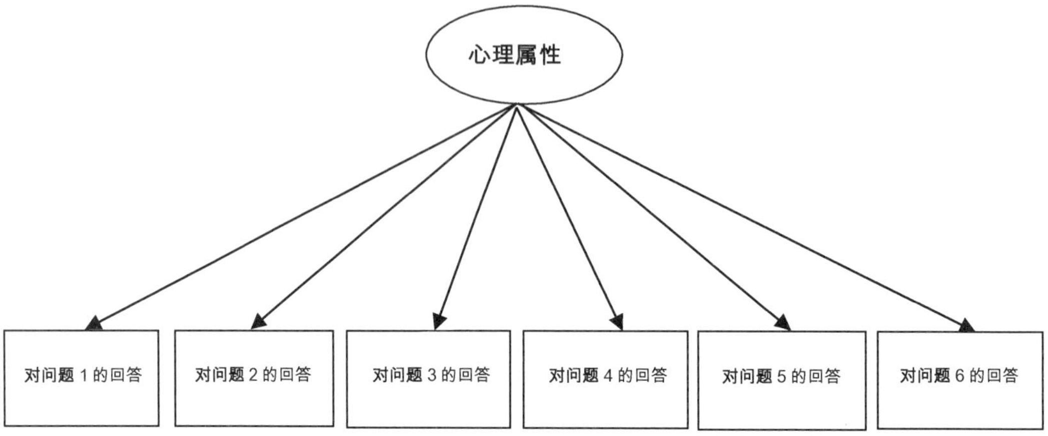

图 4-2　单维测验

维度相关的多维测验(测验有高阶因子)

当一个心理测验反映多于一个心理特性的项目时，这个测验就被认为是多维度的。在这样的情况下，我们面临着关于维度的第二个问题——测验的这些维度彼此相关吗？就像图 4-1 所示，这个问题的答案区分出两种不同类型的测验。当一个测验包含几个彼此相关的维度时，这个测验就可以被看作维度相关的多维测验(也被称作具有高阶因子的测验)。

智力测验，比如韦氏儿童智力量表(WISC-IV；Wechsler，2003a，2003b)和斯坦福-比奈量表(SB5；Roid，2003)就是维度相关的多维测验的例子。这些测验包括评估不同心理特质的多组问题。这些问题组被称作子测验，它们各自反映了智力不同的方面。比如说，斯坦福-比奈量表有 5 个子测验：①一个测量流体智力；②一个测量一般知识；③一个测量数字处理能力；④一个测量视觉空间处理能力；⑤一个被认为是测量工作记忆。测验编制者和测验评分者的研究表明斯坦福-比奈量表的 5 个子测验是彼此相关的。也就是说，在一个子测验上分数相对高的被试很可能在其他的子测验上分数也相对高。

我们之前提到过，一个测验的维度对于测验的评分、评估和使用有极深的影响。维度相关的多维测验可以产生很多的分数。一般来说，每个子测验都有一个子测验分数。从理论上来说，每个子测验本身是单维的，并且每个子测验中的问题具有概念上的同质性。举例来讲，斯坦福-比奈量表中数字处理能力分量表可能需要一个受测者回答 10 个问题。假设对这 10 个问题中每个问题的回答都只反映了一个数字处理能力而没有其他子测验所代表的(智力)结构。也就是说，一个被试对这 10 个问题的回答只受这个被试的数字处理能力而不是其他心理属性影响。

如果一个子测验是单维度的，那么这个子测验的分数被认为在单个心理属性上是可解释的。

除了每个子测验的分数外，维度相关的多维测验还经常以计算几个子测验结合的总分数的方式评分。也就是说，子分数的分数通常会互相结合(同样是通过相加或者求平均)从而获得一个测验总分。举例来讲，斯坦福-比奈量表的 5 个子测验结合起来形成了一个代表一般智力或者 G(一个一般的心理属性)的总体的“全量表”得分。我们可以认为 G 影响了很多更具体的心理属性，而这些属性会影响人们回答测验题目的方式。

一个维度相关的多维测验可以用几种方式表现和评分。最常见的方式也许是图 4-3 呈现的“高阶因子”或者“二阶因子”结构，而这与斯坦福-比奈智力量表也一致。注意在表中有两个层次的心理属性。对每个测验问题的回答都被一个具体的特性，或者因子影响。比如说，一个个体对于斯坦福-比奈智力量表中数字处理能力分量表问题的回答是被他的处理数字信息这一心理能力影响的。相对地，一个被试对斯坦福-比奈智力量表中视觉空间处理能力分量表问题的回答是被他处理视觉空间信息的心理能力影响的。除了这些具体的心理属性，有一个一般的心理属性影响着每一个具体的属性。举例来讲，一个个体处理数字信息和处理视觉空间信息的能力都部分取决于他的一般认知能力，或者说智力。这个一般的特性通常被称作高阶因子或者二阶因子，因为相比具体的因子或者属性，这是一个更一般的水平(或者“阶”)。

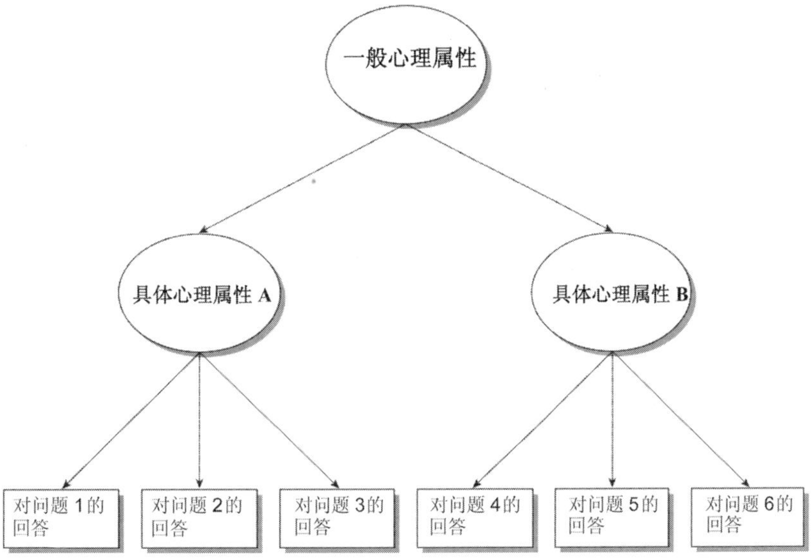

图 4-3 维度相关的多维测验（即一个高阶因子测验）

我们之前提到过，高阶结构(higher-order structure)可能是最常见的从概念上解释维度相关的多维测验的测量导向的方式，然而这并不是唯一的概念化方式。实际上，最近人们对另一种称为二元结构的概念化方式很感兴趣。考虑到高阶结构相对的流行性、二元模型相对的新颖性和区分两者的技术上的问题，我们不会进一步阐释二元模型。在此，我们只是希望读者了解有另一种概念化方式。

在测验评价方面，多维测验和单维测验有所不同。单维测验有且只有一个分数，而这个分数是根据其心理测量特质来评估的。相对地，多维测验的每个子测验都有一个分数，每个子分数都是根据其心理测验特质来评估的。一个多维心理测验中可能几个子测验有合理的心理测量特质，同时另一些子测验有不良的心理测量特质。因此每个子测验都需要心理测量检验。举例来讲，斯坦福-比奈智力量表的编制者和使用者仔细地考察了 5 个子测验中每一个的信度和效度。除此之外，一个维度相关的多维测验可能会有一个由子测验计算而来的测验总分。因此，这个测验总分也需要心理测量评估。比如，斯坦福-比奈量智力表的编制者和使用者考察了“全量表”分数的信度和效度。

在测验使用方面，多维度量表提供了很多选择，测验使用者可以使用任意一个或者所有的子测验分数，这取决于它们和研究或者实践背景的关系。另外，如果一个维度相关的多维测验的总分被计算出来了，并且具有可以接受的心理测量特性，那么测验使用者可以使用这个总分。

维度不相关的多维测验

我们之前提到了维度的第二个问题是，一个多维度测验的维度之间彼此相关的程度(见图 4-1)。如果一个测验的维度间彼此没有相关(或者彼此间只有很弱的相关)，那么这个测验可以被认为是维度不相关的多维测验。

很多人格测验一般被认为是维度不相关的多维测验。比如说，一个叫作 NEO 大五人格问卷(NEO-FFI-3；McCrae & Costa，2010)的测验是反映人格的 5 个维度或者因子的有 60 个项目的问卷。也就是说，NEO-FFI-3 被设计来测量 5 个相对独立的人格特性，而且通常我们不认为这 5 个特性反映了任何一个更高阶的因子。受测者会得到 5 个分数——每个维度一个分数，每个分数本身被看作单维的。在这种意义上，这样的测验被看作一组不相关的单维测验，它们将各自的项目混合后呈现。

在评分、评价和使用方面，维度不相关的多维测验和维度相关的多维测验除了有一个重点不同之外都相似。维度不相关的多维测验不能计算测验总分。也就是说，每个维度会得到一个分数，但是每个维度的分数不能结合从而计算出一个总分。进一步讲，每个维度的分数都有心理测量特性的评估，并且每个维度的分数都有可能被研究者或者实证心理学家使用。比如，NEO-FFI-3 只产生了 5 个分数——5 个因子或者维度各一个，然而，NEO-FFI-3 中没有总的测验分数能被计算。

图 4-4 呈现了这类测验的结构，和图 4-3 呈现的维度相关的多维测验相似，其也有两个心理属性，每一个反映了对一组问题的回答。然而，在这个图中，这两个属性并没有以某种方式联系在一起。这表示这些属性互不相关。

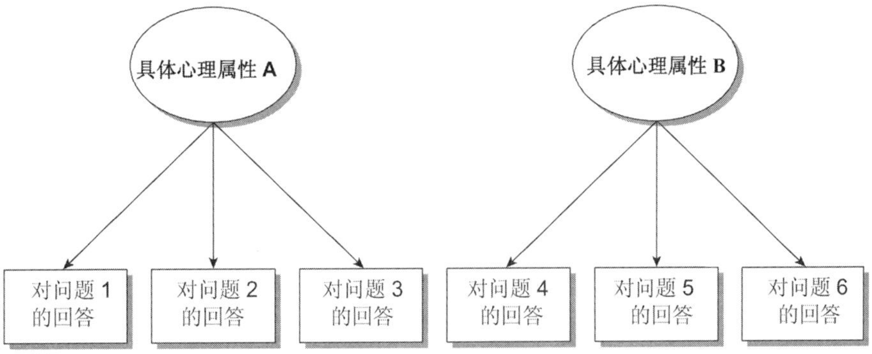

图 4-4　维度不相关的多维测验

测验维度的心理意义

在两个维度问题(测验条目中反映的维度的数目和多维度之间的关系)被解决后，我们需要考察第三个重要的多维度问题。具体来讲，测验编制者、评分者和使用者必须理解每个测验维度的心理意义。为了一个测验的维度被准确地使用和解释，测验编制者和评分者必须进行每个测验维度代表的心理属性的研究。

在接下来的内容中，我们将讨论进行这类研究的一个常用的方法。我们将介绍因素分析这一统计方法的基础，因素分析在对测验维度的考察上经常作为一个基础的工具使用。我们将介绍它的逻辑，同时讨论解决测验维度的三个核心问题所需要的信息。

因素分析：对测验维度的检验

测验编制者可以用很多的统计方法来评价一个测验的维度。尽管聚类分析和多维度测量也是有用的方式，但是因素分析是该类检验中最常用的方法。通过因素分析，研究者可以解决之前提到的那个核心问题。这为心理测验潜在的评分、评价和使用提供了重要的理解方式。

事实上，因素分析有两大类：探索性因素分析和验证性因素分析。探索性因素分析是最常用的方式，并且在基础的统计软件比如 SPSS 和 SAS 中相对比较容易操作。另外，探索性因素分析通常被用在心理测量分析和编制的早期阶段。考虑到这些问题，该章节中接下来的内容将主要聚焦于探索性因素分析。在本章的最后，我们将简短地再次介绍验证性因素分析，然后在本书的第 12 章用一整章的内容介绍它。

探索性因素分析的逻辑和目的

在本章的开头，我们考虑了一个包括以下 6 个形容词的人格调查表：健谈的、坚定的、富有想象力的、富有创意的、外向的和聪明的。然后我们让你考虑这些形容词中反映的不同属性的数目。就像我们之前提到的，思考过的人对问题的答案可能并不一致。基于每个人对形容词特定的解释和对人格的理解，有人可能会认为这6个形容词反映了1个维度，2个维度、3个维度或者更多个维度。

这种仅基于个人对项目表面意义的解释的方法有一个很重要的问题：评价哪个观点是最好的并不容易。也就是说，如果你认为这个问卷是两因子结构的，但是你的同事认为它是三因子的，那么你们怎么确定哪个是对的，哪个是错的呢？

测验编制者和使用者通常喜欢基于实验数据提出观点，而不是基于对项目意义的特异性的解释。因此你可以对100个被试施测这6个项目(形容词)的调查表，让每个被试根据以下选项对每个项目评分(比如，通过圈出合适选项的数字)：

1	2	3	4	5
完全不像我	有一点不像我	既不像我，也像我	有一点像我	完全像我

表 4-1 (假设的)一组两因子项目的相关矩阵

	健谈的	坚定的	外向的	富有创意的	富有想象力的	聪明的
健谈的	1.00					
坚定的	0.66	1.00				
外向的	0.54	0.59	1.00			
富有创意的	0.00	0.00	0.00	1.00		
富有想象力的	0.00	0.00	0.00	0.46	1.00	
聪明的	0.00	0.00	0.00	0.57	0.72	1.00

然后我们将他们的数据输入一个统计软件包，再计算出6个项目间的相关(见第3章)。最后，我们将用这些相关来帮助确定和解释这些项目所反映的维度。

让我们假设，在这个过程中，我们得到了如表4-1所展示的假设相关矩阵中的相关值。我们注意到3个项目——健谈的、坚定的和外向的——彼此间都有很强的相关。在这3个项目中某一个项目上对自己评分较高的人，很有可能在其他2个项目上对自己的评分也较高。我们同样发现另外3个项目——富有想象力的、富有创意的和聪明的——彼此之间也有很强的相关。重要的是，我们同时发现这两组项目互相独立。比如，健谈的和富有创意的之间的相关是0，健谈的和富有想象力的之间、外向性的和聪明的之间相关一样为0。也就是说，某个体把自己评价为健谈的、坚定的和外向的不能推断出该个体拥有富有想象力的、富有创意的和聪明的可能性水平。这种相关的模式开始揭示了这6个项目人格测验的维度。

通过这种方式来快速了解一个假设的相关矩阵，我们可以开始了解一个测验的维度。从本质上讲，我们试图确定相互匹配的项目组，即彼此之间的相关相对强，但是与其他项目只有弱相关的项目组。每个由相对强相关项目组成的组代表了一个心理维度或者“因子”。

实际上，我们可以开始解决图4-1中的3个维度问题了。通过对我们确定的项目组计数，我们可以确定一个量表中的因子数目。如果量表的项目彼此间相关的水平基本一样，那么就只要一个组(即因子)，并且这个测验是单维的。然而如果有两个及以上的组，那么这个量表就是多维的。在表 4-1 假设的相关矩阵中我们确定了两组项目——这些发现说明了 6 个项目的人格问卷是两维度结构的(即它是多维的)。也就是说，3 个项目聚合成一个维度，同时另外 3 个项目聚合成另一个维度。

我们需要检验组间相关的模式，从而来确定因子间是否彼此相关。也就是说，因子间可能的相关基于不同组的项目间的相关。在表 4-1 的例子中，我们发现一个组的项目和另一组的项目间并不相关。这表明这两个因子本身并不相关——一组项目代表的因子和另一组项目代表的因子没有相关。因此，这 6 个项目的测验好像是一个维度不相关的多维测验。但是如果一组内的项目真的和另一组的项目相关，那么两个因子就相互相关。比如说，我们可能发现健谈的和富有创意的之间有 0.30 的相关，健谈的和富有想象力的之间有 0.25 的相关，外向的和聪明的之间有 0.32 的相关，等等。这样一种中等大小的因子间相关模式表明了因子间是彼此相关的，即我们的测验是一个维度相关的多维测验。

最后，为了了解因子潜在的心理意义，我们考察了组成因子的项目的内容。也就是说，一个因子潜在的意义部分是由它包含的项目共有的心理学概念和主题所决定的。比如说，考虑这几个项目：健谈的、坚定的和外向的，它们有什么共同点？它们共同的心理学概念是什么？很多人格心理学家很可能会说这些项目反映了外向性因子，其他的 3 个项目(即富有想象力的、富有创意的和聪明的)反映了经验开放性。这个答案当然是基于解释、评价和个人偏好的。事实上，每个人的答案可能会不一样。对于外向性和经验开放性的解释基于对人格大五因子模型的熟悉性，而人格大五因子为人格心理学家所熟知并且它就包含了外向性和经验开放性。有其他观念和背景的人可能会选择用其他方式命名这两个因子。

通过用这种方式考察相关的模式，我们完成了一个非常基本的因素分析。然而，这样一个简单的“目测”方式对于实际的数据基本没用。真实的数据通常包含了更多的项目。在刚才的例子中，我们只考察了 6 个项目，但是很多测量包括了比 6 个项目多得多的项目。比如说，NEO-3 人格量表(NEO-PI-3)中的尽责性量表(McCrae & Costa，2010)包含了 48 个项目。大量的项目将会产生大量需要考察的相关数目，因此困难就产生了。举例来讲，如果我们考察一个具有 48 个项目的相关矩阵，那么我们必须检查超过 1100 个相关值。显然，用眼睛检查这么大的相关矩阵基本上是不可能的。除了在很多实际的数据中大量的相关值之外，实际数据中的相关模式绝不会像表 4-1 展现得那么清晰。表 4-1 中假设的相关只包含了一小部分很强的正相关和一小部分零相关。但是在实际的数据中，相关通常会更接近 0.18 或者−0.32 而不是 0.70。因此，实际数据中的项目聚合会比表 4-1 中的更加模糊，而这种模糊性会让评估维度的过程复杂化。

探索性因素分析是一个简化这种流程的统计方法。我们可以用探索性因素分析来处理大量的相关值，而不用眼睛来检查数十甚至上百的相关值。因为在实际数据中对维度的分析通常比表 4-1 中的例子更“杂乱”，所以研究者们通常会依赖探索性因素分析来考察心理测验的维度。

进行和解释探索性因素分析

因素分析可以用被试的原始数据——被试对测验中每个项目的回答——进行。然而，一些统计软件包允许在总结测验项目间相关的矩阵中进行因素分析。因此，如果你有合适的软件，那么你就可以重复我们接下来的报告和解释的样例分析。

图 4-5 展现了进行探索性因素分析的流程。和这张图展示的一样，探索性因素分析通常是一个反复的过程，每一步的结果让研究者重新去评估上一个步骤。

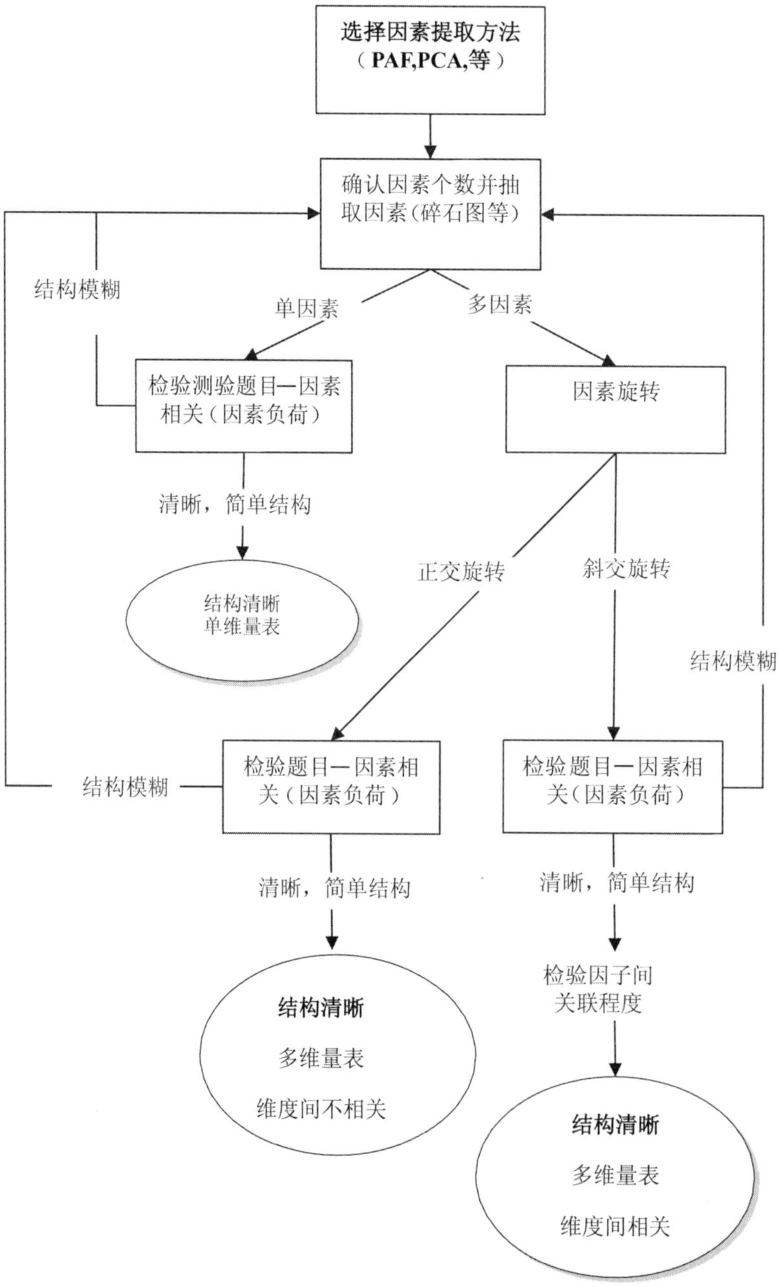

图 4-5　探索性因素分析流程

选择一种提取方法。在探索性因素分析的第一步中，我们需要选择一种“提取方法”。这是指实施的具体的统计技术，可选的包括主轴因子法(principal axis factoring，PAF)、最大似然因素分析法(maximum likelihood factor analysis)和主成分分析法(principal components analysis，PCA)等。

主轴因子法和主成分分析法在探索性因素分析的很多实例中都是常见的选择。尽管主成分分析法并不是专门的“因素”分析法，但是它们本质上是一样的，并且它也是一些常用的统计软件包的因素分析过程的默认方法。尽管由主轴因子法得到的结果和主成分分析法得到的结果通常很相似，但是很多专家都会推荐主轴因子法而不是主成分分析法。比如，法布里拉、韦格纳、麦科勒姆和斯特拉汉(1999)得出结论，认为“当分析的目标是确定测量的多个变量的潜在结构时”，主成分分析法是不被推荐的，而这种目标是心理测量评估中的一个典型的情况。

为了说明探索性因素分析的过程，我们将用主轴因子法来分析表 4-1 中的相关。需要注意的是，如果必要的话，测验的回答需要在进行探索性因素分析之前反向计分(见第 10 章)。

确定因子数目并提取因子。在探索性因素分析的第二步中，我们要确定项目中因子的数目，并且使用统计软件来“提取”这个数目的因子。然而，我们没有单一的、简单的规则能够用来确定因子数，因此，我们必须依赖粗略的指导方针和主观的评估。

为了解决因子数这个问题，测验编制者和使用者通常参照被称为特征值的统计量。在图 4-6 中，该信息在“总方差解释”栏目中表示——具体来说，这 6 个特征值在“初始特征值”标题下的“总计”一列中。虽然特征值有很专业的定义，但是我们当前讨论的重点在于特征值是怎么被使用的，而不是它是什么。这类信息可以以很多方式被使用(比如，平行分析；见 Hayton，Allen & Scarpello，2004)，但是我们将集中在最常见的 3 种方式上，而这 3 种方式整合后会成为最普及的统计软件的选择。

一种使用特征值的方式是考察特征值本身的相对大小。注意，图 4-6 中输出的特征值包括 6 行。每一行代表了 6 个测验项目反映的可能的维度数目。也就是说，这个输出的行数总是等于测验的项目数，而每个项目可能代表一个维度。

总方差解释							
成分	初始特征值			提取载荷平方和			旋转载荷平方和[a]
	总计	方差百分比/%	累计/%	总计	方差百分比/%	累计/%	总计
1	2.195	36.578	36.578	1.836	30.599	30.599	1.836
2	2.173	36.222	72.800	1.808	30.131	60.730	1.808
3	0.563	9.382	82.183				
4	0.472	7.867	90.050				
5	0.333	5.554	95.604				
6	0.264	4.396	100				

提取方法：Principal Axis Factoring

a. 当成分间相关时，载荷平方和不可累加以得到总方差。

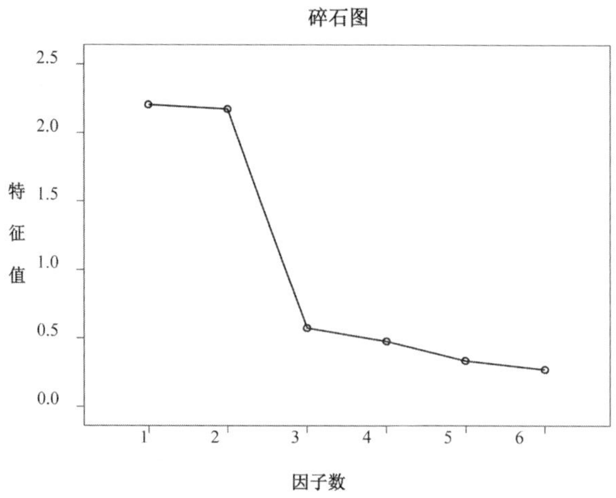

成分矩阵[a]

项目	成分	
	1	2
聪明的	0.942	0
富有想象力的	0.764	0
富有创意的	0.604	0
坚定的	0	0.849
健谈的	0	0.777
外向的	0	0.695

提取方法：

Principal Axis Factoring

a. 提取了 2 个因子，需要进行 19 次迭代

旋转后成分矩阵[b]

项目	成分	
	1	2
聪明的	0.942	0
富有想象力的	0.764	0
富有创意的	0.604	0
坚定的	0	0.849
健谈的	0	0.777
外向的	0	0.695

提取方法：

Principal Axis Factoring

旋转方法：Promax with Kaiser Normalization

a. 旋转在 3 次迭代后已收敛

结构矩阵

项目	成分	
	1	2
聪明的	0.942	0
富有想象力的	0.764	0
富有创意的	0.604	0
坚定的	0	0.849
健谈的	0	0.777
外向的	0	0.695

提取方法：

Principal Axis Factoring

旋转方法：Promax with Kaiser Normal ization

因子相关矩阵

成分	1	2
1	1	
2	0	1

提取方法：Principal Axis Factoring

旋转方法：Promax with Kaiser Normalization

图 4-6　表 4-1 中相关性的探索性因素分析的部分结果

在考察特征值时，我们浏览这一列中降序的值，我们希望找到一个从它以后接下来的数值之间的差异变得相对小的点。举例来讲，在我们的输出中，我们发现在第二个特征值(2.173)和第三个特征值(0.563)之间有相对比较大的差异。我们也注意到这个差异比之后行与行之间的差异都大很多。也就是说，第三个和第四个特征值之间的差异小，第四个特征值和第五个特征值的差异及之后的都小。

这个点所在的位置对于回答维度数目这一问题是有帮助的。我们找到这个点，然后我们可以得出结论：这个测验的维度数量等于有较大特征值的行数。在图 4-6 中，这个点在第二行和第三行之间，所以我们可以得出结论即这个测验有两个维度数。如果这个大的差异在第一行和第二行中间，那么我们可以得出结论说这个测验有一个维度(即这个测验是单维的)。同样地，如果这个大的差异在第 4 行和第 5 行之间，那么我们可以说这个测验有 4 个维度。

尽管存在异议，但是“特征值大于 1.0”这个规则是特征值被用来估计维度数量的第二个常见的方式。前面提到过一些常用的统计软件(比如，SPSS 和 SAS)将这种方式作为系统默认的回答维度数目问题的选择，很多因素分析都基于对大于 1.0 的特征值的判断。比如，在图 4-6 的 6 个特征值中，只有两个大于 1.0。所以，我们或许可以推论出这些测验项目反映了两个维度。如果我们的分析表明有 3 个特征值大于 1.0，那么我们可以推断出这些测验项目反映了 3 个维度。

我们需要再一次强调，尽管这种方式很流行，但是“特征值大于 1.0”这个规则在很多因素分析的应用中估计维度数目时被批评为不合适的(Fabrigar et al.，1999)。实际上，这种方式“通常会在最终结果中会包含比恰当值更多的因子”(Meyers，Gamst & Guarino，2017)，并且它是“在选择保留的因子数目时最不精确的方法”(Costello & Osborne，2005)。因此，一般来说，它不应该作为一种指导方法被用以确定因子数目。

使用特征值的第三个常见的方式是考察碎石图(scree plots)，而这可能是 3 种常见的确定因子数的方法中最好的方法。正如图 4-6 由我们的探索性因素分析得到的碎石图所示，一幅碎石图是对特征值的图像性描述，和之前讨论过的特征值的考察一样，我们在图中寻找一个相对大的差异或者下降。更加具体而言，我们希望在图中找到一个明显的“拉平点”(当我们从横轴左侧看到右侧时)。

举例来讲，图 4-6 的碎石图显示了在因子为 3 时，有一个明显的趋于平缓的开始。一个明显的趋平点表明合适的因子数是趋平点的因子数减一。也就是说，如果有一个趋平点在第二个特征值开始，那就显示只有一个因子存在。相比之下，如果一个趋平点开始在第三个特征值(就如我们图中所示)，那就显示有两个因子，以此类推。

如果我们对“因子数目”有一个清晰的答案，那么我们就“提取”出因子数。在很多软件程序中，这仅意味着我们告诉程序用我们确定的因子数去进行下一步(见图 4-5)。在表 4-1 和图 4-6 的数据的例子中，我们让程序用两个因子运行。我们很快将会回到对这些数据进行探索性因素分析。

然而，对于“因子数目”的回答并不总是清晰的——肯定很少像被构建得尽可能显著的假想数据的图 4-6 那样清晰。以更实际的例子而言，图 4-7 和图 4-8 显示了另外两个探索性因素分析中的部分结果，而这两个探索性因素分析基于两个不同的 6 个项目量表的假设数据。图 4-7 比图 4-6 的结果更加现实，但是还是相当清晰——我们在第三个特征值上看到一个相对明显的趋平点，同样也表示这些项目具有二维度结构。相反地，图 4-8 的碎石图非常模糊——没有明显的趋平点可以指引我们做出因子数的决策。在像这样模糊的情境中，我们用其他的信息来指引我们对量表的维度数的理解。

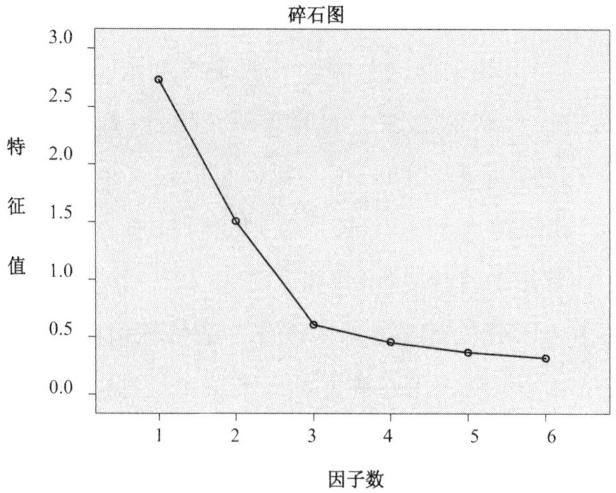

成分矩阵[a]

项目	成分	
	1	2
项目 6	0.754	−0.457
项目 2	0.667	0.536
项目 5	0.620	−0.399
项目 4	0.589	−0.339
项目 1	0.561	0.417
项目 3	0.513	0.391

提取方法：

Principal Axis Factoring.

a. 提取了 2 个因子需要 15 次迭代

旋转后成分矩阵[b]

项目	成分	
	1	2
项目 6	0.880	0.004
项目 5	0.743	−0.017
项目 4	0.672	−0.021
项目 2	−0.015	0.861
项目 1	0.016	0.694
项目 3	0.007	0.642

提取方法：

Principal Axis Factoring.

旋转方法：

Promax with Kaiser Normalization

b. 3 次迭代后收敛

结构矩阵

项目	成分	
	1	2
项目 6	0.882	0.314
项目 5	0.737	0.245
项目 4	0.679	0.257
项目 2	0.288	0.855
项目 1	0.260	0.699
项目 3	0.233	0.644

提取方法：

Principal Axis Factoring.

旋转方法：

Promax with Kaiser Normalization

成分相关矩阵

Factor	1	2
1	1	0.352
2	0.352	1.000

提取方法：Principal Axis Factoring

旋转方法：Promax with Kaiser Normalization

图 4-7　六项问卷中“更真实”的数据的探索性因素分析的部分结果

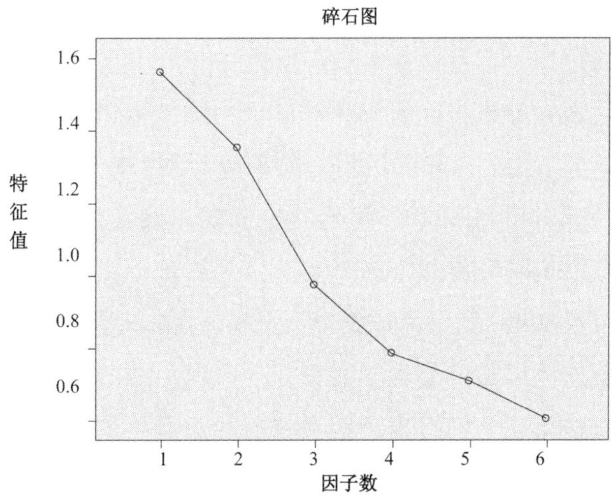

成分矩阵[a]

项目	成分	
	1	2
项目 5	0.959	−0.138
项目 4	0.359	0.022
项目 1	0.069	−0.564
项目 3	0.098	−0.471
项目 2	0.032	0.368
项目 6	0.164	0.266

提取方法：
Principal Axis Factoring.
a. 提取了 2 个因子需要 15 次迭代

旋转后成分矩阵[a]

项目	成分	
	1	2
项目 5	0.969	−0.004
项目 4	0.358	0.028
项目 1	−0.024	0.568
项目 3	0.020	0.480
项目 2	−0.029	0.368
项目 6	0.118	0.286

提取方法：
Principal Axis Factoring.
旋转方法：
Promax with Kaiser Normalization
b. 3 次迭代后收敛

结构矩阵[a]

项目	成分	
	1	2
项目 5	0.969	0.021
项目 4	0.359	0.037
项目 1	−0.010	0.568
项目 3	0.032	0.481
项目 2	−0.020	0.368
项目 6	0.126	0.289

提取方法：
Principal Axis Factoring.
旋转方法：
Promax with Kaiser Normalization

成分相关矩阵

Factor	1	2
1	1	0.026
2	0.026	1.000

提取方法：Principal Axis Factoring
旋转方法：Promax with Kaiser Normalization

图 4-8　对 6 项问卷中模糊的结构化数据的探索性因素分析的部分结果

一种额外信息是量表项目和因子之间相关的清晰度。比如，图 4-8 中模糊不清的碎石图让我们(有一些武断地)提取了两个因子并且考察了探索性因素分析下一步中的项目——因子相关性。我们马上将要讨论到，我们在下一步的结果可能会激发我们重新进行当前这一步，提取一个新的因子数，然后再次进入下一步。这是之前提到的探索性因素分析反复性本质的一个例子。

有时我们不能够获得“有几个维度”这个问题的清晰的答案，这表示了这个量表没有清晰的维度。如果我们真的遇到了这样的情况，那么我们可能会认为这个量表需要修正——比如，明确想要评估的结果或者修订项目本身(Furr，2011)。

在一个典型的探索性因素分析中，研究者对量表的因子数做一个初始判断，然后进行两步后续步骤中的一步。就像图4-5的流程图所示，如果碎石图(或者其他好的指南)表明只有一个维度，那么研究者直接进行对项目和单个因子的相关度考察。我们将在之后讨论这个。然而，如果证明多于一个维度，那么研究者接下来就要决定是否进行旋转因子。

因子旋转(rotation of factors)。如果证据显示这个量表是多维的，那么我们通常会“旋转”因子。这一步是为了明确这些因子的心理学意义。

有两种普遍的旋转方法，而它们对因子间潜在的相关有不同的影响。第一个普遍的旋转方法是一种正交旋转(orthogonal rotations)法，它制造出彼此间不相关或者说“正交”的因子。一种被称作“方差最大”的程序是标准的正交旋转。第二种普遍的旋转方法是斜交旋转(oblique rotations)，包括“promax”和“直接斜交”。关于这些子分类的差异的完整介绍超出了我们讨论的范畴；这里的重点在于所有的斜交旋转都允许因子彼此之间相关或者不相关。用拟人的手法讲，如果因子“想要”彼此相关，那么斜交旋转就允许它们相关，而如果因子之间“不想”相关的话，那斜交旋转就允许它们不相关。

很多专家认为斜交旋转要优于正交旋转(Fabrigar et al.，1999)。我们再一次强调，旋转的主要目的是明确因子的本质，而因子的本质由因子间的相关模式(我们之后将会讨论到)和量表的项目所决定。斜交旋转可以产生因子间相关尽可能清晰的结果，让我们尽可能明确地理解我们的量表。当我们这样想过后，通常来说，几乎没有概念上或者心理学上的原因来强制因子变成正交的(即不相关)；这样做会导致和斜交旋转相比更低的量表明确性。在旋转因子后，我们之后要考察项目和因子间的相关。

考察项目——因子间相关。尽管对一个量表维度的全面理解是从很多种信息中得到的(就像在之后章节中将提到的信度和效度)，但是项目和因子的相关是这个问题的很重要的部分。探索性因素分析通过“因子载荷”展示了这种相关，每个项目在每个因子上都有一个载荷。通过考察载荷来确定与每个因子联系最紧密的项目，我们可以开始理解因子的心理学意义。

一般来说，因子载荷在-1到1之间，它被解释为相关或者标准化的回归权重。当使用正交旋转时(或者当一个量表只有一个因子时)，我们得到的载荷可以被看作是每个项目和每个因子之间的相关。与此相比，当我们用斜交旋转时，会得到几种不同的因子载荷。比如，如果我们使用统计软件SPSS并且选择斜交旋转，那么我们就会得到模式系数和结构系数。模式系数反映了一个项目和一个因子之间“独特的相关”。也就是说，模式系数反映了当控制了因子间相关时，一个项目和一个因子相关的程度。对于熟悉多重回归的读者来说，模式系数是以项目下潜在的因子水平预测被试的项目回答的回归分析所产生的标准回归权重。相比而言，结构系数只是被试的项目回答和潜在因子的水平之间的相关。通过控制因子间所有的相关，相比于结构系数，模式系数可以提供更加明确的关于项目和因子间的独特相关。

当解释因子载荷时，有两个信息非常重要(见我们在第 3 章中解释相关和协方差的讨论)。第一点，载荷的大小表示了一个项目和一个因子相关的程度——更大的载荷(即远离 0，接近－1 或＋1 的载荷)表明了一个项目和一个因子间更强的相关。更具体地来说，超过 0.3 或者 0.4 的载荷通常被认为是比较大，而 0.7 或者 0.8 的载荷被认为非常大。第二个重要的信息是一个载荷的方向——正向或者负向。一个正向的载荷表明在这个项目上的高分的人在潜在的因子上是高水平的。相反地，一个负向的载荷表明在这个项目上得高分的人在潜在的因子上是低水平的。

举例来讲，图 4-6 中的碎石图明显地表明存在两个因子。知道这点之后，我们通过提取两个因子并且使用斜交旋转(即"promax")来继续探索性因素分析。我们得到的载荷也在图 4-6 中呈现了——实际上有 3 组载荷。因子矩阵展示了在因子旋转(rotation of factors)前得到的因子载荷。考虑到因子旋转的作用，我们通常会忽视因子矩阵中的载荷。像模式矩阵这个名字所示，第二组载荷是模式系数。当然结构矩阵呈现了结果系数。

对这 3 个矩阵的考察会揭示一个非常清晰的项目——因子相关的模式。实际上这些结果和我们之前对表 4-1 中相关所"目测"的因素分析结果具有高度的一致性。具体而言，聪明的、富有创意的和富有想象力的这几个项目在因子 1 上是正向且大的载荷——最小的载荷是 0.604。同样地，健谈的、外向的和坚定的这几个项目在因子 2 上是正向且大的载荷。重要的是，第一组的项目(即聪明的一组)并没有负载在因子 2 上，而第二组项目也并没有负载于因子 1 上。

注意在图 4-6 中的 3 组载荷是相同的。也就是说，因子矩阵、模式矩阵和结构矩阵有相同的值。这是一个并不常见的结果，同样地，这也是因为表 4-1 中的相关值被编造得尽可能地清晰和简单。因此，这样的结果是人为的。在斜交旋转的真实分析中，这些矩阵会彼此不同。我们之后会解释这一点。

图 4-6 中的因子载荷是被叫作"简单结构"的一个理想的例子。简单结构在每个项目和一个且仅一个因子紧密相关时出现。同样地，在图 4-6 中，每个项目坚定地负载于一个因子上，而在另一个因子上的负载为 0.000。因此，每个项目都清晰地属于一个且仅一个因子。

简单结构在心理测量和量表使用中很重要。一般来说，我们将被试在负载于一个因子上的所有项目上的回答求和或者平均。比如，如果我们用图 4-6 分析的 6 个项目的问卷，对每个受测者我们会得到两个分数。在我们 6 个项目的问卷中，我们让每个假设的受测者在每个项目上使用 5 点评分对自己打分(即，1＝完全不像我，5＝完全像我)。首先，我们会对一个人在聪明的、富有想象力的和富有创意的项目上的回答求和(或者平均)，然后对每个受测者得出一个"经验开放性"分数(仅仅基于这 3 个项目)。然后，我们会将每个人在坚定的、健谈的和外向的项目上的回答结合起来，让每个人得到一个"外向性"得分。注意如果一个项目没有负载于一个因子，那么在计算那个维度/因子时就不包括那个项目。因此，由于简单结构清楚地揭示了哪些项目应该被加在一起，所以它很重要。因为旋转让我们更有可能获得简单结构，所以在探索性因素分析中旋转通常是一个关键的部分。

但是需要重申的是，图 4-6 的结果比我们得到的对真实数据的很多分析要清晰得多。由另一组假设的6个项目组得到的图4-7的探索性因素分析提供了一个更实际的例子。之前提到过，这个碎石图表明有两个因子；因此我们提取出两个因子，使用斜交旋转，然后得到因子载荷。在这个结果中有一些重点值得注意。第一，注意现在这3个矩阵彼此不同。之前提到过，这是常见的——因子矩阵和模式矩阵不同，模式矩阵又和结构矩阵不同。第二，注意在因子矩阵中的载荷没有显示出简单结构。也就是说，每个项目都相当坚定地负载于两个因子上。在这个例子中，没有出现简单结构是由于因子矩阵中包含的是旋转前得到的因子载荷。因此，就像我们之前提到过的，尽管这个结果通常会被统计软件给出，但是我们通常会忽略它。第三，模式矩阵确实呈现出很好的简单结构——每个项目坚定地负载于一个且仅一个因子上。第四，结构矩阵载荷的简单结构没有模式矩阵载荷的清晰。这个结果很常见，它是由我们之前提到的模式系数和结构系数的不同导致的。第五，我们可以看到负向的因子载荷，尽管模式矩阵中没有一个负向的因子载荷大到足够有意义。相比于图4-6中高度人为的结果，图4-7的结果是对一个有着很好简单结构的相当清晰的双因子量表的更实际地阐释。

为了对项目——因子的相关有一个全面的理解，认识到因子载荷可以以两种方式影响到简单结构是很重要的。第一种，一个项目可能不强烈地负载在任何一个因子上。第二种，一个项目可能强烈地负载于超过一个因子上。

举例来讲，图4-8中的结果显示了一个好像很不清楚的维度数。基于另一个假设的六个项目的问卷碎石图有高度的模糊性(我们之前讨论过)——意味着没有明显的“拉平点”，因为这样的模糊性，我们宁愿武断地尝试双因子的提取法，并且使用斜交旋转。然后关注模式矩阵，我们看到一个明显的问题——项目6没有强烈地负载于任何一个因子上(即载荷都在0.3以下)。还有两个小问题是项目4和项目2最大的因子载荷都在0.4以下——理想中，一个项目应该有一个更强的因子载荷。这样的结果造成了关于量表的不确定性。这些所有的项目都属于这个量表吗？这个量表应该以怎样的方式评分呢？真的有两个因子吗，还是更多或者更少？

就像在探索性因素分析流程图(图4-5)中呈现的，当遇到这种不确定性时，一个选择是重新进行我们关于提取几个因子数的原始决定。我们之前提到过碎石图有时并不能提供关于这个问题的明确信息，但是项目——因子间相关性——可能会帮助形成我们对因子数的判断。重新审视图4-8的不清晰的结构后，我们用一些不同的因子结构来考察因子载荷。我们希望找到一个因子数，它可以产生有明确的简单结构的因子载荷。如果我们发现载荷相对清晰并且有意义，那么我们可以确定“正确”的因子数是产生那种因子载荷模式的因子数。在我们对图4-8中呈现的不确定的数据的分析中，我们同样考察了一个因子和3个因子提取法。然而它们都没有产生一个明确的结果。

在重新确定因子数以寻找一个更清晰的结果失败后，至少还有一种处理因子不确定性的方法。具体来说，我们可能会剔除结构不良的项目。如果一个项目和任意一个因子都没有强相关，那么我们推断它和这个测验或者问卷中其他项目没有一致性相关。这可能表明这个项目所反映的心理结构和量表中其他项目所反映的心理结构不一样(比如，在词汇测验中有一个数学项目)。或者这可能表明这个项目被一个随机测验误差强烈地影响(见之后信度的章节)。不论是哪种情况，这个项目很可能不属于这个量表。我们提到过的另一个问题是，一个项目坚定地负载于多于一个因子上。在这样的情况下，这个项目反映了多于一个心理结构，也就是说，对这个项目的回答被多个心理特质、能力或者状态(或者其他)影响。这样的项目并不特定地反映任意一个心理结构，因此我们可能会剔除它或者修订它从而来反映一个心理结构。

在有了这样的想法后，我们再次审视图 4-8 不确定的结果中反映的数据。注意到项目 6 在两个因子上载荷都很小(在两个因子的方案中)，我们将这个项目移除出分析，然后重新进行探索性因素分析。本质上，这样产生了一个包括项目 1 到项目 5 的问卷维度。图 4-9 呈现了分析的结果，表明这个调整产生了一个有更清晰的维度的问卷。实际上，现在的碎石图清晰地表明是两个因子，同时因子载荷有很好的简单结构——剩下的 5 个项目每个都负载于一个且仅一个因子上。显然，项目 6 的加入导致了整个问卷的不确定性。因此，通过将项目 6 剔除问卷，我们得到一个有清晰的两个维度的 5 个项目的问卷。

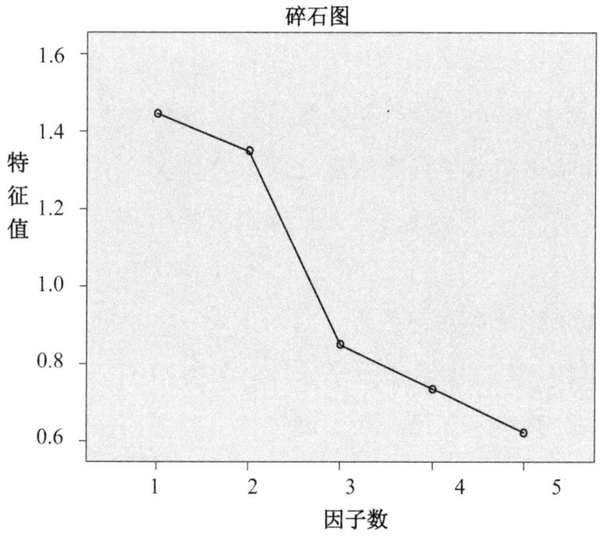

成分矩阵[a]

项目	成分 1	成分 2
项目 4	0.846	−0.117
项目 5	0.401	−0.082
项目 1	0.137	0.651
项目 2	0.030	0.394
项目 3	0.084	0.368

提取方法：

Principal Axis Factoring.

a. 提取了 2 个因子需要 279 次迭代

旋转后成分矩阵[b]

项目	成分 1	成分 2
项目 4	0.854	0.006
项目 5	0.410	−0.024
项目 1	0.009	0.665
项目 2	−0.046	0.395
项目 3	0.011	0.376

提取方法：

Principal Axis Factoring.

旋转方法：

Promax with Kaiser Normalization

3 次迭代后收敛

结构矩阵

项目	成分 1	成分 2
项目 4	0.854	0.048
项目 5	0.409	−0.003
项目 1	0.042	0.665
项目 2	−0.026	−0.362
项目 3	0.030	0.377

提取方法：

Principal Axis Factoring.

旋转方法：

Promax with Kaiser Normalization

成分相关矩阵

成分	1	2
1	1	0.050
2	0.050	1.000

提取方法：Principal Axis Factoring
旋转方法：Promax with Kaiser Normalization

图 4-9　图 4-8 中分析问卷的 5 项目版本的探索性因素分析的部分结果

考察因子间相关。最后，就像探索性因素分析的流程图(图 4-5)显示的一样，当我们使用斜交旋转时，我们需要考察因子间相关。之前讲过，斜交旋转允许因子彼此间可以相关或者不相关，而正交旋转强制因子必须不相关。因此斜交旋转的结果包含每对因子间的相关，揭示出因子间的高阶相关。这个信息有助于我们理解这些因子的本质，也有助于对测验或者问卷评分。就像之前提到的(图 4-1)，只有当维度间以有意义的程度相互相关时我们才应该计算一个多维度量表的“总分”。

回到我们第一个并且主要的例子中(见表 4-1 的相关和图 4-6 的探索性因素分析结果)，因子间相关呈现在“因子相关矩阵”中。这个小矩阵呈现了我们在之前的分析中提取并且旋转了的两个因子间的相关。这个输出揭示了两个维度之间的零相关，表明两个维度彼此之间并没有相关。也就是说，有高水平的经验开放性的人并不特别可能(或者特别不可能)有一个高的外向性水平。

我们需要再一次强调不同的数据会产生不同的结果——很有可能斜交旋转会产生彼此之间更高相关的维度。比如，图 4-7 的探索性因素分析结果揭示了一个双因子结构，这个结果中两个因子确实有更高的相关。这表示在第一个心理维度上相对高水平的人很可能在第二个维度上也有相对高的水平。

总而言之，斜交旋转允许因子按照它们“想要”的程度相关。对于图 4-6 代表的问卷而言，因子“想要”不相关，而斜交旋转允许它们不相关(即因子间相关为 0.00)。相对地，对于图 4-7 代表的问卷而言，因子“想要”相关，于是斜交旋转允许它们相关。

让我们思考一下如果在探索性因素分析中我们使用了正交旋转会发生什么，然后我们可以进一步理解旋转、因子相关和因子载荷之间的相关。在图 4-6 的数据这一例子中(原始的、高度人为的数据)，方差最大旋转产生了如图 4-10a 所示的因子载荷。注意这些载荷和根据斜交旋转得到的原始分析(见图 4-6)一样。在图 4-7 的数据这一例子中(一个更加实际的例子，其中因子间有中等程度的相关)，方差最大旋转产生的因子载荷如图 4-10b 所示。注意这些载荷和根据斜交旋转得到的原始分析(见图 4-7)并不一样。

用一点时间来思考为什么会这样——为什么在一个例子中正交旋转和斜交旋转产生了相同的结果，但在另一个例子中它们产生了不一样的结果。这个问题的答案是针对图 4-6 数据的。因子“想要”不相关，也就是说，斜交旋转(图 4-6)允许因子相关或者不相关，而这个结果表明因子“本质上”不相关。因为斜交旋转产生的是因子不相关的结果，所以正交旋转(其强制因子不相关)产生了同样的因子载荷结果。相反地，图 4-7 反映的问卷包括“想要”相关的因子——斜交旋转允许它们相关，并且它们实际上的相关是 0.35。然而，当我们进行强制因子不相关的正交旋转时，改变了因子的本来属性，从而改变了项目和因子间的相关(即改变了因子载荷)。

同样地，注意到因子载荷改变的方式——比较图 4-7 的模式系数和图 4-10b 的因子载荷。这个比较揭示了正交旋转产生的因子载荷更不明确——它们的简单结构更差。比如，考察项目 6 的载荷(矩阵中最上面一个项目)。在斜交旋转中，它在因子 1 上的载荷是 0.880，在因子 2 上的载荷是 0.004。在正交旋转中，它在因子 1 上的载荷变小了，是 0.867(尽管还是很大的)，而它在因子 2 上的载荷变大为 0.162(尽管还是相对小)。所有的项目都显示出这种模式——在正交旋转中，它们的主要或者说“因子上”的载荷稍微变小了些，同时它们其他的或者说“非因子”的载荷或多或少变大了。因此，正交旋转(orthogonal rotations)会产生一个因子载荷间更弱的简单结构。

(a)

旋转后成分矩阵[a]

项目	成分	
	1	2
聪明的	0.942	0
有想象力的	0.764	0
有创意的	0.604	0
坚定的	0	0.849
健谈的	0	0.777
外向的	0	0.695

提取方法：Principal Axis Factoring.
旋转方法：Promax with Kaiser Normalization
a. 提取了 2 个因子需要 279 次迭代

(b)

旋转后成分矩阵[a]

项目	成分	
	1	2
项目 6	0.867	0.162
项目 5	0.728	0.117
项目 4	0.665	0.141
项目 2	0.139	0.844
项目 1	0.140	0.685
项目 3	0.121	0.633

提取方法：Principal Axis Factoring.
旋转方法：Promax with Kaiser Normalization
a. 2 次迭代后收敛

图 4-10 图 4-10(a)和图 4-10(b)数据正交旋转的因子载荷

对因子、因子载荷和旋转更深层次的理解

很多读者可能都会对旋转这一概念有理解上的困难、怀疑或者不解。旋转这个概念可能像某种统计的诡计——用恰好满足简单结构偏好的方式，简单地改变我们的结果以“明确因子的心理学上的意义”，这怎么会是合理的呢？说两个因子间“想要相关”或者“想要不相关”对我们来说可能意味着什么呢？这些问题都是很合理的。

我们在这个部分的目标就是要介绍因子、因子载荷和旋转，从而回答以上的问题，并且对因素分析提供更深的理解方式。如图 4-11 和图 4-12 所示，我们将采用图像的视角。

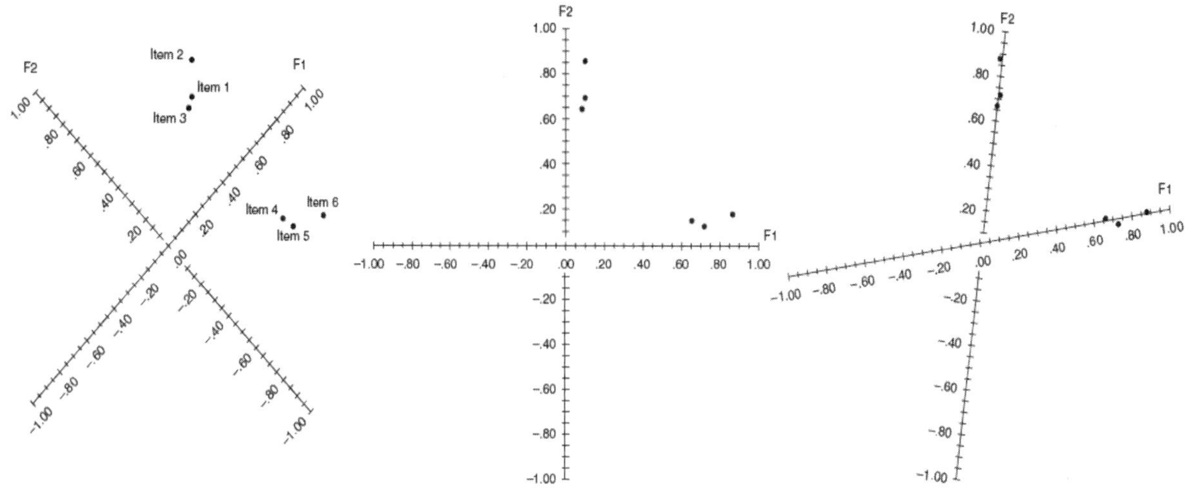

(a)未旋转因素结构　　(b)正交旋转因素结果　　(c)斜交旋转因素结构

图 4-11

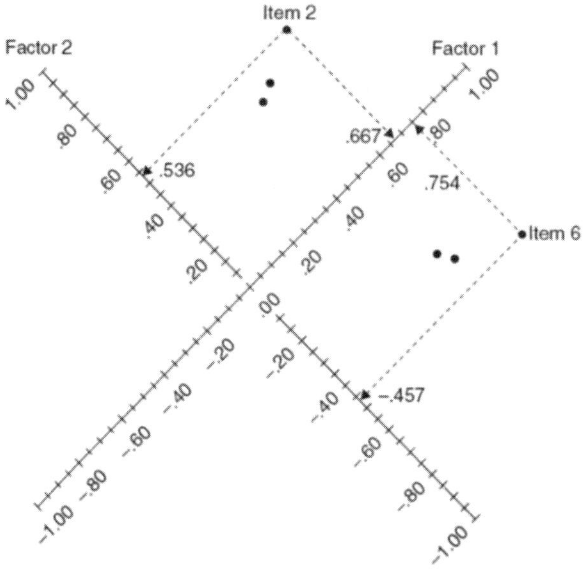

图 4-12　未旋转的两因素结构

因素分析开始于测验项目回答的相关性。这些相关代表了经验事实。它们反映了项目间在引起类似的反应或利用类似的心理结构方面实际上彼此相似的程度。考虑表 4-2 提供的相关矩阵，比如，它显示了项目 1、项目 2 和项目 3 彼此间比它们和项目 4、项目 5 和项目 6 之间更加相似。也就是说，项目 1、项目 2 和项目 3 之间的相关维度在 0.4 和 0.6 之间，而它们与项目 4、项目 5 和项目 6 的相关只在 0.1 到 0.2 之间。而项目 4、项目 5 和项目 6 彼此之间都相当相似，相关在 0.5 到 0.6 之间。同样地，这些项目间相关是经验事实——在因素分析中任一时刻我们都没有改变或者扭曲这些事实。

在这里使用一个比喻可能会有帮助。这些项目像是房子，而相关代表了这些房子间有多近

(假设以公里计数)。更强的相关反映了离得更近的房子。从这个角度看，这些相关好像表示了我们可能有两个房子群落或者两个社区。房子1、房子2和房子3在一个群落，而房子4、房子5和房子6在另一个。

接着用“房子”的比喻，我们可以用两个维度的排列来代表这些量化的统计事实，就像用一张城市地图一样。图4-11a展示了一个可能的地图。在图中，6个小黑点代表6个项目，或者6所房子。和图4-12中相关一致，我们看到项目1、项目2和项目3聚集在一个群落，而项目4、项目5和项目6聚集在另一个。并且我们看到两个群落彼此分隔。

表4-2 (假设的)一组两因子项目的相关矩阵(因子间相关)

	项目1	项目2	项目3	项目4	项目5	项目6
项目1	1.00					
项目2	0.6	1.00				
项目3	0.45	0.55	1.00			
项目4	0.15	0.22	0.20	1.00		
项目5	0.22	0.20	0.12	0.5	1.00	
项目6	0.23	0.25	0.22	0.60	0.65	1.00

考虑到图4-11中的“地图”是一个两维度的布局，你可以将因子想象为地图中的两条路。当我们进行因素分析并提取出两个因子的时候，我们可以比喻为我们决定在地图上画两条路，“未旋转”因子代表我们可能本来考虑画路的原始方案。

对表4-2中相关进行因素分析并提取两个因子，我们得到的结果呈现在图4-11a中。图中，一条路(从左下角到右上角)直接从两个群落中穿过，将它们彼此分离。另一条路从左上角到右下角，以某种方式将因子连接。这两条路代表了我们提取出的因子。

接着进一步使用房子的比喻，我们可以将因子载荷看作房子在两条路上的位置。我们的分析中未旋转的因子载荷呈现在我们之前讨论过的图4-7的因子矩阵中。注意项目2的因子载荷是0.667(在因子1上)和0.536(在因子2上)。图4-12显示了这些因子载荷是怎样反映出项目2在两个因子上的精确位置的。也就是说，“项目2”房子精确地坐落在“因子1”路0.667和“因子2”路上0.536的点上。相对地，图4-7显示了项目6的因子载荷是0.754(在因子1上)和－0.457(在因子2上)。因此，在图4-12的地图中，“项目6”房子精确地位于“因子1”路0.754和“因子2”路－0.457的点上。

到目前为止，总结而言，因子代表了我们想要用来描述项目彼此之间“位置”的主要维度。如果我们提取两个因子，那么我们就想要用两个维度来描述项目间的相似和差异。那么一个项目的因子载荷就代表了它在两个维度的地图中具体的位置。

注意，如果我们提取出3个因子，那么我们就要用3个维度来描述项目间的相似和差异。回到房子的比喻上，我们可能会在地图中增加“高度”维度。有些房子可能坐落在高高的山上，有些则位于深深的峡谷中。因此，我们可能不只通过南北还要通过他们海拔上的高低来描述房子的相对位置。在这种情况下，每个项目会有3个因子载荷，描述他们在每个维度中的位置。这个逻辑可以扩展到更多的因子，尽管用几何或者空间位置来概念化因子会变得很困难。

我们还可以将因子旋转的概念整合到地图的比喻中。图4-11a代表的“路”的位置和方向将由产生非旋转因子的统计过程所决定。因此，图4-11a的路是基于原始的非旋转因子的结果的。然而，我们可能认为将路放在另一个位置会更好。因此，通过旋转因子，我们重新在地图中确定了道路的方向。不同的选择方式只是用一种不同的方式来确定路的方向。

图4-11b显示了基于对表4-2中相关数据进行正交旋转的结果。其中有至少3个需要注意的重点。第一点，也是很关键的一点，项目/房子间的相对位置完全没有改变。也就是说，图4-11b中黑点的位置和它们在图4-11a中的位置完全一样。这一点是很重要的，因为我们之前提到过，彼此相关的这些点的位置是基于项目间相关的，这是基础的经验事实。因此，旋转因子(比如，从图4-11a到图4-11b)并不是某种玩弄基础经验事实的统计的诡计。旋转并不会改变项目间相关，因此不会改变我们分析中的经验事实。

在图4-11b中第二点需要注意的是“路”彼此是完全垂直的——它们是完美的90°角。这反映了之前提到的事实，方差最大旋转产生正交(即不相关的)因子。

第三个需要注意的重点是相比于未旋转的结果，现在路/因子和房子/项目更加紧密地联系在一起了。因子2的线现在和项目1、项目2和项目3非常接近。同样的，因子1的线和项目4、项目5和项目6非常接近。并且，像我们之前看到的，项目的因子载荷反映了项目精确的位置。图4-10b(之前讨论过)得到了关于表4-2的相关的方差最大旋转因子载荷矩阵。如矩阵所示，根据方差最大旋转，项目2的因子载荷是0.139(在因子1上)和0.844(在因子2上)。实际上，这个群落中所有的项目(项目1、项目2和项目3)在因子2上都有很大的正向载荷，同时在因子1上有相对小的载荷。

这简化了我们理解因子的方式。项目1、项目2和项目3明显地负载于在因子2上意味着我们可以仅仅依据这组项目来描述因子2。我们可以通过这些项目任何的相同之处来理解因子2。同样的，项目4、项目5和项目6明显地负载于因子1这一事实意味着我们可以仅仅依据这组项目来描述因子1。相比之下，因子和项目间的关系在非旋转的视角下(图4-11a)要更不清晰和直接得多。一组旋转后的结果带来了项目和因子间更简单和清晰的匹配关系，揭示了我们之前提到的旋转的好处——可以“明确因子的心理学上的意义”。

尽管方差最大旋转改进了因子和项目间的关系，但是其他的旋转方式可以提供甚至更好的匹配方式。图4-11c展示了和方差最大旋转有重要差异的“promax”旋转。我们之前提到过，promax是一种斜交旋转，它允许因子间彼此相关。图4-11c中的图和图4-7中展示的promax旋转模式矩阵中的值一致。比如，现在项目2的位基于在因子2上0.861的因子载荷和在因子1上−0.015的载荷。

关于斜交旋转的结果有一些重点需要注意。第一点，也是同样的关键的一点，项目间的相对位置没有改变。我们之前讨论过，相互联系的点的位置是我们数据的经验事实。同样的，旋转因子并没有改变这些经验事实。真正改变的是我们用来反映项目间相似和差异因子的位置/方向。

第二点，因子间不再互相垂直——它们之间不是 90°角。这个重新排列反映了 promax 旋转会产生彼此相关的因子(在这个例子中)。更加精确地讲，如图 4-7 的因子相关矩阵中所示，因子间相关是 0.352。这会通过图 4-11c 的因子间的角度反映出来——当因子间彼此相关时，它们之间就不是 90°角。相反地，当因子间不相关时(就像在方差最大旋转中一样)，那么它们就可以被画为刚好 90°角(像图 4-11b 中一样)。

第三点，在图 4-11c 中项目和因子间的匹配比图 4-11b 中的结果更加紧密。也就是说，每组中的项目很紧密地聚集在一个因子而不是另一个因子周围。实际上，现在因子排列在每组项目的中间。在“房子”的比喻中，这就像一条路刚好从每个社区中穿过一样。在之前的图中，道路和社区离得较远。在心理测验的背景下，这意味着每个项目更加紧密地与一个且仅一个因子相连。考虑到因子的意义是由紧密负载于其上的项目的本质所界定的，每个项目和一个且仅一个因子紧密联系是很重要的。这意味着我们可以更加容易地解释每个因子的意义。

第三点有助于解释当我们说因子可能“想要彼此相关”时是什么意思。这只是以一种拟人的方式来说明我们的两组项目彼此间比它们真的相互独立时要更接近。这点可以用几种方式看出来，但是最基本的，可以从表 4-2 呈现的相关看出来。之前我们提到过，一组中的项目(即项目 1、项目 2 和项目 3)通常与另一组项目(项目 4、项目 5 和项目 6)多多少少有在 0.10 和 0.20 之间的相关。这一点很重要，因为这两组的相关是一致的弱的正相关；它们不是 0 或者一致趋近于 0(不像我们在表 4-1 中所见)。这些相关本身告诉我们这两组项目彼此间有一些相似，并且它们之间并不完全独立和不相关。因此，如果我们有很好地代表这两组项目的因子，那么这两个因子彼此间多少应该有些相似，而不是完全独立和不相关的。因为这两组项目有一些相似，因此我们可以说它们的因子“想要彼此相关”。通过 promax 旋转，我们得到项目和因子间相当强的匹配，同时我们得到反映项目间相同点的因子。

总的来说，当我们进行因素分析时，我们在寻找一个概括和描述项目间相关方式的方法。对于任意一个给定的项目相关组，有很多可能的方法都是非常合理并具有统计有效性的。因子旋转帮助我们找到一个相当清晰或者说简单的方法。

考虑到在评估测验或者问卷维度中的作用，因素分析在心理测量学家的工具箱里是一个很重要的工具。然而，对很多读者而言它可能很不符合直觉或者清晰。我们希望这个部分可以帮助读者对因素分析整体和具体的因子旋转有更深的理解。

二项题目的因素分析

到目前为止，我们讨论的样例都集中于分析相对连续的测验项目，这些项目都有 2～3 个以上的回答选项。我们开始的例子就是对 5 点同意度评分的项目的描述。这样的项目在很多种类的心理问卷和评估中都可以看到。

但是，很多心理测验包含二项或者两个回答选项的项目。就像第 3 章提到的，这类项目只有两个回答或者评分的选项——正确或者错误，同意或者不同意，正确或者不正确，等等。

然而，因素分析的标准方法对二项条目并不合适(Mislevy，1986)。关于这个的技术问题远远超出了我们讨论的范畴，但重点是之前介绍的程序——对简单相关的主要的因素分析(或者是主成分分析)——应用到二点数据上时会产生有问题的结果。

因此，统计学家发展了一种替代的程序来处理二项条目。然而这种程序并没有很好地整合进一些常见的统计软件包里。比如说，SPSS 和 SAS 都需要添加软件包或者宏命令来计算被称为“序变量”的相关，然后将这种相关再输入程序包的基础的因素分析程序。其他的统计软件包提供一种进行二项项目因素分析的更无缝的方式。比如，在统计语言 R(Revelle，2016)和统计程序包 Mplus(Muthén & Muthén，1998-2015)中都有的“psych”程序包里有因素分析程序，其中有适合二项条目的直接、固有的选项。同样地，对这些选项和程序的描述超过了我们目前讨论的范畴；我们的目标是让读者意识到这个问题并提醒读者有多种方式可以解决这个问题。

对验证性因素分析的简单介绍

之前提到过有两种因素分析的方式——探索性因素分析和验证性因素分析。到目前为止我们的讨论都集中于探索性因素分析，因为它比验证性因素分析应用得更加频繁，也因为用基本的统计软件相对容易进行，同时也因为它通常被使用在编制和评估心理测验的早期阶段。然而，在这个时候简短讨论，关于验证性因素分析和它与探索性因素分析的差异是有潜在价值的。

尽管探索性因素分析和验证性因素分析都是因素分析的方法，但是它们在目标和作用上有一些差异。就像名字所示，探索性因素分析是一个探索性的过程——它是为几乎没有关于测验维度的信息的情境所设计的。测验编制者和评分者可能在早期阶段会使用探索性因素分析，也就是对一组项目进行基本的探索性分析。

相反地，验证性因素分析是一个验证的过程——它是为关于测验维度的信息很清晰的情境所设计的。比如说，我们可能希望评估一个 16 项目的测验的维度，这个测验特意被编制为 8 个问题反映一个因子，另外 8 个问题反映另外一个因子。在这种情况下，我们对于测验设置的维度有一个相当清晰的想法。也就是说，我们会准确地知道哪些项目应该负载于哪个因子上。在收集到对这 16 个项目的测验大量的回答后，我们可以用验证性因素分析直接来检验之前的想法，或者更加准确地说，我们可以检验对测验项目的回答是否与之前的想法匹配(即这个测验是否展现了本来计划的维度数)。通过这种方式，验证性因素分析被用来确定，或者潜在地反驳我们关于测验维度的假设。

验证性因素分析和探索性因素分析有很多重要的相似点，但是进行验证性因素分析的过程和进行探索性因素分析的过程有本质的不同。实际上，验证性因素分析包括了新的概念和统计量，例如参数估计的推理测试和“拟合”指数。并且，虽然现在很多常用的统计软件包可以进行验证性因素分析，但是这个方式和它们进行探索性因素分析的方式都有着巨大的差异。

考虑到探索性因素分析和验证性因素分析的差异，以及它比探索性因素分析更复杂，我们将在本书第 12 章中，再回到验证性因素分析。在第 12 章中，我们将介绍对某个测验的验证性因素分析得到的信息，进行验证性因素分析的程序和验证性因素分析在一些重要的心理测量问题上的应用。

总　结

在本章中，我们讨论了测验维度的概念和考察维度的方式。我们讨论了关于测验维度的 3 个核心问题：①一组测验项目中反映的维度数目；②测验的维度间相关的程度；③测验维度的心理学意义。这些问题可以区分出三种类型的测验，并对测验评分、评估和使用有重要影响。

本章节概述了因素分析——它是什么和它怎么被用来考察测验维度。虽然因素分析是很高级的统计方法，但是我们还是提供了一个整体的讨论和对方法的阐释。有兴趣的读者可以从很多其他来源获得更多细节(比如，Meyers et al.，2017；Mulaik，2009)。

本书中前 4 个章节为之后的章节提供了理论和统计的基础。在接下来的章节中，我们将关注核心的心理测量特性。具体来说，例如信度和效度这样的问题需要对如方差、相关和维度等基本的概念和程序很熟悉。我们接下来将会学习信度。

推荐阅读

对因素分析更深入的介绍：

Meyers，L. S.，Gamst，G. & Guarino，A.（2017）. *Applied multivariate research：Design and interpretation*（*3rd ed.*）. Thousand Oaks，CA：Sage.（第 12A 到 13B 章）

关于因素分析更多细节的介绍：

Fabrigar，L. R. & Wegener，D. T.（2012）. *Exploratory factor analysis. New York*，NY：Oxford University Press.

对因素分析步骤的详细介绍：

Mulaik，S. A.（2009）. *Foundations of factor analysis*（*2nd ed.*）. Boca Raton，FL：CRC Press Taylor and Francis.

对因素分析的使用趋势的说明和建议：

Fabrigar，L. R.，Wegener，D. T.，MacCallum，R. C. & Strahan，E. J.（1999）. Evaluating the use of exploratory factor analysis in psychological research. *Psychological Methods*，4，272-299.

关于使用因素分析确定测验分数维度的讨论：

Netemeyer，R. G.，Bearden，W. O. & Sharma，S.（2003）. *Scaling procedures*. Thousand Oaks，CA：Sage.

以下三篇文章介绍了因素分析在量表编制，评价和改进中的应用：

Floyd，F. J. & Widaman，K. F. (1995). Factor analysis in the development and refinement of clinical assessment instruments. *Psychological Assessment*，7，286-299.

Reise，S. P.，Waller，N. G. & Comrey，A. L. (2000). Factor analysis and scale revision. *Psychological Assessment*，12，287-297.

Ziegler，M. & Hagemann，D. (2015). Testing the unidimensionality of items. *European Journal of Psychological Assessment*，31，231-237.

第 5 章

信度的概念基础

护士通常会在婴儿出生时、出生之后两个时间点测量婴儿的身高。如果你经历过这一场景，就会理解这无疑是一项艰巨的任务。婴儿会没有规律地扭动，他们似乎不愿意将整个躯体伸直，这阻碍了护士对婴儿身高的准确测量。此外，有些婴儿比其他婴儿更加听话，也就是说，有的婴儿比其他婴儿更不容易扭动。因此，婴儿之间也存在差异，因为有些婴儿比其他婴儿更可能被准确地测量。诸如此类问题引起了研究者的关注(如 T. S. Johnson，Engstrom & Gelhar，1997；T. S. Johnson，Engstrom，Haney & Mulcrone，1999)，并开始探究有关测量的信度问题。

我们可以假设如下情境，护士需要测量 10 个宝宝的身高，假定有一种方法可以事先知道(但护士不知道)每个宝宝的真实身高。理论上，你可以比较每个宝宝的测量身高和他或她的实际身高。此外，你还可以检验婴儿之间测量身高的差异，并将其与真实身高之间的差异进行比较。理想情况下，你会发现这两组差异之间的一致性很好。也就是说，你会发现婴儿的测量身高之间的差异与他们的实际身高的差异是一致的——护士所测量的相对较长的婴儿确实是相对较长的。如果是这样的话，那么你会得出结论，测量的身高“分数”的确是可靠的。

在本书中，我们强调理解心理变异性的重要性——心理测验只对准确反映真实心理差异的程度有用。其次，强调在行为科学研究中，努力量化一个变量(如智力)的差异与其他变量(如养育方式、童年早期经验、年龄、学习成绩、攻击性、性别等)差异之间的关联程度，并采用测验和其他类型的测量来评估和表示这些行为差异。在实践应用背景下，从业者使用行为测验和诊断程序对人做出评估。这些评估均基于这样的假设：个体之间存在行为差异，这些差异具有重要的意义，且可以被精确地测量。因此，心理测量通常取决于准确反映真实心理差异的能力。这种能力是信度的核心。

本章介绍了经典测量理论(Classical Testing Theory，CTT)，它是一种测量理论，该理论定义了信度的概念基础，并概述了心理测量中信度评估的程序(Gulliksen，1950；Lord & Novick，1968)。例如，假设我们给一组人做了一份倦怠问卷，我们发现人们在问卷上的得分不同。我们假设他们的问卷分数的差异准确地反映了他们真正的职业倦怠差异。根据经典测量理论，测验信度反映了被试测量分数的差异是其真实心理差异的函数的程度，而不是测量误差。无论是出于研究目的，还是出于应用目的，我们都希望我们所有的测量都是高度可靠的。

有时行为科学家认为信度是一个全或无的问题，虽然这种说法不一定准确。例如，有人可能会问我们一个特定的测验是否可靠，我们很可能会回答“是”或“否”。这样的答案似乎把信度看成了一个测验是否可信的二元问题。尽管存在这种常见的有关信度的说法和思维方式，但实际上信度是一个连续统一体。也就是说，测量某个东西的程序或多或少都是可信的。

首先，信度本身就是一个理论概念。信度是一种测量程序的结果属性，它大概反应在测量物体的特征或人的心理特征的结果中。正如智力是一个人无法直接观察到的心理学特征一样，信度也是测验分数的一个无法直接观察的特征。此外，正如我们需要估计一个人的智力水平一样，我们也需要估计一个测验的信度。

在本章中，我们将从经典测量理论的角度来解释信度的理论基础。在第 6 章中，我们将介绍估算测验信度的程序。我们将证明，在给定经典测量理论的某些假设条件下，可以计算出一个数值，这个数值可以估计一个测验得分的可靠程度。在第 7 章中，我们将讨论信度的重要性——为什么它很重要，以及它对心理测验、实践及研究有什么影响。信度是一个十分重要的问题，它可以对心理研究和实践产生重大影响，我们将在本章中进行详细的讨论。

信度与经典测量理论概述

根据经典测量理论，信度来源于观察分数(observed scores)、真分数(true score)和测量误差(measurement error)。观察分数是通过测量得到的个体样本的特征值。而真分数是个体样本的真实特征值。在我们的例子中，由护士确定的宝宝身高是观察分数，而宝宝的真实身高即为真分数。理想情况下，测验者会将个体的观察分数解释为真分数的良好估计值，因为大多数行为研究和决策都旨在反映被试的真实心理特征。

我们应该注意到，一些专家会反对我们对真分数的相对简单的定义，而更倾向于从专业上定义真分数，如被试在无限次完成量表的情况下获得的平均分。另外，如果测验或测量非常精确，也就是说，如果它不受测量误差的影响，则可将真分数看作是将要获取的真正分数。在实践层面上，所有这些定义基本都是相同的。因此，为了当前的目的，我们更愿意先描述真分数——测验所测量的心理属性的实际水平。

从观察分数和真分数的角度来说，信度是被试观察分数差异与真分数差异一致的程度。更具体地说，测量的信度取决于被试观察分数的变异数可归因于其真分数(而非施测过程中其他未知的因素)变异数的程度，而这些对观察分数造成影响的“其他”因素所产生的测量效应被称为测量误差，或误差，因为他们造成了观察分数和真分数之间的不一致。在对物体的特性或者人的心理特征等进行测量时，测量结果总在一定程度上不可靠，不存在完全没有误差的测量。

我们通常不可能知道影响测验分数的所有测量误差的来源。在测量婴儿的身高时，我们可以想象，一些误差的产生可能与每个婴儿在测量期间的嗓音嘶哑程度有关。也就是说，有些婴儿可能会比其他婴儿扭动得更加厉害。如果这是真的，那么身高"分数"的准确性将受到每个婴儿扭动的具体情况影响。一些婴儿的扭动可能会导致护士低估他们的真实身高，而另一些婴儿的扭动可能会导致护士高估他们的真实身高。扭动的影响可以看作测量误差，因为他们在测量婴儿真实身高时会导致不精确的测量结果。婴儿身高测量中的其他误差来源可能包括由不同的护士来记录测量结果。如果测量每个婴儿的护士不相同，并且如果一些护士测量得更加仔细，那么这些婴儿的测量结果会比其他婴儿更精确。护士"测量认真程度"的差异将掩盖婴儿真实身高的差异。有许多可能的误差来源会影响观察到的测量结果，从而模糊了婴儿之间的真实差异。一些误差来源可能是微妙的(例如，护士的谨慎)，有些可能更明显(例如，扭动)。我们没有办法解释所有可能影响观察分数的因素。

当然，误差也会影响心理特性的测量。如果一个班的学生参加数学成绩测验会出现什么情况呢？我们希望孩子的分数准确地反映了他的数学知识，然而，"数学知识"以外的因素可能会影响孩子的考试成绩。有些参加考试的孩子在考试当天可能会感冒。感冒可能使他们昏昏沉沉，从而会导致他们在考试中表现得比他们真正的数学能力更差。有些孩子可能吃了一顿营养丰富的早餐，这样可以帮助他们保持清醒和精力充沛，从而使他们在测验中表现得相当好。有些孩子可能碰巧在考试中做了很多"幸运的猜测"，考虑到他们真正的数学能力，他们的考试成绩会比真实水平要高。有些孩子可能会正确地算出数学答案，但是不小心在答题纸上圈出错误的选项，产生人为低估其"真实"数学能力的考试分数。这些暂时性的因素如睡眠量、情绪状态、身体健康状况、猜测、错误记录答案等可能会人为地使儿童的考试成绩相对于其真实成绩发生变化。这些因素中的每一个都可能成为测量误差的来源，影响测验分数的质量。为了评估测量分数的信度，我们必须将观察分数而不是真分数的个体差异视为测量误差的函数。

一个有效表示信度的方法是信号和噪声检测法——在噪声存在下检测信号的能力。在这个概念框架中，真分数是我们想要检测的信号，测量误差是使信号模糊并使其难以检测的噪声。信度可以被看作是信号和噪声的比率：

$$\text{信度}=\frac{\text{信号}}{\text{信号}+\text{噪声}}$$

从这个角度来看，当信号强/或噪声很小时，信度最大。在本章后面我们将回到这个概念框架。

观察分数、真分数和测量误差

信度取决于两点：①测验成绩的差异可以归因于真实的个体间或个体内差异的程度；②测

验成绩的差异是测量误差的函数。在经典测量理论中，个体在一个测验中的观察分数是该个体真分数加误差分数的函数。如果 X_o 表示个体的观察分数，X_t 表示个体相关心理特性的真分数，X_e 表示影响个体反应的误差量，则我们可以写出下列公式来表示这个假设：

$$X_o = X_t + X_e。 \quad (式 5\text{-}1)$$

为了说明这一点，我们构建了一个 6 个人填写的自尊问卷的人工数据集(见表 5-1a)。在这个例子中，我们假装知道每个人的真实自尊水平(即每个人的真分数 X_t)。当然，我们永远不会真正知道一个人的真分数——这个例子只是为了解释信度的理论基础。从这个“全知”的角度来看，我们看到阿什利在这个样本中真正具有最高的自尊水平($X_t=130$)，鲍勃有第二高的水平($X_t=120$)。

此外，我们还假装知道每个人的问卷得分受测量误差影响的程度。例如，阿什利在得知自己在生物学测验中获得 D 的 1 小时后，恰巧接受了自尊问卷调查。由于这个等级令人失望，当她参加自尊问卷测验时，她感觉自己异常的糟糕。注意，阿什利的误差分数(X_e)是-10，反映了她的失望暂时降低了她表面上的自尊评分。相比之下，鲍勃在得知他被顺利录取进入法律学校后 1 小时接受了自尊问卷测验。尽管鲍勃的一般自尊水平相对较高(即他的真正自尊得分相对于其他样本来说相对较高)，但被法律学校录取的好消息使他对自己的感觉比平常更好。请注意，鲍勃的误差分数(X_e)是 25，反映了这个好消息暂时提高了他表面上的自尊评分。

如表 5-1a 所示，被试自尊问卷的观察分数取决于他们的真实自尊水平以及随机事件或状态所导致的“误差”效应。例如，阿什利的观察分数如下：

$$\begin{aligned} X_o &= X_t + X_e \\ &= 130 + (-10) \\ &= 120 \end{aligned}$$

再次，这个“全知”的例子说明了经典测量理论的第一个简单但基本的理论假设——观察到的心理测量分数由被试的真分数和测量误差决定。

经典测量理论对测量误差做出了非常重要的假设。具体来说，它假定错误会随机发生。这意味着测量误差可能会使观察分数提高或者降低。我们假设人们对心理测验的反应是以不可预知的方式受到影响的，而这可能会人为地提高或降低他们的观察分数。比如阿什利和鲍勃的例子，在听到坏消息之后 1 小时，阿什利因为这一偶然机会使其与自己真正稳定的自尊水平相比，观察分数降低了。同样，鲍勃在听到好消息之后接受调查问卷的这一偶然机会使其与自己真正稳定的自尊水平相比，观察分数提高了。在被试样本中，随机测量误差会人为地提高一些人的分数，并人为地降低另一些人的分数。

表 5-1 原始自尊问卷和修订后问卷的被试分数

被试	观察分数(X_o)		真分数(X_t)		误差(X_e)
(a)原始自尊问卷作答					
阿什利	120	=	130	+	−10
鲍勃	145	=	120	+	25
卡尔	95	=	110	+	−15
丹尼斯	85	=	100	+	−15
埃里克	115	=	90	+	25
费利恰	70	=	80	+	−10
平均数	105.00		105		0
方差	608.33		291.67		316.67
标准差	24.66		17.08		17.80
信度(R_{XX})	0.48		$r_{ot}=0.69$		$r_{oe}=0.72$
	$r_{te}=0$		$r_{ot}^2=0.48$		$r_{oe}^2=0.52$
(b)修订后的自尊问卷作答					
阿什利	135	=	130	+	5
鲍勃	130	=	120	+	10
卡尔	95	=	110	+	−15
丹尼斯	85	=	100	+	−15
埃里克	100	=	90	+	10
费利恰	85	=	80	+	5
平均数	105		105		0
方差	408.33		291.67		116.67
标准差	20.21		17.08		10.8
信度(R_{XX})	0.71		$r_{ot}=0.84$		$r_{oe}=0.53$
	$r_{te}=0$		$r_{ot}^2=0.71$		$r_{oe}^2=0.29$

误差对分数的影响是随机的，误差导致的分数的提高或降低与个体真实的自尊水平无关。也就是说，测量误差会以同样的方式(和相同的程度)影响真正自尊水平高的人以及真正自尊水平低的人。再看一下阿什利和鲍勃的例子，阿什利在生物学考试成绩的高低以及鲍勃被法学院录取与否这些暂时影响他们作答的事件与他们真正自尊水平的高低完全无关。表5-1a中的模拟数据说明了这一点。值得注意的是，误差的大小和方向(正向或负向)随机，且在整个真分数范围内均匀分布。对于观察分数因测量误差被低估的每个"高得分"个体，都有一个相对应的观察分数被高估的个体。同样地，对于真正自尊水平低的人也是如此。

由误差随机性的这一假设可以得出两个重要的结论。首先，误差在所有被试中得到了平衡。也就是说，误差会使一些被试的分数变高，使其他被试的得分降低，使得最终被试的平均误差影响为0。实际上，表5-1a中，6个误差分数的平均数恰好为0(即 $\overline{X}_e=0$)。误差随机性的第二个结果是误差分数与真分数不相关。如上所述，误差对观察分数的影响与被试真实的自尊水平是相互独立的。因此，如果我们计算表 5-1a 中个体的真分数与误差分数之间的相关性，我们会发现相关性恰好为 0(即 $r_{te}=0$)。我们将看到这两个结果对信度产生的重要影响。

观察分数、真分数和误差分数的区别

显然，阿什利和鲍勃真分数之间的差异与他们观察分数之间的差异是不一致的——阿什利的真分数高于鲍勃的真分数，但她的观察分数却低于鲍勃的观察分数：

$$\text{Ashley's } X_t - \text{Bob's } X_t = 130-120=+10$$

$$\text{Ashley's } X_o - \text{Bob's } X_o = 120-145=-25$$

这种不一致是测量误差造成的。测量误差人为降低了阿什利的观察分数，但却人为夸大了鲍勃的观察分数。当然，这种不一致意味着，阿什利和鲍勃(自尊问卷)之间明显的 25 分的差异并不能真正反映阿什利和鲍勃(他们真实稳定的自尊水平)之间的真正差异。

由于这种不一致可能会影响被试之间的真实差异，所以我们看一下被试们的相关方差。假设数据集的方差是以标准方式计算的。例如，误差方差(s_e^2)的计算是基于误差分数(X_e)的：

$$s_e^2=\frac{\sum(X_e-\bar{X}_e)^2}{N}。 \tag{5-2}$$

$$\begin{aligned}
s_e^2 &= \frac{(-10-0)^2+(25-0)^2+(-15-0)^2+(25-0)^2+(-10-0)^2}{6}\\
&= \frac{(-10)^2+25^2+(-15)^2+25^2+(-10)^2}{6}\\
&= \frac{100+625+225+625+100}{6}\\
&= \frac{1900}{6}\\
&= 316.67。
\end{aligned}$$

这个值代表了误差以不同方式对不同人的影响程度。并且，误差会对个体产生不同的影响，它人为地提高了一些人的分数，也人为地降低了一些人的分数，这使得个体之间真正的差异变得模糊。因此，误差的大幅度变化表明测量结果可能并不是那么准确。我们也可以使用标准的方差公式(见第 3 章)计算观察分数(s_o^2)的方差和真分数(s_t^2)的方差，如表 5-1a 所示。

假设个体的观察分数是个体的真分数与误差分数的总和(即，$X_o=X_t+X_e$)，并且测量误差是随机的，则一组个体观察分数的总方差等于他们的真分数方差和误差方差的总和：

$$S_o^2=s_t^2+s_e^2。 \tag{5-3}$$

如果看一下表 5-1a 中的观察分数方差(s_o^2)，会发现它确实是真分数方差和误差方差的总和：

$$s_o^2 = 291.67 + 316.67$$
$$= 608.34。$$

不难发现，式 5-3 似乎与第 3 章(式 3-6)中引入的复合变量的方差公式不一致。在第 3 章中，我们最初将总分视为两个或多个题目分数的总和。一般来说，复合变量是两个或更多个分量的总和的组合变量。因此，观察分数可以看作是总分，它是真分数和测量误差的总和。在第 3 章中，我们提到总分的方差等于各个题目的方差和加上各题目之间的相关。因此，观察分数的方差为：

$$s_o^2 = s_t^2 + s_e^2 + 2r_{te}s_ts_e。 \tag{5-4}$$

也就是说，我们一般认为观察分数方差应该等于真分数方差加上误差方差再加真分数和误差分数($c_{te} = r_{te}s_ts_e$)的协方差。但是，如上所述，我们假设误差与真分数无关，这意味着误差与真分数之间的相关性为 0($r_{te} = 0$)。因此，上述表达式的最右项即协方差将等于 0，可以将其从等式中去掉，也就是

$$s_o^2 = s_t^2 + s_e^2。$$

式 5-3 是经典信度理论中一个非常重要的公式。我们将以不同的方式从观察分数、真分数和误差方差之间的关系方面定义信度。

考察信度的方法

在经典测量理论中，有至少 4 种方法来考察信度。不论怎样，每种方法都离不开观察分数、真分数和测量误差之间的关系。一方面，这些方法仅在方差相关术语的代数排列方法上有所不同；另一方面，它们代表了定义信度概念的不同方式。

如表 5-2 所示，这 4 种方法反映了信度概念的两种争议。一种争议是以“方差比例”还是相关性来定义信度的概念。第二种争议是将观察分数视为与真分数相关还是与测量误差相关来定义信度的概念。

表 5-2 信度概念的 2×2 框架

		信度的概念依据：观察得分与……相关	
		真分数	测量误差
信度的统计学依据	方差比例	信度是真分数方差与观察分数方差之比 $R_{XX} = \frac{s_t^2}{s_o^2}$	信度是 1 减去测量误差 $R_{XX} = 1 - \frac{s_t^2}{s_o^2}$
	相关	信度是观察分数和真分数相关(的平方)$R_{XX} = r_{ot}^2$	信度是 1 减观察分数与误差分数之间的相关 $R_{XX} = 1 - r_{oe}^2$

至少有 3 个理由让我们从多个角度考虑信度。第一，有一种定义信度的方法比其他任何方法都更为清晰和直接。例如，你可能会发现，相关性比方差更易于理解。因此，您可能会发现

基于“相关性”的信度定义是特别清楚的。通过介绍信度的各种概念，我们希望每个读者至少发现一个理解起来比较清楚的概念。第二，用不同方法表达信度的概念有助于您深入理解信度的一般意义。也就是说，如果您能从多个角度理解信度，那么您可以更深入地了解心理测量理论的这一重要方面。第三，在您对测验及其信度的阅读和讨论过程中，您可能会发现不同的人会以不同的方式来理解信度。例如，一些书籍、文章、网页和教师可能只提出信度的一个概念。熟悉各种不同的观点并了解它们之间的相互关系可能有助于明晰各种困惑。

将信度视为真分数方差与观察分数方差的比率

可能最常见的信度表达式是真分数方差占观察分数方差的比例：

$$R_{XX}=\frac{s_t^2}{s_o^2}。\qquad（式 5-5）$$

其中 R_{XX} 是信度系数。例如，对于表 5-1a 中的信度系数为：

$$R_{XX}=\frac{291.67}{608.33}=0.48。$$

这个数值告诉我们，被试观察分数中的差异约有 48％可归因于他们真正的特质水平之间的差异。

信度系数的大小代表测验的信度。信度范围在 0 到 1 之间，R_{XX} 值越大，心理测验的质量越好。因为随着 R_{XX} 的增加，观察分数之间的差异就更多地可以归因于真分数之间的差异。需要注意的是，如果真分数方差为 0，则信度为 0。也就是说，R_{XX} 为 0 意味着每个人都有相同的真分数。这表明信度与个体间差异有关——如果被试被测验评估的特征没有差异(即如果 $s_t^2=0$)，那么对于这些被试，测验的信度为 0。相反，如果真分数方差等于观察分数方差，则 $R_{XX}=1.0$。这表明测量误差对观察分数没有影响。实际上，测量误差总是存在的。

尽管没有划分将高低信度明确临界值，但表 5-1a 中数据中 0.48 的信度是相当低的。不可能出现完美的信度($R_{XX}=1.0$)，但是出于研究目的甚至更高的应用目的要求，我们会对 0.70 或 0.80 的信度更加满意。如果观察分数的方差占不到真分数方差的一半，这样的信度水平就令人担忧了。

因此，得到表 5-1a 中数据的自尊问卷的施测者可能希望提高该问卷的信度。想象一下，施测者修改了调查问卷，改写了其中的一些题目，例如，澄清可能含糊不清的措辞，确保使被试填写自己的“大多数情况下”的感受，希望通过这样的修改能够提高问卷的信度。此外，假设施测者让同样的 6 位被试填写了调查问卷的修订版本。修订版本的测量数据见表 5-1b。施测者的修改是否有效改善了自尊问卷的信度呢?

让我们来对照一下表 5-1a(原始问卷)和表 5-1b(修订问卷)中的数据。第一，值得注意的是，修订后的测验中的个体真分数与原始测验中的相同。这种情况是因为问卷是衡量自尊的一个指标，我们假设在两个测验情境中，个体真实的自尊水平是稳定的。也就是说，自尊是一个比较稳定的特质。虽然人们可能会经历暂时的自尊波动，但我们假设每个人的分数都反映了他的一般自尊水平。自尊问卷旨在测量这些稳定的自尊水平。

第二，观察一下被试间的差异。让我们再一次看看阿什利和鲍勃的例子。正如我们在原始问卷数据中已经指出的那样，阿什利和鲍勃的真分数差异与观察分数差异之间存在明显的不一致。具体而言，阿什利的真分数比鲍勃的真分数高 10 分，但他的观察分数比鲍勃的观察分数低 25 分。这体现了测量误差的实质影响。相比之下，他们在修订后的调查问卷上的得分似乎与其真分数更为一致。具体而言，阿什利的观察分数比鲍勃的观察分数高 5 分，尽管这 5 分的差异与真分数的 10 分的差异仍然有些不一致，但是不一致的程度相对较小。此外，调查问卷中观察分数的差异与其真分数差异的方向一致。也就是说，阿什利在修改后的测验中的得分高于鲍勃，这与他们的真分数差异方向一致。

因此，我们发现，相比于原来的测验，修订后的测验能更好地反映被试之间的真实差异。修订后的测验信度为：

$$R_{XX}=\frac{291.67}{408.33}=0.71。$$

在修订后的问卷中，观察分数方差的 71％可归因于真分数方差。修订后的问卷的信度比原始问卷的信度要好得多。这表明题目的修订是成功的，之后的被试可以使用修改后的版本进行测验。

将信度视为去除误差方差的影响

定义信度的第二种方法是去除测量误差。我们知道误差方差(s_e^2)表示误差以不同方式影响不同个体的程度——人为地提高了某些个体的分数，或人为地降低了某些个体的分数，正如阿什利和鲍勃的例子那样。这些影响掩盖了个体间的真实差异。因此，信度可以看作是与观察分数方差相比，误差方差最小的程度。

在前一节中，我们指出信度可以被看作是真分数方差占观察分数方差的比例：

$$R_{XX}=\frac{s_t^2}{s_o^2}。\qquad（式 5-6）$$

我们还认为，观察分数方差是真分数方差和误差方差之和(式 5-3)：

$$s_o^2=s_t^2+s_e^2。$$

重新排列等式：

$$s_t^2=s_o^2-s_e^2。$$

将其代入式 5-6，即可得到：

$$R_{XX}=\frac{s_o^2-s_e^2}{s_o^2}。$$

再次排列等式：

$$R_{XX}=\frac{s_o^2}{s_o^2}-\frac{s_e^2}{s_o^2}。$$

简化：

$$R_{XX}=1-\frac{s_e^2}{s_o^2}。\qquad（式 5-7）$$

注意：

$\frac{s_e^2}{s_o^2}$表示误差方差占观察分数方差的比例。当这个比例相对较小时，信度相对较高。也就是说，当误差方差小于观察分数方差时，信度较高。

对于原始自尊问卷的数据：

$$R_{XX}=1-\frac{316.67}{608.33}=1-0.52=0.48。$$

因此，原始问卷中被试观察分数方差的52%是由测量误差产生的，只有48%可归因于真分数差异。

一个较小的误差方差代表什么？这表明被试的分数只受测量误差轻微的影响。更确切地说，这表明误差影响一个人的分数与误差影响另一个人的分数没有大的差异。在修订后的自尊问卷的数据中可以观察到，误差分数的范围只在−15 到 10。

另外，修订问卷的被试的分数标准差为 10.8，表明被试的误差分数只有 11 分左右。实际上，测量误差只占修订问卷中观察分数方差的 29%。原始自尊问卷数据的误差介于−15 至 25 之间——明显误差范围更宽。此外，原始问卷的被试的分数标准差为 17.80，表明被试的误差在 18 分左右。这表明原始问卷中误差的影响较大，占观察分数方差的 52%。当然，如果没有误差方差，那么观察分数方差与真分数方差是 100%相关的，测验将是完全可信的。

将信度视为观察分数和真分数之间相关的平方

在本章的开始，我们就指出信度是观察分数差异与真分数差异的一致性程度。在第 3 章中，我们了解到相关系数是指一个变量的差异与另一个变量的差异的一致性的程度。因此，信度可以从观察分数和真分数之间的相关性(平方)来看：

$$R_{XX}=r_{ot}^2。\qquad（式 5-8）$$

再看表 5-1a 中的数据，我们计算了观察分数和真分数之间的相关，$r_{ot}=0.69$。如果我们将这个值平方，我们就会得到 R_{XX}(即 $0.69^2\approx0.48$)。观察分数和真分数之间的相关有时被称为“信度指数”(Ghiselli et al.，1981)。如果将信度指数平方，就可以得到信度系数。当人们提到信度时，他们通常指的是信度系数(R_{XX})。你很少会听到人们提到信度指数(r_{ot})，然而，想要理解它们之间的联系还应该给出更深入的信度概念。

为满足一些读者的好奇，我们将花一点时间来证明观察分数与真分数(r_{ot})之间平方的相关性等于真分数方差与观察分数方差之比：

$$\frac{s_t^2}{s_o^2}。$$

这是定义信度系数最常用的方法。回想一下第 3 章中，相关可以看作协方差除以两个标准差的乘积：

$$r_{XY}=\frac{c_{XY}}{s_X s_Y}。$$

因此，观察分数和真分数之间的相关是：

$$r_{ot}=\frac{c_{ot}}{s_o s_t}。\quad（式 5\text{-}9）$$

再次回到第 3 章中的观点，观察分数和真分数之间的协方差是

$$c_{ot}=\frac{\sum(X_o-\overline{X}_o)(X_t-\overline{X}_t)}{N}。\quad（式 5\text{-}10）$$

根据式 5-1，我们假设 $X_o=X_t+X_e$。因为假设平均误差分数为 0(即 $\overline{X}_e=0$)，所以平均观察分数等于平均真分数(即 $\overline{X}_o=\overline{X}_t$)。

将其与式 5-1 代入协方差公式(式 5-10)：

$$c_{ot}=\frac{\sum(X_t-X_e-\overline{X}_t)(X_t-\overline{X}_t)}{N}。$$

用代数方法简化这个方程，我们发现观察分数和真分数之间的协方差等于真分数方差与真分数与误差分数之间的协方差之和：

$$c_{ot}=s_t^2+c_{te}。$$

然而，如前所述，我们也假设误差分数和真分数之间是独立的，这意味着它们彼此不相关(即，$r_{te}=0$，因此 $c_{te}=0$)。所以观察分数和真分数之间的协方差等于真分数方差：

$$c_{ot}=s_t^2。\quad（式 5\text{-}11）$$

回到真分数与观察分数之间的相关性(式 5-9)，我们在分子中代入式 5-11：

$$r_{ot}=\frac{s_t^2}{s_o s_t}。$$

简化之后，我们发现：

$$r_{ot}=\frac{s_t}{s_o}。$$

对其平方，我们发现观察分数与真分数之间平方的相关正好等于真分数方差与观察分数方差之比：

$$r_{ot}^2=\frac{s_t^2}{s_{2o}}。$$

因此，信度可以被看作观察分数和真分数之间相关的平方。1 的信度表明，被试观察分数之间的差异与真分数之间的差异是完全一致的。0 的信度表明，被试观察分数之间的差异和真分数之间的差异完全不一致。这种情况下，对心理特征的测量是完全无效的。在实践中，信度通常介于这两个极端值之间。

将信度视为去除观察分数和误差分数之间相关的平方

回看以前定义信度的方法，信度也可以被看作是观察分数与误差分数不相关的程度。观察分数差异的程度反映了误差(而不是真分数)的影响。因此，

$$R_{XX}=1-r_{oe}^{2}。\tag{式 5-12}$$

其中，r_{oe}是观察分数和误差分数之间相关的平方。表 5-1a 中的数据再次证明了这种等价性。我们计算了观察分数和误差分数之间的相关($r_{oe}=0.72$)。该值的平方是 0.52，它等于误差方差与观察分数方差的比值：

$$\frac{s_e^2}{s_o^2}。$$

如前所述，1 减去这个值就等于信度：$R_{XX}=1-r_{oe}^2$。因此，$R_{XX}=1-0.72^2=1-0.52=0.48$。

同样地，对于感兴趣的读者，我们将以代数方式证明观察分数与误差分数(r_{oe}^2)之间相关的平方等于误差分数方差与观察分数方差之比：

$$r_{oe}^2=\frac{s_e^2}{s_o^2}。$$

观察分数和误差分数之间的相关为：

$$r_{oe}=\frac{c_{oe}}{s_o s_e}。\tag{式 5-13}$$

观察分数和误差分数之间的协方差是：

$$c_{oe}=\frac{\sum(X_o-\overline{X}_o)(X_e-\overline{X}_e)^2}{N}。\tag{式 5-14}$$

根据式 5-1，我们再一次假设 $X_o=X_t+X_e$。

并且由于假定平均误差分数为 0(即 $\overline{X}_e=0$)，所以平均观察分数等于平均真分数($\overline{X}_o=\overline{X}_t$)。将其与式 5-1 代入协方差公式(式 5-14)：

$$c_{oe}=\frac{\sum(X_t+X_e-\overline{X}_t)(X_e-\overline{X}_e)}{N}。$$

用代数方法简化这个公式，我们发现观察分数和误差分数之间的协方差等于误差分数的方差：

$$c_{oe}=s_e^2\tag{式 5-15}$$

回到误差分数和观察分数之间的相关(式 5-13)，我们将式 5-15 代入式 5-13 的分子中，得到以下公式：

$$r_{oe}=\frac{s_e^2}{s_o s_e}。$$

将其简化，我们得到：

$$r_{oe}=\frac{s_e}{s_o}。$$

对其平方后，我们发现观察分数与误差分数之间相关的平方正好等于误差分数方差与观察分数方差之比：

$$r_{oe}^2=\frac{s_e^2}{s_o^2}。$$

因此，

$$R_{XX}=1-r_{oe}^2=1-\frac{s_e^2}{s_o^2}。$$

如果观察分数与误差分数之间的相关(r_{oe})是 0，那么 R_{XX} 将等于 1.0。随着观察分数与误差分数的相关性增加，R_{XX} 将减小。例如，将表 5-1a(原始自尊问卷)中的数据与表 5-1b(修订后的自尊问卷)中的数据进行比较。对于原始问卷，观察分数和误差分数之间的相关相对较大($r_{oe}=0.72$)，导致信度相对较低($R_{XX}=0.48$)。相比之下，修订后的调查问卷得出的观察分数和误差分数之间的相关较小($r_{oe}=0.53$)，导致信度更高($R_{XX}=0.71$)。因此，当观察分数与误差分数的相关相对较小时，信度相对较大。

测量的信度与标准误

尽管信度系数是心理测量中一个非常重要的指标(在第 7 章中也会提到)，但它并不直接反映与测验相关的测量误差的大小。也就是说，信度并不会让我们得知一组被试的平均误差分数。正如我们之后要提到的，测量误差的大小在解释测验分数的准确性以及计算分数的概率时有着重要的应用。

回到本章之初，我们可以看到，误差分数标准差可能是反映误差对测验影响的一个有效指标。看一下表 5-1 中两个版本自尊问卷的误差分数标准差。对于原始版本(表 5-1a)，误差分数标准差(s_e)为 17.80，它表示误差分数的平均绝对值，即被试平均观察分数偏离了他们的真分数近 18 分。相比之下，修订问卷(表 5-1b)的误差标准差要小得多。具体来说，10.8 表明修订问卷中被试的观察分数偏离了他们的真分数只有约 11 分。因此，修订问卷的观察分数比原始问卷的观察分数更准确。也就是说，后者受到的误差影响较弱，因此后者的观察分数更接近于真分数。

误差分数标准差有一个特殊的名称——测量标准误(se_m)，它是测量理论中最重要的概念之一。测量标准误表示误差分数的平均数。测量标准误越大，观察分数和真分数之间的平均差异越大，测验的信度越差。

如你所想，测验的测量标准误与其信度密切相关。事实上，我们后面将看到，需要通过信度来估计 se_m。我们可以使用信度(R_{XX})来计算测量标准误(se_m)：

$$se_m=s_o\sqrt{1-R_{XX}}。\quad（式 5-16）$$

观察分数的标准差也是如此。查看表 5-1a 的数据，我们可知观察分数的标准差是 24.66，信度是 0.48。因此，se_m 是 17.80：

$$se_m = s_o\sqrt{1-R_{XX}} = 24.66\sqrt{1-0.48} = 24.66(0.72) = 17.80。$$

这个值(17.80)就等于根据误差分数(s_e)直接计算出来的标准差。

对于好奇的读者，我们将验证一下式 5-16 的有效性，证明其不是由于例子的偶然性导致的。回想一下，信度可以被看作是去除了误差方差的结果(见式 5-7)：

$$R_{XX} = 1 - \frac{s_e^2}{s_o^2}。$$

将其重新排列：

$$\frac{s_e^2}{s_o^2} = 1 - R_{XX}。$$

乘 s_o^2：

$$s_e^2 = s_o^2(1 - R_{XX})。$$

因为 $s_e = se_m$，再开平方根，就得到：

$$se_m = s_o\sqrt{1-R_{XX}}。$$

这表明了测标准误与 R_{XX} 之间的相关关系。需要注意的是，如果 $R_{XX}=1$，那么 $se_m=0$。也就是说，如果没有测量误差，那么信度将十分理想。另外还需注意的是，se_m 永远不会比 s_o 大。也就是说，误差分数的标准差总是小于或等于观察分数的标准差。我们很快就会了解到，测量标准误是一个重要的心理测量值，它对于测量应用有着重要的意义。

表 5-3　4 个基本心理测量模型的假设和影响总结

假设，影响因素，信度指数	测验模型			
	平行	τ-等价	基本 τ-等价	同质性
假设				
误差方差	$s_{e_1}^2 = s_{e_2}^2$			
真分数截距(a)	0	0		
真分数斜率(b)	1	1	1	
影响因素				
真分数模型	$X_{t_2} = X_{t_1}$	$X_{t_2} = X_{t_1}$	$X_{t_2} = a + X_{t_1}$	$X_{t_2} = a + bX_{t_1}$
$r_{t_1t_2} = 1.0$ 吗?	是	是	是	是
$s_{t_1}^2 = s_{t_2}^2$ 吗?	是	是	是	否
$\overline{X}_{t_1} = \overline{X}_{t_2}$ 吗?	是	是	否	否
$X_{o1} = X_{o2}$ 吗?	是	是	否	否
$r_{x1x1}^2 = r_{x2x2}^2$，$r_{t1x1} = r_{t2x2} =$ 吗?	是	否	否	否
$s_{o1}^2 = s_{o2}^2$ 吗?	是	否	否	否

续表

假设，影响因素，信度指数	测验模型			
	平行	τ-等价	基本 τ-等价	同质性
信度指数				
复本信度	是	否	否	否
重测信度	是	否	否	否
分半信度	是	否	否	否
α 系数(α)	是	是	是	否
ω 系数(欧米伽)	是	是	是	是

[a] 除经典测量理论的基本假设之外的其他假设。

从理论到实践：测量模型及其对信度估计的启示

信度理论以真分数、误差分数和观察分数为框架。然而，测量的现实是，我们无法知道人们心理变量的真分数，或者测量的误差。因此，将信度理论转化为实际的测量实践似乎是不可能的。虽然我们不能真正知道测验的信度或测量标准误，但是我们已经有比较成熟的方法对这些值进行估计。

正如我们将在第 6 章中讲到的那样，施测者可以用多种方法估计测验的信度。一种方法是让被试接受两个版本的测验，另一种方法是让被试接受前后两次测验，还可以将测验的项目本身当作“测验”。因此，所有估计信度的方法，在某种程度上，都是让被试样本进行至少两次“测验”。

除了本章前面提到的经典测量理论的基本原理以外，这些实用的信度估计方法的合理性取决于一个或多个额外的假设。鉴于估计信度的实际方法是进行至少两次测验，所以这些额外的假设涉及两次(或多次)测验或测验的得分之间是如何相关的。两个(或多个)测验彼此之间的相关被称为模型，而心理测量学家已经确定了 4 种模型。对信度和信度估计的深入理解取决于对这些模型的理解——平行测验模型、基本 τ 等价测验模型和同质性测验模型。

正如我们将在第 6 章中提到的，任何特定信度估计方法的有效性都是基于这些模型的有效性。也就是说，只有当“测验”符合特定的模型时，信度估计方法才是有效的。如果不了解这些模型及其与信度估计方法的联系，那么施测者就有可能误解测验的信度。

本节中，我们的目标是让读者对这 4 种模型有一个比较好的理解，见表 5-3。在第 6 章中，我们将介绍估计信度的主要方法，以及这些方法与这 4 种模型的联系。

关键假设概述

如前所述，每个模型都反映了两个或多个测验之间的相似性。4 个模型都是基于经典测量理论的基本假设。

基本假设之一是每个测验的测量误差随机。在本章前面，我们提到该假设下的两个结果：①对于每个测验，被试的误差分数可以相互抵消(即每个测验的 $X_e=0$)；②误差分数与真分数不相关(即每个测验的 $r_{te}=0$)。

基本的随机性假设导致了进行两个或多个测验时出现两个结论。第一，被试在一个测验中真分数与他在另一个测验中的误差分数是不相关的。也就是说，$r_{t_1e_2}=0$ 且 $r_{t_2e_1}=0$，其中 $r_{t_1e_2}$ 是测验 1 的真分数与测验 2 的误差分数之间的相关，$r_{t_2e_1}$ 是测验 2 的真分数与测验 1 的误差分数之间的相关。第二，被试在测验 1 上的误差分数与他们在测验 2 上的误差分数是不相关的(即 $r_{e_1e_2}=0$，其中 $r_{e_1e_2}$ 是在两次测验中误差分数的相关)。误差分数不相关的结论将在我们之后会继续讨论。表 5-3 中的 4 个模型都遵循这些基本原则和结论。

暂不讨论这些基本的假设和结论，这 4 个模型也涉及两个或多个测验之间相似性的假设。第一，对于本节将讨论的所有模型和测验，我们会将重点放在一维测验上。也就是说，我们的讨论涉及使用两个(或更多)测验测量单一心理结构的情况。第二，四个模型都假定一个测验的真分数与另一个测验的真分数线性相关。换句话说，两个(或更多)测验可能具有完全相同的一组真分数或真分数之间具有线性关系。两个测验的真分数之间的潜在关系可以用一个线性方程来表示：

$$X_{t_2}=a+b(X_{t_1}) \tag{式 5-17}$$

在这个等式中，X_{t_1} 是被试在测验 1 中的真分数，X_{t_2} 是被试在测验 2 中的真分数，“a”表示 X_{t_2} 比 X_{t_1} 高或低的程度的截距，而“b”是决定 X_{t_2} 分数与 X_{t_1} 分数之间的倾斜幅度的斜率。

到目前为止，我们已经讨论了这 4 种模型之间共同的假设和结论。首先，每个测验的误差分数是随机的(因此，每个测验的误差分数与该测验的真分数、其他测验的真分数、其他测验的误差分数不相关)。其次，两个测验测量的是同一特质。最后，测验的真分数是彼此线性相关的。这些共同的假设很重要，它们为理解这 4 种模型之间的差异奠定了基础。

4 个模型的差异反映了有关两个测验的真分数或误差分数相似性问题的 3 个重要的不同假设。第一个问题是两个测验是否具有相同的误差方差(即 $s_{e_1}^2=s_{e_2}^2$)。有些模型只有当两个测验具有相同的误差方差时才正确，其他模型不论两个测验的误差方差是否相同都是正确的。

第二和第三个假设涉及测验真分数之间线性相关的性质。正如刚刚讨论过的(式 5-17)，假定所有模型中，$X_{t_2}=a+b(X_{t_1})$。然而，这些模型在截距(“a”)和斜率(“b”)值的假设上有所不同。有些模型假设截距 $a=0$，而另一些则不这样假设。另外，有些模型假设斜率是 $b=1$，而另一些则不这样假设。这些差异导致了有关两个测验间真分数相似度的不同观点。

这 3 个假设的有效性对有关两个测验的心理测量带来许多影响。具体而言，涉及以下 6 个问题：

第一，$r_{t_1t_2}=1.0$(即两个测验的真分数是否完全相关)？

第二，$\overline{X}_{t_1}=\overline{X}_{t_2}$(即两次测验的平均真分数是否相同)？

第三，$s_{t_1}^2=s_{t_2}^2$(即两个测验的真分数的变异性是否一致)？

第四，$\overline{X}_{o1}=\overline{X}_{o2}$(即两次测验的平均观察分数是否相同)？

第五，$s_{o1}^2=s_{o2}^2$(即两个测验的观察分数的变异性是否一致)？

第六，$R_{11}=R_{22}$和$r_{t1o1}=r_{t2o2}$(即两个测验的信度是否相同，真分数和观察分数之间的相关是否相同)?

这些问题很重要，因为它们可能对施测者用来估计测验信度方法的有效性有直接影响(详见第6章)。例如，某些方法仅在两个测验(或测验中各个题目)的变异性一致时信度的估计才可靠；然而，不管两个测验(或测验题目)变异性是否一致，其他的替代方法都能有效地估计信度。

总结一下，到目前为止，我们可以根据误差方差一致性假设和真分数之间的线性相关来区分这4个基本模型。反过来，我们也可以根据由假设得到的结果对它们进行区分。接下来，我们将根据这些问题概述每一个模型。

表5-3总结了每个模型的假设及其相关结论。值得注意的是，不同的人会以不同的方式阐明假设和结论。例如，我们在这里所描述的“结论”，其他人可能将其描述为一个关键假设。同样地，同一个假设可以用不同的方式来描述，但它们在更深的层面上却是一样的。基于经典测量理论的逻辑，这里给出的描述都是相对直观的。

平行测验

如果经典测量理论的所有基本假设以及以下3个附加假设都成立(见表5-3)，则两个测验满足“平行”的标准。

第一，两个测验具有相同的误差方差($s_{e_1}^2=s_{e_2}^2$)。

第二，两个测验真分数的截距是0[即在$X_{t_2}=a+b(X_{t_1})$中，$a=0$]。

第三，两个测验真分数的斜率是1[即在$X_{t_2}=a+b(X_{t_1})$中，$b=1$]。

如前所述，这些假设有6个含义。首先，它们表明测验1的真分数与测验2的真分数相同。也就是说，如果$a=0$且$b=1$，则$X_{t_2}=a+bX_{t_1}$变为$X_{t_2}=0+1X_{t_1}$，即$X_{t_2}=X_{t_1}$。这样，如果每个被试在测验1上的真分数与测验2上的真分数相同，则两组真分数完全相关($r_{t_1t_2}=1.0$)，测验1的平均真分数等于测验2的平均真分数(即$\overline{X}_{t_1}=\overline{X}_{t_2}$)，测验1的真分数的变化与测验2的真分数的变化相同($s_{t_1}^2=s_{t_2}^2$)。其次，如果$\overline{X}_{t_1}=\overline{X}_{t_2}$且$\overline{X}_{e_1}=\overline{X}_{e_2}=0$(基于经典测量理论的基本假设)则测验1与测验2的平均观察分数相同(即$\overline{X}_{o1}=\overline{X}_{o2}$)。同样地，如果$s_{t_1}^2=s_{t_2}^2$并且$s_{e_1}^2=s_{e_2}^2$(基于经典测量理论的第一个假设)，则测验1的观察分数的方差等于测验2的观察分数的方差(即$s_{o1}^2=s_{o2}^2$)。最后，基于平行测验的所有这些假设，两个测验具有相同的信度(即，$R_{11}=R_{22}$)，且在两个测验的真分数间的相关等于观察分数间的相关(即$r_{t_1o_1}=r_{t_2o_2}$)。如果来自两个测验的分数满足所有这些条件，那么这些测验可以被认为是“平行测验”。

为了厘清这些假设，表5-4给出了一对假设的测验，它们满足平行测验的标准。六名“被试”均完成了两项测验。虽然每个被试在两次测验中的误差分数都不相同，但两次测验的误差分数差异均为4.67，因此$s_{e_1}^2=s_{e_2}^2=4.67$。同样，将测验1得分输入等式$X_{t_2}=a+bX_{t_1}$中，其中$a=0$且$b=1$，得到$X_{t_2}=X_{t_1}$。因此，如预期的那样，被试的两个测验间的真分数是完全相关的，$r_{t_1t_2}=1.0$，两个测验的真分数方差相同的，$s_{t_1}^2=s_{t_2}^2=2.92$，且两个测验的平均真分数相同，$\overline{X}_{t_1}=\overline{X}_{t_2}=12.5$。两个测验的观察分数方差也相同($s_{o1}^2=s_{o2}^2=7.58$)。两个测验的信度也相同(即 $R_{11}=R_{22}=0.38$)。

两个测验是否平行对信度估计有着重要意义。根据经典测量理论，平行测验之间的相关等于信度。也就是说，如果两个测验是真正平行的，那么它们的相关性实际上就等于两个测验的信度(即 $r_{o_1o_2}=R_{11}=R_{22}$)。这可以通过直接计算表 5-4 中两组观察分数的相关来证明。如表格右下所示，观察分数之间的相关性确实是 $r_{o_1o_2}=0.38$。这个值等于每个测验的信度($r_{o_1o_2}=R_{11}=R_{22}=0.38$)。

表 5-4　两个平行测验示例

题目	测验 1					$a=0$，$b=1$ 测验 2				
	观察分数		真分数		误差	观察分数		真分数		误差
1	15.58	=	15	+	0.58	12	=	15	+	−3
2	11.11	=	14	+	−2.89	15	=	14	+	1
3	15.31	=	13	+	2.31	15	=	13	+	2
4	14.31	=	12	+	2.31	14	=	12	+	2
5	8.11	=	11	+	−2.89	12	=	11	+	1
6	10.58	=	10	+	0.58	7	=	10	+	−3
平均数	12.50		12.50		0	12.50		12.50		0
方差	7.58		2.92		4.67	7.58		2.92		4.67

	R_{XX}	r_{ot}	r_{te}
测验 1	0.38	0.62	0.00
测验 2	0.38	0.62	0.00

测验间的相关：$r_{t_1t_2}=1$　$r_{t_1e_2}=0$　$r_{e_1t_2}=0$　$r_{e_1e_2}=0$　$r_{o_1o_2}=0.38$

我们还可以更正式地表明，在平行测验中，$r_{o_1o_2}$ 即为信度。首先，根据相关的定义(见第 3 章中的式 3-5)，两个测验的观察分数之间的相关性是他们的观察分数除以他们观察分数标准差乘积的协方差：

$$r_{o_1o_2}=\frac{c_{o_1o_2}}{s_{o_1}s_{o_2}}。$$

如果两个测验是平行的，那么如上所述，他们观察分数具有相同的方差并且因此具有相同的标准差(即 $s_{o_1}=s_{o_2}$)。因此：

$$r_{o_1o_2}=\frac{c_{o_1o_2}}{s_os_o}=\frac{c_{o_1o_2}}{s_o^2}。$$

再次回顾一下观察分数的经典测量理论中的定义 $X_o=X_t+X_e$(见式 5-1)，两个测验的观察分数可以看作复合变量。如第 3 章所述，综合得分(或复合变量)是通过对多个部分求和或求平均得到的(例如，通过对调查问卷上多个题目的分数求和)。因此，两个测验的观察分数之间的协方差即复合变量之间的协方差。此外，两个复合变量之间的协方差是复合变量组成部分之间协方差的总和(见式 3-7)。在得知两个测验观察分数的情况下，相关性为：

$$r_{o_1o_2}=\frac{c_{t_1t_2}+c_{t_1e_2}+c_{e_1t_2}+c_{e_1e_2}}{s_o^2}。$$

其中，$c_{t_1t_2}$ 是测验 1 的真分数与测验 2 的真分数间的协方差，$c_{t_1e_2}$ 是测验 1 的真分数与测验 2 的误差分数间的协方差，$c_{e_1t_2}$ 是测验 1 的误差分数与测验 2 的真分数间的协方差，$c_{e_1e_2}$ 是测验 1 的误差分数和测验 2 的误差分数间的协方差。

经典测量理论假定误差分数的产生是随机的。因此，正如本节前面所讨论的，误差分数与真分数无关，测验 1 中的误差分数与测验 2 中的误差分数无关。因此，包括误差分数在内的 3 个协方差($c_{t_1e_2}$、$c_{e_1t_2}$ 和 $c_{e_1e_2}$)都等于 0。因此，平行测验之间的相关很简单：

$$r_{o_1o_2}=\frac{c_{t_1t_2}}{s_o^2}。$$

最后，回想一下，只有被试的真分数在测验中相同(即每个被试的 $X_{t_1}=X_{t_2}$)，测验才是平行的。如果真的是这样，那么真分数间的协方差等于真分数的方差(即 $c_{t_1t_2}=s_t^2$)。这是因为方差可以被看作是变量和其自身间的协方差。

因此，在前面的公式中替换分子，平行测验之间的相关性为：

$$r_{o_1o_2}=\frac{s_t^2}{s_o^2}。$$

也就是说，平行测验分数间的相关性等于真分数方差与观察分数方差之比，就是信度的定义(R_{XX}，见式 5-5)。

因此，对于平行测验，$r_{o_1o_2}=R_{11}=R_{22}$。这是实际测验时(例如，重复测验、平行测验、分半测验)信度估计方法的基础。正如我们要在第 6 章中讨论的，这些方法只有在符合平行测验标准时才有效。如果这些方法用于非平行测验，则会产生不准确的信度评估。

然而，我们遇到了一个问题，那就是两次测验难以完全满足严格的平行测验标准。也就是说，我们的例子中平行测验模型是完全符合这些假设的。但在实际的数据中，两个测验不可能满足所有的这些假设。因此，平行测验在许多情况下可能并不适用。考虑到这一点，我们可以考虑一些只包括部分标准的其他模型。接下来所介绍的模型的标准会变得更宽松。这样的话，测验会更有可能满足其中一个模型的标准。

τ 等价和基本的 τ 等价测验

在这一节中，我们讨论两个模型，这两个模型十分相似并且等价。它们与平行测验模型有所不同；因为第 6 章中将不会介绍有 τ 等价和基本的 τ 等价测验的区别，所以我们在本节中将它们一起介绍。

如表 5-3 所示，如果经典测量理论的所有基本假设对于每个测验均成立，并且以下两个附加假设也成立，则两个测验符合“τ 等价”的标准。

第一，两个测验的真分数的截距是 0[即在 $X_{t_2}=a+b(X_{t_1})$ 中 $a=0$]。

第二，两个测验真分数的斜率是 1[即在 $X_{t_2}=a+b(X_{t_1})$ 中 $b=1$]。

这与我们在平行测验中讨论的两个假设是相同的。然而，τ 等价测验和平行测验一样，并不假定两个测验的误差方差相同(即 $s^2_{e_1}=s^2_{e_2}$)。因此，与平行测验相比，τ 等价测验的标准并不严格。

同样地，如果经典测量理论的所有基本假设对于每个测验都成立，并且只有一个附加假设成立的话，则两个测验符合“基本 τ 等价”的标准(见表 5-3)：

两个测验的真分数的斜率是 1，即在 $X_{t_2}=a+b(X_{t_1})$ 中 $b=1$。

通过将附加假设的数量减少到一个，使得基本 τ 等价模型与 τ 等价模型和平行测验模型相比，都不那么严格。

表 5-3 也总结了这些假设。对于 τ 等价和基本 τ 等价测验，两组真分数完全相关($r_{t_1t_2}=1.0$)，测验 1 的真分数方差与测验 2 的真分数方差($s^2_{t_1}=s^2_{t_2}$)相同。然而，另外两个假设与更严格的 τ 等价模型有关。具体而言，由于假设真实截距(“a”)为 0，所以 τ 等价测验的真分数是相同的(即 $X_{t_1}=X_{t_2}$)。因此，τ 等价测验具有相同的平均真分数(即 $\overline{X}_{t_1}=\overline{X}_{t_2}$)和相同的平均观察分数(即 $\overline{X}_{o_1}=\overline{X}_{o_2}$)。请注意，这些模型都不意味着这两个测验同样可靠。因此，对于 τ 等价和基本 τ 等价测验，这两个测验不一定具有相同的信度水平。

表 5-5　两个自尊测验示意

题目	测验 1					$a=0$，$b=1$ 测验 2				
	观察分数		真分数		误差	观察分数		真分数		误差
1	16.15	=	15	+	1.15	14.50	=	17.50	+	−3
2	8.23	=	14	+	−5.77	17.50	=	16.50	+	1
3	17.62	=	13	+	4.62	17.50	=	15.50	+	2
4	16.62	=	12	+	4.62	16.50	=	14.50	+	2
5	5.23	=	11	+	−5.77	14.50	=	13.50	+	1
6	11.15	=	10	+	1.15	9.50	=	12.50	+	−3
平均数	12.50		12.50		0	15		15		0
方差	21.58		2.92		18.67	7.58		2.92		4.67

	R_{XX}	r_{ot}	r_{te}
测验 1	0.14	0.37	0
测验 2	0.38	0.62	0

测验间的相关：$r_{t_1t_2}=1$　$r_{t_1e_2}=0$　$r_{e_1t_2}=0$　$r_{e_1e_2}=0$　$r_{o_1o_2}=0.23$

因为基本 τ 等价模型是更一般的(即不太严格的)模型，并且是最普通的信度指数的基础，所以我们在表 5-5 中对它进行了更具体的说明。这个表格给出了假设的一对测验，它符合基本

τ等价模型的标准。与表5-4所示的平行测验模型不同，在这个例子中每个被试在两个测验中都有不同的真分数和不同的误差分数。实际上，每个被试在测验2上的真分数比测验1的真分数高2.5点。因此，两个真分数的截距参数是$a=2.5$，真分数方程为$X_{t_2}=2.5+X_{t_1}$。因此，不同于平行测验模型，两个基本τ等价测验可以具有不同的平均真分数(即$X_{t_1}=12.5$，$X_{t_2}=15$)。而且，与平行测验模型不同，表5-5中的两个测验具有不同的误差方差(即$s^2_{e_1}=18.67$和$s^2_{e_2}=4.67$)。因此，尽管两个测验具有相同的真分数方差($s^2_{t_1}=s^2_{t_2}=2.92$)，但测验1较大的误差方差导致它的信度比测验2低(即，$R_{X_1X_2}=0.14$而$R_{X_1X_2}=0.38$)。因此，基本τ等价测验不需要同样的信度。

实际上，与平行测验相比，这些假设的限制性比较小，这对信度的估计具有重要意义。对于基本τ等价(和τ等价)测验，基本τ等价测验的观察分数之间的相关性并非有效的信度估计。对于表5-5中的例子，请注意观察分数之间的相关是$r_{o_1o_2}=0.23$，并不等于测验1或测验2的信度。对于基本τ等价(和τ等价)测验，观察分数的相关是信度的有效估计，这是基本τ等价(和τ等价)测验与平行测验的一个重要区别。

我们将有幸在第6章中看到，在基本τ等价(或τ等价)条件下，估计信度的方法有很多。这表明我们在本节讨论的各种模型的重要性。如果施测者不知道某些估计信度的方法仅在某些条件下才有效，那么他可能会使用无效的方法对信度进行估计。

同质性测验

我们讨论的最后一个模型是同质性模型，它是表5-3中总结的限制最少的模型。同质性模型只做了经典测量理论的基本假设，假设测验1的真分数与测验2的真分数线性相关，并且(正如我们在本节前面提到的)，我们关注的是两种测验结构相同的情况(这两个测验是一维的)，此外对于同质性模型没有额外的假设。

同样如表5-3所示，这个基本假设对两个测验的真分数之间的关系具有重要意义。根据同质性模型，尽管测验2的真分数与测验1的真分数线性相关，但是截距和斜率的得分可能不同。也就是说，两个同质性测验的真分数是相关的，使得$X_{t_2}=a+b(X_{t_1})$，其中"a"和"b"可以取任何值。这意味着这两个测验的真分数完全相关(即$r_{t_1t_2}=1.0$)，但并不包括两个测验真分数或观察分数相似度的额外影响。

表5-6给出了一个同质性测验。在这个例子中，两组真分数之间的关系相对复杂。具体而言，在等式$X_{t_2}=a+b(X_{t_1})$中，截距是$a=2.5$，斜率是$b=0.70$。例如，被试1在测验1上的真分数是15，而在测验2上的真分数是$2.5+0.70\times15=13$。注意，与基本τ等价模型不同，真分数之间的这种相对复杂的关系导致测验的真分数差异意味着(如$\bar{X}_{t_1}=12.5$与$\bar{X}_{t_1}=11.25$)测验真分数方差($s^2_{t_1}=2.92$，$s^2_{t_2}=1.43$)的差异。但是，也要注意真分数在$r_{t_1t_2}=1.0$时仍然是完全相关的。

表 5-6　同质性测验解释

被试	测验 1					a=2.5，b=0.7 测验 2				
	观察分数		真分数		误差	观察分数		真分数		误差
1	16.15	=	15	+	1.15	10	=	13	+	−3
2	8.23	=	14	+	−5.77	13.30	=	12.30	+	1
3	17.62	=	13	+	4.62	13.60	=	11.60	+	2
4	16.62	=	12	+	4.62	12.90	=	10.90	+	2
5	5.23	=	11	+	−5.77	11.20	=	10.20	+	1
6	11.15	=	10	+	1.15	6.50	=	9.50	+	−3
平均数	12.50		12.50		0	11.25		11.25		0
方差	21.58		2.92		18.67	6.10		1.43		4.67

	R_{XX}	r_{ot}	r_{te}
测验 1	0.14	0.37	0
测验 2	0.23	0.48	0

测验间的相关：$r_{t_1t_2}=1$　$r_{t_1e_2}=0$　$r_{e_1t_2}=0$　$r_{e_1e_2}=0$　$r_{o_1o_2}=0.18$

如表 5-3 所述，前面已经提到，同质性模型的限制性最小，因此它是我们讨论过的最普遍的模型。这有两个重要的含义。一方面，这意味着比起其他 3 个模型，一对测验更适合使用同质性模型。因此，它比其他模型的应用范围更广。另一方面，我们对同质性测验信度估计的选择相对有限。例如，与基本 τ 等价模型(以及 τ 等价)一样，同质性测验观察分数之间的相关并非信度的有效估计。在表 5-6 中可以看到，观察分数之间的相关性是 $r_{o_1o_2}=0.18$，这并不反映任何一个测验的信度。类似地，一些信度估计的方法对于基本 τ 等价是有效的，对于同质性模型是无效的。

幸运的是，正如我们将在第 6 章和第 12 章中看到的，有一些可以估计同质性测验信度的有效方法。这些方法有点复杂，通常涉及验证性因素分析。但是，进行这些方法正在更加优化。因此，我们鼓励读者熟悉验证性因素分析，并能够进行有效的信度估计。

测验及其相关误差

如前所述，基本的经典测量理论假设误差是随机的，这意味着被试在测验 1 上的误差分数与在测验 2 上的误差分数无关(即 $r_{e_1e_2}=0$)。对于我们讨论的 4 种模型来说，误差之间均没有相关，见表 5-4 至表 5-6。

然而，实际上，误差在整个测验中是相关的(Kelley & Pornprasertmanit，2016)。正如我们将在第 12 章中讨论的那样，尽管如此，如果忽略这一点，我们还是可以获得信度的有效估计。也就是说，验证性因素分析的灵活性允许施测者即使在误差相关的情况下也能够估计测验的信度。我们当前的目标是让读者意识到这些问题，并在后面的讨论中给出相关解决方法。

在本节中，我们已经回顾了两个或多个测验之间关系的几个重要模型。这些模型是根据理论概念(例如真分数和误差分数)来构建的，它们对施测者估计测验数据信度的方式有影响。因此，我们需要对测验数据有深入了解，使用能够最有效地评估测验信度的测量模型。考虑到这一点，第 12 章将会概述验证性因素分析适用于何种情况。

领域抽样理论

信度领域抽样理论在 20 世纪 50 年代作为经典测量理论(Ghiselli et al，1981)的替代方法发展起来，两种方法在信度估计领域的地位相当，但是它们的角度不同。例如，在经典测量理论中，信度估计取决于这样的假设，即构建至少相互平行的两个测验。在领域抽样理论中，你不必做这个假设，但是如果你依据理论，最终还是需要平行测验。

领域抽样理论基于以下假设：任何特定测验中的题目都是有着大量不确定数量题目的代表性样本，或者是潜在测验项目领域的一个代表性样本。这些题目测量的是同一心理属性。例如，假设你有一个包含 10 个题目的自我测验问卷。对这 10 个问题的作答差异应该与参加考试的人之间的自尊差异有关。到目前为止，这些观点与经典测量理论是一致的。然而，领域抽样理论还有这样一种观点，即测验中的每个题目都是源于一个“领域”的相似题目的随机样本，每一个都是很好的自尊测量样本。

从这个角度来看，假设您通过从项目域中随机选择一组 N 个项目来创建一个测验。然后，通过从同一个域中随机选择另一组 N 个项目(相同数量但题目不同)创建第二个测验。理论上，这两个测验应该有相同的平均数和标准差。换句话说，以这种方式选择的所有测验对应该相互平行。如果是两个平行测验，那么测验分数应该彼此强相关。此外，两个平行测验之间的相关并不强烈的原因是项目抽样错误。从这个角度来看，如果从测验的题库中随机选择 N 个项目，信度就是所有可能的测验对之间相关性的平均数。领域抽样的逻辑是现代信度方法的基础，称为概化理论(generalizability theory)。我们将在第 13 章更详细地探讨这一点。

总　结

在本章中，我们从经典测量理论的角度考察了信度理论。尽管还有其他有关信度的观点，但经典测量理论是最广为人知的，也是许多心理测量评估的基础。

经典测量理论依赖于测验分数和影响他们的因素的一些基本假设。如前所述，经典测量理论是基于这样一个假设，即测验中的观察分数是真分数和测量误差的简单加法函数(即 $X_o = X_t + X_e$)。此外，经典测量理论依赖于测量误差随机性假设。随机性假设有几个含义——例如，误差与真分数无关，误差均值为 0，一个测验的误差与另一个测验的误差不相关。

这些假设对测验分数的变异性具有重要意义。正如本书所强调的，心理测量的意义与测量和量化人们之间差异的需要密切相关。因此，观察分数之间的差异是真分数变异性和误差变异性的总和。也就是说，个体观察分数之间的差异来自他们的真分数的差异以及误差的差异。

从这个角度来看，信度反映了观察分数、真分数和误差之间的关系。正如我们所讨论的那样，至少有 4 种方法来定义信度。从方差来看，信度可以看作是真分数方差与观察分数方差之比，也可以被看作剔除误差方差。也就是说，当被试的观察分数之间的差异主要反映他们的真分数之间的差异时，信度是高的。信度也可以从一致性和相关性的角度来看，观察分数与真分数相关的程度，可以看作观察分数与误差分数不相关的程度。也就是说，当被试的观察分数与其真分数之间的差异一致时，信度较高。

本章还讨论了测量标准误和不同的测量模型。当我们将信度理论转化为实际测量数据的心理测量学实践时，经典测量理论中的这两个概念将成为重要的工具。

的确，本章重点讨论了信度的理论基础。为了对概念进行说明，我们假装什么都知道，知道被试的真分数和影响每个分数的误差。当然，当我们进行真实测验时，我们不会知道这些数据。因此，我们永远无法真正了解测验的信度(就像我们永远不会真正了解个人的自尊水平一样)。但是，不同的测量模型将使我们能够真实地估计测验的信度。第 6 章描述了这些估计方法。

推荐阅读

有关经典测量理论发展的两大经典：

Gulliksen，H.(1950). *Theory of mental tests*. New York，NY：John Wiley.

Lord，F. M. & Novick，M. R.(1968). *Statistical theories of mental test scores*. Reading，MA：Addison-Wesley.

关于领域抽样理论的详细讨论：

Ghiselli，E. E.，Campbell，J. P. & Zedeck，S.(1981). *Measurement theory for the behavioral sciences*. San Francisco，CA：W. H. Freeman.

有关四种测量模型的不同观点，see pp. 123-136 in

Raykov，T. & Marcoulides，G. A.(2011). *Introduction to psychometric theory*. New York，NY：Routledge，Taylor & Francis.

第 6 章

信度的经验估计

在第 5 章中，我们介绍了信度的概念基础。但我们都知道，信度理论与行为测量的实践检验之间存在差距。实际上，信度是测验的理论值，它不能直接在实际的测验中计算。信度是根据真分数和测量误差来定义的，而我们不可能真正知道真分数和测量误差是多少。因此，只能依据实际数据估算。在本章中，我们将证明，根据经典测量理论的假设，观察分数可以用于信度和测量误差的估计。

有至少 3 种估计信度的方法。使用这些方法得到的估计值可以被解释为前面章节所述的信度(例如，观察分数方差可归因于真分数方差的比例)。但是，这 3 种方法可用数据的种类和所依据的假设都有所不同。

在本章中，我们将概述这些方法，并对每个方法给出例子和解释。这使得我们可以检验测验的信度。这是一个有关“实践”的章节，因为本章给出了在实操过程中检验信度的“方法”。在第 7 章中，我们将详细讨论信度对行为研究、行为实践应用和测验发展的影响。

一个重要的初步结论是：没有一种方法可以在所有满足条件的情况下提供完全准确的估计。正如第 5 章和本章所讨论的，每种方法的准确性在很大程度上取决于有关被试、施测过程以及所测心理测量属性的各种假设。如果这些假设是无效的，那么信度估计将不完全准确。实际上，有时数据并不符合一个或多个假设。这种情况下，我们可能需要考虑另一种估计的方法，或者我们只需要承认，我们对测验信度的估计可能不是很准确。

除了讨论评估测验信度的基本方法之外，我们还研究了可用于研究认知发展、缓解症状、人格改变、人际环境适应、过度自信、第一印象准确性等现象的“差异分数”的信度。尽管他们的衡量标准，差异分数的心理测量质量不佳——虽然这么说可能并不恰当(Rogosa，1995)。

复本信度

复本信度(alternate forms reliability)，有时又称平行复本信度(parallel forms reliability)或等值信度(equivalence reliability)，是一种估计测验信度的方法。通过获取一份测验两种形式的分数，施测者可以计算两种形式的测验之间的相关，并将相关性解释为测验对信度估计值(例如，参见第5章的表5-4)。如果一个测验观察分数方差与另一个测验的观察分数方差一致，那么测验是可信的。

只有在两个测验为平行测验的情况下(见第5章)，才能将两个测验之间的相关性作为信度的估计值。回顾表5-3，只有当两个测验(a)真分数相同(即 $X_{t_1}=X_{t_2}$)且(b)误差方差相同(即 $s_{e_1}^2=s_{e_2}^2$)时，才能看作平行测验。另外，两个平行测验之间的相关完全等于测验分数的信度(即 $r_{o_1o_2}=R_{11}=R_{22}$)。如果两个测验符合平行测验的严格标准，那么这种估计信度的方法是有效的。如果两个测验不符合这些标准，则复本信度的估计方法是无效的。

尽管平行测验有与信度相关的理论逻辑和统计学基础，但它也存在严重的实际问题。具体而言，我们不能保证平行测验是真正平行的。这是因为我们永远无法确知两个测验是否符合经典测量理论和平行测验的严格假设。

问题的关键在于现实情况中，我们不能确定复本测验是否测量了相同的心理属性。更具体地说，我们不能确定第一个测验所测得的真分数等于第二个测验(即 $X_{t_1}=X_{t_2}$)所测得的真分数。之所以会有这个问题是由于不同测验的内容不同。由于内容不同，不同测验可能无法评估同一心理特性。例如，我们可能会有两种形式的自尊测验，我们假设它们是平行的。但是，第一个测验包括与他人有关的几个自尊题目，而第二个测验只包括一个这样的题目。这种情况下，两个测验可能实际上评估的是不同的心理结构(即社会导向的自尊与非社会导向的自尊)。因此，被试第一个测验的真分数与第二个测验的真分数并不完全相同，这两个测验并不是真正平行的。如果两个测验不是平行的，那么两者之间的相关性就不是好的信度估计。

复本测验的存在一个更微妙的问题，由于重复测验导致练习效应或受被试状态影响。第一个测验可能会影响第二个测验的作答——测验内容、被试态度或被试的即时情绪状态可能会影响两个测验的作答情况。这种影响可能意味着第一个测验的误差分数与第二个测验的误差分数相关。正如第5章所讨论的，经典测量理论的基本假设影响任何测验的误差是随机的。回想一下这个讨论，随机性假设的一个重要含义是一个测验的误差分数与第二个测验的误差分数不相关(即 $r_{e_1e_2}=0$)。然而，如果两个测验同时完成，那么对一个测验产生影响的误差可能也会影响对另一个测验的作答。这违背了经典测量理论的基本假设，也意味着两个测验并不是真正的平行测验。

表6-1给出了一个假想的例子。想象一下，6个人分别进行两个测验。表6-1列出了被试在这两个测验中的观察分数、真分数和误差分数(我们总是假设可以知道被试的真分数和误差)。首先要注意的是，这两个测验(尤其是平行测验)一般符合经典测量理论的几个假设。例

如，每个观察分数是真分数和误差分数的和的函数(即 $X_o = X_t + X_e$)。另外，两个测验的真分数完全相同(即 $X_{t_1} = X_{t_2}$)，每个测验的平均误差分数为 0(即 $\overline{X}_{e_1} = \overline{X}_{e_2} = 0$)，真分数与误差分数不相关(即 $r_{t_1e_2} = r_{e_1t_2} = 0$)，两个测验的误差方差是相等的，对于两个测验而言，真分数方差与观察分数方差之比 $R_{XX} = 0.38$。因此，在我们知道真分数和误差分数的情况下，我们知道这两个测验信度实际上是 0.38，远低于我们的期望值。如果经典测量理论和平行测验的所有假设在这些数据中均成立，那么这两个测验观察分数之间的相关应该等于 0.38(正如我们在第 5 章表 5-4 中所看到的)。

遗憾的是，表 6-1 中的数据违背了误差分数的一个基本假设。假定误差分数对测验的影响是随机的，这意味着来自两个测验的误差分数应该彼此不相关。也就是说，如果表中数据的误差确实是随机的，那么 $r_{e_1e_2} = 0$。

然而，表 6-1 中的两组误差分数实际上是有着强相关的($r_{e_1e_2} = 0.93$)。如前所述，这种相关性可能与练习效应或被试的状态有关，例如记忆或被试的情绪状态。如果两个测验测量误差保持相对稳定的，那么两个测验误差分数存在正相关。

表 6-1　复本信度估计的残差效应例子

题目	测验 1					$a=0$，$b=1$ 测验 2				
	观察分数		真分数		误差	观察分数		真分数		误差
1	14	=	15	+	−1	13	=	15	+	−2
2	17	=	14	+	3	17	=	14	+	3
3	11	=	13	+	−2	12	=	13	+	−1
4	10	=	12	+	−2	11	=	12	+	−1
5	14	=	11	+	3	14	=	11	+	3
6	9	=	10	+	−1	8	=	10	+	−2
平均数	12.50		12.50		0	12.50		12.50		0
方差	7.58		2.92		4.67	7.58		2.92		4.67

	R_{XX}	r_{ot}	r_{te}
测验 1	0.38	0.62	0
测验 2	0.38	0.62	0

测验间的相关：$r_{t_1t_2}=1$　$r_{t_1e_2}=0$　$r_{e_1t_2}=0$　$r_{e_1e_2}=0.93$　$r_{o_1o_2}=0.96$

两个测验误差分数的相关又会影响两个测验观察分数之间的相关性。实际上，两个测验观察分数之间的相关性相当强($r_{o_1}=0.96$)。因此，这个例子中以两个测验的相关性作为对测验信度的估计是非常不准确的。在这个例子中，施测者并不知道平行测验的关键假设，这可能会大大高估测验的信度。

尽管我们无法确定两个测验是真正平行的，但有时可能有两种测验形式似乎符合多个平行测验的准则。如第 5 章所述，根据平行测验的两个假设(即真分数相同，误差方差相同)，平行测验将具有相同的观察分数均值和标准差(即 $\overline{X}_{o_1}=\overline{X}_{o_2}$，$s_{o1}^2=s_{o2}^2$)。如果我们有足够的自信保证两个测验的平均数和标准差相同，且测量题目的结构相同，那么这些测验就“足够接近”平行测验的标准。如果两个测验足够接近平行测验，那么我们可以将测验之间的相关作为信度估计。在这种情况下，我们将其称为复本信度。

重测信度

使用重测法估计信度可以避免复本测验中的一些问题，对于智力或外向性等稳定的心理结构的测量来说，重测法是非常有用的。如前所述，用复本法估计信度的一个重要问题是测验复本的内容不同，因此可能导致两个测验测量了不同的特质。这违背了平行测验的一个重要假设，因而这种情况下测验间的相关是信度的无效估计。一种不同的方法是让同一个人不止一次地进行相同的测验(即第一次测验和“重复测验”)。如果可以保证这几个假设成立，那么第一个测验的分数和再测的分数之间的相关则可以视为测验的信度估计。

重复测验法类似于复本测验法，其适用性取决于两个测验是否满足平行测验标准的假设。同样地，如第 5 章表 5-3 所示，关键需要被试的真分数在两个测验中是稳定的(即 $X_{t_1}=X_{t_2}$)。也就是说，必须保证，被试的真分数从第一次测验到第二次测验都没有变化。第二个假设是第一次测验的误差方差等于第二次测验的误差方差(即 $s_{e_1}^2=s_{e_2}^2$)。排除其他的影响因素，这两个假设基本上意味着两个测验的分数同样可信。如果这些假设都能满足，那么两个测验分数之间的相关性就是信度的有效估计。

让我们看一下重复测验法中这两个假设实现的可能性。从第二个假设开始(即误差方差相等)，如果在施测过程中注意，这个假设可能会成立。回想一下，测量误差(以及误差方差)会受到即时测验情景中各种因素(噪声、干扰、是否有他人在场等)的强烈影响。测验情景中的这些因素可能会随机影响被试的作答，这可能会掩盖被试真分数的差异。但是，在合适的情况下，可以构建两个类似的测验情景。如果仔细设计测验情景，控制可能影响测验分数的许多无关变量，那么有可能保证两个测验情景相同。例如，您可以让被试在同一房间，几乎同一时间和同一人际环境(如大群体、小群体或单独)中完成这两项测验。通过在测验情景中控制这些因素，我们可能更有把握使误差对测验的影响变小。

然而，实现第一个假设(从第一次到第二次测验，被试的真分数是稳定的)可能会更困难。尽管重复测量避免了复本测量过程中内容不同的问题，但是出现了另一个问题。具体而言，我们必须假设被试的真分数在两次测验中保持完全稳定和不变，但被试的心理特性水平发生了很大的变化(因此真分数发生了变化)。

事实上，有至少 3 个因素影响了稳定性假设。首先，一些人的心理属性可能不如其他人更稳定。反映更多状态性特征的属性比反映更多特质特征的心理属性更不稳定。

例如，假设你有一个情绪测验——测量个体在某个时刻的情绪水平。一般情况下，情绪状态被认为是一个心理特性，可以每天、每小时甚至每时每刻都在波动。因此，假设一个人在任何类型的情绪测验的过程中真分数都是稳定的。此外，情绪状态的变化可能由各种影响情绪波动的因素造成。例如，在两次测验的间隔，个体可能会遭受某种形式的身体上的痛苦，这使该个体的心情变得压抑。相比之下，另一个体可能会得知他获得了奖励，这使该个体的心情变好。因此，在第一次测验期间，个体的情绪状态可能与其在第二次测验期间的情绪状态大不相同，也就是说，两个测验测到的状态特质水平是不稳定的。对于这种状态特质，重复测验法对测验信度的估计很差。请注意，情绪测验的结果可能是非常准确的，因为在任何测验情景下的观察分数差异都准确地反映了此时真分数的差异。然而，重复测验法的信度估计可能非常不准确，因为情绪在两个测验情景中已经发生了改变。

另外，对于特质特征，重复测验可能会给出合理的信度估计。例如，智力通常被认为是一种稳定的心理特征。有很好的理论基础和经验证据表明，从童年到成年，智力是高度稳定的。在这种情况下，假设真分数在重测时间间隔内不会发生改变。如果这个假设是正确的，那么两次测验观察分数的变化就是测量误差，这将通过重测信度系数的大小来反映。

影响稳定性假设的第二个因素是重测间隔的长度。更长的时间间隔会导致更大的心理变化。与几周或几天相比，真分数在几年内更可能发生变化。有时重复测验跨越了多年时间，这就存在混淆真分数变化与测量误差的风险。另外，如“复本信度”部分所述，短时间隔可能会出现交叉效应或污染效应。根据我们的经验，许多类似特征的重复测验一般在 1 至 8 周内进行。

影响稳定性假设的第三个因素是测验间隔发生的时期。个体生活的某些时期比其他时期更有可能发生变化。例如，与人生的后期相比，在学龄期，认知能力和知识水平的变化更有可能发生。在儿童中，阅读能力、数学水平和某些领域的知识等可能由于学校教育在重测时间间隔内发生变化。有些孩子的能力和知识水平比其他人提升得更多。个体的真分数以不同的速度变化违背了平行测验的一个重要假设(也违背了比平行测验模型更不严格的其他理论模型的假设)。因此，这种变化会影响我们将重复测验的相关性作为信度的估计。

总而言之，重测信度的使用在很大程度上依赖于真分数在重测间隔内保持稳定的假设。因此，有时将重测相关系数称为稳定系数。如果真分数在重测时间间隔内是完全稳定的(或者至少被试真分数之间的差异保持稳定)，那么第一次测验和重复测验的相关只反映了一件事：测量误差影响测验分数的程度。也就是说，如果真分数是完全稳定的，那么观察分数之间的不完美对应关系(即相关小于 1.0)就反映了测量误差影响观察分数的程度。第一次测验和重复测验的相关越低，测量误差的影响就越大，测验的信度就越低。

困难的是，我们永远无法知道真分数实际上保持稳定的程度。上面讨论的 3 个问题可以帮助我们让真分数保持稳定，但我们无法确定测验间的真分数是否真的能够稳定。

此外，如果真分数在重测时间间隔内发生变化，那么重测相关反映了两个独立的因素：①测量误差对测验的影响程度；②真分数的变化量。相关法的使用离不开这两个因素的影响。在这种情况下，观察分数之间的不完全相关(即小于 1.0 的相关性)反映了测量误差与真分数不稳定性的综合效应。事实上，理论上可能实现(尽管不太现实)一个测验是完全可信的，但它与重复测验的相关性较低。如果从第一次测验到重复测验期间真分数不稳定，则会出现这种情况。显然，这种情况下，第一次测验和重复测验之间的相关对测验信度的估计是不准确的。底线是应仔细解释初测与再测之间的相关性，包括信度和题目潜在结构的稳定性。

虽然使用复本测验和重复测验估计信度具有坚实的理论基础，但正如我们所看到的那样，实践过程中存在一些困难。例如，要求对被试进行至少两次测验，但是这样的重复测验可能比较昂贵、耗时，是难以或甚至不可能实现的。另外，两种方法的有效性取决于平行测验模型的有效性。正如这里和第 5 章所讨论的，平行测验模型依赖于非常有限的假设。遗憾的是，这些假设在某些情况下可能是无效的，或者许多情况下是无效的。因此，复本测验法和重复测验法的应用有一定的局限。

内部一致性信度

评估信度的第三种方法是内部一致性法，这为复本测验和重复测验提供了有效的替代方案。内部一致性方法的优点是要求被试只在一个时间点完成一次测验。它不需要构建一个以上的测验形式，也不需要被试不止一次地完成测验。显然，这可以大大简化评估信度的过程，并且可以避免关于各种假设有效性的棘手问题。

内部一致性方法可用于评估综合测验分数的信度。正如我们在第 3 章中提到的，如果一个测验包含多个维度的题目，且测验的分数是从这些题目的作答计算出来的，那么测验分数被称为合成分数。我们也提到过，大多数心理测验都是这种类型，大多数测验分数都是合成分数。内部一致性方法适用于估计这种多维度题目测验的信度。

内部一致性方法的基本思想是，一个测验的不同“部分”(即题目或题目组)可以被视为不同的测验形式。在行为科学的许多领域，内部一致性方法是最广泛使用的估计信度的方法。在本节中，我们回顾了几种使用内部一致性来估计信度的方法。

从内部一致性的角度来看，影响考试成绩信度的有两个基本因素。首先是测验部分的一致性。如果一个测验的各个部分彼此强相关，那么测验可能是可信的。也就是说，如果在测验的一部分(例如，一个题目)中观察到的差异与测验的其他部分(例如，其他题目)上观察到的差异一致，那么我们可以得出结论：整个测验与真分数是一致的。影响测验信度的第二个因素是测验长度——长测验可能比短测验信度更高。这是由测量误差的性质及其与信度的关系导致的。

我们将讨论几种估计内部一致性信度的方法。其中 3 个是很常见的：①分半法；②“原始 α”法；③“标准化 α”法。尽管这些方法很受欢迎，但在许多情况下它们可能都有很大的缺点。因此，我们简要地讨论作为适用情况更广的第四种方法——欧米伽系数。

分半信度估计

如果您可以将测验分成两个相同大小的平行分测验，那么就可以计算每个分测验的分数并将这两个分数关联起来。实际上，可以将单个测验分为两个平行测验并使用这些子测验分数来估计总测验的信度。因为这种方法将测验分成两个独立的部分，所以这种类型的信度被称为分半信度。

表 6-2 中的数据反映了 4 个人对测验的假设反应。虽然这些数据不符合所有相关的假设(我们将在后面讨论)，但它可以作为分半法的直观例子。使用分半法估计信度可分为 3 步。

第一步，构建两个分测验。例如，我们可以将偶数项题目放到一起，将奇数项题目放到一起，构建两个子测验。表 6-2 中列出了两个分测验的分数。

第二步，计算两个子测验之间的相关。如果测验是可信的，那么我们会发现被试在“奇数”子测验中的分数与他们在“偶数”子测验中的分数一致。在这些数据中，两者之间的相关性是 $r_{hh}=0.276$(我们称之为“分半相关”)。分半相关反映了测验的两个部分的一致性程度。

表 6-2 用内部一致性法估计信度的例子

被试	5 题目					第一部分		第二部分	
	1	2	3	4	总分	“奇数”分测验	“偶数”分测验	分测验 1 和 4	分测验 2 和 3
1	4	4	5	4	17	9	8	8	9
2	5	2	4	2	13	9	4	7	6
3	5	4	2	2	13	7	6	7	6
4	2	3	1	2	8	3	5	4	4
平均分	4	3.25	3	2.5	12.75	7	5.75	6.5	6.25
方差	1.5	0.6875	2.5	0.75	10.1875	6	2.1875	2.25	3.1875

第三步，我们把分半相关输入一个专门的公式中来计算信度的估计值。斯皮尔曼(真分数信度理论之父)和布朗开发了许多内部一致性信度的估算公式。公式有不同的名称且以不同的形式表达——斯皮尔曼—布朗分半公式，斯皮尔曼—布朗预测公式和斯皮尔曼—布朗公式。用于估计分半信度的最常用形式是：

$$R_{XX}=\frac{2r_{hh}}{1+r_{hh}}\text{。} \qquad \text{(式 6-1)}$$

我们将例子中的分半相关代入的方程，得到信度估计值：

$$R_{XX}=\frac{2+0.276}{1+0.276}=\frac{0.552}{1.276}=0.433\text{。}$$

想一下为什么我们不能简单地使用分半相关本身作为信度的估计值。毕竟，根据复本测验法和重复测验法，相关性本身就被用作信度的估计值。但是，对于分半法，我们必须将分半相关输入一个特殊的公式来获得信度的估计值。两种方法之间的区别在于，分半相关表示我们的测验只有“一半”的信度。回想一下，复本测验法和重复测验法要求被试完成完整的两次测验，被试要么完成两个不同内容的测验，要么完成两次相同的测验。因此，复本测验法和重复测验法的相关是两个完整测验版本之间的相关。相反，分半相关是测验的两半之间的相关。式 6-1 旨在将测验的两半之间的相关性“逐步增加”为完整测验的信度估计。

因为得依据测验本身得出相关，所以分半信度的估计也被称为内部一致性信度的估计。使用前提是，如果一个测验的题目是相似的，那么以适当的方式将测验分成两部分(这通常涉及一个将题目随机划分的过程)应该得到两个平行的子测验。

遗憾的是，能否使用分半法也取决于两半是平行测验的假设。也就是说，两半必须具有相同的真分数和相同的误差方差。正如我们所讨论的，如果经典测量理论和平行测验的假设都是真的，那么这两半应该有相同的平均数和相同的方差。可以发现，表 6-2 中的数据的奇数题目部分和偶数题目部分似乎不符合它们彼此平行的假设。例如，两组观察分数具有明显不同的均值和标准差，这表明两组测验真分数(或误差分数)有显著差异。由于这两个部分不是平行测验，所以我们计算的分半信度估计值($R_{XX}=0.43$)可能并不是信度的准确估计。

但是，我们可以用不同的方式划分表 6-2 中的数据，获得不同的信度估计值。例如，我们可以通过将项目 1 和项目 4 相加，将项目 2 和项目 3 相加来划分两个部分。这两半部分在表 6-2 中列出的“分半部分 2”一列中。通过计算，我们获得了一个更大的分半相关值($r_{hh}=0.89$)。将这个值代入式 6-1，我们得到 $R_{XX}=0.94$ 的信度估计值：

$$R_{XX}=\frac{0.89}{1+0.89}=0.94$$

很显然，这产生了一个问题，究竟哪一个分半估计才是信度的有效估计？在我们的例子中，一种“分半”方法的信度估计值非常低($R_{XX}=0.43$)，但是另一种“分半”方法的信度估计值非常高($R_{XX}=0.94$)。它们中的哪一个是正确的呢？这个问题对于长测验来说更加棘手，因为可以有很多方式将测验分为两半，每种方法都可能产生不同的信度估计。

因此，如何分半是一个棘手的问题。为了得到一个有效的信度估计，这两个部分必须是平行测验(即相同的真分数，相同的误差方差等)。然而，如何将测验分半是随意的——没有明确的理由怀疑奇偶数分半将比其他分半更好或更差。因此，我们有信心认为，选择任何分半方法都将得到信度的有效估计。为了实现这一点，测验中的每个题目都需要与其他题目平行。但这在许多测验中都是不可能的。由于这些原因，当代心理测量学中不常使用分半信度。

尽管在当代心理测量中不常使用，但是从一些统计软件中很容易获得分半信度。例如，SPSS 有一个“信度分析”程序，可以快速进行测验的分半信度。可以在分析菜单中的量表选项(Scale Option)下找到信度分析。我们可以选择测验题目，按照自己的意愿将测验项目分成两半。例如，为了检验前面讨论过的第一种分半方法，我们首先选择了项目 1 和项目 3，然后选择了项目 2 和项目 4。然后，我们在“模型”选项中选择“分半”，然后得到结果如图 6-1。就我们的直接目的而言，“测验之间的相关”值(0.276)和“斯皮尔曼—布朗系数”值(0.433)分别反映了分半相关和信度的估计值。

有一个与测量内部一致性信度(例如分半信度)有关的问题，与我们在第 1 章中讨论的能力测验和速度测验的区别有关。能力测验包括各种问题，且具有不同的难度。在大多数情况下，进行这些类型测验的人将有足够的时间来回答测验中的每个问题。每个参加这样测验的人都会有一个测验分数，反映测验中正确作答的数量。大多数课堂情境中的多选题测验都属于这种类型。另外，速度测验通常由一系列同样难度的问题组成。被试需要在一定时间内尽可能多地回答测验问题。假设每次作答都是正确的，速度测验的分数就是测验时间段内正确作答的题目数量。如果将速度测验分为两半，并计算每个被试在每一半的正确作答数量，那么测验的信度将接近完美。这种情况下，测验的信度将反映被试作答速度的信度；也就是说，被试在任何一个题目上的作答速度与他们在其他题目上的正确作答速度都相同。比如，假设一个人进行了一次速度测验，并能正确回答 10 个问题。如果把测验分成两半，那么任何一个测验项目都有可能在这两半中，每半各有 5 个正确作答的题目。鉴于这些问题中的每个题目的难度相同，因此回答测验的一半的 5 个问题的时间应该与该被试回答另一半的 5 个问题的时间大致相同。因为速度测验计算的分半信度几乎总是接近 1，所以，通常使用其他类型的信度(如复本信度)来评估速度测验的信度。

表 6-3　中数据的分半信度的 SPSS 分析结果

克隆巴赫系数	部分 1	数值	0.667
		题目数量	2[a]
	部分 2	数值	0.686
		题目数量	2[b]
	题目总数量		4
表格间的相关			0.276
斯皮尔曼—布朗相关系数	长度相同		0.433
	长度不同		0.433
Guttman 分半信度			0.393

部分 1 题目是：题目 1，题目 3。
部分 2 题目是：题目 4，题目 2。

尽管分半测验可能不被广泛使用，但我们认为心理测量学的学生应该熟悉分半测验的使用程序。分半信度很重要，你很可能会听到人们提及它，因为它为我们讨论更常用的方法奠定了基础。

虽然分半可信度有时仍然被提及(例如 Kaller，Unterrainer & Stahl，2012；Wechsler，2003a)，但是现在我们已经研究出了估计内部一致性信度的其他方法。正如我们将看到的，比起分半测验，其他方法至少有两个优点。第一，与分半测验相比，他们使得有关测验的信息更多；第二，与分半法相比，其他方法对题目所需要满足的假设较少。

“原始”α系数

分半法是基于这样一种观点，即测验中的两半代表分测验，两个子测验之间的相关即信度的估计值。与此相反，按照“项目水平”法内部一致性的逻辑进一步考虑，可以将每个项目设想为一个子测验。因此，所有项目之间的相关可以用来估计整个测验的信度。

从项目层面来看，可以使用多种信度评估法。这些方法在适用于不同的作答方式(即二项项目与非二项项目)，适用于符合不同假设的数据(即平行测验的假设以及其他不那么严格的假设)，以及不同形式的数据(即项目方差、项目间协方差或项目间的相关性)。

最广为人知的项目水平的内部一致性方法可以被看作是两步过程。第一步，进行项目水平或测验水平的统计。如前所述，不同的方法使用不同类型的信息。有些方法主要基于项目之间的相关，但其他方法则使用项目水平的信息和完整测验分数的信息。第二步，将项目水平或测验级别水平的信息代入专门的公式中，以估计完整测验的信度。我们将以“原始”α系数(通常称为克隆巴赫α系数)开始，这是最广泛使用的估计信度的方法。计算α的第一步是获得一组项目水平的统计信息。我们先要计算完整测验的分数方差(s_{X_t})。在使用分半信度讨论的四项测验的假设数据(见表6-2)中，$s_{X_t}=10.1875$。接下来，我们计算每对项目间的协方差(回想一下，协方差反映了两个变量之间的相关程度)。这是4个项目之间的协方差矩阵：

	项目1	项目2	项目3	项目4
项目1		0	1	0
项目2	0		0	0.38
项目3	1	0		1
项目4	0	0.38	1	

如果我们花一点时间来检验这些协方差，我们就会发现一个测验的内部一致性的潜在问题：几个协方差是0。例如，项目1的分数与项目2的分数无关，表明这两个项目存在差异。也就是说，被试在项目1中反应间的差异与他们在项目2中反应间的差异是不一致的。如果这两个项目都很好地测量了同样的结构，则它们应该具有正协变性。因此，要么项目测量的不是相同的结构，要么至少其中一个项目受到测量误差的严重影响(例如，项目1可能用词模糊，这导致被试的作答与其真分数无关)。对于一个测量单一构想的测验，我们希望能发现测验中的所有项目在一定程度上彼此正相关(即彼此相关)。因此，表6-2中的协方差结果不太好，这表明4个项目测验仍有一些问题。

在计算所有项目对(即所有“成对”协方差)之间的协方差之后，我们对它们进行求和。项目间协方差的总和反映了所有项目作答总体上的一致性程度。在所有其他条件相同的情况下，总和越大，项目之间的一致性越高。这些协方差的和可以表示为$\Sigma c_{ii'}$，它意在表示它是任何特定项目(表示为i)和任何其他项目(表示为 i)之间的协方差的总和(因此是$\sum$符号)。

第二步是计算信度估计值，方法是将完整测验分数方差以及协方差之和代入以下公式：

$$\alpha = \text{estimated } R_{XX}\left(\frac{k}{k-1}\right)\left(\frac{\sum c_{ii'}}{s_x^2}\right)。\qquad (式\ 6\text{-}2)$$

其中 k 是测验的项目数量。

对于我们示例中的数据，

$$\alpha = \text{estimated } R_{XX}\left(\frac{4}{4-1}\right)\left(\frac{4.75}{10.1875}\right) = 1.333 \times 4.663 = 0.62。$$

因此，我们估计表 6-2 中 4 项题目测验的信度是 0.62。虽然 0.62 的信度不是很低，但比我们想象的要低。在第 7 章中，我们将讨论如何使用信度来发展和改进心理测量。

许多统计程序使用原始的 alpha 来计算信度估计值。例如，SPSS 的信度分析程序将该值表示为“Cronbach's Alpha”(信度计算程序，在“量表”菜单选项下)。使用这个程序，选择测验中的所有项目，并从“模型”选项中选择“Alpha”，我们就能获得如图 6-2 所示的结果。这些结果均基于表 6-2 中的数据，“克隆巴赫 α”值(0.62)对应着我们上面得到的值。同样，统计软件包 SAS 也有一个程序，将该值表示为“原始变量的 Cronbachα 系数”。

如果你阅读了其他有关信度的介绍，你可能会遇到另一种形式的 alpha 计算公式：

$$\alpha = \text{estimated } R_{XX}\left(\frac{k}{k-1}\right)\left(1-\frac{\sum s_i^2}{s_x^2}\right) \qquad (式\ 6\text{-}3)$$

式 6-3 和式 6-2 得到的 α 值相同，但是我们仍将其呈现出来，(希望)可以避免由于存在不同形式的等式而可能产生的任何混淆。式 6-3 使用总分方差(s_x^2)以及项目方差(s_i^2)，而不用项目间协方差方程(式 6-2)。请注意，表 6-2 中项目方差的总和如下：

$$\begin{aligned}\sum si^2 &= s_1^2 + s_2^2 + s_3^2 + s_4^2 \\ &= 1.50 + 0.6875 + 25 + 0.75 \\ &= 5.4375\end{aligned}$$

将这个值代入式 6-3 中，我们会得到与前面相同的 α 的信度估计值：

$$\alpha = \text{estimated } R_{XX}\left(\frac{4}{4-1}\right)\left(1-\frac{4.75}{10.1875}\right) = 1.333 \times (1-0.5337) = 0.62$$

同样，式 6-2 和式 6-3 的 α 值相同；它们仅仅是用到的变量(即项目方差或项目间协方差)有所不同。

施测者可能会根据他们的 α 估计值报告置信区间(虽然这样做并不常见)。我们样本数据中的 α 值能够反映样本数据的信度估计值。然而，测验编制者或施测者通常希望他们的测验不仅仅适用于样本中的个体。也就是说，测验编制者或施测者可能希望使用他们的样本数据来推断更广泛的人群(Bonett & Wright，2015)。比如，如果对广泛的群体进行测验，我们对测验 α 值的最好估计是什么？

由此可以得到两种估计方法。一种方法是我们可以进行群体样本 α 值的最佳估计——大样

本群体的 α"点估计"。在这个方法中，我们只需要使用样本的 α 值。也就是说，我们样本中的 α（比如 $\alpha=0.62$）是我们对群体中 α 的单一最佳估计值。

另一种方法被称为置信区间法，它反映了我们的点估计值确实是一个猜测值。虽然我们最好的群体 α 估计值可能是我们样本中 0.62 的 α 值，但我们意识到这个估计可能不完全正确。也许群体中的 α 值实际上比我们样本中的 α 值稍大一些，或者稍小一些。或者，也许我们的样本比较特殊，并不能够代表更广泛的群体。在这种情况下，群体的 α 值可能与样本的 α 值差别很大。为了表示这种不精确性，我们可以得到一个围绕点估计值的置信区间。

一个置信区间由两个值和一个"置信度"来表示。研究者通常指的是 95%的置信区间，我们可以得到两个值，也就是说我们对 95%的置信度群体的 α 值介于这两个值之间。实际上，关于解释置信区间的最佳方法还有很多争论，但这种解释方法是相当普遍的。

一些常见的统计软件包将为 α 提供一个置信区间。SPSS 的"信度分析"程序也可以提供，但用户必须遵循以下几个步骤。使用下拉菜单，我们如前所述进行操作(将测验项目放入"项目"框中，在"模型"选项中选择"alpha"等)。按"统计"按钮后，勾选"内部相关系数"，从模型选项中选择"双向随机"，从"类型"选项中选择"一致性"，并确保"置信区间"框中显示"95"。使用表 6-2 中的数据，我们可以得到图 6-1 中的结果。

信度分析		
克隆巴赫 α 系数	标准化测验的克隆巴赫 α 系数	题目数量
0.622	0.626	4

图 6-1　表 6-2 中数据信度分析的原始 α 和标准化 α 的 SPSS 分析结果

点估计值位于"平均数"行的"类别相关性"列中，它等于我们的样本 α 估计值 0.622。置信区间的两个值在接下来的两个框中：-0.921 和 0.974。根据这些值，可能会有 95%的人相信群体的 α 值介于 -0.92 和 0.97 之间。

关于这个置信区间有两点需要注意。第一，它非常广，涵盖了几乎所有可能的信度值。这个范围这么广是由于我们的"样本"只有 4 个被试。这样的样本量比现实中少得多，小样本会得到广泛的不精确的置信区间。更大的样本量会得到更窄的置信区间。例如，如果我们在 100 个被试的样本中获得了 4 个题目量表的 α 值为 0.62，那么置信区间将为 0.48 到 0.73。

第二，它包含负值，这与信度的概念定义不一致。尽管其理论值的信度范围是从 0 到 1.0，但计算得到的 α 的估计可能是负的。

表 6-4　原始 α 及置信区间的 SPSS 分析结果

内部相关系数			
	内部相关系数	95%置信区间	
		下限	上限
single measures	0.291	−0.136	0.903
average measures	0.622	−0.921	0.974

如果我们得到了一个负的 α 值，那么会有两种常见的解释。一个是测验出了问题，该测验的内部一致性信度比较低，表明测验应该大幅修订。另一个可能的解释是，测验是没有问题的，但是一个或多个题目需要使用反向评分。我们在第 10 章中会讨论“反向评分”的概念。

考虑到一些通用软件如 SPSS，SAS（Kromrey，Romano & Hibbard，2008）和 R[如“Psych”包(Revelle，2016)；“Psychometric”包(Fletcher，2010)]，以及计算的复杂性，我们不会提供具体如何手动计算置信区间。SPSS、“心理”、“心理测量学”中给出的置信区间是基于 Feldt，Woodruff 和 Salih(1987)提出的程序。还有一些其他程序也许也可以(例如，Bonett & Wright，2015；Raykov，2004a)，但是它们还没有被广泛地整合到统计软件包中[虽然 Bonett & Wright，(2015)确实为其程序提供了 R 功能]。

置信区间的讨论引发了与 α 有关的其他推理过程的讨论。虽然本章并不会进行详细的讨论，但我们可以指出，已经制定了评估推理性问题的程序，例如下列问题。

第一，无论 α 是否是群体中的特定值(例如，对于给定的测验，特定样本是从 α 值为 0.8 的群体中抽取的概率是多少)？

第二，一个群体的 alpha(对于给定的测验)是否与另一个群体的 alpha(对于相同的测验)相同(例如，女性和男性对于 Beck 抑郁量表的信度有什么不同)？

第三，在一个给定群体中，两个不同测验的 α 是否相同(例如，Beck 抑郁量表和流行病学研究抑郁量表在女性中的信度是否相同)？

遗憾的是，这些程序没有很好地整合到现有的软件中。有一个例外，SPSS 的“信度分析”程序将使用上面提到的“Intraclass Correlation”选项检验 α 是否是群体中的特定值。然而，感兴趣的读者通常需要自己研究这些程序，具体可以参看 Feldt 等人的(1987)计算细节。

“标准化” α 系数

估计信度的另一种方法通常称为广义斯皮尔曼—布朗公式或标准化 α 估计。顾名思义，这种方法与原始 α 高度相关，但是有一个重要的区别，这个区别可能会使它更适合于某些测验。

如果通过聚合(例如，求和或求平均)对测验项目的标准化作答来创建测验分数，则“标准 α”是合适的。也就是说，如果施测者打算在求和或求平均之前将每个题目的答案进行标准化或求 Z 分数(参见第 3 章)，则标准 α 系数将是更为合适的信度估计。

为什么施测者决定将作答标准化？如果测验题目的差异显著，则测验题目可能需要标准化。如果出现这种情况，那么分数将主要反映那些变化最大的题目。考虑表 6-2 中假设的 4 道题目测验，其中测验总分是通过对所有 4 个题目得分进行求和得到的。注意这些题目方差不同；具体而言，题目 3 方差最大($s_3^2=2.5$)，而题目 2 方差最小($s_2^2=0.6875$)。这种情况下，测验总分与题目 3 的相关性可能高于题目 2。实际上，根据表 6-2 中的数据，我们可以发现题目 3 和题目 2 与总分的相关分别为 $r=0.89$ 和 $r=0.40$。因此，比起题目 2，题目 3 更能反映测验的内容。

虽然许多测验并不关注项目差异权重，但某些情况下过于极端也可能是个问题。例如，我们还应该考虑题目具有不同计分方式的情况(例如，如果某些题目是 5 分制，其他则是 7 分制)。同样地，也可以考虑将不同的测量分数合并，形成新的综合衡量标准。例如，教育研究者可以通过综合 GPA 和 SAT 分数来衡量学术能力。由于这两部分的指标差别很大，所以非标准化分数的任何组合(例如求和或平均)基本上只反映了 SAT 分数。因此，研究者可能会在估计学术能力综合指数之前先将两组分数标准化。这种情况下，与原始 α 相比，标准 α 系数是“两种分数”组合后更合适的信度估计值。

除了作为原始 α 的替代，我们还提出了将 α 标准化的方法，因为它最直接地反映了信度。农纳利和伯恩斯坦(1994)认为“很难高估这种方法对测量误差理论的重要性”，这么说的部分原因是因为其看起来比较简单。也就是说，这种方法提供的信度估计有时是最基本和最直观的。正如前面所讨论的，原始 α 的计算依赖于方差和协方差，对许多人来说这可能不是高度直观的概念。相比之下，标准化 α 的过程只依赖于相关性，这可能更为直接。因此，这种方法可能有助于表示信度及其影响因素。在本章后面的部分，我们将再次提到这个问题。

标准化 α 的第一步是进行项目水平的统计。我们首先计算每对项目之间的相关性。与原始 α 的第一个公式(式 6-2)类似，这些值反映了被试对项目的作答之间差异的一致性程度。再看一下表 6-2 中的示例数据，我们计算了 6 个相关系数：

题目对	相关
1 和 2	$r_{12}=0$
1 和 3	$r_{13}=0.52$
1 和 4	$r_{14}=0$
2 和 3	$R_{23}=0$
2 和 4	$R_{24}=0.52$
3 和 4	$R_{34}=0.73$

在计算了所有项目对之间的相关性(即所有“成对”相关性)之后，我们再计算这些相关性的平均数。这个平均的项目间相关性反映了对所有项目作答的一致性程度。例如，我们六个相关性的平均数是 0.295，这表明平均而言，对这些项目的作答是有一定相关的。这种相关性有时被表示为 $r_{ii'}$，意在表明它是任何特定项目(记为 i)和任何其他项目(记为 i)之间的相关性的平均数(记为 i')。

第二步是计算信度的估计值，将项目之间相关性的平均数代入下面的方程中，这是 Spearman-Brown 公式的推广：

$$R_{XX}=\frac{k\bar{r}_{ii'}}{1+(k-1)\bar{r}_{ii'}}。 \quad (式\ 6\text{-}4)$$

其中 k 是测验中的项目数量。

对于我们的示例数据，

$$R_{XX}=\frac{4(0.295)}{1+(4-1)(0.295)}$$
$$=0.63。$$

因此，这个过程表明，如果我们对这 4 个题目进行标准化，那么表 6-2 中的测验信度就是 0.63。这个估计值与我们上面得到的原始 α 估计值($\alpha=0.62$)只是略有差异。事实上，在实际的数据中，标准化的 α 和原始的 α 通常会得到类似(虽然不相同)的估计值。

许多流行的统计软件包会一起提供原始 α 以及标准化 α。例如，SPSS 的信度分析程序将这个值表示为“标准变量的克隆巴赫 α 系数”(Cronbach Coefficient Alpha for Standardized Variables)。这在图 6-2 中可以很明显地看出来。类似地，SAS 将这个值标记为“基于标准化题目的克隆巴赫 α 系数”(Cronbach's Alpha Based on Standardized Items)。

二项题目的原始 α：KR20

许多心理测量都有二项题目(见第 3 章)。例如，明尼苏达多相人格量表-2 是最广泛使用的精神病理学测量指标，它包含 567 个是/否题目，用于评估各种精神病理学特征。567 个项目中的每一个都可能有两个答案，因此它们是二项题目。同样地，多项选择测验通常以提供二项作答的方式进行评分，每个答案通常评为正确或不正确。

原始的 α 公式可以用来计算由二项题目组成的测验的信度估计值，这会用到一个公式，即库德—里查德森 20(KR20)公式。KR20 公式计算得到的原始系数 α 与式 6-3 相同，然而它的表达方式却反映了二项题目的特殊性。

与用于信度估计的原始 α 法一样，二项题目的信度估计过程分为两步。举个例子，我们将使用表 6-3 中的假设数据，其中包括 4 个人对 4 个二项题目组成的测验的作答。第一步是获取题目的统计信息。对于每个题目，我们都要计算每个答案的比例。例如，对于多项选择题测验，我们需要计算被试在每个题目上的正确作答率(我们将这个比例称为 p，与我们在第 3 章讨论的二项题目一致)，并计算每个题目作答错误的被试比例(我们将这个比例称为 q)。对于表 6-3 中的数据，我们发现 75%的被试正确作答了题目 1($p=0.75$)，这意味着 25%的被试错误地作答了题目($q=0.25$)。接下来计算每个题目的方差($s_1{}^2=pq$)，如式 3-9(第 3 章)所示。表 6-5 给出了这些值。另外，根据第 3 章中的式 3-2，我们计算测验总分方差 $s_x^2=1.1875$，其中测验总分是通过对各个题目的作答求和得到的。

表 6-5 计算二项题目信度的例子

被试	题目				总分
	1	2	3	4	
1	1	1	1	1	4
2	1	0	1	0	2
3	1	1	0	0	2

续表

被试	题目				总分
	1	2	3	4	
4	0	1	0	0	1
和	3	3	2	1	9
平均数	0.75	0.75	0.5	0.25	2.25
方差	0.1875	0.1875	0.25	0.1875	1.1875
p	0.75	0.75	0.5	0.25	
q	0.25	0.25	0.5	0.75	
pq	0.1875	0.1875	0.25	0.1875	

第二步是计算信度估计值，在 KR20 公式中代入测验总分方差和各个题目的方差之和：

$$R_{XX}=\left(\frac{k}{k-1}\right)\left[1-\frac{\sum pq}{s_x^2}\right]。 \quad (式 6\text{-}5)$$

对于表 6-3 中的数据，各个题目的方差之和为：

$$\sum pq=0.1875+0.1875+0.25+0.1875=0.8125。$$

将我们的值代入式 6-5 中，得到以下结果：

$$R_{XX}=\left(\frac{4}{4-1}\right)\left(1-\frac{0.8125}{1.1875}\right)=0.42。$$

如果将计算原始 α 的第二个公式(式 6-3)与 KR20 公式进行比较，我们将发现它们仅在题目方差的表达方式上有所不同。

欧米伽系数

欧米伽系数(Omega)(简称"ω 系数")是估计信度的一个新方法(McDonald，1999；Raykov，2004a)。它适用于与 α 同类型的量表，通常是有连续项的题目，将这些题目汇总得到测验总分。ω 的计算与 α 不同，我们将在下一节看到，它比 α 具有更大的优点。

从概念上讲，ω 是基于信度是信号和噪声的比例这一观点(见第 5 章)：

$$信度=\frac{信号}{信号+噪声}。$$

在计算上，它是基于因子分析(见第 4 章和第 12 章)来估计信号和噪声。

通过对被试作答的因素分析，我们可以估计测验中每道题目的信号值和噪声值。我们不会对此进行详细讨论，我们只会注意到题目的"信号"值和该题目的因子载荷(或载荷，取决于测验类型)相关。也就是说，一个题目的因子载荷代表了题目所测心理结构"真实得分"的程度。较强的因子载荷表示与真分数(即强信号)强相关，而较弱的因子载荷表示与真分数(即弱信号)弱相关。

在估计每个题目的信号值和噪声值之后，我们对测验中的所有项目的这些值求和。这就得到了测验的"总信号"和"总噪声"值。然后，我们可以计算这些值的比率来估计测验的信度。

我们不会进一步提供有关 ω 的计算和解释的细节，因为这通常是通过验证性因素分析来完成的。事实上，有许多基于验证性因素分析的信度评估方法(见 Bentler，出版中)。在第 12 章中，我们概述了验证性因素分析的逻辑和程序，我们将在该章节的"CFA 和信度"部分再次提到 ω。我们在本节的目标是让读者知道 ω 的存在并简要概述其逻辑和意义。在下一节中，我们将讨论选择 α 或 Ω 作为信度的指标，尤其是与 α 有关的问题。

α 和 ω 系数的基本假设及适用性

在对系数 α 和 ω 的讨论中，我们还没有讨论关于它们的关键理论假设。我们在讲复本法、重测法和分半法时提到，只有当符合某些假设时，这种估计信度的方法才是准确的。具体而言，只有当测试、测验或分半测验严格符合平行测验的标准时(参见表 5-3)，这些方法才能准确估计信度。

同样地，α 和 ω 以及所有其他信度估计方法的准确性取决于某些假设的有效性。在本节中，我们将简要介绍与 α 和 ω 有关的假设。

简言之，我们有理由怀疑，在许多实际情况下，心理学家可能不会使用 α 作为信度估计的指标(Green & Yang，2009；Kelley & Pornprasertmanit，2016；McNeish，出版中)。也就是说，许多心理测量学家认为，在心理学中，很少有情况能满足 α 的使用假设。

我们先了解一下"日常"实践和研究中测量的实际情况。尽管信度评估的基本假设至关重要(如第 5 章所示)，但大多数施测者似乎完全忽略了这个问题。在信度估计的研究中，大多数研究者计算并报告信度的 α 估计值时，可能没有考虑任何相关的假设。

作为估计信度的方法，α 的标准选择很可能基于两个非常实际的因素。首先，正如我们提到的，大部分流行的统计软件包会默认报告 α 系数，提供信度分析。因此，alpha 很容易通过数据获得。其次，正如我们已经提到的，与其他估计信度的方法相比，α 更简单。它没有必要像复本测验法那样构建多种形式的测验。此外，也不要求被试像重复测验法那样不止一次地完成测验。最后，也没有必要像使用分半法时那样担心如何将测验分成两部分。因此，α 是基于相对容易获取的数据计算的。遗憾的是，在许多情况下，这个标准可能是错误的(Green & Yang，2009；Sjistma，2009)。

当测验题目本质上是 τ 等价或平行测验时，α 法提供了准确的信度估计(Feldt & Brennan，1989)。正如第 5 章所讨论的那样，在特定的情况下，一套测验项目本质上是等价的。你可能还记得，在本节的讨论和表 5-3 中，当满足以下两个条件时，两个或多个一维测验(或题目)基本上都是 τ 等价(tau-equivalent)。

第一，经典测量理论的所有基本假设都是真的(例如，误差是随机的，这意味着误差分数与真分数不相关，并且暗示任意两个题目之间的误差分数不相关，$r^2_{e_1 e_2}=0$)。

第二，一个题目的真分数与另一个题目的真分数线性相关，即 $X_{t_2}=a+(X_{t_1})$，这意味着一个题目的真分数与另一个题目的真分数不同，仅仅是在常数上有变化。

许多心理测量学家(如 Green & Yang，2009；Kelley & Pornprasertmanit，2016)都认为，事实上，基本 τ 等价的假设在心理测验的许多实际应用中都不太可能成立。例如，心理测量学家认为，对于许多心理测验来说，许多测验中的题目都不同程度地与所测心理特质相关，即 $X_{t_2} \neq a+(X_{t_1})$。这样的测验本质上不是 τ 等价的。另外，心理测量学家们指出，许多心理测验并不是单纯的单维度，项目之间存在误差相关性，$r_{e_1e_2} \neq 0$(或者在某种程度上，除了一般因素外，测验还有特殊的或群体的因素)。同样地，这样的测验本质上不等同于基本 τ 等价测验。

如果许多测验确实不能达到基本的 τ 等价的要求，那么 α 可以为许多测验提供不准确的信度估计。如果 α 真的被广泛地用做信度估计，那么许多研究者正在得到不准确的心理测量估计值。

也就是说，这些问题是一个程度上的问题。例如，一个测验题目可能与一个潜变量有不同的联系，但它们可能没有太大的差别，而这些联系通常可能很强。在这种情况下，α 可能仍然是一个可靠的近似值(参见 Raykov & Marcoulides，2011，pp. 155-156)。在不太可能的情况下，测验题目实际上符合更严格的平行测验假设，原始的 α 估计值(或二项题目的 KR20)和分半估计值会得到相同且准确的信度估计值。如果测验题目本质上是等效的，但不是平行的，那么系数 α 或 KR20 将给出信度的准确估计，但是分半法则不会。如果测验题目既不是基本 τ 等价的，也不是平行的，那么 KR20 和 α 将会是有误差的信度估计值(Feldt & Brennan，1989；Osburn，2000)。在不同的情况下(即违反哪种假设)，KR20 和 α 可能低估或高估信度。

幸运的是，ω(以及其他几个相关指数)的适用情况比 α 更广泛。鉴于只有当测验题目符合基本 τ 等价或平行标准时，α 是合适的，而当测验项目符合 τ 等价、平行标准或者同类别的标准时，ω 是合适的。

重要的是，同类别的标准不像标准的 τ 等价或平行测验那样严格，因而它的有效性更为广泛。正如第 5 章所讨论的(再次参见表 5-3)，与平行和基本 τ 等价的题目一样，单维测验的同类题目必须满足经典测量理论的所有基本假设。此外，对于同类别标准(与平行题目和基本 τ 等价题目相同)，一个题目的真分数与另一个题目的真分数线性相关。然而，同类题目的真分数可能以更复杂的方式相关。例如 $X_{t_2}=a+b(X_{t_1})$，其中"a"和"b"都可以取任意值。因此，来自同类题目的真分数可能在不同程度上有不同的变化。

如果一个测验包含同类题目，那么 ω 将准确地反映信度，但 α 不会。因此，ω 比 α 的适用性更广。

更一般地说，尽管已经有了几个指标作为根据内部一致性来估计信度的方法(例如，Revelle & Zinbarg，2009；Sijtsma，2009)。但可能是因为计算需要很强的技术性，也可能是因为 α 在流行的软件包中的可用性仍然是非常强的，许多测验开发者和施测者都继续计算和使用 α。然而，在第 12 章中，我们讨论并说明了使用 CFA 来获得更符合 ω 的信度估计。

我们也应该承认，所有内部一致性的方法都可能在某种程度上高估了信度。例如，由于内部一致性方法仅仅是来自一个测量场景的作答，因此它不能反映其他测量场景中的测量误差。正如费尔特和布伦南(1989)所述，"当行为观察时间在一小时或一小时之内时，测验的某些误差来源并不能很好地体现出来。这些误差模糊了被试之间的真实差异，但并未反映在测验误差方差的估计中”。也就是说，只有当被试被测量不止一次时，一些误差的来源(例如疲劳)才会变得明显。因此，内部一致性方法通常可能低估了误差方差，从而高估了信度。

总而言之，评估测量成绩的信度有很多方法。事实上，我们在本章讨论的方法仅仅是最普遍的(有一些更详细的讨论，请参见 Feldt & Brennan，1989；Kelley & Pornprasertmanit，2016；Miller，1995；Osburn，2000；Revelle & Zinbarg，2009；Zinbarg，Revelle，Yovel & Li，2005)。每种方法的准确性取决于是否满足假设，而一些方法的假设更容易满足。实际上，大多数施测者似乎根据内部一致性方法来估计信度。更具体地说，正如我们上面所描述的，它们很大程度上依赖于原始 α 系数。在某种程度上，选择使用 α 系数是因为它有着便利性和各种优点。但是，这种方法可能由于不适合假设条件而不能被经常使用。我们希望施测者和测验开发者能仔细检查相关假设，并考虑其他替代指标(如 ω)是否能够更准确地估计信度。

内部一致性与维度

一些施测者试图通过解释高水平的内部一致性信度，来更好地解释测验是否测量了单一属性(即是单维的或者概念是同质的)。遗憾的是，这样的解释总是微不足道的(Cronbach & Shavelson，2004)。

将内部一致性与测验项目是一维或同质性的想法分开是很重要的。在测量相同概念的测验中，每个题目将反映一个单一的心理属性或维度。如果考虑到测验项目的概念同质性(Cortina，1993；Netemeyer，Bearden & Sharma，2003)，则应谨慎考虑内部一致性(如 α)的测量。

这有可能是因为即使测验是多维的或者在概念上是异构的，测验的内部一致性信度估计也可能很高(例如，$\alpha=0.75$)。例如，复合测验可能包括两组题目，其中每组的题目彼此之间存在高相关，但来自不同组的题目相互之间弱相关。在这种情况下，多维测验多组题目之间的低相关性表明，该测验测量了不同的心理属性(Schmitt，1996)。尽管麦克唐纳(1999)认为这种区分在理论上比实践中更为重要，但使用信度的内部一致性估计(例如 α)来衡量信度的概念同质性或维度可能并不是一个好方法。正如第 4 章和后面的第 12 章所讨论的那样，诸如因子分析的统计过程更适合于评估测验项目的维度或概念同质性。

影响测验信度的因素

正如本章前面提到的，内部一致性方法强调了影响测验信度的两个基本因素。在本节中，我们探讨这些因素的含义，并说明它们对信度的影响。

这个问题很重要，因为它为编制高质量的心理测验奠定了基础。如果我们了解影响测验成绩信度的因素，那么我们可以在编制测量问卷时考虑这些因素以提高测验评分，并且在研究或实践中使用该测验。对这些影响因素的了解可以提高行为测验的质量，也能更好地帮助我们基于这些测验做出推断和决策。

第一个影响测验内部一致性信度的因素是测验题目的一致性。正如我们所看到的，测验各部分的一致性对信度估计有直接的影响。在其他条件相同的情况下，内部一致性更高的测验(如有着更高分半相关、题目的平均协方差或题目间的平均相关高的测验)的信度估计值更高。比如，我们再来看看表 6-2 中的四道题目的例子。我们可以看到，该数据中题目之间的相关性是 $\overline{r_{ii'}}=0.29$，我们计算得到标准化的 α 值为：

$$R_{XX}=\frac{k\overline{r_{ii'}}}{1+(k-1)\overline{r_{ii'}}}=\frac{4\times0.29}{1+(4-1)\times0.29}=0.63。$$

0.29 的平均相关是小到中等程度的正相关，也就是说，这些题目至少有些一致性——如果一个被试在一个题目上的作答分数比较高(即 4 或 5)，那么他可能在其他题目上也会有相对较高的作答分数。我们通过观察分数与真实分数之间的高度一致性可以推断将测验题目之间的高度一致性。

我们很高兴题目间的平均相关是正相关，通过提高相关性可以有效地改善测验。信度估计值为 0.63，这是我们认为可以接受的最低值，所以我们希望能进一步改进测验。例如，可能会改写一些题目，使其表述更加清楚。

或者，我们可能会选择完全替换一个或两个题目——将它们从测验中剔除，并用与所测内相关性更强的题目将它们替换。假设我们使用了其中任何一种方法，保留了原来的测验长度(4 个题目)，要求用一批新被试对修改后的测验进行施测，并重新计算题目之间的平均内部相关性。让我们想象一下，修订后的测验题目的平均相关性确实比较高，如 $r_{ii'}=0.4$，这表明我们修订后的测验的内部一致性比原来更高。这表明，修订后的测验能更好地反映被测量的内容。计算修订后测验分数的标准化 α 信度估计值，我们得到信度为：

$$R_{XX}=\frac{4(0.4)}{1+(4-1)(0.4)}=\frac{1.60}{2.20}=0.73。$$

因此，我们修订后的测验比原始测验的分数更可靠。如果修订后测验题目的平均相关性甚至高于 $\overline{r_{ii'}}=0.4$，那么信度估计的准确性将进一步提高。总而言之，如果一个测验是由内部一致性更高的题目组成的，那么它的信度可能比内部一致性更高的测验更高。因此，在其他条件相同的情况下，内部一致性越高，信度越高。

影响测验信度的第二个因素是测验的长度。长测验比短测验更可靠。这种效应是由真分数和测量误差的性质以及它们与信度之间的关系造成的。具体而言，随着测验长度的增加，真分数方差将比误差分数方差以更快的速率增加。因为根据经典测量理论，信度可以看作是真分数方差与观察分数方差的比率(式 5-5)：

$$R_{XX}=\frac{s_t^2}{s_0^2}。$$

此外，回想一下，总的观察分数方差是由真分数方差和误差方差(式 5-3)决定的：

$$s_o^2 = s_t^2 + s_e^2。$$

所以信度可以看作是：

$$R_{XX} = \frac{s_t^2}{s_t^2 + s_e^2}。\qquad（式 6-6）$$

所以，真分数方差的增加或误差方差的减小都会使信度增加。如果我们通过添加新的“部分”使得测验长度增加，那么新添加的部分将具有明显的效果——它会使真分数方差占观察分数方差的比例更大，从而使信度增加。

让我们来证明一下这个观点。想象一下测验中的一部分，该部分的真分数方差是 $s_{t_1}^2$。如果我们通过在第二部分(与第一部分长度相等)上加上一个真分数方差为 $s_{t_2}^2$ 的部分来使测验长度加倍，那么加长后的测验($s_{t-\text{doubled}}^2$)的真分数方差将为(基于我们对复合变量方差的讨论——见式 3-6)：

$$s_{t-\text{doubled}}^2 = s_{t_1}^2 + s_{t_2}^2 + 2r_{t_1} s_{t_1} s_{t_2}$$

但是，如果这两部分是平行测验，那么这两个部分具有相同的真分数。因此，两部分的真分数之间完全相关(即 $r_{t_1 t_2}$)，并且两部分的方差彼此相等(即 $s_{t_1} = s_{t_2}$，$s_{t_1}^2 = s_{t_2}^2$)。由于一部分的真分数方差与另一部分的真分数方差完全相等，我们可以简单地用 $s_{t-\text{one part}}^2$ 来表示“一个部分”的真分数方差。因此，$s_{t_1}^2 = s_{t_2}^2 = s_{t-\text{one part}}^2$，该公式可以简化为：

$$s_{t-\text{doubled}}^2 = 2s_{t-\text{one part}}^2 + 2s_{t-\text{one part}}^2。$$

即：

$$s_{t-\text{doubled}}^2 = 4s_{t-\text{one part}}^2。$$

因此，通过加倍测验的长度，我们将真分数方差变为了原来的 4 倍。

我们可以使用 Excel 等软件：第一步，创建一组数字(代表测验的一部分的真分数)；第二步，计算这个数据集的方差(获得 $s_{t-\text{one part}}^2$——即测验的一部分的真分数方差)；第三步，将数据集中的每个数字乘以 2，产生一个新的“加倍”的数据集(代表测验长度加倍后的测验真分数)；第四步，计算加倍后数据集的方差(获得 $s_{t-\text{doubled}}^2$——长度加倍后的测验真分数方差)来证明这个有些违背直觉的结果。你会发现加倍后的方差比原来的方差大 4 倍。

现在我们可以检验加倍后误差分数的变化。将第一部分的误差方差设为 $s_{e_{12}}$，将第二部分的误差方差设为 $s_{e_{12}}$，将延长的测验的误差方差设为 $s_{e-\text{doubled}}^2$。根据我们的讨论，加倍后测验的误差方差将为(同样基于式 3-6)：

$$s_{e-\text{doubled}}^2 = s_{e_1}^2 + s_{e_2}^2 + 2r_{e_1 e_2} s_{e_1} s_{e_2}。$$

但是，根据 CTT，$r_{e_1 e_2} = 0$，因为误差被认为是随机的。因此，加倍后测验的误差方差减少为：

$$s_{e-\text{doubled}}^2 = s_{e_1}^2 + s_{e_2}^2。$$

此外，如果这两部分是平行测验，那么它们将具有相同的误差方差(即 $s_{e_1}^2 = s_{e_2}^2$，这是平行测验定义的一部分)。因为一部分的误差方差恰好等于另一部分的误差方差，我们可以简单地

用 $s^2_{e-\text{one part}}$ 来表示“一部分”的误差方差。因此，$s^2_{e_1}=s^2_{e_2}=s^2_{e-\text{one part}}$，公式可以简化为：

$$s^2_{e-\text{doubled}}=2s^2_{t-\text{one part}}。$$

因此，通过加倍测验长度，我们可以使误差方差加倍。

也就是说，分析表明如果这些部分符合平行测验的假设，那么增加一个测验的长度会使得真分数方差比误差方差更大。在我们加倍测验的例子中，真分数方差增加了 4 倍，而误差方差只增加了 1 倍。

现在让我们考虑一下这些变化如何影响信度。用 R_{XX} 表示原始测验的信度，它只包含一个“部分”(请注意，这只是式 6-6 的变式表达式)：

$$R_{XX-\text{original}}=\frac{s^2_{t-\text{one part}}}{s^2_{t-\text{one part}}+s^2_{e-\text{one part}}}。$$

此外，让 R_{XX} 加倍(即两个平行部分的总和)表示双倍测验的信度。基于以上的实证结果，加倍后信度可以用一部分的真分数方差和误差方差来表示：

$$R_{XX-\text{doubled}}=\frac{4(s^2_{t-\text{one part}})}{4(s^2_{t-\text{one part}})+2(s^2_{e-\text{one part}})}。$$

经过几个代数计算步骤，可以证明，加倍后的测验信度是原始测验信度的一个简单函数：

$$R_{XX-\text{doubled}}=\frac{2R_{xx-\text{original}}}{1+R_{xx-\text{original}}}。$$

例如，表 6-2 所示的原始测验的信度估计值为 0.62(根据我们之前的原始 α 计算)。如果我们将测验的长度加倍，加入新的一组 4 个题目，且与原来的 4 个题目完全平行，那么双倍测验的信度估计将为：

$$R_{XX-\text{doubled}}=\frac{2\times 0.63}{1+0.63}=0.77。$$

用于估计修订后测验(即增长或缩短的测验)信度的更一般的公式是 Spearman-Brown 预测公式的一个版本：

$$R_{XX-\text{revised}}=\frac{nR_{XX-\text{original}}}{1+(n-1)R_{XX-\text{original}}}。 \quad (式 6\text{-}7)$$

在这个等式中，R_{XX} 是修订后的测验的信度估计值，n 是影响测验增长或缩短的因素，$R_{XX-\text{original}}$ 是原始测验版本的信度估计。

例如，如果我们将表 6-2 中 4 道题目测验的长度增加了两倍(通过添加两个 4 道题目的平行集合)，我们将得到一个 12 道题目的测验，其信度可能是：

$$R_{XX-\text{revised}}=\frac{3(0.63)}{1+(3-1)(0.63)}=0.84。$$

式 6-7 被称为“预言”公式，因为它可以用来预测如果以特定方式修改测验会出现什么结果。这在测验开发过程中可能非常有用。例如，我们可以设计一个给定长度的测验，但发现它的信度较低。在花时间收集修改后的测验数据之前，我们可以预测延长之后的测验的信度。例如，我们可以使用预言公式发现，只要将测验长度加倍，就足以获得足够的信度。这可以更有效地节约测验开发和评估过程中的时间和精力。

再看一下 Spearman-Brown 预言公式(Spearman-Brown prophecy formula)的另一个版本。标准 α 公式也可用于预测信度的变化。回忆一下式 6-4：

$$R_{XX}=\frac{k\bar{r}_{ii'}}{1+(k-1)\bar{r}_{ii'}}。$$

因此，预言公式的第一个版本要求我们考虑影响“测验修订的因素”(即 n)，第二个版本(式 6-4)只是要求我们考虑修订后测试的项目数量(即 k)。例如，我们知道表 6-2 中 4 个题目测验的平均相关性是 $r_{ii'}=0.29$。如果我们正在考虑在测验中再增加 3 个题目的可能性，如果我们假设这 3 个新题目会和原来的 4 个题目一样好，那么我们可以假设题目间的平均相关性仍然是 $r_{ii}=0.29$。然后，我们可以预测一个 7 个题目测验版本的标准化 α 信度：

$$R_{XX}=\frac{7\times0.29}{1+(7-1)\times0.29}=0.74。$$

因此，预言公式有两种版本，两种版本都说明了测验长度对信度估计的影响。并且，这些方程可以用来预测以各种方式改变的测验信度。

这从一个侧面说明，计算大量题目之间的平均相关性有时需要费很大的精力。大多数统计软件包将计算标准化的 α 值，并计算所有题目间的相关性。然而，我们大多情况下不会计算题目之间的平均相关性。一些人可能希望使用标准化的 α 公式作为预言公式，但我们可能懒得计算一大组平均相关值。幸运的是，我们可以通过代数方法，即标准化 α 方程来获得题目间平均相关性(公式 6-4)。通过这种方法，我们发现，如果我们知道测验的标准化 α 和题目的数量，那么题目间的平均相关可以很容易地计算出来：

$$\bar{r}_{ii'}=\frac{R_{XX}}{k-(k-1)R_{XX}} \qquad (式\ 6\text{-}8)$$

随着测验长度的增加，测验的信度也会增加。这对编制测验有着重要的时间意义。对于从事测验工作的人员(例如教师和教授)来说，较长的测验可能比较短的测验更可信。事实上，确实如此：如果其他条件相同，那么长测验将比短测验更可信。

然而，重点是要认识到“其他条件”可能不会保持不变。例如，只有当附加题目与原始题目平行时，长度和信度之间才真正存在联系。这意味着，正如我们在上面的例子中的假设一样，题目间的平均相关保持不变。实际上，其他题目可能不会与现有题目平行。如果新题目与原始题目不完全一致，则题目间的平均相关性可能会降低。这会降低测验的信度。

因此，在测验中添加新题目是一把双刃剑。一方面，如果新题目和原题目的一致性非常高，那么长测验比短测验更可靠；另一方面，新题目和原题目的一致性非常高的假设未必会成立。实际上，如果长测验的平均相关性足够小，那么长测验可能不如原始测验那么可靠！也就是说，如果我们在测验中添加“不好”的题目，那么长测验会比短测验更差。

另外，测验中可以包含的题目数量也有限制，比如时间限制、考生的疲劳等。而且，在其他条件相同的情况下，长测验能带来的好处对于已经相当长的测验来说是很少的。从理论上讲，信度增加的大小将是原始测验长度的负增长函数。例如，在短测验中增加 10 个题目对修订后测验信度的影响要比对长测验增加 10 个题目的影响要大。换句话说，将题目添加到测验中的好处随着所添加题目的数量而减少。效果如图 6-2 所示。

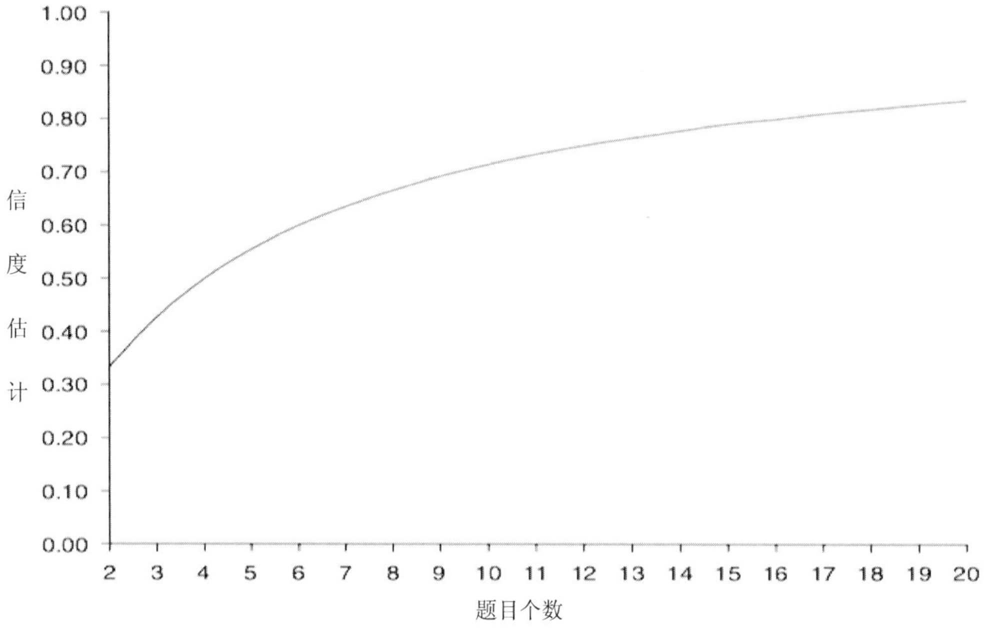

图 6-2　题目个数与测验信度间的关系（平均项目间相关在 0.30 的测验）

在这个图中，我们计算和绘制了测验的标准化 α 值，题目间的平均相关为 0.30，曲线表示不同长度测验的信度。例如，我们看到一个两道题目测验的信度估计值只是约为 0.33。通过增加 5 个题目，信度增加到约 0.64。请注意，这个长度下，增加 5 个题目会使信度(0.64－0.33＝0.31)明显地提高 0.31，使测验的可信度提高 1 倍。如果我们再添加 5 个题目(总共 12 个题目)，那么测验的信度将是 0.75。虽然这 5 个新题目确实增加了测验的信度，但从 7 项到 12 项的信度提升显然不如从 2 项到 7 项的信度提升。增加另外 5 个题目会产生更小的信度增量。因此，在测验中添加更多的题目能带来的好处是有限制的。

样本同质性和信度概化

影响信度系数大小的另一个重要影响因素是被试的异质性，或者更确切地说，被试间真分数的异质性。在其他条件相同的情况下，被试心理属性的变异性越大，信度系数就越大。我们可以通过重新审视信度定义公式看出这一点，该公式为：

$$R_{XX}=\frac{s_t^2}{s_t^2+s_e^2}$$

因此，增加 s_t^2 就会增加 R_{XX}。s_t^2 代表真分数方差，真分数越大，s_t^2 越大。

真分数方差的问题很重要，可能是因为它强调了一个事实，即观察分数的信度在一定程度上取决于被测样本的性质。如果一个样本的异质性非常大(即测验所测量的心理结构的水平)，那异质性大的样本比异质性小的样本更可能得到更高的信度估计。这有两个重要的含义。第一，它强调了信度是测验分数的特征；而不是测验本身的特征。也就是说，一个测验可能在一个样本(即相对不均匀的样本)中得到高度可信度的分数，但也可能在另一个样本(即相对均匀的样本)中得到不太可信的分数。

第二，样本的异质性增强了信度概化研究的实用性。信度概化研究旨在揭示在用于不同研究用途和被试时(Vacha-Haase，1998，见 Sawilowsky，2000)，测验得到的不同信度估计。在一个信度概化研究中，研究者使用一个特定的测验，并收集前人研究中有关该测验的信息。在这个过程中，他会记录所有前人研究中观察分数的信度估计。这些信息可以帮助我们更好地了解几个重要的心理测量问题。例如，瓦查-阿斯等人(2001)对 MMPI 进行了一项信度概化研究，以总结 MMPI 临床量表评分的信度，不同研究中 MMPI 量表信度的差异，以及影响量表信度的因素。在他们的研究中，瓦查-阿斯及其同事总结了超过 150 项使用 MMPI 临床量表的研究，并给出了基于这些数据的信度估计。结果表明，大多数 MMPI 临床量表的信度通常是可以接受的，但是在不同的研究中信度是不同的。此外，结果表明，对于许多 MMPI 临床量表，对于成人被试(而不是青少年被试)和临床被试(而不是非临床被试)，量表评分更可靠。因此，信度概化研究可以用来帮助理解被试特征如何对观察分数信度产生影响。

差异分数的信度分析

到目前为止，我们已经讨论了单个测验的心理测量分数质量。例如，我们一直关注理解和评估测量智力、能力、自尊、工作满意度、抑郁等测验的信度。但是，有时我们也可能对两个分数之间的差异感兴趣。

事实上，测验分数差异可能与许多行为问题有关。例如，假设您对评估阅读计划是否会提高儿童的阅读能力感兴趣。为了检验这个问题，你可能会要求一个孩子作为被试，在他们接受阅读计划之前进行某种类型的阅读测验，然后让他们在接受阅读计划之后进行同样的测验。你会对研究学生测验分数的变化感兴趣，还可能会对其他各种问题感兴趣，比如：平均变化程度是多少？孩子们的变化程度有所不同吗？变化程度较大的孩子和变化程度较小的孩子之间是否有性格差异？关于差异分数的许多重要的问题都涉及变异性——比如你想评估儿童阅读能力变化的程度，以及心理变量是否与“变化量”有关。举另外一个例子，我们可能想研究一下浪漫情侣，以确定关系满意度是否与个性相似度有关。因此，我们可能试图测量每对情侣中每个伴侣的开放程度、吵架次数多少，看看拥有类似开放程度的夫妻是否认为夫妻的开放程度差距较大。

在本节中，我们将概述在分析这些问题时会遇到的一些重要基本问题。这些问题很重要，原因如下：首先，在行为科学中，变化、相似性、差异、不精确和改善提升等是很重要且被广泛研究的问题。其次，在研究这些问题时，施测者似乎常常忘记信度有助于对被试的作答做出有意义的解释。也就是说，施测者往往不能对信度做出报告和解释。再次，这些心理测量学问题的特殊性可能使得许多测验的信度特别差。最后，许多施测者可能不知道这些问题带来的挑战。考虑到这些问题，我们希望本节能够帮助行为科学家们理解和认识到信度的重要性，并希望能提供一些工具来解决这些问题。

差异分数的定义

什么是差异分数(difference scores)？研究变化或差异的一种常用方法是使用差异分数。例如，在得到每个孩子的两个阅读测验分数之后，可以用他的最终测验分数减去孩子的初始阅读测验分数来计算差异分数。我们可能会将孩子的差异分数解释为他的阅读能力提高的程度。请注意，从最终分数中减去初始分数时，正值表示阅读能力的提高——最终分数高于初始分数。另外，0 分的差值表示没有变化，而负分则表示孩子的阅读能力实际上下降了。因此，如果一个人在两个不同的场合进行相同的测验，那么您可以从另一个分数中减去一个测验分数，得到一个差异分数。

一般而言，通过计算测验 x 上的分数和测验 y 上的分数之间的差异而得到的差异分数的定义如下：

$$D_i = X_i - Y_i。 \quad (式 6\text{-}9)$$

该值表示个体在 x 测验和 y 测验中的分数，这个差异可以被解释为所测量的儿童的心理属性水平——例如阅读技能——的提升。

虽然所有的差异分数一般都是式 6-9 的一些变式，但实际上有几种更具体的表示方法。我们关注的差异分数是迄今为止最常见的差异分数。它们是个体内的变化分数，每个人在同一测验中有两个分数，根据每个人在两个测验分数之间的差异得出差异分数。第二种类型的差异分数有时被称为个体差异分数，每个人都会有来自两个不同测验的分数。例如，一个教育心理学家可能会对不同类型智力之间的差异感兴趣(例如，如果一个孩子的言语智力与他的知觉推理能力之间有非常大的差异，那么这个心理影响因素是什么?)。在这种情况下，心理学家可能会评估孩子在智力测验的两个分量表上的相对表现，例如，通过计算韦氏儿童智力量表(Wechsler，2003a，2003b)的口语理解指数和 WISC-IV 的感知推理指数计算孩子的分数之差。因为这是两个不同属性的测量，所以差异反映了属性之间的差异，而不是单个属性的变化。第三种差异分数是个体差异分数，可以通过对两个不同的人进行相同的测验，然后将二者的测验分数相减来计算。我们之前的人格相似性和关系满意度之间的关系就是一个例子。每对夫妻有两个测验分数，但每个人(如妻子和丈夫)只有一个测验分数。在这种情况下，可以计算差异分数来反映夫妻之间的相似程度(更恰当地说，应该是人格不相似程度)。

这几种差异分数中的任何一种差异分数，都可以被用来作为某种心理特性的衡量标准——例如儿童的阅读水平提高或夫妻的性格差异水平。因为差异分数本身就是一种衡量标准(虽然是从另外两个衡量标准中得出的)，但在某种程度上差异分数也并不可靠。因此，一位心理学研究者想知道差异分数的信度，以便他或她从多方面了解分数的信度。具体而言，他想知道差异分数反映了真正的心理差异或差异的程度。

差异分数的信度估计

那么问题就变成了如何估计差异分数的信度。在这些分数某种程度上是不可靠的情况下，我们如何估计两个分数之间的差异分数的信度呢？

差异分数的信度可以根据 3 种信息来估计(作为 R_d)：①两个测验中差异分数(R_{XX} 和 R_{YY})的信度估计值；②观察分数方差($s^2_{X_o}$，$s^2_{Y_o}$，s_{X_o}，s_{Y_o})；③观察分数之间的相关($r_{x_o y_o}$)：

$$R_d = \frac{s^2_{X_o} R_{XX} + s^2_{Y_o} R_{YY} - 2 r_{X_o Y_o} s_{X_o} s_{Y_o}}{s^2_{X_o} + s^2_{Y_o} - 2 r_{X_o Y_o} s_{X_o} s_{Y_o}}。 \quad (式 6\text{-}10)$$

为了说明这一点，考虑一下之前的例子，其中研究者想要通过两次阅读测验的差异分数来检验阅读技巧的提升效果。也就是说，个别孩子的阅读改善(D_i)即为他在一个时间点的阅读测验(R_{i1})上的分数与他或她在第二个时间点的阅读测验的分数(R_{i2})之差：

$$D_i = R_{i2} - R_{i1}。$$

想象一下，研究者对很多孩子施测，并获得以下信息：第一次测验分数和第二次测验分数的差异分别为 $s^2_X = 30.4$ 和 $s^2_Y = 36.2$；第一个测验分数的和第二个测验分数的估计信度(比如原始的 α)分别是 $R_{XX} = 0.90$，$R_{YY} = 0.85$；观察分数之间的相关是 $r_{x_o y_o} = 0.5$。阅读提高分数的信度估计值之间的相关为：

$$R_d = \frac{30.4 \times 0.9 + 36.2 \times 0.85 - 2 \times 0.5 \times \sqrt{30.4} \times \sqrt{-36.2}}{30.4 + 36.2 - 2 \times 0.5 \times \sqrt{30.4} \times \sqrt{36.2}} = 0.75。$$

有人可能会注意到这个结果有些奇怪。具体而言，差异分数的信度明显低于其两个组成部分之一的信度。也就是说，这两个测验的信度是 0.85 或更高，但差异分数的信度只有 $R_d = 0.75$。奇怪的是，两种方法组合得到的分数比单独使用这两个测验的结果都要差。为了理解这种违背直觉的结果，您需要对影响差异分数信度的因素有所了解。

影响差异分数信度的因素

根据式 6-10，有两个主要因素决定了一组差异分数是否具有良好的信度。一个因素是测验的观察分数(即 $r_{x_o y_o}$)之间的相关性。尽管这似乎有点不符合我们的直觉，但是两个相关性较高的测验将得到信度低的差异分数。也就是说，在其他条件相同的情况下，随着 $r_{x_o y_o}$ 的增加，R_d 就会减小。

看一下两个例子。有两个测验彼此为中等程度的相关(即 $r_{x_o y_o} = 0.50$)，我们给出了式 6-10(即用于估计差异分数信度的公式)。基于这种相关性以及良好的信度和其他相关(即方差，R_{XX} 和 R_{YY} 值)，我们可得出差异分数的信度为 0.75。现在，考虑一下这样一种情况，我们有相同的

方差以及 R_{XX} 和 R_{YY} 值，但这两个测验之间的相关性更强——比如 $r_{x_o y_o}=0.70$。在这种情况下，差异分数的信度明显较低，只有 0.58。

$$R_d=\frac{30.4\times0.9+36.2\times0.85-2\times0.7\sqrt{30.4}-\sqrt{36.2}}{30.4+36.2-2\times0.7\sqrt{30.4}\sqrt{36.2}}=0.58。$$

图 6-3 更好地说明了这种效应。看一下从 y 轴上的 0.9 开始的实线。这条线描绘了差异分数的信度(R_d)以及两个测验之间的相关性($r_{x_o y_o}$)。为了减少麻烦，我们计算 Rd 值，假设两个测验的信度相同，R_{XX} 和 R_{YY} 都等于 0.90(我们也假设测验的方差相同)。如这条线所示，当测验彼此不相关时，差异分数的信度是最高的。随着测验间的相关性增加(沿着 x 轴从左向右移动)，差异分数的信度逐渐降低。为了更好地说明这种效应的一般性，检验具有不同水平的信度时(即，当 R_{XX} 和 $R_{YY}=0.70$，0.50 和 0.30 时)的效果。在每组中，会出现相同的变化趋势——随着测验之间的相关性增加，差异分数的信度会降低。

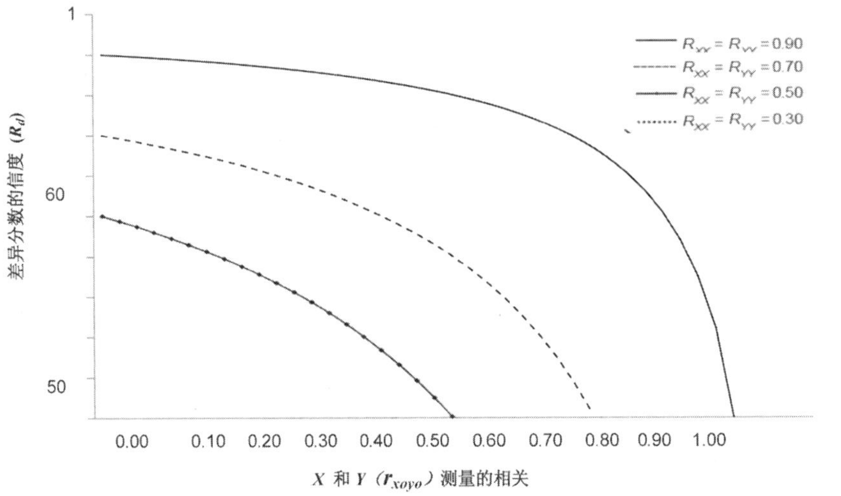

图 6-3　测验相关（观测分数）以及独立测验信度对差异分数信度的影响

影响差异分数信度的第二个因素是用于计算差异分数的两个测验的信度(即 R_{XX} 和 R_{YY})。在其他条件相同的情况下，高信度的测验将得到相对较高信度的差异分数。因此，一般而言，当两个单独的测验信度较高时，差异分数的信度也会是相对较高。

再想一下原先的例子和一个新的例子。在原先的例子中，两个测验具有相对高的信度($R_{XX}=0.90$ 和 $R_{YY}=0.85$)。基于这些良好的可信度和其他相关值(即变异性和 $r_{x_o y_o}$)，我们得到了差异分数 $R_d=0.75$。考虑一个不同的情况——我们有相同的方差以及 $r_{x_o y_o}$ 值，但是两个测验的信度估计值较低，比如 $R_{XX}=0.5$ 和 $R_{YY}=0.55$。这种情况下，差异分数的信度可能会很差：

$$R_d=\frac{30.4\times0.6+36.2\times0.5-2\times0.5\times\sqrt{30.4}-\sqrt{36.2}}{30.4+36.2-2\times0.5\times\sqrt{30.4}\times\sqrt{36.2}}=0.38。$$

因此，相对可靠的测验得到了相对可靠的差异分数，而相对不可靠的测验得到了相对不可靠的差异分数信度(R_d 分别为 0.75 和 0.38)。

图 6-5 再次说明了这一点。注意每条线之间的差异——在 x 轴的任何给定点上，高信度的线(例如，$R_{XX}=R_{YY}=0.9$ 的线)总是高于低信度的线。例如，让我们来看看两个独立测验彼此相关的情况，比如 $r_{X_oY_o}=0.20$(在 x 轴上)。看上面这一点，我们可以看到，当单个测验的信度极差($R_{XX}=R_{YY}=0.30$)时，差异分数只有(近似)0.13 的信度。随着单个测验从 0.30—0.50—0.70—0.90，信度逐渐增加，差异分数的信度从(大约)0.13—0.38—0.63—0.88。总之，图 6-5 说明了差异分数的信度的几个重点。首先，当两个独立测验不相关，且其他条件都相同时，差异分数会是相对可靠的。其次，当两个独立测验本身高度可靠时，且其他条件都相同时，差异分数是高度可靠的。再次，更微妙的是，差异分数的信度(大致)不会高于两个单独测验分数的平均信度。最后，差异分数的信度实际上可能远小于两个独立测验分数的信度。例如，两个测验可能信度非常高(比如 0.90)，但它们的差异分数的信度为 0.50 或更低。

不等变异性问题

也许是因为看起来比较简单直观，差异分数很吸引人；然而，表面的简单掩盖了几个严重的问题。这些问题不在本节的讨论范围之内，但是有一个重要的心理测量学问题即在某些情况下，差异分数可能并不能明确有意义地反映心理状况。

更具体地说，在某些情况下，差异分数基本上只反映用于计算它们的两个变量中的一个。从理论上讲，差异分数可能与其中一个变量严重混淆。因此，强调变化、不相似性或差异的心理学即使不是错误的，也有可能造成误导。

例如，我们可能对检验课堂表现与标准化测验成绩之间的差异感兴趣。为了研究这个问题，我们可能会试图通过从学生的 SAT 分数中减去学生的 GPA 来得到差异分数。遗憾的是，在心理学中，这样的分数作为差异分数并没有意义。为了说明这个问题，让我们来看一下一个学校的 4 名学生：

学生	SAT 分数	GPA	差异
艾米	1000	2.5	997.5
肖恩	1000	1.0	999
莎拉	1003	4.0	999
马克	1006	2.5	1003.5

对于这些学生，差异分数反映了他们的标准化测验成绩与他们的课堂表现之间的差异。更具体地说，通过从他们的 SAT 分数中减去他们的 GPA 来计算差异分数，来解释每个学生在标准化考试比课堂表现更好的程度。

这些分数的解释和使用有许多重大的问题。一个问题应该是显而易见的——每个人都有明显的正差异分数。如果没有经过仔细思考，我们可能会试图把这个解释为这意味着所有 4 名学生在标准化考试上的表现比在课堂上要好。显然，对于这些数据，该解释是无效的，因为这仅仅是由于 SAT 分数和 GPA 之间的衡量标准不同而引起的。也就是说，由于这两个“测验”的分数可以是任意的(见前面的章节)，因而它们之间的区别也可以是任意的。例如，我们可以任意地将 SAT 分数除以 1000，尽管 3 个 SAT 分数之间的差异仍然相对不变，但差异分数将会发生显著变化。

两个更微妙和更深远的问题是差异分数的差异。请注意，肖恩和莎拉的差异分数相同，这可能意味着他们在标准化考试(与他们的课堂表现相比)中具有相同的优势。但是，考虑到你对 SAT 和分数 GPA 含义的了解，你可能会认识到肖恩和莎拉之间的这种明显的相似性在某种程度上是不正确的。在标准化考试(1003 vs 1000)中，肖恩明显比莎拉“更棒”，但是他在课堂上比莎拉弱得多(GPA 1.0 vs. 4.0)。因此，将他们相同的差异分数(999 vs. 999)解释为肖恩和莎拉在标准化考试方面比在课堂表现方面更好似乎是不准确的。差异分数似乎扭曲了两种分数反映的真实水平。换句话说，缺乏差异分数方差似乎掩盖了这两种分数之间的显著差异。

4 个差异分数的方差基本上反映了 4 个 SAT 分数的方差。也就是说，差异分数与 SAT 分数几乎完全相关——实际上，两组分数之间的相关高达 0.90！如果我们想要检验差异分数，那么我们首先需要考察 SAT 分数。在某种意义上(见第 8 章和第 9 章)，这意味着差异分数与 SAT 分数之间缺乏区分效度。更具体地说，如果我们要考察差异分数与另一个变量(如智力、成就动机等)之间的关系，那么相关性将基本反映 SAT 分数和其他变量之间的相关。差异分数基本上反映了 SAT 分数，因此，与差异分数相关的任何因素实际上都只与 SAT 分数相关。考虑到这些问题，将差异分数解释为“课堂成绩与标准化测验成绩之间的差异”并不十分准确。而将差异分数简单地解释为 SAT 分数将会更加准确。虽然这里的例子比较夸张，但我们在使用差异分数的时候这些情况都可能出现。

我们不会深入研究这些问题的本质，只是说当两个测验有不同的方差时就会出现这种情况。在这个例子中，SAT 分数的方差为 6.2，而 GPA 分数的方差只有 1.1。也就是说，一个测验的方差比另一个测验多了近 6 倍。在这种情况下，差异分数将与方差较高的测验有很强的相关，而与方差较低的测验相关较弱。有兴趣的读者可以在弗(2011)第 7 章中更多地探寻这些问题的本质，现在我们要讨论如何处理这个问题。

如果两次测验的分数差异很大，一个解决方案是在计算差异分数之前先将测验分数标准化(见第 3 章)。回想一下，已经标准化的变量的平均数为 0，标准差为 1.0。如果两个量表是经过标准化的，那么它们将具有相同的均值和标准差，因此它们将有相同的度量。让我们重新看一下我们的 4 名学生：艾米、肖恩、莎拉和马克。为了更准确地检验他们的标准化测验成绩与他们的课堂表现之间的差异，我们会将他们的成绩标准化。以下是他们的标准分数(即 Z 分数)，以及它们之间的差异：

学生	ZSAT	ZGPA	差异分数
艾米	－0.90	0	－0.90
肖恩	－0.90	－1.41	0.51
莎拉	0.30	1.41	－1.11
马克	1.51	0	1.51

注：ZSAT＝SAT的 Z 分数；ZGPA＝GPA的 Z 分数。

正的差异分数应该表明标准化测验成绩优于平时成绩。然而，分数本身的意义已经发生了重要的变化。正如第3章所讨论的那样，标准化分数代表了个体与组内其他人的分数。例如，肖恩的标准化SAT分数是－0.90，表明他在标准化测验中的表现低于平均水平。但请注意，他的标准化GPA为－1.41，表明他在课堂上的表现甚至更低于平均水平。由于他的标准化测验成绩并不像他的课堂表现那么差，所以他的差异分数是正的(即相较于其他人，他的标准化测验成绩要高于他的课堂成绩)。相比之下，莎拉的差异分数是负的，这表明她的标准化测验成绩(相比于其他人的成绩)比她的课堂表现(相比于其他人的成绩)低很多。如果我们现在比较肖恩的差异分数(0.51)和莎拉的分数(－1.11)，那么我们可能会觉得这些分数可以更准确地反映出真正的问题。他们有两个单位左右的分数差异，这来源于一个标准化的度量标准，这种差异的大小是相当大的。如果我们回到根据"原始"SAT分数和GPA得出的差异分数(即999和999)，我们可以看到肖恩和艾米的成绩看起来是似乎是相同的，虽然这种看法并不准确。

但请记住，尽管可以将测验分数转换为一个共同的度量标准，但这并不一定意味着从另一个测验分数中减去其中一个测验分数是有意义的。据推测，如果两个测验分数具有一些共同的心理属性，则差异分数是最有意义的。例如，用差异分数作为考察SAT分数和GPA之间差异的方法是有意义的，因为两者都被认为与学业成绩有关。然而，从一个智力测验和一个自尊测验的分数来计算差异分数可能没有多大意义。这种情况下差异分数的含义将不太清楚。

总而言之，差异分数的意义在于两个测验具有相似变异性的程度。这通常不是"变化的分数"的问题，"变化的分数"是通过在不同情境下进行相同的测验得出的。通过使用相同的测验，我们通常会得到两组具有相似度量的分数。然而，研究者和其他施测者应该经常检验这些变量，即使在处理变化的分数时也要注意是否存在这一问题。可变性对于"差异分数"来说可能更成问题，这是由两个可能具有非常不同的度量的测验得出的。为了分析差异分数，我们经常需要在计算差异分数之前将两个测验标准化。请注意，标准化巧妙地将这个问题重新概括为两个变量的相对水平(即相对标准化的测验成绩与相对标准化的课堂成绩)之间的差异。

差异分数：小结和注意

我们对差异分数的处理与差异分数的大多数心理测量评估是一致的。根据Lord(1956，1962)，似乎大多数心理学家和研究者都认为差异分数非常有问题，部分是由于它们往往不如计算中使用的测验分数可靠。事实上，许多行为科学家似乎都不信任差异分数。因此，如果你是一个研究者，你在使用差异分数时可能会很小心——你担心会被告知犯了一个严重的错误。

实际上，有几种原因导致我们关注在许多情况下是否应该使用差异分数。也就是说，我们往往有着差异分数在许多应用中会遇到潜在问题的印象。无论是由于测验各部分之间的高度相关性，测验各部分的信度差，还是测验各部分的方差不一致，我们都担心通常差异分数的心理测量质量较差，会得出不太可信的结论。

也许更重要的是，研究者似乎常常忽视这些问题。也就是说，许多研究者似乎不了解这些问题，或者不确定如何检测和解决这些问题。因此，我们认为差异分数可能具有一些缺陷，研究者似乎不太能够接受这些缺陷。考虑到这一点，我们担心在许多实际应用中，差异分数所代表的意义是模糊不清的，会造成一些误导。

例如，在某些情况下，差异分数的信度与测验分数相关性之间的反比关系可能会造成一些两难问题。想一下小学中常会出现的例子。在许多学校，学习障碍是根据儿童在标准智力测验上的分数和他在学业成绩测验上的分数之间的差异来定义的。如果一个孩子在这两个测验中的得分有较大的差异，那么他可能被归类为某种类型的学习障碍。因此，这两个分数之间的差异被用作检验学习障碍的标准。虽然标准智力测验和学业成绩测验具有较强的信度(即 R_{XX} 和 R_{YY} 较高)，但智商分数也可能与学业成绩分数高度相关(即 r_{XY} 较高)。此外，也许不可能找到与学业成绩测验没有高度相关性的智力测验，因为这两个心理属性应该具有许多共同的心理特征。如图 6-1 所示，两个测验之间的高度相关性使得两个测验之间的差异的信度较低。因此，定义和识别学习障碍的“差异”程序本身是不可靠的，这容易导致在实践中做出错误的决定。

然而，差异分数的质量和信度问题存在争议。罗高沙(1995)与齐默尔曼和威廉姆斯(1982)对提高信度的因素进行了简洁的讨论，他们提出，在某些特殊情况下，差异分数的信度可能会大于得到差异分数的两个测验的信度平均数。本章提出的差异分数的信度分析是很经典的，它取决于各种简化的假设(例如真分数与差异之间的相关性以及两次测验之间的方差相等)。如罗高沙所说，如果这样的简化假设不成立，则差异分数可能是相当可信的。罗高沙总结了他的观点，指出“当个体真发生了改变时，差异分数是可靠的”。考虑到所有这些问题，我们建议谨慎使用差异分数。在我们自己的工作中，我们通常试图不用它，而选择另外的方法，例如偏相关或多元回归。事实上，弗(2011)更深入地概述了质疑问题，也鼓励感兴趣的读者在决定使用差异分数之前考虑一下他的讨论。事实上，人们已经开始大量注重研究差异分数以及研究诸如变化、差异和一致性等问题的替代方法(例如，Castro-Schilo & Grimm，2018；Cronbach & Furby，1970；Edwards，1994，1995；Gollwitzer，Christ & Lemmer，2014；Griffin，Murray & amp；Gonzalez，1999；Laird & Weims，2011；Parker & Stone，2014；Zumbo，1999a)。

总　结

本章介绍了信度理论及其实践。尽管施测者无法真正了解一组测验成绩的信度，但他们可以使用各种方法来估计信度。在本章中，我们介绍了几种最为人们熟悉和广泛使用的估计信度的方法。这3种一般方法包括替代复本法，重测法和内部一致性法。每种方法的准确性(就提供正确的信度估计而言)在很大程度上取决于关于真分数和误差方差的假设。

由于各种理论和实际的原因，内部一致性是评估信度的最普遍的方法。更具体地说，(原始的或标准化的)α系数可能是最常被报告的信度估计值，并且可以用许多广为使用的统计学软件计算。

从内部一致性的角度来看，有两个核心因素影响信度。在其他条件相同的情况下，不同部分彼此高度相关的测验的信度估计值较高。也就是说，内部一致性较高的测验信度较高。另外，对于长测验的信度估计值比短测验要高(若所有其他条件相同)。正如我们之前说的，斯皮尔曼—布朗"预言"公式可以用来预测具有特定内部一致性水平的特定长度测验的信度。这样的预测在测验编制和细化过程中是十分有用的。

本章还讨论了差异分数的信度，这是衡量心理变化的很好的方法。如果是基于本身信度很高的测验，则差异分数更可靠。然而，如果是基于彼此高度相关的测验，那么差异分数就不太可靠。

到目前为止，我们已经介绍了信度的理论基础，这是测量理论中最基本的概念之一。另外，我们已经介绍了用真实数据实际估计信度的方法。在第7章中，我们强调了信度的重要性——为什么它受到心理测量学家和施测者的许多关注。正如你所看到的，测验分数的信度对于开发测验、心理测验的应用以及心理测验的研究都有重要的意义。

附　注

式6-10是差异分数信度的一般的表示方法。它基于经典测量理论的基本假设，没有额外的假设或约束。在一些资料中(包括本书的第二版)，您可能会看到有关差异分数信度的不同方程：

$$R_d=\frac{0.5(R_{XX}-R_{YY}-r_{XY})}{1+r_{XY}}$$

这个替代方程确实是准确的，但是只有在测验的观察分数方差相等时(即只有当$s_{X_o}^2=s_{Y_o}^2$时)才准确，当变化不相等时，这个方程的信度估计是不准确的。因此，一般来讲，式6-10是更准确的方程。

推荐阅读

除了讨论所需的假设之外，还包括许多不同的信度估计方法的介绍：

Feldt, L. S. & Brennan, R. L. (1989). *Reliability*. In R. L. Linn (Ed.), *Educational* measurement(3rd ed.，pp. 105-146). Washington，DC：American Council on Education.

有关信度概化的介绍：

Vacha-Haase，T. (1998). Reliability generalization：Exploring variance in measurement error affecting score reliability across studies. *Educational and Psychological Measurement*，58，6-20.

关于信度估计的多种方法的详细描述，重点是通过验证性因素分析得到的结果：

Bentler，P. M. (in press). Specificity-enhanced reliability coefficients. *Psychological Methods*. doi：10.1037/met0000092

关于使用验证性因素分析(通过 ω 等指标)来估计信度的详细描述：

Raykov，T. (2004b). Behavioral scale reliability and measurement invariance evaluation using latent variable modeling. *Behavior Therapy*，35，299-331.

有关使用 α 和其他信度相关指数来计算置信区间的详细信息：

Kelley，K. & Pornprasertmanit，S. (2016). Confidence intervals for population reliability coefficients：Evaluation of methods，recommendations，and software for composite measures. *Psychological Methods*，21，69-92.

有关将 α 作为信度指标的详细说明：

McNeish，D. (in press). Thanks coefficient alpha，we'll take it from here. Psychological Methods.

A relatively recent discussion of difference scores and their alternatives，with an endorsement and

结构方程模型：

Gollwitzer，M.，Christ，O. & Lemmer，G. (2014). Individual differences make a difference：On the use and the psychometric properties of difference scores in social psychology. *European Journal of Social Psychology*，44，673-682.

第 7 章
信度的重要性

在本书中，我们特别强调心理测量对行为科学研究和应用的重要性。作为心理测量品质的基石，信度是理解和评估心理测量质量的一个核心议题。第 5 章和第 6 章详细说明了信度的概念偏差以及检验测验信度的程序，在本章中，我们阐述了信度在行为科学实际应用中的重要性以及测验的结构和改进。

应用行为研究：个体测验分数评估

心理学家和其他人经常使用心理测验分数来做出对他人生活产生重大影响的决定，正如本书第 1 章中提出，法庭会用智力测验的分数来决定是否对谋杀犯执行死刑。这可能是测验分数如何影响我们生活的一个极端例子。但是这说明了测验需要可靠分数的重要性。退一步说，如果一个人是因为不可靠的智力测验分数而被执行死刑，这将是一个悲剧。

尽管没有这么戏剧性，心理测验的信度分数对人们生活会产生影响的例子数不胜数。孩子们根据智力和成就测验分数将从普通班转入特殊的班级。同样地，SAT 分数和 GRE 分数会决定是否被大学录取。并且雇主会经常使用测验来做出晋升和雇用决定。班级辅导员在班级测验时，不会过多地考虑测验信度的问题，但是这些测验的分数会对学生的未来产生重要影响。

一个测验的信度对基于个体测试分数所做的决策质量有着至关重要的作用。也就是说我们永远不可能知道一个人不可观测心理结构的真实水平。比如，我们永远不知道一个人的真实智力或学业成就能力。因此，我们使用心理测验分数来说明或评估个体某些心理属性的真实水平。

因为测验分数仅评估了个体真实的心理特性，并且人们生活中的决定经常部分地依靠这些分数，我们必须提高任何个体测验分数的精确性。也就是说，我们应该能够衡量作为评估个体心理品质的测验分数的精确性或准确性。正如我们将看到的，测验分数的信度能够被用来帮助我们评估特定测验分数精确性的信息。

有两个重要信息来源能帮助我们提高个体测验分数。第一，点估计(point estimate)作为一种最好的评估对个体心理属性有特殊的价值。正如我们将讨论的，得到个体的点估计有两种方法。

第二，能帮助我们提高个体测验分数的信息来源是置信区间(confidence interval)，置信区间经常被解释为真分数可能落在的范围。置信区间的逻辑是观察分数仅仅是基于对真分数的一个估计。因为测量误差，观察分数也许不会和真分数相等。

置信区间经常围绕一个特定的分数，告诉我们分数的准确性或者真分数评估的精确性。如果我们发现一个人的分数总是和一段狭窄的置信区间有关，那么我们就知道这个分数就是一个与个体真分数相对一致的点估计。然而，如果我们发现一个个体的真分数和一段宽的置信区间有关，那么我们就知道这个分数是一个和个体的真分数不一致的点估计。我们会看到这些分值——点估计和置信区间——受测验分数信度直接影响。

真分数的点估计

我们可以从个体的观察测验分数中获得两种点估计分数，代表着对个体真分数最佳的单个估计。最被广泛使用的点估计仅仅是基于个体的观察测验分数。当一个个体在特定时间的接受测验时，他的观察分数本身会被用来作为点估计。比如说，如果你给某人做一个自尊测验，他的测验分数可以被用来作为他真实自尊分数的点估计。

第二种点估计的类型，有时也被称为一个校正的真分数估计，它考虑到了测量误差。同样地，个体在任何测验上的观察分数都会被测量误差所影响。因为测验永远是不完美的，个体的测验分数在某些暂时因素的影响下经常会提高或下降，比如，疲劳、分心等。因此，个体第一次测验分数与第二次测验分数相比可能会人为地提高或下降。事实上，如果个体在两个不同的场合做同一个测验，他可能会获得两个稍微有差异的分数。这两个观察分数都可能会被认为是个体真分数的点估计。基于对信度和测量误差性质的理解，如果我们能重复的对个体进行测量，就能从其中一次测量中获得观察分数。这提供了一个校正的真分数估计值，并反映了趋均数回归的作用。

趋均数回归(regression to the mean)指的是在第二次测验的基础上个体的分数很可能会接近一个群体的平均数而不是他第一次的测验分数的可能性。也就是说，如果一个个体第一次测验的观察分数高于平均分，那么在他第二次测验时，他的分数可能会有一些下降(比如说接近平均分)。同样地，如果一个个体第一次测验的观察分数低于平均分，那么在他第二次测验时，他的分数可能会有一些上升(比如说接近平均分)。这个预测也是基于传统测量理论和随机测量误差的逻辑。在第 5 章中，我们了解到测量误差是随机的并且很可能会同时对所有的测验分数产生或多或少的影响——人为提高某些分数(相对高的结果)和人为降低某些分数(相对低的结果)。

校正的真分数评估(adjusted true score estimate)反映了个体观察分数的矛盾在重复测验中的激化。这个矛盾的程度和方向是一个三因素的函数：①测验分数的信度；②个人原始观察测试分数与测试分数平均数之差的大小；③原始分数和测试分数的平均数之间的差异的方向。这些因素可以用通过以下公式计算调整后的真分数估计值：

$$X_{est}=\overline{X}_o+R_{XX}(X_o-X_o) \qquad (式 7\text{-}1)$$

X_{est}是调整过后的真分数估计值，$\overline{X}_o$是测验的平均观察分数，R_{XX}是测验的信度，$\overline{X}_o$是个体的观察分数。比如说想象一下，你有一门课的多选考试成绩。这个考试有40道题目，平均分是30分，假设这个考试的估计信度是0.9(这对大多数考试来说是一个相当高的信度了)。如果一个学生在这个考试中得了38分，那么他的真实估计分数将会是：

$$X_{est}=30+0.9\times(38-30)$$
$$=37.2。$$

注意到这里的真实估计分数37.2更趋近平均分30而不是原始观察分数38。因此，说明校正的分数可能发生趋均值回归。

关于观察分数与校正的真分数估计的关系，至少有两点需要注意。其一，测验信度影响估计真分数和观察分数之间的差异。具体而言，随着信度降低，校正的真分数估计与观察分数之间的差距增大。也就是说，较差的信度会导致估计的真分数与观察分数之间的较大差异。这反映了当测验分数严重受测量误差影响时，趋均数回归更可能发生(或可能更大)。例如，假设这门课测验的信度仅为0.5，我们计算了观察得分为38的个体调整后真实得分估计值：

$$X_{est}=30+0.5\times(38-30)$$
$$=34。$$

因此若是测验分数为38的个体，信度差的测验趋均数回归的预测效应是(38－34＝)4分，信度好的测验趋均数回归的预测效应(38－37.2＝0.8)少于1分。

其二，观察分数的极值影响估计的真分数和观察分数之间的差异。具体而言，相对极端的观察分数(高或低)差异将比相对中等的分数更大。例如，让我们计算一个观察分数为22的个体(即观察到的得分比平均分30分低8分)，在信度为0.9测验中校正的真实得分估计值：

$$X_{est}=30+0.9\times(22-30)$$
$$=22.8。$$

在这个例子中校正的真分数估计相比于观察分数向平均分趋近了0.8。现在让我们来计算观察分数为27的个体的校正真分数估计(即一个不那么极端的观察分数只比平均分30分低了3分)

$$X_{est}=30+0.9\times(27-30)$$
$$=27.3$$

注意到校正的真分数估计比观察分数只向平均分趋近了0.3。因此，相比于不太极端的观察分数(如27)，校正对相对极端的观察分数(如22)更加显著。

尽管校正的真分数估计值和趋均数回归的思想是大多数评估个体测验分数的普遍特征(见Wechsler，2003a，2003b)，我们有理由来谨慎看待这些想法。第一，除非我们打算在随后的测验中预测一个人的分数或形成一个置信区间(见下文)，似乎没有理由通过调整趋均数回归来校正观察分数。确实，农纳利和博恩斯坦(1994)认为“人们很少评估静态结构应用评估中的真分数”，而且“个人分数更容易解释”。第二，尽管大多数心理学家认为，从长远来看，趋均数回归有着数学确定性，罗高沙(1995)说明了它不起作用的条件。然而，正如我们即将探讨的真分数置信区间，将观察分数转换为校正的真分数估计值是很常见的做法。

置信区间

在应用测验情境中，个体分数的点估计和置信区间(confidence intervals)经常是一起报告的。粗略来讲，置信区间反映了个人分数点估计的精确性和准确性。比如，我们会对儿童施测韦式儿童智力量表，发现他的得分是106分。将这个观察分数作为真分数的估计值，我们会计算出“95%置信区间个体的真实智商分数落在100～112的范围内”(Wechsler，2003b)。置信区间的宽度(如一个12分的范围)反映了点估计的精确性。你可能不会对精确度与信度紧密相关感到惊讶——高信度测验的估计会相对精确。

信度和置信区间精确度的关系通过测量标准差(se_m)来实现。如第5章讨论的那样，se_m代表了影响观察分数平均误差分数的大小。se_m值越大，观察分数和真分数之间的平均差异就越大。因此，se_m可被视为测量误差的一个指标，并且这与信度密切相关。实际上，式5-16表达了标准测量误差(se_m)和信度(R_{XX})、测验观察分数标准偏差之间的关系(S_o)：

$$se_m = S_o\sqrt{1-R_{XX}}$$

如果我们完成了一套测验标准误差分数的估计，就可以计算个体在置信区间的真分数得分了。想要报告该分数的95%置信区间，我们将使用这个方程式：

$$95\%的置信区间 = X_{est} \pm 1.96se_m \qquad (式7\text{-}2)$$

在这里X_{est}是校正的真分数估计(即个体真分数的点估计)，se_m是测验分数的测量标准误。这个方程的最终组成部分(1.96)反映了我们对95%的置信区间感兴趣而不是90%的置信区间或其他“置信度”(我们稍后会讨论其他“置信度”)这个事实。一些读者，特别是那些在统计显著性检验方面有背景的人，可能认识到这个值是与标准正态分布中0.95的概率相关联的。

例如，假设一个人的观察分数为38，基于测验的平均观察分数$\bar{X}_o=30$，标准误差(观察分数的)$S_0=6$，并且估计信度$R_{XX}=0.9$。经过计算，我们知道他校正的真实得分估计$X_{est}=37.2$。根据式5-16，我们估计测量的标准误差为：

$$se_m = 6\sqrt{1-0.9}$$

$=1.90$。

根据式 7-2，从我们的测验来看，95%的置信区间是 33.5 至 40.9：

$$95\%\text{置信区间}=37.2\pm1.96\times1.90$$
$$=33.5\sim40.9$$

使用韦克斯勒上述表达的逻辑，我们可以把这个结果解释为表明我们有 95%的信心认为个体的真实得分落在 33.5 到 40.9 的范围内。

根据之前提到的，真分数估计的精确度与信度紧密相关。简单来说，相比于低信度的测验来说，高信度的测验有着更窄的置信区间。对于我们高信度的测验（$R_{XX}=0.9$），其 se_m 为 1.90，置信区间为 7.4（=40.9−33.5）分。这个范围的大小反映了置信区间的精确度——区间越小或越窄，观察分数作为真分数就更精确。虽然高信度的测验会产生较窄的区间，低信度的会产生更宽（即较大）的置信区间，这反映了对真分数的估计不精确。例如，让我们想象一下，我们的测验与前面的例子（$S_0=6$）具有相同的观察分数标准差，但是信度较低（只有 $R_{XX}=0.5$）。在这种低信度的测验中，测量的标准误差是：

$$se_m=6\sqrt{1-0.5}$$
$$=4.24$$

请注意，这个 se_m 大于前面的例子，其信度是 0.9 时只有 1.90。正如我们所看到的，对置信区间有直接的影响。所以就低信度的测验而言，37.2 校正的真实得分估计值的 95%置信区间是 28.9 到 45.5（37.2±1.96×4.24），一个较宽范围

因此，低信度测验的置信区间比高信度测验更不精确（即更宽）。具体来说，$R_{XX}=0.5$ 的测验产生了 16.6（=45.5−28.9）分的区间，但是我们看到 $R_{XX}=0.9$ 的测验其区间仅为 7.4 分。

我们会更加有底气地说出“我们有 95%的信心认为个体的真实得分落在 33.5 到 40.9 的范围内”，而不是说“我们 95%的信心，个体的真分数处于从 28.9 到 45.5 间的任何地方”。

争论和选择

本节主要介绍了一种可用于报告个人分数和置信区间的方法。但这显然不是唯一的方式。也许更常见的是，你会看到观察分数报告，你会看到围绕这些观察到的分数计算出来的置信区间（如果它们被报告的话），你会看到如上所述的区间。

关于置信区间的计算方法和真分数估计方法，存在相当多的争论和变化。经过计算可以产生不同置信度的置信区间（例如，99%或 90%或 68%，而不是 95%），可以使用标准测量误差或称为标准估计误差（这也受信度的影响），并且它们可以应用于真分数的观察值估计或者调整的真分数估计值（如前面的部分所述）。

反过来，这些不同的替代方案对置信区间的精确解释也有影响。根据真分数理论，观察分数在真分数附近正态分布。因为观察分数是真实得分的最佳估计，所以观察得分代表这种分布

的平均数。在我们的例子中，校正的真实得分估计值 37.2，在 95%置信区间内可能落在 33.5 到 40.9 之间，但是这就意味着这个得分就在这个置信区间内吗？正如我们所说的，也许这个问题最被广泛接受的答案是“真分数落入置信区间内的概率有 95%”。另一种说法是“置信区间包含真分数的概率是 95%”。

这些说法可能以两种不同的方式来解释。这意味着，在相同或平行的测验中，一个人的真分数有 95%的可能性会落入这个置信区间，也可能意味着在同一个测验中很多具有相同真分数的人，他们 95%的观察分数会落在这个区间内。但是，这种解释存在分歧。

例如，参考经典的置信区间计算，Dudek(1979)反对例如“真分数落入置信区间内的概率有 95%”的解释，因为这样的答案意味着真分数偏离了一个观察分数。他建议这样的解释需要用到校正的真分数估计，以及不同版本的标准误差。我们认同这种观点，但是在大多数情况下，当用上述方法计算置信区间时，它们被解释为(更好或更坏)真分数落在置信区间内。

尽管在心理测验的某些应用中出现了这样的变化，但这些变化的细节已经超出了我们目前讨论的范围。我们鼓励有兴趣的读者参考其他资料来获得更多的细节(Atkinson，1991；Dudek，1979；Nunnally & Bernstein，1994)。

小结

就本书的意义而言，本节最重要的信息是信度会影响个人真分数的可信度、准确性和精确性。也就是说，信度影响测量的标准误差，这会影响个人真分数估计的置信区间宽度。低信度导致分数不能准确反映个人真实心理特质、技能、能力、态度的分数，等等。良好的信度得出的分数，能更精确地反映个人真实的心理特质。如果我们真的想用心理测验来对个体做决定，那么这些测验应该具有很强的信度。

同样地，与真分数估计和真分数区间相关的问题可能看起来是抽象的和深奥的，但是在测验分数被用来做出关于个人生活的决定的应用环境中，它们可能具有重要的作用。例如，如果儿童的智力测验分数低于 70 分，则通常会被认为智力迟钝。然而，我们知道任何智力分数都会一些不可靠性(尽管有标准的信度值，智力测验一般是单独施测的)。考试成绩不可靠的程度可能会影响你对观察分数的解释；观察分数在多大程度上反映了孩子的真分数？试想一下，一个孩子的 IQ 测验成绩是 69 分。你有多少自信认为这个孩子的真分数低于 70，以及在第二次测验中，孩子的测验分数是否可能高于 70 呢？我们知道，如果对这个孩子进行第二次智力测验，孩子的智商得分会因为趋均数回归而增加。我们要在什么时候考虑这些因素，并且我们该如何做出关于孩子智力水平的决定呢？

做出这些决定的人必须认识到与心理测验分数解释相关的问题。我们希望您能认识到这个问题，并理解信度在其中起着基础性作用的事实。

行为科学研究

信度对解释和开展行为科学研究具有重要意义。心理学和教育领域研究中的解释力取决于研究中使用测量程序的质量。在本节中，我们会解释信度和测量误差如何影响行为研究的结果。认识这些影响对于正确解释行为研究和以有效的方式进行行为研究至关重要。

信度、真正的相关以及观测到的相关

在前文中，我们讨论了理解心理变量之间联系的重要性(见第 3 章)。也就是说，研究最根本的目标之一就是发现重要变量彼此的关系。例如，研究人员可能想知道 SAT 分数是否与学业表现相关，或者人格相似性是否与关系满意度相关，或者"药物剂量"是否与抑郁情绪下降有关。因此，了解变量之间相关的方向和程度是科学研究的核心部分。

心理学家通常依靠几种基本方法来量化变量之间的相关。在心理测量方面，最常用的方法是通过相关系数。因此，在下面的讨论中，我们主要集中在相关系数上来解释信度对行为研究的重要性。然而，研究人员要认识到经常使用多种统计数据来反映变量之间的相关是非常重要的。例如，实验心理学家更可能使用科恩 d 值或 η^2 等统计量，而不是相关系数。我们将在这里简要介绍这些统计数据。

根据经典测量理论，两项观测分数(即 $r_{x_oy_o}$)之间的相关性由两个因素决定：①通过测量两个心理结构的真实得分之间的相关性(即 $r_{x_ty_t}$)；②这两种测量的信度(即 R_{XX} 和 R_{YY})。具体是：

$$r_{x_oy_o}=r_{x_ty_t}\sqrt{R_{XX}R_{YY}} \quad (式\ 7\text{-}3)$$

式 7-3 是本节的关键部分，对于研究和应用测量有许多重要的意义。在讨论这些意义之前，我们将解释式 7-3 是如何从 CTT 中推理出来的(包括假设误差分数是随机的，因此与真分数和其他误差分数不相关。参见 Charles，2005；Nimon，Zientek & Henson，2012)。

再次回顾第 3 章(式 3-5)，两个变量(r_{XY})之间的相关性是协方差除以两个标准差：

$$r_{XY}=\frac{c_{XY}}{S_XS_Y}$$

从观察分数来看，两项指标得分之间的相关性是：

$$r_{x_oy_o}=\frac{c_{X_oY_o}}{s_{X_oY_o}} \quad (式\ 7\text{-}4)$$

我们先讨论这个方程的分子。第 5 章中提到，根据 CTT，观测分数是复合变量(即 $X_o=X_t+X_e$ 和 $Y_o=Y_t+Y_e$)。因此，两组观察分数之间的协方差(即在 X 上观察到的分数和在 Y 上观察到的分数)可以被看作是两个复合变量之间的协方差。在第 3 章概述中(例如，式 3-7)复合变量之间协方差的例子，即 X 和 Y 之间的协方差($c_{X_oY_o}$)：

$$c_{X_oY_o}=c_{X_tY_t}+c_{X_tY_e}+c_{X_eY_t}+c_{X_eY_e}。$$

其中 $c_{X_tY_t}$ 是测验 X 上真实分数与测验 Y 上真实分数之间的协方差，$c_{X_tY_e}$ 是测验 X 上真实分数与测验 Y 上误差分数之间的协方差，$c_{X_eY_t}$ 是测验 X 上误差分数与测验 Y 上误差分数之间的协方差，$c_{X_eY_e}$ 是测验 X 上的错误分数与测验 Y 上的误差分数之间的协方差。根据定义，误差分数似乎是随机的。因此，误差分数与真实分数不相关，测验 X 上的误差分数与测验 Y 上的误差分数无关。于是，包括误差分数的 3 个协方差等于 0，这意味着观测分数之间的协方差降低到真实分数之间的协方差($c_{X_oY_o}=c_{X_tY_t}$)。因此，回到式 7-4，两组观察分数之间的相关性是

$$r_{x_oy_o}=\frac{c_{X_tY_t}}{S_{X_o}S_{Y_o}}。 \quad （式 7-5）$$

接下来，我们将讨论等式的分母。第 5 章中提到，测验观察分数(例如 S_{X_o} 和 S_{Y_o})的变化与测验信度有关。具体而言，信度可以定义为真分数方差与观测分数方差的比率：

$$R_{XX}=\frac{S^2_{X_t}}{S^2_{X_o}}\text{以及}=R_{YY}=\frac{S^2_{Y_t}}{S^2_{Y_o}}。$$

将这个公式进行重新排列，我们可以将观察分数的标准差表示为信度和真分数的标准差的函数：

$$S_{X_o}=\frac{S_{X_t}}{\sqrt{R_{XX}}}。 \quad （式 7-6a）$$

以及：

$$S_{Y_o}=\frac{S_{Y_t}}{\sqrt{R_{YY}}}。 \quad （式 7-6b）$$

将式 7-6a 和式 7-6b 代入式 7-5 的分母，然后重新排列，我们发现：

$$r_{x_oy_o}=\frac{c_{X_tY_t}}{\frac{s_{X_t}}{\sqrt{R_{XX}}}\frac{s_{Y_t}}{\sqrt{R_{YY}}}}$$

$$=\frac{c_{X_tY_t}}{S_{X_t}S_{X_t}}\sqrt{R_{XX}}\sqrt{R_{XX}}$$

然后，我们认识到相关性等于协方差除以标准差(再次参见第 3 章对相关系数的讨论，式 3-5)。在这种情况下，我们将两组真分数(即 $c_{X_tY_t}$)之间的协方差除以那些真分数的标准差(即 S_{X_t} 和 S_{Y_t})，得出这些真分数($r_{x_ty_t}$)之间的相关性。这简化了等式：

$$r_{x_oy_o}=r_{x_ty_t}\sqrt{R_{XX}R_{YY}}。$$

使我们回到式 7-3。因此，CTT 直接暗示了两个量(即观察得分之间)之间的相关性是由心理结构之间的相关性和测量的信度决定的。

为了说明这一点，假设我们想要检验自尊和学业成就之间的关系。我们进行一项让应答者完成自尊问卷和学业成就测量的研究。假设结构之间的真实相关性是 0.4(即 $r_{x_ty_t}=0.4$)。当然，我们实际上并不知道这其中真正的相关；事实上这项研究的全部意义是发现或估计这种相关性。

另外，设想两个测量都具有良好的信度——比如自尊问卷的信度为 0.8，学业成就测验的信度为 0.86。根据式 7-3，这两个测量之间的相关性是：

$$\begin{aligned} r_{x_o y_o} &= r_{x_t y_t}\sqrt{R_{XX}R_{YY}} \\ &= 0.4\times\sqrt{0.8\times 0.86} \\ &= 0.33。 \end{aligned}$$

两个测验的观察分数相关性小于其结构之间的相关性。具体而言，这两个结构之间的相关性为 0.4，但我们在研究中实际得到的相关性仅为 0.33。这种差异是测量误差的结果，我们将在下面进行解释。

测量误差(低信度)减弱了测量间的观察联系

观察到的相关(observed associations)与真实相关(true associations)之间的差异反映了式 7-3 的 4 个重要含义(同样，如果 CTT 的假设成立，见 Loken & Gelman，2017；Nimon et al.，2012)。在本节中，我们将介绍和说明这些重要内容。

在研究中，观测到的相关(即测量之间)总是比真正的相关(即心理结构之间)弱。这是由测量的两个本质引起的。一个是测量的不完美。虽然科学家可能会对其结构进行非常精确的测量，但在某种程度上总是会受到测量误差的影响，也就是说，测量并不完全可靠。另一个是有缺陷的测量会衰减观察到的相关。

例如，式 7-3 所示的第一个重要含义是只要信度有缺陷，观察到的相关性将比真正的相关性更弱(即更接近于 0)。例如，如果真实的相关性是 0.4 以及这两种测量都是几乎完全可靠的(比如两者的信度都是 0.98)，那么观察到的相关性会是多少？

$$\begin{aligned} r_{x_o y_o} &= 0.4\times\sqrt{0.98\times 0.98} \\ &= 0.39 \end{aligned}$$

因此，即使是有稍微缺陷的测量也会降低观察到的相关。总之，鉴于测量不完美，有缺陷的测量会衰减我们观察到的相关，因此我们观察到的相关总是比真正的相关弱。

式 7-3 的第二个重要含义是衰减的程度取决于测量的信度。简单地说，这个测量越不准确，衰减得越厉害。更确切地说，低信度的测量比高信度测量产生的衰减更多。再次考虑我们自尊与学业成就之间关系的例子，其中我们假设真正的相关性是 0.4。我们之前看到，使用信度为 0.86 和 0.8 的测量，测量之间的相关性下降到 0.33。如果自尊和学业成绩相关性较差会怎样？例如，如果自尊量表的信度只有 0.6，学业成绩测量的信度只有 0.5，那么我们只能得到 0.22($=0.4\times\sqrt{0.6\times 0.5}$)的相关性

显然，这与我们之前看到的真相关和观测相关的例子有极大的差异。而且，即使只有一个测量的信度差，所观察到的相关性也会大幅度下降。例如，假设学业成绩测量具有良好的信度(比如 0.8)，但自尊问卷的信度很差(比如 0.3)。在这种情况下，观察到的相关性下降到 0.2

（$=0.4\times\sqrt{0.8\times0.3}$）：

总之，衰减的程度取决于两种测量的信度。如果即使其中一种测量的信度较差，观察到的相关也可能比真正的相关弱得多。我们将会看到，这种衰减可能会对我们解释研究结果的准确性产生重要影响。

式 7-3 的第三个重要含义是指误差限制了两个测量之间可以找到的最大相关。例如，假设你对学术动机（academic motivation）和学业成就（academic achievement）之间的关系感兴趣。你的假设是学习动机水平相对较高的学生学业成绩相对较高。也就是说，想要在学校表现更好的学生，一般比不在意这方面的学生表现得更好（大概是因为高动机的学生更倾向于做作业，在课堂上注意听讲等）。虽然你相信你的假设是合理的，但你不知道动机和成就之间关系的大小，实际上，你甚至不知道这些结构之间是否真的有联系。因此，你要进行一项研究，让你的应答者完成一个学业成就和学业动机的测量。

在规划你的研究时，你要搜索两个结构的测量方法，并且要特别注意你可能使用的各种测量的信度。你可以找到一个高度可靠的学习成就测量（比如信度＝0.86），但唯一可用的学习动机测量的信度很差（如 0.4）。因为你熟悉式 7-3，并且你知道测量误差会衰减测量之间的相关性，所以你应该担心动机测量的信度。你甚至会想知道你可能获得的最高相关性。也就是说，如果你的假设是完全正确的，并且动机和成就之间有一个完美的联系，那么你的研究会发现什么呢？通过使用式 7-3 并假设结构之间有高度相关性（即假设 $r_{x_ty_t}=1.0$），你会发现：

$$r_{x_oy_o}=1\times\sqrt{0.86\times0.4}$$
$$=0.59$$

这个简单的分析告诉你，即使你的假设是完全准确的，动机和成就是高相关的，你的研究将说明这两个测量之间的“唯一”相关性。尽管 0.59 的相关性可能会被视为理论的合理支持，你应该意识到，这个值代表了你使用的两种测量方法的最大可能相关性。也就是说，考虑到你的两个测量的信度，你最高可以获得一个 0.59 的相关性。

当你解释你在研究中实际获得的相关性时，这些信息会很有用。因为动机和成就可能不是完全相关的（可能是 $r_{x_ty_t}<1.0$），你可能会得到一个相对低于 0.59 的相关性。事实上，你很可能获得更接近 0.3 甚至更弱的相关性，这可能导致你认为动机与成就存在中等相关，甚至是低相关。然而，考虑到你的测量方法是有限的，这可能是对你的结果最好的解释了。事实上，考虑到测量的信度，0.59 的相关性是你所期望的最好结果时，0.3 的相关性更加引人注目。

式 7-3 的第四个重要含义是有可能估计一对结构之间的真正相关。当研究人员实际进行研究时，他们可以知道或者估计式 7-3 的所有成分。具体而言，他们不知道结构之间的真正相关性；然而，他们可以计算测量之间观测的相关性，并且可以估计测量的信度（例如，使用第 6 章中讨论的方法）。只知道式 7-3 的一个组成部分，研究人员可以解决未知的组成部分。事实上，这个方程可以用代数重新排列，从而产生一个估计真实相关性的方法：

$$r_{x_t y_t} = \frac{r_{x_o y_o}}{\sqrt{R_{XX} R_{YY}}} \quad (式 7\text{-}7)$$

式 7-7 被称为衰减校正(correction for attenuation)，因为它允许研究人员估计如果不受衰减影响将获得的相关性。也就是说，它允许研究人员估算真相关——如果在研究中使用了完全可靠的测量方法可能获得的相关。如果这些测量是完全可靠的，那么观察到的相关性就等于真分数之间的相关性。

举个例子，假设你用估计信度为 0.4 的动机问卷和估计信度为 0.86 的成就测验来研究学业成就和学业动机之间的关系，得出 $r_{x_o y_o}=0.26$。当然，你不知道真正的相关性，但你可以使用式 7-7 来估计它：

$$\begin{aligned} r_{x_t y_t} &= \frac{r_{x_o y_o}}{\sqrt{R_{XX} R_{YY}}} \\ &= \frac{0.26}{\sqrt{0.86 \times 0.4}} \\ &= 0.44。\end{aligned}$$

因此，如果 CTT 的所有假设都是正确的(例如，误差会影响测验分数，即使是随机的)，那么你估计的动机和成就之间的真正相关是 0.44。

衰减的校正是信度、测量误差、观测相关和真相关之间的总联系的一个重要方面。然而，修正程序在实际研究中并不经常使用。也就是说，在阅读研究报告时，你很少看到研究人员进行衰减校正。有趣的是，统计分析的最近发展对衰减进行了隐式校正。你们中的一些人可能熟悉结构方程模型或潜变量模型的统计过程。简言之，这个程序的设计(部分)是通过将不可观测的心理结构与测量误差的影响分开，进而来估计它们之间的联系。

实质上，结构方程模型中，心理结构之间的相关基本上已经针对衰减进行了校正。

信度、效应量以及统计显著性

测量误差(即低信度)降低了观测相关的现象对解释和开展研究有一些启示。首先，研究结果总应该在信度背景下解释。我们一直在测量观测相关的基础上讨论这些结果，在这里你可能会看到几种不同的结果。至少有两个基本类型的结果应该是行为研究的兴趣所在。

这些结果——效应量和统计显著性——受到信度和测量误差的影响很大。阅读或进行研究的人应该认识到这些影响，并在讨论研究结果时考虑到这些影响。

效应量(effect sizes)是代表研究结果程度的值。例如，一些效应量，如相关系数，反映变量之间的相关程度，而其他则反映了群体或条件之间差异的大小。事实上，之前描述一种特定的效应量(即两个变量观察分数之间的关系)受信度的影响。除了相关系数，效应量还包括回归系数、R^2 值、η^2 值(来自方差分析)、优势比和科恩 d 值(来自均值的 t 检验)。

越来越多的研究人员认识到效应量是他们科学研究结果的一个关键的部分，可以说是最关键的部分。为了对他们的科学发现的本质了解得更全面，研究人员应该计算和解释一个或多个效应量(Cumming，2014；Wilkinson & APA Task Force on Statistical Inference，1999)。事实上，一些研究人员已经提出“一个研究的主要结果需要一种或多种的效应量测量”(Cohen，1990)，学术期刊有明确的要求或鼓励研究人员呈现效应量。因此，认识到效应量直接受测量误差和信度的影响是至关重要的。

虽然对这些统计资料的全面检验超出了本书的范围，表 7-1 是用在行为科学中非常常见的 3 种效应量，总结了信度与效应量——相关性、科恩 d 值和 η^2——之间的联系(即联系/差异)。这些效应量反映了分析中的 3 种基本类型：①相关性通常用来表示两个连续变量的相关(例如智力和学业成就)；②科恩 d 值通常用于检查二分变量和连续变量之间的关系(例如，生理性别和学术成就)；③η^2 通常用于检验大于两个水平的分类变量(例如，药物剂量：0、10 和 20 毫克)和连续变量(例如，抑郁程度的影响水平)之间的关系。

表 7-1　三种基本分析情境中信度、效应量和统计推断的关系

分析情境	效应量	统计推断
变量间相关	相关	相关的 t 检验
	$r_{x_o y_o}=r_{x_t y_t}\sqrt{R_{XX}R_{YY}}$	$t=\dfrac{r_{x_t y_t}=r_{x_t y_t}\sqrt{R_{XX}R_{YY}}}{\sqrt{1-r^2_{x_t y_t}R_{XX}R_{YY}}}\sqrt{N-2}$
组差异[a](两个组，相同大小)	科恩 d 值	独立组 t 检验
	$d_{x_o}=d_{x_t}\sqrt{R_{XX}}$	$t=d_{x_t}\sqrt{R_{XX}}\left(\dfrac{\sqrt{N-2}}{2}\right)$
组差异(两个或更多的组)	η 平方	F 检验(如，方差分析)
	$\eta^2_{x_o}=\eta^2_{x_t}\sqrt{R_{XX}}$	$F=\dfrac{\eta^2_{x_t}R_{XX}}{1-\eta^2_{x}R_{XX_t}}\left(\dfrac{df_{errot}}{df_{effect}}\right)$

a：这些方程中的信度值是指组内的信度，假定这些组具有相同的信度。

例如，研究人员检验学业成就中的性别差异，可能会计算一个科恩 d 值来反映观察到的差异的大小：

$$d_{x_o}=\frac{|\bar{X}_{01}-\bar{X}_{02}|}{\sqrt{\dfrac{S^2_{01}-S^2_{02}}{2}}}。$$

在这个特定形式的方程中(这是有相同数量应答者的两个群体)，$\bar{X}_{01}$ 和 $\bar{X}_{02}$ 是观察到的两个组的成就的平均水平，$\bar{S}^2_{01}$ 和 $\bar{S}^2_{02}$ 是两组观测到的成就分数的方差。根据相依变量上标准差单位的数量，科恩 d 值被解释为两组之间的差异。科恩 d 值的下限是 0(反映了两组成就的平均分没有差异)，但其上限在理论上是无限的。通常，这些值在 0 和 1.5 之间(例如，两个组差了 1.5 个标准偏差)，更大的值反映了两组平均分之间更大的差异。表 7-1 显示科恩 d 值(d_{x_o})的观测值取决于两个因素：①科恩 d 值的真分数(即 d_{x_t}，男性和女性在学业成就上的真正平均水平差异)；②学业成就测量的信度(即 R_{XX})。

表 7-2 中的假设数据说明了科恩 d 值的这种效应。这个数据设置比通常在行为研究中发现的

(或给出的)要小得多，但是这反映了男性和女性学业成就的假设(使用 0～4 点量表)。“观察分数”栏呈现这些测量得分。如果我们暂时假装是无所不知的话，比如，我们知道应答者学业成就的真实水平受测量误差的、影响的程度。这些组中的每一组，观察分数上得分的信度(即学业成就)比我们通常想要看到的要差得多，信度只有 0.49。特别是真实分数的科恩 d 值非常稳定：

$$d_{x_0}=\frac{|3.025-2.375|}{\sqrt{\frac{0.182+0.182}{2}}}$$
$$=1.52$$

这个“真分数效应量”值表示“真实”的意思是相差近 1.5 倍的标准差——一个非常大的差异，暗示了女性确实比男性更具学业能力。相比之下，观察分数的科恩 d 值明显较低，$d_{x_0}=1.07$。这个“观察得分效应量“与表 7-2 中的公式一致，为 1.07($=1.52\times\sqrt{0.49}$)。如在第 5 章中讨论过，测量误差会在观测分数中产生的差异($S_{01}^2=S_{02}^2=0.369$)比真分数中的大($S_{T1}^2=S_{T2}^2=0.182$)。而且，与真实效应量相比，观察得分之间相对较大的差异减小了(即，衰减)观察效应量。因此，只关注观察效应量的研究者将不能理解他们的研究结果的真实情况，低估了强大数目的影响。

表 7-2 解释信度对效应量和统计显著性的假设数据

参与者	观察分数(X_0)		真分数(X_t)		测量误差(X_e)
性别					
1	1.6	=	2	+	−0.4
2	2.05	=	2.25	+	−0.2
3	2.3	=	2.5	+	−0.2
4	2.35	=	1.75	+	0.6
5	2.35	=	2.75	+	−0.4
6	3.6	=	3	+	0.6
女性					
7	2.25	=	2.65	+	−0.4
8	2.7	=	2.9	+	−0.2
9	2.95	=	3.15	+	−0.2
10	3	=	2.4	+	0.6
11	3	=	3.4	+	−0.4
12	4.25	=	3.65	+	0.6
均值(方差)					
组 1	2.375(0.369)				
组 2	3.025(0.369)		3.025(0.182)		0(0.187)
科恩 d 值	1.07		1.52		
t 值	1.69		2.41		
p 值	0.12		0.04		

总之，信度影响多种效应量，良好的信度能更好地估计真实的效应量。所有其他条件相同时，信度就会提高观察效应量，而较差的信度衰减观察效应量。

统计显著性(statistical significance)。行为研究的第二种重要结果是统计显著性，这大致上与研究者对结果的信心有关。也就是说，如果结果有统计显著性，那么研究人员一般认为这是一个“真正”的发现，而不仅是侥幸。你可以想象一下，研究人员通常希望研究结果在统计上显著。

同样，对这些问题的全面检验超出了本书的范围。然而，在研究中意识到统计显著性受到观察效应量的强烈影响十分重要。(例如，观察相关大小或者观察科恩 d 值)。所有其他条件相同时，观察效应量更大统计结果更可能显著。

因此，信度通过效应量间接影响统计显著性——高信度带来更大的观察效应量，增加了结果统计显著性的可能性。相反，低信度可能带来统计不显著——低信度衰减观察效应量，从而降低结果显著可能性。

这种效应再次在表 7-1 中呈现(在“推断统计”栏中)，并用表 7-2 中的假设数据加以解释。如表 7-2 所示，真分数的独立 t 检验是显著的($t_{(10)}=2.41$，$p=0.04$)。也就是表 7-2 中男性和女性学业成就的真实水平差异很大是真实的心理学“故事”。然而，观察得分的独立 t 检验在统计学上并不显著($t_{(10)}=1.69$，$p=0.12$)。因此，根据观察分数，男性和女性做在学业成就方面似乎没有不同。当然，研究人员只能得到观察数据，而不能得到真分数。

因此，在表 7-2 的例子中，观察数据会导致研究人员得出关于自变量(即性别)对观察分数的影响不准确的结论。如表 7-2 所示，这个不准确的结论是由观察分数的低信度造成的。

总之，信度的重要性在一定程度上是因为，它对科学研究中的两个关键结果具有明显而强大的影响。通过影响效应量和统计显著性，信度可以对研究人员(和读者)看到和解释的结果产生根本的影响。如果低信度会使这些结果出现偏差，那么可能会误导研究人员他们对研究做出不准确的结论。因此，重要的是效应量和统计显著性的解释与研究中使用测量的信度密切相关。低信度的测量可能会低估真正的效应量，因此相对可能产生不显著的结果。

对指导和解释行为研究的意义

在解释研究结果时，信度对效应量和统计显著性的影响是至关重要的。从研究中得出结论时，信度至少有 3 个重要的含义。

第一个重要的含义是研究人员(和读者)在解释效应量或统计显著性时应始终考虑信度对其结果的影响。试想一下，你是一个想要提高学生学业成就的学校董事会成员。董事会正在考虑两个可能的计划，旨在提高学生学业成就。一个是基于自尊影响学习成绩的理论——对自己感觉良好的学生在学校有更好的表现。因此，一个计划旨在增强学生的自尊，这反过来会对学业成就产生有益的影响。第二个计划是基于学术动机影响学业成就的理论——更有动机的学生在学校表现更好。这个计划的目的是增强学生的学习动机，这可能会对他们的成就产生有益的影响。遗憾的是，学校没有足够的资金来资助一个项目，董事会资助对学生成绩产生最大影响的项目。

当地一所大学的发展心理学家同意进行研究，以确定哪个方案最有效。具体来说，他将招募一个学生样本，并测量3个项目——学业成就、自尊和学业动机。为简化例子，让我们想象一下，研究人员将计算两个相关性：①自尊与学业成绩的相关性；②学业动机与学业成就的相关性。

学校董事会将会为与成就相关最强的变量提供资助。因此，如果自尊与学业成就的关系更为密切，那么学校董事会将资助自尊计划。但是，如果学业动机与学业成就更为密切相关，那么学校董事会将为动机计划提供资金。

研究者收集数据发现自尊与学业成就之间的相关性($r=0.33$)略高于学业动机与学业成就之间的相关性($r=0.26$)。因此，学校董事会开始决定资助自尊计划。但是，你向研究人员询问三个测量的信度。虽然研究人员对你问题的复杂程度感到惊讶，但他告诉你，成就测量的估计信度有0.86，自尊测量的估计信度有0.8，而动机测量的估计信度有0.4。你如何看待这个信息？这是否影响你对哪个项目应该获得资助的意见？应该会的。

花点时间来想一想，即自尊问卷似乎比动机问卷更可靠。正如我们所讨论的，所有其他条件相同，更高的信度会产生更高的观测相关性。但是，注意到动机相关性(r=0.26)仅仅比自尊相关性($r=0.33$)小了一点，尽管动机测量的信度(0.4)明显低于自尊测量的信度(0.8)。根据我们对衰减的讨论，你应该意识到，即动机的相关性比自尊的相关性衰减得更多。也就是说，你应该认为，与观察到的自尊的相关性相比，观察到的动机的相关性远低于其真正的相关性。事实上，你可以使用式7-7(参见Charles，2005；Padilla & Veprinksy，2012)中的来校正衰减的相关性：

$$r_{x_ty_t}=\frac{r_{x_oy_o}}{\sqrt{R_{XX}R_{YY}}}。$$

“校正”后的动机与成就之间的相关是：

$$r_{x_ty_t}=\frac{0.26}{\sqrt{0.86\times 0.4}}=0.44。$$

“校正”后的自尊与成就之间的相关是：

$$r_{x_ty_t}=\frac{0.33}{0.86\times 0.4}=0.4。$$

这些简单的分析揭示了一个对学校董事会具有潜在影响的发现。一旦你校正了衰减，你会发现动机的真正(即“校正的”)相关性实际上比自尊的真正相关性要高一些。也就是说，在这个例子中如果CTT的假设是正确的，那么与自尊相比，动机与成就的相关性更高。基于这一发现，学校董事会可能会改变其最初的决定，资助动机计划，而不是自尊计划。

希望这个例子可以说明在信度的背景下解释研究结果的必要性。如果我们中有些人在研究中或阅读文献时没有考虑到信度和测量误差的影响，那么我们就有误解结果或获得(或相信)错误的结论的风险。如学校董事会的例子，当两个或更多的分析相互对比时，这个问题可能特别重要。当涉及结构和对结构的测量时，两个及以上的分析会有所不同。如果忽略测量的差异，那么分析结果中观察到的任何差异都可能被误解为结构差异。因此，我们讨论信度的一个重要的意义是，在解释研究结果时应始终考虑信度的影响。

第二个重要的含义是研究人员应该尝试在工作中使用高度可靠的测量。衰减不能完全避免，因为测量是不完美的。但是，如果研究人员使用高度可靠的测量，则衰减问题可以被最小化。通过使用高度可靠的测量，研究人员可以确信，他们在测量之间观察到的相关相当接近他们想要的真正相关。

尽管采用高度可靠的测量是有好处的，但至少有两个原因来解释研究人员为什么要使用低信度的测量。第一个原因是他们感兴趣的结构没有高度可靠的测量。在这种情况下，研究人员应该采取低信度的测量，还是花时间和精力试图编制一个高度可靠的测量。当然，不保证时间和精力一定会产生一个高度可靠的测量，所以这个选项看起来是有风险的。研究人员可能使用低信度的测量的第二个原因是，他们根本没有花足够的精力来找到可靠的测量。在心理学中，对各种结构的测量有上千种，而这些测量有时难以识别和获得。一些测量已经发表并且容易获得。而其他测量已经发表，但受版权保护，需要金钱和具体凭证才能使用。在研究文献中还使用了其他一些测量，但没有对其他研究人员的使用进行详细的描述。因此，一个想要对特殊结构使用高度可靠测量的研究人员可能面临一个艰巨的任务，即确定哪些测量是可用的，以及哪些测量是可靠的。此外，他或她需要获得最符合他或她需要的测量。虽然这有时是一个简单的过程，但在其他时候，这可能需要金钱、努力和耐心。研究人员必须决定识别和获取高度可靠的测量的潜在成本是否值得，正如我们在本节中所描述的那样。大多数情况下，是值得的。

第三个重要含义是信度影响观察到的相关性，因此，研究人员应该报告他们的测量估计信度。

以上，我们讨论了信度对研究结果的重要性。但是，只有作者提供相关信息，读者才能做到这一点。因此，如果你进行研究并准备报告、论文或手稿以提交出版物，则应包括信度估计。如第 6 章所讨论的，可以从大多数常用的统计软件(例如 SPSS，SAS)获得信度估计(例如，系数 α)。在许多研究报告中，提供了信度估计以及其他基本的描述性统计数据，如均值和标准差。作为一名作者，你应该确保包含这些信息。作为一个读者，你应该期望找到并思考这些信息。如果你发现自己阅读的研究报告不能提供信度信息，那么你应该联系作者并请求相关信息。

总之，测验的信度对行为研究有重要影响。信度与心理结构之间的真相关共同影响观察到的测量之间的相关。虽然研究人员应该努力使用最可靠的测量，但他们也不能或不会总这样做。结果，缺乏信度会减弱或削减统计分析结果，可能导致对结果的误解。在解释行为研究的结果时读者也应该和研究者一起考虑不完美测量的衰减效应。

测验编制及校正

前两部分描述了信度和测量误差影响行为科学研究和实践的途径。应该清楚，高信度是任何心理测验或测量的理想质量。因此，信度是测验编制校正的重要因素。在本节中，我们介绍了在这个过程中评估项目信息的一些方法，并强调了信度经常发挥的作用。

正如我们在第 6 章中看到的，内部一致性信度(internal consistency reliability)受两个因素影响——测验长度和测验各部分之间的一致性。在其他条件相同的情况下，较长的测验比较短的测验更可靠，而内部一致性较高的测验比内部一致性较低的测验更可靠。

在测验编制和校正过程中，应该关注测验各部分之间的一致性——通常就测验项目本身而言。也就是说，测验编制者经常检验测验项目的各种统计特征。他们这样做是为了识别应该从测验中删除的项目，或者找到应该修改的项目，以提高他们对测试心理测量质量的贡献。一般而言，增强测验内部一致性的项目好于降低测验内部一致性的项目。

我们将讨论 3 个相互相关的项目特征，这些特征是测验编制和校正需要考虑的重要因素：项目均值(或项目难度)[item means(or item difficulty)]，项目方差(item variances)和项目区分度(item discrimination)。就信度而言，首要的问题是项目区分度，正如我们将看到的那样，它与内部一致性密切相关。因此，我们的讨论将会解决这三个项目特征影响和反应项目对内部一致性的贡献(或缺乏)的途径。我们将在第 14 章中重新讨论项目难度和项目区分度的概念。

重要的是要注意，本节中提及程序和概念都应该通过测验中的每个维度来评估。正如我们先前关于测验维度的讨论(第 4 章)所描述的，心理测量分析应该针对每个测验产生的分数进行，分数代表每个心理维度对测验项目的反应。因此，对于一维测验，我们把所有测验项目作为一个组来进行下列分析(因为所有项目都被组合在一起以形成一个测验分数)。但是，对于多维测验，我们将分别针对测验的每个维度进行以下分析。例如，假设一个自尊测验包括 20 个项目，其中项目 1 到项目 10 表面上反映了社会自尊，项目 11 到项目 20 表面上反映了学业自尊。我们至少要对项目 1 至项目 10 进行一次以下分析，然后再对项目 11 至 20 进行分析。

为了说明心理测量中项目均值、变异和区分度的检验，我们将使用表 7-3 中的假设数据。这些数据代表 10 个人对单维测验的反应，其包括 5 个二项式，其中正确答案被编码为“1”，不正确答案被编码为“0”。因为它包括多个项目，所以总测验分数是复合变量，而测验编制者可能会关心评估和改进心理测量的质量。

表 7-3 测验编制和校正的示例数据

应答者	项目					总分	排除项目 1 的总分	排除项目 2 的总分
	1	2	3	4	5			
玛丽亚	1	1	1	1	1	5	4	4
德梅特留斯	1	1	1	1	1	5	4	4

续表

应答者	项目					总分	排除项目 1 的总分	排除项目 2 的总分
	1	2	3	4	5			
罗希特	1	1	0	0	1	3	2	2
詹姆斯	1	0	1	1	1	4	3	4
安东尼奥	0	0	1	0	1	2	2	2
埃斯特班	0	1	0	1	1	3	3	2
佐耶	0	1	1	0	1	3	3	2
埃默里	1	0	0	0	0	1	0	1
菲茨	1	0	0	0	0	1	0	1
克劳德特	0	0	0	0	1	1	1	1

使用 SPSS 统计软件中的信度分析程序，我们获得了一组结果，这将帮助我们评估心理测验的质量(见表 7-4 中的结果)。这张表的最上面的部分显示，5 个项目的测验的估计信度只有 0.59(使用系数 α)。由于本章之前讨论的原因，我们更希望有一个信度更好的测验。因此，我们希望能修正测验来提高信度以供未来使用。我们的 SPSS 分析结果将帮助我们检查每个项目对测验质量的影响程度，这些信息可以指导测验的改进。

表 7-4　表 7-3 数据的 SPSS 信度分析输出

信度分析		
克隆巴赫 α 系数	基于标准化项目的克隆巴赫 α 系数	项目数
0.590	0.594	5

内部相关矩阵					
	项目 1	项目 2	项目 3	项目 4	项目 5
项目 1	1	0	0	0.250	0.408
项目 2	0	1	0.2	0.408	0.500
项目 3	0	0.200	1	0.408	0.500
项目 4	0.250	0.408	0.408	1	0.408
项目 5	0.408	0.500	0.500	0.408	1.000

题—总统计					
	项目删除后量表均值	项目删除后量表方差	题—总相关	多相关平方	项目删除后克隆巴赫 α 系数
项目 1	2.20	2.178	0.029	0.410	0.721
项目 2	2.30	1.567	0.421	0.337	0.492
项目 3	2.30	1.567	0.421	0.337	0.492
项目 4	2.40	1.378	0.623	0.410	0.366
项目 5	2.00	1.778	0.395	0.627	0.517

续表

项目统计					
	均值	标准差	N		
项目 1	0.60	0.516	10		
项目 2	0.50	0.527	10		
项目 3	0.50	0.527	10		
项目 4	0.40	0.516	10		
项目 5	0.80	0.422	10		

项目区分度和其他关于内部一致性的信息

正如我们所看到的，内部一致性信度的一个关键是测验项目相互一致的程度。更具体地说，内部一致性指的是人们对一个项目反应的差异程度与他们对测验中其他项目的反应差异是一致的。

因此，测验的内部一致性与其项目相关有内在联系。每个项目与其他项目的相关性，反映了与其他项目(也就是与整个测验)的一致性。例如，如果我们发现某个项目与测验中的其他项目相关性较强，则我们知道该项目与其他项目基本一致。因此，我们会知道该项目增强了测验的内部一致性。相反，如果我们发现一个项目与测验中的其他项目相对较弱，那么我们会知道这个项目通常与其他项目不一致。因此，我们认为该项目会降低测验的内部一致性。

考虑到这些因素，一个重要的任务是确定哪些项目对信度有贡献，哪些项目不利于测验的信度。扫一眼测验项目之间的相关性可能是非常明显的。事实上，基于信度的测验构建或细化过程可能会包含对测验中所有项目相关性的检验。

例如，对表 7-3 的测验反应进行 SPSS 信度分析，表 7-4“内部相关矩阵”列出了这些相关性。看一眼这些相关性，就会发现一些好消息和一些关于 5 项测验的坏消息。好消息是，4 个项目相互相关性较好。具体而言，项目 2 至项目 5 通常在 $r=0.40$ 或 0.50 的水平上彼此相互相关，表明合理的内部一致性水平。坏消息是其中一个项目有潜在的问题，项目 1 与项目 2 和项目 3 完全不相关，只与项目 4($r=0.250$)有弱相关性，与项目 5 呈负相关。这些相关性表明项目 1 与测验中大多数其他项目不一致。内部相关性的总体模式表明，项目 2 到项目 5 彼此一致，但是项目 1 需要从测验中修改或去除。

虽然项目内相关性提供了对测验内部一致性的信息，但还是有更有效的方法来评估一致性问题。我们例子中的相互关系是很直接的——只有少数几个项目，相互关系的模式是相当清楚的。实际上，大多数测验开发/细化情况可能要比这复杂得多，还有更多的项目和更复杂的相关模式。因此，对实际数据进行项目间相关矩阵的检验可能有些不切实际；幸运的是，存在替代方法。

项目区分度是评估项目可能影响测验内部一致性程度的常见概念。简言之，项目区分度是指一个项目区分在测验中总分较高的人与在测验中总分较低的人的程度。从信度的角度来看，我们倾向于选择具有区分度高的项目而不是具有区分度低的项目。

项目区分度的实施有多种方式，其中之一是题—总相关(item-total correlation)。我们可以计算一个测验的总分(见表 7-3)，然后计算一个项目与这个测验总分之间的相关性。由此产生的相关性被称为题—总相关，它表示人们对该项目的反应差异与其测验总分差异的一致程度。高的题—总相关表明该项目与整个测验(当然是测验内的所有项目的函数)是一致的，这是一个理想的特征。相反，低的题—总相关表明该项目与整个测验不一致，从信度的角度来看，这是不理想的特征。

为了说明这个概念，表 7-4 中标记为“题—总相关”的 SPSS 输出显示了“校正的”题—总相关，这是项目与“校正的”测验总分之间的相关性。项目 1 的校正题—总相关是项目 1 的回答与测验中其他 4 个项目总和之间的相关性。也就是说，第 1 项分析中“校正的”测验总分是除第 1 项(见表 7-3“排除项目 1 的总分”栏)以外的所有项目总和。如果我们计算项目 1 的值和“排除项目 1 的总分”之间的相关性，则我们得到 $r=-0.029$ 的值。这个数值告诉我们，第 1 项似乎与对其他 4 项的回答不一致。为了计算每个项目的校正题—总相关，SPSS 计算每个项目不同的校正测验总分。正如我们所看到的，项目 1 的校正题—总相关要求排除项目 1 的校正测验总分。同样，项目 2 的校正题—总相关需要排除项目 2 的校正测验总分。正如我们在 SPSS 的输出中所看到的那样，所有校正后的题—总相关都是合理大小的正值，除了项目 1。根据这些结果，我们应该考虑放弃或修改项目 1。

项目区分度的另一种形式特别适用于以二项计分的项目，如表 7-3 所示。一个项目的项目区分度(D)将正确回答项目的高分测试者比例与正确回答项目的低分测试者的比例进行比较。为此，我们首先确定测验总分最高的人群(比如说总分前 30%的应答者)和同样比例测验总分最低的人群(比如说总分后 30%的应答者)。对于表 7-3 中的数据，前 30%的组包括玛丽亚、德梅特留斯和詹姆斯，后 30%组包括埃默里、菲茨和克劳德特。为了计算一个项目的项目区分度指数，计算每组内对这个项目回答正确(如表 7-3 中所指定的的“1”)的人数比例。对于第 1 项，我们看到“前 30%”的 3 个人都正确地回答了这个项目，$P_{high}=1.0$。相比之下，我们看到“后 30%”的 3 个人中只有 2 个正确地回答了这个问题，$P_{low}=0.66$。最后，我们通过计算这两个比例之间的差异来计算项目区分度(参见 Brennan，1971，对此有更广泛的了解)：

$$D=P_{high}-P_{low}。 \tag{式 7-8}$$

对于项目 1，项目区分度指数的结果是 0.34(=1.0−0.66)。

项目 1 的结果告诉我们，得分高的人比低得分的人更可能正确地回答项目 1。通常情况下，项目区分度指数的范围是从 0 到 1.0，除非不太可能的情况下，高分的人相比低分的人更有可能正确回答一个项目。

理想情况下，我们偏好具有较大 D 值的项目，这表明高分者和低分者在正确回答项目的可能性方面存在显著差异。尽管 SPSS 输出不包含项目区分度，但可以轻松计算出这些值。事实上，如果我们计算其他 4 个项目的区分度，我们会看到区分度值的分布从 0.67 到 1.0。因此，在所有测验项目中项目 1 的区分度最差。我们应该注意到，选择形成高低分组的百分比(如 30%)是有些随意的——在项目区分度指数的定义中没有明确的标准百分比。

更进一步，表 7-4 中的 SPSS 输出提供了关于每个项目对测验内部一致性信度贡献的另外两种信息。虽然完整描述超出了本章的范围，但是"多重相关系数的平方"是一个项目与其他项目相关程度的另一个指标。对于熟悉多元回归的读者，这个值 R^2，是根据其他所有项目的得分来预测某个项目的"得分"时获得的值(例如，根据项目 2-5 的回答来预测项目 1 的回答)。这些值的范围可以从 0 到 1.0，通常倾向于更大的值(尽管该指标不区分项目之间的正负相关)。

第二类信息可能相当有用，其含义直接来自我们已经讨论过的问题。如果我们从测验中删除某个项目，那么"项目删除后克隆巴赫 α 系数"列告诉我们删除该项目后获得的估计信度。

例如，项目 1 的"项目删除后克隆巴赫 α 系数"值是 0.721。这表明，如果我们删除第 1 项而保留其他 4 项，那么这 4 项的估计信度为 $\alpha=0.72$。请注意，如前所述，该值明显大于 5 个项目的估计信度值 $\alpha=0.59$。考虑到这两个信度估计，我们发现，放弃第 1 项实际上将测验的内部一致性从 0.59 提高到 0.72。因此，我们会认真考虑通过删除项目 1 来细化测验。另外注意，如果将任何其他项目从测验中删除，则信度会降低——其他 4 个项目的"删除项目后的克隆巴赫 α 系数"小于 0.59。

总之，我们研究了几种相互相关的信息，这些信息揭示了一个项目对测验分数信度的影响。例如，我们看到项目 1 具有相对较低的项目间相关性，这表明项目 1 与测验中的其他项目不一致。然后我们看到，虽然第 1 项的鉴别指数大于 0，但其校正后的题—总相关性非常接近于 0，这表明项目 1 与测验总分总体上不一致。最后，我们看到，如果我们从测验中删除项目 1，测验的信度可能会增加，这与以前的结果一致，表明项目 1 与其他 4 项不一致。

考虑到我们到目前为止所讨论的结果，我们对如何改进这 5 个项目的测验有一个比较清晰的认识。很显然，在测验细化过程中，我们很可能会保留第 2、第 3、第 4 和第 5 项——它们之间的相关性很好，而将其中的任何一项删除都会降低测验的信度。但是，我们很可能要么完全放弃第 1 项，要么检查项目(即内容，措辞，反应选项等)看看能否改进。如果我们能够修改第 1 个项目，使其与其他 4 个项目更一致，那么测验可能会大大改善。如果是这样的话，那么我们可以把修改后的第 1 项和其他 4 项一起组成很好的 5 项测验。

在下一节中，我们将讨论在测验校正过程中评估的另外两个项目特性。我们的讨论将强调项目难度(即项目平均数)和项目方差与项目的关系对测验信度的影响。

项目难度(均值)与项目方差

项目均值和方差是影响测验心理测量质量的重要潜在因素。从信度的角度来看，项目均值和方差都很重要，因为它们可能与测验中的项目一致程度有关。因此，它们与项目对测验分数信度的影响有潜在的意义。

正如我们在第 3 章中所讨论的那样，相关反映了一个变量内变异性与另一个变量内变异性一致的程度。事实上，相关高度依赖于方差。具体而言，两个变量之间的相关性是两个变量之间协方差的变换。反过来，两个变量之间的协方差取决于每个变量内的方差的存在。简言之，如果一个变量(例如，对测验项目的回答)没有变化，那么它将不会与其他任何变量相关。

基于相关和方差之间的内在联系，项目的方差对其特征(如项目间的相关性，题—总相关性和“项目删除后克隆巴赫 α 系数”的值)具有潜在影响。变异性有限与具有较大变异性的项目相比，前者具有较好相关特征的可能性较小。事实上，所有应答者以同样的方式回答的项目(例如，所有应答者都回答正确，或者所有答案都不正确)都是差信度的项目。

项目变异性和心理测量质量之间的联系可以扩展到项目均值。在某些情况下，项目均值告诉我们关于项目的变化。大多数心理测验对人们可以选择回答都有实际的限制。例如，在表 7-3 中给出的测验中，每个项目的最高分数是 1，最小值是 0。这个“上限”和“下限”限制了总的测验分数，它们对项目均值和项目方差的关系，以及对于项目之间的协方差和相关性的值都有意义。

例如，假设项目 1(在表 7-3 中)的平均数为 1.0，这意味着该项目的可变性是什么？由于个人回答的最大值为 1，因此项目 1 的平均数只能等于 1.0。具体来说，只有每个应答者都正确回答项目，项目 1 的平均数才会为 1.0。同样，只有每个应答者错误地回答该项目，项目 1 的平均数才会为 0。应该清楚的是，如果每个应答者都以同样的方式回答一个项目，那么该项目将没有变异性。正如我们已经讨论过的，如果一个项目没有可变性，那么从信度的角度来看这是一个糟糕的测验项目。因此，具有“极端”的均值(即，非常高或非常低)的项目可能具有有限的可变性，并且因此它们心理测量质量可能相对较差。

项目均值有时被解释为“难度”。例如，项目 5 的均值是 0.80(见表 7-4)，它告诉我们 80%的应答者正确地回答了这个项目(因为我们将正确答案编码为“1”，错误答案为“0”)。有 80%的应答者回答正确，这是一个相对容易的项目。相比之下，项目 4 的均值是 0.40，这说明只有 40%的应答者正确回答了这个问题。因此，项目 4 似乎比项目 5 更为难。

对于二项反应，例如表 7-3 中提供的项目，CTT 建议我们保留难度约为 0.50 的项目。正如在第 3 章的“二项”一节中讨论的那样，这确保项目将具有最大的可变性。反过来，这又避免了与低变异性相关的困难。

总　结

在本节中，我们解释了信度和测量误差如何影响行为研究的结果。我们发现，这两项指标之间的相关性是由被测量的心理结构和测量信度之间的相关性决定的。这两个因素将联合影响实证研究结果的解释。

测验分数信度也在测验分数解释中发挥作用。我们展示了测验分数如何回归到分数分布的均值，以及这种回归的大小是如何取决于分数的信度。信度会围绕特定分数，影响置信区间产生；比起不可靠的测验，可靠的测验分数产生的区间更小。

我们还介绍了评估测验项目信息的一些方法，并强调了信度在此类评估中经常发挥的作用。我们详细探讨了在测验建构和细化中需要重点考虑的三个相互相关的项目特征——项目均值、项目方差和项目区分度。

推荐阅读

关于计算置信区间周围分数的其他途径讨论：

Dudek，F. J. （1979）. The continuing misinterpretation of the standard error of measurement. *Psychological Bulletin*，86，335-337.

关于趋均数回归与对现象的标准理解不同的讨论：

Rogosa，D. R. （1995）. *Myths and methods*：*Myths about longitudinal research*，*plus supplemental questions. In J. M. Gottman*（*Ed.*），*The analysis of change*（pp. 3-66）. Hillsdale，NJ：Lawrence Erlbaum.

对衰减简短而精巧的科学讨论：

McDonald，R. P. （1999）. *Test theory*：*A unified treatment*. Mahwah，NJ：Lawrence Erlbaum.

关于统计描述识别效应量重要性：

Cumming，G. （2014）. The new statistics：Why and how. *Psychological Science*，25，7-29.

对衰减校正的最近方法视角：

Padilla，M. A. & Veprinsky，A. （2012）. Correlation attenuation due to measurement error：A new approach using the bootstrap procedure. *Educational and Psychological Measurement*，72，827-846.

对计算项目区分度指数的详细讨论：

Brennan，R. L. （1972）. A generalized upper-lower item discrimination index. *Educational and Psychological Measurement*，32，289-303.

第 8 章
效度的概念基础

假如你着手申请一份理想工作，为此投入了大量的时间、精力和金钱来准备竞聘这个职位。过五关斩六将，你终于通过了前期一系列考核，进入最后一个环节。作为招聘过程的一部分，公司要求你完成一个人格调查表(personality inventory)。填完调查表并提交之后过了大约一两个星期，公司人力资源部门通知你，很遗憾你未被录用。虽然他们没有说是否是在人格测验上表现未达到公司要求，但你高度怀疑他们的决定肯定是基于人格调查表的“结果”。除了失望和愤怒之外，你会有什么样的反应呢?

你可能会有几个问题。人格调查表究竟测量的是什么东西?有何证据表明人格调查表真的测量了要预期测量的内容以及对其测量的内容是否有衡量的标准?是否有逻辑或理论上的证据支持人格调查表上的得分与工作绩效相关?也许更重要的是，是否有任何权威数据能够证实人格调查表上的分数与实际工作绩效相关?

针对这些问题，公司的人力资源总监可能会解释，人格调查表是招聘过程中不可或缺的一部分。可能她会说公司多年来一直在使用它。此外，她可以向您保证，以她的经验，问卷非常准确，并且对于预测谁将成为优秀员工很有用。但是，如果她要用调查表做出这样重要的决定，那么她需要比“她的经验”证明问卷的准确性和实用性有更强的证据。

你关于人格问题的问题是效度(validity)问题，这也许是心理测量中最重要的问题。在本章中，我们首先定义效度，讨论其意义和含义，并讨论效度在测验中的重要性。此外，我们还讨论了确定测验效度所需的证据类型，描述了测验效度的几个不同观点之间的差异，以及信度和效度的对比。正如您将看到的，施测者的个人经验不足以作为测验效度及其使用的证据。

什么是效度

效度的概念已经发展了 60 多年，并提出了各种效度的定义。效度的一个基本的定义是：

“测验对所测内容的测量程度。”虽然这个定义是相对常见和直接的，但它将这个问题过于简单化了。

反映最现代视角的更好的定义认为效度是“在使用中，证据和理论在多大程度上支持一个测验对测验分数的解释”[美国教育研究协会(AERA)，美国心理学协会(APA)和美国国家教育计量理事会(NCME)，2014 年]。这个更复杂的定义有一些重要的含义，总结在表 8-1 中。

表 8-1 效度的 3 个关键点(基于 AERA，APA，NCME，2014)

效度的 3 个关键点
①效度是对特定心理构想(construct)测验分数的解释，而不是测验本身。 ②效度是程度，这不是“全或无”的问题。 ③效度基于完善的实证证据和理论。

首先，一个测量本身可能是无效的；相反，有效性的问题涉及测量得分的解释和使用。想到 NEO 人格问卷修订版(NEO-PI-R；Costa & McCrae，1992)(NEO-PI-R)中的尽责性因子。NEO-PI-R 是一个多维的人格调查表，在 5 个相对独立的维度上给出评分，每个领域包括 6 个更窄的“侧面”维度。NEO-PI-R 的其中一个因素或领域被标记为“尽责性”。“尽责性”量表包括 48 个项目，每个项目都会提供一个关于信念、兴趣、行为等的陈述。测验作者对“尽责性”因素的分数提供了明确的解释。根据 NEO-PI-R 的作者所说，这组项目的高分反映了“积极计划、组织和执行任务的过程”的倾向，并且是“有目的、强烈和意志坚定的”(Costa & McCrae，1992)。

在效度方面，这组项目本身可能是无效的。同样，来自 48 个项目的分数可能是无效的。但是，作者对分数的解释可能是有效的或无效的。

作者在解释计划性、组织性和坚定性方面 48 个项目的分数时是否正确呢？因此，效度是关于一个人对一个测验分数解释的准确性或合法性。

将这个概念扩展到分数的解释之外，效度分数与“建议用途”有关。NEO-PI-R 的尽责性量表(NEO-PI-R Conscientiousness scale)可能被雇主用来筛选申请人。人力资源专家可以预测在尽责性量表上得分相对较高的人将是负责任的、勤奋的、有动力的、可靠的员工。在这个量表分数解释的基础上，雇主可以使用尽责性量表来鉴别高度尽责的人并做出雇用决策。但是，是否有充分的理由相信，尽责性量表的得分确实提供了区分潜在优劣员工的信息？也就是说，NEO-PI-R 尽责性量表的分数可能有效地解释了尽责性，但是尽责性(用量表测量)是否真实地预测了员工未来绩效？

心理测量是工具——就像任何工具一样——一个给定的测量对于一些工作有用，而对其他无效。例如，有人可能会告诉你，锤子是一个有用的工具，但锤子的用处取决于要完成的工作。如果您需要将钉子揳入表面，或者需要从表面上取下钉子，那么锤子是非常有用的。如果你在工作时需要按住一张纸，或者如果你需要在墙上砸一块石膏，那么锤子确实是有用的。但是，如果您需要拧紧螺丝，锯一块木头，更换灯泡或者打电话给承包商修理墙上的洞，那么锤子是完全没有用的。所以，说锤子是一个有用的工具，而不考虑它的使用方式，这是过于简单和不准确的。同样，如果说一个特定的心理测量，比如 NEO-PI-R 尽责性量表，是有效的，而不考虑其解释和使用的方式，则是过分简单化和不准确的。量表的分数可能被有效解释为尽责的指标，他们可能会帮助您选择一个认真的承包商，但这些分数并不被有效地解释为智力或外向的指标。

尽管我们坚持认为效度与测验分数的解释和使用(而不是测验本身)有关，测验使用者通常会参考“测验的效度”。例如，您可能会听到某人说“NEO-PI-R 的尽责性量表是有效的”。为什么一个测验使用者可能会做出一个似乎与我们效度的定义相矛盾的陈述，至少有两个可能的原因。第一个原因，测验使用者可能对效度没有深入的了解。尽管许多有版权的心理测验只向合格的专业人员销售，但并不是每个专业人员都对效度概念有深刻的理解。因此，一些测验使用者可能不会认识到效度的细微差别，他们可能认为效度是测验的一个属性，而不是对测验分数的解释。你可能会听到这种说法的第二个原因在于它只是一个捷径。也就是说，与其说“NEO-PI-R 尽责性量表的分数被有效地解释为一种尽责性的测量标准”，我们有时会偷懒就简单地说“NEO-PI-R 的尽责性量表是有效的”。

请不要被这混淆。在测量中，效度是测验分数解释和使用的一个属性；它不是测验本身的属性。

正如表 8-1 所总结的那样，效度定义的第二个重要原因——效度是一个程度问题而不是一个“全或无”的问题。也就是说，我们应该以强或弱的方式来考虑测验解释的效度，而不是简单的有效或无效。目前并没有建立效度的阈值。对于测验使用者来说，效度应该是他们选择心理测验的决定因素。虽然这种选择是基于一些实证的、理论的和心理测量的因素，但只有在足够强大的证据支持预期的解释和使用的情况下才应选择该测验。或者，测验使用者可能需要在一组可能的测验中进行选择，并且他们必须权衡所考虑测验的相对优势。例如，雇主可能会用不同的量表衡量求职者的可靠性、责任感、动机和可靠性。NEO-PI-R 的尽责性量表是一个合理的选择，但雇主应该考虑替代品的相对优势，这对于他们希望评估的具体特征可能是更好的测量标准。获得更多效度证据的测验比使用较少效度证据的测验更可取。

表 8-1 包含了效度的第三个重要原因，即测验解释的效度基于证据和理论。在本章的介绍中，假设的人力资源总监表示，在她的经验中，心理测验是有用的。这还不够好。对于测验使用者来说，对测验分数的解释和使用有信心，但逸事证据不足。相反，必须有良好的实证证据支持测验解释和使用。也就是说，我们必须有来源于良好的心理测量学研究的有力客观数据，而不仅仅是一些测验使用者或测验开发人员关于测验的基于经验的观点。此外，效度的当代观点强调了在可争辩的心理学理论中解释和使用测验的重要性。

虽然许多成型的心理测量方法都有关于经典效度解释的强有力的实证证据，但许多所谓的心理测量方法并没有。例如，手写分析是“评估”人格的流行方法。尽管笔迹分析非常流行并有历史传统，似乎很少有同行评审的科学证据表明笔迹能揭示人格特点。同样，我们现在可以在互联网上找到许多所谓的心理学测试。一个例子是“色彩测验”(Color Quiz)、“色彩基因”或“人格色彩测试”。这些测验表面上是基于由吕舍尔(Lüscher & Scott, 1969)研究的“色彩心理学”。当你参加色彩测验时，会显示 8 种颜色，并且你会被要求按照您的喜好顺序选择颜色。完成此过程 2 次后，您会收到一系列关于您的“压力来源”“受限特征”“所需目标”和“实际问题”的解释。颜色偏好显示有关个性的信息是一个有趣的想法，但是有没有任何客观证据支持颜色偏好的解释?

遗憾的是(但也许并不奇怪)，对科学文献搜索显示，并没有证据支持通过颜色偏好测量人格特征的效度(Picco & Dzindolet, 1994)。

假设对色彩偏好作为人格测量的效度确实缺乏科学支持，那么检验色彩测验网站上呈现的“证据”是很有趣的。某网站向有兴趣的读者提出了这个问题：“测验是否可靠?”我们怀疑网站的作者没有使用前面几章概述的真正心理测量概念上的术语“可靠”。相反，我们怀疑作者提出的是效度的意图：作为测量人格的标准测验是否有意义且有用? 考虑到色彩偏好测量人格明显缺乏科学证据，您可能不会对网站上提供的答案感到惊讶。关于色彩测验的质量，作者指出：“我们将这一点留给您。我们只能说有许多公司和学校使用吕舍尔测验作为其招聘/录取过程的一部分。”显然，网站暗示色彩测验是人格某些方面的有效测量，并且它实际上用于做出真正的决策。然而，我们建议使用任何版本色彩测验的人力资源总监或招生官员应准备好在法庭上为他或她的雇用决定辩护。如果将“色彩测验”作为人格测量效度的科学证据十分薄弱，那么由于这种测验而被拒绝就业的申请人将有理由生气和提出诉讼。

当代对效度的观点认为，必须有心理学理论和实证证据来支持测验分数的解释。例如，是否有强大的数据表明，在 NEO-PI-R 尽责性量表上得分相对较高的人在“责任心”方面实际上高于得分相对较低者? 是否有证据表明，在 SAT 中表现良好的学生在大学的成绩要高于那些在 SAT 中表现欠佳的学生? 除了声称“有许多公司和学校将吕舍尔测验作为招聘/录取过程的一部分”来支持色彩偏好实际上反映了有关人格这一说法之外，还有什么可以说明的吗? 尽管吕舍尔可能提供理论观点来支持色彩与人格有关，但这种理论还不足以说明色彩测验对个性的测量是有效的。为了使用户对测验解释的效度有信心，我们必须有良好的实证证据支持解释，必须从高质量的研究中获得数据，而这些数据必须提供测验分数解释的证据。在本章后面，我们将描述可用于支持测验解释效度的科学证据种类。

如前所述，效度的概念多年来一直在发展。多年来，心理学和教育领域已经将效度视为一个三方面的概念。从传统的角度来看，有 3 种效度——内容效度(content validity)、效标效度(criterion validity)和构想效度(construct validity)。我们虽然稍后将描述这些概念，但将强调更加现代的观点，强调构想效度是有效性的基本概念(Messick, 1989)。

构想效度是指测验分数可以被解释为反映特定心理结构的程度。2014 年，三大心理学和教育机构概述了当代测验的观点。AERA、APA 和 NCME(2014)发布了对教育和心理测验标准化的修订。该出版物概述了构想效度的 5 个方面，以及确定测验解释效度相关的 5 类证据。如

图 8-1 所示，测验分数解释的整体构想效度取决于测验的内容，测验的内部结构，测验回答中使用的心理过程，测验分数与其他变量之间的相关以及测验使用。

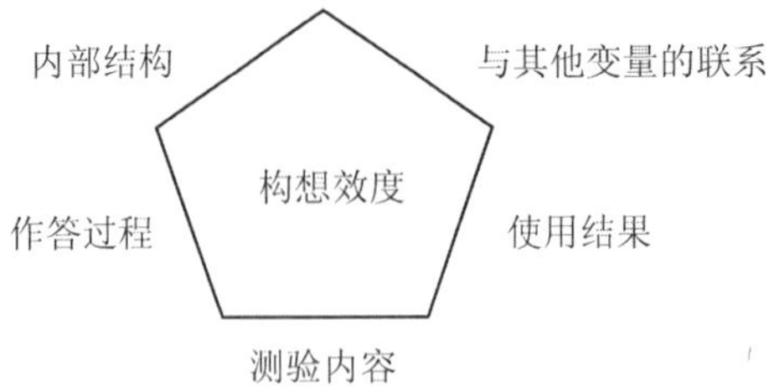

图 8-1　测验效度相关信息类型的现代观点

然而，在我们讨论与效度相关的证据类型之前，我们将强调为什么效度在心理测量学中更为重要，更广泛地说是在测验中效度为什么重要。尽管从我们迄今为止的讨论中可以清楚地看出它的重要性，但我们希望尽可能明确这个问题。在我们深入研究与评估效度有关的科学问题和程序之前，我们要确保其重要性得到认同。

效度的重要性

我们认为到目前为止效度的重要性已经显而易见。的确，我们希望我们已经开始说服你，有效性可能是测验心理测量质量中最关键的问题。在本节中，我们强调了这一点，明确阐述了心理研究和实践中效度的作用和重要性。每当用心理测量做任何严肃的决策时，只有对其预期目的测量的效度是可接受时这些测量才有意义且有用。没有效度，这些测量在科学上是毫无意义的，甚至可能是危险的。

我们解释大部分行为研究的能力取决于测验的效度。科学研究的目标包括描述，预测或解释我们世界的某些方面——无论是身体方面还是心理方面。

这些目标至关重要。然而，准确的描述、预测和解释在很大程度上取决于操纵或测量被认为重要的特定变量的能力。

例如，一些社会心理学家已经研究证实“暴露于暴力电子游戏会增加人们攻击行为倾向”(Anderson & Dill，2000；Bartholow，Sestir & Davis，2005)。一些研究似乎表明，暴露于视频暴力确实会影响个人的攻击行为(参见 Markey，2015；Markey & French，2015)。然而，我们必须意识到，这项研究部分取决于“攻击行为的倾向”的测量。如果这个关键变量的测量具有良好的效度，那么我们应该增加对暴露于暴力视频增加暴力这个结论的信心。然而，如果“攻击行为的倾向”测量的效度较差，那么我们应该对这个结论有严重的怀疑。没有测验效度，我们对电子游戏在攻击性方面作用的理解就会变得模糊。

因此，效度以某种抽象的意义影响着科学过程，因为它影响了我们对世界了解的准确性。测验的效度可以对科学过程的结果产生更具体的影响。如你所知，科学研究的另一个目标是指导我们社会世界的各个方面的决策。这些决策可以在社会层面或个人层面进行，测验的效度对这两种决策都有重要影响。

没有效度的测验，可能会误导关于社会问题的决定，造成浪费甚至有害。2006 年 6 月，美国众议院就许多流行电子游戏中描述的暴力程度举行听证会。潜在的问题是暴露于暴力电子游戏对于玩电子游戏的玩家，尤其是年轻玩家来说，会带来可怕的后果。具体而言，听证会基于暴露于暴力电子游戏增加攻击性行为的假设。当然，这个假设的实证合法性是一个关键问题。鉴于有研究证明了这一假设的合法性，国会听证会建立在相对坚实的基础上。但是，如果研究是基于效度较差的测验，那么我们应该对研究的意义有严重的怀疑。因此，任何基于这种有疑问研究的社会决策本身都是可疑的。

如果美国国会根据存在质疑效度的研究制定立法，会产生什么影响？国会的时间和精力至少会被浪费掉，并且可能会通过被误导的法律。此外，可以想象，可以用公共资金来通过干预暴力电子游戏来“防止”侵略。同样，如果研究存在效度不良的缺陷，那么这些资金将被浪费。事实上，如果公共资金被转向实际上对社会有益的替代方案，那么这些浪费甚至会对那些从这些替代方案中受益的人有害。让我们澄清一下，我们并没有贬低暴力电子游戏效果研究的质量。

这项研究的大部分确实设计得很好，并且执行得很好。我们只是用它来提供测验效度、研究质量和社会决策之间基本联系的有力说明。

最后，如果测验没有效度，基于个人测验的决策可能是错误的或有害的。至少部分基于心理测验的决策包括将孩子安排在特定的班级中，选择大学入学的学生，聘用员工，做出临床决策以及将人员安排在特定的组织角色中。这样的决策对受其影响的个人可能会产生生活变化的影响，并且，测验的效度可能会对这些决策产生重要影响。如果决策是基于经过充分验证的测量，那么他们对测验使用者和考生有利。如果决策是基于适当使用的心理测验，那么(希望)儿童更有可能被安排在合适的班级中；求职者更有可能被符合他们兴趣、技能和能力的岗位聘用；学生更有可能被录取到符合他们学业水平的大学；临床病人能够被以更有效治疗的方式进行诊断。

但是，这种决策可能基于效度不佳的测验。甚至有可能这些类型的决策是基于不恰当地使用了已被很好验证用于不同用途的测验。我们回想一下本书的第 1 章，其中我们讨论了北卡罗来纳州的法规，即“任何智力残疾者都不应被判处死刑”(N. C. Gen. Stat。5A-2005)。正如我们在前面的章节中提到的，关于一个人的智力残疾的决策部分基于“由有执照的精神病医生或心理医生施测的一套经过科学验证的个别施测的标准化智力测验”的结果。我们希望科学认识到的这个术语是主要解释为“经过科学验证”，并且我们希望陪审员、律师和法官知道这个重要问题。

效度证据：测验内容

如前所述，测验分数解释的效度取决于5种类型的证据或方面。从本节开始，在接下来的四节中，我们会定义效度的每个方面，并讨论通常用于评估每个方面的证据类型。表8-2总结了这些部分的关键点。

其中一种效度证据是测验的实际内容与应包含在测验中内容之间的匹配。也就是说，如果一个测验被解释为一个特定结构的测量，那么测验的内容应该反映该结构的重要方面。事实上，构想的心理性质应决定测验的适当内容。这个问题通常被称为“内容效度”。

举个例子，假设你在一个班级举行了人格心理学期中考试，这个考试旨在测量班级讲座，讨论和阅读中所包含的“弗洛伊德理论的知识”。在课堂上，涵盖了三大主题——人格结构(即本我，自我和超我)，人格发展的阶段和防御机制。理想情况下，期中考试内容应该包括代表这3个主题的合适大小的项目，不多也不少。如果测验涵盖了这个(也是唯一的)内容，那么这个测验在反映课堂上所涵盖的“弗洛伊德理论的知识”方面具有内容效度。

表8-2 构想效度的5个方面：定义，相关证据和推荐阅读书目

效度的五个方面	定义：……之间的匹配	经典相关证据	拓展阅读
测验内容	测验的实际内容以及应包含在测验中的内容	专家对测验内容评级	Haynes，Richard & Kubany(1995)；Newman，Lim & Pineda(2013)
内部结构	测验的实际内部结构和测验应该具有的结构	对测验项目进行因素分析(探索性/或验证性因素分析)	Floyd & Widaman(1995)；Reise，Waller & Comrey(2000)
应答过程	应答者在完成测量时实际使用的心理过程以及他们应该使用的过程	采访应答者关于他们的回答过程，以及间接指标，如反应时，眼动	Bockenholt(2012)；Morell & Tan(2009)；Padilla & Benitez(2014)
相关变量	一个测量与其他测量间的实际相关以及测验与其他测量应有的相关	与其他测量指标的相关性，包括相关的群组变量。聚合性，区分性，同时性，预测性相关性	Campbell & Fiske(1959)；Cronbach & Meehl(1955)；Westen & Rosenthal(2003)
测验结果	使用测量的实际结果以及应该看到的后果	评估预期后果，差异影响和系统性变化	Hubley & Zumbo(2011)；Kane(2013)；Shepard(1997)

专家评估证据(expert rating evidence)

内容效度的证据通常通过熟悉相关结构的专家来获得。也就是说，内容效度通常要求专家参照特定的结构(或一组结构)来判断和批判测验的内容。或好或坏，就班级期中测验而言，仅有的专家可能是班级教师。他或她会考虑测验项目——希望能——衡量其真实反映测验旨在考察的“知识”的程度。对于更广泛使用的测验，测验开发人员可能涉及专家团队和更复杂的过程。

例如，思考 SAT 的开发人员如何尝试确保和评估其内容效度。第一个关键问题是要澄清应该反映在 SAT 分数中的特定结构。根据 SAT 的效度概述，SAT 分数应该反映“学生需要为大学准备和成功学习的知识内容和认知过程”(Shaw，2015)。因此，这种“知识内容和认知过程”形成了应该影响发展和评估 SAT 的相关心理结构。第二个关键问题是 SAT 开发人员尝试生成与此结构相关项目的方式。2015 年概述指出，通过定期研究“国家标准、地区课程框架和第一年大学课程的课程内容”。SAT 的开发人员努力确保这些内容确实体现在 SAT 项目中，据推测，测验开发人员会考虑这些信息，并用它来编写符合相关标准、框架和课程的项目。第三个关键问题是 SAT 开发人员评估已经形成测验项目的方式。该概述简要介绍了评估过程，并指出每个新修订的测验部分都由高中和大学的专家教师委员会进行评估。这些专家老师以既独立又合作的形式来评估每个问题和“整体”测验。任何潜在的问题都由委员会讨论并在结束测验开发过程之前解决。

增强和评估内容效度的过程受到了很多心理测量的关注(Haynes，Richard & Kubany，1995；Koller，Levenson & Glück，2017；Lawshe，1975；Newman，Lim & Pineda，2013)。一个重要的问题是收集和分析专家对测验内容评价的最佳方法是什么。理想情况下，多位专家提供测验内容的量化评分。例如，海恩斯和他的同事(1995)建议专家使用 5 点或 7 点量表来评估每个项目的不同质量，包括相关性(针对预期结构或测验目的)、代表性、特异性和清晰性。然后测验评估人员可以分析这些评级或类似类型的评级，以收集重要信息。一种广泛使用的方法(Lawshe，1975；Ayre & Scally，2014)是为每个项目产生一个内容效度比率(content validity ratio，CVR)得分，代表专家们作为整体看待一个项目对测验“至关重要”的程度。CVR 分数差的项目可以从测验中删除。此外，内容效度指数(Content Validity index，CVI)可以从整个测验中计算出来，基本上反映了专家认为测验的总体内容充分反映相关结构或使用的程度。

内容效度的威胁

内容效度可能看起来很直接，但有两种内容效度可能受到损害的途径。第一个威胁是测验包含结构无关的内容。测验不应包含与要解释测验的结构无关的内容(例如，项目或问题)。再次考虑一个旨在考察弗洛伊德人格结构、发展阶段和防御机制理论知识的期中测验例子。关于弗洛伊德生活传记的问题不应该被包括在考试中，因为他们在课堂上并没有被涉及，因此这与弗洛伊德在课堂讲座、讨论和阅读中所涵盖的理论知识的构建无关。反映与解释测验的结构无关的问题、特征或概念被称为“结构无关”内容。这样的内容对于要解释测验的核心结构是无关紧要的，并且其内容会降低效度。

内容有效性的第二个威胁是构想不完整。虽然测验不应包含超出其核心构想的内容，但应尽可能包含与构想相关的全部内容。此外，一个旨在评估“课堂讲座、讨论和阅读中所包含的弗洛伊德理论知识”的测试应该包括与课堂上涵盖的所有 3 个主题相关的内容。包含仅与人格结构和人格发展相关的内容的测试，作为衡量“在课堂讲座、讨论和阅读中所涵盖的弗洛伊德理论的知识”的衡量标准，其效力很弱，因为它没有涵盖与防御机制有关的内容。这样的测试会受到构建的代表性不足的影响，这意味着它的实际内容不能代表它打算测量的构想所隐含内容的全部范围。总之，测试的内容应该反映核心构建的全部范围，不多也不少。

在实践中，测验开发人员和测验用户需要在内容有效性的理想与测验情境的实际之间进行权衡。测验应该包括代表构想相关内容的适当样本的项目，不多也不少。但是，对于构成“适当”内容样本的内容没有明确的规定。出于实际原因，测验开发人员可能无法将涵盖构想的每个方面或细微差别的内容都同等程度包含在内。例如，教师开发一个测试来评估“在课堂讲座、讨论和阅读中所涵盖的弗洛伊德理论的知识”必须考虑到学生可能只有 50 分钟完成测验的事实。因此，他或她的测验可能只包括关于总体内容的一些细节的问题。例如，测验可能只包括弗洛伊德人格发展理论 5 个阶段中的 3 个问题。所以测试可能不会涵盖构建的每个可以想到的方面，但希望所选项目反映与构建相关的合理范围的元素。总之，诸如时间、应答者疲劳、应答者注意力等实际问题对可以测量的内容数量产生限制。

内容效度 vs. 表面效度

表面效度(face validity)与内容效度密切相关。在非专业人士的判断中，例如考生和法律系统的代表，表面效度是测量看起来与特定结构相关的程度。也就是说，如果一个测验的内容与参加测验的人看起来相关，那么这个测验就会具有表面效度。表面效度通常不被认为是心理测量方面的重要效度——非专业人士的观点与测验的实证和理论质量没有直接关系。

尽管从心理测量的角度来看，表面效度可能不是测验效度的关键方面，但它对测验的使用可能具有重要意义。测验内容的明显含义和相关性可能会影响考生认真和诚实回答的动机。例如，考虑作为执法机构招聘过程的一部分为求职者提供的心理调查表。求职者可能会认为这种测量应该包括问题解决、社交技能、独立性、职业道德等问题。如果实际上调查表包含有关性态度或家族历史的问题，那么求职者可能会质疑整个测验程序的合法性或相关性。因此，许多申请人可能会随机作答，以某种形式表现自己的错误正面形象，甚至拒绝完成测量。这种测验的效用几乎完全受损。因此，一个高表面效度的测验或许会更好地被测验者和潜在测验使用者接受。

内容效度和表面效度之间的差异是重要的。内容效度是测量内容反映所测构想内容全域的代表性程度，不多也不少。从某种意义上说，内容效度只能由那些对所讨论的结构有深刻理解的人来评估。一个领域的专家能够准确地评估该领域构想的测验质量。相反，表面效度是非专业人员认为测验与他们认为用于测量的任何事物相关的程度。尽管考生对测验的信念可能会影响他们在回答测验时的动机和诚实，但测验者通常并不是测验中评估心理结构理论和实证意义的专家。因此，内容效度是对构想效度进行全面评估的重要证据，而不是表面效度。

效度证据：测验的内部结构

如表 8-2 所示，与测验效度解释相关的第二个问题涉及测验的内部结构或维度。如第 4 章所述，测验的内部结构或维度是测验各部分相互相关的方式。例如，一些测验包含彼此高度相关的项目，但其他测验包括属于两个或更多群集的项目。正如我们将要讨论的，结构的概念基础对测量结构的内部结构有影响。因此，一个重要的效度问题是测验的实际内部结构和测验应该具备的结构之间的匹配(Floyd & Widaman，1995；Reise，Waller & Comrey，2000)。对一个能有效解释特定结构的测量，测验的实际结构应该与理论基础结构匹配。

例如，我们可能希望评估自尊的测量。罗森伯格自尊量表(RSEI；Rosenberg，1989)也许是心理学研究中最常用的自尊测量方法。RSEI 通常用来衡量一个单一连贯的结构——整体自尊(global self-esteem)。整体自尊是对自我价值的整体评价，RSEI 包含 10 个项目，例如“我对自己持积极态度”和“有时我觉得我一点也不好”(注意这个项目是负性关键题；见第 10 章)。试图将 RSEI 分数解释为整体自尊测量的测验使用者应该期望在 10 个项目中找到特定的结构。具体而言，如果测验使用者推论整体自尊确实是一个单一的连贯结构，并且如果他们认为 RSEI 测量整体自尊确实是有效的，那么他们应该发现 RSEI 上的所有项目都是高度相互相关的，形成一个紧密的项目集群。也就是说，如果 RSEI 确实作为整体自尊的有效测量，那么对测验项目的回答应该表现出与结构的概念性定义一致的一维结构。

然而，对于另一种自尊的测量标准，我们的预期可能会大不相同。多维自尊量表(MSEI；O'Brien & Epstein，1988)旨在测量整体自尊和自尊的 8 个成分。测验作者声明 MSEI 的概念模型特指自尊层次内的两个主要级别。第一级对应整体自尊。这个级别关系到这个人对他/她自己最基本的、广泛普遍评价的感受。第二级对应于中级通用性的自我评估，这被称为自尊的组成部分(O'Brien & Epstein，1988)。

这种关于自尊的概念视角是基于以前的研究，表明诸如胜任力、好感度、可爱性、个人能力、道德自我认同、身体外观和身体机能等构成体现了许多影响自尊的因素。因此，作者认为这些“成分”反映了大多数通常会影响自尊的体验。

如果 MSEI 分数能有效解释这些自尊成分，那么对测验项目的作答应该表现出与结构的多维概念定义一致的特定结构。也就是说，MSEI 上的项目应该形成独立的群集；它们不应该组成一个大集群。实际上，这些项目应该或多或少地形成每个成分的一个群集。

因素分析证据

正如前面第 4 章所讨论的那样，测验开发者通常使用称为因素分析的统计过程来评估心理测验的内部结构(即维度)(另见第 12 章)。如该章节所述，测验中的某些项目可能与其他项目之间的相关性更强，而彼此高度相关的项目会形成项目群集，称为维度或因素。因素分析有助于识别一组项目中因素的存在和性质。

回想一下，因素分析解决了与测验内部结构有关的几个基本问题。首先，它有助于澄清一系列项目中的因素数量。如上所述，许多社会和人格心理学家会推论，整体自尊是一个连贯的结构。因此，如果 RSEI 确实能有效解释整体自尊水平，那么对 RSEI 上的 10 个项目的作答应该只是一个因素。然而，如果因素分析显示 RSEI 项目形成了两个或更多因素，那么我们将开始质疑 RSEI 测量整体自尊的效度。因此，因素的数目是衡量一项测量内部结构的重要方面。

为了更深入地说明这个问题，我们将检验 149 名本科生 RSEI 的实际回答。我们对这些回答进行了因素分析，并检查了所得到的碎石图(见图 8-2)。回想一下(从第 4 章开始)，碎石图表现为特征值的图形，通常用于对一组测验项目中反映的因素进行判断。在碎石图中，我们在图中寻找一个相对清晰的“校准”点。如图 8-2 所示，在第二点处有一个清晰的校准点。当我们从第一点(大约特征值为 5.2)移动到第二点(大约特征值为 1.1)时，曲线急剧下降，并且相邻特征值之间的其余差别相对较小。校准点出现在第二点的事实为这些 RSEI 的一维结构提供了证据。由于这一发现与理论上的预期一致，这为 RSEI 作为整体自尊的有效测量的内部结构方面提供了实证证据。

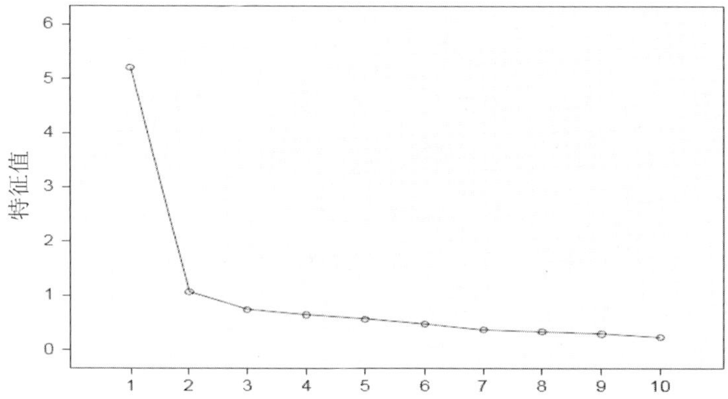

图 8-2 Rosenberg 自尊问卷答题反应因素分析碎石图

因素分析的第二个重要用途是揭示多维测验中因子/维度之间的相关。如上所述，MSEI 旨在成为一个多维测验来反映了自尊的几个组成部分。对于这样的多维度测验，如果我们的自尊理论表明自尊的所有组成部分都是独立的，那么我们应该发现自尊量表彼此间不相关。然而，如果我们的理论表明这些组成部分以一种特定的方式相互相关，那么因子分析应该揭示这种特定的相关模式。

奥布莱恩和爱泼斯坦(1988)，MSEI 的作者通过因素分析检验这些相关。他们的分析揭示了 MSEI 量表的一个有趣的三因素结构。通过正交旋转，他们发现一些 MSEI 量表(例如，整体自尊、能力、个人力量)聚集在一起形成一个“整体自我评价”因素，作者部分解释为反映了“有能力通过展示能力、领导力、身体灵活性和自律来对世界产生积极和直接的影响”。其他 MSEI 量表(例如好感度、可爱性)聚集在一起以形成“社交自尊”因子，作者建议“依赖于社交反馈和来自重要他人的赞同或不赞同”。两个量表——自我道德认同和防御性自我提升——形成了一种“防御性和私人自我评估”因素，作者认为这些因素“几乎没有形成客观或真实的社会反馈方式”。效度背景下因素分析的第三个主要用途是确定哪些项目与哪些因素相关。在开发一项测量时，我们对一个结构的概念理解可能会导致我们产生反映结构特定方面的特定项目。例如，MSEI 的作者可能会写出他们想要测量的反映自尊每一个特定维度的特定项目。为了评估测量的质量，我们必须确保旨在反映特定因素的项目实际上与该因素相关，而不是其他因素。回想一下，这种评估是通过对因子载荷的检验来完成的，这些因子载荷代表项目和因素之间的相关。

在这样的分析中，MSEI 的作者报告了调查表上所有项目的因素分析结果（O'Brien & Epstein，1988）。他们证明，几乎每个项目都与其要反映的组成部分强有力地联系在一起，而与其他项目呈弱相关。

例如，为胜任力部分编写的 10 个项目显然与该部分相关，而与其他部分无关。同样，为自我道德认同部分写的 10 个项目与其明显相关而不是其他的。但结果并不完美。例如，尽管为身体外形部分编写的 10 个项目与其相关，但整体自尊的 2 个项目和 3 个可靠度的项目也与身体外形部分有关。尽管 MSEI 的内部结构存在一些这样的缺陷，但作者似乎总体满意地认为因素分析为 MSEI 内部结构的效度提供了足够的支持。

总之，测验的内部结构是构想效度的一个重要因素。测验的内部结构应该与测验旨在测量的结构相对应。通常情况下，内部结构是通过对测验项目之间以及测验中各分量表之间的相关性进行检验得到的(如果有的话)，研究人员经常在这个过程中使用因素分析。我们在第 12 章会回到这个问题，其中我们介绍验证性因素分析背后的逻辑。

效度证据：反应过程

表 8-2 包含第三种效度证据，这是应答者在完成一项测量时实际使用的心理过程与他们应该使用的过程之间的匹配。许多心理测量都是基于对人们完成测量时心理过程的假设。例如，研究人员开发一种外向的测量可能包括诸如“我经常参加派对”这样的项目，并且这位研究人员可能假设应答者会阅读这个项目，搜索他们参加派对的次数，然后对这个数字是否符合“经常”的要求做出判断。如果应答者不使用这样的过程，那么该测量可能无法提供解释测验开发者意图的分数。

“控制剥夺”对认知表现影响的研究说明了应答过程有时是微妙的问题(Tate，2006)。先前的研究表明，在一项任务中对结果控制不足的人将在随后的任务中有受损的表现。在这项研究中，参与者首先参与一项任务，其中一些人能够控制噪声，而另一些则不能。在这个“噪声控制”任务中，所有参与者都会听到嗡嗡的嘈杂声，他们被指示学习一系列可暂时抑制噪声的按键。在这项任务中，一半的参与者被要求学习一个非常简单的顺序，以确保他们最终控制噪声。另一半参与者需要学习一个不可能的序列，这确保了他们不能控制噪声。完成噪声控制任务后，所有参与者完成了一系列的单词任务。呈现给他们一个混杂的单词列表(例如，pynhm)，并被要求识别正确的单词(例如，nympy：若虫)。指示参与者一次只处理一个单词，并只有完成前面的单词之后才能继续下一个单词。用正确识别出的单词总数来衡量认知表现。研究人员假设，对噪声任务的控制剥夺会削弱注意力，这将在单词任务中产生较低的分数。

花点时间考虑参与者在应对混乱的单词时所使用的心理过程。研究人员假设参与者需要将认知注意力资源投入单词任务中。虽然认知因素如智力和过去文字谜语的经验也会影响词汇任务的表现，但这些因素被合理地假定为在噪声控制组中保持不变，因为参与者已经被随机分配到这些组中。因此，研究人员假设，如果他们发现正确解读的单词平均数存在组间差异，那将是因为控制剥夺会削弱参与者部分完全注意单词任务的能力。认知资源的损害会降低这些参与者专注这个单词任务的能力，这反过来会降低他们在任务上的表现。

结果不支持预测——在噪声任务中经历过控制剥夺的参与者，完成的单词与没有经历过控制剥夺的参与者一样多(平均)。许多研究人员会将此作为对抗制剥夺对认知表现假设效应的证据。然而，进行这项研究的研究人员仔细关注了参与者对认知表现反应的测量。在检查这些反应时，研究人员意识到一些参与者没有遵循只有在成功解读前一个单词之后能继续下一个的指示。也就是说，一些参与者要么已经忘记了指示，要么有意识地选择了忽视它们。进一步的检查显示了这种“作弊”行为的群体差异——与对照组相比，控制剥夺组中的更多参与者“作弊”了。

这种群体差异对影响认知绩效测量的心理过程有何启示？虽然研究人员认为表现差异主要反映了注意过程的差异，但他们的调查显示至少有一个过程影响表现。具体来说，“遵守指示”也会对表现产生影响，因为“作弊”的参与者能够正确解读更多单词。他们的假设可能是正确的——控制剥夺损害了注意力，这会降低认知表现——但是经历过控制剥夺的参与者也作弊了，这使得他们的分数夸大了认知表现。

希望这个例子说明了重要的一点，即我们可以通过考虑对测量的反应所涉及的过程来部分评估构想效度。在这个例子中，基于注意的单词任务测量的认知绩效并没有很强的效度。研究人员对其数据的关注表明，单词任务也可能受到参与者对任务说明的遵守(或缺乏)的影响。总而言之，他们的研究对其原有的假设没有定论，但他们对反应过程的关注引发了关于控制剥夺和遵守规则之间关系的有趣问题。

在一个不同的领域，伯肯霍特(2012)提出了一个令人信服的心理过程框架，一个人在回答非常常见的反映态度或人格的5点李克特项目时经历的心理过程。考虑人在回答“有很多钱对我来说并不特别重要”这个项目时可能会想说什么。这个项目来自 HEXACO 人格调查表(Lee & Ashton出版社)的诚实/谦卑量表，它有5个反应选项——强烈反对、不同意、中立(既不同意也不反对)、同意及非常同意。在伯肯霍特的框架中，一个人在回应这种类型的项目时要经历3个步骤。首先，她决定她是否对该项目有明确的意见或立场(例如，“我真的清楚知道是否有很多钱对我很重要吗?")。如果她没有明确的想法，她会选择中立的(既不同意也不反对)选项。另外，如果她确实有一个清晰的想法，那么她会转向下一步。在下一步中，她将决定她是否大致同意或不同意该陈述(例如，"我同意还是不同意有很多钱对我很重要?")。在解决她的答复(同意或不同意)的"方向"后，此人转向回应过程的第三步。在第三步中，该人决定她是如何强烈地同意或不同意该陈述。例如，如果该人在第二步中决定她大致不同意"有很多钱"这一说法对她很重要，那么在第三步中，她会决定她是否强烈反对。此时，她选择了反应选项来反映她强烈地不同意。

研究人员已经开始将这个框架应用于心理测量的心理测验。例如，研究人员最近通过该框架的视角(Zettler, Lang, Hülsheger & Hilbig, 2016)研究了对 HEXACO 人格调查表的诚实/谦卑量表的反应。使用伯肯霍特(2012)概述的分析和评分程序，研究人员获得的结果表明，与更简单的模型相比，"三过程模型提供反应过程更全面的描述"。此外，他们认为他们的实证研究与三过程模型是一致的，并且在完成 HEXACO 人格调查表时确实"说明了驱动参与者反应行为的潜在过程"。

虽然回答过程的效度没有像效度的其他方面那样受到足够的重视(Embreston, 2016)，但是有评估这个重要问题的程序。其中一些程序相对直接，有些则更为间接(Padilla & Benítez, 2014)。

直接证据

一般而言，通过对完成该测量的应答者进行访谈，可以获得有关测量反应过程效度相对直接的证据。也就是说，测验开发人员要求个人完成测量，并对这些人就各种问题进行访谈(Castillo-Díaz & Padilla, 2013; Morell & Tan, 2009; 全美学生参与调查, 2010)。这些问题可能包括他们在完成测量时出现的想法，完成每个项目的步骤以及他们做出的决策，等等。这些访谈可能会单独发生，也可能发生在小组中，并且可能在应答者正在完成测量或完成后发生。

沃恩和巴伯拉(2013)提供了一个非常典型的例子，用来说明影响反应的心理过程的评估，这个例子是对热化学概念调查表(TCI)进行反应。TCI 旨在对学习普通化学课程的大学生使用。因此，它包含旨在反映"理解热化学"的多选测验项目，其复杂程度适合于普通化学系大学生。作为反应过程效度评估的一部分，沃恩和巴伯拉分别为 16 名学生管理潜在的 TCI 项目。当每个学生对这些项目做出反应时，研究人员进行了一次"回顾性半结构出声思维访谈"，学生描述了他或她如何解释和回答每个项目。作为这些访谈的一部分，研究人员还要求学生确定他们用于项目回答的具体化学概念和理论。通过这种方式，研究人员深入了解了高度具体的问题，这些问题似乎影响了潜在项目的效度。他们使用这些有价值的信息来修改和选择项目进行进一步的心理测量评估。最终，通过高度关注"反应过程"信息，研究人员确保正确回答该项目的学生是基于对项目计划评估的特定热化学概念的深刻理解。也就是说，他们确保了应答者在正确回答 TCI 项目时实际使用的心理过程(即通过思考特定热化学概念的含义/应用)和他们应该在回答该项目时使用的心理过程。

间接证据

尽管大多数对应答过程效度的考察似乎基于对应答者相对直接的访谈，但其他检验可能更为间接。例如，测验开发者可能会使用眼动追踪技术来了解应答者如何处理测量中的刺激。艾维和恩布雷特森(2010)使用这种方法来检验完成空间能力测验(智力因素)的个体。这个测验中的项目呈现是被组装在一起的几何图形图像。第一张图片显示的是分开的图形，其余的图片显示了组合的图形。考生必须确定哪些“组装”的图形准确地呈现了分离的图形将被组装的方式。艾维和恩布雷特森有一个关于应答者认知加工这类信息方式的理论，并且他们招募了几个人在戴着眼动跟踪器时完成测验。通过这种方式，研究人员可以对每个人集中，指向和考虑的数字和图像的具体方面进行猜测。艾维和恩布雷特森利用这些信息得出结论，认为关于应答者认知过程的原始理论需要修订。他们因此更好地理解了促成反应的心理过程——最终产生分数——在空间智力测量上。类似评估反应过程的间接方法包括在计算机化任务上跟踪“老鼠”移动或评估应答者对测验项目反应有多快，这种“反应时间”可能揭示对心理潜在反应的洞察(Embretson & Gorin，2001；Padilla & Benítez，2014)。

另一种间接证据形式可能涉及人们对测验反应的复杂统计分析(Böckenholt，2017；Embretson，1983，2016)。例如，之前我们描述了人们对李克特式项目的反应的“三步”模型(Böckenholt，2012)。这个概念模型可以通过与项目反应理论(IRT；参见第 14 章)相关的统计程序来检验。如前所述实际上，Zettler 和他的同事们(Zettler et al.，2016)将这些基于 IRT 的分析应用于 HEXACO 人格调查表的诚实/谦卑量表。

最后，有可能通过实验操作影响测验反应的特定心理状态和过程。事实上，博恩斯坦(2011)认为，心理测验可以根据“对测验进行反应所涉及的心理活动和行为”来分类，他指出 6 个这样的测验类别。例如，刺激——归因测验，应答者“将含义归因于含糊的刺激，其归因部分由刺激特征决定，部分由人的认知风格、动机、情绪和需求状态决定”(Bornstein，2011)。此外，博恩斯坦(2011)概述了一个框架，通过这个框架，研究人员通过实验操纵应答者的心理状态和过程，试图揭示哪些状态和过程会影响反应。最近这个框架已经被应用于了解罗夏测验(Rorschach test)的基础反应过程(Charek，Meyer & Mihura，2016)。

总之，对测验分数恰当解释的充分理解取决于准确理解驱动测验反应的心理过程。虽然这一方面的效度可能尚未得到充分重视(Embreston，2016)，但它确实是一个至关重要的方面——可以说是效度中最关键的方面(Borsboom，Mellenbergh & Van Heerden，2004)。

效度证据：与其他变量的相关

第四类效度证据涉及测验分数与其他变量之间的相关。正如表 8-2 所总结的那样，当代效度观点强调对测验分数解释的结构理论理解。基于这种观点，我们应该考虑这种结构与其他相关心理结构的联系。如果应答者的测验成绩被解释为反映了应答者对特定心理结构的立场，那么我们对该结构的理论理解应该使我们预测测验分数与其他变量具有特定的相关模式。

例如，如果 RSEI 被解释为整体自尊的测量标准，那么我们应该仔细考虑整体自尊的本质。具体而言，我们应该考虑整体自尊与其他心理结构如幸福、抑郁、智力、社会动机、自信等相关方式。我们关于自尊的理论观点可能会使我们相信，具有高自尊的人应该相对快乐、相对不抑郁，并且具有较高的社会动机。另外，我们的理论观点可能会说自尊与智力无关——一般而言，自尊水平低的人和自尊水平高的人智力相等。因此，我们关于自尊的理论观点提出了自尊与其他心理结构之间的特定相关模式。如果 RSEI 得分可以有效测量自尊(正如我们理解的那样)，那么我们应该找到 RSEI 得分与幸福、抑郁、社会动机和智力测量之间相关的特定模式。

因此，第四类效度证据涉及一个测量与其他测量之间的实际相关，以及测验与其他测量应有的相关。如果一个测验与其他测量的实际相关模式确实与我们预期的理论观点相匹配，那么我们就会获得支持将测验解释为测量所讨论结构的证据。例如，假设我们进行一项研究，应答者完成 RSEI 以及幸福感、抑郁、社会动机和智力测量。如果我们发现 RSEI 确实与幸福感和社会动机呈正相关，与抑郁呈负相关，且与智力无关，那么我们就可以确信 RSEI 得分可以被有效解释为测量自尊的指标。相反，如果测验与其他测量的实际相关性模式与我们的预期理论观点的相关模式不匹配，那么我们已经获得了证据来反对将测验解释为所讨论结构的测量工具。因此，如果我们发现 RSEI 分数与幸福感和社会动机不相关，那么我们就失去了对测验应该被解释为测量自尊的信心。

聚合效度证据(convergent Evidence)

在评估测量与其他测量之间效度的相关模式时，考虑几种类型的证据是很重要的。聚合效度证据是测验分数与相关结构的测量相关的程度。也就是说，测验得分与其他应与其相关的测量值实际上相关的程度如何？在整体自尊例子中，我们的理论观点认为幸福感和社会动机与自尊有关。此外，我们的理论观点认为，抑郁与自尊有关，尽管是负相关。因此，如果我们的研究揭示 RSEI 事实上与幸福感和社会动机的测量正相关，与抑郁的测量呈负相关，那么我们就得到了聚合效度证据。

通常在评估测验效度的过程中，研究人员会要求应答者完成同一结构的几种不同测量。例如，我们可能会要求我们的应答者完成 RSEI 以及其他自尊测量，例如 Coopersmith(1967/1981)自尊调查表和 MSEI。我们自然期望在 RSEI 和其他自尊测量之间找到强正相关。如果我们没有发现，那么我们会质疑 RSEI 测量自尊效度。同样，研究人员可能会利用“告密者”的反应来评估测验。例如，我们可能会要求每个应答者招募一位熟人，我们可以要求熟人评估应答者的自尊等级。虽然我们可能不期望发现极高的相关性，但我们可能会期望在应答者自我报告的 RSEI 分数与其熟人提供的 RSEI 分级之间找到正相关关系。也就是说，我们期望发现，自称具有较高自尊的应答者被他们的熟人形容为自尊心较强。总之，聚合效度证据通常以不同方式测量同一结构之间相关的形式出现。

判别证据(discriminant evidence)

在评估一个测量与其他测量之间的相关模式时，我们还必须考虑判别证据。判别证据是测验分数与不相关结构测验的不相关程度。也就是说，测验得分在多大程度上与其他测验不相关？在整体自尊的例子中，我们的理论观点认为智力与自尊无关。因此，我们的研究应该揭示RSEI实际上与智力测量不相关(或仅与之微弱相关)。如果我们发现RSEI得分实际上与智力呈正相关，那么RSEI将缺乏作为测量自尊的区分效度。也就是说，RSEI似乎不仅仅测量了自尊。

判别证据是一个重要但可能微妙的概念。无论测量是用于研究还是应用，测验使用者必须确信他们知道正在测量哪些心理变量。考虑一项可能由发展心理学家进行的研究。研究者可能对自尊与学业能力之间的相关感兴趣。研究人员可能会招募一些高中学生样本来完成RSEI，他也可能会获得学生的准许，从他们的学习成绩中获得标准化学业成就分数。他计算了RSEI分数和学业成就分数之间的相关性，获得0.4的相关性。他认为，这表明自尊相对较高的学生在学校表现相对较好。根据这些结果，他甚至可以建议学校投入资源来提高学生的自尊。这些结论可能被认为对心理学理论有重要影响。它们甚至可能影响学校系统花钱的途径。

然而，在对研究人员的结论过于相信之前，我们应该仔细考虑他在研究中使用的方法，包括自尊测量的区分效度。他的结论是否正确取决于RSEI作为测量自尊的区分效度的大小。如果RSEI的得分与智力测量实际上高度相关，那么RSEI可能缺乏区分效度，至少是在智力测量上。因此，研究人员发现的相关性可能会更准确地解释为表明智力相对较高的学生在学校中表现较好。事实上，自尊的特征实际上可能与学业表现无关，研究者在他的结论中犯了一个严重的错误。这个错误可能对心理学理论有损，并可能导致学校有限资源的浪费。

同时和预测证据(concurrent and predictive evidence)

与此类证据相关的另一个常见区别是同时效度证据和预测效度证据之间的区别。同时效度证据指的是测验分数与其他相关变量的相关程度，这些变量是与感兴趣的主要测验同时施测的。

例如，如前所述，SAT旨在反映“学生需要为大学准备好的知识内容和认知过程”(Shaw，2015)。我们如何评估SAT作为测量学业成功所需“知识和认知过程”的效度？一种可能性是让学生在高中时完成SAT考试，然后将他们的SAT成绩与GPA相关联。也就是说，我们可以检验学生SAT考试成绩与他们参加SAT同时获得的GPA成绩之间的相关性。

相反，预测效度证据指的是测验分数与在未来时间点测量相关变量的相关程度。例如，另一种评估SAT效度的方法是让学生在高中时完成SAT考试，然后将他们的SAT分数与他们大一时的GPA相关联。也就是说，我们可以检验学生SAT考试成绩与他们参加SAT之后一年或更长时间后获得的GPA成绩之间的相关性。

尽管同时和预测效度证据之间的区别传统上很重要，但更重要的一点是，两者都是指测验得分与其他相关变量之间的匹配。正如我们前面所讨论的，测验分数和其他相关变量之间的匹配被称为聚合效度。因此，同时效度和预测效度本质上是聚合效度的多样性。

评估聚合和区分证据上有许多重要问题，这些证据可以说是效度最重要的方面。目前的描述主要集中在他们的概念意义和重要性上。由于聚合和区分证据的重要性，第9章将更多更详细地探讨其他问题。

效度证据：测验结果

正如前面所讨论的那样，当代效度观点和传统效度三方面观点之间的一个关键区别在于，当代观点强调构想效度优于内容效度和效标效度(稍后将对此进行更多说明)。然而，更激进和有争议的差异可能是断言测验后果是效度的一个方面。

“2014年教育和心理测验的标准化”指出，效度包括计划和未计划的测验使用后果(AERA, APA & NCME, 2014)。更具体地说，克隆巴赫(1988)指出，测验开发者、用户和评分者“有义务审查一种做法是否对个人和机构有合适的后果，特别是要防止有不良后果”。例如，如果在工作场所一个结构及其测量似乎让女性受益更多，那么我们应该关注测验的使用。测验分数用于衡量男性和女性的预期结构是否同样有效？男性和女性的获益差异有多大？

测验分数应该被视为构想效度的固有部分的提议带来了不少争议(Cizek, 2012; Hubley & Zumbo, 2011; Kane, 2013; Mehrens, 1997; Moss, 1998; Popham, 1997; Shepard, 1997; Sireci, 2016)。几乎所有人都同意测验使用者、测验接受者和决策者应该关注测验可能会对其他人造成不公平和不利影响的可能性。然而，并不是每个人都认为测验结果应该被视为科学评估测验得分意义的一个方面。例如，利斯-黑利(1996)认为效度包括评估测验使用的实际和潜在后果，他提出了以下问题：“其后果是什么？谁来决定？心理学家的敌人？和平主义者？将军？我们应该使用哪些社会价值来评估这些测验结果的效度？”显然，将价值判断融入表面上客观的科学过程引发了一些有趣的问题。利斯-黑利直截了当地指出，“结果效度是政治对科学的危险入侵”。相比之下，凯恩(2013)概述了对该主题的广泛讨论，并指出“我争论的是在效度下特定类型结果(但不是所有结果)的评估”。

在一个层面上，辩论归结为两个问题，以及两者是否应包含在效度的定义中。这两个问题是测验分数解释和测验分数使用。一些专家认为，只有在测验得分解释方面才能看出效度。从这个角度来看，有效性只涉及对测验得分心理意义的正确理解——测验分数揭示了参与者的什么呢？其他专家认为，测验分数的使用和解释对效度来说是不可或缺的。例如，凯恩(2013)认为，“测验分数的解释和使用往往是交织在一起的；测验倾向于在解释和使用或用途的基础上进行开发，并且关于分数使用恰当性的争论通常严重依赖于分数解释的相关性”。部分结果效度的支持者也认为，科学决不能与个人价值和社会价值分离开来。科学家们调查的问题部分由社会价值观形成，部分由其个人价值观形成。例如，科学家所做的理论假设部分是由价值判断形成的，甚至科学家对其理论概念附加的标签也部分被价值观所塑造。

就两位心理学家围绕人格结构构建理论来说，可以基于梅西克(1989)的重要工作举一个例子。一位心理学家认为，应该将这种结构称为“灵活性与僵化”，以区分那些能够调整认知和行为适应环境，以及维持认知和行为稳定的人。另一位心理学家考虑了结构和它计划反映的心理差异，但她认为结构应该被称为“混乱与一致性”。哪个标签在科学上是正确的？高水平的认知和行为变异被认为是灵活性，还是应该被认为是混乱？低水平的认知和行为变异应该视为僵化，还是应视为一致性？

同样，考虑以下人格特征——体验、辨认、监控和理解情绪反应。想象一下，测验开发人员创建了一个人格测量，平均来说，发现女性的得分高于男性。测验开发人员该如何为测验及其测量的结构命名？了解到女性往往比男性得分高，测验开发者可能称之为“情绪敏感”？如果结果显示男性得分高于女性，那么测验开发者会选择将其称为“情商”？此外，假设一位人力资源总监被告知您有高水平的“情绪敏感”。这与他得知你有高水平“情商”对他形成关于你的印象有什么不同？你喜欢哪个标签？如果人力资源总监相信你是“聪明的”而不是“敏感的”，你会被聘用吗？

这里的要点是价值判断对科学过程可能有微妙的影响(有时并不那么微妙)。结果效度的支持者认为，应该在测验情境中尽可能清楚地认识和评估这些影响。

在一般水平上，结果效度的问题可以从测验使用的预期和实际结果来看。也就是说，如表8-2所述，结果效度可以看作是测验使用的预期结果与实际结果之间的匹配。凯恩(2013)提供了一个很好的倡议，可以更详细地考虑与结果效度相关的问题类型和证据。在这个倡议中，需要考虑3个关键问题。

预期效果的证据

凯恩(2013)倡议关注的的第一个问题是使用测验分数达成预期效果(intended effects)的程度。正如我们已经讨论过的，心理测验通常用于形成关于个人的决策(例如，学生录取、志愿录用等)。凯恩认为，应该仔细评估与“测验项目”相关的收益和成本。

例如，考虑用于帮助公司招聘决策的测验。一些招聘决策可能会使公司受益——新员工表现良好，符合组织文化，不会退出或被解雇，等等。其他的招聘决策可能效果不佳，造成公司时间、金钱、顾客的好感损失，等等。如果一位人力资源总监使用心理测验来帮助筛选申请人，那么她大概是这样做的，即尽可能使那些“优秀”的员工最大化，并最大限度地减少“不良”员工的人数。在某种程度上，雇用决策随着测验使用而改进的程度，就是测验正在发挥其预期的效果。此外如果“优秀”的雇用收益大于与测验项目相关的任何成本(例如，包括文字上使用测验的货币成本)那么，在凯恩的框架中，测验项目应该得到总体的积极评价。

对群体未预期差异影响的证据

凯恩(2013)倡议关注第二个问题是“对群体的差异影响”，或者是不利影响。如果一个测验得分被用来帮助影响人们的形成决策，并且如果这些决策最终会偏重一些个人群体或针对其他个人群体，那么就会出现严重的问题。基于种族，性别和残疾程度，受影响群体的分数差异尤其显著。

例如，再次想象一下，一个心理测验(比如，尽责性测试)被用来辅助形成招聘决策。想象一下，男性在测验中的分数低于女性，导致男性相比于女性更少被雇用。在这种情况下，受测验程序的影响，两组(男性和女性)表现出了差异。一个组似乎以牺牲其他组为代价来获得相对利益。这种类型的结果肯定发生在基于测验(或测验相关)的招聘和筛选中，并且已经导致了指向美国最高法院的诉讼。现在已有与员工选拔和不利影响有关的准则和法律(第 60－3 节，1978 年“关于员工选拔程序的统一准则”)。

不过，这个问题远远超出了员工的选择。从结果效度的角度来看，测验开发人员和测验使用者应该注意使用测试时这种未预期差异影响的可能性。这种差异影响的证据提出了对该特定用途测验效度的担忧。

测验偏差问题将在第 11 章和第 12 章中详细讨论；但是，我们应该在这里注意测验偏差与测验结果之间的差异。一个测验可能会对一个人或一群人产生不利影响，然而测试可能没有偏差(至少在某些重要的意义上)。再想象一下，一个公司在测量尽责性时女性申请者的得分往往比男性申请者高，导致雇用的男性更少。这是否意味着测验有偏差？它是否造成对男性的“不良后果”？

在这种情况下，偏差取决于测验得分中性别差异的本质。为什么女性和男性在测验中有不同的得分？第一种可能性是测验确实是有偏差的。也就是说，对所有人来说测验都不能很好地测量尽责性——不管是什么原因，这是一个很好测量女性尽责性的好方法，但对于男性来说则不然。这显然是一个效度问题——测验对所有人不是都同样有效。因此，部分以测验得分为基础的招聘决策可能会对男性产生偏差。

第二种可能性是测验没有偏差。也就是说，这个测验事实上对女性和男性来说都很好地测量了尽责性；只是平均来说，女性相比于男性确实有更高水平的尽责性。在这种情况下，部分根据测验得分的聘用决策对男性没有偏差(假设有实证数据证明了尽责性可以预测工作绩效)。

测验项目的结果如何？即使假设尽责性测验没有偏差(例如，对男性没有偏差)，但男性肯定会受到测验分数使用方式的“不利影响”。然而，只有当测验对女性和男性不同样有效时才是有“偏差”的。测验得分的组间差异本身并不能告诉我们，在测量心理特质上测验效度是否有偏差。在第 11 章中，我们将更详细地讨论这些问题，并且我们将介绍评估测验是否在组间实际存在偏差的方法。

未预期的系统效应

凯恩(2013)倡议关注第三个问题是测验使用可能会对组织系统产生意想不到的影响。当组织使用测验来做出有关选择、晋升、安置或评估的决策时，这些决策可以——通常也会——对组织产生重大影响。作为测验和决策过程的副产品，组织可能会改变自身以影响个人在测验中的表现。这些变化可能是微妙的、非官方的、逐步的和有争议的。

一个众所周知的例子是对学校“为考试而教”的争议。有时学校和教师会评估，其依据是学生在标准化教育考试中的表现。教师的薪水、学校资金和其他资源——甚至是工作或学校的持续存在——可能会因为学生在这些考试中表现良好或不太好而被削减。因此，对教师和学校有时会改变课堂性质，以最大化提高学生在考试中的表现，我们可能不会感到惊讶。也就是说，教育系统本身开始改变，以应对测验内容和测验用途。

这种系统性变化通常被认为是非常有问题的。部分问题在于，课程中以关注考试的变化是以牺牲其他重要课题为代价的。另外需要担心的是，重点关注让学生为考试做准备会消磨掉课堂上的创造性。

另一个有趣的例子是，谢伯德(1997)指出，医学院入学考试(MCAT)对大学的“预科”教育和随后考试本身的变化有明显的影响。打算申请医学院校的大学生知道 MCAT 分数对医学院入学有显著影响。考虑到这一点，这些学生往往关注大学教育中 MCAT 所涵盖的主题——通常是“自然科学”主题，如生物学、化学和物理学。事实上，一些大学设计了预科课程，这些课程的重点甚至可能仅限于这些主题。因此，从某种意义上说，预科的本科教育体系受到 MCAT 及其使用的影响。

谢伯德(1997)指出，医学院开始关注许多申请人的教育背景是过于狭隘的。当然，行为、心理和社会学因素对个人身体健康和医疗保健系统本身都有显著的影响。因此，医学院校认识到学生缺失了对行为和社会科学的重要理解，限制了学生尽可能有效地发挥医疗保健系统中的医生和领导者的能力。

基于这种认识，MCAT 改变自身来涵盖更广泛的内容。例如，美国医学院协会(2015)将它改为包含“心理、社会和生物行为基础”部分。这一部分表面上评估的结构是“理解心理、社会和生物因素影响对世界的看法和反应的方式；行为和行为改变；人们怎么看待自己和他人；文化和社会差异对健康的影响；以及社会分层、资源获取和幸福感之间的关系”。

再次基于谢伯德(1997)的观点，人们可以认为，从某种意义上说，MCAT 的早期版本缺乏完整的构想效度。更具体地说，有人可能会认为它受到构建不足的影响(参见本章前面关于内容效度的部分)，因为它缺乏与心理、行为和社会学因素有关的重要内容。由于教育系统(即学生和大学课程)为了 MCAT 而塑造自己，让这种构建不足和缺乏完整的构想效度变得明显。反过来，对这个测验进行修改校正构建不足的问题，从而可以提高它作为医学“准备专业实践”一般测量标准的效度(Shepard，1997)。

效度的其他观点

到目前为止，本章将测验分数对特定心理构想的真实反映度及提供合理(AERA，APA & NCME，2014)解释的程度概括为效度。这个观点假设测验得分应与有明确理论基础的构想。事实上，以上概述的证据类型旨在帮助我们评估测验与反应之间的匹配性，另外，我们还评估了结构的理论基础的各个方面。因为它将测验与基于理论的心理属性强烈地联系在一起，所以这种观点本质上是一种理论—测验的效度观。

然而，对于效度还有其他观点——尽管 AERA、APA 和 NCME 认可——但并非所有的心理测量学家都完全认可本章概述的观点(Cizek，2012；Lissitz & Samuelsen，2007；Markus & Borsboom，2013)。一些观点否认效度是关于解释而非分数的看法。如上所述，一些观点对测验解释和使用进行了明确的区分，仅将前者视为效度的一部分。有些观点质疑构想效度是效度的核心。一些观点更多地从理解测验分数的探索意义看待效度，而不是关于分数的测验假设。

对这些观点的全面回顾超出了本章的范围。但是，我们很快将描述效度的三个其他观点。你在阅读或讨论中可能会遇到这些不同的观点，所以我们在这里简要描述它们。

效标效度是一个替代视角，它不再强调测验分数的概念意义或解释。测验使用者可能只希望使用测验来区分不同人群或对未来结果进行预测。例如，人力资源总监可能需要使用测验来帮助预测作为员工哪些申请人最有可能表现好。从一个非常实用的角度来看，她可能不关心测验测量的特定心理结构，她可能不关心测验分数高和低的理论含义。相反，她关注测验区分优秀员工和最差员工的能力。如果测验做得很好，那么测验对她来说就足够“有效”。

从前面提到的传统三方面效度观点来看，效标效度是指测验分数可以预测特定效标变量的程度。从这个角度来看，效度的关键是测验分数与相关效标变量分数之间的实证相关，如“工作绩效”。同时效度和预测效度历来被认为是两类效标效度，因为它们指的是测验分数与特定效标变量之间的相关。根据对效标效度的传统观点，测验分数的心理意义相对不重要，而重要的是测验能够区分群体或预测具体结果。

尽管效标效度在心理测量学中是一个相对常见的术语，并且传统上被视为单独的效度类型，但当代观点认为校标相关证据应被纳入更大更重要的构想效度概念中(Messick，1989)。从这个角度来看，效标效度本身是不够的，即使对于纯粹的实践或应用背景，如员工筛选。梅西克(1989)认为即使是应用于决策时，依靠效标效度或内容覆盖也是不够的。我们必须始终追求测量的意义及其构想效度——不仅要支持测验解释，而且要证明测验使用是合理的。

效度的另一种观点强调了解测验分数含义的需要，而不是测验关于分数的特定假设。也就是说，测验开发人员和使用者可以通过假设，测验分数的含义本身就是一个有趣而重要的待解决问题来评估测验，而不是假设一个构造的理论基础完全形成，然后检验关于该理论的特定假设。这种“归纳”效度方法是通过检验测验分数与一大组潜在重要的和相关的心理变量之间的关系来进行的(Gough，1965；Ozer，1989)。相反，本章迄今为止强调的观点被称为“演绎”效度方法(Ozer，1989)，因为测验评估是通过从一个构造的理论基础中推导出一个特定的假设，然后通过实证评估假设的准确性。演绎视角是一种理论—测验方法，而归纳视角是一种更具探索性的方法。归纳方法的目标是理解测验分数的全部含义，超出含义可能会受到特定结构的限制。从这种方法出发，研究人员“让结构发展成为测验建设过程本身的计划部分”(Tellegen & Waller，2008)。

对于效度的归纳方法可能与研究情境是最相关的，它可以被看作是往复的过程。在应用情境中，测验开发人员和测验使用者可能会关注针对特定用途的测验，例如预测工作绩效。但是，在研究情境下，测验开发人员和测验使用者可能对处理新的兴趣领域并为该领域开发理论基础有兴趣。在这种情况下，测验构建和评估与研究人员对被测量结构理解的不断发展密切相关。

描述了多维人格问卷(MPQ)的开发和评估。在目前版本中，MPQ 由 11 个主要人格因素量表组成(例如，社交效能、成就、压力反应)，被分成四个更广的特质(例如，积极情绪气质、消极情绪气质)。MPQ 的发展受到“澄清和突出强调人格文献中反复强调或暗示的几个‘焦点’维度本质渴望的激励”。在 MPQ 多年的发展过程中，项目被重复编写，管理、分析和改写。在这个过程中，研究人员提高了他们对 MPQ 中似乎正在形成的结构的理解。

尽管对于测验效度的归纳方法可以通过扩大我们对一个测量理论和实际影响的理解来提供信息，但在测验文献中通常不会强调这一点。更典型的情况是，开发测验的重点是具体良好的结构，测验开发人员通常会花费他们的精力来评估测验分数解释，并且关注那些特定的结构。测验开发人员通常不会花费更多的时间和精力检验测验影响的全面视图。

关于测验的第三种替代视角强烈强调了测验与心理结构之间的联系。伯斯布姆等人(2004)认为，测验效度的唯一问题是测验反应是否受测验旨在测量结构的影响。也就是说，当且仅当预期结构真正影响应答者在测验中的表现时，测验对结构的测量才是有效的。从这个角度来看，伯斯布姆等人拒绝测验结果与测验效度相关的观点。他们甚至认为，测验分数与其他属性测量之间的相关性与测验效度没有直接关系。相反，他们认为“验证研究的主要目标是……提供导致测量结果过程的理论解释”。

伯斯布姆等人提供的观点(2004)对本章提出的观点形成了有趣的对比和补充。这显然与强调效标效度的方法和对效度的归纳方法不一致。这两种方法要么将心理结构的重要性最小化(效标效度)，要么表明测验开发者对结构的理解随着测验本身(归纳法)而变化和变化。相反，伯斯布姆等人提供的观点强调测验开发者对测验开发和效度中单个构造良好理论理解的重要性。也就是说，结构不仅存在，而且是效度的关键部分，并且也应该成为测验开发和验证过程中的指导力量。在本章提供效度主要定义(基于 AERA，APA & NCME(1999)，教育和心理测验的标准化)的背景下，伯斯布姆等人的方法似乎会拒绝很多除了构造的重要性以及基于测验反应过程的理论基础检查。

信度和效度比较

考虑到效度的概念，将效度和信度进行对比可能有助于读者理解学习。这两个概念对于心理测量学的深入理解至关重要，清楚地了解其差异是非常重要的。

回顾前面测验信度的章节大致可以看出，测验分数的差异反映了影响人们测验分数的特质水平的差异程度。这一点上，我们可能会增加一点对信度的定义，建议测验的信度是测验分数的差异反映了影响人们测验分数的特质水平的差异程度，无论这种特质是什么。也就是说，我们可以在没有意识到测验分数可能解释或测量特质性质的情况下讨论特定测验的信度。

另外，效度与测验分数的解释以及该测量所评估特质的性质有着内在联系。从某种意义上讲，信度可能被认为是测验反应和测验分数的一个属性，而效度是测验分数解释的一个属性。也就是说，信度是测验反映一个相对简单的量化属性，但效度是一个与心理理论和测验分数的含义更紧密相关的问题。

尽管它们是独立的概念，但信度和效度在概念上和统计上都是相互关联的。从概念上讲，对于行为科学的许多感兴趣的领域，效度需要信度。例如，智力通常被概念化为一种心理特质，在时间和情境上都相当稳定——你真正的智力水平不会从一周到一周或一个月变化很大。因此，一个旨在测量智力的测验应该会产生在一段时间内相当稳定的分数，即一个有效的智力测验将是可靠的。换句话说，如果测验的分数在一段时间内不稳定(即如果测验没有重测信度)，那么它就不能有效地测量智力。尽管效度通常需要信度，但反过来就不是这样了。一项测量可能具有良好的内部一致性和非常高的重测信度，但我们可能无法将它认为是有效的方式。总之，测验必须是可靠的，如果它要被有效地解释，但仅仅因为测验是可靠的并不意味着它将被有效地解释。

总　结

本章介绍了测验效度的概念基础。正如《美国教育和心理测验标准》所界定的，效度是一个测验“证据和理论支持测验分数解释特定用途的程度”(AERA，APA & NCME，1999；NCME，1999)。我们描述了这种思维方式对效度的几个关键影响——关于测验分数解释的效度，这是一个程度问题，它是基于实证证据和理论的。由于实证证据是考虑和评估测验分数效度的关键因素，我们还描述了 5 种与效度有关的证据——测验内容、内部结构、反应过程、与其他变量的相关，以及测验结果。然后，我们对比了当代与传统的效度观点，这些观点仍然常与信度一同被讨论。最后，我们重申了效度在它对研究和现实世界决策的影响方面的重要性。

推荐阅读

这是一篇测验效度研究史上里程碑式的文章，是所有心理学文章中被引用次数最多的之一：

Cronbach，L. J. & Meehl，P. E.（1955）. Construct validity in psychological tests. *Psychological Bulletin*，51，281-302.

之后的经典测验效度，这是测验效度研究中主要人物视角的广泛总结：

Messick，S.（1989）. *Validity. In R. L. Linn（Ed.），Educational measurement*（3rd ed.，pp. 13-103）. New York，NY：Macmillan.

测验效度相关文献：

Cizek，G. J.（2012）. Defining and distinguishing validity：Interpretations of score meaning and justifications of test use. *Psychological Methods*，17，31-43.

Markus，K. & Borsboom，D.（2013）. *Frontiers of validity theory：Measurement，causation，and meaning*. New York，NY：Routledge.

Shepard，L. A.（1993）. *Evaluating test validity. In L. Darling-Hammond（Ed.），Review of research in education*（Vol. 19，pp. 405-450）. Washington，DC：American Educational Research Association.

对最新理论化构想效度焦点的有趣讨论：

Schmidt，F. L.（1988）. *Validity generalization and the future of criterion-related validity*. In H. Wainer & H. I. Braun（Eds.），*Test validity*（pp. 173-189）. Hillsdale，NJ：Lawrence Erlbaum.

这是关于 3 个主要机构看待心理测验的最新效度观点：

American Educational Research Association，American Psychological Association，and National Council on Measurement in Education.（2014）. *Standards for educational and psychological testing*. Washington，DC：American Educational Research Association.

内容效度的优秀综述：

Haynes，S. N.，Richard，D. C. S. & Kubany，E. S.（1995）. Content validity in psychological assessment：A functional approach to concepts and methods. *Psychological Assessment*，7，238-247.

Koller，I.，Levenson，M. R. & Gluck，J.（2017）. What do you think you are measuring? A mixed-methods procedure for assessing the content validity of test items and theorybased scaling. *Frontiers in Psychology*，8，1-20.

反应过程效度的优秀综述：

Padilla，J. L. & Benitez，I.（2014）. Validity evidence based on response processes. *Psicothema*，26，136-144.

测验应用之百家争鸣：

Cizek，G. J.（2012）. Defining and distinguishing validity：Interpretations of score meaning and justifications of test use. *Psychological Methods*，17，31-43.

Sireci，S. G.（2016）. On the validity of useless tests. *Assessment in Education*：*Principles*，*Policy & Practice*，23，226-235.

讨论内部结构（维度）和评估方法的重要性：

Reise，S. P.，Waller，N. G. & Comrey，A. L.（2000）. Factor analysis and scale revision. *Psychological Assessment*，12，287-297.

Ziegler，M. & Hagemann，D.（2015）. Testing the unidimensionality of items. *European Journal of Psychological Assessment*，31，231-237.

第 9 章
聚合效度与区分效度的证据

2013 年，有研究团队发表了一篇评估心理量表构想效度的论文，“归属需要量表”（the Need to Belong Scale，NTBS），名如其文，是旨在衡量个人渴望“人际接受和归属”的程度（Leary，Kelly，Cottrell & Schreindorfer，2013）。虽然研究者假设归属需要是人类的基本需求，但他们观察到，人们对于这种需要的主观体验程度上有所不同。有些人需要频繁地体验亲密关系中的互动，而其他人需要的这种互动似乎更少。为了评估这种需要，利里和他的同事开发了 10 个项目，比如“我尽力不做让其他人躲避或拒绝我的事情”。

但是，研究人员如何确定 NTBS 的 10 个项目真正做到了反映归属需要？研究人员列出了他们认为会反映这种需求的相关题目，试图确保量表题目内容表述恰当。此外，前人与之相关的对于信度和内部构想的研究有助于形成最终的 10 个项目。因此，这 10 个项目似乎有一些基本的因素，可以让研究人员确信 NTBS 真实地反映了对归属需要的心理测量。但是，如果研究者对这些测验项目的信心是错误的呢？如果这些项目缺乏一些与归属需要相关的内容呢？或者，如果受测者不按照研究人员的意图来解释这些项目呢？研究人员如何能够更加确信受测者在 NTBS 上的得分确实反映了受测者的归属需要水平？

为了解决这些问题，研究人员验证了 NTBS 与其他各种量表和测验之间的相关。如果 NTBS 分数确实反映了归属的需要，那么研究人员希望找到一种特定的相关模式—NTBS 分数应与某些量表具有较高的正相关，与某些量表呈负相关，而与其他量表不相关。在第 8 章中，我们用聚合与区分关联的预测模式描述了这些期望。

但是研究人员怎么知道要研究哪些其他量表和测量方法？他们怎么知道量表维度会被期望有怎样的会聚和区分关联模式？他们究竟是如何检验的？以及在做这种心理测量工作时要考虑的关键因素是什么？我们将在本章中讨论这些问题。

我们在第 8 章提出了效度的概念，并总结了用于衡量构想效度的 5 类证据。如第 8 章所述，会聚与区分效度证据反映了测验分数与其他变量具有“正确”相关模式的程度。事实上，寻找测验分数实际显示的会聚与区分预测关联模式程度的证据是这个验证难题中至关重要的一点。

在本章中，我们更加关注聚合效度与区分效度证据的评估方式，并讨论这些证据解释的问题。更具体地说，我们提出了在这个过程中使用的一些方法，影响过程结果的一些重要因素，以及解释结果时的一些关键考虑因素。

构想的定律网络

我们从上面提到的两个关键问题开始：一是在研究构想效度时，研究人员如何确定要检验的其他量表和测量；二是研究人员如何验证会聚与区分效度与预期假设的关系？这两个问题的答案都是基于研究者对结构的定律网络（Nomological Network）的理解（Cronbach & Meehl，1955；butcf. G. T. Smith，2005）。

为了正确地评估旨在反映一个既定构想的量表的效度，研究人员应仔细考虑围绕该构想的理论背景。也就是说，研究人员从其他构想、行为或属性的角度仔细思考该构想的意义。还有哪些其他的心理构想与所讨论的构想类似？哪个不同？哪些行为应该与所讨论的构想有关？是不是不同群体对应构想的不同层次？是否会有与构想相关的长期后果？

通过将一个构想置于其他构想成分、行为或属性的背景（或网络）中，研究者可以清晰地描述该构想本身的意义。这个相关的构想、行为和属性网络就是构想的定律网络，即与一个心理构想相关的“意义”网络（Cronbach & Meehl，1955）。

此外，阐述一个构想的定律网络可以解决本节开头的第一个问题——研究一个量表的构想效度时，研究者经常会检验这个量表与其他构想以及定律网络相关量表之间存在何种联系。也就是说，当研究一个量表的聚合效度和区分效度时，研究者会根据一个特定的定律网络中的构想成分、行为和属性来检验会聚与区分效度。

例如，我们重新审视 NTBS 的构想效度。利里等人（2013）围绕归属需要的定律网络进行过理论探讨。他们认为，归属需要的定律网络包括诸如归属、动机、社交性和外向性等构想成分在内。因此，他们的研究包括评估这些构想和行为倾向（在许多其他构想成分、行为和特征中）。

阐明一个构想的定律网络同时也解决了本节开头提到的第二个问题——它告诉研究者什么样的会聚和区分关系是我们所期待的。也就是说，理解一个构想的理论网络，可以让研究者明白他们的测量应该如何与其他的构想、行为和属性联系起来。这告诉研究人员他们的测量是否应该与其他构想和行为强烈正相关、强烈负相关、中度正相关、不相关等。

例如，利里等人（2013）期望 NTBS 与其他亲和性特征，如亲和、亲密性、社交性和外向性的需要正相关。然而，他们认为，归属需要与这些概念有所不同。因此，他们预计 NTBS 与这些概念的测验之间的相关性将是“弱到中（而不是强相关）”。另外，利里等人认为，归属需要明显不同于神经质、焦虑依恋和回避依恋等概念。他们预期 NTBS 和这些概念的测验之间的相关性将接近于零。这些来源于定律网络的期望和预测等引导了研究者对 NTBS 聚合效度与区分效度的评估。基于囊括 15 个数据集和近 2500 个被试的 9 个研究，受访者利里和他的同事提出了一种会聚与区分关系的模式，表明“NTBS 表现出良好的心理测量特性，并为研究人员提供了研究归属需要的个体差异的有效工具”。

总之，构想之间的相互联系的定律网络决定了这些概念的测验之间的特定联系模式。围绕该概念的定律网络表明该构想的测验应该与某些构想的测验密切相关，但与其他构想的测验相关性较弱。利里等人的工作(2013)说明了一种检验聚合效度与区分效度的方法。目前，测验开发者和使用者已经采用了几种方法来评估构想效度。

评估聚合效度与区分效度的方法

至少有 4 种方法用于评估聚合效度与区分效度。这些程序在几个方面有所不同：有些方法概念上更复杂；有些方法统计上更复杂；有些已经有几十年的历史了，而另一些则相对较年轻；有些方法需要比其他方法更明确的预测。尽管存在这些差异，以下方法是(或可能成为)评估聚合效度与区分效度常见且有用的方法。

关注的关系

有些方法与一些非常具体的变量之间有明确的相关性。评估这些测量解释的有效性可以集中在测试分数与那些相对较少的特定变量之间的相关上。从某种意义上说，这些特定相关是判断这些测量的聚合效度与区分效度的决定性证据。证实那些被关键的预测性的关联为效度提供了强有力的证据，但是研究未能证实这些相关会对效度产生什么影响。

正如第 8 章中提到的，SAT 旨在反映“学生需要为大学准备好的内容知识和认知过程”(Shaw，2015，p. 13)。这个描述意味着两种变量可能对评估 SAT 特别重要。其一，作为测量特定类型“知识和认知过程”的潜在指标，SAT 分数应与这些类型的知识和认知过程的其他测量结果相关。其二，因为他们打算评估大学成功所需的成分，SAT 成绩应与大学学业成绩的衡量指标相关。在衡量 SAT 的心理测量质量时，美国大学理事会(管理 SAT 的公司)似乎更关心后一个方面。他们向学生、教育工作者和未来研究人员提供的若干文件中都强调了 SAT 分数与一年级学术成绩等学术指标之间的相关性。例如，美国大学理事会面向学校辅导员和招生官员发布的 SAT 计划手册(2009)讨论了 SAT 的效度。本次讨论集中在 SAT 分数与大学 GPA 之间的相关。它描述了一项研究，研究数据来自 110 多所大学超过 150000 名学生，研究显示 SAT 分数(计算所有 3 个测试总分，没有校正限定范围)和大一新生分数之间的平均相关系数为 0.35 (Kobrin，Patterson，Shaw，Mattern & Barbuti，2008)。很显然，美国大学理事会将 SAT 效度验证的重点放在了 SAT 与一系列学术表现的特定标准变量之间的相关上。

因此，用于评估解读测验有效性的一种方法是把重点放在一些与原测验高度相关的标准变量上。测验分数确实与这些关键变量高相关，增加了测验开发人员和测验使用者对测验的信心。这些相关性，有时被称为效度系数，是确定效度的基础。如果研究显示测验的效度系数通常很大，那么测验开发人员，用户和评估人员将会增加对测验质量的信心，并以此来衡量其预期构想。

效度概化（Validity generalization）是一个综合大量研究评估测验效度的过程（Schmidt，1988；Schmidt & Hunter，1977）。与SAT不同，行为科学中使用的许多测验依赖于从相对较小的研究中获得的效度证据。事实上，许多效度研究的参与者少于400名，特别是那些除了自我报告数据之外还包括其他内容的研究。通常情况下，进行单一效度研究的研究人员将招募50至400名参与者的样本，对这些参与者身上我们感兴趣的部分进行管理，评估其他被认为相关的标准变量，并计算测验分数与标准变量的相关。这些研究是用于人格心理学、临床心理学、发展心理学、社会心理学、组织心理学和教育心理学研究的许多措施的基础。由于研究人员的时间，资金和其他资源的限制，这些研究包括的样本通常相对较小。

尽管样本量相对较小的研究很常见，并且由于许多实际原因小样本研究被实施，但它们确实存在潜在的重要缺陷。具体而言，小样本研究的缺陷是，在一个地点对一种类型人群进行研究产生的结果可能不能推广到另一地点或另一类人群。

例如，对银行员工的研究结果可能表明，经过修订的NEO人格量表（NEO-PI-R）尽责性分数是银行柜员工作绩效的相对较好的预测指标。虽然这对于银行业人力资源总监来说是潜在的有价值且有用的证据，但这些结果是否能为会计行业、房地产行业或销售行业的人力资源总监提供何种支持？也就是说，只有银行出纳员的尽责性得分和工作表现之间的相关性强，还是可以推广到其他部门？也许尽责性的特质对于某些类型的工作比其他类型工作更重要。如果是这样，那么我们不应该假定NEO-PI-R的尽责性得分是所有行业工作绩效的有效预测指标。

效度概化研究旨在评估不同设置、不同时间、不同情境下测验分数的预测效果。效度概化研究是一种荟萃分析的形式；它将几个较小的个体研究的结果组合成一个大的分析（Schmidt，Hunter，Pearlman & Hirsh，1985）。例如，我们可能会发现有25项研究探寻NEO-PI-R尽责性与工作表现之间的联系。其中一项研究可能检查了银行柜员尽责性与工作表现之间的联系，另一项研究可能在一位教师样本中检查了这种联系，还有一项研究可能在销售人员样本中检查了这种联系，等等。每项研究可能包括一种不同的职业，但每项研究也可能包括衡量工作表现的不同方式。例如，一些研究可能依赖于管理人员对员工工作绩效的评分，而其他研究可能使用了更具体的工作绩效指标，如“销售额”。因此，我们可能会发现25个不同的研究揭示了NEO-PI-R尽责性分数与工作表现之间存在不同的结果。

效度概化研究可以解决至少3个重要问题。其一，效度概化研究可以揭示所有较小样本研究的预测效度的总体水平。例如，对于我们例子中的所有25项研究的分析可能揭示，NEO-PI-R尽责性得分与工作绩效之间的平均相关性为0.3。其二，效度概化研究可以揭示较小个体研究中变异的程度。我们可能会发现，在我们用于概化研究的25项研究中，有些研究在NEO-PI-R的尽责性分数和工作表现之间存在很强的相关（比如，0.4到0.5的相关性），而另一些则有更弱的关系

(0 至 1)。如果我们发现这种变异性，那么我们可能会得出结论：NEO-PI-R 的尽责性分数与工作绩效之间的关系并没有在整个研究或职业中进行概括。相反，如果效度概化研究揭示，在这 25 项研究中，几乎所有的 NEO-PI-R 尽责性分数和工作绩效之间都存在中度相关(比如，0.2 到 0.4 的相关性)。我们在 25 项研究中发现这种较小的变异性，那么我们可能会得出结论：NEO-PI-R 的尽责性分数与工作绩效之间的相关实际上在整个研究中得到很好的推广。无论哪种方式，这一发现将成为评估 NEO-PI-R 在招聘决策中的效度和用途的重要信息。其三，是寻找研究之间差异的根源。如果最初的分析揭示了单项研究中各自的效度系数，那么进一步的分析可能解释为什么研究结果彼此不同。至少有两大理由来说明研究结果为什么不同。原因之一是这些研究是基于不同的方法。例如，在我们对 NEO-PI-R 尽责性量表的研究中，管理人员提供工作绩效评定的研究可能有很强的效度系数，而在用具体措施如"销售额"用于评估工作表现的研究中我们可能会发现较弱的效度系数。因此，标准变量的测量值(即工作绩效)的差异有助于解释效度系数的差异。当评估标准变量一般水平对各研究间效度系数的变异性的影响时，我们应考虑这种变异性是否来源于方法不同。效度研究可能产生不同结果的另一个原因是，它们反映了心理上存在有意义的实质性差异。例如，我们可能在需要对细节集中注意力的行业中发现强效度系数，例如银行出纳员和会计师。相比之下，我们可能会在需要不同技能的职业研究中发现效度系数较弱，如艺术专业或以社会为导向的职业(如销售)。这种实质性的差异可能会提供一种思路，使我们认识到尽责性与工作绩效之间的基本联系，而且能够影响不同量表的使用和解释。

总之，一些心理测验被预测会和几个特定的变量强烈相关。如果研究证实这样的测验确实与其特定的标准变量强相关，那么测验开发人员，用户和评估人员就有信心，测验分数作为预期构想的测量具有良好的聚合效度。效度概化研究旨在评估一种程度，即测验与重要标准变量之间的关系在不同人群不同条件下的个体研究中概括的程度。

相关的集合

围绕着构想的定律网络并不总是只关注一小组与其相关的标准变量。有时候，一个构想的定律网络涉及与其主要构想具有不同程度相关的各种其他构想。在这种情况下，评估会聚与区分效度证据的研究人员必须检查范围广泛的标准变量。

在这种情况下，研究人员通常会计算目标测验与许多标准变量的测验之间的相关性。然后，他们将关注相关性，并对实际相关性和围绕目标变量构造的定律网络所预期的相关程度两者之间相匹配，并做出主观判断。

例如，希尔等人在 2004 年提出了一种新的完美主义测量方法，并提出了判别其区分效度和聚合效度的证据。完美主义量表(PI)旨在测量完美主义的 8 个方面，因此它具有多维构想(参见第 4 章和第 8 章关于"内部结构"的讨论)。具体而言，绩效指标旨在评估诸如对错误、组织、计划性、追求卓越和要求批准等方面的关注。为了获得评估其聚合效度与区分效度的证据，研究者要求参与者完成 PI 和 23 项标准变量的测量。标准变量包括其他完美主义的标准。此外，由于完美主义被假定与各种心理困扰相关，其他标准变量包括心理困扰的几种症状(例如，强迫症、焦虑、害怕负面评价)的测量。PI 量表与 23 个标准量表之间的相关性呈现在了包含 200 多个相关性的相关矩阵中(见表 9-1)。

表 9-1　完美主义量表验证中相关关系集的例子：完美主义指标量表与相关测量之间的相关性

量表	CM	HS	NA	OR	PP	PL	RU	SE	CP	SEP	PI-C
完美主义：MPS-F											
关注错误	0.82	0.43	0.58	0.18	0.38	0.3	0.70	0.52	0.47	0.78	0.72
对行动的疑虑	0.63	0.37	0.6	0.24	0.20	0.38	0.70	0.43	0.47	0.67	0.65
父母批评	0.41	0.25	0.2	0	0.6	0	0.32	0.17	0.14	0.49	0.36
父母期望	0.31	0.27	0.18	0	0.85	0	0.29	0.32	0.23	0.53	0.43
个人标准	0.47	0.5	0.36	0.45	0.3	0.44	0.52	0.72	0.70	0.55	0.71
组织	0.12	0.36	0.18	0.89	0.11**	0.49	0.31	0.51	0.76	0.23	0.55
完美主义：MPS-HF											
自我导向	0.47	0.42	0.34	0.47	0.42	0.45	0.55	0.79	0.71	0.57	0.73
其他导向	0.33	0.62	0.14**	0.29	0.3	0.26	0.37	0.42	0.53	0.36	0.51
社会规定	0.65	0.35	0.49	0.16**	0.58	0.21	0.61	0.42	0.38	0.74	0.65
症状：BSI											
躯体反应	0.35	0.14*	0.31	0.13*	0.11*	0.13*	0.34	0.17	0.19	0.35	0.31
抑郁症	0.46	0.16**	0.46	0	0.15**	0.18	0.46	0.13*	0.17	0.49	0.39
强迫症	0.4	0.14**	0.46	0	0.10**	0.19	0.46	0.18	0.19	0.45	0.37
焦虑	0.42	0.28	0.42	0.22	0.25	0.25	0.49	0.29	0.35	0.5	0.49
人际敏感度	0.52	0.18	0.68	0.17	0.13*	0.22	0.56	0.27	0.28	0.6	0.51
敌意	0.41	0.3	0.31	0.10*	0.21	0	0.39	0.15**	0.20	0.42	0.36
恐惧性焦虑	0.39	0.14**	0.39	0.13*	0.15**	0.13*	0.39	0.15**	0.21	0.42	0.37
偏执	0.48	0.28	0.49	0.18	0.21	0.21	0.54	0.3	0.33	0.55	0.51
精神质	0.49	0.19	0.48	0	0.16**	0.19	0.49	0.17	0.22	0.51	0.43
全球严重指数	0.54	0.24	0.55	0.16	0.20	0.21	0.57	0.25	0.29	0.59	0.51F
强迫症：MCSDS											
频率	0.43	0.24	0.45	0.39	0	0.34	0.52	0.42	0.47	0.47	0.54
困扰	0.5	0.28	0.49	0.4	0	0.33	0.6	0.44	0.48	0.51	0.57
担心负面评	0.63	0.26	0.83	0.16	0.20	0.31	0.64	0.33	0.34	0.73	0.62
社会需求：MCSD	0.15**	0.17	0.09*	0	0.14**	0.09*	0.18	0.16	0.12**	0.18	0.18

来源：Hill 等(2004).

注：对于所有相关性，$p<0.001$(除非另有说明)。CM=关注错误；HS=他人的高标准；NA=需要批准；OR=组织；PP=感知的家长压力；PL=平庸；RU=沉思；SE=追求卓越；CP=认真完美主义；SEP=自我评价完美主义；PI-C=完美主义指标综合评分；MPS-F=弗罗斯特的多维完美主义量表；MPS-HF=休伊特和弗莱特的多维完美主义量表；BSI=简要症状指数；MCSDS=Marlowe-Crowne 社会满意度量表。

[a] $n=613$。

[b] $n=355$。

[c] $n=368$。

[d] $n=207$。

* $p<0.05$，单尾；** $p<0.01$，单尾；ns，$p>0.05$，单尾。

为了评估聚合效度与区分效度的证据，希尔和他的同事(2004)仔细研究了这些相关性，并根据它们的概念逻辑对它们进行了解释。例如，希尔等人指出，PI关注的误差范围与来自不同的完美主义量表所关注的误差密切相关。同样，他们指出PI的卓越追求分量表与其他完美主义量表中的个人标准量表(即对个人绩效表现出较高的期望以及基于绩效对自我进行评估的倾向)和自我完美主义量表(即对自我表现显露出不切实际的评判标准以及注重不完美表现的倾向)两者都紧密相关。他们还研究了PI量表与心理困扰有关的各种量表之间的关系。例如，他们注意到完美主义的3个分量表：①反思；②关注错误；③需要批准，与对负面评价的恐惧以及强迫症状的频率和严重程度密切相关。

这种评估效度的方法很常见。研究人员收集了大量与目标测验有关的各种其他测验的数据。然后，他们检验两者之间相关性的模式，并通过测验来判断模式通常“有意义”的程度，给这种构想下一个定义。

多质多法矩阵

1959年，坎贝尔和菲斯克发表了心理测量史上最有影响力的论文之一。在论文中，坎贝尔和菲斯克基于克隆巴赫和半尔(1955)的研究，提出了构想效度的概念。正如我们已经讨论过的那样，克隆巴赫和半尔基于定律网络的概念概述了构想效度的概念和含义。虽然他们的论文是一个非常重要的概念上的进步，但克隆巴赫和半尔并没有提供一种以严格的统计方式来评估构想效度的方法。为此，坎贝尔和菲斯克开发了多质多法矩阵(MTMMM)的逻辑，为克隆巴赫和半尔完成的概念性工作，从基础统计方法上进行了扩展。

通过MTMMM的分析，研究人员获得了几种特质的测量结果，每种特质都通过几种方法测量。例如，在研究人员评估一项新的社交技能自我报告问卷时，可能会要求参与者除了完成问卷之外，还要完成对冲动性、尽责性和情绪稳定性等其他几个特质的自我报告测量。此外，他们可能会要求参与者的熟人提供对参与者的社交技能、冲动性、尽责性和情绪稳定性的评分。最后，他们可能会聘请心理学专业的学生来访谈每个参与者，然后提供对参与者的社交技能、冲动性、尽责性和情绪稳定性的评分。因此，研究人员获取与多个特质(社交技能、冲动性、尽责性和情绪稳定性)有关的数据，每种数据都通过多种方法(自我报告、熟人评价和访谈评价)进行测量。

MTMMM分析的首要目的是为评估聚合效度与区分效度提供明确的证据。要达到这个目标，可以部分地通过评估来实现，即评估可能影响两个测量之间相关性的两类重要且不同的方差来源：特质差异和方法差异。要理解这些差异的来源，我们需要想象一下研究人员正在研究这种新的社交技能自我报告测量方法，结果发现，他们的测验得分与情绪稳定性的自我报告测量的分数高相关。这一发现告诉了研究人员什么？

严格地说，这一发现告诉他们，那些被发现具有相对较好的社会技能的人更倾向于具有较高的情绪稳定性。但是，这个发现是反映了两种构想的关系之间存在纯粹的心理现象，还是反映了与这两种构想分离的更多方法论现象？就心理现象而言，这一发现可能表明社交技巧的特质与情绪稳定的特质有共同之处。也就是说，这些测量可能会共享特质差异。例如，具有社交技能的人可能倾向于保持情绪稳定(可能是因为他们的社交技能使他们能够创造具有情感和谐的社交关系)。或者情绪稳定的人可能倾向于变得具有社会技能(可能是因为他们的稳定性使他们在社交场合中感到舒适和高效)。或者可能是社交技能和情绪稳定性都是由其他变量共同造成的(也许存在影响情绪稳定性和社交技能的遗传基础)。这些解释中的每一个都表明，被评估的两种特质——社交技巧和情绪稳定性——在某种程度上真正重叠。由于这些特质具有共同性，因此这些特质的测量值存在相关。

尽管我们倾向于对社交技能与情绪稳定性之间的相关性做出心理解释，但实际上结果可能不需要心理基础。回想一下，我们的例子是基于两个自我报告测量之间的相关性。因此，相关性可能仅由同样的方法方差产生。也就是说，这种相关性是明显的，因为它是基于相同的受访者在某种情况下的自我报告得出的两个测量数据。当测量基于相同的数据源时，除了被测量的主要构想之外，它们可能还会共享其他属性。

例如，人们可能倾向于以非常普遍性的词汇来看待自己——无论是通常意义上"好"的方式还是通常意义上"坏"的方式。因此，自我报告的社交技能与自我报告的情绪稳定性之间的正相关可能仅归因于这样一个事实：报告高水平社交技能的人往往倾向于总体看好自己；因此，他们也倾向于报告高水平的情绪稳定性。同样，报告社会技能水平低的人只是倾向于认为自己总体上不好；因此，他们也倾向于报告低水平的情绪稳定性。在这种情况下，社交技能和情绪稳定性之间的明显相关性并不反映这些测验所测量的两个特质之间具有共同性。相反，相关性只是自我报告测量方法固有的偏差的副产品。也就是说，这种相关性是两项测量共享相同方法(即自我报告)的"人为因素"造成的结果。测量专家会说，这些评价共享了方法差异。

由于特质差异和方法差异的潜在影响，两项指标之间的相关性是一个有点模糊的结果。一方面，强相关性(正面或负面)可能表明这两项测验具有共同的特质差异——测验所测量的心理构想确实具有一定的共性。另一方面，强相关性(同样是正面或负面)可能表明这两项测验共享方法差异——测验结果之间的关系主要是因为它们基于相同的测量方法。

两项测验之间相关性解释起来有些模糊；这也使得对弱相关性的解释复杂化。两个测验之间相对较弱的相关性可能表明这些测验不具有特质差异——他们打算测量的构想没有任何共性。然而，测验之间的弱相关性可能反映了测验方法的差异，从而掩盖了它们打算评估的特质之间的真正相关性。也就是说，这两种特质实际上有相关，但如果通过一种方法(例如自我报告)评估一种特质，并通过不同方法(例如，熟人报告)评估另一种特质，则所得到的相关性可能相当弱。

这些含糊不清的因素在评估构想效度时可能会造成混淆。具体而言，特质差异和方法差异的影响使一组相关性的解释复杂化，这种相关性是验证聚合效度与区分效度的证据。每个相关性都表示特质差异和方法差异的潜在混合。因为研究人员检查构想效度时并不知道特质差异和方法差异对任何单一相关性的真实影响，他们必须仔细检查它们的一系列相关性。这样可以提供对特质差异，方法差异的深入了解，并且最终构建效度。MTMMM 方法旨在阐明这些复杂的相关性，组织相关信息，并通过解释结果，指导研究人员。

正如坎贝尔和菲斯克(1959)所阐明的，MTMMM 检查应引导研究者注意各种相关性，这些相关性代表不同特质差异和方法差异的混合。回想一下我们的例子，研究人员为评估一种新的对社交技能的测量方法，收集了 4 种与特质相关的数据，每种特质都通过 3 种方法测量。让我们现在来关注两个相关关系：一是社交技能的自我报告测量与社交技能的熟人报告测量之间的相关性；二是社交技能的自我报告测量与情绪稳定性自我报告测量之间的相关性。花点时间考虑这个问题：如果新的自我报告测验要被解释为能够有效衡量社交技能，那么两个相关性中的哪一个应该更强?

纯粹基于对被测量构想的考虑，研究人员可能会预测第一个相关性比第二个相关性更强。他们可能会期望第一个相关性较强——毕竟，它是对同一心理构想的测量。相反，他们可能认为第二个相关性相对较弱——毕竟，社交技能和情绪稳定性是不同的心理构想。然而，这些预测忽略了方法差异的潜在影响。

考虑到方法差异，研究人员可能会重新评估他们的预测。请注意，第一个相关性基于两种不同的评估方法，但第二个相关性基于单一方法(即两个都是自我报告测量)。因此，基于方法差异的考虑，研究人员可能会发现第一个相关性比第二个相关性弱。正如这个例子开始时说明的那样，我们可以确定不同类型的相关性，每种类型表示特质差异和方法差异的混合。坎贝尔和菲斯克在 1959 年指出了从 MTMMM 中导出的 4 种类型的相关性(详见表 9-2)。

表 9-2　MTMMM 基础：相关类型，特质差异和方法差异

<table>
<tr><td colspan="2" rowspan="2">两个构想之间的联系</td><td colspan="2">测量两个构想的方法</td></tr>
<tr><td>不同方法(例如，一个构想采用自我报告，另一个采用熟人报告)</td><td>同样方法(例如两种构想都采用自我报告)</td></tr>
<tr><td rowspan="4">不同构想(互不相关)</td><td>标签</td><td>异质异法相关性</td><td>异质同法相关性</td></tr>
<tr><td>差异来源</td><td>不同特质差异和不同方法差异</td><td>不同特质差异和相同方法差异</td></tr>
<tr><td>例子</td><td>自我报告的社交技能测验和熟人报告的情绪稳定性测验</td><td>自我报告的社交技能测验和自我报告的情绪稳定性测验</td></tr>
<tr><td>预期相关</td><td>最弱</td><td>中等</td></tr>
<tr><td rowspan="4">同质或相似构想(相互关系)</td><td>标签</td><td>同质异法相关性</td><td>同质同法相关性</td></tr>
<tr><td>差异来源</td><td>相似特质差异和不同方法差异</td><td>相似特质差异和相同方法差异</td></tr>
<tr><td>例子</td><td>自我报告的社交技能测验和熟人报告的社交技能测验</td><td>自我报告的社交技能测验和自我报告的社交技能测验(比如重测信度)</td></tr>
<tr><td>预期相关</td><td>中等</td><td>最强</td></tr>
</table>

异质异法相关性是基于不同方法测量的不同构想之间的相关(例如，社交技能的自我报告测量与情绪稳定度的熟人报告测量之间的相关)。

异质同法相关性是基于相同方法测量的不同构想之间的相关(例如，社交技能的自我报告测量与情绪稳定度的自我报告测量之间的相关)。

同质异法相关性是基于不同方法测量的相同构想之间的相关(例如，社交技能的自我报告测量与社交技能的熟人报告测量之间的相关)。

同质同法相关性是基于相同方法测量的相同构想之间的相关(例如，社交技能的自我报告测量与其自身相关)。这类相关性反映了信度——一个测验与其自身的相关性。

坎贝尔和菲斯克(1959)阐述了这4种相关性的定义和逻辑，并将它们与构想效度联系起来。表9-3列出了假设相关性完整的MTMMM。该矩阵包括4个特质和3个测量之间的66个相关性，以及沿着主对角线的12个信度估计。这78个值中的每一个都可以用刚刚概述的4种相关性来表征。通过关注MTMMM中组织的各种相关性，对构想效度、特质差异和方法差异进行评估。

同质异法相关表示了聚合效度的证据，在MTMMM中以粗体显示。同质异法相关指的是衡量相同特质的不同方法之间的相关性。例如，自我报告社交技能与熟人报告社交技能之间的相关性为0.40，自我报告社交技能与访谈报告社交技能的相关性为0.34。这些相关性表明，那些将自己描述为具有较好社交技能的人(在新的自我报告测量中)往往被他们的熟人和被访谈者描述为具有高社交技能。这种相当强大的同质异法相关性开始为新的对于社交技能的自我报告测量方法提供良好的会聚证据。但是，这些相关性必须在MTMMM中的其他相关性的背景下进行解释。为了提供有力证据表明其聚合效度与区分效度，社交技能的自我报告测量结果与其他社交技能测量结果的相关应该比社交技能自我报告测量结果与其他无关特质测量结果的相关更高。举例来说，表9-3中的MTMMM表明，正如所预期的那样，同质异法相关性通常大于异质异法相关性(在虚线三角形内部，反映了通过不同方法评估的不同构想的测量之间的关系)。例如，社交技能的自我报告测量与情绪稳定性的熟人报告测量之间的相关性仅为0.20，而社交技能的自我报告测量与严谨性的访谈报告测量之间的相关性仅为0.09。这些相关性，以及大多数其他异质异法相关性显著低于前一段讨论的同质异法相关性(其中0.40和0.34的相关性较大)。

表 9-3 MTMMM 相关集的例子

方法	特质	自我报告				熟人报告				访谈报告			
		社交技能	冲动性	尽责性	情绪稳定性	社交技能	冲动性	责任心	情绪稳定性	社交技能	冲动性	尽责性	情绪稳定性
自我报告	社交技能	(0.85)											
	冲动性	0.14	(0.81)										
	责任心	0.20	0.22	(0.75)									
	情绪稳定性	0.35	0.24	0.19	(0.82)								
熟人报告	社交技能	0.40	0.14	0.10	0.22	(0.76)							
	冲动性	0.13	0.32	0.13	0.19	0.18	(0.80)						
	责任心	0.09	0.17	0.36	0.14	0.14	0.26	(0.68)					
	情绪稳定性	0.20	0.23	0.11	0.41	0.30	0.28	0.18	(0.78)				
访谈报告	社交技能	0.34	0.11	0.19	20	0.23	0.01	0.11	0.19	(0.81)			
	冲动性	0.03	0.25	0.12	0.19	0.06	0.24	0.10	0.14	0.22	(0.77)		
	责任心	0.09	0.09	0.30	0.14	0.09	0.08	0.20	0.06	0.24	0.30	(0.86)	
	情绪稳定性	0.14	0.16	0.08	0.33	0.13	0.12	0.06	0.19	0.44	0.38	0.29	(0.78)

因此，共享特质差异但不共享方法差异(同质异法相关性)测量之间的相关性应该大于既不共享特质差异也不共享方法差异(异质异法相关性)的测量之间的相关性。

对聚合效度与区分效度证据来说，更严格的要求是，社交技能的自我报告测量结果应该与其他方法社交技能测量结果的相关性高于其他特质的自我报告测量结果。表 9-3 中的 MTMMM 表明，正如所预期的那样，同质异法相关性通常大于异质同法相关性(实线三角形内反映了通过相同方法评估的不同构想的测量结果之间的关系)。表 9-3 中 MTMMM 中的值提供了这些相关的混合证据。尽管社交技能自我测量指标与冲动性和尽责性自我测量指标之间的相关性相对较低(分别仅为 0.14 和 0.20)，但社交技能自我测量指标与情绪稳定性的自我报告测量相关性相对较高为 0.35。对聚合效度与区分效度证据的更严格的要求是，社交技能的自我报告测量结果应该与其他方法社交技能测量结果的相关性高于其他特质的自我报告测量结果。因此，社交技能的自我报告测量与情绪稳定性的自我报告测量相互重叠。此外，它与不同构想的测量结果重叠程度与其他社交技能测量方式重叠的程度相同。也就是说，自我报告的社交技能测量与不同特征(即情绪稳定性)的自我报告测量结果之间的相关，和社交技能的自我报告测量结果与测量同一属性(即社交技能)的其他方式之间的相关程度相同。这是一个潜在的问题，因为它引起了对评估社交技能的自我报告测验的区分效度的担忧。因此，共享特质差异但不共享方法差异(同质异法相关)的测量之间的相关性应大于不共享特质差异但共享方法差异(异质同法相关)的测量之间的相关性。理想情况下，研究人员希望看到甚至比表 9-3 中更大的同质异法相关性，甚至更小的异质同法相关性。

总之，由坎贝尔和菲斯克(1959)提出的 MTMMM 分析方法为评估构想效度提供了有用的指导。通过仔细考虑特质差异和方法差异对测量之间相关性的重要影响，研究人员可以使用 MTMMM 分析的逻辑来衡量聚合效度与区分效度。自坎贝尔和菲斯克发表了他们极具影响力的作品以来的几十年里，对测量感兴趣的研究人员开发出了更加复杂的统计分析 MTMMM 研究数据的方法。例如，维达曼(1985)和其他人(Eid et al.，2008；Kenny，1995)已经制定了使用验证性因素分析(见第 12 章)来分析 MTMMM 数据的策略。虽然这些方法超出了我们讨论的范围，但读者应该意识到，心理测量学家一直以坎贝尔和菲斯克的工作为基础而不断扩展。

尽管该方法具有强大的逻辑性和广泛的认识，但 MTMMM 评估聚合效度与区分效度证据的方法似乎并不经常使用。例如，我们对美国心理学会发布的 2016 年《心理评估》杂志上最近三期发表的文章进行了简要回顾。该期刊旨在提供“与评估临床心理学广泛领域有关的实证研究”，包括与“评估工具、量表、观察方法和访谈的开发、验证和应用”相关的研究(APA，n. d.)。在我们的审查中，我们确定了 13 篇文章，均表明更一般性地呈现了与聚合效度、区分效度，或构想效度有关的证据。在这 13 篇文章中，只有两篇提到 MTMMM 方法。此外，这两篇文章中的其中一篇将正向计分键与反向计分键相比，作为分析的“多元方法”组成部分，而所有评估都来源于自我报告。虽然这个评论被公认是有限且非常不正式的，但它强调了我们对使用 MTMMM 分析的频率较低的印象。

无论其使用频率如何，MTMMM 一直是理解和分析会聚与区分效度证据的重要方法。它已经塑造了很多人们关于构想效度的思维方式，并且它是全面理解心理测量学的重要组成部分。

如何量化构想效度

我们将要讨论的用于评估会聚与区分效度证据的最后一种方法是最近发展起来的一种方法。Westen 和 Rosenthal(2003)概述了他们，称之为“量化构想效度”(QCV)的程序，其中研究人员正式量化了两组相关之间的吻合程度：①它们对一组会聚与区分相关性的理论预测；②实际获得的一组相关性。

这种方法如果不是多余的，那它应该听起来很熟悉。事实上，在我们讨论构想效度时，最重要的主题是构想的理论基础指导了效度证据的研究和解释。例如，在前面的章节中，我们讨论了研究人员确定用于评估聚合效度与区分效度证据的标准变量的各种方式，并且我们强调了解释效度相关性与目标构想的概念相关性的重要性。

然而，在实践中，关于会聚与区分效度的证据往往取决于对于效度相关性的解释。例如，在我们先前关于会聚与区分效度证据的“相关集”方法的讨论中，我们表示研究人员经常关注相关性并对相关性与他们的期望相匹配的程度做出主观判断(如基于围绕目标变量构造的规则网络)。我们还指出，研究人员经常判断聚合效度与区分效度相关性模式在评估构想的理论基础方面是否“有意义”。但是如果一个研究人员对有意义的判断与另一个人的判断不一致呢？会聚与区分相关性究竟与实际的理论基础是否相符？

同样，当检查 MTMMM 相关性时，我们表示某些相关性比其他相关性“通常更大”或“显著更低”。然而我们必须承认，这种判断是不准确的，我们在没有定义“通常更大”的含义，也没有讨论究竟“相关性明显低于另一个到底是低多少”的情况下试图模糊地做出判断。总而言之，尽管相关性本身是对关系程度的精确估计，但对于会聚相关性与区分相关性的整体模式的解释往往是以不确切的、主观的方式进行的。

鉴于常见方法对会聚与区分相关性的评估存在不精确性和主观性，QCV 程序旨在为整体证据模式提供更精确和更客观的定量评估。因此，QCV 对精确性和客观性的重视与以前的策略有着重要的不同。QCV 程序的目的是在检验测验解释的效度时回答一个问题：“这个测验标准是否按照理论预测的方式预测了一系列其他测验标准？”(Westen & Rosenthal，2003)。

在 QCV 分析中有两种互补的结果。首先，研究人员获得两种效应量，代表实际相关模式与预测相关模式之间的拟合程度。这些效应大小称为 $r_{\text{alerting}-\text{CV}}$ 和 $r_{\text{contrast}-\text{CV}}$，它们本身是具有相关性的，范围在－1 到 1 之间。我们将更详细地讨论这些效应量的性质，但是对于这两种效应量来说，大的积极效应量表明会聚与区分实际的相关模式与基于被评估构想的概念意义预测的相关模式匹配良好。在 QCV 分析中获得的第二种结果是对统计显著性的检验。显著性检验表明实际相关模式和预测相关模式之间的拟合程度是否可能偶然发生。使用 QCV 程序进行效度研究的研究人员希望能够获得两种效应量的较大值以及统计显著的结果。

QCV 程序可以总结为 3 个阶段。首先，研究人员必须对他们期望找到的会聚与区分效度相关性的模式产生明确的预测。他们必须认真思考研究中包含的测量标准，并且必须根据其与目标变量主要测量标准的相关性对每个标准测验进行预测。例如，弗和他的同事们(Furr, Reimer & Bellis, 2004; Nave & Furr, 2006)制定了一种测量印象动机的方法，它被定义为一个人对其他人产生特定印象的普遍愿望。为了评估量表的会聚与区分效度，要求参与者完成印象动机量表以及 12 个额外的“标准”人格问卷。为了使用 QCV 程序，弗等人(2004)需要对印象动机量表和 12 个标准量表之间的相关性进行预测。他们招聘了 5 名心理学教授担任“专家评委”来完成预测工作。评委们阅读了每个量表的描述，每个量表都提供了关于相关性的预测。然后对这 5 组预测值进行平均从而产生一组预测的相关性。

量表标准和预测相关性如表 9-4 所示。也就是说，我们对会聚与区分相关性的概念导向性的预测进行了具体阐述。例如，评委预测印象动机会与公众的自我意识(例如，“我担心人们对我的看法”和“我想成为他人眼中特别的人”)和归属需要(例如，“我需要感觉到在需要的时候可以求助某些人”和“我希望其他人接受我”)有强相关。评委们预计，那些表示希望给别人留下印象的人应该报告，担心别人对他们的印象以及想要与他人分享归属感的倾向。相反，评委们并不认为印象动机分数会与诸如不信任和复杂性等变量有较高相关，这反映了区分效度的预测。

在 QCV 程序的第二阶段，研究人员收集数据并计算实际的会聚与区分效度相关性。当然，这些相关性反映了主要感兴趣的测量与每个标准变量实际相关的程度。例如，弗等人(2004)收集完成了印象动机量表和表 9-4 中列出的 12 个标准量表的参与者的数据，并计算了印象动机量表和其他标准量表之间的相关性。如表 9-4 所示，这些相关性介于−0.24 到 0.51 之间。在印象动机量表上得分较高的参与者倾向于报告较高水平的公众自我意识和归属感。此外，他们倾向于报告相对较低程度的不信任感，但他们没有显示出灵活性或外向性过高或过低倾向。

表 9-4 量化构想效度过程举例

标准量表	预测相关	实际相关	经 Z 变换后相关性
依赖性	0.58	0.46	0.5
马基雅维利主义	0.24	0.13	0.13
不信任	−0.04	−0.24	−0.24
智慧	0.06	−0.03	−0.03
自我效能感	−0.04	0.12	0.12
外向性	0.18	0.03	0.03
宜人性	0.36	0.39	0.41
复杂性	0.08	0.06	0.06
公众自我意识	0.64	0.51	0.56
自我监控	0.56	0.08	0.08
焦虑	0.36	0.24	0.24
归属需要	0.56	0.66	0.79

在第三阶段，研究人员将会聚与区分相关性的实际模式符合预测相关模式的程度进行量

化。如果匹配程度较好则为被评估测验的预期解释提供了良好的效度证据，但匹配程度差则意味着较差的效度。正如前文所说，拟合是通过两种结果——效应大小和显著性检验来量化的。这两种效应大小反映了会聚与区分效度作为判别一个测验证据的程度。$r_{alerting-CV}$效应大小(或多或少)是预测相关集合与实际相关集合之间的相关性。如果这个值较大可能表明，评委预测相对较大的相关性实际上是相对较大，评委预测相对较小的相关性实际上相对较小。

我们来花点时间检查表 9-4 中的相关性。请注意，例如，评委们预测依赖、公众自我意识、自我监控以及归属需要与社会动机有最大的相关性。事实上，这 4 个量表中的 3 个确实具有最大的相关性。同样，评委预测不信任、智慧、自我效能和复杂性与社会动机之间的关系最弱。实际上，这 4 个量表中的 3 个确实具有最弱的相关性(相对于其他量表)。因此，实际相关的模式通常与评委做出的预测相符。因此，表 9-4 中数据的 $r_{alerting-CV}$值为 0.79，这是一个很大的正相关。实际上，$r_{alerting-CV}$值是作为预测相关组和经过“Z 变换”之后的实际相关组之间的相关性计算的。Z 变换是基于相关系数分布而完成的。然而，对于所有实际目的而言，$r_{alerting-CV}$效应大小仅仅表示评委预测相对较高的相关性实际上相对较高的相关性，表示评委预测相对较低的相关性实际上被证明是相对较低的相关性。

虽然它的计算更复杂，但 $r_{contrast-CV}$效应大小与 $r_{alerting-CV}$效应大小相似，因为大的正值能表示会聚与区分效度更多的证据。具体而言，$r_{contrast-CV}$的计算是针对标准变量之间的相互关系以及主要测验与标准变量之间的相关性的绝对水平两者进行调整。对于弗等人 2004 年收集的数据，$r_{contrast-CV}$值约为 0.68，这再次表明了高度的会聚与区分效度。由于 QCV 程序是一个相对较新发展起来的，至少与我们讨论过的其他方法相比是这样，所以至今没有明确的指导方针怎样将效应量的大小解释为证明效度证据的程度。在这一点上，我们可以简单地说，较高的效应量提供了更多关于效度的证据。

除了两种效应大小之外，QCV 程序还提供了统计显著性检验。基于包括样本的大小以及对会聚与区分效度的支持量在内的许多因素影响，显著的 Z 检验结果可以表明检验结果是否是偶然获得的。

尽管 QCV 方法是潜在的估计会聚与区分效度证据的方法，但它并不完美。例如，较低的效应量大小(即，$r_{alerting-CV}$和 $r_{contrast-CV}$的值较低)可能并不一定证明效度不佳。

较低的效应量可能来自一组不适当的预测相关。如果预测的相关性没能较好地反映围绕目标构想的定律网络，那么一个原本良好的测量产生的实际相关性将与预测结果不匹配。同样，标准变量选择不当也可能会导致效应量较小。如果效度研究中使用的标准变量很少与我们感兴趣的主要的测验相关，那么它们不能很好地代表定律网络。因此，选择用于 QCV 分析的标准变量应该代表一系列明确反映会聚性和区分性证据的强和弱的联系。的确，弗斯滕和罗森塔尔(2005)指出，“所有拟合指数最重要的限制之一就是它们无法解决项目、指标、观察者等的选择是否足以完成任务”。

此外，QCV 程序因为会导致“在预测和实际之间几乎没有一致性的情况下的高度相关性”

(G. T. Smith，2005)而受到批评。也就是说，当观察到的会聚与区分效度相关模式与实际的会聚与区分效度相关模式不匹配时，研究人员仍然可能获得显著较大的 $r_{\text{alerting}-\text{CV}}$ 值，甚至是 $r_{\text{contrast}-\text{CV}}$ 值。弗斯滕和罗森塔尔(2005)承认，这种批评在某些情况下可能是正确的；然而，他们认为 QCV 程序只是用来“帮助理解”，使用者应该在许多概念、方法和统计因素的背景下仔细审查。

最后，由 QCV 程序产生的统计值(例如，$r_{\text{alerting}-\text{CV}}$，Z 检验的显著性等)需要复杂的计算，直到最近，也没有统计软件包提供能够进行这些计算的简单方法。幸运的是，R 语言中的用户友好功能可用于计算，使得研究人员能够相对容易地获得 QCV 统计结果(Heuckeroth & Furr，2017)。

在本节中，我们概述了在测验评估的许多方面可能有用的几种策略；然而，没有一种完美的方法或统计手段来估计测验解释的聚合效度与区分效度。虽然 QVC 并不完美，但它确实存在许多优势。首先，它迫使研究人员仔细考虑在理论上有意义的会聚与区分联系的模式。其次，它迫使研究人员对相关模式做出明确的预测。再次，它持续关注着主要兴趣变量的测量。从次，它提供了一个唯一且可解释的值，反映了预测相关模式与实际获得的相关模式相匹配的总体程度。最后，它提供了统计显著性的检验。在小心使用的前提下，QCV 是对验证效度的方法的重要补充。

影响效度系数的因素

上述策略用于积累解释聚合效度与区分效度的证据。在一定程度上，所有策略都依赖于效度系数的大小——统计结果代表了目标测验与一个或多个标准变量之间的相关程度。在本节中，我们解决影响效度系数的一些重要因素。

在进行效度有关的研究或阅读相关文献时，了解这些因素很重要。为了真正了解效度研究，重要的是理解为什么测验分数可能与关键标准变量强相关或(更成问题地)弱相关。事实上，测验分数与关键标准变量之间没有强相关的原因可能有很多。虽然弱聚合效度可能反映了测验中的缺陷，但我们也需要考虑到，这样的结果可能并不一定真实地反映测验本身的缺点。通过考虑可能影响这些关系的各种因素，进行和解释效度研究的科学家们将会得到更明确和准确的结论。

到目前为止，我们已经强调相关性可以作为一个效度系数，因为它作为一种标准化的关系度量具有可解释性。尽管可以使用其他统计值来表示测验与标准变量(例如回归系数)之间的关系，但大多数值是建立在相关系数上的。因此，我们的讨论集中在影响测验和标准变量之间相关性的一些关键的心理学、方法学、心理测量学和统计学因素上。

构想之间的关系

影响两种构想之间相关性的一个因素是这些构想之间的“真实”关系。如果两个构想彼此之间有强烈联系，那么这些构想的测量结果可能会彼此高度相关。相反，如果两个构想彼此不相关，那么这些构想的测量结果可能会彼此弱相关。事实上，一般当我们进行研究时，我们通常将我们观察到的关系(例如，我们研究中测量的变量之间的相关性)解释为我们感兴趣的构想之间的真实相关性的近似值。当我们进行效度研究时，我们预测两种测量结果会相关，因为我们相信这两种构想是相互关联的。

随机测量误差与信度

在第5至第7章中，大家了解了基础概念，估计以及信度的重要性(作为随机测量误差的指标)。正如我们在这些章节中讨论的那样，随机测量误差的一个重要含义就是它对测验之间相关性的影响——它减少或减弱了测验间的相关性。因此，随机测量误差会影响效度系数，就像影响任何其他相关性一样。正如我们在前面的章节中看到的，两个构想的测验(比如 X 和 Y)之间的相关性是两个构想之间的真实相关性的函数。

两个测试的信度(如果经典测量理论的关键假设成立)：

$$r_{X_oY_o}=r_{X_tY_t}\sqrt{R_{XX}R_{YY}} \qquad (式 9\text{-}1)$$

在这个等式中，$r_{X_oY_o}$ 是两个测验之间的相关性(即观察得分之间的相关性)。更具体地说，它是主要目标测验(例如“X”测验)和标准变量测验(“Y”测验)之间的效度相关性。另外，$r_{X_tY_t}$ 是两个构想之间的真实相关性，R_{XX} 是目标测验的信度，R_{YY} 是标准变量测验的信度。

例如，Furr 等人在他们对印象动机测量的聚合效度证据的研究中(Furr，2004；Nave & Furr，2006)对印象动机与公众自我意识之间的相关性感兴趣。想象一下这些构想之间的真正相关性是 0.6。如果两个测试的信度很差，那么实际的效度相关性会是多少？如果印象动机测验的信度为 0.63，而公共自我意识测验的信度为 0.58，则所获得的实际效度系数仅为 0.36 ($0.6\times\sqrt{0.63}\times\sqrt{0.58}$)。

回想一下，为了评估聚合效度，研究人员应该将它们的相关性与他们所期望的基于被测量构想得到的相关性进行比较。在这种情况下，如果弗等人(2004)期望找到接近 0.6 的相关性，那么他们可能对得到的“唯一”的效度系数 0.36 很失望。因此，研究者可能会得出结论，该测验作为测量印象动机的工具效度较差。

请注意，效度系数受两个信度的影响：①目标测验的信度；②标准测验的信度。因此，主要的目标测试可能是预期构想的一个很好的测量标准，但效度系数似乎很差。例如，如果印象动机测验具有 0.84 的良好信度，但公众自我意识测试的信度非常差只有 0.4，那么获得的实际效度系数仅为 0.35($=0.6\times\sqrt{0.84}\times\sqrt{0.4}$)。

因此，即使主要测验具有很强的理论性和有效的解释性，使用信度较弱的标准测量也会产生较差的效度系数。因此，在评估效度相关性的大小时，重要的是考虑主要目标测验的信度和标准测验的信度。如果其中一方或两方相对较弱，则所得到的效度相关性可能显得相对较弱。

这可能是对标准变量的一个特别重要的考虑因素。即使主要的目标测验可以很好地测量其预期构想，我们也可能发现效度相关性较差。也就是说，如果我们使用的测量标准很差，那么我们不可能找到支持目标测验效度的证据。这个问题十分重要，但也很容易忘记。

对于识别有问题的信度级别和处理这些问题，有一些粗略的指导原则。正如第 5 章所提到的，如果测试的信度高于 0.7 或 0.8，就可以达到研究人员普遍满意的程度，而信度水平更高甚至更好。如果一个测验或一个标准变量的信度远低于此，那么我们就会担心它对效度系数的影响。当然，信度越低，我们的担心就越大。

至少有两种方法可以处理类似问题。一种是简单地折算基于低信度的效度系数，或者至少减少人们在考虑信度作为效度证据时的权重。

另一种方法是使用第 7 章讨论的衰减校正逻辑来调整效度系数。但是，仅对标准变量的信度进行调整可能是有意义的。也就是说，如果验证分析的目的是评估特定心理测量的质量，那么原测验就似乎不适用于调整，因为它缺乏心理测量的质量。因此，为了仅调整一个测验的信度，研究人员可以在衰减校正中使用以下方式：

$$r_{XY-adjusted}=\frac{r_{XY-original}}{\sqrt{R_{YY}}}。 \qquad (式 9\text{-}2)$$

其中，$r_{XY-original}$是原始效度相关性，R_{YY}是标准变量的估计信度(即，标准变量不是被验证的目标测验)，$r_{XY-adjusted}$是调整后的效度相关性。该等式通过假设标准变量的测量没有任何测量误差来调整效度相关。

限制范围

回顾第 3 章，相关系数反映了两个分数分布之间的协变性。也就是说，它表示一个分数分布(例如，待验证的测验分数)中的变化与另一分数分布的变化(例如，标准变量测验分数)的关系。从这个角度来看，重要的是要认识到一个或两个分数分布的变化量可以影响两组分数之间的相关性。具体而言，如果一个或两个变量的分数范围受到限制，那么两个变量之间的相关性就可以降低。

一个典型的例子是 SAT 分数与学业成绩之间的相关。早些时候，我们讨论了这样一个事实，即评估大部分 SAT 分数质量的证据都取决于 SAT 分数与学业成绩之间的相关性，以 GPA 来代表学业成绩。事实上，大学可能希望评估 SAT 分数作为学生 GPA 预测工具的有效性。也就是说，学院会检查 SAT 成绩相对较高的学生是否倾向于在大学里有相对较好的表现。隐藏的含义是，这个标准要求 SAT 分数相对较低的人在大学中的表现往往相对较差。为了证明这种联系，学院需要证明 SAT 分数分布的可变性与大学 GPA 分布的可变性相一致。然而，证明这种相关的能力被两个方面所限制。

首先，GPA 作为衡量学习成绩的指标存在全距限制。在大多数学院，GPA 的范围只有 0 到 4.0。任何学生能做到最差的 GPA 是 0，任何学生能做到最好的 GPA 是 4.0。但是 GPA 的这个 4 分制范围是否真正反映了全部可能的学术表现？比如说两位学生，利奥和玛丽，他们在课堂上表现良好，并且在所有课程中都有能力获得 A。尽管利奥表现出色，但他的每门课程都没有获得 A。所以他勉强获得了 4.0 的 GPA，4.0 在某种意义上代表了他学习成绩的上限。玛丽也在所有课程中表现良好。但是，玛丽在每门课程中的表现均优于其他学生。在每一门课程中，她都是唯一一位在任何考试中都能获得 A 的学生，并且她确实掌握了教师教授的所有知识。所以玛丽也获得了 4.0，但她的 4.0 在某种程度上低估了她的学术能力。她掌握了所有的知识，以至于她的教授们希望她的成绩高于 A。尽管利奥和玛丽在学业成绩方面获得了相同的“分数”(即他们的 GPA 都是 4.0)，但他们的表现质量实际上是不同的。利奥完全获得了他的 4.0，并应该为此感到自豪，但教授们可能会同意玛丽的学术成绩优于他。因此，GPA 四分制限制了学业成绩测量的范围。

请注意，GPA 在高分端和低分端两个方向都受限制。以珍妮和布鲁斯为例。尽管珍妮和布鲁斯都不及格，但布鲁斯差点通过了每堂课。另外，珍妮甚至没有接近任何课程及格的标准。所以布鲁斯和珍妮都获得了 0 的 GPA，但从某种意义上说，布鲁斯的成绩比珍妮要好。在考试成绩，作业成绩和论文成绩方面，布鲁斯的成绩优于珍妮(即布鲁斯每次作业得到 59 分，而珍妮每次作业得到 30 分)。尽管他们在本学期的表现有所不同，但由于 GPA 的评分最低为 0，所以珍妮和布鲁斯的 GPA 一样。

图 9-1a 中的散点图显示了一个为大学 5000 名学生设定的假设的数据集，可能能够对评估 SAT 作为学业成绩预测的效度有所帮助。这个散点图显示了 SAT 分数与“无限制”的大学 GPA 之间的理想关系。也就是说，它为学习成绩被 GPA 四分制所限制的学生提供分数。请注意，图中有一些不受限制的 GPA 低于 0，反映出珍妮和布鲁斯这样的学生之间的差异。另外一些 GPA 成绩高于 4.0，反映了像利奥和玛丽这样的学生之间的差异。

对于图 9-1a 中显示的数据，SAT 分数和 GPA 之间的相关性为 0.605。这表明，SAT 分数相对较低的学生往往会有相对较低的“无限制”GPA(很明显，SAT 分数相对较高的学生往往会拥有相对较高的“无限制”GPA)。

但是，正如刚刚讨论的那样，GPA 实际上受到限制。因此，理论上 GPA 可能达到 5.0 或 6.0 的学生在实际中只能获得 4.0。同样，GPA 可能低于 0 的学生实际上也不会低于 0。因此，从抽象意义上讲，GPA 高于 4.0(或低于 0)的所有学生实际上将获得 4.0(或 0)的 GPA。

考虑到这一点，图 9-1b 中的散点图显示了同样 5000 名学生基于“4 分制限制”的 GPA。请注意，现在没有 GPA 高于 4.0——在 4.0 处“超出”。也没有 GPA 低于 0——最低为 0。这个散点图似乎更加被压缩，SAT 分数和 GPA 之间的关系可能不像第一个散点图(图 9-1a)那样清晰。因此，对于图 9-1b 中显示的数据，SAT 分数和 GPA 之间的相关性稍微降低到 0.603。所以，GPA 范围的限制对相关性的影响非常小。

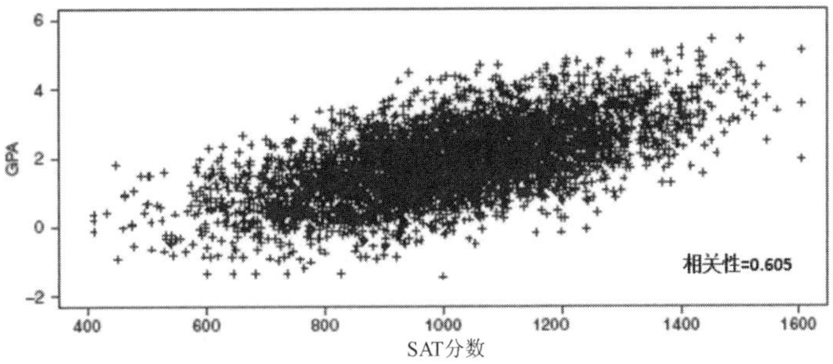

9-1a 未被限制的SAT分数与未限制的GPA的散点图

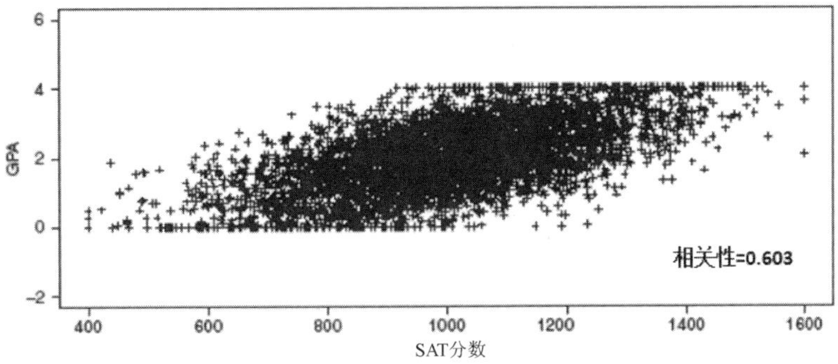

9-1b 未被限制的SAT分数与被限制的GPA的散点图

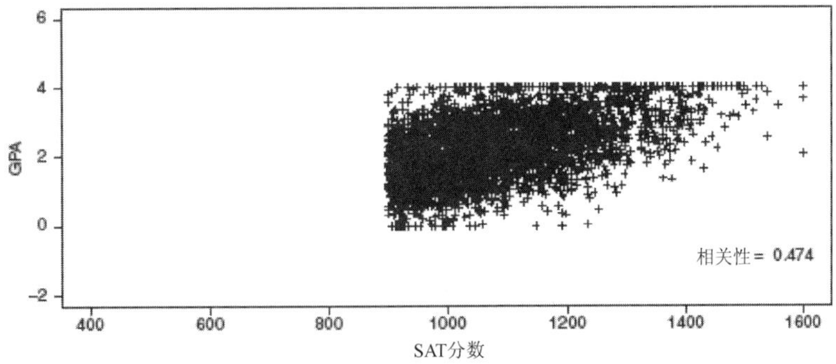

9-1c 被限制的SAT分数与被限制的GPA的散点图

图9.1 全中限制示例图

第二种使SAT分数与学业表现之间关系的全距限制最小化的方法是，计算大学实际获得GPA的人数。也就是说，SAT分数很低的学生比SAT分数较高的学生更不容易上大学。如果一所大学确实要对SAT分数与学业成绩之间的关系进行真正的研究，那么它可能被所有SAT分数学生的子样本所限制。这是因为它只限于那些参加SAT考试且被录取的学生才有资格获得GPA。无论是好还是坏，并不是所有参加SAT考试的学生都可以上大学。例如，竞争激烈的大学很可能不愿意录取SAT成绩低于900分的学生。在我们假设的5000名学生数据集中，将近1400名学生的SAT成绩低于900分。实际上，这些人可能没有被录取到那些竞争性学院进行学习；因此，他们永远不会有大学GPA。

考虑到这一点，图9-1c中的散点图显示了SAT分数大于900的其余3605名学生的数据。请注意，SAT分数不低于900的人是对于全距限制的明显例证，我们假设这些人中没有一人会被录取到竞争性大学，因此他们不会被纳入 SAT 分数与大学 GPA 之间相关关系的分析。显然，这个散点比前两个更加压缩。因此，对于图 9-1c 中显示的数据，SAT 分数和 GPA 之间的相关性降低到了 0.474。

遗憾的是，对于限制范围的检测并没有明确、简单的指导方针；相反，它需要研究人员地认真思考和积极关注。例如，它需要关于相关测验或变量的知识(例如，知道 GPA 分数范围从 0到 4，SAT 分数范围从 400 到 1600)。此外，规定限制范围还需要对相关测验中获得的分数与可能分数的范围进行比较。例如，需要研究人员在给定的分析中检查 SAT 分数的实际范围，并将此范围与可能的 400 到 1600 分范围进行比较。如果获得的分数范围与可能的分数范围有很大的不同，那么可能有理由担心全距限制。更为巧妙的是，如果获得的分数范围落入可能分数分布的某个“侧面”内，那么需要对全距限制带来的影响特别加以关注。例如，我们分析的 SAT 分数主要是考虑 SAT 分数的高分端，没有一个在 400 到 900 分的范围内。

尽管没有简单的技巧来检测全距限制，但是存在用来调整或校正相关性从而解释全距限制的程序(Hunter，Schmidt & Le，2006；Sackett & Yang，2000；Schmidt，Oh & Le，2006；Thorndike R. L.，1949)。对各种案例和程序的全面讨论超出了本节的范围，但我们将描述一种最常见的纠正方法(Thorndike，R. L.，案例 2，1949)。此校正适用于相互关联的两个变量其中一个遭受全距限制的情况。

再想象一下那些想要检查 SAT 预测效度的学校，之前发现限制后 SAT 分数与 GPA 之间的相关性为 0.474。假设他们对 SAT 分数的全距限制表示担忧，并希望获得校正后的相关性。

要计算校正的相关性，他们只需要 3 个值。

第一个值是实际获得的相关性(被限制范围后)，在此研究中 $r_{\text{restricted}}=0.474$。这是基于“限制范围”SAT 分数的相关性，这正是他们希望在 SAT 分数范围内进行校正的原因。

第二个值是样本中“限制范围”后 SAT 分数的标准差($s_{\text{restricted}}$)。对于图 9-1c 中的 3605 个 SAT 分数，这个值是 $s_{\text{restricted}}=129.55$。回想一下(第 3 章)标准差反映了一组分数之间的变化量。看起来，样本中 3605 名学生的 SAT 分数的范围比 SAT 分数没有在 900 分时被截断的 SAT 分数范围要小得多。

第三个值是没有限制范围时 SAT 分数的标准差——这是 SAT 分数更全面范围内的标准偏差($s_{\text{unrestricted}}$)。这是一个可能需要猜测的值，因为研究人员可能没有数据用来计算它。就我们研究中的大学而言，也许学院可以计算在招生过程中收到的所有 SAT 的标准偏差——来自未被录取的申请人的分数，以及来自其他人的分数。另外，也许有其他公开来源能够提供扩大了样本的标准差。如果是这样，那么学校可能会简单地使用这些值来作为 $s_{\text{unrestricted}}$。对于目前的情况，我们假设学校确实计算了收到的全部 5000 名申请人的标准差。对于图 9-1b 中的 5000 个数据，该值是 $s_{\text{unrestricted}}=181.63$。正如预期的那样，这个值明显大于限制标准偏差($s_{\text{restricted}}=129.55$)，即 SAT 所取样本的 SAT 分数范围实际上比更全面的分数范围窄得多。

使用这 3 个统计值，学院可以计算校正全距限制后($r_{\text{unrestricted}}$)的相关

$$r_{\text{unrestricted}}=\frac{r_{\text{restricted}}\left(\frac{s_{\text{unrestricted}}}{s_{\text{restricted}}}\right)}{1+r_{\text{restricted}}^{2}\left(\frac{s_{\text{unrestricted}}^{2}}{s_{\text{restricted}}^{2}}-1\right)} \quad (式 9\text{-}3)$$

在我们假设大学的这个案例中：

$$r_{\text{unrestricted}}=\frac{0.474\times\frac{181.63}{129.55}}{\sqrt{1+0.474^{2}\left(\frac{181.63^{2}}{129.55^{2}}-1\right)}}$$

$$=0.602$$

请注意，这与图 9-1b 中的相关性确实非常相似(在误差范围内)。这个例子概述了研究人员希望在一个变量中纠正“全距限制”对相关性的影响的过程。然而，也可能会出现其他情况(例如，纠正两个变量的全距限制)。有兴趣的读者可以可自行查阅资料(Hunter et al.，2006；Sackett & Yang，2000)。

总之，我们的 SAT 分数和 GPA 例子说明了全距限制及其对效度相关性的影响。具体来说，全距限制降低了效度相关性，因此似乎提供了相对较差的效度证据。在评估心理测量的质量时，我们通常依赖于相关性(或基于相关性的其他统计值)来反映聚合效度和区分效度。正如我们所讨论的，当搜索会聚证据时，我们期望找到强相关性。但是，我们也要意识到限制范围会导致效度研究中实际获得的相关性降低。在当前的例子中，SAT 分数和 GPA 之间的相关性受到两种限制的影响，“全距限制”后 SAT 分数与 GPA 之间的相关性比“无限制”相关性要小一些。测验使用者和测验开发者应该意识到范围全距会影响效度相关性，并且他们可能会选择“纠正”这些影响。

偏度和相对比率

影响效度系数大小的另一个因素是测验分数分布的“偏度”。在第 3 章中，我们提到一些分数的分布可能是“正常的”或对称的，其高分与低分一样多。但是，其他分布可能会出现偏差，并且低分与高分的比例不平衡(见图 3-1 和图 3-2)。

虽然这个因素可能并不像影响效度系数的其他因素那样广为人知，但变量的偏度会对相关性产生强大的影响(Dunlap，Burke & Greer，1995)。具体而言，如果两个相关变量具有不同的“偏度”，那么这些变量之间的相关性将会降低。

例如，设想一个变量正态分布的情况(即未校正，见图 3-1)，但另一个变量的分布以某种方式严重偏斜(例如，图 3-2a)。在这种情况下，这两个变量之间的相关不可能是 1.0；事实上，它可能被一些相对较小的值限制。相反，假设两个变量都不对称并且两者都是正态分布的。在这种情况下，两个变量之间的相关性可能达到 1.0，并且如果其他所有条件相同，它将大于第一种情况下的相关性(其中一个变量是倾斜的)。因此，如果对严重偏斜的变量进行验证性研究，那么我们可能获得相对较小的效度系数。

为了演示和讨论这种效应，以连续变量和二分变量之间的相关为例可能是最直接的。想象一下，我们开发了一个自我报告问卷来测量抑郁症。我们想通过将其分数与受过训练的临床心理学家诊断的相关来评估其聚合效度。为此，我们招募了一些参与者完成我们的问卷并接受临床医生采访。然后临床医生为每个参与者提供诊断，标记每个参与者为抑郁症或非抑郁症。因此，我们的主要目标测验(即自编的自我报告问卷)结果是连续变量的，而标准测验(即临床医生诊断)结果是一个二分变量，代表了两组参与者——那些被诊断为抑郁症的参与者和那些没有被诊断抑郁症的参与者。为了评估新问卷作为测量抑郁症工具的效度，我们可以计算这两个变量之间的效度相关性。事实上，我们希望能够发现参与者回答的新问卷的分数与临床医生的评分密切相关。

在这种情况下，两组参与者的相对比率类似于诊断变量的偏差。也就是说，如果两组参与者数目相同，则诊断变量不会有偏差；但是，如果两组数目不一样，那么诊断变量就会以某种方式偏斜。例如，如果只有小部分参与者被诊断为抑郁症，那么诊断变量将以与图 3-2a 中的散点图相似的方式严重偏斜。因此，如前所述，两个变量之间的效度相关性会受到两组中参与者的相对比率的影响。更确切地说，问卷评分与临床医生诊断之间的效度相关性的大小受被诊断为抑郁症的参与者比例的影响(与没有被诊断为抑郁症的参与者相比)。如果组的大小相等，那么此时效度相关可能会比组大小不相等时效度相关更大(McGrath & Meyer, 2006)。从这以后，如果我们的验证研究是针对参与者人数严重不等的团体进行的，那么我们可能获得相对较小的效度系数。

让我们仔细研究这种影响。如果我们在这个例子中计算效度相关性，那么每个参与者将在两个变量——抑郁症问卷分数和诊断类别——上都有答案，如表 9-5 中的假设数据所示。显然，抑郁症问卷分数已经在量化的范围内(我们规定分数可以是 0～30)。但是，诊断类别变量必须量化，以便我们可以计算效度相关性。为此，我们为诊断为非抑郁症的所有参与者分配一个值，并向诊断为抑郁症的所有参与者分配另一个值。

表 9-5　举数据说明相对比率对效度系数的影响

被试	抑郁问卷	专家诊断	诊断编码
1	6	非抑郁症	1
2	5	非抑郁症	1
3	7	非抑郁症	1
4	1	非抑郁症	1
5	11	非抑郁症	1
6	9	非抑郁症	1
7	3	非抑郁症	1
8	6	非抑郁症	1
9	4	非抑郁症	1

续表

被试	抑郁问卷	专家诊断	诊断编码
10	8	非抑郁症	1
11	10	非抑郁症	1
12	2	非抑郁症	1
13	5	非抑郁症	1
14	7	非抑郁症	1
15	6	非抑郁症	1
16	10	抑郁症	2
17	15	抑郁症	2
18	5	抑郁症	2
19	8	抑郁症	2
20	12	抑郁症	2
平均数	7.00		0.25
标准差	3.39		0.43
协方差		0.75	
相关		0.51	

这些值可以是 1 和 2、1 和 10、−1 000 和 1 000，或任何其他数字对(只要每个组中的所有人都赋予相同的值)。就我们的目的而言，我们将未被诊断抑郁症组编码为“1”，将抑郁症组编码为“2”(见表 9-5)。回想第 3 章，两个变量之间的相关性是两个变量之间的协方差除以两个标准差的乘积(见式 3-5)。对于一个连续变量(C)和一个二分变量(D)之间的相关性，相关性(r_{CD})为

$$r_{CD}=\frac{C_{CD}}{S_C S_D},\qquad (式 9-4)$$

其中，C_{CD} 是两个变量之间的协方差，S_C 是连续变量的标准差，S_D 是二分变量的标准差。

这些数值中的两个直接受到两组观察值的比例的影响，就像二分变量定义的那样。假定一组编码为“1”(对于组 1)，一组编码为“2”(对于组 2)，则协方差为

$$C_{CD}=P_1 P_2(\bar{C}_2-\bar{C}_1),\qquad (式 9-5)$$

其中，P_1 和 P_2 分别是被诊断为抑郁症者和未被诊断为抑郁症的参与者的比例，$\bar{C}_1$ 是第 1 组中参与者的连续变量的均值，$\bar{C}_2$ 是第 2 组参与者的连续变量的均值。在我们的数据集中，20 位参与者中的 15 位在非抑郁症诊断组(第 1 组)中，5 位参与者在抑郁症诊断组(第 2 组)中。因此，这两个比例是 0.75(15/20=0.75)和 0.25(5/20=0.25)。此外，非抑郁症参与者平均得分为 6 分，抑郁症参与者平均得分为 10 分。因此，协方差为 0.75[=0.75×0.25×(10−6)]。

二分变量的标准差也受二分变量定义的两组观察比例的影响。同样，假设这些组被编码为“1”(对于组 1)和“2”(对于组 2)，则基于我们第 3 章和式 3-9 中对二进制(即二分)项目的讨论，

我们知道这个标准差应该是：

$$S_D = \sqrt{P_1 P_2}。\quad (式 9\text{-}6)$$

对于表 9-5 中的数据，二分法“诊断”这个变量的标准差为 0.433（$=\sqrt{0.75\times0.25}$）。

考虑到这些条件，相关性的方程可以被重新构造和简化，以显示相对比率对相关性的直接影响：

$$r_{CD} = \frac{P_1 P_2(\bar{C}_2 - \bar{C}_1)}{S_C \sqrt{P_1 P_2}},$$

$$r_{CD} = \frac{\sqrt{P_1 P_2}(\bar{C}_2 - \bar{C}_1)}{S_C}。\quad (式 9\text{-}7)$$

对于表 9-5 中的数据，其效度相关性就等于 0.51$\left[=\frac{\sqrt{0.75\times0.25}\times(10-6)}{3.39}\right]$。

这种相关性是正向的且较为显著，表明我们新的量表与临床医生的诊断之间有很好的一致性。更具体地说，它显示那些诊断变量得分相对“高分”的参与者在抑郁症量表上的分数也往往比那些诊断变量分数相对较低的参与者的抑郁症量表分数更高。在诊断时想到“高分”或“低分”似乎很奇怪，但请回想一下我们对诊断进行编码的方式（表 9-5）。也就是说，我们对诊断变量进行了编码，从而使被诊断为抑郁症的参与者（得分为 2）具有比被诊断为非抑郁症（得分为 1）的参与者（得分为 1）“更高”的诊断分数。因此，我们可以将相关性解释为，被诊断为抑郁症的参与者（即那些诊断变量得分相对较高的参与者）与那些被诊断为非抑郁症的参与者相比，倾向于在抑郁症问卷上获得高分。这种发现模式将为我们的新问卷作为测量抑郁症的工具提供一些效度的证据。然而，值得考虑的是偏差（即当前例子中的组间大小差异）如何影响了这种效度相关性。

式 9-6 揭示了组间不同的比率对效度相关性的影响。在其他条件相同的情况下，相同数目的团体将获得与数目不等团体相比更大的相关性。如果两组数目相同，那么这两个比率是 0.5 和 0.5。这两个比率（0.5×0.5=0.25）的乘积是任意两个比率乘积的最大值。也就是说，任何其他配对方式的比率都会产生小于 0.25 的结果，并且组间大小差异越大，结果越低（例如 0.4×0.6=0.24，0.1×0.9=0.09）。如式 9-7 所示，所有其他条件相同时，较低的比率会产生较低的相关性。

例如，考虑到两个组的差异比 0.75 和 0.25 之间差异更悬殊的条件下，我们获得的效度相关性会怎么变化。让我们设想，如果抑郁组仅占样本的 10%，但所有其他值相同（即在抑郁问卷上的组平均数相同，组标准差也相同）：

$$r_{CD} = \frac{\sqrt{0.9\times0.1}\times(10-6)}{3.39}$$

$$=0.35。$$

在这种情况下，与群体大小接近均匀的情况相比，效度相关性将显著降低。根据特定研究中的具体值，偏差的影响可能会导致相关性很低，以至于我们可能会怀疑我们的新问卷作为测量抑郁症的指标缺乏有效性。

总之，可能影响效度系数的一个微妙因素是被检验的变量的偏差。正如两组人的相对比率告诉我们的那样，如果一个效度系数是基于一个偏差变量(例如，参与者的相对比率非常不相等的二分变量)，那么最终的效度系数可能会低于预期估计值。在解释效度系数时应该牢记这个问题。同样，对于一个变量是否会如此偏差以至于引起严重差异，也没有经验法则可以判断。然而，研究人员和读者应该注意这种可能性；他们应该研究效度研究中变量的偏差并相应地调整他们的期望值。在任何高度偏差的变量的分析中，或者更具体地说，当一个变量偏差而另一个没有偏差时(或者另一个偏差的方式不同)时，我们应该对效度系数的期望降低。

方法差异

我们在前面介绍 MTMMM 时讨论了方法差异，在这里不再多说。然而，方法变异对结果的影响不仅是在 MTMMM 分析中的表现出来的那样。无论什么时候，研究人员将测验分数与不同测验方法的分数相关联，方法差异都可能会降低相关性。或者更确切地说，两种不同测量方法之间的相关性可能小于单一测量方法之间的相关性。

这个问题对于效度系数具有重要意义。在评估效度系数时，我们对来自不同测量方法之间相关性的证据留下的印象比单一测量方法相关性更深。

例如，假设我们正在评估一项新的社交技能的自我报告测验。作为验证工作的一部分，我们可能会根据社交技能与魅力相关的概念基础，将新测验的得分与自我报告魅力测验的得分相关起来。我们可能惊喜地发现两个测量结果之间相关性为 0.40，我们可能将这些结果解释为聚合效度的证据。毕竟，这些研究结果表明，那些报告具有高社交技能的人(根据我们的新测验)也报告说相对具有更高的魅力。尽管我们对找到这些结果感到满意，但如果我们发现社交技能自我测量指标与魅力的熟人报告指标之间的相关性为 0.40，我们可能会更高兴。也就是说，如果我们可以说在新的社交技能测验中得分高的人被他们的熟人描述为更有魅力的话，那么结果就会更加引人注目。当通过不同的评估方法测量两个变量之间的相关性，比通过相同的方法测量两个变量之间的相关性更低。仅基于自我报告的效度研究具有信息量大和普遍性好的优点，但它们并不完美。

自我报告数据相对容易获得，价格便宜并且通常质量相当好，因此，我们并不是在暗示自我报告数据不如其他形式的测量数据。然而，由于相同方法的差异，完全基于自我报告问卷的相关性可能被夸大(另见第 10 章讨论反应偏差)。相反，基于两种不同评估方法的数据的相关性不太可能被人为夸大。因此，不同评估方法常用作自我报告数据的重要补充。在解释基于不同测量角度(自评和他评)的相关性时，重要的是认识到它们可能比仅基于方法差异导致的自我报告数据的相关性更小。

时间

我们已经看到，有时可以通过在一个时间点(例如 SAT)的测量与在稍后时间点(例如，大学 GPA）测量的标准变量之间的相关性来评估构想效度。在所有其他条件相同时，基于不同时间点测量的变量之间的相关性（即预测性效度相关性）的效度系数可能小于基于在同一时间点测量的变量之间的相关性系数（即同时效度相关性）。而且，两个时间点之间间隔的周期越长，产生的预测效度相关性越小。

对单一事件的预测

影响效度系数的一个重要因素在于标准变量基于对单个事件的观察还是基于对多个事件的聚集或累积。例如，假设你制作了一个问卷用来测量外向性。假设您希望通过将其分数与社交互动中的“健谈”变量相关来收集聚合效度的证据。以你对外向性的理解，外向性人格在社交互动中应该是相对健谈的，所以你期望在你制作的问卷得分和对“健谈”的测量分数之间找到中等或较强的正相关。

为了测试这个测验的预测效度，让我们假设你招募了 50 名参与者作为样本，他们完成了问卷调查，然后与另一个陌生的“伙伴”进行了 5 分钟的社交互动。然后，合作伙伴使用 1 到 10 的等级对参与者的“健谈”程度评分，评分越高表示越健谈。计算自制外向性问卷和健谈程度评分之间的相关性，发现只有一个弱的正相关。于是你感到失望，并且不得不认为你的问卷是一个很差的外向性测验。

在决定修改测验或完全放弃测验之前，你应该考虑标准变量的性质。具体而言，你应该知道，上述结果是基于在单一社交情境（即与异性陌生人进行 5 分钟互动）中观察单一行为（即健谈性质）。或许问题超出了方法差异的范围，你应该考虑许多因素会影响个人在某个时候的健谈。比如，个人心情如何？伙伴的表现？是否有规定的任务或话题抑制了个人的健谈？

如果你在多个不同的时间点或在一段时间内收集了对参与者的观察结果，那么获得的效度相关性可能会更大。由于各种原因，包括信度较低的影响，单个事件比多个事件聚集的可预测性更低（Epstein，1979）。

埃布尔森（1985）提供了一个特别引人注目的例子来解释单一事件的预测难度。一些棒球运动员的奖金可以达到数千万美元，部分原因是他们的平均击球数量比普通球员高得多。显然，棒球队的所有者和经理们认为，高击球平均数的球员要比低击球平均数的球员的成功率高得多。也就是说，在任何单人比赛中，击球平均得分高的球员比击球平均得分低的球员的击球机会要多得多。但这是真的吗？比赛成功率有多少可以通过击球平均得分来解释的？埃布尔森检查了棒球统计数据，以评估击球得分（从 0 到 1.0）与任意单场比赛中的成功率之间的关系。

埃布尔森（1985）的分析揭示了他为什么说击球技巧（如击球平均得分所示）与单人比赛成功率之间的相关“小得可怜”。借助这样一个小的统计相关性，他开始考虑为什么他、其他统计专家、其他棒球迷甚至棒球经理都认为击球平均得分是一个如此重要的问题。他总结说：“个人击球手的成功是在一个漫长的赛季中进行适当的测量，而不是用个人在单场比赛中的成败来衡量。”也就是说，尽管预测单个事件（即单次比赛获胜）的能力可能微不足道，但重要的是许多此类事件的累积效应。即使任何单一事件的可预测性水平微不足道，都会随着这些事件的积累而产生更大程度的可预测性。

总而言之，单一事件——无论他们是单场棒球比赛还是特定社会情境中的特定社会行为——可能都难以预测。就效度系数而言，人们必须考虑单个事件预测性与标准变量之间的问题。标准变量是否被预测为单一事件，比如对社会行为的单一观察结果？或者，标准变量是一个累积变量，比如许多观察事件中的社会行为的平均水平？当标准变量是基于多个事件的累积而不是仅基于单个事件时，我们更可能获得较大的效度系数。在获得效度系数后，必须对其进行解释。测验开发人员、评估人员和使用者必须辨别效度系数是否足够大，并提供令人信服的聚合效度证据，或者效度系数是否足够小并提供区分效度证据。

解释效度系数

在获得效度系数后，我们必须对其进行解释。测验开发人员、评估人员和使用者必须决定效度系数是否足够大到提供令人信服的聚合效度证据，或者是否足够小到以提供区分效度证据。

虽然它是量化两种测量之间关系程度的精确方法，但相关系数可能并不是一个直观的数值。特别是对于一个研究领域的新人来说，相关性的知识，例如相关性为 0.4，并不总是非常有用。根据经验，这个趋势似乎是让人们注意到，0.4 似乎离 1.0 的完美相关还差得远，因此他们认为这个相关性相当小。对于那些对行为科学相关性不习惯的人来说，任何不完美的相关通常都被认为是一种有点弱的联系。

这种趋势在评估效度系数时可能会产生问题，尤其是在与缺乏相关经验的人讨论效度时。例如，公司的人力资源总监可能需要说服雇主、参与考试的人或律师，说特定考试成绩是工作绩效的有效预测指标。为了证明她的观点，她引用了研究证据显示测试分数与工作表现之间的相关性为 0.4。正如我们所知，这表明在测验中得分相对较高的人往往具有更好的工作表现。然而，雇主、参与考试的人或律师可能会以不同的方式解释这些证据。事实上，他们可能会认为 0.4 的相关性远非完美，他们甚至可能将其解释为证明测验无效的证据！人力资源总监怎么能说服其他人这个测验实际上是一个有用和有效的预测指标？

如上所述，诸如构想之间的真实相关性、方法差异、相对比率和信度等问题都是影响效度系数大小的一些关键因素。一些其他重要问题在对效度系数的大小和含义进行整体解释的过程中相互关联。

相关性平方和“变异解释”

在心理学研究中解释变异做法是使用相关性的平方。具体而言，两个变量之间的相关性的平方通常被解释为一个变量的变异比例，这个比例用来“解释”另一个变量或者被另一个变量所解释的程度。例如，如果我们发现社交技能与自尊之间的相关系数为 0.3，我们可以将其解释为表明 9%的自尊差异是由社交技能来解释的(因为 0.3^2 为 0.09)。实际上，我们也可以把这个结果解释为表明 9%的社交技能差异是由自尊差异所解释的。

鉴于我们先前的主张，一般的研究(特别是心理测量学的研究)涉及测量和理解差异时，“差异解释”是有吸引力的。事实上，我们对一个现象可变性的解释越大，我们就越觉得我们能够理解这种现象。此外，“差异解释”符合各种统计程序，如回归和方差分析(ANOVA)，依赖于区分或预测的变异性。因此，您将经常读到或听到研究人员提到相关性平方和解释变异量之间的联系。

尽管这种方法具有吸引力，但解释联系的“平方相关”方法至少有 3 个方面不足。

第一个不足的方面，它在某些情况下犯了方法性的错误。虽然这个论证的统计基础超出了我们当前讨论的范围，但奥兹(1985)认为，在某些情况下，相关性本身而不是相关性平方更适合来解释变异的比例。第二个不足的方面，一些专家指出，方差本身是基于非直觉的度量值。回顾第 8 章，作为衡量一组分数差异的一个指标，方差是基于平均偏差的平方。方差有一些很好的统计特性，但我们如何从平均数中解释平方差？安德雷德和达特(1990)指出，根据方差来说明距离的思维方式通常并没有意义——您是否告诉朋友某地离州边界 9 平方公里？平方相关方法可能被看作是一种非直观的解释方法，因此，它并不能解释变量之间的关系。对于平方相关方法的第三个不足的方面也许是技术上最不充分的，但或许是三者当中威力最强大的。简言之，平方相关使得两个变量之间的关系似乎变得太小。听到研究人员抱怨他们已经解释了“仅”9%或 12%的差异这一现象并不罕见。或者，你可能会读一篇批评某研究“仅”解释了 16%差异的文章。事实上，9%、12%和 16%的变异听起来并不是很多。但是，正如我们将在后面的章节中讨论的那样，一个心理现象中 9%、12%或 16%的方差可能是一个有意义且重要的差异量。如果我们正在讨论的问题只是两个变量之间的关系，情况尤其如此。例如，如果我们可以使用单个变量(如社交技能)来解释诸如自尊等重要而复杂的现象中近 10%的变异性，那么这也许是一个非常重要的相关。

埃布尔森(1985)提供的关于棒球的例子也与此有关。回想一下，埃布尔森的测验使他得出结论，击球平均得分与在任何单次比赛成功率之间的联系非常小。事实上，他的结论是基于分析揭示出任何单次击球表现中 1%的变异中只有 $\frac{1}{3}$ 被击球技术解释(如击球平均得分所示)。正如前面所讨论的那样，埃布尔森指出，在多次比赛中的累积效应可以说明击球平均得分是击球技巧的重要指标这一普遍信念。安德雷德和达特(1990)在解释埃布尔森的效应量(显然非常小的方差百分比)与传统观点(即击球平均得分是一项重要统计量)之间的差异时提供了不同的观点。他们认为这种差异部分是由于方差百分比是一种很差的相关性指标。他们在评论埃布尔森提供的一张图表时指出，他的结果可以合理地解释为显示一个得分为 0.220 击球手和一个得分 0.320 击球手之间的差异导致他们在任何一个单次棒球比赛中击中球的可能性有 10%的差异。

安德雷德和达特承认，10%可能并不是很大的差异，但他们认为，那些敢以10%的优势来打赌的人，才有机会成为棒球队经理(第58页)。

因此，用"平方相关"或"方差解释"来解释效度系数很常见，但这种方法可能具有误导性。虽然它符合研究和测量与变异性相关的观点，但它有一些技术上和逻辑上的问题。最关键的问题可能是，"方差解释"法倾向于以一种看起来将其大小和重要性最小化的方式来描述这种联系。

例如，一个著名的组织批评了SAT分数在预测大学GPA方面效度不高的缺陷。事实上，美国全国公平与开放考试中心(NCFOT，2007)指出，SAT分数与大学新生GPA之间的相关性约为0.48。但是，该组织声称这个数字是具有欺骗性的。为了确定SAT Ⅰ真正预测了学生在一年级的差异有多大，相关系数必须乘以它自己，结果称为，描述了大学新生成绩的差异(或方差)。因此，SAT Ⅰ的预测能力(或)仅为0.22，这意味着SAT测试只解释了新生成绩的22%。显然，这个结论目的在于说明SAT分数实际上对大学学术表现的预测效果很差，因此是作为预测指标是无效且无用的。

遗憾的是，这种说法至少在两个重要方面错误。其一，与上述结论相反，没有必要对相关进行平方从而解释结果。事实上，许多心理学和其他科学领域的研究人员都会定期报告相关性，并不需要将它们平方。正如我们在本书中曾经讨论过的那样，相关性本身就是一个有意义且合理的相关系数。事实上，暗示一个给定的值是欺骗性的或不恰当的，而通过将这个值平方来提高它的清晰度和可解释性的这种做法是毫无意义的。其二，关于相关性仅解释了新生GPA方差的22%，解释能力不足，这种批评本身就不合格。事实上，在行为科学的许多领域，这种大小的相关已经非常强。作为研究人员，如果我们能够得到一个标准用来解释像新生GPA这样一个重要且复杂的变量中"仅"22%的变异，我们会非常高兴。事实上，就作为在个体差异和预测效度研究方面接受过培训的心理科学家而言，这些结果提供了令人信服的证据来支持SAT分数作为衡量学业成绩标准的能力。因此，这个例子显示了对"平方相关"作为解释效度相关性的一种方法使用错误的后果。

在本节的其余部分中，我们将提供更好的方法来解释效度系数的大小。接下来的两个小节将特定情境中的效度相关起来，这些特定情境本身就是理解特定相关性的不可或缺的因素。

估计实际效应：二项式效应量，泰勒—罗素表，效用分析和灵敏度/特异性

解释相关性的一种有用方式是评估其对"现实生活"决策和预测的影响。

测验和标准变量之间的相关性越大，我们使用测验对标准变量做出预测或决策的成功率越高。这种解释方法将测验的相关性强度与测试使用的"实践效果"紧密联系在一起。

回到SAT分数，我们可以将SAT分数作为预测学习成绩的工具来解决这个问题。也就是说，我们可以通过大学行政人员、教师、提出申请的学生、高中辅导员和家长可能找到相对直观的方式来解决问题。更具体地说，我们可以根据SAT分数预测学生的大学GPA的百分比来

对这个问题进行分析。SAT 分数多大程度上会对学生在大学的表现做出准确的预测，以及它们多大程度会导致不准确的预测？

在相关性成功预测结果的能力方面，至少有 4 个程序已经被开发出来以说明相关性的含义。这些程序包括二项式效应量(BESD；Rosenthal & Rubin，1982)、泰勒—罗素表(Taylor & Russell，1939)、效用分析(Brogden & Taylor，1950)以及测验灵敏度和特异性分析(Loong，2003)。我们将依次讨论每一个程序。

二项式效应量(Binomial Effect Size Display，BESD)。BESD 旨在说明使用相关性做出决策的实际结果。具体而言，这个方法通常先会对一组 200 人进行预测或决策，其中 100 人在测验中得分相对较高，100 人在测验中得分相对较低。BESD 旨在回答的问题是，有多少(或多大比例)的高分者可能在标准变量测验中表现良好，有多少(或多少比例)低分者表现不佳？就 SAT 考试而言，有多少 SAT 成绩高于平均水平的人可以获得高于平均水平的 GPA，有多少 SAT 成绩低于平均水平的人可以获得低于平均水平的 GPA？具体表格请参阅表 9-6a。我们可以使用 BESD 程序来显示以相关性为决策基础有多少成功和不成功的预测。

表 9-6　二项式效应量示例

(a)相关性 $r=0$		
	大学 GPA	
测验分数	低于平均	高于平均
低于平均	50	50
高于平均	50	50
(b)相关性 $r=0.48$		
	大学 GPA	
测验分数	低于平均	高于平均
低于平均	A 74	B 26
高于平均	C 26	D 74

注：GPA 为平均成绩绩点。

为了说明这一点，让我们从 SAT 分数与大学 GPA 之间零相关的最坏情况开始。如果 SAT 分数与 GPA 不相关，那么在使用 SAT 分数来预测学生的 GPA 是相对高还是低时，我们的成功率只有 50∶50(见表 9-6a)。也就是说，在 100 名 SAT 成绩低于平均水平的人中，50 人将获得低于平均水平的 GPA，50 人将获得高于平均水平的 GPA。同样，在 100 名 SAT 成绩高于平均水平的人中，50 人将获得低于平均水平的 GPA，50 人将获得高于平均水平的 GPA。正如这个例子所示，如果一个测验与一个标准变量不相关，那么使用这个测验来预测标准变量的结果并不比翻转一个硬币准确率更高。当然，大学招生官员会拒绝这种预测成功率不高于翻转硬币的效度系数的测验。

但是如果测验和标准变量之间存在非零相关呢？如果SAT成绩与学业表现有相关性，那么我们预测的结果应该会比50：50的概率更成功。罗森塔尔和鲁宾(1982)提供了一种方式来说明相关性怎么影响预测的成功性。请注意，表9-6b中显示的2×2表格已格式化，因此A组对应的是SAT分数相对较低且可能获得低于平均GPA的人数。为了确定这个值，我们使用下面的公式：

$$A组=50+100\times(r/2)。$$

其中 r 是测验和标准变量之间的相关性。

如果考试成绩与工作绩效之间的相关性 $r=0.48$(例如NCFOT所提到的那样，2007)，那么SAT成绩低于平均水平且GPA低于平均水平的人有74[=50+100×(0.48÷2)]个。

我们对B组(SAT分数相对较低，预计能获得相对较高GPA)的预测人数是：

$$\begin{aligned}B组&=50-100\times(r/2)\\&=50-100\times(0.48/2)\\&=26。\end{aligned}$$

同理可得到C组和D组的预测人数：

$$C组=B组=50-100(r/2)=26；$$

$$D组=A组=50+100(r/2)=74。$$

现在，根据BESD中提供的数据，让我们考虑一个“仅”有0.48的相关性的重要性或用处。如果一个大学招生委员会只接受SAT分数相对较高的申请人，那么接受后74%的人将在大学中获得相对较高的GPA，而只有26%的人会获得相对较差的GPA。可以肯定的是，74%的预测成功率并不完美；然而，对于学术成就这种复杂的现象来说，74%的成功率似乎相当高。74%当然比50%的成功率要高。因此，根据各种因素，大学管理人员和教师可能认为74%的成功率确实非常高。

让我们花点时间来比较SAT分数与大学GPA相关性为0.48的两种可能解释。第一种解释，有些人可能会先考虑相关性，并对SAT成绩“仅能解释大一新生成绩的22%”感到失望。但是，实际情况下，22%的变异意味着什么？这是否真的和NCFOT(2007)所说的一样糟糕？第二种解释认为并不是这样的。实际上，BESD方法提供了相当有说服力的证据来支持SAT分数作为预测大学成绩的工具的有效性和实用性。也就是说，考虑有大量因素影响每个学生在大学期间表现，基于SAT分数的录取决定的正确率将近75%，这一发现令人印象深刻。基于这些结果，实际上，SAT分数似乎提供了关于考生获得学习成功可能性的有意义信息。总之，BESD可用于将效度相关性转化为相对直观的框架。通过将相关定义为成功预测的比率，BESD以大多数人都熟悉并且易于理解的术语来表示测验与标准变量之间的关系。

尽管BESD的优点是很直观，有人批评说二项式效应量只是对实际相关性的估计(Hsu，2004)。一个关键的批评是，它是根据“相同比例”的情况自动地构建比较框架。也就是说，它适用于考试成绩低的人数与考试成绩高的人数相同的情况。此外，它适用于样本在标准变量一半“成功”，而一半“不成功”的情况。正如本章前面所述，标准变量分数的相对比率(即它的偏度)可能会影响相关性的大小。虽然BESD在某些情况下假设比率相等可能是合理的，但它可能不代表许多真实的情况。例如，大学招生委员会可能只接受25%的申请人，而不是50%。另外，高GPA可能很难达到，也许只有30%的人能获得高GPA。

泰勒—罗素表(Taylor-Russell Tables)。对于上面等比例假设不成立的情况，我们可以利用泰勒和罗素(1939)编制的表格。这些表格旨在生成可选择的决定，它们提供了一个基于“可接受的”测验分数来成功预测标准变量的可能性。

与BESD一样，泰勒—罗素表将预测因子(测验)和实际结果得分作为二分变量。例如，人力资源总监可能会使用诚信测验或能力评估测验来帮助制定招聘决策。因此，她可能规定一个招聘需要的标准，然后将考试分数分为通过或失败两类。此外，她将工作绩效标准视为成功或不成功两类。BESD和泰勒—罗素表之间的主要区别在于泰勒—罗素表可以适应基于各种比例的决策，这些决策代表着通过/未通过测验以及在测验中成功/失败。

要使用泰勒—罗素表，我们需要确定几条信息。首先，效度系数的大小是多少？其次，选择比例是多少，即被雇用的人占多少比例？也就是说，有10%的申请人将被录用(90%未被录用)，还是30%的申请人被录用？最后，如果在没有测验的情况下进行选择，那么那些具有“成功”标准分数的人的比例占多少？也就是说，假设员工是在不考虑其测验成绩的情况下进行了选拔，那么有多少员工会取得良好工作表现？

通过这3条信息，我们可以通过泰勒—罗素表来估计通过测验并且表现良好的人的比例。例如，如果我们知道将有10%的样本被雇用(选择比例为0.1)，并且工作表现良好的一般比率为60%(成功比例为0.6)，那么我们可以估计使用测验做出决定的成功率。如果面试筛查测验的效度系数为0.3，那么泰勒—罗素表可以告诉人力资源总监，根据测验选择的申请人中，有79%的人将会表现出良好工作绩效。请注意，在不使用测验分数估计的情况下，这个百分比是60%，使用测验后的预测成功率79%大于这样的一般成功率。所以人力资源总监的结论是，这项测验将招聘的成功率提高了19%。

工业/组织心理学中，泰勒—罗素表在雇用决策方面很受欢迎。我们描述泰勒—罗素表的目的是提醒你它们的存在(参见Taylor & Russell，1939)，并在评估效度系数的含义时考虑到泰勒—罗素表的重要性。

效用分析(utility analysis)。效用分析是解释效度系数含义的第三种方法，它可以被看作是BESD和泰勒—罗素表逻辑的扩展。效用分析构造了在测验使用成本效益分析方面的有效性。也就是说，“是不是值得使用的测验”，“使用它的收益是否超过成本”(Vance & Colella，1990)。虽然对效用分析的具体讨论超出了本节的范围，但我们可以提供一个简要概述。

在效用分析时，研究人员将货币价值分配给测验和决策过程的各个方面。首先，他们必须估计使用测验而不是其他决策工具做出决策的货币收益。例如，他们可能会估计根据测验分数来雇用员工和不借助测验分数的帮助雇用员工两者之间的货币收益。

请注意，泰勒—罗素表的逻辑提供了一些有关这个问题的建议。例如，这些表格显示了基于测验选择的人将在未来工作中表现良好的比例，然后研究人员可以使用这些比例来估计招聘具有良好工作表现的特定人数的货币影响。其次，研究人员必须将执行测验程序的货币成本包含在决策过程中，例如购买和使用测验所发生的成本，培训对测验分数进行使用和解释的决策者，以及参与者和决策者在使用测验时花费的时间。作为效用分析的结果，研究人员可以评估测验使用的货币收益(同样受测验预测重要结果的能力的影响)是否超过测验使用相关的潜在成本。

灵敏度和特异性(sensitivity and specificity)。对测验灵敏度和测试特异性的分析是评估测验的实际使用效果的第四种方法。对于旨在检测分类差异的测验特别有用，可以根据测验结果正确分类的能力来评估测验。

例如，我们可能开发一种测验来诊断边缘性人格障碍(Borderline Personality Disorder，BPD)。想象一下，我们将我们的新测验用于 1000 个受访者的样本，我们使用测验分数来确定受访者(我们认为)有 BPD 或没有 BPD。假设测验结果表明样本中有 20%(200 人)患有 BPD，80%没有 BPD。让我们想象一下，我们进行临床访谈来确定每位受访者是否患有 BPD 的实际结果。也就是说，我们将临床访谈视为准确标准，将我们的测验结果与访谈结果进行比较。我们的测验能否正确识别谁有和没有 BPD? 比方说，在 1000 名受访者中，10%在面谈中被诊断为 BPD，90%被诊断为没有 BPD。

如表 9-7 所示，每位受访者对我们的测验可能表现出四种结果：

第一，正确肯定：测验使我们能够正确识别真正患有这种障碍的受访者。

第二，正确否定：测验使我们能够正确识别没有障碍的受访者。

第三，错误肯定：测验导致我们错误地将被访者识别为患有该障碍(当个体实际上没有障碍时)。

第四，错误否定：测验导致我们错误地认定受访者没有患该障碍(当个人确实患有障碍时)。

显然，测验使用者希望测验能够最大限度地识别正确并且很少识别错误。

表 9-7　灵敏性与特异性的例子

<table>
<tr><td colspan="2" rowspan="2"></td><td colspan="2">实际上是否患病</td><td rowspan="2"></td></tr>
<tr><td>是</td><td>否</td></tr>
<tr><td rowspan="2">根据测验结果推测是否患病</td><td>是</td><td>80 正确诊断</td><td>120 误诊</td><td>预测患病人数 200 正向预测值 80/200＝0.4</td></tr>
<tr><td>否</td><td>20 漏诊</td><td>780 正确拒绝</td><td>预测未患病人数 780 负向预测值 780/800＝0.975</td></tr>
<tr><td colspan="2"></td><td>患病人数共计 100，灵敏性 80/100＝0.8</td><td>没有患病的人数共计 780，特异性 780/900＝0.87</td><td>共计人数 1000　基础概率(患病率、预测概率)＝1000/1000＝1.0</td></tr>
</table>

灵敏性和特异性是以某种方式正确识别的比例值。灵敏度反映了测验能够正确识别真正患

有这种疾病的人。计算方式为：

$$灵敏性=\frac{正确诊断}{正确诊断+漏诊},$$

$$灵敏性=\frac{80}{80+20}=0.8。$$

也就是说，灵敏性是 BPD 人群中被 BPD 正确识别(通过测验)的人群的比例。该值的范围可以从 0 到 1.0，越高值表示灵敏度越好。在我们的案例中，真正有 BPD 的人(根据访谈诊断出)中有 80%被确定为 BPD(通过新测验诊断)。因此，灵敏性侧重于真正患有这种疾病的个体(即，确实存在这种疾病的个体)，它反映了那些准确识别(通过测验)真正患有该疾病的个体的比例。也就是说，它反映了真正患有这种疾病的人在测验中被正确识别的可能性。

当以这种方式开发和使用测验时，我们希望测验达到良好的灵敏度。例如，我们希望所有或很多实际患有 BPD 的人(根据“标准”访谈得到)在测验中被正确识别为具有 BPD。

然而，对于我们来说，高度的灵敏性并不足以证明我们设计的新测验是 BPD 的一种有效测量方式。事实上，一个测验可能会通过识别每个人都患有障碍而获得高灵敏度。也就是说，如果我们简单地假设每个人都有 BPD(不管他们是否真的有 BPD)，那么 BPD 患者有 100%的机会被正确识别为 BPD。问题是如果这样做，那么没有 BPD 的人也有 100%的机会被错误地识别为 BPD。这样的结果会降低我们测验的效度。

很显然，我们不希望一个测验只是告诉我们每个人都有患病的可能；我们希望测验能够平衡两件事情。我们希望它既能够正确识别那些患有这种疾病的人，并且我们希望它能够正确识别没有这种疾病的人。

测验能够识别没有障碍的个体，这反映了该测验的特异性。更具体地说，特异性反映了没有患病的人将被测验正确识别为没有患病的可能性。特异性计算方式为：

$$特异性=\frac{正确拒绝}{正确拒绝+误诊};$$

$$灵敏性=\frac{780}{780+120}=0.87。$$

特异性是没有 BPD 的人群能够被测验正确识别为没有患 BPD 的比例。同样，该值可以在 0 到 1.0 之间变化，值越高特异性越高。在我们的案例中，(根据访谈诊断)真正没有 BPD 的人中 87% 被确定没有 BPD(根据测验诊断)。特异性反映了真正没有患病的人在测验中被正确识别的可能性。

除了灵敏度和特异性之外，还可以根据表 9-7 中的结果计算效度相关性。具体而言，我们可以将“测验结果”与“临床诊断”相关起来：

$$r=\frac{TP\cdot TN-FP\cdot FN}{\sqrt{(TP+FP)(TP+FN)(TN+FP)(TN+FN)}}$$

其中 $TP/TN/FP/FN$ 分别指的是正确诊断/正确拒绝/误诊/漏诊。

对于表9-7中的数据，效度相关性为：

$$r=\frac{80\times780-120\times20}{\sqrt{(80+120)(80+20)(780+120)(780+20)}}$$

$$=0.5。$$

对表9-7中的数据还可以进行其他分析，得到除了灵敏性、特异性和效度相关性的其他指标。对这些指标(例如，正面预测值，负面预测值)的讨论超出了本章的范围，但感兴趣的读者可以在其他方面找到资料(Glaros & Kline，1988；Guggenmoos-Holzmannt & van Houwelingen，2000；Loong，2003)。此外，感兴趣的读者可以在心理测验评估中找到这类分析的各种例子(De la Torre，Perez，Ramallo，Randolph & González-Villegas，2016；Karstoft，Andersen，Bertelsen & Madsen，2014)。

总而言之，诸如BESD，泰勒—罗素表，效用分析和灵敏性/特异性等工具可以使测验用户和测验评估人员更具体地说明特定效度系数的影响和更好地使用测验。当测验与特定的结果、特征或决定紧密联系在一起时，这些方法显然非常重要、非常有用。

一个领域的常模或准则

评估效度相关性的另一种方式是在研究或应用的特定领域中应用该测验。科学的不同领域可能对相关性的大小有不同的规定。有些领域比其他领域对变量有更大的实验控制要求。有些领域比其他领域要求更精确的测量技术。基于多个角度考虑，某些领域可能会出现比其他领域更为复杂的现象。这些差异会影响研究相关效应的大小。

自然科学研究人员发现的联系通常会被大多数心理学家和其他行为科学家认为相当强。例如，一些天体物理学家研究了银河系中心的黑洞质量与银河系边缘恒星的平均速度之间的关系(Gebhardt et al.，2000)。这项研究包括大约26个星系(本研究中的“参与者”)，并测量了每个星系的两个变量。一个变量是银河系中心黑洞的大小，另一个是在银河系边缘轨道运行的恒星速度。分析显示两个变量之间的相关系数为0.93。在心理学真实数据中，这种高相关性很少见。同样，科恩(1988)指出经典力学领域的研究人员通常发现自变量引起的变异占因变量方差的99%。

在心理学方面，科恩的标准经常被引用，来指导解释相关性到底是强/中等/弱。根据科恩(1988)关于相关性解释的指导原则，0.10的相关性被认为很弱，0.30的相关性被认为是中等的，并且0.50的相关性被认为是很强的(注意科恩提供了不同的指导方针来解释其他效应的大小，比如d)。2003年，亨普希尔(2003)对几项大型研究进行了回顾，并提出一组更为适合的指导方针，他将0.20作为弱相关性，介于0.20和0.30之间为中等相关，大于0.30为强相关。

即使在心理学领域，不同的研究领域也可能对其效应量有不同的期望。例如，亨普希尔(2003)的指导方针来源于心理评估和心理治疗的研究。同样，科恩(1988)承认，他的指导方针“可能偏向于宽松标准的方向，即对人格—社会心理学、社会学和文化人类学，远离实验和生理心理学”。

在正常情况下，这种宽范的判定标准适用于其他心理学领域或行为科学领域的程度是值得怀疑的，这引起了人们对这种判定标准能否广泛应用的担忧(Bosco，Aguinis，Singh，Field & Pierce，2015；Ferguson，2009；Gignac & Szodorai，2016)。有时，对于特定的效度系数有明确的比较标准。也就是说，也许有一套完善的文献来规定与特定标准相关的各种因素。在这种情况下，在现有的高度相关的文献背景下对新测验的效度系数进行评估就变得很简单。

例如，有大量的文献论述与大学学术表现的相关因素，这可以用来评估 SAT 分数的预测能力。我们可以将目光再次回到 SAT 的批评者身上，他们声称“SAT 不能很好地预测学术表现”，并且是“就任何学术测量而言，高中 GPA 是预测大学绩效的最佳标准(Soares，2008)”。这样的认可意味着高中 GPA 将成为 SAT 预测能力的最佳比较标准。事实证明，与批评者的观点相反，SAT 的预测能力与高中 GPA(HSGPA)的预测能力之间几乎没有差异。例如，NCFOT 网站(2007)证明了 SAT 预测能力在 0.48 左右，而 HSGPA 与大学 GPA 的相关程度最小是 0.54。同样，一项对加利福尼亚州近 80000 名大学申请人的著名研究显示，SAT 和高中成绩对大学 GPA 的预测能力分别为 0.36 和 0.39(Geiser & Studley，2001)。熟悉相关结果的人会意识到，这两者之间的差异(例如，0.36 与 0.39)是很小的，因此不能得出结论认为两个变量的预测能力存在显著差异。此外，这种预测能力的微小差异当然不能证明 HSGPA 是预测大学绩效的“最佳标准”，同时得出结论认为 SAT“不是一个好的预测指标”。实际上，这样的发现提供了一个重要的结论用于理解 SAT 预测效度的背景。也就是说，如果你认为高中成绩是大学学术成绩的有意义的预测指标，那么你还应该接受 SAT 成绩是大学学术成绩的有意义的预测指标。

总而言之，效度系数的解释，与任何相关性的测量一样，都需要针对特定的领域进行。充分注意该领域现有的经验性工作可以为解释特定效度系数的大小提供重要的背景。

统计显著性

如果您阅读一项研究显示 SAT 的预测效度系数为 0.55，您是否会将结果解释为证明聚合效度的证据？使用 BESD 程序，这种规模的相关性在录取高 SAT 分数的学生进入大学时将产生近 80%的成功率。但是，如果您发现该研究仅包含 20 位参与者，该怎么办？这会改变你对这项研究的看法吗？如果是这样，你该怎么做？如果你发现这项研究包括 200 名参与者，你该怎么办？这会改善你对这项研究的看法吗？如何以更好的方式进行研究？

本章早些时候，我们提到了对 SAT 预测效度的真实研究。这是一项大型的研究，包括来自 25 所学校的 100000 多名学生。这么大样本的研究有什么好处？是否有必要进行如此大规模的研究？正如你可能知道的那样，大多数心理学研究，包括大多数验证研究，样本量都比较小/通常最多只有几百个参与者。如果有的话，采用这种小规模的样本会比大样本失去什么信息？

统计显著性是我们在评估会聚与区分效度证据时的最终考虑因素。统计显著性是所谓的推论统计的重要组成部分，是一个旨在帮助我们推断总体的程序。无论是从以前的经验还是从第7章的简要讨论中，你可能已经熟悉推论统计，如 t 检验(用于统计相关性或比较两种均值)、F 检验(例如来自 ANOVA 或来自多元回归)或检验(例如，来自频率分析)。我们将花一点时间来解释推论统计中的一些基本问题，然后我们将考虑它们在解释效度证据中的作用。

大多数研究包括的参与者样本都相对较小。这些参与者提供了分析的数据，以作为做出解释和得出结论的基础。但是研究人员通常想要对参与他们特定研究的少数人以外的大多数人做出结论。事实上，研究人员通常认为他们研究的参与者是代表来自更大总体的随机样本。例如，恰好包含在 SAT 考试中的 20、200 或 100000 人被认为代表着所有可能参加 SAT 考试并考上大学的学生。

因为研究中参与者的样本被假定为代表更大的人群，研究人员进一步假定参与者的数据代表(或多或少)从整个人群中收集的数据。因此，他们使用样本中的数据来推断样本所代表的整体人群。例如，发现 SAT 的预测效度系数为 0.55 的研究人员希望相信他们的结果适用于超过参与研究的样本范围的 20、200 或 100000 人。

然而，研究人员意识到，从较小样本到总体人群的推断是一个不确定的工作。例如，仅仅因为来自 20 位参与者的数据可能会显示 SAT 的预测效度相关性为 0.55，我们是否应该有充分的把握相信 SAT 在所有可能参加 SAT 的参与者中具有预测效度？事实上，只有 20 人的小样本很可能不代表参加 SAT 考试的全体学生。因此，在小样本中发现的预测效度结果可能并不代表整个人群中的实际预测效度。

研究人员使用推论统计来帮助衡量他们在从样本到总体进行推断时的确认度。研究人员计算推论统计数据以及相关的统计数据，来帮助他们评估样本数据中的相关性对总体的代表性。粗略地说，如果一个结果被认为是“有统计学意义的”，那么研究人员相当确信样本的结果能够代表总体结果。例如，如果一项研究报告 SAT 的预测效度相关性在统计学上显著，那么研究人员就有信心得出结论，在研究样本的总体中，SAT 分数与大学 GPA 实际呈正相关。另外，如果一个结果被认为在统计上不显著，那么研究人员就不相信样本的结果代表了总体。例如，如果一项研究报告 SAT 的预测效度相关性统计学不显著，那么研究人员可能会得出结论：样本中的正相关可能是一个随机的偶然发现。也就是说，他们不愿意得出结论，在研究样本所在的总体中，SAT 分数事实上与大学 GPA 正相关。

考虑到这一背景，您可能就不会对许多研究人员非常重视统计显著性感到吃惊了。许多研究人员倾向于将统计学上显著结果视为“真实”且值得关注的，他们认为不显著的结果是无意义的或者表示这种联系并不适用于总体。尽管这些观点并不完全准确，但它们似乎很常见。

因此，效度系数的大小仅仅是评估支持或反对构想效度证据的一部分。除了了解和解释效度系数本身(例如，它是小、中还是大?)，测验开发人员，测验用户和测验评估人员通常还想知道效度系数是否具有统计显著性。在评估聚合效度证据时，研究人员期望找到具有统计显著性的效度系数。相比之下，当评估区分效度证据时，研究人员期望找到不显著的效度系数(即表明测验可能与总体中的标准不相关)。

由于统计显著性通常是解释过程的重要部分，因此您应该对所解决的问题以及影响统计显著性的因素有基本的了解。当统计显著性应用于效度系数计算的典型情况时，统计显著性回答了一个问题：我们是否相信在抽样样本的总体中存在非零的效度相关性？

请注意，这是一个“是或否”的问题。统计显著性判断过程导致了二元性的决策——研究人员得出结论认为，总体中测验和总体标准之间可能存在关系，或者测验和总体标准之间可能没有关系。同样，在评估聚合效度时，研究人员希望得出结论，在测验和总体标准之间存在关系，所以他们希望找到具有统计显著性的结果。

当评估区分效度时，研究人员希望得出结论，测验与总体标准之间没有相关(或相关很小)，所以他们希望找到不显著的结果。事实上，坎贝尔和菲斯克(1959)将统计显著性作为解释 MTMMM 分析结果的关键部分。

一个更复杂的基本问题是：样本中的结果是否足够显著，足以让我们确信抽样样本的总体中存在非零相关性？这个问题凸显了置信度的概念，并产生了两个子问题来概述影响统计显著性的因素。其中，第一个问题是：我们对抽样总体中存在非零效度相关性有信心吗？第二个问题是：我们是否有足够的置信度去真正得出抽样样本的总体中存在非零相关性的结论。影响总体中存在非零相关性的置信度的因素有两个：样本数据中的相关性大小和样本的大小。首先，我们需要考虑一个事实，即相关性越大越会增加总体相关性不为 0 的置信度。如果 SAT 分数和 GPA 之间的相关性在某个总体中字面上显示为 0，那么我们能在总体抽取的样本中发现怎样的相关性？即使总体中的相关性恰好为 0，但我们可能并不会吃惊于发现从该总体中抽取的特定样本中的相关性为 0.07。这种小的相关性只与总体相关性略有差异。我们甚至可能不会对样本中的 0.15 相关性感到惊讶。进一步说，即使样本来自相关性为 0 的总体，我们也不会对样本中相关性达到较大的 0.30 而感到惊讶。这样一个结果(相关系数为 0.30)不太容易实现，但它肯定是有可能实现的。事实上，即使样本的群体相关性实际为 0，也可能在特定样本中找到非常强的相关性(例如相关性高达 0.89)。

简言之，如果样本是从相关性为 0 的总体中抽取的，则样本数据中不太可能发生相对较大的相关性(然而并不是不可能的)。事实上，如果我们发现样本中存在较大的相关性，更可能的是总体的相关性实际上大于 0。例如，如果我们的样本中发现 0.30 的相关性，那么总体的相关性或许是 0.20，0.30 或 0.40 这样的相关性，而不是 0(即使它实际上存在 0 的可能性)。因此，样本数据中较大的相关性增加了我们对总体相关性不为 0 的置信度。因此，样本数据中较大的相关性增加了总体相关性被认为具有统计显著性的可能性。

样本量是影响总体中存在非零相关性的置信度的第二个因素。所有其他条件相同的情况下，较大的样本在由样本推及总体时增加了置信度。想象一下，你听说一项研究报告 SAT 分数和大学 GPA 之间的相关性为 0.3。如果你知道这项研究只包括 20 位参与者，那么你对于参加 SAT 考试的所有学生的 SAT 分数和他们大学 GPA 之间存在正相关性是否有信心？如果你知道这项研究包括 200 名参与者或 100000 名参与者，你怎么想？

显然，较大的样本量让我们在对总体做出推论时更有信心。

总之，相关性的大小和样本的大小会影响我们的结论：对总体中存在非零相关性的置信度。本书没有讨论精确的统计方程，但总的来说，较大的相关性和较大的样本增加了总体相关性的置信度，即总体相关性不为 0(关于此类方程的简要介绍，请参见第 7 章中的表 7-1)。因此，较大的相关性和较大的样本增加了效度研究结果在统计上显著的可能性。一个等式(Rosenthal，Rosnow & Rubin，2000)总结了这个问题。

总体中一个测验与一个标准变量相关的置信度＝样本效度系数大小×样本量大小。

但是，为了使结果具有统计显著性，我们必须具有特定的置信度水平，即总体相关性不为 0。

因此，关于统计显著性的第二个问题是，我们是否有足够的置信度得出结论：抽样样本的总体中存在非零相关性？较大的相关性和较大的样本量增加了我们的置信度，但是我们必须问，一个特定研究的结果是否足以让我们有足够的置信度将结果视为具有统计显著意义。

为了回答这个问题，研究人员设定了一个特定的置信度水平作为在他们得出总体相关不是 0的结论之前必须满足的一个临界点。按照传统，大多数行为研究人员使用 95％的置信水平作为宣布结果具有统计显著性的临界点。换句话说，如果大多数行为研究者发现只有 5％的错误概率(即 0.05 的概率)，他们愿意宣布结果具有统计显著性。这个临界点是一项研究的“α 级别”(请注意，这是与第 6 章介绍的不同的“α”)。如果我们的推论统计超过了 α 水平，那么我们有足够的信心得出结论：在抽样总体中存在非零的效度相关性。

如前所述，统计显著性是解释聚合效度与区分效度证据的重要问题。统计显著性受样本大小、效应大小(即样本中效度系数的大小)和 α 水平的影响是非常重要的一点。解释推论统计时应考虑这些问题。例如，如果效度研究中样本规模特别大，即使效度相关性非常小，效度研究的结果也可能具有统计意义。同样，即使效度相关性非常大，如果效度研究中样本规模很小，效度研究的结果也可能并不显著。

在衡量效度研究的结果时如何解释这些信息？我们在前面提到，大多数研究人员希望找到统计显著的会聚相关性和统计不显著的区分相关性。但是找到一个不显著的聚合效度相关性代表什么？典型的解释是，这代表着所讨论的测验具有较弱的聚合效度(即会聚相关性可能在总体中为 0)。但是，这种结果应该根据相关性的大小和样本的大小来解释。由于相关性很小或者样本很小，因此可能会出现聚合效度相关性不显著。如果相关性很小，那么这当然可能是判断测验的聚合效度的有效证据。但是，如果相关性强度中等或较大而样本量很小，那么结果可能不会表明聚合效度较差。相反，结果可能表明了研究的操作不当，因为它的样本大小不合适。如果一项研究包含的样本太小，那么在对构想效度做出任何结论之前，应该进行更大规模的研究才能说明。

类似地，找到统计显著的区分效度相关性的含义是什么？典型的解释是，我们所讨论的测验具有较弱的区分效度(即区分相关性在总体中可能不是 0)。同样，这样的结果应该根据相关性的大小和样本量的大小来解释。由于相关性较大或样本量较大，因此可能会出现显著的区分效度相关性。如果相关性很大，那么这当然可以被认为是反对测验的区分效度的证据。但是，如果相关性很小但样本量相当大，那么结果可能不会表明区分效度很差。例如，如果样本足够大(例如，成千上万的参与者)，那么只有 0.1、0.06 甚至更小的弱相关性可能在统计学上是显著的。在这种情况下，统计显著性几乎没有意义，可以忽略。

总之，统计显著性作为判断效度的证据时，是一个重要并且复杂的概念。虽然它在解释会聚与区分效度系数中经常发挥作用，但我们应该谨慎使用。通常，会聚相关性应具有统计显著性，且区分效度时的相关性应该不显著。但是，这个一般规则的使用应该和其他因素相适应。对统计显著性的深入理解表明，样本的大小以及会聚与区分效度相关性的大小都决定了是否具有显著性。因此，一个不显著的会聚相关性可以反映出该研究的样本量不足，而一个显著的区分相关性可能反映了该研究具有极大的样本量。

要点

我们可以进行独立的 t 检验来比较两组的平均抑郁评分，假设抑郁症组参与者在新的量表上得分的平均数要高于非抑郁症组参与者平均数。事实上，这是检查二分变量和连续变量之间关系的一种常见方法。但是，它完全取决于研究中描述的问题。事实上，t 检验只是这里所描述的相关性的函数，与组的大小有关(详见第 7 章，表 7-1)。因此，两组参与者的相对比例将对 t 检验的大小产生直接影响，这将影响我们推论组间平均数差异的可能性。

这些值(0.39 和 0.36)并不是直接由盖泽和斯塔德利(2001)报告得到的，但它们很容易通过取表 1 中相关的“方差百分比”值的平方根得到。此表格可以转换得到 r^2 的值，r^2 是高中 GPA 和 SAT 分数能够解释的 GPA 之间差异的百分比的指标。对于此表中的单预测模型，r^2 的平方根是简单相关性。具体而言，0.39 是 0.154 的平方根，0.36 是 0.133 的平方根。

总　结

会聚性与区分性证据是实际评估验证效度的关键证据，本章提出了评估和估算这些效度证据的重要方式以及相关的问题。我们首先描述了四种用于估计和衡量测验中会聚与区分程度的方法(例如 MTMMM)。

然后我们讨论了 7 个可能影响效度系数大小的因素(例如测量误差、相对比率、方法差异)。最后，我们提出了判断效度系数的含义和内涵时应考虑的 4 个重要问题(例如差异解释、统计显著性、实际效应等)。了解上述内容可以为理解和评估测验效度提供更复杂和更全面的观点。

推荐阅读

这些是对效应量解释的讨论：

Abelson，R. P. （1985）. A variance explanation paradox：When a little is a lot. *Psychological Bulletin*，97，129-133.

这是一篇经典文章，其中第一次介绍了多特质—多方法矩阵：

Campbell，D. T. & Fiske，D. W. （1959）. Convergent and discriminant validation by themultitrait-multimethod matrix. *Psychological Bulletin*，56，81-104.

关于校正全距限制的详细说明：

Sackett，P. R. & Yang，H. （2000）. Correction for range restriction：An expanded typology. *Journal of Applied Psychology*，85，112-118.

此研究展示了泰勒—罗素表：

Taylor，H. C. & Russell，J. T. (1939). The relationship of validity coefficients to the practical effectiveness of tests in selection：Discussion and tables. *Journal of Applied Psychology*，23，565-578.

本文介绍量化构想效度程序的逻辑和计算细节：

Westen，D. & Rosenthal，R. （2003）. Quantifying construct validity：Two simple measures. *Journal of Personality and Social Psychology*，84，608-618.

本研究概述了统计检验力的概念，这是评估效度系数统计显著性的一个重要问题：

Cohen，J. (1992). A power primer. *Psychological Bulletin*，112，155-159.

本文介绍了一种用于检查 MTMMM 数据的因子分析方法：

Widaman，K. F. (1985). Hierarchically nested covariance structure models for multitrait multimethod data. *Applied Psychological Measurement*，9，1-26.

有关灵敏度，特异性和相关概念的介绍：

Glaros，A. G. & Kline，R. B. (1988). Understanding the accuracy of tests with cutting scores：The sensitivity，specificity，and predictive value model. *Journal of Clinical Psychology*，44，1013-1023.

对建立区分效度的重要性及其实施方法的有用讨论：

Shaffer，J. A.，DeGeest，D. & Li，A. （2016）. Tackling the problem of construct proliferation：A guide to assessing the discriminant validity of conceptually related constructs. *Organizational Research Methods*，19(1)，80-110.

深入讨论偏度或基础率对效果大小(例如相关性)的影响：

Dunlap，W. P.，Burke，M. J. & Greer，T. (1995). The effect of skew on the magnitude of product-moment correlations. *Journal of General Psychology*, 122, 365-377.

McGrath, R. E. & Meyer, G. J. (2006). When effect sizes disagree: The case of r and d. *Psychological Methods*, 11, 386-401.

介绍显示二项式效应大小的文章：

Rosenthal, R. & Rubin, D. B. (1982). A simple, general purpose display of magnitude of experimental effect. *Journal of Educational Psychology*, 74, 166-169.

第10章

反应偏差

在第9章介绍效度时，我们曾让你想象，你在求职过程中填写了一份人格问卷。让我们重新思考这个案例，让你想象填写问卷。你会被问及这样一个问："你有没有从雇主那里偷过东西?"另一个问题则问："你总是把真相告诉别人吗?"当你思考这些问题时，你会回想起你曾经的时光，你在以前的工作场所"借"了一支很好的笔，但却"忘了"归还。此外，你还会想到，上周你告诉你最好的朋友你需要工作的事，事实上你只是想自己在家放松一下。然而，你也会考虑到你想要得到这份工作的事实，你会考虑那些可能会让雇主更愿意雇用你的答案。因此，尽管你对第一个问题的真实回答应该是"是"，而你对另一个问题的真实回答应该是"不"，然而你和我们大多数人一样，可能很想会做出另一种回答。

你求职成功的愿望如何影响人格问卷的质量？雇主可能希望将你的回答是诚实正直的。然而如果你选择做出其他非真实的反应，那么你的反应不再能够被有效地解释为诚信的反应。相反，这些反应会因为你想给雇主留下深刻印象的动机而产生偏差，尽管可能有些许不完美，但它们的确不能反映出你真正的诚信程度。

在本章中，我们将讨论反应偏差问题，并且介绍一些心理学家为解决反应偏差问题而采用的方案措施。尽管我们可能希望对心理测量的反应完全准确地反映了个人心理特征，但我们知道这种反应也许由于各种原因而出现系统偏差。

探讨反应偏差非常重要，因为这些偏差会损害各种心理测验、量表和调查问卷的测量质量。具体地说，他们可以降低包括人格调查表(personality inventories)、态度调查表(attitude surveys)、能力测验(ability tests)、成就测验(achievement tests)和神经心理测验(neuropsychological tests)等测验的信度，以及前面章节所述的心理测量的效度。

也就是说，效度的降低反过来会影响对个人的决定，也会给基于这些测量的研究带来问题。

无论他们是有意识的还是无意识的、恶意的或合作的、自我提升的或自我贬低的，反应偏差都是心理测量中经常关注的问题。事实上，对于许多研究或研究人类行为的研究者来说，反应偏差都是一个根本性的问题。此外，它们还是研究人类行为过程中出现的独特问题。研究岩石、行星、昆虫、化学物质、飓风或花朵的科学家们很少担心他们的研究对象会被激发出像特别聪明或不聪明的、健康的或不健康的、友好的或强大的、有能力的或贫困的、诚实的或是有道德的这类的特质。然而，心理学家们必须担心所有这些问题，甚至更多。

意识到这些问题，心理学家便致力于识别、理解、检测和处理影响心理测验和测量反应的偏差(Cronbach，1946，1950；Schwarz，1999)。我们首先描述一些行为科学家最为关心的反应偏差。之后，我们讲一讲如何理解、检测、最小化和控制这些反应偏差的思考，以及控制措施和方案，有的方法相对简单也有一种方法可能会复杂些，不一而足。

反应偏差的类型

心理测量的质量会受到各种反应偏差(response biases)的影响。如表 10-1 所述，本节描述了一些涉及开发人员和使用者的心理测量有关的偏差。其中一些偏差受测验内容或格式的影响，有些则受测验情境因素的影响，另一些则反映了应答者有意识地以无效方式做出回答的影响，还有一些则反映了无意识的影响。无论它们的区别是什么，在这一节所讨论的所有偏差都有可能损害心理测量的质量。

表 10-1　反应偏差及定义总结

反应偏差	定义	相关文献
默许反应	始终赞同(或始终拒绝)项目而没有过多考虑内容	Danner & Rammstedt (2016)；Knowles & Condon(1999)；P. B. Smith(2004)
极端偏差	不管被试对相关心理结构的立场如何，始终过度使用"极端"选项	Böckenholt & Meiser(2016)；Greenleaf(1992)；Wetzel，Lüdtke，Zettler & Bohnke(2016)
社会赞许性	以一种夸大自己优点的方式做出反应	Paulhus(2002)；Uziel(2010)；Viswesvaran & Ones(1999)
诈病	以夸大自己的问题、缺点或残疾的方式反应	Berry，Baer，Rinaldo & Wetter (2002)；Rogers(2008)
随意或随机反应	随机回答或很少关注项目	Credé(2010)；Krosnick(1999)
猜测	猜测一个项目的正确答案(仅适用于能力、知识、技能等测验)	Foley(2016)；Rodgers(1997)；Zimmerman & Williams(2003)

默许偏差(答"是"和说"否")

心理学家和其他行为科学家一直关注默许偏差(acquiescence bias)超过 90 年(例如，Block，

1965；Cady，1923；Cloud & Vaughn，1970；Cronbach，1942；Lentz，1938；Ray，1983；PB Smith，2004）。当个体一致同意叙述而不考虑这些叙述的含义时，默许偏差就会发生。许多心理学调查表包括对个人来说可能是正确的叙述(例如，“我喜欢我的工作”)，并且要求个人通过同意或不同意叙述来做出回答。默许偏差可能会影响作答者对这些项目的反应，这些项目通常在个性特征问卷、态度问卷、兴趣问卷、临床问卷和市场调查中比较常见。

默许偏差及其影响为了说明默许偏差(illustrating acquiescence bias and its potential effects)及其潜在影响，表 10-2a 列出了默许偏差及一些潜在影响。

想象一下，一位工业/组织心理学家对工作满意度与职业声望之间的相关感兴趣。她假设那些工作满意度相对较高的人会认为自己的工作职业声望较高。她让一个企业的员工去完成一份工作满意度问卷，其中包括以下 4 项内容：

第一，我很喜欢我的工作；

第二，我觉得我的工作很有成就感；

第三，总的来说，我对我的日常工作很满意；

第四，关于我的工作，我几乎不会改变。

此外，设想一个 7 点量表用于反应(1＝强烈不同意，2＝中度不同意，3＝轻微不同意，4＝中立，5＝轻微同意，6＝中等同意，7＝非常同意)。这个假设性调查问卷的“得分键”是这样的：个人对这些项目的反应被简单地总结为工作满意度总得分，高分反映出高满意度。表 10-2a 列出了对这些项目的回答以及满意度调查问卷的总分。

通过对这些数据的分析，我们发现被试 1、被试 2 和被试 4 在工作满意度调查问卷中得分最高，我们认为这表明他们的工作满意度最高。

项目的措辞是这个假设问卷中的一个重要问题。请注意，每个项目都是这样措辞的，一个“同意”反应(即 5 分、6 分或 7 分的反应)被解释为反应者对他或她的工作或多或少有些满意的意思。心理测量学家可能会说，项目都是“正向计分键”，因为对每个项目的积极反应(赞同或认可)都反映了被评估结构水平相对较高。

事实上，所有项目都在同一方向上计分对测验有着重要影响，因为它使问卷特别容易受到默许反应偏差的影响。让我们再想象一下，假设我们知道，两个被试(表 10-2a 第 2 列中提到的被试 1 和被试 4)都表现出了默许偏差，而其他 4 个被试的回答是有效的没有受默许偏差影响。请注意，默许反应者同意所有 4 个项目，即使他们可能对工作有所不满。由于至少有一名参与者(被试 2)同意所有 4 项，因为他真的对自己的工作感到满意，所以这个判断变得更加复杂。如果我们不是无所不知的(即如果我们不知道被试 1 和被试 4 的反应是无效的话)，那么，我们就无法将默许反应者与那些对他们的工作真正满意的人区分开来。

默许反应对应用心理学中的测验使用者有直接的影响。特别是，如果一些人默许回答，而另一些人则不回答，那么测验使用者可能无法有效地使用测验分数来确定哪些人应该被评估为较高的结构水平。也就是说，测验使用者可能无法检测出哪些应答者确实具有高结构化水平，哪些应答者仅仅因为默许偏差做出反应。

例如，一个人力资源经理可能会让一组求职者做责任心量表，但可能无法确定哪些申请人真正具有高度的责任心。如果默许反应的问题被忽略，那么基于这些测验分数的任何决定都可能被误导然后犯错。例如，人力资源总监最终可能会雇用几个只是给出默许反应的申请人，而非真正认真工作的人。

默许反应对行为研究也有严重影响，它可能会损害研究人员准确回答研究问题的能力。回到我们的工作满意度的例子，比方说，在做工作满意度调查问卷的同时，被试们完成了一份四个项目的职业声望感知量表(The Perceived Prestige Scale)，也就是一个 5 分的“同意度”量表(1=强烈不同意，2=不同意，3=中立，4=同意，5=强烈同意)。如表 10-2a 所示，那些在对工作满意度(Job Satisfaction，JS)量表做出默许反应的被试，在对职业声望感知量表(Perceived Prestige scale)做出反应时也是默许的。被试 1 和被试 4 再次通过使用“同意”选项(4 和 5)来回答所有问题。

在所有 6 个被试(包括有效反应者以及默许反应者)中，工作满意度与职业声望感知量表之间的相关性为 $r=0.43$(见表 10-2a)。

表 10-2　默许反应偏差可能产生虚假相关

(a)原始测验的反应

被试	默许反应	工作满意度项目					职业声望项目					有效回答	
		1	2	3	4	总计	1	2	3	4	总计	JS	PP
1	Y	6	5	7	6	24	5	5	4	5	19	—	—
7	2	N	7	5	6	7	25	2	2	2	1	7	25
18	3	N	3	4	5	4	16	5	4	5	4	18	16
—	4	Y	6	6	6	7	25	5	5	5	5	20	—
6	5	N	1	4	2	3	10	1	2	1	2	6	10
12	6	N	3	2	4	3	12	3	3	3	3	12	12
工作满意度与威望之间的相关系数为 $r=-0.43$												−0.09	

(b)对平衡后测验的原始反应

被试	默许反应	工作满意度项目				职业声望项目			
		1	2	3	4	1	2	3	4
1	Y	6	5	7	6	5	5	4	5
2	N	7	3	6	1	2	4	2	5
3	N	3	4	5	4	5	2	5	2
4	Y	6	6	6	7	5	5	5	5
5	N	1	4	2	5	1	4	1	4
6	N	3	6	4	5	3	3	3	3

续表

(c)对平衡后测验反应的反向计分反应													
被试	默许反应	工作满意度项目					职业声望项目					有效回答	
		1	2	3	4	总计	1	2	3	4	总计	JS	PP
1	Y	6	3	7	2	18	5	1	4	1	11	—	
2	N	7	5	6	7	25	2	2	2	1	7	25	7
3	N	3	4	5	4	16	5	4	5	4	18	16	18
4	Y	6	2	6	1	15	5	1	5	1	12	—	—
5	N	1	4	2	3	10	1	2	1	2	6	10	6
6	N	3	2	4	3	12	3	3	3	3	12	12	12
工作满意度与威望之间的相关系数 $r=-0.1$												-0.09	

注：JS＝工作满意度；PP＝职业声望感知量表。

这种“总样本”相关性表明这两种概念是相互相关的，这与研究者的假设一致。

然而，由于我们暂时假设知道这件事情，因此，只有 4 位被试的工作满意度和职业声望感知量表之间的相关性得到了有效反应。我们看到对于“有效反应者”，工作满意度和职业声望感知量表之间相关性非常弱，$r=-0.09$。因此，根据有效的回答，工作满意度和职业声望感知量表不相关。我们可以看到，如果包含了默许反应被试在内，两个测验之间被人为地虚构出高度相关。由于研究人员并不真正知道这件事情，所以只能使用原始相关。基于原始数据，研究人员会对工作满意度和职业声望感知量表之间的关系做出不正确的结论。

因此，默许反应者对心理测量质量的影响，看似很微小，但实际却是重要的潜在威胁。默许反应可能会破坏对行为的实践和研究。简而言之，测验使用者可能无法将默许反应者与真正被评估为高构想水平的有效反应者区分开来。如果一项测验的项目都是按照相同的方向计分，那么一组“积极”的反应可能反映了一组有效反应，也可能反映了默许的反应偏差。默许偏差的一个重要后果是，如果多个测验都受到偏差的“污染”，那么测验彼此之间(而非测验与想要测量的心理构想之间)的相关性将会变得更强。发生这种后果的原因是，对一项测验做出默许反应的应答者可能会对另一项测验也做出默许反应，这确保了他们在两项测验中都能获得相对较高的分数。正如第 3 章所讨论的，当一个变量的得分相对较高的人倾向于在另一个变量上得分相对较高时，就会出现正相关。

尽管我们关注的是默许或“肯定”偏差，但它也可以采用“拒绝”的形式，在这种形式下，不论该叙述的意思如何，个人都不会同意。拒绝偏差可能会产生类似于那些“肯定”偏差的效果。通过确保在一次测验中获得相对较低分数的人，在另一次测验中也获得相对较低的分数，那么这种拒绝偏差就会产生比真实相关性更加积极的人为相关。

总之，长期以来，心理学家和其他行为科学家都很担忧默许反应偏差(包括拒绝偏差)，认为其是对心理测量质量的威胁。目前为止，我们已经讨论了默许偏差的概念——它是什么以及它会如何影响心理测量的效度。

默许偏差实际存在的事实与后果。尽管长期以来人们对默许偏差表示担忧，但我们应该承认，关于它的实际存在、影响大小和造成后果存在重大争议。事实上，对于反应偏差的争议也许比本章讨论的其他许多偏差的争议更多。这里就有一个争议，即在有意义的程度上默许偏差是否存在以及(即便它确实存在)这种程度的偏差对心理测量的效度具有什么样的重大影响。

一方面，一些专家认为，对默许偏差的存在及其潜在影响的担忧被夸大了。作为这个观点的一个早期例子，罗勒早在1965年就指出，有数百篇关于默许偏差的学术文章，他对这些文章做了综述。根据他对相关证据的回忆，他总结道："在现有证据的基础上，认为(默许的)反应风格是人格问卷的一个重要变量是没有根据的"。也许可以更直截了当地说，他认为"在对个性、兴趣和态度进行反应时，(默许的)反应风格并不重要"。最近，约翰逊(2014)拒绝了默许偏差具有实际意义的说法，指出"默许反应偏差是心理测量学的怪物。就像任何臆想中的怪物一样，最好忽略它"。此外，约翰逊继续表示(至少有些人)在试图纠正或调节偏差时，造成的效度问题比解决的问题更多。

另一方面，其他专家仍然相信，默许偏差的存在会对许多反应造成严重影响，并且可能对测验成绩产生显著影响。例如，本特勒、杰克逊和梅西克(1971)用证据直接回应了罗勒(1965)的怀疑，并提出证据证明他们的解释揭示了心理评估中"默许反应可能具有的潜在的严重后果"。这一证据是基于对两种情况下人格评估的聚合效度的比较。一些应答者使用一种评估策略来评估他们的人格特质，这种评估策略可能受到"接受"默许反应的影响(即"将特征视为描述性的倾向"，几乎不考虑实际上是否是符合所描述的特征)。其他应答者使用不易受默许反应影响的评估策略来评价他们的人格特质。研究人员发现，对于不容易接受默许反应的评估，聚合效度相关性"较高"。

研究人员继续研究了默许偏差出现的频率、性质、严重程度和后果(Bachman & O'Malley，1984；Danner & Rammstedt，2016；Knowles & Condon，1999；Knowles & Nathan，1997；Meisenberg & Williams，2008；Rammstedt，Danner & Bosnjak，2017；Rammstedt & Farmer，2013；PB Smith，2004；Van Herk，Poortinga & Verhallen，2004；Wetzel，Lüdtke，Zettler & Bohnke，2016)。这样的研究表明，当应答者不理解测验项目时，最可能发生默许偏差——因为测验的项目复杂或含糊不清，以及测验的情况让人容易分心，或者因为应答者本身有难以理解该材料的倾向。如我们的例子所说明的那样，所有项目都在同一个方向上计分的测验，其偏差可以人为地创造高(或低)的测验分数。因此，这种偏差可以造成比原本的相关性更强烈的人为相关性来影响研究。

极端和趋中的回答

正如我们所看到的，许多调查问卷包含的叙述或问题都需要人们在强度、认可或发生率方面做出反应。例如，状态—特质焦虑量表(STAI；Spielberger，1983)是一种广泛使用的旨在评估应答者的状态—特质焦虑水平的调查问卷。

STAI 的特质焦虑分量表是由 10 个关于一个人心理痛苦程度的叙述组成的。在这个量表中包括诸如“我缺乏自信”和“我是一个沉稳的人”这种叙述的项目(请注意，这个项目是消极的)。对于每一项叙述，应答者都有 4 种反应选项：几乎从不、有时、经常、几乎总是。在很多这样的问卷中，选项反映了不同程度的强度、认可度或发生率，其中一些反映了一种极端程度，而其他选项则更多地反映了适当程度。例如，在 STAI 上，这个“几乎总是”选项就是一个更极端的选项(反映出更极端的情况)。其他的量表，则包括了涉及叙述的准确性或应答者同意程度的反应选项。例如，国际人格项目库(Goldberg et al.，2006)包含一个精神性/宗教信仰量表(Spirituality/Religiousness scale，简称“S/R”)，其中包括诸如“我是一个有宗教信仰的人”等项目，并且可以按照 5 分制进行回答：非常不准确，中度不准确，既不是准确也不是不准确，中等准确，非常准确。在 S/R 量表上，“非常准确”的选项比“中等准确”的选项反映更极端的准确性，而且“非常不准确”的选项比“中等不准确”的选项反映了更极端的不准确程度。

如表 10-1 所示，极端反应偏差和趋中反应偏差问题是指使用或避免极端反应选项的倾向。在 STAI 上，一位应答者可能更愿意做出“极端”的反应选择(例如，几乎总是回答“我缺乏自信”)，而不是像另外一位应答者一样，即使这两位应答者的实际焦虑水平相同。同样，在 S/R 量表上，一个应答者可能比另一个应答者更愿意对“我是一个有宗教信仰的人”的叙述做出非常准确的反应，即使这两个应答者的精神水平是相同的。简单地说，人们使用极端反应选项的意愿可能会有所不同，这也许会掩盖概念真实水平上的差异。

不同被试在使用极端反应选项时所产生的歧义，对应用心理学实践和研究结果具有重要意义。正如之前所提到的默许偏差，极端偏差会使应答者的分数产生歧义，这可能导致决策者根据这些分数做出不适当的决定。

说明极端/趋中偏差及其对研究人员结论的潜在影响。在行为研究方面，极端偏差会导致结论不准确。以表 10-3 中的数据为例。想象一下，一个研究人员正在研究精神性和情绪困扰之间的相关性，他假设这种相关性是正向的，高精神性的人会有相对较高的痛苦体验。为了检验这一相关，他要求被试完成一个包含 4 个项目的状态—特质焦虑量表(高分表示更严重的焦虑和痛苦)，以及一个 4 个项目的 S/R 量表(高分表示更大的精神性)。

我们再一次假设我们知道这件事。在表 10-3 中，“真正焦虑”一栏显示了被试真实的特质焦虑水平。例如，我们看到：

表 10-3　极端偏差

被试	偏差	真实焦虑	STAI 项目				SATI 总计	真实精神性	S/R 项目				S/R 总计
			1	2	3	4			1	2	3	4	
1	极端	14	4	4	4	4	16	11	4	4	4	4	16
2	中等	14	3	3	3	3	12	12	2	2	2	2	8
3	无	12	3	4	3	2	12	4	1	1	1	1	4

续表

被试	偏差	真正焦虑	STAI 项目				SATI 总计	真正精神性	S/R 项目				S/R 总计
			1	2	3	4			1	2	3	4	
4	中等	6	2	2	2	2	8	9	2	2	3	3	10
5	极端	6	1	1	1	1	4	8	1	1	1	1	4
6	无	7	1	3	2	1	7	15	3	5	4	3	15

被试 1 和被试 2(即两个真实分数都是 14)具有与被试 4 和被试 5(即两个真实分数都是 6)相同的特征水平。计算真实焦虑水平与真实精神性水平之间的相关性(见表 10-3)，我们发现基本上没有相关($r=-0.04$)。因此，我们假设知道的事情，使我们认识到：与具有较低精神性水平的人相比，具有相对高水平的精神性的人确实没有更多或更少的焦虑倾向。这与研究者的假设——高度的精神性与高度的痛苦相关相矛盾。

当然，研究人员不会知道被试的真实特质水平，只能通过测验来反应。因此，让我们来研究一下被试对“STAI”4 个项目的实际反应，并将其与他们的真实特质水平进行比较。对于这个版本的状态—特质焦虑量表，研究者使用了如下的评分规则：1＝几乎从不，2＝有时，3＝经常，4＝几乎总是。注意，被试 1 对所有 4 个项目都做出“几乎总是”的反应，总得分为 16。还要注意，被试 2 对所有 4 个项目的反应都是“经常”，总得分为 12。因此，这两种被试在焦虑程度上得分不同，但这种不同不是对真实心理状况的准确反映。回想一下，鉴于我们暂时假设我们知道真实状况，即知道被试 1 和被试 2 的焦虑程度是相同的(如表 10-3 所示，两者都是 14)。

因此，尽管他们的焦虑程度是一样的，他们的状态特质焦虑量表分数却不相同。这种差异的出现是因为被试 1 愿意使用比被试 2 更极端的反应选项。也就是说，尽管被试 1 和被试 2 的焦虑程度相同，但被试 1 在承认与焦虑相关的项目时，总是选择“几乎总是”的选择，而被试 2 在回答这些项目时，总是选择不那么极端的选项。因此，虽然被试的焦虑程度是一样的，但他们倾向于使用(或避免)更极端的反应选项不同。正如这种差异所表明的那样，极端偏差可以使应答者的测验分数产生人为差异。注意，这种产生人为差异的倾向是稳定的，它也影响被试对 S/R 量表的反应。

除了使应答者的测验分数产生人为差异外，极端偏差还会掩盖应答者的概念水平之间的真实差异。考虑被试 2 和被试 3，这些被试的焦虑程度不同，但他们的测验分数是相同的。因为被试 2 不愿意使用更极端的反应选项，所以她的测验分数不像她的特质水平所显示的那么高。因此，她的测验分数与具有较低焦虑特质水平的被试分数相同。

最终，各种类型的问题会导致产生不准确的研究结论。由于之前我们假设知道这件事情，我们能够计算出被试的真实焦虑水平和他们真实的精神水平之间的相关性(见表 10-3)，发现本质上是零相关。现在，让我们来计算被试测量得到的焦虑得分(STAI 特质分数)和他们测量的精神性分数(S/R 量表得分)之间的相关性。根据表 10-3 中的数据，这种相关性是 $r=0.36$，这将导致研究者得出的结论是：精神性与焦虑呈正相关。

很明显，基于测量分数(受极端反应影响)得到的相关性是有意义的，这不同于基于真实分数的相关性(我们只能通过假设得知)。因此，与从被试的真实特质水平得出的结论相比，从测验分数的统计分析得出的心理结论是不正确的。这样，极端问题就会导致不正确的研究结论。在当前的例子中，研究人员会得出错误的结论：精神性与情绪困扰有关。而事实上并非如此。

请注意，使用极端反应选项本身并不是一种偏差或问题，使用中等反应选项也如此。事实上，测验使用者希望使用反应选项来反映一个人真实构想水平——构想水平更极端(即要么特别高，要么特别低)的人应该更多地使用极端反应选项，而具有中等构想水平的人应该使用更适中的反应选项。然而，当(a)具有相同构想水平的人倾向于使用中等和极端的反应选项或(b)当不同构想水平的人倾向使用中度和极端的反应选项时就出问题了。

极端偏差的真实存在与后果。心理学家和其他行为科学家已经研究了极端问题的范围和来源——事实上，有些人比其他人更愿意使用极端反应选项，如果确实是这样，那么为什么呢？

研究认为，极端偏差确实值得担心。研究表明，使用极端反应选项倾向的差异在整个测量过程中和时间跨度上是相当稳定的(Bachman & O'Malley，1984；Jain & Agarwal，1977；Merrens，1970；Wetzel，Carstensen & Bohnke，2013)，尽管一些研究未能重复出这种效应。巴克曼和奥马利(1984)进行了一项研究，表明了该效应的稳定性，他发现“在使用或避免极端反应类别倾向方面，个体差异具有实质性和一致性”，并且这种一致性可持续长达4年的时间。更进一步的证据显示，韦策尔等(2016)后来报告说，在8年(或者更久的时间)之内极端反应的趋势都“非常稳定”。此外，韦策尔等(2013)报告的结果表明，使用或避免极端反应选择的趋势无论在“同种测量方法的不同量表之间”还是“不同测量方法之间”都是一致的(见表10-3)，并且“特质评分可能因极端反应方式而受到曲解”。

有趣的是，研究人员还将把极端反应的研究整合到一个更广泛的范围中去，用来理解一般心理过程的潜在反应。正如第8章关于效度的讨论中所指出的，伯肯霍特(2012，2017)概述了一个人在回答反映态度或性格的常见5点李克特项目时所经历的3个步骤。极端反应偏差的存在和影响被明确视为是这3个过程中的一部分。事实上，伯肯霍特提出的方法是“将反应方式作为反应过程的一部分建模，从而产生关于中点，方向性和极端偏好的可测量的个体差异。例如，受测者可能具有相同的方向偏好，但他们倾向于选择不同的中等或极端反应类别”(Böckenholt & Meiser，2017)。

总之，极端偏差会降低心理测量的质量。一些应答者愿意使用极端反应选项，但其他应答者倾向于避免极端反应选项。反应风格的差异可以掩盖应答者特质水平的真实差异，这样的效应反过来又会影响心理学的实践，从而降低研究结论的准确性。

社会赞许性(“伪装好”)

社会赞许性问题也许是心理学家对反应偏差最关注的问题。社会赞许性反应倾向是指一个人以一种似乎具有社会吸引力的方式做出反应的倾向，而不管他或她的真实特征如何。

在本章的开始，我们要求你想象自己填写一份问卷，作为招聘过程的一部分。在这种情况下，我们强调了你可能想要做出对雇主有吸引力的回答。你可能会想要以一种提高你所期望的品质的方式来回答，比如诚实、正直、认真和情绪稳定性。如果反应是出于社会需要的动机，那么他们就不能反映应答者的真实水平。这就降低了测量过程的信度和效度。

社会赞许性偏差至少可以受到3个来源的影响。第一，它可能会受到测验内容的影响。社会吸引力对一些心理结构的影响比其他心理结构更大，因此，关注这些结构的测验可能比其他结构的测验更易受社会赞许的影响。比如，人格特质、心理健康(与心理痛苦)或诚实(与欺骗)可能与社会赞许密切相关，幸福和诚实显然比痛苦和欺骗更可取。另外，外向性(与内向性)等特征可能不会受到这样动机的影响(John & Robins，1993)。

第二，社会赞许性可能会受到测验背景的影响。社会赞许性反应可能更容易发生在可以识别应答者身份的测验背景中，而非匿名背景中。当别人把应答者与他们的反应联系在一起时，应答者可能更倾向于提供具有社会吸引力的回答。此外，社会赞许反应也许更可能发生在测验结果会导致重要后果的情境之中。招聘案例代表了一种情境，在这种背景下，测验反应会产生重要的影响——个人在心理测量上的得分会影响被雇用的可能性。如果测验没有重要后果，社会赞许的反应可能就不那么令人担心了(然而它仍然是一个潜在的问题，我们将在下面提到)。

第三，潜在的社会赞许反应来源是应答者的个性。研究表明，至少在20世纪50年代，有些人比其他人更倾向于提供社会需要的回答。另外，因为被试提供社会赞许反应倾向的差异会掩盖他们其他特征的真实水平的差异，导致研究困难。

显然，人们对社会赞许性在某些应用心理学领域所产生的影响有着严重的担忧。事实上，许多性格测验在对被评估的品质类型上是相当“透明”的。在这种测验中，应答者很容易“伪装”成具有令人满意的品质(Alliger & Dwight，2000；Baer，Wetter & Berry，1992；Viswesvaran & Ones，1999)。遗憾的是，一些证据表明，至少在工作应用的情况下，这种伪造的情况相当普遍，(Donovan，Dwight & Hurtz，2003)。这种伪装，反过来又会影响心理实践中的决策。例如，如果求职者夸大了他们的积极品质，并尽量减少他们的负面品质，那么招聘决策就会受到严重的影响。事实上，有人建议，“当伪装发生时，那些根据测验结果被雇用的人很可能是伪装者”(Alliger & Dwight，2000)。

社会赞许反应偏差及其对研究人员做出结论的潜在影响。除了在应用测量环境中引起关注之外，社会赞许性也是行为研究者的一个关注重点。为了理解社会赞许反应偏差及其对研究结果的影响，想象一个研究人员考察了情绪性和人际关系质量之间的联系。她假设那些倾向于高水平的积极情绪的人(或者倾向于低水平的负面情绪的人)也倾向于发展高质量的人际关系。更确切地说，她希望在积极情绪和人际关系质量之间找到一个正相关，也希望在消极情绪和人际关系质量之间找到一个负相关。

为了研究这个问题，她要求被试完成正性—负性情绪量表(PANAS；Watson，Clark & Tellegen，1988)。PANAS是一种非常广泛使用的情感测量方法，可以用来衡量应答者感受积极情绪和消极情绪总体倾向的特质水平差异。

PANAS包括两个量表：正性情感(PA)和负性情感(NA)。每一种都包含10种情绪(例如，强壮、骄傲、兴奋、紧张、内疚、痛苦等)。尽管研究人员以多种方式使用PANAS，但让我们想象一下，我们的研究人员要求被试阅读每个项目和评估他们通常对每种情绪的感受程度，并以5分制进行回答。PA量表和NA量表通过计算每一个量表的10个反应的平均数来得分，所以得分在1至5之间，分数越高，反映出每一种经历某种情绪的倾向性越强。最后，研究人员要求被试以1至100的等级对他们的社交关系的整体质量进行评分，其中较高的等级代表更好的人际关系质量。

请注意，这3种构想的报告(正性情感、负性情感和人际关系质量)可能受到社会赞许性偏差的影响。至少在西方文化中，高度积极情感在文化上优于较低的积极情感，较低的消极情感又优于高度消极情感。也就是说，那些表现出力量、骄傲和热情的人通常被认为是具有社会吸引力和令人钦佩的，而那些表现出紧张、内疚和沮丧的人通常被认为是缺乏吸引力，也不令人钦佩。最后，大多数文化认为高质量的社交关系是有价值且可取的。因此，希望看起来具有社会吸引力的人可能会声称自己有高水平的正性情感和低水平的负性情感，并报告高质量的人际关系。

表10-4 社会赞许性偏差影响研究结果的实例

被试	真正分数			社会赞许性动机	测验分数		
	PA	NA	RQ		PA	NA	RQ
1	4.5	5	60	无	4.5	5	60
2	4	2	55	高	5	1	95
3	3	1.5	65	低	3.375	1.125	80
4	2.25	3	85	无	2.25	3	85
5	1.5	4	45	中等	2	3.5	65
6	1.75	3.25	40	无	1.75	3.25	40
与RQ之间相关性	0.23	−0.21			0.51	−0.65	

注：PA=正性情感量表；NA=负性情感量表；RQ=关系质量。

让我们再次想象我们是无所不知的，知道被试的正性情感、负性情感和人际关系质量的真正水平。如表10-4所示，被试1具有最高真实水平的正性情感的(4.5)，而被试2具有次高的水平(4)。同时，请注意，被试4确实具有最高的人际关系质量(RQ)。通过计算PA的真实水平和RQ的真实水平之间的相关性，我们发现结果部分支持研究者的假设——积极情感与人际关系质量之间呈弱的正相关(即，$r=0.23$)。同样，真正的负性情感(NA)和真实RQ之间的相关也为研究者的假设提供了额外的支持——消极情感与人际关系质量之间呈弱的负相关(即，$r=-0.21$)。因此，假设我们无所不知使我们能够观察到相对较高的PA水平或较低的NA水平的人倾向于拥有相对高质量的人际关系。

让我们也想象一下，如果我们知道每个被试做出社会赞许反应的动机程度。如表10-4所示的“社会赞许性动机”一栏中所示，被试 2 有高水平的动机去做出社会赞许反应，被试 3 和被试 5 有一定的动机去这样做，但其余的被试并没有特别的动机去表现出比他们“真正特质”更有吸引力的一面。

我们可以看到社会赞许如何影响 3 个结构的测量。具体来说，对于受社会赞许偏差驱动的被试来说，测得的分数更倾向于“理想的”方向，而不是真实的结构水平。

例如，被试 2 有很高的社会赞许性动机。该被试在 PA 量表上的测验分数(即 5)高于他真实的 PA 水平(即 4)，这反映了一种想要获得人为的高水平积极情感的愿望。因此，被试 2 表现出的对社交强烈的动机，影响了他对一些 PA 项目的反应，导致了 PA 分数的夸大。同样，他在 NA 量表上的得分(即 1)低于他的真实 NA(即 2)水平，这反映出想要人为地降低消极情感水平的欲望。因此，对于那些具有社会赞许性动机的被试来说，对诸如 PA 和 RQ 等被期望的构想，其测量得分是人为夸大了的；而对那些“不受欢迎的”构想(如 NA)的评分则被人为地降低了。与此相反，对那些不被社会赞许偏差所影响的被试而言，他们的测量分数等于他们的真实值，而不考虑该构想的“可取性”(例如，在被试 1 的例子中，我们把随机/非系统测量误差的影响放在一边)。

社会赞许性偏差的一个重要问题在于研究结果可能会受到影响。最显著的问题似乎是社会赞许性偏差的个体差异可能会在被偏差“污染”的测量之间产生虚假或人为的强相关。

表 10-4 中的数据说明了这种潜在的影响。正如我们所讨论的，数据中至少有两个问题。其一，被试的社会赞许性动机是不同的——有些人是中度的或强烈的动机，而另一些人则没有动机。其二，这 3 个变量是社会所期望的，因此他们的测量可能受到社会赞许性动机的污染(实际上，表 10-4 中的测量正如我们所见到的那样，受到了偏差的影响)。这两个问题的影响是，具有社会赞许动机的被试倾向于在 PA 和 RQ 的测量上得较高分数(NA 的得分较低)，高于没有社会赞许动机的被试的得分。

因此，社会赞许偏差会使那些在一项测量上倾向于得分较高的人，在其他测量上得分也较高。这反过来又会影响这些测量之间的相关性。

社会赞许偏差的影响在 3 种测量被人为夸大的相关性中是明显的。请注意，真实得分之间的相关性要比这 3 个指标之间的相关性弱得多。早些时候，假设我们知道 PA 和 RQ 之间的“真实”相关只有 0.23，而 NA 和 RQ 之间的“真实”相关只有－0.21。如表 10-4 所示，未去除社会赞许反应偏差的各项测量之间的相关性更强——PA 测量与 RQ 测量之间的相关性为 0.51，NA 测量与 RQ 测量之间的相关性为－0.65。

因此，社会赞许偏差可以人为地夸大测量之间的相关性，这可能导致研究人员得出不准确的心理学结论。在我们的例子中，研究人员可能会将人为夸大的测量之间的相关性(即 $r=0.51$ 和 $r=-0.65$)解释为情绪和人际关系质量之间强烈相关的证据。同样，由于假设我们知道真相，揭示了这一解释是错误的——这些构想之间的相关实际上比研究者能意识到的要弱得多。因为社会赞许性偏差造成的无效测量，研究人员严重高估了相关性的大小。这样过高的估计，反过来又会产生对理论的误导推论，并且可能在应用时产生不恰当的决定。

论社会赞许性偏差的实际意义和后果　正如本节前面提到的，心理学家广泛研究了社会赞许性反应偏差。这个领域最活跃的研究人员之一是人格心理学家保卢斯，他对社会赞许反应感兴趣，认为这是人格的一个方面。保卢斯研究的一个重要结果是，发现可能存在多种形式的社会赞许偏差。保卢斯指出了社会赞许反应的发生必经的两个过程。一个过程是有意识的印象管理(IM)，在这个过程中，受测者试图故意表现出社交上的需求。例如，求职者可能会人为地夸大受欢迎的特征，并在完成人员选拔测验时人为地减少不受欢迎的特征。在临床上，印象管理有时被称为“伪装好”，因为它指的是漏报临床症状。也就是说，受测者可能试图通过错误地否认各种病理症状来表现出更少的病态。另一个过程是无意识的自我欺骗(SD)，受测者对自己持有不切实际的积极观点，坚信自己拥有较好的心理特征，而这些心理特征实际是被高估的。

保卢斯(2002)认为，印象管理和自我欺骗的偏差在状态与特质方面有所不同。他认为，印象管理偏差是相对于状态而言的，是对即时情境要求的反应。换句话说，印象管理是有意识地以过分理想的方式做出回答的倾向。印象管理偏差通常针对特定的测量情境，例如完成人员招聘调查表。相反，保卢斯认为标准偏差反映了人与人之间的特质差异。也就是说，有些人比其他人更倾向于自我欺骗，而这种差异会影响他们在许多不同测量情境下的反应。

研究总体上似乎与IM和SD的状态和特质性质是一致的。例如，在一项研究中(Lönnqvist，Paunonen，Tuulio-Henriksson，Lönnqvist & Verkasalo，2007)，研究人员对那些最初非常期望加入培养计划的申请人以及那些之后被纳入项目的人再次测量IM。研究人员假设，“申请”期间的IM分数将高于“接受”期间的IM分数，因为申请人可能高度积极地表达正面的印象。结果证实了这些预测，说明IM对情境具有敏感性。研究人员还在3年的时间间隔后检查了SD偏差，发现在3年中自我欺骗分数显著稳定——在一个点上表现出较高水平SD偏差的人强烈倾向于在3年后以仍旧表现出相对较高水平的SD偏差。这表明了SD具有特质性，相对稳定。

然而有趣的是，伦奎斯特等人(2007)报道的结果与保卢斯(2002)提出的偏见框架并不完全一致。例如，虽然在3年之内SD确实像预测的那样显著稳定，但IM也保持稳定，尽管IM被认为是更短暂和状态性的变量。事实上，IM分数比SD分数更稳定，这与保卢斯的预测相悖。此外，伦奎斯特及其同事报告了一些研究结果，表明对IM和SD的测量可能反映了有意义的真实人格特征，而不是反映调查问卷的偏差。

后一个发现反映了关于社会赞许“偏差”意义的更广泛的争论。尽管长期以来人们对社会赞许性偏差及其对心理测验成绩质量的潜在影响表示关注，但一些研究人员认为，这种担忧有些言过其实了。研究人员认为社会赞许“偏差”至少部分反映了有意义的人格特质，所以提出了这样的论点。也就是说，我们所说的“社会赞许偏见”可能实际上反映了重要且有意义的心理特征，而不是只反映了与人们对待心理测量的反应方式相关的心理测量学上并不感兴趣的问题。例如，尤齐耶尔(2010，2014)回顾了相关的证据并得出结论，认为假设的IM偏差实际上可以更好地理解为“以人际关系为导向的自我控制”。根据这种观点，在IM测验上得分较高的人“是成功的自我管理者。他们通过表现出令人愉快的、认真的和非冲动的行为模式来展示这种自我管理能力，尤其是在社会环境中(这种表现方式获得了很高的回报)”(Uziel，2010)。这种观点认为印象管理不仅仅是作为对心理评估的一种偏差反应风格，印象管理更偏向于一个人的个性真实的、引人注目的方面。

除了社会赞许性的潜在实质性意义之外，一些最令人信服的资料也提出了反对社会赞许性会创造麻烦的论据，资料表明“在大多数应用中，为防御或为了社会赞许性而纠正分数的行为不会提高效度”(McCrae & Costa，1983)。以下发现部分支持了这个结论：社会赞许性的测量与工作绩效等的测量结果不相关(Viswesvaran，Ones & Hough，2001)，未能被录取后进行重复测验不会产生有意义的分数变化(Hogan，Barrett & Hogan，2007)，以及从统计学上来说，控制社会赞许性方面的个体差异并不能改善人格特质测量中的效标相关效度(McCrae & Costa，1983；Ones，Viswesvaran & Reiss，1996)。

因此，对于社会赞许性的心理意义以及它对心理测量的影响，似乎存在着分歧。确实有很多测验使用者认为，社会赞许作为心理评估中的一个重要问题，并不值得去过于担心；然而，许多心理学家仍然担心社会赞许对心理测验使用的潜在影响。

诈病(“伪装坏”)

尽管许多心理学家一直关注应答者会因为社会赞许性而人为提高反应，但其他心理学家却十分关注相反的问题(Rogers，2008)。具体来说，在一些极其重要的测验环境中，应答者可能试图夸大他们的心理问题。特别是在一些应用的测验环境中，应答者可能会被激发出比他们的真实情况更严重的认知障碍、情绪困扰、身体挑战或是心理上的不安。这种现象被称为伪装或欺骗，被美国精神病学协会(2013)精神疾病诊断和统计手册第五版(DSM－5)确认为心理评估和诊断中的严重问题。

花些时间考虑一下为什么个人会试图夸大他们心理问题的存在或严重程度。考虑一下伪装最有可能发生的测验环境——犯罪能力听证会、残疾评估、工人索赔要求和个人伤害检查(Berry，Baer，Rinaldo & Wetter，2002；Mittenberg，Patton，Canyock & Condit，2002)。在所有这些情况下，应试者可能从被诊断为某种心理障碍或神经障碍中获益。如果犯罪分子被诊断出患有精神障碍，他们可能会得到比较轻微的判决；如果工人被判定在工作中受到损伤，他们可能会得到金钱补偿的解决方案；如果意外事故受害者被确认遭受意外事故而造成了神经心理问题，他们可以获得金钱上的赔偿。总而言之，在应用型测验环境中，装病是一个严重的问题，在这种情况下，测验者有一种表现出受害的动机。

很明显，诈病可能会损害心理评估的质量。例如，注意力和记忆等认知能力可能受到创伤性脑损伤的影响。因此，如果一个发生汽车事故的人能够说服法庭相信其遭受到了损害认知能力的脑损伤，那么他或她就可能会从保险协议中获得巨大的经济利益。事实上，在许多神经心理学评估(包括对注意力和记忆力的测验)中，这个人可能故意表现得很差(或者至少是试图表现很差)来被诊断为认知障碍。诈病会对诊断、判断和决策的准确性和公平性产生明显的影响。

在应用测验的环境中，诈病不仅仅是理论上的可能性。贝里等人(2002)估计，在一般的心理评估中，诈病的发生率为 7.3%到 27%；而在法医鉴定(即犯罪能力评估，残疾听证会等)中，这一比例高达 31%至 45%。例如，最近的一项研究调查了那些正在等待被指控谋杀的被告，他们进行了心理评估以评估他们的刑事责任(Myers，Hall，Marshall，Tolou-Shams & Wooten，2016)。在这种情况下，被告可能会诈病以“通过似是而非的心理健康辩护来避免刑事定罪”(Myers，2016)。根据他们的评估，研究人员估计 30%的被告正在以某种程度的诈病对心理评估做出反应。

事实上，有证据表明，律师会有意地训练被告使用方法去伪装，我们将稍后进行讨论(Wetter & Corrigan，1995；Young john，1995)。实际上，马萨诸塞州心理健康中心精神病学和法律项目的主任承认“腐败和不道德都显然不是完全杜绝的，被告律师的训练仍然是司法之轮的扳手”(Gutheil，2003)。因此，在心理评估中，诈病是一个合法的关注点。贝里等人(2002)认为，如不考虑诈病的影响，“可能给保险公司、残疾人体制和最终的社会造成高昂的代价”。

粗心或者随机反应

有时考生提供的回答确实是随机的或者多少有点随机的成分。无论是由于粗心大意还是缺乏动机，一些应答者可能会选择以完全随机或半随机的与项目内容无关的方式来做出回答。

例如，考虑有人会如何对众多的个性和态度量表的项目类型做出反应。例如，一个人去参加一个 5 分制的“同意”量表测验(1=强烈反对，5=强烈同意)，此人可能仅仅是通过在每个项目上回答“5”来完成测验。或者，他或她可能确实是随机选择对每一项的反应。又或者，更详细地说，他或她可能会“循环反应”来回答。也就是说，他或她可能首先对项目 1 标记强烈反对(1)，对项目 2 标记不同意(2)，对项目 3 标记中性(3)，对项目 4 标记同意(4)，对项目 5 标记非常同意(5)，并在项目 6 中标记强烈反对(1)，而后再次开始此循环。应答者也许没有那么明显地对他们的反应进行仔细的思考，因此提供的反应并非完全无效，而可能很大程度上反映了他或她的真实心理特征。很明显，任何一种类型的随机反应模式都可能对将要评估的构想产生无意义或近乎无意义的分数。

随机/粗心反应的频率和原因。人们普遍认为，随机/粗心的反应确实会发生，而且可能会出现发生频率很高的情况。例如，在最近的一项研究中，根据研究人员估计，在 560 名完成多项选择测验的中学生中高达 40%的学生对测验的反应(在一定程度上)是随机的(Osborne & Blanchard，2011)。如此大的百分比与其他一些测验随机反应的估计是一致的。总体而言，在许多测验环境中，随机反应的发生率可能在 1%到 10%之间(Crede，2010)，它取决于特定的背景和被检查出的“随机性”的范围(例如，随机对一些项目进行随机反应，而不是随机地对所有项目进行反应)。

研究人员已经讨论了可能造成随机/粗心反应的因素。在一般情况下，应答者会做出一些缺乏充分考虑的粗心的回答，可能是因为他们没有动机去仔细思考(Krosnick，1999)。应答者在何时会如此缺乏动机？有两种情况可能会降低应答者仔细思考的动机，那就是强迫和匿名(Crede，2010)。如果一个人感到自己被强制性或强迫(以某些方式，在某种程度上)参与一个测量，那么他或她可能会做出冷漠甚至是敌对的反应。这种情绪很容易导致缺乏深思熟虑的动机，个人可能只是希望尽快完成测量过程。随机或粗心的反应肯定会导致回答时间缩短。匿名也可能导致对测量过程的缺乏仔细思考。在一个匿名的环境中，参与者做出产生不准确和缺乏动机的无效反应而不会引起什么后果(Lelkes，Krosnick，Marx，Judd & Park，2012)。疲劳是另一种可能引发粗心或随机反应的情况，因为长时间的测量程序可能造成认知上的负担，即使是最积极的应答者，他们的注意力、思考力和仔细程度也会减弱。

随机/粗心反应的影响。在某种层面上，随机/粗心反应的影响是显而易见的。如果一个人随机地对我们的测验做出反应，那么我们就不会知道这个人对我们想要测量的心理结构的真正观点。因此，一个人的一整套反应越接近于随机，反应的真实信息量就越少——至少在我们试图测量的结果方面是如此。在一个应用测验的环境中，这意味着这个人的分数在实际上没有意义。

在以研究为导向的测验环境中，这种反应偏差对研究的影响可能不是很明显。在某种程度上，随机反应可能像随机测量误差那样运行。正如我们在第 7 章中所讨论的(关于信度的重要性)，随机测量误差可以减弱我们在研究中获得的效应。事实上，有证据表明，随机反应可以人为地降低甚至完全消除那些研究人员正在试图检测的效应，和实际存在于非随机反应者(数据)之中的效应(Osborne & Blanchard，2011)。没有想到的是，随机反应也可以人为地创造(而不是减弱或消除)出非随机反应者没有表现出的虚假效应。在行为科学的领域某些情况下这可能很常见，随机反应的出现也许会对我们的数据产生无效和无意义的影响(Credé，2010)。如果这种效应发生了并且我们试图去解释，会导致研究人员从他们的数据中得出错误的心理结论。总之，随机/粗心的回答“不仅仅是简单地将少量的随机错误回答添加到数据中，而可能会严重扭曲研究结果”(Credé，2010)。考虑到这些问题，随机反应确实是一种重要的反应偏差，值得我们去关注。

猜测

一些心理测验的设计是为了让特定的反应是正确的，而另一些则是错误的。例如 SAT 或 GRE 这样的成绩测验包括评估参与者语言或数学技能的项目。这些测验的每一项都有一个正确的答案，答题人答对许多项就能获得高分。这种测验通常用于一些部分根据考试成绩来做出决定的情况(如大学录取)。

对于这些在重要的情况下使用的测验，应答者可能会被激发猜测反应。特别是对于那些只有有限的反应选项(比如多项选择题)的测验，应答者可能会猜测答案，以提高他们的分数。事实上，猜测是一种很可能发生的情况，某些成就测验的评分方式可以说明猜测的效果(我们将在本章后面讨论)。

对于应答者并不真正知道哪个选项才是正确的案例，猜测可能会影响测验分数的质量和意义(Foley，2016；Rodgers，1997；Zimmerman & Williams，2003)。也就是说，一个正确的猜测增加了应答者的测验分数，并人为增加了应答者的真实分数。因此，基于测验分数的决策可能会受到猜测的影响。同样，猜测差异可能是随机测量误差的来源。如果一些应答者比其他人更“幸运”(即一些应答者随机产生比其他应答者更多的正确猜测)，或者如果一些应答者猜测而另一些人不这样做，则猜测产生的测验分数与应答者之间真正的分数不一致。

处理反应偏差的方法

正如我们所讨论的，一些反应偏差会影响心理测量的信度和效度。反过来，信度和效度的降低对心理测量的研究和应用有着重要的影响。正如我们所看到的，各种反应偏差会导致实际测量环境中的个人做出不恰当的决策。此外，反应偏差会掩盖心理结构之间的联系，导致行为研究情境中得出不恰当的结论。心理学家意识到这些偏差对心理测量质量和测验应用的威胁，他们采用了多种策略来应对反应偏差。

在本章的剩余部分中，我们将讨论一些与测验使用的具体目标相关的策略，如图 10-1 所总结的那样。如图所示，至少有 3 种常规策略：管理测验情境、管理测验内容和评分、使用专门设计的“偏差”测验。此外，这些策略至少有 3 个总体目标。一些解决方案旨在最大限度地减少反应偏差的存在，一些解决方案旨在最大限度地减少反应偏差的影响，一些解决方案旨在检测出反应偏差，允许测验使用者以某种方式进行干预(我们将在后面讨论)。

措施	目的		
	预防或最小化偏见的存在	最小化偏差的影响	检测和干预偏差
管理测验情境	最大限度地减少犯错警告		
管理测验内容和评分	简单项目、中性项目、强制选择、最小选择	平衡量表、纠正猜测	嵌入式效度量表
专门的“偏差”测验			期望测验、极端测验、默许反映测验

图 10-1 用于处理反应偏差的方法的示例

通过管理测验情境来最小化偏差的存在

也许应对反应偏差最好的办法是防止它们发生。尽管测验使用者可能永远无法确定他或她是否防止了反应偏差，但有些策略也许能降低偏差发生的可能性。有些策略着重于应答者体验测验情境的方式。也就是说，可以通过管理向应答者呈现测验的方式以及通过管理测验情境中对应答者的要求来最小化反应偏差的发生。

例如，保卢斯(1991)认为，通过减少可能引起社会赞许反应的情境因素，社会赞许偏差可能会被最小化。在许多研究环境中，测验使用者可以向被试保证他们的答案是匿名的。由于知道自己的答案无法和自己联系起来，被试可能非常愿意提供诚实的回答。这个措施是基于这样的基本原理，即匿名允许应答者诚实地承认不受欢迎的态度、思想、行为、感觉或特征，并且不会感到不适。

虽然匿名可能会增加诚实反应，但有一个潜在的缺点。具体来说，如本章前面所讨论的，匿名也可能增加随机反应的可能性。许多行为研究的被试，尤其是心理学研究的被试，都是在心理学导论课上学习的本科生。尽管学生们并没有被迫参与到研究中，但其中一些人有被迫参与的可能。一个研究环境的匿名性可能会与被强迫的感觉相互作用，产生很低的诚实性和责任动机(Lelkes et al.，2012)。因此，一些被试可能会利用匿名的特点，随意、快速甚至完全随机地做出反应。正如我们将在后面的章节中讨论的那样，我们也许可以识别这些反应并将它们排除在分析之外。

管理测验情境的另一种方法是创建一个尽量减少应答者的疲劳、压力、分心或沮丧的测验情境。这种认知—情绪状态可能使各种反应偏差的可能性增加(Paulhus，1991)。通过降低应答者的专注能力或减弱应答者动机，这样的状态会引起随机反应、社会赞许或其他偏差。在应用和研究的测验情境中，最好将测验时间限制在不会使应答者疲劳的时间段内(例如，根据我们的经验，应避免要求被试进行一个多小时的客观测验)。此外，在相当安静和几乎没有潜在干扰的环境中进行测量也是有利的。

管理测验情境的最后一个例子是告诉应答者，他们的反应的效度可以被评估。一些研究表明，那些被告知可以检测到虚假反应的应答者，相对来说更容易承认其在社会上不受欢迎的态度、行为或可能隐藏的特征(Paulhus，1991)。这个策略作为解决诈病问题的解决方案特别有用。一些研究(Butcher，Morfitt，Rouse & Holden，1997；Fink & Butcher，1972)表明，当应答者被告知可以检测到随机反应或不诚实行为时，他们对明尼苏达多相人格量表的有效反应增加。尽管一些研究表明这种警告并没有效果(Butcher，Atlis & Fang，2000)。事实上，只要被试相信可以检测到有偏差的反应，那么效度就会提高。研究表明，即使测验使用者实际上无法检测到偏差反应，仅仅是检测的可能性就能使一些应答者更加诚实和公正。

通过管理测验内容来最大限度地减少偏差的存在

在试图解决反应偏差的问题时，测验使用者和测验开发人员通常会使用特定种类的测验内容来尽量减少反应偏差的存在。通过选择特定类型的项目或特定类型的答题形式，测验开发人员可能会使一些偏差无效或减少一些偏差。

正如前面所提到的，应答者的挫折感可能导致偏差反应。因此，测验开发人员需要尽可能编写明确且简单的测验项目。如果应答者很容易理解和完成测验，那么应答者不太可能会感到沮丧或分心。避免挫折和分心，反过来可能会减少粗心大意、低动机的倾向，并最终减少反应偏差。

另一种策略是在社会赞许性方面添加中立的项目。例如，对“友善”测量可能会对社会赞许性产生强烈的影响——许多人可能认为友善是一种理想的特征，他们可能会(有意或无意)夸大自己的友善程度。然而，项目可能会以一种不强调友好品质的方式来编写。例如，“我是一个乖张和敌意的人”这个项目可能被用来反映不友好方面的结果——这个项目可能会引出相对较少的“真实”或“同意”的反应，因为它显然是不受欢迎的。另一种可选的问题方式是“我有时比其他人友善”。虽然它不“完美”，但它在一定程度上让应答者以一种可以接受的方式承认自己的不友好。同样，道德行为通常被视为令人钦佩的品质，因此是社会所赞许的(Hartley，2016)。最近的一项研究依赖于被试的道德自我报告，但研究人员担心社会赞许偏差，以及一些被试在报告中人为地夸大他们的道德行为或减少他们不道德倾向的可能性(Meindl，Jayawickreme，Furr & Fleeson，2015)。为了解决这个问题，他们以3种方式提问：一种“毫不掩饰”的方式，一种委婉的方式，一种粗言直语的方式。在每种情况下，他们都呈现了一种对人的描述，并要求被试评估他们跟这些人有多相像。例如，为了评估不诚实行为，他们呈现了一种对不诚实“毫不掩饰的”描述(“一个谎话连篇的人”)，以及一种委婉的描述(“一个故意说假话的有‘语言创造力’的人”)。

这种策略背后的逻辑是，委婉的描述会被认为是相对积极的，因为“语言创造性”可能被认为是一种可取的品质。因此，语言创造力的积极意义可能抵消了“谎言”的消极的含义，从而构成一个比不加掩饰的描述方式更不受社会赞许影响的相对中立的项目(即，具有更少的社会赞许性)。事实上，分析表明，委婉描述和粗言直语描述的项目被认为比直接描述的项目更中立，更受欢迎。

除了管理项目的内容之外，测验开发人员还可以考虑改变某些类型的反应形式，以减少反应偏差的存在。测验开发人员使用了“迫选”项目，以最小化社会赞许偏差的存在。迫选项目是指在具有两个特征的选项中，要求应答者只选择其中一个的项目。例如，性格测验中的一个项目可能会呈现出“友好”和“自信”的特征，而应答者将被要求识别出更贴近他们性格的特征。请注意，在本例中，这两个特性在社会性上都是相同的。同样，一个项目可能包含同样不受欢迎的特征(例如，“胆小”和“好辩论”)，再次要求应答者识别哪个是更贴合的。因为每一对选择都被认为是可取的，迫选的反应方式阻止了应答者选择更理想的选项。测验开发人员还可以设计测验格式来最小化极端问题的影响。例如，他们只能为每个项目提供两种选择。再次以个性测验为例，他们可能会呈现出诸如“友好”这样的特征，并且只有两个反应选项——“是”和“否”。从某种意义上说，这种格式通过完全消除任何“极端”的反应选项来防止极端偏差。这种策略的缺点是，它阻止了项目反应时被试展示自我的性格极端性的有效差异。

通过管理测验内容或得分来最大限度地减少偏差的影响

尽管我们尽了最大的努力来预防或减少反应偏差的发生，但它们很可能在某种程度上发生。因此，测验内容的设计可以降低某些反应偏差对测验分数的影响。类似地，测验使用者也许能够使用专门的评分程序，来减少反应偏差对某些测验的影响。

管理测验内容以减少偏差效应最好的例子，可能是使用平衡量表来处理默许偏差。如前所述，当一个人同意一项叙述而不考虑该叙述的意义时，就会产生默许偏差。正如我们所说明的，当问卷中的所有项目都以相同的方向计分时，就可能产生这种偏差。

此外，我们还展示了偏差如何对问卷数据的分析造成严重影响，使我们无法区分具有默许偏差的应答者与真正具有较高特质水平的应答者，在问卷之间产生人为的强相关性。对这个问题的一个常见解决方案是，创建一个平衡测验，可以减少反应偏差对问卷数据分析的影响。

平衡量表(balanced scale)是一个测验或问卷，其中包括一些正向计分项目和一些反向计分项目。在我们前面的例子中(见表 10-2a)，我们设想一位研究人员要求 6 名员工对以下 4 项“工作满意度”项目做出反应(每项为 7 分制，1＝强烈反对，7＝强烈同意)：

①我很喜欢我的工作；

②我觉得我的工作很有成就感；

③总的来说，我对我的日常工作很满意；

④关于我的工作，几乎不会有什么改变。

我们注意到，所有 4 个项目都是积极的，因为积极的反应(某种程度的一致性)表明工作满意度更高。为了最大限度地减少默许偏差的潜在影响，研究人员可能会使用以下修订的项目：

①我很喜欢我的工作；

②我觉得我的工作没有成就感；

③总的来说，我对我的日常工作很满意；

④关于我的工作，有很多地方需要改变。

请注意，修订后的调查问卷包含两个反向计分(或“反向评分”)项目。具体而言，第二项和第四项进行了修订，以便得出否定反应(某种程度的否定或不一致的叙述)表明工作满意度更高。修订后的量表是平衡的，因为它包括两个正向计分项目(即与叙述一致表示高满意度的情况)和两个反向计分项目(即与叙述分歧表示高满意度的情况)。

表 10-2b 列出了员工对平衡量表的反应。这些反应与原始反应(表 10-2a)之间的主要区别在于有效应答者而不是默许应答者的回答更符合平衡项目的格式。例如，注意被试 2，一个有很高工作满意度的有效应答者。该被试同意正向计分项目(即项目 1 和项目 3)并且不同意那些反向计分项目(即项目 2 和项目 4)，就像人们期望的高满意度的被试做出的反应一样。相反，注意被试 1，一个默许应答者。该被试同意所有 4 个项目，却忽略了一些事实，即同意某些项目表明满意度很高，但同意某些项目则表示满意度较低。这表明，这个人只是简单地同意这些项

目，而不考虑他们的内容。

为了使平衡量表有用，它必须被适当地评分。得分键必须符合一个量表既包括正向计分的项目也包括反向计分的项目。通常，测验使用者更喜欢在测验或问卷上获得较高的“总分”，代表被测量结构的高水平。例如，他们希望JS级别的高分可以代表高水平的工作满意度。

为了达到这个目标，测验使用者必须对反向计分的项目进行“反向评分”。为了对它反向评分，测验使用者需重新编写个人的反应评分。因此一个相对较大的值代表了被测量构想的高水平。例如，JS量表是一个7点的量表。因此，研究人员重新编码答案“7”(强烈同意)为答案“1”(强烈不同意)，答案6(适度同意)为“2”(适度不同意)，以及答案“5”(略同意)为“3”(略有不同意见)。类似地，测验使用者重新编写反应，以便相对较小的值代表被测量心理结构的较低水平。因此，研究人员将原始答案“1”(强烈不同意)变为“7”(强烈同意)，将答案“2”变为“6”，以及将答案“3”变为“5”。“这种反向评分过程在逻辑上重新校准了反应，因此所有项目的相对较大的值(即7，6或5)代表了被测量构想的高水平；相对小的值(即1，2或3)表示低水平。表10-2c列出了对均衡后量表的反向计分回答。

让我们考虑平衡量表如何最大限度地减少默许反应偏差造成的影响。平衡量表最直接的好处在于它们区分了默许应答者与有高水平评估构想的有效应答者。(补充说明，平衡量表也可以将拒绝偏差应答者与有低水平评估构想的有效应答者区分开来。)

花点时间检查表10-2c中的默许应答者，并注意他们在平衡量表上的得分与他们在原始量表上的得分有何不同(见表10-2a)。例如，请注意，被试1在平衡后JS量表的得分仅为18，而他在原始JS量表中的得分为24。同样，请注意，被试4在平衡后JS量表中的得分为15，而他在原始量表的得分却是26。因此，平衡测验确保了默许应答者的分数接近样本平均数(即不是极高或极低)。因此，测验使用者可以相当地确信，在测验中将会获得极端(即特别高或低)分数的应答者就是有效应答者。结果就是，认为一个默许应答者具有相对较高(或较低)水平心理结构的犯错可能性降低。

虽然平衡后量表允许测验使用者避免将默许应答者误认为具有高水平特征的有效应答者，但您可能会怀疑这可能产生了一个新问题。您可能在表10-2c中注意到，我们现在无法区分默许应答者和有中等特质的有效应答者。从某种意义上说，我们确实用一个问题替代了另一个问题。但是，至少在研究方面，我们通过创造一个不那么严重的问题，且避免了一个非常严重的问题。出于研究目的，平衡量表的使用对研究结果的准确性有重要意义。

使用平衡量表的研究意义可以从工作满意度与职业声望感知量表之间的相关性中看出。回到原始的量表，所有项目都被明确地键入(见表10-2a)，请注意，所有6个应答者之间的相关性$r=0.43$。依据原始测量结果，研究人员会得出结论：工作满意度和职业声望感知量表之间存在中度或较强的正相关。然而，我们再次假装是知道真相的，即知道哪些应答者是有效的，哪些是默许应答者。检查来自4位有效应答者的数据，我们发现满意度与职业声望之间存在非常弱的负相关(即$r=-0.09$)。因此，两个被试做出默许反应，这一事实损害了分析结果，导致研究人员对心理结构之间的相关做出了不正确的结论。现在，让我们考虑根据平衡后的量表来计算相关性(见表 10-2c)。请注意，所有 6 个应答者之间的相关性是 $r=-0.10$。这更接近于“有效应答者”数据得到的相关性(即 $r=-0.09$)，而不是从对原始量表的 6 个反应者数据中获得的相关性。因此，如果研究人员使用平衡后的量表，她的结论会比她使用原始(不平衡)量表更加准确。

尽管平衡量表被普遍使用并且其益处背后有自身的逻辑，关于平衡量表的使用是否确实是可取的仍旧存在争议(例如，McLarnon，Goffin，Schneider & Johnston，2016)。一个关键的问题是，使用反向计分键的项目也许会“污染”量表的维度。回顾第 4 章关于维度的讨论，理想情况下，每个分数代表有且仅有一个心理结构。因此，理想情况下，每个分数都基于一维因子结构。已经证明平衡量表的使用(经常)会产生一些因子复杂性。具体而言，发现反向计分的项目往往会形成自己独立的因素，尽管这种因素与相同规模的积极键项目形成的因素有相关。换句话说，使用反向键的项目可能会产生不太理想的维度。

例如，研究人员已经对工作诊断调查(JDS)进行了检查，该调查旨在反映工作场所环境的“核心维度”。JDS 广泛应用于组织心理学领域，它包括积极键项目和消极键项目的混合。在对 JDS 的因素分析中，哈维、比林斯和尼兰(1985)发现他们将反向计分的项目会形成自己的因素，并且与正向计分项目形成的因素分离的现象看作反对反向计分的明确证据。哈维和他的同事们将此解释为证据，证明那些反向计分的项目“为 JDS 项目分数贡献了大量与构想无关的方法差异”。他们解释道，这一点意味着对 JDS 使用单一的原始量表分数是“麻烦的”和“困难的(如果不是被误导了)”。

基于此，他们建议将反向计分的项目修改为正向计分的项目。也就是说，他们建议不要使用平衡量表(另见 Idaszak & Drasgow，1987)。

尽管人们对反向项目引入了与结构无关的方差这样一个共同的发现表示担心，但他们并不完全清楚，这为使用这些测验分数带来的重大问题。最近对罗森伯格自尊测量问卷(RSEI)的研究说明了这一点。RSEI 包括 10 个项目，其中有些项目是否定的，以前的研究表明这些项目形成了它们自己的因素上(如上面的 JDS 所示)。唐纳伦、阿克曼和布雷钦(2016)使用验证性因素分析(见第 12 章)，检验了 RSEI 与各种其他指标的相关性。他们通过使用各种方式来表示积极项目和消极项目的潜在不同效果。他们发现，所有 10 个项目的简单原始量表得分产生的相关性，基本上与通过各种复杂方式产生的相关性相同，因为这些方式容纳了反向计分项目带来的因素复杂性。也就是说，尽管担心在平衡后量表的基础上使用单一原始分数可能会产生误解或麻烦，但结果表明——至少在 RSEI 的情况下，单一原始分数的确具有心理学上的意义和可解释性。这反驳了对于平衡量表使用的担忧。

总之，平衡量表对行为研究具有潜在的重要好处。尽管它们不能防止默许反应偏差或者完全消除默许反应偏差影响，但它们有可能减少偏差对研究结果的影响。通过使用平衡量表，测验使用者可以相当确信他们的研究结果不会因默许偏差而严重受损。如表 10-2 所示，平衡量表可以避免由默许反应偏差导致的虚假相关性。使用平衡量表的潜在重要收益大大超过其微不足道的成本(通过生成消极项目并对这些项目进行反向评分而产生)。

正如前面提到的，测验使用者也可能使用专门的评分程序来最小化反应偏差对测验分数和测验使用的影响。我们已经讨论过猜测是一个可能影响能力测验或成绩测验的问题，例如对SAT和GRE的影响。事实上，此类测验可以使用评分程序来调整猜测对测验分数的潜在影响。例如，SAT有一个评分程序，该积分程序赋予不正确的答案一定的权重，而对留着这些题目不回答的不给分。具体而言，正确回答的项目获得1分，不正确的项目会减去1/4的分数，并且略过不作答的项目不会得分。这种评分程序没有进一步挖掘细节，然而好处是随机猜测的影响被最小化了。有趣的是，有根据的猜测对SAT考生来说仍然是有益的。也就是说，如果受测者可以消除一个或多个回答选项，那么他或她可能会从对其余回答选项的猜测中受益。

心理测量学家探索了另一种方法来抵制反应偏差，测验评分是使用项目反应理论(IRT)来处理极端反应偏差。

我们将在第14章讨论IRT，所以我们在这里不会详细讨论。但是感兴趣的读者可以查阅该章节，更多详细资料中包括最近开发的使用IRT方法来应对极端反应的方法(Böckenholt，2017；Böckenholt & Meiser，2016；Bolt & Newton，2011；Eid & Rauber，2000；Khorramdel & von Davier，2014；Plieninger & Meiser，2014；Tutz & Berger，2016)。

管理测验内容以检测和干预偏差

即使测验开发者和测验使用者试图尽量减少反应偏差的存在及其对测验分数的影响，反应偏差仍然是一个问题。尽管研究者们尽最大努力防止或最小化反应偏差影响测验分数的程度，但这种反应偏差可能会继续影响反应、决策和分析。

作为反应偏差的另一种防御措施，测验使用者可能会检测以各种方式存在偏差的反应。在本节接下来的内容中，我们将讨论旨在确定那些表现出某种形式的反应偏差的被试的方法。在确定被试之后，测验使用者可以有多种方法来处理他们的回答，包括舍弃和统计控制。

几种众所周知的精神病理学测验和人格测验中都包括效度量表。效度量表是嵌入在大量项目中的一系列项目，它们旨在量化受测者表现出特定反应偏差的程度。通过这些量表，测验使用者可以检查被试在整个项目中的反应模式，并评估随机反应，默许反应，人为“表现好”，人为“表现不好”等反应偏差的程度。大量的心理测量学家致力于创建和评估MMPI、Millon临床多轴量表(MCMI)、NEO人格量表(NEO-PI)和加州心理量表(CPI)等广泛使用的量表的效度量表。

也许最广为人知的效度量表是MMPI的效度量表。最近一版的MMPI(MMPI-2)包括至少7个量表，旨在提供关于受测者表现出各种偏差的可能性的信息。例如，L量表旨在反映受测者过度积极反应的意图。根据格雷厄姆(1990)的研究，L量表(有时称为“欺骗量表”)由15个项目组成，描述了“大多数人愿意承认的小缺陷和弱点”。否认这些共同特征的人将在L量表上获得高分。因此，L 量表也被视为对社会赞许度偏差的测量。F 量表(有时称为“少见回答量表”)是另一种 MMPI 的有效量表，由 64 个项目组成，这些项目被极少数应答者认可(即被承认或同意)。F 量表上的高分代表某种形式的异常反应，表现出随机反应、伪装、“全对”反应模式、“全错”反应模式，或可能表现了真正的被扰乱的心理状态。

另外的 MMPI 效度量表包括 K 量表(检测“伪装好”)，VRIN 量表(检测随机反应的“变量反应不一致性”量表)和 TRIN 量表(检测说“是”或者说“否”的“真实反应不一致性”量表)。

我们之前的一个例子可以帮助说明如何使用反应模式来检测特定反应偏差的存在。如果我们再次检验表 10-2c 中的假设性回答，那么，我们可以看到默许偏差如何在平衡量表内产生一个非常具体的反应模式。回到那些反应当中，我们暂时的假设以为被试 1 在以默许偏差的反应模式回答。仔细检查该被试的反应，会发现他(或她)以特定的方式做出回答，与其他人的反应模式不一致。回想一下，4 项量表是平衡的，其中两个正向计分的项目(项目 1 和项目 3)和两个反向计分的项目(项目 2 和项目 4)。

基于反向评分过程，我们希望有效回答的被试能够产生相当一致的回答。例如，具有真正高水平工作满意度的被试应该选择主要位于量表中点以上的答案。被试 2 说明了这种一致性——这个人的所有反应(即 7，5，6 和 7)都高于 4 的中间点。因此，这个人的反应一直朝着高工作满意度的方向。同样，我们看到被试 6 的反应一直处于或低于量表的中点，而这种反应模式表明工作满意度相对较低。

相反，具有默许偏差的参与者在评分时，将做出不一致的高于和低于量表中点的回答。例如，被试 1 提供了在反向评分过程之后分散在中点附近的回答。这与具有真正高特质水平或真正具有低特质水平的被试所期望的反应相矛盾。如果测验使用者并不知道实情，可能会看到这种不一致的反应模式，并且有理由怀疑受测者表现出了默许反应偏差。这类似于 MMPI-2 中的 TRIN 量表——在这个量表上得分高的受测者可能表现出默许偏差。

虽然效度量表可能看起来非常有用，但作为检测反应偏差的方式，心理测量学家和测验使用者要求用证据证明其实用性。一些研究未能支持效度量表(Piedmont，McCrae，Riemann & Angleitner，2000)的实用性，但许多研究证实了效度量表的效度。哈恩(2005)报道了一个典型研究的例子。这项研究采用了一种“模拟”设计，其中被试分为了几个小组。一组是住院精神病患者的样本。因为这些患者都没有寻求任何形式的补偿，他们被认为是具有高水平精神病特质的有效反应者的代表。第二组包括被要求提供无效回答的大学生。他们被告知要“假装糟糕”，表现出严重的不安，而他们的目的是为了试图“模拟”那些对假装有精神病的人。所有被试都完成了 MMPI-2，分析、检查了效度量表检测各组间差异的能力。

结果显示，正如所预测的那样，模拟诈病的大学生在效度量表上得分较高。这些量表旨在表明受测者可能假装异常反应的程度(例如，F 量表)。尽管对基于假装诈病的学生(或者假装过于异常的学生)的结果存在合理的怀疑，但大部分研究提供的证据表明，效度量表确实可以区分这些群体(Baer & Miller，2002；Rogers，Sewell，Martin & Vitacco，2003)。

到目前为止，在这一节中，我们关注的是对偏差反应者的检测——识别那些可能以某种偏差形式做出反应的人。下一个重要的问题在于确定这些人之后该如何做。

测验使用者发现一个人可能出现一种或多种反应偏差来干预评估或研究过程，有三种方法能够处理这种情况。首先，可以将个人的测验分数排除在进一步的考虑或分析之外。在应用测验时，测验使用者可能会要求个人再次进行测验或者直接忽略其测验成绩。根据一名测验专家的说法，如果一个人的回答被认为是不诚实或未经适当考虑的，那么个人的分数“应该被认为是无效的，不应该被进一步解释”(Graham，1990)。在研究环境中，测验使用者可能会从任何统计分析中删除个人的数据。

处理可疑测验分数的第二种方法是保留分数，但要谨慎使用。在应用测验时，测验使用者可能会考虑测验分数，但其对整体评估或个人诊断没有什么影响。在研究情境中，测验使用者可能会保留这些数据，并简单地接受这样一个事实，即各种反应偏差可能会以各种方式影响研究结果。

研究人员的第三种选择是保留任何可能无效的数据，但使用统计程序来说明一些应答者可能提供了无效答案的事实。诸如部分相关或多元回归等方法允许研究人员使用效度量表的分数来“统计控制”潜在的无效反应。例如，这样的程序在理想情况下可以让研究人员分别检查那些看起来是有效应答者和看似无效应答者的被试的工作满意度量表和职业声望感知量表之间的相关。更复杂的方法是依赖验证性因素分析来捕获可能影响项目反应的偏差导向性倾向，然后控制这些倾向，同时估计感兴趣结构之间的相关性(参见 Podsakoff，MacKenzie，Lee & Podsakoff，2003)。

遗憾的是，关于这些统计程序的效度(Holden，Wheeler & Marjanovic，2012)证据不一致。一组研究人员回顾了40多篇发表在人格评估应用、工作场所现场研究、情感障碍、残疾评估和法医检验领域的效度量表的研究(McGrath，Mitchell，Kim & Hough，2010)。他们特别关注使用偏相关(或半偏相关)的研究或一种被称为调节多元回归(见第11章)的程序。在审查和分析之后，这些研究人员得出的结论是：几乎没有证据表明，在这些过程中，效度量表有效地发挥了作用——也就是说，统计干预似乎不能有效地发挥作用。针对这些担忧和解释，另一组审稿人(Rohling，2011)检查了第一组进行审查和分析的方法，并在几个方面对这些方法进行了批评，还得出了相反的结论。第一组研究者对使用效度量表对效度进行监测和干预表示了极大的担忧，而第二组研究者声称“同行评审的实证证据强烈支持在心理评估中纳入偏差指标，特别是在法医和残疾评估方面”(Rohling，2011)。在此基础上，第二组研究人员得出结论：“反应偏差测量有确凿的效度证据，我们认为它们应该被用于临床评估和临床研究”。显然，争论还没有结束。

综上所述，嵌入的效度量表是检测某种反应偏差的一种潜在有用的方法。通过在更大规模的测量人格和精神病理的量表中包含这样的效度量表，测验开发人员给测验使用者提供了检测潜在无效测验分数的机会，并以某种方式进行干预。尽管人们对其在现实世界中的适用性存在一些担忧，但大量研究证实，采用效度量表识别“已知作假者(known fakers)”与真实反应者，识别的效果很好。

使用特定测验来发现和干预偏差

最后一种我们将讨论的管理反应偏差的方法与以前的方法密切相关。根据人格测验和精神病理测验中嵌入的效度量表，心理学家已经制定了单独的量表来衡量各种反应偏差。与嵌入式效度量表一样，单独的反应偏差测验可以以各种方式使用，即是说它们允许测验使用者识别和消除潜在的无效反应，并且使研究人员能够统计控制反应偏差的影响。

这些量表至少有两种不同的用法。第一，为了更好地理解反应偏差，心理学家还利用这些反应偏差的测量方法来研究其潜在的心理原因和影响。通过测量一种反应偏差，并将其得分与其他心理、行为或人口统计学变量的测量结果联系起来，心理学家可以更深入地了解产生反应偏差的可能的认知、情绪或动机因素。第二，测验开发人员和测验评估人员可以使用这些量表来评估测验分数可能受到反应偏差的影响程度。也就是说，他们可能会发现新测验的分数与特定的反应偏差是高度相关的，并且他们可能会使用这些信息来指导测验改进或者提醒测验使用者潜在的问题。

在提供社会赞许性反应的趋势中，旨在衡量个体差异的量表是一种广泛使用的检测反应偏差的方法。马洛—克罗恩社会赞许性量表(Marlowe & Crowne，1960)是一种广泛使用的社会赞许性指标。该量表旨在揭示一个人拥有不同寻常的美德的程度，并否认其普遍存在的缺陷。它包括了 33 个项目，比如“在投票前，我彻底调查了所有候选人的资格”(一种不寻常的美德)，以及“有时我对自己在生活中取得成功的能力有怀疑”(这是一个常见的缺陷)。被调查者以一个二分制的真/假量表对每个项目进行打分。如果一个被调查者声称自己有很多不寻常的优点，并且否认了许多常见的缺点，那么他或她的分数就会被解释为显示出一种对社会认可的渴望。

正如我们在先前关于社会期望反应偏差的讨论中所提到的，最近的研究表明偏差比在 20 世纪 40 年代、50 年代和 60 年代的最初设想更为复杂(Paulhus，2002)。作为对社会赞许性反应的过程和内容的研究进展的一部分，保卢斯和他的同事们开发了简式社会赞许性量表。BIDR (Paulhus，1991)的最新研究版本包括两个主要量表：一个 20 个项目的自我欺骗增强量表和一个 20 个项目的印象管理量表(另外，一个 20 个项目的自我欺骗否认量表可以通过作者的网站获得)。这些项目包括自我相关的叙述(例如，“我是一个完全理性的人”)，用 7 点制回答，从不真实到非常真实。分数上的高分反映了社会赞许的反应倾向。研究表明，BIDR 量表可以在内部保持一致，至少在 5 周内保持稳定，并且可以很好地测量预期构想(Paulhus，1991)。

另外的测验是为了检测在认知障碍方面的诈病。例如，点计数测验(DCT；Lezak，1995)包括 12 张卡片，上面印着不同数量的圆点。一半的卡片以分组的形式呈现，另一半的卡片则以随机的方式呈现。测验人员被要求在每张卡片上尽可能快地数出这些点，测验主试记录下他/她的回答和反应时间。据推测，比起系统分组排列的点，受测者应该需要更多的时间来计算随机排列的点。因此，当受测者需要花费大量的时间来计算分组卡片和随机排列卡片上的点的时候，就有诈病的嫌疑。虽然证据混杂，但一些研究表明，DCT 是检测认知障碍的潜在有用方法(Binks，Gouvier & Waters，1997；Boone et al.，2002)。

虽然测量社会赞许性和诈病的方法比测量其他反应偏差的方法更广泛，但测量其他反应偏差的方法确实存在。例如，库奇和凯尼斯顿(1960)开发了一种默许的方法；然而，保卢斯(1991)在对各种反应偏差测量方法的回顾中得出结论，“任何声称测量一般默许倾向的方式都不能被推荐给研究者”。同样，格林利夫(1992)批评了研究极端反应风格的文献，因为他们不太关注对偏差的标准化测量。事实上，格林利夫引用了与极端反应相关的测验中出现的相互矛盾的结果，他指出这种模棱两可的结果部分是由于每个研究者倾向于使用一种不同的(和未经证实的)测量极端反应的手段。尽管格林利夫提出了一个 16 项的极端偏差测验，但他总结说，“额外的(极端偏差)改进措施值得发展”。

反应偏差，反应定势和反应风格

这个简短的部分旨在说明您可能会遇到的术语。在本章讨论的反应偏差中，我们已经讨论了各种倾向，这些倾向是根据调查问卷的实际内容以外的因素对问卷做出的反应。在这次讨论中，我们指出了导致这些偏差的各种因素。有些因素可能是临时的，反映了测验情况(例如测验的结果)或测验本身(例如，测验格式或项目的模糊性)的影响。这些因素通常被称为反应定势(Paulhus，1991)。其他影响因素更多地与个体的稳定特征有关。有些人更想在社会上表现得比其他人更有吸引力，而这些因素通常被称为反应风格。因此，反应偏差可以来自反应定势(即关于测验情境产生的偏差)和反应风格(即关于受测者产生的偏差)。但是请注意，心理学家在使用这些术语时并不一致。

总 结

正如本章所阐述的，各种各样的偏差会影响对心理测量的反应，这种偏差有可能降低这些心理测验的质量和分数的心理意义。正如我们所描述的那样，这些偏差可以用测验方法进行控制，如使用迷惑性选项或模棱两可的量表探针(scale anchors)。测验环境的性质方面(例如，测验分数部分决定了严重性)，受测者的性格特征方面(例如，一个稳定的自我欺骗、默许反应或避免自我表露的倾向)。

行为科学家很清楚这些偏差以及这些偏差对于基于心理测量的研究结果做出决策的影响。为了应对由于反应偏差而产生的问题，心理学家们已经制定了许多策略来减少它们的存在，尽量减少偏差对测验分数的影响，或者检测并处理那些看起来被污染的反应。

推荐阅读

关于诈病问题的文献综述，特别是与精神病理测验有关的资料：

Berry, D. T. R., Baer, R. A., Rinaldo, J. C. & Wetter, M. W. (2002). *Assessment of malingering*. In J. N. Butcher (Ed.), *Clinical personality assessment* (2nd ed., pp. 269-302). New York, NY: Oxford University Press.

Rogers, R. (Ed.). (2008). Clinical assessment of malingering and deception (3rd ed.). New York, NY: Guilford.

这是关于 MMPI 的社会赞许性和默许反应的经典分析：

Block, J. (1965). *The challenge of response sets: Unconfounding meaning, acquiescence, and social desirability in the MMPI*. New York, NY: Appleton-Century-Crofts.

这是心理测量发现和评估反应偏差历史中的另一篇经典文章：

Cronbach, L. J. (1946). Response sets and test validity. *Educational and Psychological Measurement*, 6, 475-494.

这是几十年关于社会赞许性性质和评估的研究和理论总结：

Paulhus, D. L. (2002). *Socially desirable responding: The evolution of a construct*. InH. Braun, D. N. Jackson & D. E. Wiley (Eds.), *The role of constructs in psychological and educational measurement* (pp. 67-88). Hillsdale, NJ: Lawrence Erlbaum.

这是对评估极端偏差的方法的分析：

Greenleaf, E. A. (1992). Measuring extreme response style. *Public Opinion Quarterly*, 56, 328-351.

这是一个默许偏差基础理论的实证检验：

Knowles, E. S. & Condon, C. A. (1999). Why people say "yes": A dual-process theory of acquiescence. *Journal of Personality and Social Psychology*, 77, 379-386.

这是对受测者进行自我报告测验时所经历的过程的可得性讨论，它提出了测验方式可能影响这些过程的方式：

Schwarz, N. (1999). Self-reports: How the questions shape the answers. *American Psychologist*, 54, 93-105.

这是关于验证性因素分析可用于统计控制极端反应的方式的一个经常引用的讨论：

Podsakoff, P. M., MacKenzie, S. B., Lee, J.-Y. & Podsakoff, N. P. (2003). Common method biases in behavioral research: A critical review of the literature and recommended remedies. *Journal of Applied Psychology*, 88, 879-903.

这是一个使用项目反应理论来调整极端反应偏差的相对技术性讨论：

Bockenholt，Y. & Meiser，T.（2016）. Response style analysis with threshold and multi-process IRT models：A review and tutorial. *British Journal of Mathematical and Statistical Psychology*，70，159-181.

这是默许偏差性质研究的一个很好的例子：

Danner，D. & Rammstedt，B.（2016）. Facets of acquiescence：Agreeing with negationsis not the same as accepting inconsistency. *Journal of Research in Personality*，65，120-129.

这提供了一个关于对各种问题进行随机反应对研究结果影响程度的很好的讨论：

Crede，M.（2010）. Random responding as a threat to the validity of effect size estimates incorrelational research. *Educational and Psychological Measurement*，70，596-612.

讨论社会赞许性（尤其是印象管理）的实质心理意义：

Uziel，L.（2010）. Rethinking social desirability scales：From impression management to Interpersonallyoriented self-control. *Perspectives on Psychological Science*，5，243-262.

第 11 章
测验偏差

无论我们怎样聚精会神，精雕细刻地去构建心理测验，我们应该明白，并不存在一种完美无缺的心理测验。测试分数的信度可能会因为测量误差(measurement error)而受到影响，测试分数的效度可能会因为反应偏差(response biases)而受到影响，这些偏差系统地掩盖了被试间的差异。

在这一章中，我们将会研究测试分数的效度会因为测验偏差(test bias)的存在而进一步降低的可能性。在一些影响个体生活的重大决定中，测试分数起到了十分重要的作用。比如：你能上哪所大学？你的孩子将会被分到哪个班中？雇主会雇佣你吗？如果这些重大的决定，是基于一个对特定人群有利或有弊的测验，那么测验偏差不仅对个人，对社会也有重要的影响。

假设你对"数学能力是否存在性别差异?"这一问题感兴趣，你找了一批被试，有男有女，进行了一个信度较高的测验，结果你发现，男性数学成绩的平均数要高于女性。作为一个研究者，你开始从结果入手分析原因，你可能会得出结论说，男性的数学能力确实比女性要强。但是事实上，数学分数并不一定反映了被试真实的数学能力。也就是说，测试可能会存在某种偏差。如，男性的数学成绩可能高估了他们的数学能力，而女性的数学成绩低估了她们的数学能力。那么在这种情况下，男性和女性之间的考试分数的差异可能就是由考试分数偏差造成的，而并不是因为他们真正的数学能力。

在本章中，我们将讨论两种重要的测验偏差形式以及用于检测偏差的方法。粗略地说，这两种类型的测试偏差一种是测试意义上的偏差，一种是测验使用中的偏差。就测验旨在测量的精确度而言，构想偏差(construct bias，也被称为测量偏差或内部偏差)发生在测验对两组被试具有不同意义时。在心理测验中，构想偏差关注的是观察分数与实际分数之间的关系。如果这种关系对不同的群体存在系统的差异，那么我们可以得出这样的结论：测验是有偏差的。构想偏差可能会导致两组虽然真分数的均值相等，但观察分数的均值不相等。

第二种偏差是预测偏差(predictive bias)，当测验对不同组有不同解释时就会出现这种偏差。预测偏差[也称区分度(differential validity)和外部偏差(external bias)]，关心的是两个不同测验分数之间的关系。这些测试之一(预测测验)被认为提供了可用于预测另一测试(结果测试或标准测量)分数的值。例如，大学招生官员可能会使用 SAT 分数来预测大一新生的 GPA。在这种情况下，SAT 分数将成为预测性测试，而 GPA 将成为衡量标准。在这种情况下，测验偏差关注的是预测测验能在多大程度上预测标准测验。如果 SAT 对一个组的 GPA 的预测强于另一组，则 SAT 在预测 GPA 预测方面存在预测偏差。

两种类型的偏差——构想偏差和预测偏差是独立的。事实上，一个测验可能不存在构想偏差，但可能遭受预测偏差，反之亦然。例如，SAT 可能准确地反映了各组人群之间真正的"学术能力"差异(因此没有构想偏差)，但学术能力可能并不与两组人群的新生 GPA 相关(因此存在预测偏差)。

在本章中，我们将讨论几种有关测验分数偏差的操作定义和识别方法。至少有两类程序可用于确定测试分数偏差：①识别构想偏差的内部方法；②识别预测偏差的外部方法。我们强调这项任务的操作性质来提醒你，两种形式的测验分数偏差都是一种理论概念，部分原因是两种偏差都取决于真实成绩的理论概念。没有单一的方法来检测测试分数偏差，也没有单一的方法直接计算心理测验分数属性(如信度和效度)。然而，存在各种普遍接受的方法来估计测验偏差的程度。

在定义和检测测试偏差方面的一个首要问题是，测验分数的组间差异并不一定意味着测验分数有偏差。假设你发现女性的乐观分数高于男性，这种差异不是测试有偏差的证据(Jensen，1980，1998；Thorndike，R. L.，1971)。事实上，参与者的测验成绩可能是他们真实乐观水平的偏高估计。在这种情况下，测验没有偏差，测验分数的组间差异反映了乐观的真正差异。假如做一个你认为有代表性的男性和女性群体的研究，毫无疑问你会发现女性的平均体重低于男性的平均体重。你不会认为这个差异意味着你用来衡量体重的分数产生了偏向一种性别或另一种性别的偏差。

为什么关注测验分数偏差

阅读本书的每个人都可能会进行某种心理测试。几乎所有在美国或其他工业化国家接受教育的儿童都定期接受学业成绩考试。在美国，计划接受高等教育的大多数学生都参加了 SAT 或美国大学入学考试(ACT)考试。美国大多数研究生院要求申请者参加研究生考试(GRE)。大多数联邦政府工作的申请人需要参加公务员考试，公司会定期筛选求职者，有时还会使用心理测试来评估员工。

这些和其他类型的心理测验的分数通常用于做出一些重要决定。在教育环境中，智力测验成绩被用于为儿童安排特殊课程。在法律制度中使用智力测验分数来决定谁可以，以及谁不能在谋杀定罪后被判处死刑。教育机构使用标准化考试成绩做出录取决定。公司和政府通常会根据测验分数，至少部分基于测验分数，对人员做出工作决策。在美国，大多数公立学校教师必须通过标准化考试才能成为认证的学校教师。在我们的社会中，心理测验是普遍使用的，这些测验的分数会对人们的生活以及我们的公共和私人机构产生重要影响。

由于测验在社会中普遍存在，且测验分数对人们有重要影响，所以我们希望开发出一种能够让我们根据真实的心理差异而不是以团体成员身份区分人的测验。例如，如果我们对乐观情绪进行测试，那么我们希望确定分数仅由乐观程度决定，并且不会受到其他无关的因素(如参与测试的人的生物性别)的污染。换句话说，我们想要无偏差的测验。

我们对无偏差的测验成绩的渴望，源于我们认为我们不应该由于他或她的生物性别、种族、民族、宗教或年龄而歧视或反对某人。在某些情况下，应该保护免受测验成绩偏差影响的群体已扩大到包括性取向、怀孕、婚姻状况、语言背景和残疾等各种因素。在每一种情况下，我们都应该确信，在心理测验中观察分数的任何组间差异都是被测心理结构的真实组间差异的函数。能够证明在某些类型的心理测验的平均观察分数在不同组之间，测验分数不会有偏差，这一点尤为重要。

检验构想偏差：测验的内部评估

构想偏差与测验成绩的含义有关。如果一个测验受到构想偏差的影响，那么测验分数对于不同的人群可能会有不同的含义。如果这是真的，那么比较这两个群体的测验分数就没有心理学上的意义。鉴于测验的主要目标是检测心理差异(通常指人与人之间的差异)，无法比较来自不同群体的个体是一个严重的问题。如果测验使用者忽略了这个问题，那么从这种比较中得出的任何决定、解释、预测或结论都可能存在缺陷并且在心理学上是无根据的。

想象一下，我们获得的证据表明，机械能力倾向测验的得分受到与生物性别有关的构想偏差的影响。这样的发现让我们考虑这样一种可能性，即测验分数反映了两组不同的心理属性。例如，男性对测验的反应可能主要由单一结构——机械能力——决定，但女性的反应可能由两个结构——机械能力和刻板印象——决定，即倾向于以确认的刻板印象的方式行动(Spencer，Steele & Quinn，1999)。因此，机械能力倾向测验并不能测量男性和女性的同一心理属性，将男性测验分数与女性测验分数进行比较，并得出结论认为男性具有更好的机械适应性是不合适的。例如，我们不应该使用该测验作为雇用男性而不是女性的标准。

通常我们通过检查对单个项目的响应来评估构想偏差。如果属于不同群体的个体以不同的方式回答该项目，并且这些不同的反应与测验所测量的心理属性的群体差异无关，那这个项目就是有偏差的。

例如，假设有 100 项机械能力倾向测验题目。如果你从测验中选择了一个项目并且发现男性的反应类似于女性的反应，那么该项目不会出现偏差(假设男性和女性具有相同的机械适应水平)。另外，如果具有相同能力水平的男性和女性以不同的方式反映该项目，那么你应该怀疑该项目存在某种类型的偏差。再次指出，只有在两个事实都存在的情况下才存在偏差：①对项目的答复存在群体差异；②这些差异不是由于群体差异造成的。事实上，两个群体对事物的反应不同，本身并不是存在偏差的证据。

正如我们已经讨论过的，大多数心理测验都是复合测验，包含多项问题。对于这样的复合测验，总体测验分数偏差由测验中的每个项目偏差确定。如果我们检查一个测验中的所有项目，发现没有任何偏差，那么我们会假设总测验分数是无偏的。但是，如果一个或多个项目存在偏差，那么我们会怀疑总测验分数可能在一定程度上存在偏差。

请记住，测验偏差关注真实分数的组间差异和观察分数的组间差异之间的关系。在存在构想偏差的情况下，如果某个群体对某个项目反映了他们关于相关心理属性的真实分数，但另一群体没有反应，则测验项目存在偏差。当然，我们永远无法知道个体对任何属性的真实得分。因此，我们要讨论的是如何确认构想偏差的存在和程度。

我们将阐述几种可用于估计构想偏差的存在和程度的方法。这些方法主要关注测验的内部结构，如第8章有关效度讨论中所述。在该章节中，我们将内部结构定义为“测验各部分相互相关的方式”。简单地说，内部结构是指项目之间的相关模式和/或每个项目与总测验分数之间的相关。为了确认构想效度的存在，我们分别检查了两组的测验内部结构。如果两个群体的测验表现出相同的内部结构，那么我们就可以得出结论：测试不太可能受到构想偏差的影响。然而，如果两个群体对他们的测验表现出不同的内部结构，那么我们得出结论，测验可能会受到构想偏差的影响。

至少有5种检测构想偏差的方法。其中大部分在统计软件(如SPSS或SAS)中非常易于管理。然而，其中一个的差别项目功能，可能只有专用软件，例如BILOG或PARSCALE才能使用(最近在SAS的“irt”程序和各种R程序包中也可用)。

信度

评估构想偏差的一个相对直接的方法是分别估计每个组的信度(Reynolds & Suzuki，2013)。回顾第6章，估计信度的一种方法是通过内部一致性(例如α系数)。正如我们在该章中所描述的那样，内部一致性信度是基于测验的各个部分彼此一致的程度。因此，α系数提供了一些洞察到测验的内部结构是否一致的方法。

考虑到这一点，信度的群体差异表明，测验在两组中并不完全“相同”。如果一组测验在一组中比另一组明显信度更高，那么该测验提供了比在另一组中更精确的观察分数(就精确地反映真实分数而言)。因此，我们会关注对各组的考试成绩的比较。具体来说，我们会关注怎样在比较一组精确的测试分数和一组不精确的测试分数的基础上得出稳健的结论。

研究者已经开发了多种方法来检验两组之间的信度差异。早期工作的重点是开发这样的测验来比较α系数的群体差异(Feldt，1969；Feldt，1987)。基于将α系数作为一个广泛可用的信度指标的担忧(参见第 6 章)，最近的工作提出了测验指数如 Ω(Raykov，2002)来测量群体差异的方法。这些更新的方法使用验证性因素分析来进行，这将在第 12 章中讨论。

排序(Rank Order)

如果测验项目可以按照难度顺序排列，那么估计构想偏差就有一个相对快速且计算简单的方法。以我们的 100 项能力倾向测验为例，一些测验问题可能比其他测验问题更容易回答，并且可以按照难度排列。排名可以针对不同的组(例如，男性和女性)分开进行。

如果这些项目的难度级别在不同组别中有所不同，那么我们会怀疑该测验评分存在构造偏差。我们会怀疑这一点，是因为每个项目似乎不是衡量这两个团体同样的内容。你可以使用这些等级来计算斯皮尔曼的秩序相关系数(rho，与 r_{xy} 一样解释)，以反映组间的秩序一致性(或不一致性)。如果 rho 较低(如 rho＜0.9)，我们会怀疑可能存在构想偏差。如果你发现构想偏差存在的证据，你可能希望通过附加分析来追踪该发现，以确定低相关系数的特定来源(参见 Jensen，1980)。

请注意，即使每个组对每个项目的正确反应的比例不同，排名之间的相关性也可能很高。以我们的能力倾向测验为例，相比于女性，男性可能不太会对测验问题给出正确的答案，但根据难度排列的问题排列顺序可能相同。正如我们已经注意到的，正确回答中的群体差异本身并不是测验评分偏差的指标。

项目鉴别指数

检测构想偏差的第三种方法是分别计算两个组的项目鉴别指数(item discrimination index)。如第 7 章所述，一个项目的项目鉴别指数反映了该项目与总测验分数的相关程度(也就是说，正确回答项目的人倾向于在整个测试中比不正确回答该项目的人做得更好)。这就意味着，较高的项目区分度表明该项目在概念上与测试中的大多数其他项目高度相似。这样，项目鉴别指数就部分反映了测验项目之间的相关结构。

历史上，项目鉴别指数是与经典测量理论相结合而开发的。该指标作为一种测量方法，可以通过对测验项目的反应，来区分对某个主题的知识量或某种其他类型的心理属性有偏差的个体。

再次想象一下，我们对一群人进行机械性能力测验。现在，考虑两组人：一个“高分”组，在整个测验中得分较高，而另一个“低分”组在整体测验中得分较低。还要考虑其中一个测验项目被每个组别的人正确回答的概率(即每个组中将正确回答该项目的人的比例)。也就是说，高分组中的哪些人会正确回答该特定项目，低分组中的哪些人会正确回答该项目。答案应该取决于特定项目实际上与被整个测验评估的构想有关的程度。也就是说，如果该项目确实反映机械能力，那么你会期望高分组相对较高的正确回答比例，低分组的正确回答比例相对较低。事实上，高分组中的人(即在整个测验中得分高的人)可能具有很高机械能力，所以他们应该比低分的人更可能正确回答任何具体问题。只要问题确实与机械能力相关，我们就会期待这样的结果。然而，如果这个项目与机械能力没有明确的关系，那么我们不会期望在高分组和低分组之间找到差异。例如，我们不会期望机械能力测验的高得分者比低得分者更可能正确回答心理测量问题。

正确回答问题的人的比例可用于计算项目鉴别指数。如果机械能力较高的人正确回答某个问题可能性较高，机械能力较低的人正确回答问题的可能性较低，那么这个问题将具有较高的项目区分度(如0.9)。这表明该项目确实对具有不同能力水平的人有强烈的区分度(即差异)，是对能力的良好反应。相比之下，如果机械能力高的人与机械能力低的人正确回答特定项目的概率几乎相同，那么该问题的项目区分度较低(如0.1)。在这样的情况下，该项目并没有明确地区分被测量个体的不同层次。显然，这样的项目并不能很好地反映出心理能力，并不属于能力测试。

考虑到这一点，项目鉴别指数可用于估计构想偏差。具体而言，我们将选择一个项目，分别计算两组人群的区分度，然后比较各组的区分组。例如，我们希望知道我们的机械能力倾向测验项目是否在性别方面存在偏差。因此，我们分别计算男性和女性的项目区分度。也就是说，我们将确定正确回答项目的高分男性的比例以及正确回答项目的低分男性的比例，然后我们将使用这些比例来确定项目对男性的区分度指标。我们对女性的回答做同样的操作，获得女性的项目鉴别指数。最后，我们会比较两个项目鉴别指数。

如果两个区分度指标值大致相等，那么这表明该项目对两种性别构想的反应是相似的。因此，我们可能会得出结论，该项目可能没有偏差。

然而，如果两个项目鉴别指数不是大致相等的，那么这表明该项目对于两个性别没有反映同等程度的构想(或者该项目反映了男性和女性中的稍微不同的构想)。这样的结果会导致我们得出结论，该项目可能存在某种偏差。也就是说，我们可以得出结论，这个项目似乎属于一个小组的测验，但不属于另一个小组。如果是这种情况，但我们(出于某种原因)决定将这个项目保留在两个组的测验中，那么测验分数对两组来讲意义不同。因此，当我们的目标是解释特定心理结构的测验分数时，由于两组之间的测验分数并不完全相同，就会产生问题。为避免或解决此问题，我们会修改该项目或将其从测验中移除。该分析将针对测验中的每个项目进行。

作为测量构想偏差方法的项目鉴别指数的一个重要特征是，它与所比较的群体中正确回答项目的人数无关。例如，我们可能会发现，我们的一个机械能力项目只有40％的男性正确回答，而60％的女性回答正确。即便如此，这个问题的项目鉴别指数对于这两个群体而言可能都是相同的。在这种情况下，我们假设这个项目对两个群体都是以同样的方式衡量机械能力，但是女性比男性更了解材料(即他们中的更多人正确回答了这个问题)。

因素分析

检测构想偏差的第四种方法是对两个或两个以上的人分别进行项目因素分析(factor

analysis)。正如我们在前几章中讨论过的，因素分析是评估测验内部结构的重要工具。因素分析是一种将测验项目之间的方差或协方差划分为集群或“因素”的统计过程，这些因素在某种意义上“悬在一起”(分别参见第 4 章和第 12 章，探索性因素分析和验证性因素分析的详细描述)。

回想第 4 章，当项目彼此高度相关时，他们被认为反映了一个因素。对于多维测验，测验中某些项目之间的反应比测试中其他项目的反应之间具有更高的相关。相反，如果测验中的所有项目都具有相似的相关性(即没有证据表明有多个项目集合)，那么我们说测验是一维的，或者所有的测验分数方差，除了误差方差外，只有单一的一个因素来解释。

因素分析可用于分别评估两组人群的内部结构。例如，我们可能会发现，在男性中，机械能力倾向测验具有明确的一维结构，即所有项目似乎彼此高度相关，表明测验分数反映了有且仅有一个结构。为了评估构想偏差的潜在存在，我们还将考察女性对测验项目反应的因子结构。如果我们在女性的反应中找到一个单一的因素，那么我们可能会得出结论：对男性和女性来说，机械性倾向测验具有相同的内部结构。因此，我们可以得出结论，测验不会受到构想偏差的影响。但是，如果我们对女性的反应进行因素分析并发现了两个或更多因子，那么我们可以得出结论，对男性和女性来说，测验具有不同的内部结构。那么我们可能会得出结论，测验确实存在构想偏差。也就是说，我们可以得出结论，总的测验成绩反映了男性和女性的不同心理结构。

即使单个因素对两组的测验分数影响很大，在内部结构方面还有其他问题需要考虑。例如，这些项目的因子负载在各个组之间是否相同？有可能的是，即使只有一个因子，一组中的项目因子载荷与另一组中的项目因子载荷也存在不同(例如，项目 1 可能在一个组中载荷非常强，但在另一个组中载荷非常弱)。这种差异表明，两组被试评估的构想有所不同。或者，它可能表明，在两组中对同一结构进行不同的精度评估(另见我们先前关于测验信度的讨论)。无论哪种方式，两组的再次测验分数在心理上并不完全相同。

在探索性因素分析的背景下，已经开发出用于量化和评估组间因素结构相似性的程序(Cattell & Baggaley，1960；Hartley & Furr，出版中；Tucker，1951)。Hartley 和 Furr 在报道中指出，至少有 3 种方式可以在检查测验时发现两组因子载荷在不同组间可能存在差异：①载荷模式可能不同(即一组中载荷最强的项目可能跟另一组中载荷最强的项目不一致)；②平均载荷可能不同(例如，一组的平均载荷可能是 0.7，而另一组的平均载荷可能是 0.2)；③项目的因子载荷之间的差异可能不同(例如，在一组中，项目的载荷范围可能从 0.45 到 0.55，而在另一组中，项目的载荷范围可能从 0.1 到 0.9)。因子相似性的这 3 个组成部分在逻辑上相互独立，是揭示测验在组间存在偏差的重要方式。

通过 CFA，构想偏差可能会更加明确和可量化。我们将在第 12 章回到这里，从一定深度描述 CFA 的基本概念。在这一章中，我们还描述了用 CFA 评估构想偏差的方式(Meredith，1993；Vandenberg & Lance，2000)。在 CFA 的背景下，这个问题通常被称为“测量等价”。这就将问题视为测验的测量结构(例如，因子载荷等)是否因组而异。如果一个测验具有跨组的测量等价，那么它的因子结构不会因组而不同。也就是说，测验的因子结构在两组中都是相同的。因此，测量等价是理想的，因为它表明没有构想偏差(即，因子结构在组之间没有差异)。然而，测量等价的缺乏意味着测验的因子结构确实在不同的群体中是不同的。也就是说，这两个群体的测验因子结构并不相同。因此，测量等价的缺乏是不希望存在的，因为它表明测验存在构想偏差(即，因子结构在组之间确实不同)。

我们将在第12章回到这个问题。这个问题很重要，因为使用CFA来评估测量等价(即构想偏差)可能是目前检查构想偏差最常见的方法(Eigenhuis，Kamphuis和Noordhof，出版中；Kokkinos & Markos，2017；Tucker，Ozer，Lyubomirsky & Boehm，2006)。

项目功能差异分析

评估构想偏差的最终且相当复杂的方法是被称为项目功能差异(differential item functioning)分析的程序(Walker，2011；Zumbo，1999b)。项目功能差异分析是项目反应理论(IRT的详细讨论将在第14章中介绍)的一个特征。

IRT的一个重要方面是，假设可以直接从测验数据中估计受访者的特质水平。特质水平本质上是被试正在测量的心理属性的真实分数。如果假设我们可以估计两组人群的特质水平，并且我们知道被试对特定测验项目的答案，那么我们可以知道特质水平和项目答案是否以相同的方式匹配。如果不能，那么有可能这个项目是有偏差的。

正如第14章所详述的那样，IRT基于这样一个概念，即被试的特质水平与他或她将以某种方式(例如，正确地)回答特定测验问题的概率相关。例如，你可能会发现，特质水平比平均数高1个标准差的个体正确回答特定项目的概率0.8，而特质水平低于1个标准差的个体，回答正确的概率平均数只有0.2。

如果有一群人参加一个测验，并且你知道他们各自的特质水平(根据他们对整套项目的反应)，那么你可以使用专门的统计软件来绘制一条项目特性曲线(ICC)来说明这个数学函数。此外，如果有两组被试，那么你可以为每个组分别获得项目特征曲线。

为了评估项目中构想偏差的存在，你可以比较一下两组的ICC。如果一个项目没有偏差，那么该项目的ICC在两组之间应该非常相似。考虑两个具有相同特征水平但来自不同组的人，如果测验没有偏差，那么这两个人应该具有相同的正确回答的概率。毕竟，他们具有相同的特质水平，因此，他们应该同样有可能正确回答该项目。然而，如果分析(在ICC中)显示这两个人实际上有不同正确回答的概率，那么测验可能会有偏差。在这种偏差的情况下，这两个组的ICC将不会相似。也就是说，即使这两个人具有相同的特征水平，两个人(例如，男性和女性)将正确地回答项目的可能性也可能不同。这种情况将清楚地反映出构想偏差的存在。

例如，你可以使用IRT来评估机械能力倾向测验在性别上是否存在偏差。使用第14章中更充分描述的概念，你可以计算研究中每个人的“机械适应能力”分数(这些分数代表他们的特质水平)，并且可以计算出每个人正确回答该项目的概率。使用这些信息来绘制一个ICC(见

图 11-1)。现在，将研究中的人分为两组(即一组男性和一组女性)，并为每组分别绘制 ICC 曲线。如果曲线重叠，那么你可能会得出结论，该项目没有偏差。但是，假设你获得了图 11-2 或 11-3 所示的结果。这些结果会使你怀疑项目存在偏差。

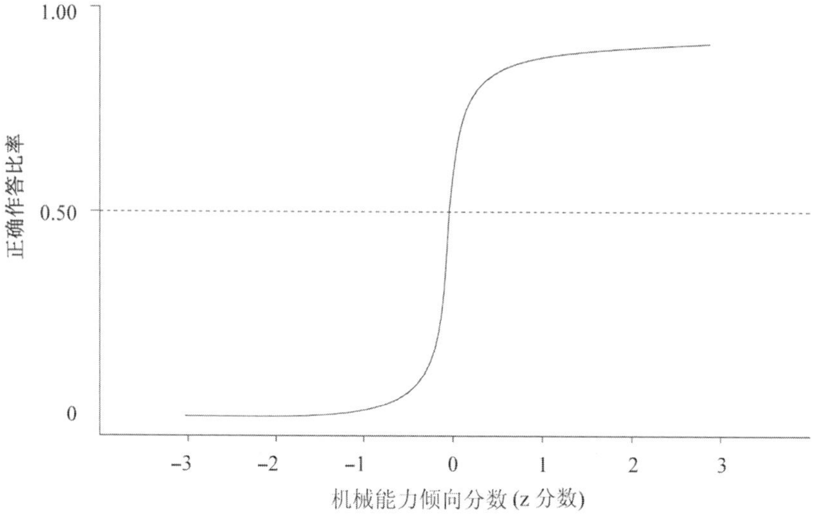

图 11-1　一个测验项目的 ICC 曲线

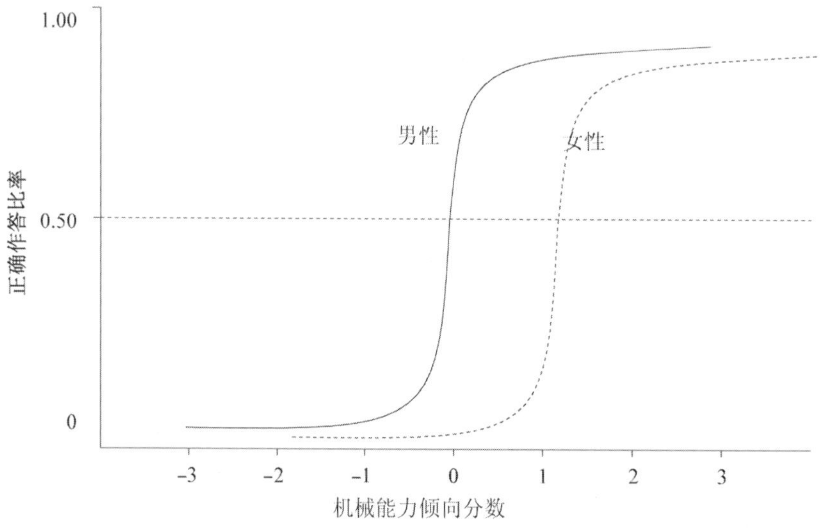

图 11-2　表明可能存在的一致性偏差的男性和女生的 ICC 曲线

图 11-2 是一致性偏差的一个例子。在这个例子中，似乎女性与男性具有相同的机械知识，但是相比男性，女性更难回答这个项目。例如，假设菲奥娜和马克具有相同的机械能力的真实水平，比方说他们都是高于标准差的标准偏差(图 11-2 中的 x 轴＋1 分)。如果该项目没有偏差，那么他们正确回答该项目的概率应该是相同的(即，该项目对他们来说应该是同样困难或容易，因为他们有相同水平的机械能力)。但是，如果我们的分析了图 11-2，那么这意味着该项目出于某种原因对于马克来说更容易。通过图 11-2，我们发现男性的机械能力是平均数之上的 1 个标准偏差(在 x 轴上)，他可能会有 80％的机会正确回答这个问题(即约有 80％的可能在

y轴上)。但是，我们也看到，对于一个标准偏差的女性来说，高于平均数，她只有25%的机会正确回答。这个应该是一个显而易见的关注点，如果两个人具有相同的能力水平，但是正确回答该项目的可能性不同，那么就说明该项目存在偏差。

图11-3说明了非一致性偏差，ICC具有不同的形状以及位置。在这种情况下，在某些能力水平上，相比男性，女性发现该项目更容易；然而，在其他能力水平上，相比男性，女性发现该项目更难。也就是说，偏差的精确结果不同，取决于个体的能力水平。

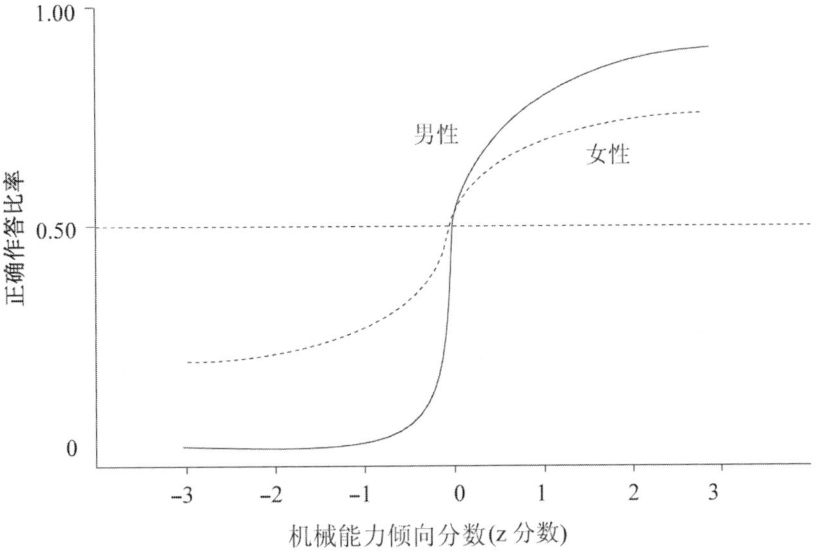

图11-3 表明可能存在的一致性偏差的男性和女生的ICC曲线

在这两种情况下，似乎该项目测量的是男性和女性的不同特征。ICC是一种检测构想偏差的可视化方法，但是还有IRT甚至是更精确的评估构想偏差存在的方法(例如，Smith, L. L. & Reise, 1998)。

虽然IRT的差异项目功能分析是识别构想偏差的有力方法，但它有一个缺点。IRT分析在很多方面都非常复杂，有关使用适当模型的问题，确定组间参数差异是真的不同还是仅仅由于测量误差，需要非常大的样本量，足以代表测验旨在测量的完整性状范围的项目样本，以及需要专门的统计软件来进行分析(但是，请注意，大多数这些问题也存在于CFA评估构想偏差的方法)。这些复杂性使得IRT仍然只是作为受到广泛赞赏和理解的检测构想偏差的方法而出现。同样，第14章对IRT的基础知识进行了更深入的讨论。

总之，当测验分数代表不同群体的不同结构时，或当它们在不同群体中以不同程度表示相同的结构时，就会出现构想偏差。有几种方法可以估计构想偏差是否存在，以及确定造成问题的特定项目。使用这些信息，测验开发人员可以修改测验以减少偏差。例如，他们可能会删除，修改或替换看起来最有偏差的项目。我们接下来会遇到另一种影响心理测验的偏差——预测偏差。

检测预测偏差：测试的外部评估

如前所述，预测偏差关心的是测验的分数对两组的结果能够同等预测的程度。理想情况下，如果测验被用于做出关于人的决定或预测，那么它对所有人群都同样适用。如果情况并非如此，即如果一项测验似乎对某些群体比另一些群体预测性更好，那么测验就会受到预测偏差的影响。

例如，SAT成绩被认为可以衡量学业成就。假设在中学年度测量的学业成绩可能与大一新生的学业成绩有关(例如，按新生GPA衡量)，高等教育机构通常使用SAT分数做出录取决定。这个想法是，SAT分数至少可以在一定程度上预测学生一年级学习成绩。如果SAT分数对于不同组的学生同样预测新生GPA，那么我们就不会担心预测偏差。但是，如果SAT分数对某些学生群体预测GPA比其他学生更好，那么我们就会怀疑SAT受到预测性考试分数偏差的影响。

正如这个例子所表明的那样，在应用心理和教育测量的重要领域，预测偏差是非常值得关注的。组织有时根据考试成绩对个人做出重要决定，大学招生和员工选拔是这类领域的两个例子。如上所述，大学经常使用考试成绩来帮助决定哪些申请人可以录取，哪些被拒绝。同样，一些雇主使用测验分数(例如，个性、认知或技能测试)来决定要聘用哪些申请人以及不聘用哪些申请人，这些决定可能会对这些人的生活产生重要影响。考虑到这一点，测验用户非常关心测验分数可能偏向于或针对整个群体的可能性。对于在这种环境中使用的测试，预测偏差非常值得关注。

预测偏差通过获得两个变量或度量的分数来检验。然后进行分析，以检验主要测试(预测测验)上的分数可用于预测人们在另一种与主要测试分数相关的心理测量(结果测量)上的分数的程度。

预测偏差的检测始于“一刀切”的假设，即测验对所有组都有同样的预测效果。正如我们将要说明的那样，接下来我们会进行分析以正式评估这个假设。如果这些分析证实这个测验对于两组都具有同等的预测性，那么我们得出这样的结论：测验可能不会受到预测性偏差的影响(至少在具体的结果和特定的组中)。然而，如果这些分析表明“一刀切”不成立，这些预测因子测验分数对两组具有不同等的预测性，那么我们得出结论：测验可能会受到预测偏差的影响。

想象一下，你是一名培训计划遴选官，花费大量资金来培训员工，培养公司运营所需的机械技能。你的工作是选择这个培训计划最有前途的候选人，由于该计划的成本，请务必选择那些最有可能在培训计划中表现良好的人。事实上，你的工作取决于你如何做出这些选择。

为了提高你的选择成功率，你开发一个机械能力测验，管理所有候选人。此外，你还假设考试成绩将与岗位培训绩效的一些标准测量相关。例如，在接受培训后，每位受训者可以由主管根据受训者的机械能力水平进行评分。最后，你假定训练前的能力测试分数与训练后的主管能力评分之间存在正向的线性关系。也就是说，具有高智能测验分数(即预测分数)的候选人应该比具有较低智力测验分数的候选人有更好的评分(即标准分数)。

在你的能力倾向测验的开发和评估中，你可能会担心存在预测性测验偏差。从形式上讲，预测偏差与测验分数用于预测相关标准(例如，行为、能力或表现)有关，而不是预测测验的情况。因此，如果你有理由相信能力倾向测验预测男性而非女性主管评级，那么你就会怀疑测验存在偏差。

评估你的新能力测验的效果，并评估任何潜在的预测性偏见，你至少需要来自培训计划参与者的 3 条信息。首先，你需要在所有受训人员进入课程之前对其进行测验来获得考试成绩；其次，你要在培训计划结束时根据标准度量(即主管评级)获得他们的分数；最后，你需要知道每个参与者的性别。

使用这些信息，你将需要检查两个问题：①你的测验有没有真正地帮助你预测训练的标准？②你的测验是否可以为各组受训者预测同样训练标准？这两个问题通常通过使用相关性或回归的统计过程来解决，你可以使用预训练机械能力倾向测验分数来计算培训后主管评分。由于这些程序对预测性偏差的定义和检查非常重要，因此我们在下面提供一个简要概述。有兴趣的读者可以在其他来源找到更多细节(例如，Aguinis，Culpepper & Pierce，2010；Cleary，1968)。

回归分析的基础

回归分析基于的是测验分数与标准分数之间存在线性关系的假设。如果存在这样的关系，则可以使用线性公式来预测测验分数的标准分数：

$$\hat{C}=a+b(T)。\qquad(式\ 11\text{-}1)$$

其中 $\hat{C}$ 是单个候选人的预测训练标准分数，a 是截距(即如果该人的能力倾向测验得分为 0，则该人的标准得分的预测值)，b 是回归系数或斜率(即能力测试分数的 1 分差异，会导致 $\hat{C}$ 的变化)，T 是个人的能力倾向测验分数。许多流行的统计软件可以用于进行回归分析(例如 SPSS、SAS)，并其产生 a 和 b 的值。

一旦获得了截距和回归斜率的值的方程，就可以用于评估测试的预测能力。例如，你可以将任何人在智能测验(T)上的得分，带入回归方程中，并计算该个体的标准主管评分的预测得分。

为了说明这个过程，我们将使用表 11-1 中的数据。在这张表中，我们有 4 名受训者的能力倾向测验分数，以及每位受训者的标准分数(注意，这种分析涉及 4 名以上的受训者)。基于使用 SPSS 进行的回归分析，我们获得了截距和斜率的估计值。如图 11-4 的“B”栏所示(在“非标准化系数”标题下)，截距(a，图 11-4 中标记为“常量”)为 56.034，斜率(b，图 11-4 中标为“AptTest”)是 0.581。这些结果告诉我们，预测一位能力评分为 0 的受训者将得到 56.034 的结果评分，并且能力评分每变化 1，截距评分变化 0.581。

表 11-1　回归分析数据说明

受训者	能力倾向测验分数	主管评级	预测主管评级
1	32	75	74.59
2	40	80	79.23
3	57	81	89.09
4	60	98	90.83

系数					
	非标准化系数		标准化系数		
模型	*B*	Std. Error	Beta	*t*	Sig.
1(常量)	56.03	16.02		3.50	0.07
AptTest	0.58	0.33	0.78	1.77	0.22

图 11-4　表 11-1 中数据的回归分析结果

如前所述，通过将他们的能力倾向测试分数代入以下回归方程，可以使用这些值来获得所有受训者的预测分数(以标准为准)：

$$\hat{C}=56.03+0.58\times(T)$$

预测的主管评级＝56.03＋0.58×(能力测验分数)

例如，一位能力测验分数为 69 的学员预计会获得主管评级为 96.05＝(56.03＋0.58×69)。

同样，预测能力测验分数为 70 的学员的主管评分为 96.63(＝56.03＋0.58×70)

请注意，这两个预测之间的差异为 0.58(＝96.63－96.05)，这反映了回归方程中的斜率。也就是说，能力倾向测验得分的 1(＝70－69)分差异与结果得分的 0.58 差异相关。

如果我们计算各种测验分数的预测评分，那么我们可以生成一条回归线或一条“最优拟合线”。回归线上的每个点与每个可能的测试分数(T)值的最可能(预测)标准值($\hat{C}$)相关。该线用于说明预测分数与标准分数之间的相关。在表 11-1 中，我们计算了每个受训者的预测标准分数($\hat{C}$)。在图 11-5 中，我们绘制了 4 个候选人观察到的标准分数与他或她观察到的预测分数，并且绘制了反映每个候选人的预测标准分数的回归线。

一刀切：共同回归方程

预测性偏差的估计通常始于假设如果没有预测性偏差存在会发生什么。如果一个测验没有预测偏差，那么一个回归方程应该同样适用于不同的人群。假设不同群体共享一个共同的回归方程是基于“一刀切”的观点，无论生物性别、种族、文化或群体差异，单个回归方程充分反映了测验的预测能力。

想象一下，你对大量的实习生候选人进行机械能力测验(例如 100 人)。假设有相同数量的

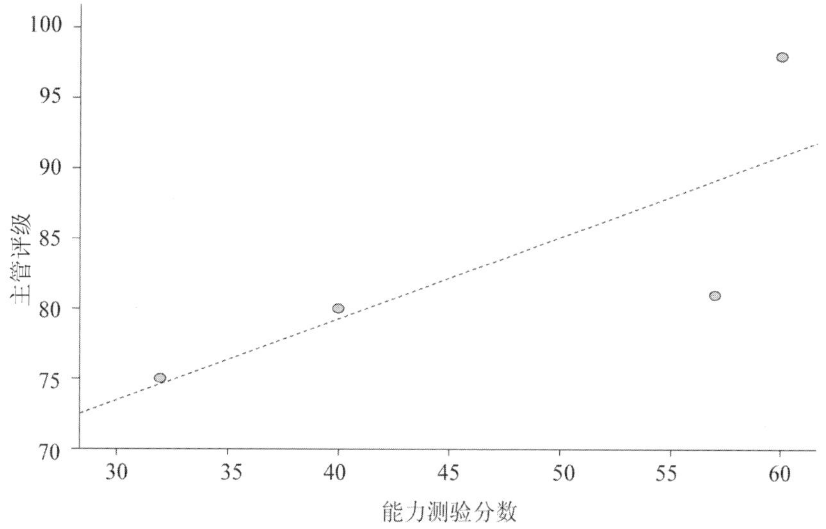

图 11-5 受训者能力测验分数与主管评级的散点图和回归线

男性和女性候选人，并且你想确保你的测验对性别没有预测性偏差。

要开始检查这个问题，你可以根据整个样本的数据计算回归方程，而不考虑性别。想象一下，你发现这个回归方程的截距是 $a=56.03$，斜率是 $b=0.58$。这些值代表了常见的回归方程，它们将被称为常见截距和常见斜率。同样，如果你的能力倾向测验在性别方面没有偏差，那么当分别检查每个性别时，常见的回归方程(从男性和女性一起计算)应该同样适用于男性和女性。

为了评估预测偏差的存在，我们必须进行额外的回归分析。为了确定共同回归方程是否确实同样适用于男性和女性，我们可以计算一个男性的回归方程和一个女性的回归方程。然后，我们可以将这些群体水平的回归方程与共同回归方程进行比较。如果群体水平方程与共同回归方程不匹配，那么你就有理由怀疑你的测验分数是有预测偏差的。

从这种方法来看，测验分数可能有两种或三种预测偏差。这是根据回归分析得到的值——截距和斜率——来定义的。第一种可能性是这些群体具有不同的截距值，表明所谓的截距偏差。第二种可能性是这些组具有不同的斜率值，表示斜率偏差。这两种形式的偏差可能是独立存在或共同存在的。也就是说，一个测验可能只有截距偏差，只有斜率偏差，或两者兼而有之。当然，第三种可能是测验根本没有预测偏差(即不同组具有相同的截距和相同的斜率)。

为了澄清这些类型的预测性偏差的含义，我们首先关注的是截距偏差，然后是斜率偏差。然而，在实践中可能更倾向于群体在这些预测因素上都有所不同，而不是一个相同，但另一个则不同。因此，我们还将从截距和斜率角度来说明偏差的影响。

截距偏差

假设小组水平的回归分析揭示男性和女性的斜率与通用回归方程相似，但其截距值与通用截距不同。在这种情况下，你会怀疑你的测验存在截距偏差。

例如，想象一下，在对我们的机械能力倾向测验得分进行评估时，你会分别对 50 名男性和 50 名女性进行回归分析。你发现，对于这两个组，斜率是 $b=0.58$，这等同于一般的斜率。然而，你发现男性的截距是 $a=58.03$，而女性的截距是 $a=54.03$。请注意，这些小组水平上的截距值彼此不同并且与一般截距不同，表明“一刀切不适用”，至少在截距方面是这样。因此，测验似乎受到截距偏差的影响。

截距偏差究竟是什么，它的含义是什么？男性的截距高于女性的截距，这表明在任何给定的能力水平下，男性倾向于获得比具有相同能力水平的女性更高的主管评级(标准分数)。为了说明这一点，让我们计算一个能力评分为 70 分的男性和一个能力评分为 70 分的女性的预测评分标准：

$$\begin{aligned}\text{预测的男性标准分} &= 58.03+0.58\times70\\ &= 98.63;\\ \text{预测的女性标准分} &= 54.03+0.58\times70\\ &= 94.63。\end{aligned}$$

这些计算表明，即使男性和女性有相同的考试成绩，他们的评分标准也可能会有所不同。更具体地说，对于具有相同能力水平的男性和女性，预计男性获得比女性高 4 点的主管评级。

如果我们假设标准变量(即主管评级)本身不受影响，那么截距偏差表明，能力测验对男性和女性来说都不起作用。正如我们前面所看到的那样，共同回归方程导致了一位有 70 分的学员的预测主管评分为 96.63。将这个结果与我们小组预测的结果进行比较，共同回归方程似乎低估了对于男性的预测(因为我们单独的小组分析显示预测的标准评分将高于 96.63，是 98.63)。相反，共同回归方程会高估女性的预测(因为我们单独的小组分析显示预测的标准评分低于 96.63，是 94.63)。因此，如果我们相信测验没有偏差，并且我们依靠共同的回归方程来预测，那么我们的预测将会低于男性的成绩，并且对女性的预测更不准确。因此，一刀切的做法并不合适，而且这个测验似乎有预测性的偏差。如果我们根据这些预测的绩效分数做出决策(例如，关于招聘)，那么基于群体的预测绩效不准确会造成重大问题。

如果一个测验只受到截距偏差的影响，那么这个组的差异大小在所有能力分数中都是不变的。例如，我们的回归分析显示，男性和女性的智力得分均为 70 分，而能力倾向测验只受到截距偏差的影响，则性别差异为 4 分。如图 11-6 所示，该图显示了一条常见的回归线(虚线)和两条组水平回归线。如该图所示，这些线是平行的，这表明给定能力水平的男性受训者将获得的预测评分，总是比具有相同能力水平的女性高 4 点。

我们到目前为止的描述旨在强调概念的含义和截距偏差的影响。我们专注于将“一刀切”的回归方程与“分组”方程进行比较。这有助于对理解概念提供相对直观的视角，例如对标准分数的过分估计和低估。

然而，在实践中，研究人员通常使用“多元回归”，而不是简单地通过分别计算每个组的回

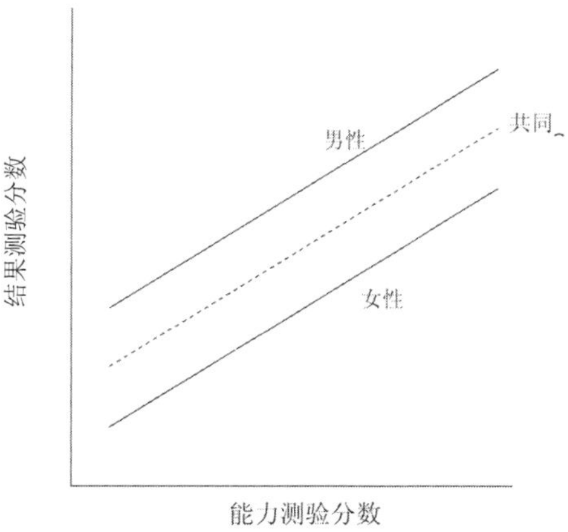

图 11-6 男性和女性的回归线相对于共同的回归线说明了可能存在的截距偏差

归方程，来估计截距偏差。在多元回归中，多个变量用于预测标准分数，当多个预测变量进入回归分析时，结果告诉我们每个预测变量的“独特性”预测能力，也就是说，我们可以确定预测变量是否提供超出分析中其他预测变量提供的信息。

在使用多重回归来探索截距偏差的相对简单的情况下，研究人员通常会使用两个预测指标。一个预测因子是测验分数(正如我们一直在讨论的)，另一个是代表组成员的二分变量。例如，当评估男性和女性的预测偏差时，第二个预测变量可能是一个“组”变量，其中所有男性的得分例如为 0，而所有女性的得分为 1(反之亦然)。基于此，研究人员可以检查以下回归方程：

$$\hat{C}=a+b_1(T)+b_2(G) \qquad (式\ 11\text{-}2)$$

$\hat{C}$ 与 T 与之前的定义相同，G 表示分组变量。

式 11-2 至少有两个关键点需要理解。其一，只有一个截距，但每个预测变量都有自己的斜率。其二，截距和斜率的解释与我们迄今为止所看到的略有不同。特别是斜率，它(如上所述)反映了每个预测变量的独特预测能力，并对其他预测变量进行了统计控制。

评估截距偏差的主要指标是 b_2，即组变量的斜率。一般来说，这个斜率反映了两个具有相同测验分数但是在不同组中的人可以预测的标准分数的差异。如果这个斜率不等于 0，那么我们会担心存在截距偏差。

例如，如果将我们的 100 个被试的机械能力测验数据应用于二元预测方程，那么我们会得到以下结果：

$$\hat{C}=58.03+0.58(T)-4(Sex)。$$

在这里，我们看到“性别”组变量的斜率是 $b_2=-4$，这告诉我们对于具有相同测验分数的男性和女性，女性的预测标准评分比男性低 4 分。

请注意，这与我们使用单独方程式的发现完全一致。从该方法中，我们计算出了测验分数为 70 的男性的预测标准分数为 98.63。同样使用该方法，我们计算出测验分数为 70 的女性的预测标准分数为 94.63。因此，对于两个具有相同测验分数(70)，但具有不同性别的人，他们的预测分数在该标准上有 4 分的差异。这与多元回归分析中的 b_2 斜率完全一致。

因此，在式 11-2 中，“组”斜率的大小(和统计显著性，见第 9 章)反映了我们两组之间的截距偏差程度。如果这个斜率大大高于或低于零，那么我们会担心测验会受到截距偏差的影响。但是，如果它与 0 没有显著不同，那么我们可能会得出结论，测验不会受到截距偏差的影响。

如前所述，这种多重回归方法经常用于预测偏差的实际检验(Aguinis 等，2010；Cleary，1968)。例如，一组研究人员最近使用这种方法来检查 ACT 在预测大学生涯表现时是否存在基于性别的预测偏差(Keizer，Sackett，Kuncel & Brothen，2016)。ACT 是一项覆盖高中教育各个领域的考试，其成绩通常用于大学招生过程。历史上一直担心这种测验对女性(以及其他群体)有偏见。事实上，有证据表明这种测验低估了女性的大学表现，高估了男性表现(Fischer，Schult & Hell，2013)。凯泽尔和她的同事们通过从近 2000 名本科生中获得 ACT 分数来考察这个问题。分数是有关他们在入门心理学课程及性别方面的成绩信息。研究人员按照前面介绍的方法(式 11-2)进行多元回归分析：

$$课程成绩 = a + b_1(ACT) + b_2(Sex)$$

他们的分析提供了截距偏差的证据，性别的斜率有统计学意义($b_2 = 0.09$，$p < 0.05$)。因为研究人员将性别编码为 0＝男性和 1＝女性，所以正斜率表示女性的课程成绩可能高于具有相同 ACT 成绩的男性。也就是说，女性在这一过程中“做得更好”的程度超过了基于 ACT 的预测(如果忽略了基于性别的偏差的可能性)。相比之下，男性比根据 ACT 预测的要差。因此，如果在使用 ACT 的同时忽略了潜在的基于性别的偏差，那么大学招生官员可能对女性评分比她们应得的少，给予男性的评分比他们应得的多。

需要注意的是，截距偏差的检测更加复杂，至少有两种方式。其一，从统计学和心理学出发，有理由怀疑研究通常高估了截距偏差的发生率。阿吉尼斯和他的同事们(2010 年)指出，在大多数截距偏差研究中，测验的信度不高，测验分数被测量样本的范围所限，相关组测验本身的平均分数也不同。他们继续证明这些特征，可能会错误的产生存在截距偏差的回归结果。换句话说，这些特征可能会产生一个相对较大和显著的斜率(在上面的公式中)，而事实上在被检查的人群中没有截距偏差。这样的结果会误导研究人员得出结论测验存在截距偏差，但实际上并没有。

其二，即使没有测验偏差，我们也可能会因为其他原因获得显著的非零。出现这种情况的原因是，标准(而不是测试)是有偏差的。让我们回到我们的机械能力的例子，其中主管评级是标准。男性主管评分高于拥有相同测验评分的女性评分，可能反映了主管评级的问题。也就是说，测验本身可能是对机械能力的一种无偏见的反映，但是主管们在评价时存在偏见。显著的非零值 b_2 的存在，本身并不表示测验或者判断标准是否存在问题。

当测验本身没有偏差时，还有其他一些替代的原因会使我们获得这样的结果。回到 ACT 和基于性别的截距偏差的情况，除了 ACT 的一些基于群体的问题之外，可能存在合理的原因，可以解释凯泽尔和她的同事们观察到的结果(2016)。实际上，这些研究人员进行了额外的分析，揭示了 ACT 明显的性别偏差(预测课程成绩)可能是由于大学女生比大学男生更加认真(即有组织、勤奋)而造成的。因此，女性获得比单独 ACT 所预测的更高的课堂成绩这一事实部分是因为 ACT 并没有说明整个故事(即 ACT 并不直接提供关于尽责性的信息)。反过来说，ACT 并没有说出整个故事的事实并不意味着 ACT 是有偏差的，它不是有意的。相反，这意味着特别是在申请人的尽责性方面，招生官员可能需要考虑的不仅仅是 ACT。应该在考虑到这些复杂情况下对截距偏差进行检查和解释。

斜率偏差

除了截距偏差之外，测验预测偏差的第二种形式是斜率偏差。让我们回到式 11-1——单预测回归方程：

$$\hat{C}=a+b(T)$$

群体水平的回归分析可能揭示男性和女性的截距(a)与共同回归方程相似的值，但它们的斜率(b)值与共同斜率不同。这表明两组之间测验分数和标准分数之间的联系不同。

例如，假设你的分析显示，对于这两个组，截距为 $a=56.03$，这等于共同的截距。但是，你发现男性的斜率为 $b=0.53$，而女性的斜率为 $b=0.63$。注意，这些小组水平斜率值与共同斜率(即 0.58)不同，表明就预测测验分数和标准分数之间的关系而言，一刀切并不合适。

斜率偏差对各组预测标准分数之间的差异程度有重要影响。两组有不同的斜率这一事实表明，在能力水平上偏差的程度并不相同。为了说明这一点，让我们计算一个能力测验分数为 70 的男性和一个能力测试分数为 70 的女性的预测标准分数：

$$\begin{aligned}\text{预测的男性标准分}&=56.03+0.53\times70\\&=93.13;\\\text{预测的女性标准分}&=56.03+0.63\times70\\&=100.13。\end{aligned}$$

正如表 11-2 所总结的那样，对于男性和女性来说，能力测验为 70 分，女性的标准分比男性高 7.0 分。现在，让我们计算一个男性和女性的能力测验分数为 60 的预测标准分数：

$$\begin{aligned}\text{预测的男性标准分}&=56.03+0.53\times60\\&=87.83;\\\text{预测的女性标准分}&=56.03+0.63\times60\\&=93.83。\end{aligned}$$

在这种情况下，女性的预测标准分只比男性高 6.0 分。

因此，测验能力较低的，偏差(即有相同测验分数的男性和女性预测标准分数相差的程度)相对较小，但测验能力较高，偏差较大。也就是说，随着能力倾向测验的分数增加，男性和女性标准分数之间的差异将趋于增加。图 11-7 说明了这种“纯粹的”斜率偏差，表明男性和女性的回归线逐渐分离。

表 11-2 基于能力得分的预测结果得分

能力测验得分	预测结果得分		预测结果得分的差异
	男性	女性	
70	93.13	100.13	女性比男性高 7.0 分
60	87.83	93.83	女性比男性高 6.0 分

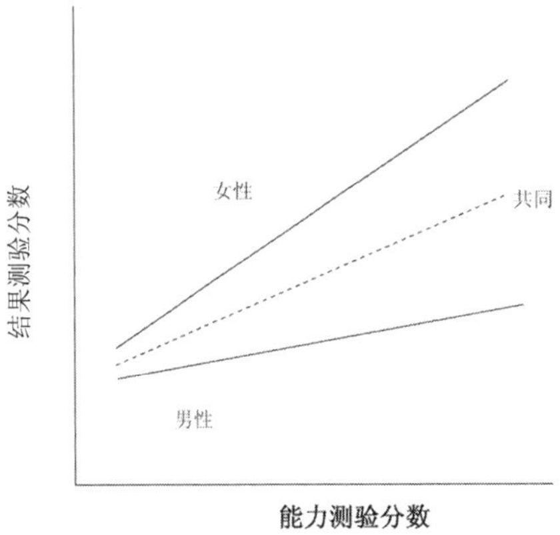

图 11-7 男性和女性的回归线相对于共同的回归线说明了可能存在的截距偏差

正如我们前面在讨论截距偏差时注意到的，在实践中，研究人员在评估斜率偏差时通常不会分别计算每个组的回归公式。相反，他们倾向于使用多元回归公式。具体而言，他们使用称为“调节的”多元回归的技术来检验小组类别是否“调节”(或改变)预测(测验)分数与标准分数之间的联系(Aguinis et al.，2010)。如果两个(或更多)组确实在测验和标准分数之间具有不同程度的相关，则说小组类别调节了这种相关。

为了进行有调节的多元回归分析，研究人员使用以下回归公式：

$$\hat{C}=a+b_1(T)+b_2(G)+b_3(T\times G)。\quad (式 11\text{-}3)$$

注意，在这个公式中，测验分数乘以 0=男性，1=女性，用作第三个预测因子。为了评估斜率偏差，研究人员检查了 b_3 斜率的大小和显著性。一般来说，这个斜率表示两个组中每个组的斜率的不同。如果 b_3 斜率不等于 0，那么我们会担心存在斜率偏差。

例如，假设我们将男性和女性有不同的斜率(分别为 0.53 和 0.63)，但截距相同(56.03)，应用于式 11-3，我们会获得以下结果：

$$\hat{C}=56.03+0.53(T)+0(G)+0.1(T\times G)$$

在这里，$b_3=0.1$。这告诉我们，与男性组相比，女性组中测验分数和标准分数之间的相关性大于 0.1。也就是说，测验对女性的预测能力高于男性。这与我们使用独立方程的发现完全一致。根据这种方法，我们发现男性测验分数与标准分数之间的关系为 $b_1=0.53$，而女性为 $b_1=0.63$，正好相差 0.1。

因此，在式 11-3 中，b_3 的大小(和统计显著性，见第 9 章)反映了我们两组之间的斜率偏差程度。如果这个 b_3 明显高于或低于 0，那么我们会得出结论，测验存在斜率偏差。但是，如果它与 0 没有显著不同，那么我们可能会得出结论，测验不会受到斜率偏差的影响。如前所述，这种调节的多元回归(例如，式 11-3)通常用于实际检验斜率偏差中(Aguinis，2010；Cleary，1968；Mattern & Patterson，2013)。

正如我们前面看到的截距偏差一样，检测斜率偏差的典型方法由于统计和心理测量问题而变得更加复杂。阿吉尼斯和他的同事们(2010)指出，在大多数斜率偏差的研究中，测验的信度不高，测验分数在被测试样本中的范围有限，相关组的大小也不同(例如，少数群体参与者人数少于多数群体参与者)。正如我们在第 9 章中所讨论的，所有这些因素都可以减弱研究中观察到的影响。这种衰减效应在调节测验中被放大(即式 11-3 中的 b_3 的量值；Chaplin，1997)。在考虑到这些问题的同时，我们应该对斜率偏差进行检查和解释。

截距偏差和斜率偏差

到目前为止，我们已经说明了"纯"截距偏差和"纯"斜率偏差的情况和有截距偏差或有斜率偏差，但不是两者都有的情况。总之，单纯的截距偏差表明组间预测分数存在差异，并且这种差异的大小并不随着能力分数的增加或减少而变化。相反，纯斜率偏差表明这种差异的大小确实随着能力分数的增加或减少而变化。

也可能(甚至可能比任何一种形式的"纯"偏差更多)同时存在截距和斜率偏差。在这种情况下，不同群体的能力得分大小和结果得分之间会存在复杂的关系。例如，我们可能会发现，对于能力较低的人群，男性的预测结果得分可能高于女性的预测结果得分。但我们的分析也发现，对于具有较高的分能力的人来说，男性的预测结果得分可能低于女性的预测结果得分。尽管可能会出现许多不一致的模式，但图 11-8 中说明了这种类型的一种可能结果。迄今概述的分析(式 11-1、式 11-2 和式 11-3)的组合可用于检测这些问题(Aguinis，2010)。

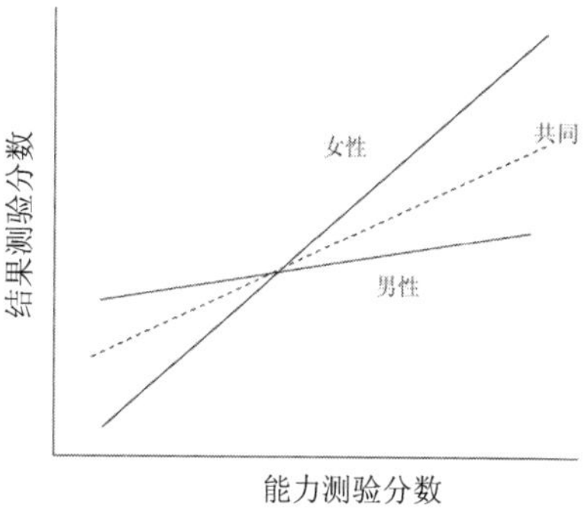

图 11-8 男性和女性的回归线相对于共同的回归线说明了可能存在的斜率和截距偏差

标准分数偏差

我们关于预测性偏差的讨论集中在预测性检验的分数有无偏差的可能性上。然而，标准变量的分数也可能有偏差。例如，正如我们所指出的那样，提供训练后能力评级的主管有可能偏向于一个团队。我们一直假设标准测量没有偏差，但当然可以有偏差。

信度的影响

我们应该承认回归斜率和截距对测验得分信度都很敏感。在我们对预测性偏差的讨论中，我们一直假设预测性测验和标准测验评分信度都很高(例如，R_{XX} 大于 0.90)。测验分数信度下降可能对这些参数产生深远影响，从而至少潜在地影响预测偏差。这些影响是复杂的，超出了我们讨论的范围，但对于感兴趣的读者，我们推荐阿吉尼斯等人(2010)和詹森(1980)的文章。

其他的统计程序

我们也想指出，我们在这里没有提到的其他的统计程序，被用来检测测验分数偏差。例如，结构方程模型是一个统计过程，在适当的情况下，可以产生与构想偏差和预测偏差相关的数据。我们提到使用回归作为统计工具来揭示预测偏差。有一些回归程序比这里列出的回归程序更加复杂，这些程序扩展了回归分析的功能，使研究人员能够检验关于预测性偏差来源的具体假设。结构方程建模和回归工具(如层次回归)是复杂的统计过程，超出了本书的范围。

测验公平

首先，我们想简要地提及一个有争议的心理测验问题：测验公平。当心理测验分数被用来做出影响人们生活的决定时，属于特定群体的人(例如，与特定种族或少数族裔有关的个人)可能会觉得分数被不公平地使用，而不利于特定群体中的那些成员。例如，假设雇主使用心理测验来筛选潜在的员工，同样假设男性平均测验结果比女性好，结果男性比女性更容易被雇用。可以理解的是，女性可能会认为使用该测验不公平。

区分测验公平性和测验分数偏差很重要。正如我们所看到的，测验偏差是嵌入在测验成绩效度理论中的心理测量学概念。它是在心理测量理论中定义的，并且通过特定的统计和研究方法可以检测到，这使得研究人员能够对测验偏差做出明智的决定。

另外，测验公平并不涉及心理测量的性质。测验的公平性与测验分数的适当使用有关，它是一个社会、哲学或法律术语，代表个体的价值判断(Ghiselli et al.，1981；Jensen，1980)。古老的格言说，公平在观察者眼中。我们可以问人们，他们认为使用特定的测验是否公平，但他们的答案可能与测验的心理测量属性完全无关。例如，我们有证据表明，某个特定测验的分数没有以本章所述的方式发生偏离，但有些人可能仍然认为测验分数没有以公平的方式使用。此外，他们可能是对的，因为公平和偏差是两个不同的知识领域存在的两个不同的概念，即科学领域和社会政治领域。

虽然它不是一个心理测量的概念，但测验公平在心理测验中是一个重要的问题。心理测验与选择、管理和解释测验成绩的程序有关。据推测，给予和使用心理测验的人员都熟悉这些测验的心理测量属性。那些参加考试的人的考试成绩可能会影响某人对考试公平性的判断。此外，具有主要心理测量特性的测验可能被用来做出不公平的判断。测验的心理测量属性，包括潜在的测验分数偏差，应始终是影响测验应用的一个因素，但人们对测验成绩使用公平性的信念可能会也可能不会受到心理测量属性的影响。

因此，偏见、公平、预测能力和选择决策之间的联系非常复杂，至关重要，并且远远超出了心理测量学的范围。有兴趣的读者可以在萨克特等人(2001)的文章中找到有充分依据和平衡的观点。

例子：是否因为种族和社会地位而存在SAT偏差

在本节中，我们提供了一个真实生活中广泛使用的心理测验中，心理测验偏差的例子。由于SAT被广泛用作决策工具，因此该考试侧重于预测偏差而非构想偏差。此外，虽然不完全如我们在本章中描述的那样，但检查是基于回归程序的。

我们介绍这个例子有如下几个原因。第一，我们要具体展示如何进行这项工作，并将其呈现在对测验偏差的实际检验中。我们提供的"理想化"的假设和程序为这个现实生活中的例子奠定了基础，但并不是所有现实生活中的例子都遵循我们所描述的确切程序。因此，读者可以更灵活地思考可能遇到的测验偏差分析的方法。第二，我们想说明这项工作的困难程度。我们在本节中讨论的关于SAT的信度和偏差被多次引用。遗憾的是，正如你看到的那样，这些结果真正意味着什么似乎确实存在困惑。我们希望我们的讨论能激发你仔细思考和适当考虑考试偏差的复杂性的能力。

2001年，加利福尼亚大学(University of California，UC)发表了一份报告，深入分析SAT的预测效度和潜在的偏差(Geiser & Studley，2001)。这份报告的被试是近90000名在20世纪90年代中后期进入加州大学系统8个校区的学生。该报告涵盖了许多心理测量和实践问题，包括SAT的潜在预测偏差。更具体地说，它考察了种族/民族和社会经济地位方面的潜在偏差。我们将依次阐明这两个问题。

种族/民族

在报告中，种族/民族被分为5组：非裔美国人、美洲原住民(报告中称为美国印第安人)、亚裔美国人、奇卡诺斯/拉美裔和白人。该报告列出了每个组的平均SAT分数，揭示了潜在显著差异。例如，其中两个小组的平均SAT分数大于1200，两个小组的平均数小于1100。考虑到SAT分数可能对学生入学的影响，这种规模的差异肯定会引起对SAT性质和使用的关注。但是，回忆我们先前的讨论，测验分数存在组间差异本身并不是测验偏差存在的证据。因此，深入的心理测验是必要的。

进行与上述程序密切相关的分析，使用回归来检查潜在的预测偏差，根据预测大学新生GPA的能力，计算出SAT预测的有效性。然而，如上所述，研究人员提出"方差解释"值，而不是呈现回归斜率。与回归斜率或相关性一样，这些值可用于反映一个变量(例如，GPA)中的变异因另一个变量(例如SAT分数)的变化而可预测的程度。当以百分比表示时，范围0到100之内，较高的值反映较大的预测能力。因此，大致可以将这些视为"百分比可预测性"，0表示

SAT与大学GPA完全无关，而100表示SAT可以完美地用于预测GPA。在第9章关于效度的讨论中描述过，当试图预测复杂的心理结果，如大学GPA时，低于20%的值并不少见。

使用这种分析策略，研究人员为每个种族/民族呈现方差解释值。也就是说，对于每个种族/民族，他们用GPA作为结果变量，SAT分数作为预测变量进行回归分析：

$$GPA=a+b(SAT)。$$

每个这样的分析产生了一个方差解释值，总结见表11-3。如最左边的数字栏所示，这些值从低至8.5%至高至12.6%不等(请注意，表11-3还包括每组的SAT分数与GPA之间的相关性，只需计算从预测回归方程中得到方差解释值的平方根即可得到)。这些数值表明预测能力的差异，对于某些种族/民族(例如亚裔美国人)，SAT似乎比其他人(例如美国印第安人)更具预测性，其中一些群体介于这些极端情况之间(例如，非裔美国人和白人)。

表11-3中的值是否表明存在预测偏差？答案并不完全清楚。

表11-3　加州大学盖泽和斯塔德利(2001)报告中高中GPA和SAT对大学GPA预测总结

种族/民族	预测变量			
	SAT		高中GPA	
	方差解释(%)	相关系数	方差解释(%)	相关系数
非裔美国人	10.0	0.32	9.5	0.31
印第安人	8.5	0.29	8.8	0.3
亚裔美国人	12.6	0.35	15.9	0.4
拉丁裔	10.9	0.33	12.0	0.35
白人	10.1	0.32	15.6	0.39

一方面，预测值确实存在差异，这表明可能存在偏差。也就是说，SAT对某些群体比其他群体预测性更强的事实，可能被视为存在预测性偏差的证据(即与斜率偏差非常接近)。

另一方面，目前尚不清楚这些差异是否大到足以引起关注。例如，使用二项效应大小显示(BESD；请参阅第9章)，我们可以将这些值转换为“正确的预测百分比”。这表明对于美洲印第安人的预测，64.5%(基于SAT)是正确的，而对亚裔美国人的预测只会稍微好一点，为67.5%。

为了衡量表11-3中差异的大小，我们还可以比较SAT预测能力与高中GPA预测能力的差异。UC报告中包括回归分析的结果，其中大学GPA分数由高中GPA预测，这些结果也列在表11-3中。有趣的是，这些预测值在8.8%到15.9%之间，实际上范围比SAT的值要广。也就是说，根据这些研究结果，高中GPA的预测能力似乎比SAT有更大的种族/民族差异。因此，UC报告似乎表明，高中GPA比SAT有更多的预测性偏差。另外，有趣的是，这一事实被批评SAT并在入学过程中推广使用高中GPA的人忽视或认为不重要。如果高中GPA的预测差异不够大而不值得关注，那么SAT的(小)预测差异就不应该被关注。总之，这些结果没有提供关于SAT在种族/民族方面存在预测偏差的明确证据。

社会经济地位

UC 报告还检查了与社会经济地位(SES)有关的潜在偏差。为此，作者检查了家庭收入和父母教育状况。较高水平的家庭收入和父母教育被解释为高 SES 的指标。根据近 8 万名学生的基本数据集，另一份报告(Geiser & Santilices，2007)显示，SAT 分数确实与 SES 的这些指标相关。具体而言，分析显示 SAT 语言成绩与家庭收入和父母教育分别相关的 0.32 和 0.39 (SAT 数学的相关系数分别为 0.24 和 0.32)。同样，这些值也是引起合理关注的原因，因为它们表明来自更高 SES 背景的学生的 SAT 分数往往高于 SES 背景更低的学生。

研究人员使用基于回归的程序，检查了 SAT 的预测能力受 SES 影响的可能性。也就是说，他们检验了 SAT 的预测能力完全是由于其与 SES 相关的可能性。虽然这不完全是对预测性偏差的检查，但如上所述，它确实涉及 SAT 在入学考试中使用有关的问题。有人认为，如果 SAT 的预测能力完全来自与 SES 的联系，那么它在招生中的使用会对来自低 SES 背景的学生造成不利影响。

因此，研究人员在控制 SES 后，检查了 SAT 的预测能力。为了确定 SAT 是否具有超出与 SES 相关的预测能力，研究人员使用了多元回归，这与我们在本章前面介绍的类似。具体而言，他们进行了一项回归分析，其中大学 GPA 是标准，并且有多个预测指标，包括 SAT 分数、家庭收入和父母教育。回想一下，当多个预测变量进入回归分析时，结果告诉我们每个预测变量的“独特”预测能力。也就是说，通过使用回归来提供“统计控制”，我们可以确定预测变量是否提供超出分析中其他预测变量提供的有用信息。

初步分析显示，在所有学生中，SAT 分数与大学 GPA 的相关系数为 0.36。如果 SAT 在回归分析中表现超出其他预测因子的任何有用的预测信息，那么其预测能力将不会从这个值下降很多。也就是说，统计控制 SES 的相关指标，不应对 SAT 的预测能力产生太大影响。但是，如果 SAT 的预测信息与分析中的其他预测因子密切相关，那么其预测能力将显著下降。

那结果是什么呢？有证据表明 SAT 的预测能力受 SES 影响吗？尽管它被误解了，但这个问题的答案很明显。

当检查以下回归方程(方程 1)时，没有证据表明预测能力受损：

$$\text{大学 } GPA = a + b(SAT) + b(\text{家庭收入}) + b(\text{父母受教育水平})$$

也就是说，当仅“控制”两个 SES 变量时，SAT 的预测能力从 0.36 发生了微小改变。如表 11-4“方程 1”栏所示，在控制 SAT 与 SES 叠加影响之后，SAT 的预测能力仍然很高，达到 0.345(注意这个值是一个标准化的回归系数，与相关性非常接近，通常范围从 −1 到 +1，如相关系数)。同样，SAT 的预测能力仍然非常接近其原始相关值。这些事实清楚地表明，其预测能力没有因为与 SES 的相关而受到损害。

表 11-4　SAT 分数与大学 GPA 的回归分析结果(标准化回归系数)

预测变量	方程 1	方程 2	方程 3
SAT	0.345	0.02	0.10
家庭收入	0.01	0.03	
父母受教育水平	0.04	0.06	
高中 GPA		0.28	
SAT-Ⅱ		0.24	0.32

遗憾的是，官方统一报告没有提供这个至关重要的分析结果。也就是说，报告中并没有包括任何在控制 SES 两个指标后，SAT 预测能力的分析。事实上，方程 1 的结果只能通过 UC 系统网站(UC 校长办公室，n. d.)提供的原始统计数据才能获得，而不是在已经发表和广泛阅读的官方报告中。

遗憾的是，官方报告提供了一个不同的分析，对 SES 可能会损害 SAT 的预测性没有清晰的观点。具体而言，它提供了包括 SAT 和两个 SES 变量作为大学 GPA 预测变量的回归方程的结果，以及高中 GPA 和 SAT-Ⅱ作为两个额外预测变量(SAT-Ⅱ是一个旨在评估特定领域知识的成就测验，但其分数与原 SAT 分数高度相关)。因此，它是这种形式：

大学 GPA$=a+b(SAT)+b($家庭收入$)+b($父母受教育水平$)+b($高中 $GPA)+b(SAT\text{-}Ⅱ)$。

该方程的结果在表 11-4 的“方程 2”栏中给出，他们确实表明 SAT 的预测能力显著降低。事实上，它已经从 0.36(即它与大学 GPA 的原始相关性)降低到基本为 0。事实上，它的预测能力已经下降很多了，导致一些批评者得出结论，SAT 的预测能力由于与 SES 的相关而受到了损害。例如，Soares(2008)引用了这些确切的结果作为对“SES 差异……减少 SATI 的影响到不值得注意的程度”的结论的支持，并且“当统计上控制 SES 时，SAT 在一个回归模型中下降到接近零”。最终，这些结果促成了这样的断言，“将 SAT 加入如回归方程所反映的那样的入学考试，对贫困青年十分不利”，并且决定将 SAT 从入学考试中删除。

认识到 SAT 的预测能力因为 SES 而遭受损害，对理解为什么方程 2 不适用非常有用。这种认识取决于我们进行多元回归分析时得到的结果(即分析中有多个预测变量在方程中)的清晰认识。

在这样的分析中，一个预测变量的结果反映了在控制方程中的所有其他预测变量后的预测能力。因此，在方程 2 中，SAT 的值反映了在控制 SES 和高中 GPA 以及 SAT-Ⅱ后的预测能力。事实证明，方程 2 中 SAT 预测值减小并不是 SES 导致的。相反，SAT 的预测值在方程 2 中如此之小的主要原因是，SAT-Ⅱ也被用在方程中作为预测变量。也就是说，SAT 与 SAT-Ⅱ高度相关。因此，在控制 SAT-Ⅱ成绩时，SAT 的预测能力很小。实际上，表 11-4 中的“方程 3”列显示了回归方程的结果，其中 SAT 和 SAT-Ⅱ是唯一的两个预测变量：

$$大学\ GPA=a+b(SAT)+b(SAT-Ⅱ)$$

结果显示，仅仅控制 SAT-Ⅱ就使 SAT 的预测能力，从 0.36 下降到 0.1。对其他变量(即 SES 和高中 GPA)的控制对 SAT 的预测能力的影响相对较小。因此，方程 2 中 SAT 的预测值减小是由于它与 SAT-Ⅱ的相关，而不是与 SES 的关系。

那么包括方程 1，如何更适当的解释整体模型的发现呢？主要结论应该是，SES 的差异对 SAT 的预测能力影响很小，因为如果单独对 SES 进行统计控制，则 SAT 在回归模型中的值基本不变。因此，这些结果没有提供有意义的证据，表明 SAT 的预测能力受到 SES 的影响。相反，结果(方程 2 和方程 3)表明，SAT 与 SAT-Ⅱ高度相关，以至于如果获得了学生的 SAT-Ⅱ分数，那么他们的 SAT 分数不会提供新的信息。如果我们忽略这些特定的分析，SAT 的预测性偏差问题非常复杂，一些研究表明存在偏差，而其他研究表明不存在。总的来说，这些特殊的结果并不支持取消 SAT 的建议。

总　结

在过去的几章中，我们讨论了信度和效度的基本概念的各种问题。在第 8 章中，我们介绍了效度的基础概念，因为它涉及测验分数的解释和使用。该章提出了几种可能影响效度的因素(例如，测验的内部结构，测验与其他变量的相关)。在第 9 章中，我们详细介绍了用于评估测验分数的“定律网络”的方法。也就是说，诸如多质多法矩阵和量化构想效度之类的程序可以用来衡量测验得分在特定结构的基础上所预测的相关程度。

本章和第 10 章讨论了损害测验分数解释和使用的信度和效度的重要因素。在第 10 章中，我们讨论了个体之间真实差异被系统模糊的反应偏差(例如，默认偏差、社会期望偏差)。在本章中，我们着重于测验偏差，传统上指的是组间真实差异被系统地模糊(或人为创造)的可能性。虽然有广泛使用的方法来应对反应偏差，但已经提出的用于处理测验偏差的方法往往存在争议，并且超出了我们当前讨论的范围。

总之，测验分数解释和使用的效度是对心理测量感兴趣的行为科学家关心的基本问题。概念和方法经过几十年的发展，心理测量学家、测验用户和测验开发人员阐明了效度的含义和评估方法。虽然威胁效度的因素确实存在，但心理学家和其他对心理测量感兴趣的人已经在确定这些威胁和制定检测、预防或最小化方面取得了巨大进展。尽管如此，如前几章所述，心理测验的使用和解释，应该依据理论和实践基础。

推荐阅读

关于测验偏差和测验公平的最丰富和最全面的资料可以参考：

Jensen，A. R. (1980). *Bias in mental testing*. New York，NY：Free Press.

这是对测验偏差中许多重要问题的综述，同时还对实例和实证结果进行了回顾：

Reynolds，C. R. & Suzuki，L. (2013). *Bias in psychological assessment：An empirical reviewand recommendations*. In J. R. Graham，J. A. Naglieri & I. B. Weiner(Eds.)，*Handbook of psychology*: *Vol. 10. Assessment psychology* (2nd ed., pp. 82-113). Hoboken, NJ: John Wiley.

这是一个在应用心理测验的几个重要领域进行的"高风险"测验的效度和潜在偏差的问题和证据的有关讨论：

Sackett, P. R., Schmitt, N., Ellingson, J. E. & Kablin, M. B. (2001). High-stakes testing inemployment, credentialing, and higher education: Prospects in a post-affirmativeaction world. *American Psychologist*, 56, 302-318.

有关检测基于回归的预测性偏差的综述，请参阅：

Aguinis, H., Culpepper, S. A. & Pierce, C. A. (2010). Revival of test bias research inpreemployment testing. *Journal of Applied Psychology*, 95, 648-680.

本文对使用验证性因素的方法进行了全面的描述以检测构想偏差(缺少测量等价)：

Vandenberg, R. J. & Lance, C. E. (2000). A review and synthesis of the measurementinvariance literature: Suggestions, practices, and recommendations for organizational research. *Organizational Research Methods*, 3, 4-70.

对于使用验证性因素分析来检测构想偏差(缺乏测量等价)的一个很好的例子，在第 12 章中详细讨论，请参阅：

Tucker, K. I., Ozer, D. J., Lyubomirsky, S. & Boehm, J. K. (2006). Testing for measurement invariance in the Satisfaction with Life Scale: A comparison of Russians and North Americans. *Social Indicators Research*, 78, 341-360.

以下工作很好地介绍了项目反应理论在评估差异项目功能(DIF)中的逻辑和用法：

Walker, C. (2011). What's the DIF? Why differential item functioning analyses are an important part of instrument development and validation. *Journal of Psychoeducational Assessment*, 29, 364-376.

本文概述了基于 CFA 的测验群体差异程序的信度：

Raykov, T. (2002). Examining group differences in reliability of multiple-component instruments. *British Journal of Mathematical and Statistical Psychology*, 55, 145-158.

第12章
验证性因素分析

在第4章和第8章中，我们讨论了心理测验的内部结构或维度。回想一下，测验的内部结构和维度与测验项目评估的心理结构的数量和性质有关。例如，在第4章中，我们提出了一个假设的六项目人格测验，并且讨论了这6个项目(健谈的、坚定的、外向的、富有创意的、富有想象力和聪明的)可能反映出的两种心理特征，外向性和开放性。同样，在第8章中，我们描述了罗森伯格自尊量表(RSEI)，我们注意到它的项目通常被认为仅反映了一种心理特征——自尊。因此，测验的维度和内部结构指的是测验项目是有效的代表一种或多种心理结构的题目的集合。

花点时间来快速回顾一下测验维度的重要性。正如我们在前面章节中所讨论的，测验的维度对测试的开发、信度、效度和使用具有重要的影响。在测验开发方面，内部结构应该是构建新测验或新量表时的主要考虑因素。例如，测验的设计必须匹配特定的维度(例如，以反映自尊的5个不相关的特质或单一维度)，并且对内部结构的检查可以揭示正在开发的测验在多大程度上反映这个维度。在信度方面，测验的维度或内部结构反映了测验的内部一致性。也就是说，测验维度的评估揭示哪些项目与其他项目(例如，所有项目彼此大致相同，或者是否存在彼此特别一致的项目集合)一致。就效度而言，测验的内部结构非常重要，因为对测验成绩的恰当解释取决于其实际内部结构与其预期内部结构之间的匹配。例如，如果我们发现RSEI包含两个不相关的维度，那么仅仅根据单一的自尊特征来解释RSEI是无效的。从对测验开发、信度和效度的影响来看，测验的内部结构对其使用具有强大的影响。也就是说，内部结构决定了测验的得分方式，从心理和数量上产生一个或多个有意义的分数(见图4-1)。

在我们之前关于维度的讨论中，我们强调了探索性因素分析(EFA)作为一种常用的统计工具，用于评估测验维度。正如我们所指出的那样，如果对量表内部结构的假设很少(如果有的话)，EFA是最合适的。例如，第4章中的六个人格特质项目，就是假设我们不知道这些题目中反映的维度的数量。

相反，验证性因素分析(CFA)应用于当测验维度有明确的假设时。也就是说，当对测验项目下的因素或维度的数量，项目和因素之间的联系以及因素之间的相关有明确的假设时，测验开发者或测验评分者用 CFA 检查测验的维度。

在本章中，我们将介绍 CFA 的几个重要问题。具体来说，我们将会讨论 CFA 的基本逻辑问题、CFA 的应用过程及 CFA 的重要结果。此外，我们将会讨论 CFA 应用于检查基本心理测量问题的方法——维度、测量模型、信度、效度和测量等价。虽然从 CFA 获得的信息与测验的内部结构的相关最直接，但它也可以用来检验测验的内部一致性，并且可以用它来评估聚合和区分效度的证据。

就像后面的两章一样，我们的展示是相对非技术性和直观性的，我们强调的是 CFA 的基本逻辑以及对其关键结果的心理解释。但是，CFA 是一个复杂的多变量统计过程，有许多技术上的考虑和难题。我们在本章中无法解决许多此类问题，我们建议有兴趣的读者咨询其他专业人士，以获得更有针对性的研究(Brown，2015；Hoyle，2011；Thompson，2004)。

EFA 和 CFA 的使用

EFA 和 CFA 的使用频率和角色

在前面的章节中，我们对 EFA 的强调反映了心理测量评估中使用因子分析的两个事实。首先，EFA 比 CFA 的使用更频繁。这种差异至少部分是由于这样一个事实造成的，即 EFA 已经更加无缝地应用到对用户友好和广泛使用的统计软件中。例如，EFA 长期以来一直被纳入流行的 SPSS 统计软件中，但是在 SPSS 中进行 CFA 操作，直到最近才变得可用，甚至现在仍然需要额外的软件组件。尽管 EFA 和 CFA 使用的频率存在长期差异，但 CFA 也正在兴起，应用也更多。

这种情况之所以出现，可能是因为能够进行 CFA 操作的统计软件可用性和用户友好性得以提高。例如，流行的统计软件包 SAS 和 SPSS 现在包括能够进行 CFA 的模块(尽管这些模块可能并未包含在任何软件的所有版本中)。此外，当使用某些软件(例如 SPSS 中的 AMOS 软件)时，可以进行 CFA 操作，而不仅仅是创建数字来表示关于测验维度的假设(例如，图 4-2、图 4-3 和图 4-4)。

使用因素分析的第二个问题是，EFA 和 CFA 是最适合于测验开发和评估过程不同阶段的手段。EFA 对于测验使用的早期阶段可能是最合适的，也就是说，当测验开发者阐述他们对测验结构和测验本身的理解时，EFA 是最有用的。相比之下，CFA 在测验开发的后期阶段更为合适，即在对题目属性和维度进行初始评估之后，以及对测验内容进行任何重大修订之后。

一些心理学家提出了一种更加综合的方法，他们指出，实际上，EFA 可以以假设为导向使用，CFA 的使用方式往往也具有探索性。事实上，一种被称为探索性结构方程模型的技术是探索性和验证性因素分析的混合方式，两种方法都各有好处(Asparouhov & Muthén，2009；Marsh et al.，2009)。有兴趣的读者可以通过其他渠道对这些观点进行深入的讨论(例如，Hopwood & Donnellan，2010)。

使用 CFA 评估测量模型

如前所述，当使用 CFA 时，我们根据测验的维度或内部结构评估特定"测量模型"的假设(Ziegler & Hagemann，2015)。也就是说，CFA 允许测验开发者和测验评分者了解他们的假设模型与被试的实际数据的一致程度。例如，根据以前的研究和理论，我们可能假设 RSEI 具有一维结构(即我们可能假设一个单因子测量模型)。使用 CFA，我们可以证实测验的这个"模型"。我们可以收集对 RSEI 题目的回答，并检查这些实际回答产生的数据，在这些数据中，RSEI 的题目合并成一个单一的因子。

此外，我们可以——如果有必要和恰当的——以一种与测验的实际结构更加一致的方式来改变我们的假设模型。例如，我们对 RSEI 进行 CFA 的结果表明，实际回答与单维模型不一致。因此，我们可以从 CFA 中检查其他信息，发现二维结构与数据更加一致。通过这种方式，我们可以修改我们关于 RSEI 真实结构的假设。

此外，我们可以通过 CFA 检查多个测量模型，来发现与被试的实际回答最匹配的测量模型。例如，我们可以使用一维模型和二维模型测验 RSEI 的"拟合"程度，并且我们可以检查哪种模型与我们获得的实际测验反应更加一致。

CFA 分析量表内部结构的过程

在本节中，我们将描述 CFA 过程并解释其主要结果。我们的目标是解释 CFA 的逻辑、过程和含义。考虑到这一目标，我们没有提供在任何特定统计软件中进行 CFA 操作的详细信息。相反，我们通过一个概念基础，帮助读者成为知情的基于 CFA 的心理测量分析的消费者。这个基础概念对于那些希望成为 CFA 心理测量学信息的读者也应该是有价值的。事实上，我们希望通过解释 CFA 的概念，为读者"如何"在各种特定统计软件包方面进行额外培训提供坚实的基础(Byrne，2006，2012，2016；Diamantopoulos & Siguaw，2000；Fox，2006；O'Rourke & Hatcher，2013；Rosseel，2012)。

CFA 概述和示例

图 12-1 总结了 CFA 的典型过程。在下面的讨论中，我们介绍了这个过程中的步骤，并且我们讨论了每个步骤的逻辑以及获得并且通常报告的心理测量信息。我们描述了测验开发人员和测验评估人员需要执行的步骤(图 12-1 中的无阴影框)和统计软件执行的步骤(在阴影框中)。

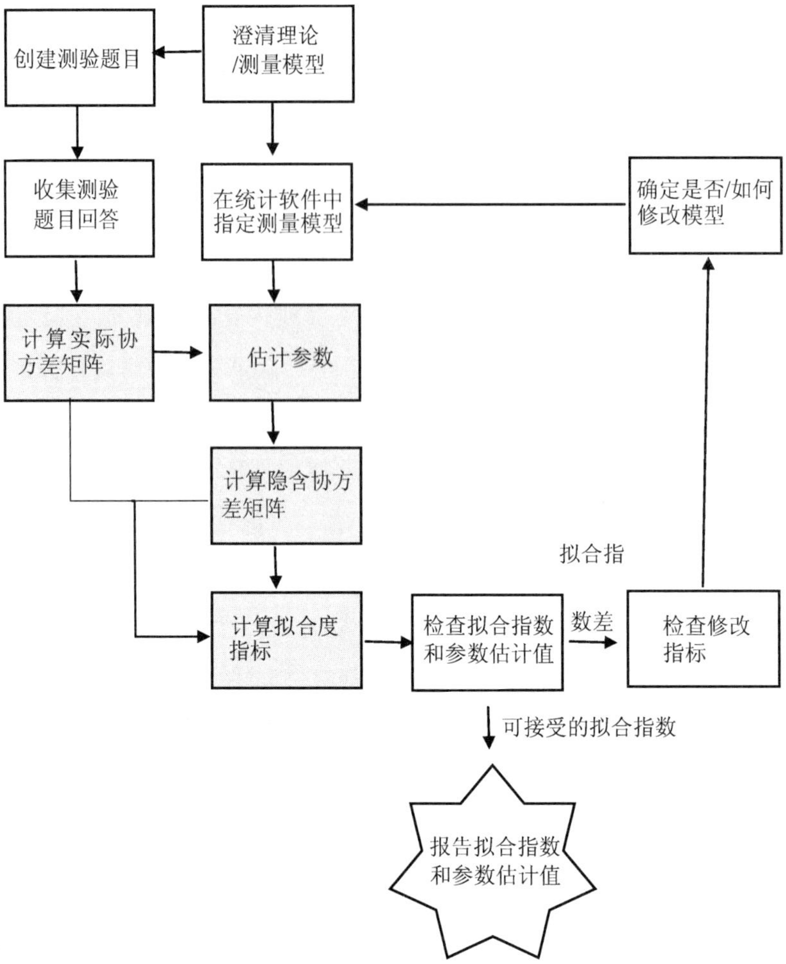

图 12-1　验证性因素分析流程

如图 12-1 所示，CFA 可以是一个来回的迭代过程。当我们阐述和评估一个特定的测量模型时，这个过程就开始了，但这个过程往往并没有到此结束。通常，在最初评估特定的测量模型后，我们修改模型，然后评估修订后的模型。事实上，随着我们从 CFA 中学到越来越多，这种修订和重新评估可能会发生多次。

在测验进行 CFA 之后，测验开发人员和测验评估人员通常会报告关于模型检验过程的关键信息，包括对模型所做的任何修改。通常情况下，CFA 会将与测验实际结构一致性最好的模型高亮，以突出显示。

为了说明和解释这个过程，我们讨论了真实性量表(Wood，Linley，Maltby，Baliousis & Joseph，2008)的 CFA。真实性量表旨在衡量一个人“知道自己”和“相应行为”的程度，它是一个确定了真实性的 3 个维度的概念模型(例如项目)：

自我异化(self-alienation)(大致)被定义为一个人真正的了解自己的程度(例如，“我不知道我内心真正的感受”，注意这个题目是负向的)。

真实生活(authentic living)被定义为一个人以一种真实反映他或她自我认知的方式表达情

感的程度(例如，“我认为做自己比受欢迎更好”)。

接受外部影响(accepting external influence)被定义为一个人理解其他人可以影响自己的生活并符合这些影响的程度(例如，“我受到他人意见的强烈影响”)。

考虑到这个概念基础，真实性量表旨在具有三维结构，3 个维度中的每一个维度都有分量表。每个题目都被视为一个自我相关的陈述，被试被要求评估他们与每个题目的一致水平，使用从 1(根本没有描述我)到 7(很好地描述我)的选项。

预备步骤

在开展 CFA 之前，至少有 3 个关键的初步步骤。第一步是澄清要评估的心理结构和测验题目的初步开发。事实上，伍德等人(2008)描述了一个过程，通过开发大量题目，对这些题目的一些回答进行初始分析，针对 3 个预期维度中的每一个维度选择 4 道题。总共产生了 12 道通过质量检验的题目。

第二步是收集大量测验数据。对 CFA 来讲，适当的样本量是一个重要但复杂的问题，专家们提供了各种建议。就被试的绝对数量而言，建议范围从最少 50 人(对于简单的测量模型和“干净”条件)到 400 人或更多。其他建议是根据被试与题目的比例，建议范围从每个题目 5 个被试到每个题目 20 个(或更多)。底线是，作为一个复杂的多变量程序，CFA 需要大量的被试，多于 200 名的情况并不少见。例如，12 道测验题目，伍德和他的同事招募了 3 个样本共 550 人以上。

第三步是对任何反向计分题目进行反向评分。这可以确保所有题目都属于相同的方向，避免任何看起来彼此高度不一致的题目产生混淆。

步骤 1：测量模型的规范

在完成这些预备步骤之后，我们将我们的研究测量模型输入用于进行 CFA 的统计软件，使用诸如 AMOS/SPSS、SAS、EQS、LISREL、Mplus 或 R 等软件，该过程可以非常简单。其中一些软件允许我们简单地画出一个数字来表示或“指定”测量模型。这些软件将这些图形转换成统计方程式，用于执行 CFA。当然，这些软件也允许我们自己创建这些方程，而不是通过绘制一个数字，但是，大多数人可能会选择以 AMOS 等程序中的绘图功能开始。

例如，图 12-2 显示了真实性量表在 CFA 中的两个测量模型(Wood et al.，2008)，它至少显示了需要指定的 3 个测量模型元素，如表 12-1 所示。我们需要指定的测量模型的第一个元素是构成测验题目(用矩形表示)的维度、因素或潜在变量(由椭圆表示)的数量。例如，图 12-2a 提供了一个单维测量模型，其中量表的 12 个题目载荷在一个真实性因素上。请注意，这个一维模型并不符合真实性量表设计的三因素结构。然而，伍德和他的同事检验了这个模型，并与他们主要的假设模型进行了比较，如图 12-2b 所示。这个图提出了一个“多层”的多维测量模型，其中量表的题目载荷在 3 个“低层”因素上(即自我异化、真实生活、接受外部影响)，所有这些都载荷在一个的更“高层”的一般真实性因素上。

要指定的测量模型的第二个元素是题目和因子之间的相关。也就是说，我们必须指定哪些题目相关到(即载荷)每个因子。在典型的因子分析图(例如，图 12-2a 和图 12-2b)中，题目与因子之间的路径(即箭头)表示该题目被假设载荷在该因子上。确定这些路径时遵循两个一般准则。第一，在大多数测量模型中，每个因子至少有一个题目与之相关。例如，在图 12-2a 中，假设所有题目都载荷在唯一因子上。类似地，图 12-2b 中的 3 个低层因子中的每一个都有 4 个题目载荷。请注意，图 12-2b 中的通用真实性因子没有载荷题目。对于这样的高层次因子(即其他因子载荷的因子)，这是典型的。我们稍后会讲到这个。

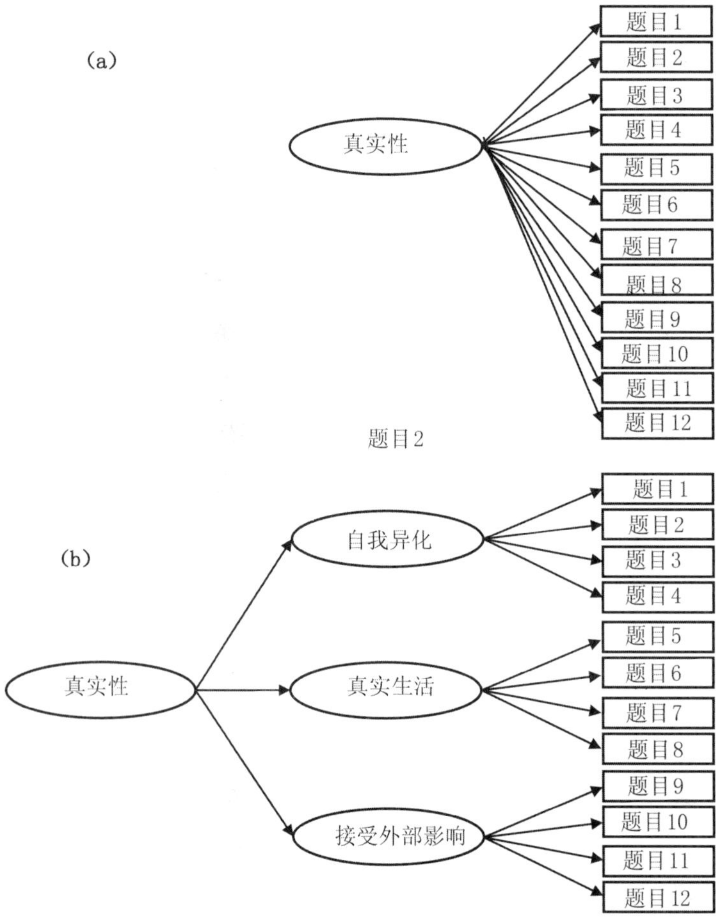

图 12-2 示例：由伍德等人检验的两种测量模型(2008 年)

第二，每个题目通常只与一个潜在变量联系在一起。尽管不同的题目可能会反映不同的心理特征，但是，通常每个测验题目都反映唯一的心理特征。考虑到这一点，我们通常假设每个题目都载荷在有且仅有一个因子上。例如，真实性量表中的题目 2 是为了反映自我异化，题目 1 反映的是真实生活。因此，图 12-2b 假设题目 2 只载荷自我异化因子，题目 1 只载荷真实生活因子。值得注意的是，尽管“每个题目只载荷一个因子”的一条通用指南，但它在概念上和实践上都受到了批评(Church & Burke，1994；Marsh et al.，2009)。

表12-1　测量模型需要指定的方面

需要指定：
①因子数量； ②题目和因子之间的相关； ③因子之间可能的相关(如果假定有多个因子)；
其他指定项示例：
④一个或多个参数的确切值(如特定因子载荷值)； ⑤参数相等(如限定两个因子载荷相等)。

如果测量模型是多维的(见图12-2b)，那么我们必须指定模型的第三个元素，即因子之间可能的相关。我们有两种可能的方式来表明这些因子是相关的。其一，我们可以指定这些因子载荷在一个更高阶的因子上。图12-2b就是这种类型的模型。它是一个分级测量模型，其中3个较低阶的因子加载在一个更高阶因子上。这表明，个体的自我异化、真实生活和接受外部影响的水平被假设为受到他或她的一般真实性水平的影响。这种等级关系表明3个低阶因子是相关的。也就是说，如果两个或多个低阶因子加载在一个高阶因子上，那么通过扩展，这些低阶因子应该相关。例如，图12-2b意味着具有高水平真实生活的人们也倾向于具有较高的外部影响接受度。我们还用第二种方式来表明因子之间是相关的，就是让它们简单地相关，就像它们之间的双向箭头所表示的那样。与单向箭头相反(这表明一件事会影响另一件事)，双向箭头只是简单的表示，两件事是相互相关的，没有任何因果关系的含义。考虑到这一点，我们可以选择省略图12-2b中的一般真实性因素，而是绘制3个双向箭头，即剩余的3个因子互相相关的箭头(例如，自我异化与真实生活之间)。

在思考因子之间的相关时，我们也可以假设因子之间没有相关。考虑我们在第4章中讨论的不相关因子的多维测验(例如，图4-4)。为了表明两个因子不相关，我们简单地省略这些因子之间的任何联系。也就是说，我们不会包含连接它们的高阶因子，也不会在它们之间包含双向箭头。

通常，当指定题目—因子相关和因子—因子相关时，我们的假设非常简单，即只是假设链接/相关是否存在。也就是说，我们假设一个题目是否与某个特定因子相关，并且我们假设这些因子是否是相关的，统计软件会精确估计这些相关。换句话说，我们只是假设人们对某些特定题目的反应在某种程度上受到特定心理特征的影响。然后，我们依靠统计软件来估计这些影响的具体程度。基本上，题目与因子(或两个因子之间)之间的路径的存在表明存在非零相关。相反，路径的缺失表明不存在相关。总之，我们通常以相关“自由估计”的方式指定模型，也就是说，我们基本上假定“这些参数可能不是零”，并允许软件估计参数的精确值。

值得注意的是，图12-2中的模型有些简化，你可能会遇到更复杂的形式(例如，本章后面的图12-5a)。具体而言，有时会显示数字，以便每个题目都有与之相关的唯一随机误差项。然而，这种复杂性并不总是包含在已发表的心理测量工作中。因此，为了我们的直接目的，我们将保持当前的描述尽可能简单，在本章后面的章节中我们将回过来讲这种额外的复杂性。

步骤2：计算

在我们指定了假设的测量模型后，之后根据这些规范我们用统计软件和我们收集的数据(即对测验的实际反应)进行CFA。虽然统计计算是由软件“后台”进行的，但通过对统计过程的简要回顾，我们可以增强对CFA及其主要结果的了解。简单来讲，基本的CFA计算有4个阶段。

阶段1：实际方差和协方差。在CFA计算的第一阶段，所收集的数据用于计算题目之间的方差和协方差。也就是说，软件计算每个题目的实际变化程度以及每对题目之间的实际协变水平。例如，在分析真实性量表时，软件计算12个方差和66个协方差，即66＝12(12－1)÷2。这些值会在之后的阶段中使用。

阶段2：参数估计(和推理测验)。在第二阶段的计算中，题目的实际方差和协方差被用来估计研究人员指定的“参数”值。参数是与测量模型的特定因子相关的定量值，它们是CFA产生结果的重要部分。

有几种关键类型的参数需要估计。第一种参数是每个题目的因子载荷值。正如前面所讨论的，当我们假设一个题目载荷一个因子时，我们通常不会假设该载荷的具体值(即，我们通常不假设该题目将因子载荷到任何特质的程度)。相反，我们通常依靠统计软件来计算该参数的值。例如，在对图12-2b所示模型的分析中，软件将计算12个载荷的参数估计值，每个题目一个。第二种参数是那些将因子彼此连接的参数，因子之间的相关性或者高阶因子上较低阶因子的载荷。当我们假设一个因子载荷另一个因子或两个因子相关时，我们通常不会假设具体的值。因此，例如，在图12-2b的模型中，软件将计算3个低阶因子在高阶因子上的载荷的3个参数估计值。其他类型的参数也可以被估计(例如，误差变化)，但是题目—因子参数和因子—因子参数通常是我们最感兴趣的。

为了计算参数估计值，从第一阶段的方差和协方差开始。例如，在分析图12-2b中的模型时，它将部分使用题目2和题目7之间的实际协方差(即相关)来估计这些题目可能对自我异化因子的载荷。如果两个题目彼此强相关(即，如果它们具有强大的协变性，那么选题目2的人很可能选题目7)，则它们可能具有强烈的共同点。因此，统计软件可能会计算出两个题目在自我异化因子上都是强载荷，因为这两个题目有共同之处(即自我异化因子是两道题目所共有的)。实际方差和协方差因此用于计算所有因子载荷值、因子间相关性、误差方差等。

重要的是，CFA还计算每个参数估计值的推断统计量(即显著性检验)，我们稍后会回到这一点。现在我们注意到，对于给定参数的典型零假设，意味着在抽样样本的总体中，参数的估计值为0。

阶段3：隐含的方差和协方差。在计算的第三阶段，软件使用其估计的参数值(来自阶段2)来计算“隐含”的题目方差和协方差。也就是说，软件如估计参数所表示的那样计算题目方差和协方差。例如，如果题目 2 和题目 7 对自我异化因子具有非常强的载荷，这意味着它们将彼此强相关(即它们具有相对较大的协变性)。但是，如果这两个题目在自我异化上载荷非常小，那么这意味着它们彼此之间的相关性很弱。

这个第三阶段看起来可能是循环的，事实上，你可能会怀疑隐含的方差和协方差应该与实际的方差和协方差完全一致。毕竟，隐含的方差和协方差是基于参数估计的，它们本身是基于实际的方差和协方差的。事实上，不会有精确的匹配(除非在特定的条件下)，而且，实际和隐含的方差/协方差之间可能存在实质性的不匹配。由于参数的估计是基于软件估计，估计每个参数时要尝试大量的信息，因此可能会发生不匹配现象。

例如，我们前面提到，软件会使用题目 2 和题目 7 之间的实际协方差(即相关)来估计这些题目对自我异化因子的载荷。这是事实，但它过分简化了这一过程。事实上，软件对题目 2 的因子载荷的估计是基于所有题目的方差和协方差进行的。毕竟，自我异化因子直接涉及 4 个题目(见图 12-2b)，这意味着在与自我异化有关的计算中至少有 6 个协方差需要考虑和平衡。实际上，它更加复杂，因为假设自我异化载荷了真实性，而真实性又被假设为影响其他两个因子。因此，该模型意味着自我异化因子将与其他两个因子相关。这又意味着 4 个自我异化题目将与量表上的其他 8 个题目(即 32 个额外的协方差)相关。

因此，在计算每个参数估计值时，软件必须保持并衡量大量的信息。有时，当试图找到平衡所有信息的解决方案时，CFA 产生的参数估计并不是每个单一信息的良好代表。

因此，重要的是要考虑实际的方差/协方差和隐含的方差/协方差的匹配或不匹配程度。如果假设的模型是好的(即如果它是量表题目的真实模型的良好近似模型)，则隐含的方差和协方差将与第一阶段分析中计算的实际方差和协方差紧密匹配。但是，如果模型较差，那么隐含值将与实际值有很大差异。这个重要的问题是下一个计算阶段的重点。

阶段 4：模型拟合指数。在第四阶段，软件会产生关于假设模型的一般充分性或“适合性”的信息。它将隐含的方差/协方差与实际的方差/协方差进行比较，并计算“模型拟合”指数和修正指数。

如果隐含值与实际值之间只有较小的差异或较小不匹配，则软件会生成“良好拟合”指数。这表明假设的测量模型充分反映了测验的实际情况。

相反，如果隐含值和实际值之间有较大的差异或不匹配，那么软件会产生“拟合度不好”的指标。这表明，假设的测量模型并没有充分反映实际的测验情况。在下一节中，我们将更深入地讨论这些值的解释。

进一步来说，CFA 可以通过计算出的“修正指数”指导改进测量模型的具体方式。这些值揭示了可能需要进行的修改，使模型更接近真正属于测验题目的因子结构(因为它们在样本中得到响应)。例如，从图 12-2b 中得出的修正指数表明除了自我异化因子外，题目 2 还载荷了真实生活因子。因为图 12-2b 中的原始假设模型没有假设题目 2 在真实生活中的载荷，我们可能会考虑修改我们的假设以适应这一情况。

步骤 3：解释

在收集测验的数据后，设定一个研究假设的测量模型，计算参数估计值和拟合指数，然后解释结果。CFA 有许多类型的结果，代表着各种心理测量和统计问题，本节介绍一些最重要和最常见的结果。

如图 12-1 所示，这一步的细节和下一步取决于获得的结果。根据一些结果，我们可能会检查其他结果。此外，根据我们的发现，我们可能会得出结论并报告我们的发现，或者我们可能会修改我们的假设模型并重新运行分析。理想情况下，我们会发现我们假设的测量模型与测验的实际情况非常匹配。在这种情况下，我们可能只检查两组结果。

拟合指数。通常情况下，我们首先检查拟合指数来判断我们假设的测量模型的总体适用性。如前所述，“良好拟合”表示假设的测量模型与实际测验的情况一致，并且证明了模型的有效性。也就是说，如果拟合指数是好的，那么我们就有信心来解释测验的维度，正如我们假设的那样。然而，“拟合不好”表明，假设的测量模型与实际的情况不一致。这通常被看作是反对假设测量模型有效性的证据，我们不应该像我们最初假设的那样解释测验的维度。

大多数 CFA 会计算并呈现许多拟合指数。例如，统计软件 SAS 计算大约 20 个拟合指数，作为其用于进行 CFA 的“calis”程序的一部分。虽然有很多拟合指数可供使用，但大多数已发表的文章只报告少数指数。遗憾的是，用于解释和报告的最佳拟合指标，并没有明确的共识，因此不同的报告将呈现不同的拟合指数。

也就是说，你可能在报告中会遇到一些有问题的 CFA。这些指数的计算细节超出了我们目前讨论的范围，在这一点上我们的目标是熟悉一些指数和他们的一般解释。

卡方统计量可能是最常被报道的拟合指数，它表明模型的“适合度差”或“失配”程度。也就是说，较大的、显著的卡方值表示拟合度较差，而较小的、非显著的卡方值表明拟合度较高，为假设的测量模型提供支持。请注意，对卡方的这种“显著性是坏的”的解释与统计显著性的典型观点完全相反，我们通常希望发现测验具有统计上的显著性。虽然卡方值通常包含在 CFA 报告中，但重要的是要注意样本量对卡方值的影响。在所有其他情况相同时，大样本会产生大的卡方值，这会导致统计显著，而这将被视为拟合度差。这为 CFA 创造了一种悖论，一方面，我们希望有大量样本，以便我们可以获得稳健可靠的参数估计；另一方面，大样本增加了我们获得显著的卡方值的机会，这似乎表明我们的假设模型是无效的。

由于这种悖论，CFA 报告通常包含额外的拟合指数。这些替代指标包括拟合优度指数(GFI)、增量拟合指数(IFI)、规范拟合指数(NFI)、比较拟合指数(CFI)、非正态拟合指数(NNFI，也称为 TLI)、近似误差均方根(RMSEA)、残差均方根(RMR)、标准化残差均方根(SRMR)和 Akaike 信息标准(AIC)。请注意，与卡方指数不同，这些指数不包括统计显著性的常规检验。

重要的是，这些拟合指数对于衡量模型拟合具有不同的尺度和规范。例如，CFI 范围从 0

到1.0，较大的值表示合适。相反，RMR的下限为0，但上限取决于测验的测量范围，较小的值表示良好拟合。作为另一个例子，SRMR范围从0到1.0(像CFI一样)，但较低的值表示良好拟合(如RMR)。还有许多解释指标的来源(Hu & Bentler，1999；Kline，2010)，最近的研究表明信度对这些指标也有影响。

例如，在描述真实性量表的CFA的文章中(Wood，2008)，拟合指数是第一个展示的结果。在那份报告中，研究人员提出了4个与他们对图12-2b模型(他们的主要模型为)的分析相关的拟合指数：卡方、SRMR、CFI和RMSEA。考虑到一些读者可能不熟悉这些特定的指数，研究人员指出了具体的值，这些指数所代表的"良好拟合"(即，SRMR值≤0.08，CFI值≥0.95，RMSEA值≤0.06)，但他们提到，这些建议更保守一些更加合适。根据213名学生的答案，伍德和他的同事们所获得的拟合指数在"表12-2"的"图12-2b"栏。CFI、SRMR和RMSEA的值非常接近保守建议值，研究人员总结说，模型(见图12-2b)与真实性量表"拟合良好"。他们还报道了一个显著的卡方值，并忽略了卡方值的不适配，但提醒读者注意大样本量与统计显著性之间的联系。在CFA的报告中，这种显著的卡方值被忽略是很常见的。

表12-2 两种模型的拟合指数检验(Wood et al.，2008)：样本3($N=213$)

测量模型			
拟合指标	图12-2b	图12-2a	标准
卡方值	90.06*a	353.45*b	NA
SRMR	0.08	0.16	<0.08
CFI	0.94	0.53	>0.95
RMSEA	0.06	0.16	<0.06

注：采用伍德等人(2008)的基准。NA=没有引用基准，因为它是用于评估模型拟合的卡方检验的统计显著性；SRMR=标准残差均方根；CFI=比较适合指数；RMSEA=近似的均方根。

* $p<0.05$；

a $df=51$；

b $df=54$。

为了更充分地评估主要模型的充分性，伍德等人(2008)将该模型与图12-2a中的替代一维测量模型进行了比较。结果表明这种替代模型的适用性差得多，参见表12-2中的"图12-2a"栏。具体表现为远低于伍德及其同事引用的基准CFI值0.95，SRMR和RMSEA值则远高于其基准值，并且具有显著的卡方值。该模型与三维模型(图12-2b)的比较增强了研究人员的信心，即图12-2b中的模型确实很好地代表了真实性量表的内部结构。

如图12-1所示，拟合指数的检验可能导向两种方向。其一，如果拟合指数表明模型是恰当的，那么我们将检查参数估计以评估更具体的心理测量质量。其二，如果拟合指数表明模型不合适，那么我们可能会检查修正指数并思考修改模型的方法。

参数估计和显著性检验。在确定测量模型整体拟合较好之后，我们会检查各种参数估计值。我们获得每个参数的估计值，包括项目的因子载荷值和因子相关值。参数估计是测验整体维度和其他心理测量性质的一个重要方面。

如上所述，一个题目对某个因子的载荷，代表个体对同一个题目的反应差异的程度，取决于该题目评估的潜在心理结构的水平之间的差异。如果一个题目被假设载荷一个特定的因子，那么我们期望发现一个大的、正向的和统计上显著的因子载荷。如果我们确实发现了，那么我们很可能会得出结论，该题目是对潜在心理维度的良好反映。因此，我们可能会在测验中保留该题目。然而，如果我们发现该题目的因子载荷很小或不显著，那么我们可能会得出结论，该题目与心理维度无关。在这种情况下，我们可能会从测验中删除该题目。然后，我们可以重新指定模型以适应这种变化(即从模型中删除题目)并重新计算来评估修订后的测验。我们意识到这种情况似乎有点矛盾，即我们怎么会获得一个因子载荷较低，但总体上合适的模型(如拟合指数所表明的)，答案是拟合指数代表整个测量模型的总体适宜性或适合度，尽管在一些方面稍微薄弱，但模型通常可以得到很好的支持。

再次转向真实性量表的 CFA(Wood et al.，2008)，图 12-3 给出了在三维测量模型分析中获得的一些关键参数估计值。回想一下，拟合指数支持该模型(表 12-2)，因此研究人员解释并报告了该模型的参数估计值。图 12-3 给出了标准化因子载荷和因子相关。请注意，作为标准化因子载荷，这些值可以解释为来自 EFA 的因子载荷。也就是说，它们是根据相关性或标准化回归权重来解释的，通常在－1 和 1 之间。正如这些值所表明的，所有 12 个题目都强有力地载荷了他们的假设因子，最弱的因子载荷是题目 1 的 0.60。图 12-3 还表明，每个低阶因子对较高阶因子的载荷较高，最弱的是接受外部影响对真实性因子的载荷－0.58。最后，虽然研究人员没有明确说明这一点，但这 15 个参数估计值的大小使我们认为它们都具有统计显著性。因此，这些参数估计值及其相关的显著性检验使研究人员得出结论，12 题中的每一题都是其假设的真实性因子的有效反映。研究人员会保留所有 12 个题目并使用这些题目创建真实性量表感到自信。

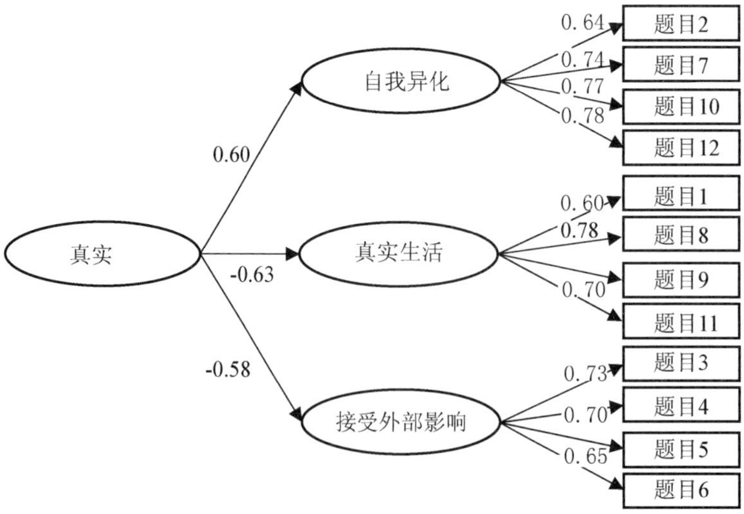

图 12-3　在图 12-2 中测量模型 b 的参数估计值(Wood et al.，2008)

正如真实性量表 CFA 的报告中所做的那样，研究人员通常会强调这些特定参数，题目的因子载荷和因子间的相关(Wood et al.，2008)。尽管研究人员有时也会提供反映题目误差方差或解释方差的参数，但他们通常会选择不包含这些额外信息。事实上，真实性量表 CFA 的报告就没有提供这些值。

总之，如图 12-1 所示，CFA 的解释和后续步骤取决于几个重要问题。正如拟合指数所表明的，最重要的问题或许是初始假设测量模型的总体适用性。如果拟合指数表明模型拟合良好，那么我们通常转向对参数估计值进行检验。如果我们发现这些参数估计值为模型提供了进一步的支持(例如，没有不明显的、不显著的因子载荷)，那么我们可以通过推断该模型能很好地表示测验的内部结构来完成 CFA。

然而，事情并不总是如此顺利。如果拟合指数表明模型不太合适，那么我们可能会修改我们关于模型内部结构的假设。这使我们在 CFA 模型修改和再分析中迈出了下一步，目标是提高我们对测验真实维度的理解。

步骤 4：模型修正和再分析(如果有必要)

如图 12-1 所示，CFA 的结果有时可能迫使我们考虑放弃或修正假设的模型。如果我们得到的拟合指数表明模型与测验题目的实际回答情况不一致，那么我们可以选择检查修正指数以找到关于可以对模型进行修改的提示。

在进行 CFA 时，我们获得大量修正指数。实际上，每一个都代表了一个参数，该参数被排除在初始测量模型之外(即，设置为 0)。例如，图 12-2b 中的模型意味着题目 2 载荷自我异化因子，而不是真实生活因子。因此，伍德等人(2008)最初允许软件估计题目 2 的自我异化载荷(见图 12-3)，但他们将“真实生活”因子的题目 2 载荷设置或“固定”为 0，表明题目 2 没有直接相关真实的生活。当我们检查这个模型的修正指数时，我们会发现一个“固定”参数的参考值，即“真实生活”中题目 2 的“固定为 0”的因子载荷。事实上，我们会找到最初设置为 0 的每个参数的修改值。例如，题目 2 与真实生活之间的相关，题目 2 与外部影响的接受之间的相关，题目 1 与自我异化之间的相关，题目 1 与外部影响的接受之间的相关，等等。

修正指数的大小反映了修改相关参数的潜在影响。例如，图 12-2b 模型的 CFA 可能会产生与题目 2 对真实生活因子的潜在载荷相关的相对较大的修正指数。为了拟人化一点，这表明题目 2“想要”载荷真实生活因子以及自我异化因子。也就是说，这表明被试对题目 2 的回答受到自我异化因子和真实生活因子的影响。从统计上说，这表明如果我们允许题目 2 载荷这两个因子，那么拟合指数将得到改善。因此，通过检查修正指数并根据最大指标进行修改，我们了解了测验的真实维度，并且我们的测量模型更好地反映了这一事实。

考虑到这一点，如图 12-1 所示，在检查修正指数后，我们可能会更改一个或多个参数，然后重新进行分析。修改后的模型将产生新的拟合指数、新的参数估计值等。然后，我们评估修订后的模型的适用性，并且或者检查参数估计值(如果修改后的模型符合得很好)或者检查新的修正指数(如果模型仍然不合适)。

我们应该注意一些有关CFA修改的注意事项。第一，它掩盖了验证性因素分析和探索性因素分析之间的区别。这重复了我们先前的评价，即CFA可以以半探测性的方式使用。第二，测验开发人员或测验评估人员对CFA进行的修改犹豫不决，尤其对缺乏明确概念基础的修改犹豫不决。这种修改可能来自对该样本特有或独特的回答模式，而不是更普遍地代表其他被试。因此，如果对模型进行一个或两个以上修改，则测验开发人员和测验评估人员应该考虑在不同样本被试中评估修订后的模型(即“交叉验证样本”)，然后以通用于广泛人群的方式对测验的“真实”内部结构进行强有力的推论。

考虑到这些注意事项，一些研究人员可能会避免修改模型，而是选择修改测验本身。例如，如果我们的分析显示题目2对真实生活因子潜在负载的修正指数很大，我们可能会决定删除、修改或替换该题目。如果我们可以确定该量表在没有题目2时具有足够的信度和效度，那么最简单的修改就是将该题目从测验中删除(当然也就是从模型中删除)。如果我们保留测验和测量模型的其余部分，将剩余的11题重新进行CFA，并且获得了很好的结果，那么我们可能会满足于11道题目的测验。另外，我们也许能够确定一些关于题目2的内容，这些内容似乎反映了真实的生活，除了(有意图的)自我异化的反映之外。

如果我们能够确定“结构无关”内容的来源(参见第8章)，那么我们可以修改它并删除该内容，而不是删除该题目。或者，我们可以简单地用另一个题目替换该题目，替换的这个题目可能是对自我异化的更纯粹的反映，而与其他两个因子没有关系。如果我们选择修改或替换题目，那么我们需要从一组新的被试那里收集全新的数据。考虑到这延长了测验开发和验证过程，研究人员经常选择更容易和更快的修改模型的选择(例如，允许题目2载荷在两个因子上)。

比较模型

早些时候，我们注意到对真实性量表的分析包括图12-2中两个模型的比较。虽然三维模型是我们最主要的关注之一，但研究人员将其与一维模型进行了对比(Wood et al.，2008)。

事实上，当进行CFA时，测验开发人员和测验评估人员经常评估竞争性测量模型。这种比较的重点在于，确定哪种模型更能代表测验的真实内部结构。测验开发人员和测验评估人员可以通过评估和比较几种合理的潜在测量模型来学习更多知识，而不是评估单个可能模型的适合性。在其他条件相同的情况下(例如，根据理论基础)，我们更愿选择相对合适的测量模型。也就是说，我们将确定最具支持性的拟合指数的模型，并得出结论，它反映了测验的真实维度。这可以提供对测验实际属性的深入了解。

对比较模型的策略的全面讨论超出了这个章节的范围。有兴趣的读者可以在其他地方找到这样的讨论(Brown，2015；Hoyle，2011)。

作为一种心理测量工具，CFA可以深入洞察心理测验的内部结构(Ziegler & Hagemann，2015)。通过测验关于具体测量模型的假设，CFA是EFA的重要补充。然而，CFA的价值超出对单个被试群体的维度评估，以下各节将介绍如何将它扩展到评估测验的信度和效度。

CFA 和信度

除了检验测验维度，CFA 还可以应用于评估测验信度。在这种情况下，CFA 至少有两个重要用途。

评估 CTT 测量模型的类型

首先，我们可以使用 CFA 来评估测验数据是否符合与经典测试理论(CTT)相关的特定类型的测量模型。在第 5 章关于信度的概念的讨论中，我们描述了反映测验或分测验、平行测试、τ 等价测验、基本 τ 等价测验和同类测验(见表 5-3)之间关系的 4 种模型。你可能会记得，这些模型在测验题目是否具有相同的误差方差或是否具有相同的真分数方面彼此不同。

在之前的讨论中，我们关注了这些模型的概念意义，它们对估计信度的影响，以及某些模型不太适合真实测验的事实。然而，在那次讨论中，我们没有讨论如何评估给定的测验是否适合这些模型。这是一个重要的问题，因为正如第 5 章和第 6 章所讨论的，信度估计的适当方法取决于哪个模型与测验拟合更好。我们如何评估测验数据是否符合平行测验或基本的 τ 等价测验标准?

CFA 提供了一种方法。虽然充分讨论来龙去脉这超出了本章的范围，但是在测验和比较给定测验数据是否与模型拟合方面，(理想情况下)可以看到该过程。如图 12-4 所示，这可能涉及 3 个步骤。

在第一步中，我们将评估一个同类模型与测验数据是否拟合。想象一下，我们正在研究交往焦虑量表(Interaction Anxiousness scale，IAS；Leary，1983)。IAS 是一个有 15 道题目的人格量表，旨在测量在交往中经历的社交焦虑，“个体的反应取决于其他交往者的反应”(例如，一对一对话，而不是给观众演讲；Leary，1983)。每个题目都有自我相关的陈述(例如，“即使在偶然聚会中我也经常感到紧张”)，并且要求被试对他们的同意/认可程度进行评分。

作为一个简单的单维模型，IAS 的同类模型如图 12-5a 所示。请注意，根据此模型，所有 15 个题目都会载荷到一个交往焦虑因子上，而题目之间没有其他相关。请注意，这个图比前面讨论的图 12-2a 复杂一些。具体来说，在图 12-5a 中，每个题目都受独特的误差项影响，该项表示随机测量误差对每个题目的影响。这些误差项是所有 CFA 模型的一部分，但它们常常从 CFA 模型的图形中省略(例如，参见图 12-2 和图 12-3)。

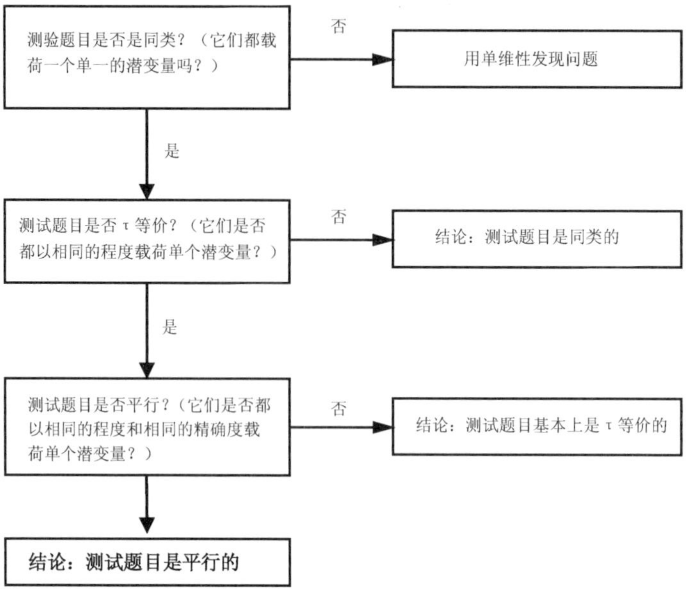

图 12-4　使用 CFA 评估经典测量理论测量模型的步骤概述

为了评估同类模型，我们指定一个 CFA 模型，全部 15 个 IAS 题目载荷一个潜变量，每个题目都有自己独特的误差项和自己独特的因子载荷。也就是说，根据这个模型，所有 15 个题目将反映一个单一的潜变量。然而，这些题目可能会以不同的精度反映潜变量，并且它们可能会以不同程度载荷该潜变量。

如果这个模型拟合较好，那么我们可以得出结论，IAS 至少是同类的，如图 12-4 所示，我们可以继续下一步，测验 IAS 是否也适合更严格的模型。但是，如果同类模型拟合不好，那么我们需要检查来源(例如，通过检查修正指数，参见下一节)。

假设同类模型确实拟合较好，第二步是评估基本的 τ 等价模型与数据的拟合是否比同类模型差。根据我们在第 5 章的讨论，你可能会记得，基本的 τ 等价模型比同类模型更具有限制性。

也就是说，与同类模型的标准相比，其标准与给定测验拟合较差。具体来说，我们将指定一个模型，其中全部 15 个 IAS 题目载荷在单个潜变量上，每个题目都有自己的唯一误差项。但是，与同类模型不同，我们还要指定所有题目具有相同的因子载荷。也就是说，根据这个模型，所有 15 个题目都会将潜变量反映到完全相同的程度。然而，它们可能以不同的精度反映潜变量(即每个题都有自己独特的误差项)。

在强加题目反映潜变量的限制之后，在相同的程度上，我们来确定的 tau-等价模型是否比限制较少的同类模型拟合更差。如果这两个模型拟合度相同(再次假设同类模型第一步拟合较好)，那么我们可以得出结论，IAS 符合基本 τ 等价的标准。如图 12-4 所示，我们可以继续下一步，测试 IAS 是否与平行测验的更严格的标准拟合。然而，如果基本的 τ 等价模型拟合数据明显比同类模型更差，那么我们拒绝 IAS 题目基本上是 τ 等价的假设。然后我们得出结论，IAS 题目只是同类的。

假设基本的 τ 等价模型不会比通用模型拟合更差，下一步是评估一个平行模型是否比任何基本 τ 等价模型拟合更差。我们将指定一个模型，其中将所有 15 个 IAS 题目载荷到单个潜变量上，但它们都具有相同的误差项和相同的因子载荷。也就是说，根据这个模型，所有 15 个题目将以完全相同的程度，和完全相同的精度反映一个单一的潜变量。

在施加这些限制之后，我们确定并行模型是否比限制性较低的基本等效模型拟合更差。如果两个模型拟合度相同(再次假设基本 τ 等价模型在前一步中很好地拟合)，那么我们可以得出结论，IAS 符合并行模型的标准。然而，如果并行模型拟合的数据明显比基本的 τ 等价模型更差，那么我们拒绝 IAS 题目平行的假设。然后，我们得出结论，IAS 题目基本上是 τ 等价的。

如图 12-4 所示，这一系列步骤可以帮助用户了解哪个(如果有的话)特定的基于 CTT 的测量模型与实际情况的拟合更好。通过使用 CFA，用户可以解决哪种模型适合他们的测验数据的问题，从而解决应使用哪种方法来估计信度的问题(参见第 6 章)。我们在这里的描述是简短的，但感兴趣的读者可以在其他地方找到更多的细节和例子(Brown，2015；Raykov & Marcoulides，2011；Millsap & Everson，1991)。

估计信度

CFA 的第二个与信度相关的重要用途是对信度的实际估计。正如我们在第 6 章中讨论的那样，估计信度的方法很多，包括重测和 Ω。那时候，我们只简单地描述了 Ω，我们注意到它和类似的指数通常是通过 CFA 计算的。虽然 CFA 目前并未被广泛使用，但基于 CFA 的程序可能确实是评估各种情况下信度的最佳方法。在本节中，我们描述了一种基于 CFA 的估计单维量表信度的程序；其他细节、例子和替代方案可以在其他地方找到(Bentler，in press；Brown，2015；Kelley & Pornprasertmanit，2016；Raykov，2001，2004a，2004b；Zinbarg et al.，2005)。这里概述的方法与 Ω 密切相关(McDonald，1999)。

当以这种方式使用 CFA 时，我们可以根据澄清特定假设效度的需要，通过 2 到 3 步来估计信度。第一，我们使用 CFA 将测验的初始测量模型估计为单维测验。第二，我们来考虑上一节中描述的 IAS(Leary，1983)。我们可以应用基于 CFA 的分析来估计 IAS 在小样本中的信度。我们从相对较小的样本中收集了 IAS 的答案($n=107$，比理想值小)，我们开始评估一维模型(见图 12-5a)。结果表明，一维模型的拟合度并不好：$\chi^2=224.30$，$p<0.05$，NNFI＝0.74，CFI＝0.78，RMSEA＝0.12 和 SRMR＝0.09。

这些结果表明，在这些数据中，IAS 并不是严格单维的。至少有一些题目是相互相关的，这种方式并没有很好地解释它们都载荷相同的因子。例如，某些题目可能与其他题目之间的联系更强烈，而不是根据它们表面上共同存在的因子之间的联系来解释。这样的结果导致我们怀疑 IAS 是多维的。研究者已经为这种量表开发了信度指数(如 Zinbarg 等人于 2005 所述的 omega 等级)。然而，这些结果也可能表明不相关误差的假设(参见第 5 章)并不完全有效。无论哪种方式，这种不纯粹的单维性都会影响我们评估 IAS 的信度。

因此，在第二步中，如果有必要的话，我们修改并重新分析模型。正如 IAS 的 CFA 一样，如果最初的假设模型拟合得不好，那么我们就会识别模型的有用修正(通过修正指数)。我们可能会将模型修改为多维而不是一维。或者，我们可以考虑放宽“误差不相关”的假设。事实上，在我们对 IAS 的分析中，我们检验了图 12-5a 中拟合不良模型的修正指数，并确定了误差项之间的 6 种相关性。因此，我们考虑修改模型以使这 6 个相关性不为 0。

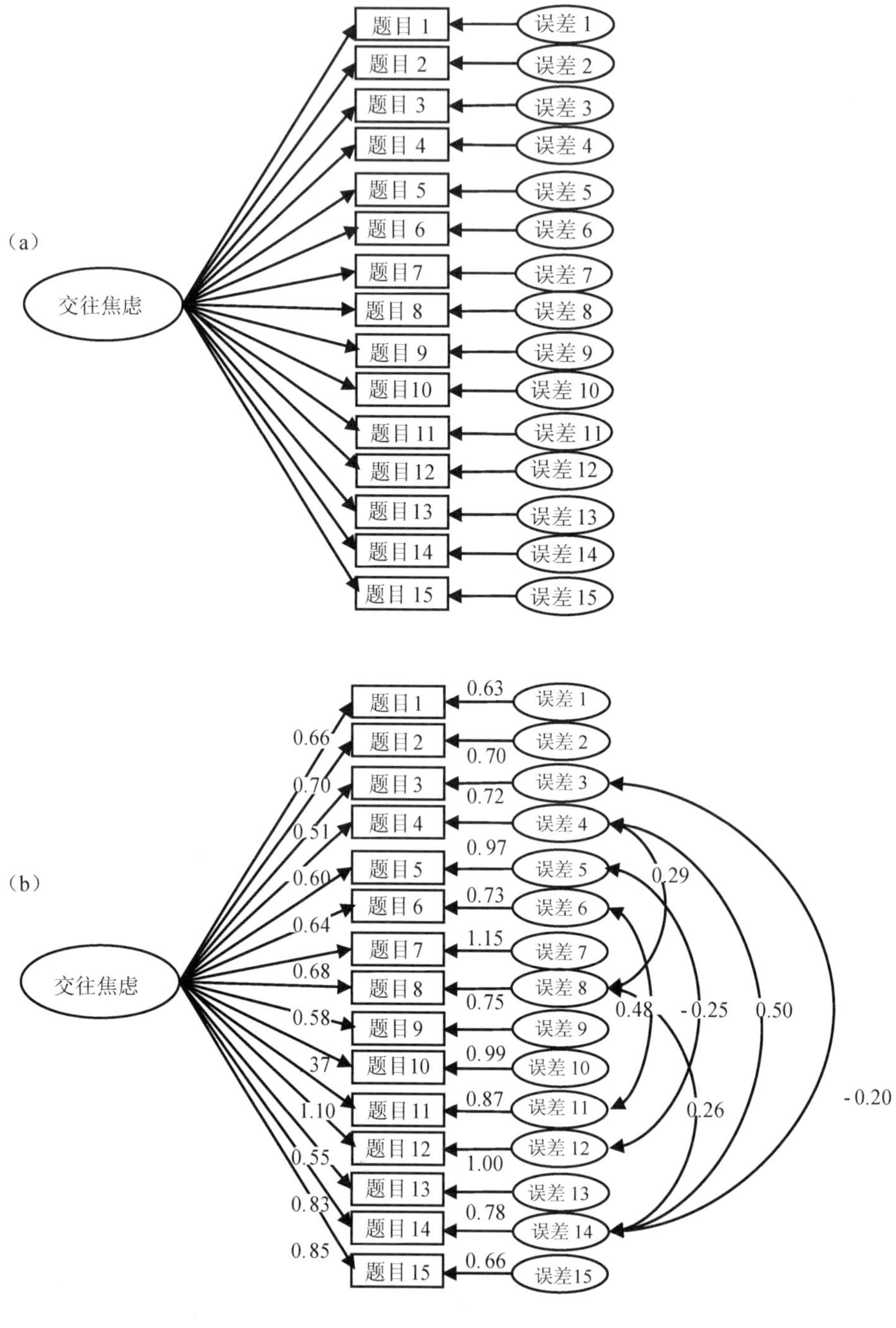

图 12-5 交往焦虑量表的初始模型、修正模型和参数估计

修正指数不仅为这些变化提供统计支持，并且这些变化在很大程度上也是合理的。例如，

修正指数建议题目 4 和题目 14“想要彼此相关”。实际上，这两题都是指与权威职位人员的交往(即“当我必须与老师或老板交谈时，我会感到紧张”，以及“当我与某个权威职位的人交谈时，我会紧张)”。因此，这两个题目分享了一些与其余题目有所不同的东西，其中没有一个明确提到权威指数。同样，结果表明题目 6 和题目 11 在统计上是相关的，事实上，这两道题是明确包括“害羞”这个词的。因此，题目 4 和题目 14 具有特殊的“权威”共性，而题目 6 和题目 11 具有特殊的“害羞”共性。这种特殊的共性解释了为什么误差项不相关的假设与数据的实际情况不符。

考虑到几个修正指数的相对量级和题目之间的概念相关，我们通过添加 6 个参数(题目误差项之间的相关)来修改模型。我们的再分析显示修改模型的拟合度有很大改善($\chi^2_{(84)}=122.76$，$p<0.05$，NNFI＝0.92，CFI＝0.94，RMSEA＝0.07，SRMR＝0.07)。图 12-5b 展示了修正模型和非标准化参数估计，包括每个题目的因子载荷，每个题目的误差方差以及误差项之间的 6 个协方差。

在该过程的最后一步中，我们使用这些非标准化的参数估计值来估计测验的信度。回想一下，信度可以看作是信噪比：

$$\text{信度}=\frac{\text{信号}}{\text{信号}+\text{噪声}}。$$

相应地，它被定义为：

$$\text{信度}=\frac{\text{真实方差}}{\text{真实方差}+\text{误差方差}}。$$

通过 CFA 得到的参数估计值可以用来估计真实方差和误差方差，因此它们可以用来估计可靠性(参见 Raykov，2004)：

$$\text{估计信度}=\frac{\left(\sum\lambda_i\right)^2}{\left(\sum\lambda_i\right)^2+\sum\theta_{ii}+2\sum\theta_{ii}} \qquad \text{(式 12-1)}$$

在这个等式中，λ_i 是指题目的因子载荷，θ_{ij} 是指题目的误差方差，θ_{ij} 是指两个项目的误差项之间的协方差(对于没有相关误差项的模型，这是 0)。就我们先前关于信度的讨论而言，一个题目的因子载荷反映了它与“真正的”基础心理结构相关的程度。更具体地说，因子载荷的平方反映题目中“真实得分”的方差。因此，$\left(\sum\lambda_i\right)^2$ 反映了真实分数(即信号)的方差，因为因子载荷反映了题目与”真实“心理属性之间的联系。类似地，$\sum\theta_{ii}+2\sum\theta_{ii}$ 的总和反映了随机误差方差(即噪声)，因为这些术语反映了影响每个题目但与感兴趣的潜在心理属性无关的独特方面。因此，式 12-1 代表了信度的理论定义，即真实得分方差与观察到的总方差之比(观察方差为真实得分方差和误差方差的总和，见第 5 章)。对于图 12-5b 中的结果，真实得分方差估计为 101.81[0.66＋0.70＋0.51＋0.6＋0.64＋0.68＋0.58＋0.37＋1.10＋0.55＋0.83＋0.85＋0.75＋0.6＋0.67)^2]。

同样，误差方差估计为 14.52：

$$\sum\theta_{ii}=0.63+0.70+0.72+0.97+0.73+1.15+0.75+0.99+0.87+1.00+0.78+0.66+0.72+0.85+0.84=12.6;$$

$$\sum\theta_{ii}=0.29+0.48+(-0.25)+(-0.20)+0.5+0.26=1.08;$$

$$\sum\theta_{ii}+2\sum\theta_{ij}=12.36+2\times1.08=14.52。$$

因此，IAS 的估计信度为：$\frac{101.81}{101.81+14.52}=0.87$。

这些对 IAS 的回复表明，基于 CFA 的信度估计值只比通过系数 α 获得的信度估计值略小 $\alpha=0.89$。尽管这两种估计之间的差异在这种情况下并不大，但它可能更具戏剧性，它反映了 α 错估信度的倾向(Miller，1995)。

作为一项技术，应该对式 12-1 提出两点看法。第一，如果我们的初始步骤显示一维模型拟合度较好，那么我们就不需要估计题目误差项之间的相关。在这种情况下，式 12-1 可以通过去除这些相关的方式进行简化(参见 Raykov，2004)：

$$估计信度=\frac{(\sum\lambda_i)^2}{(\sum\lambda_i)^2+\sum\theta_{ii}}。\qquad(式\ 12\text{-}2)$$

第二，式 12-1 和式 12-2 都是相对简单的方程，当我们的 CFA 分析将因子的方差“拟合”到 1.0 时是合适的。通常是这么做的，但没有必要这样做。如果没有完成，那么，有与式 12-1 和式 12-2 的稍微不同的版本可用，并且它们包含表示估计因子方差的项(参见 Raykov，2001)。

总之，CFA 是检验信度的非常灵活和有用的工具。基于 CFA 的信度检验方法的第一个重要优点是，它使我们能够以比典型的 α 方法更为广泛有效和可应用的方式来估计信度。在第 6 章中，我们注意到，只有当测验题目基本上是 τ 等价或平行时，α 才有效。相反，我们注意到，当测验题目基本上是 τ 等价，平行甚至同类时，我们在当前部分中提出的指数是有效的。因此，本节中的 CFA 指数对于更广泛的情况是有效的，而不是像其他指数如 α。这表明用户可能受益于使用基于 CFA 的信度检验方法。实际上，这里概述的程序非常笼统，与凯利和蓬巴瑟特马尼特(2016)强烈支持的程序非常相似。

正如我们在第 6 章介绍 alpha 时所讨论的，研究人员应该在估计信度的同时提供置信区间。式 12-1(Kelley & Pornprasertmanit，2016；Raykov，2004b)，可用于估计和计算。

基于 CFA 估计信度的第二个重要优点是可以对超出单维的测验(如 IAS)进行相对简单的分析。例如，它可用于估计多维度的信度，估计群体的信度差异，并获得围绕信度估计的置信区间(Raykov，2004a，2004b)。因此，它有可能提供有关测验信度的大量信息。

CFA 和效度

更进一步，CFA 可以以几种方式成为评估效度的工具。第一，正如我们对 CFA 检验特定假设的内部结构的能力进行过相对深入讨论所暗示那样，CFA 提供了对效度的“内部结构”方面的检验(即测验题目的实际结构与理论结构是否拟合)。

第二，如果测验回答与结构或标准的测量一起收集，那么我们可以评估测验与这些变量的相关。无论我们从聚合/判别效度、同时效度、校标效度、预测效度还是外部效度的角度来看这个证据，它都提供了关于测验分数心理意义的重要信息。至少有两种方法可以使用 CFA 来检验这些效度。

我们使用 CFA 评估聚合和判别效度的第一种方法是，通过将其应用于多质多法(MTMM)矩阵。正如第 9 章中所讨论的，MTMM 研究包括多种特征/结构(例如，社交技巧、冲动性、尽责性和情绪稳定性)，其中每一种都通过多种方法(例如，自我报告、熟人评级和访问员评级)进行评估。当我们检查整组得分之间的相关时，我们可以评估聚合效度，区分效度，方法效果和其他重要的效度信息。尽管全面的讨论超出了本章的范围，但有几种基于 CFA 的方法用于评估 MTMM 矩阵，有兴趣的读者可以查询其他有用的信息(Brown，2006；Marsh & Grayson，1995)。

第二种方法是使用 CFA 来检验聚合效度(可能会出现不一致的情况)，这是通过对一项测验和一项或多项标准变量的检验来进行的。例如，我们可以通过收集个人对 IAS 的反应以及其他衡量他们倾向于经历社交焦虑的经历来检验 IAS 的构想效度。事实上，完成 IAS 的人，如前一节所述，也完成了“情境社交焦虑”的测量。也就是说，他们完成了一项调查，该调查描述了 11 种不同的社交情况，并要求被试评估他们在每种情况下可能遇到的焦虑程度。据推测，平均来讲，在 11 种情况下，认为自己可能经历高度社交焦虑的个体也将在 IAS 中获得高分。

有了这些信息，我们可以解决几个重要的心理测量问题。IAS 是否具有假设的单维结构？被试在 11 个情境中的焦虑评分在多大程度上反映了单一的“情境社交焦虑”因子？IAS 与潜在的“情境焦虑”因子相关的程度如何？使用 CFA，我们可以评估所有这些问题。

例如，我们使用 CFA(实际上是结构方程模型，或 SEM)来检查图 12-6 所示的模型。第一，如前所述，我们评估了 IAS 的内部结构，以正确表示。第二，我们同样评估了情境焦虑问卷的内部结构，发现两种情况没有载荷“情境焦虑”因子。因此，我们放弃了这两题，我们在其余 9 题中发现了一些相关的误差项。对于我们当前的观点来说，第三点和最重要的是，在弄清两个问卷的测量模型之后，我们检查了图 12-6 中的模型。如图所示，我们主要关注这两个因子之间的相关性。

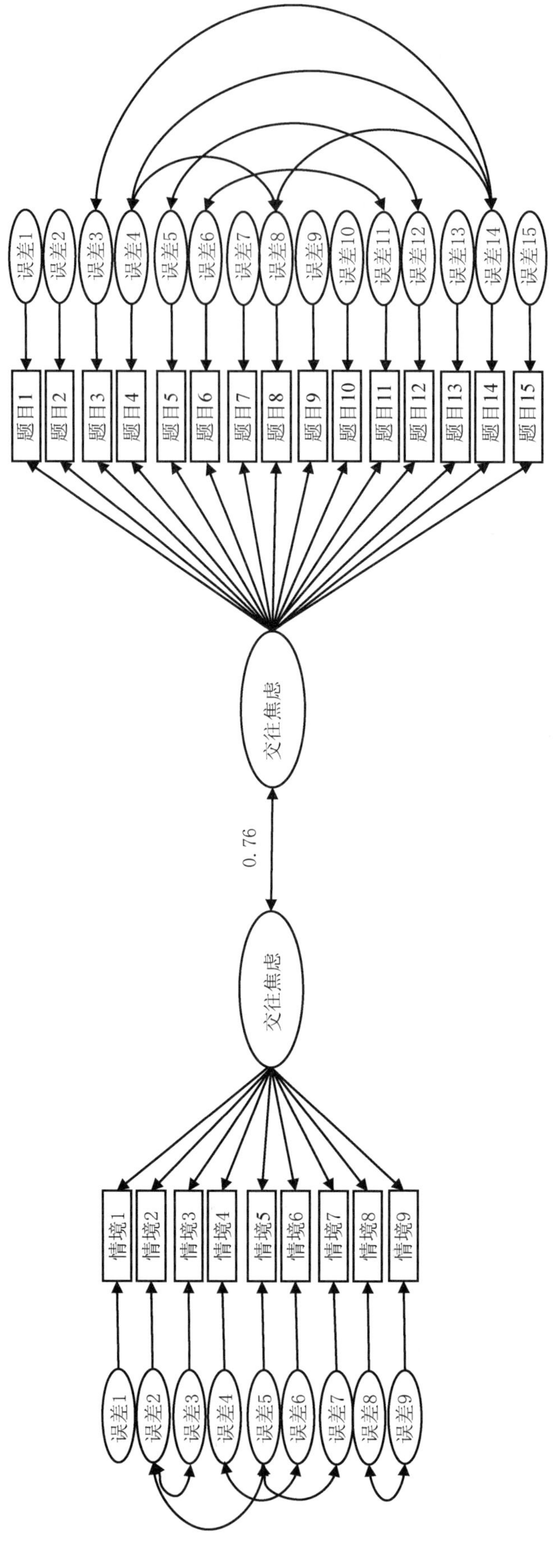

图12-6 一个检验交往焦虑量表的聚合效度的模型

统计显著相关将提供一些证据，作为衡量 IAS 构想效度的指标。也就是说，IAS 测量的交际焦虑与“情景焦虑”假设是相关的。然而，如果我们的分析揭示图 12-6 中两个因子之间的弱相关性和/或无显著相关性，那么这将成为 IAS 作为衡量社交焦虑的指标——构想效度——不好的证据。如图 12-6 所示，相关性非常强($r=0.76$)，并且这在统计上是显著的(请注意，为简单起见，图中仅包含此参数估计值)。

通过进行这样的分析，我们可以根据测验和相关标准之间的相关来评估效度，同时也考虑测验和标准中的测量误差。这是 CFA 相对于许多替代分析策略(例如，量表分数与标准分数之间的零级相关性)的重要优势。这些模型和类似的模型(McArdle，1996)将 CFA 扩展到 SEM，但本章描述的基本原则适用于 SEM 和 CFA。同样，对 SEM 更多细节感兴趣的读者可以找到各种有用的资料(Hoyle，2011)。

CFA 和测量等价

最近，CFA 越来越多地用于检验心理测量特性的群体差异。在第 11 章关于测验偏差的讨论中，我们将构想偏差描述为与测验分数的含义相关，并且在技术上更多地与测验的内部结构相关。如果一个测验在两组人中有不同的内部结构，那么测验的分数可能对这些组有不同的含义。如果是这样的话，那么研究人员就不能合理地比较各组间的测验分数。也就是说，研究人员可能无法有意义地比较两组的平均分数或测验分数与其他变量之间的相关性。

对于有兴趣了解这些群体之间心理差异的研究人员来说，构想偏差是一个严重问题。在比较一组测验中的小组成绩之前，用户应评估测验是否存在构想偏差。更具体地说，他们应该评估这种偏差的程度和性质。

测量等价的意义

CFA 是构建和检验构想偏差的极其有用的工具。在这种情况下，研究人员经常以“测量等价”的方式提到构想偏差的问题。也就是说，他们想知道内部结构是否“等价”。

如果测验的内部结构因组而异(例如，测验有不同因子数量或因子载荷的不同模式)，那么这就是构想偏差存在的证据。我们会说测验的结构“缺乏等价”，这表明测验的题目在两组中以不同的方式相互相关。这反过来会表明这两个题目在两组中都没有以相同的心理方式运作。

但是，如果测验的内部结构在组间没有变化(即结构等价)，那么这就是不存在构想偏差的证据。我们会说测验的结构在整个组中都是等价的。这样的发现表明，测验的题目在两个组中都以相同的方式运行，使得这些组在心理上具有可比性。

在本节和下一节中，我们概述了 CFA 可用于评估测量等价的方式。作为一个例子，我们将对生活满意度量表进行跨文化比较(SWLS；Diener，Emmons，Larsen & Griffin，1985)。

SWLS 旨在评估个人对其生活质量的评价。它包括 5 个题目，例如“我的生活方式大部分接近理想”，按照 5 点或 7 点李克特量表评分。SWLS 已被广泛用于心理学研究，原始文章(Diener et al.，1985)引用超过 15000 次(根据谷歌学术报告)，并且该量表被翻译成 20 多种语言(2016 年生活满意度量表)。

许多研究人员都对 SWLS 的跨文化研究感兴趣，目的是了解文化差异对生活满意度的程度、性质、原因和后果的影响。然而，SWLS 要对文化差异提供清晰和有意义的洞察，其心理测量学特性必须是跨文化等价的。塔克和她的同事们进行的工作是评估 SWLS 跨文化测量等价的研究很好的例子，他们比较了美国学生的 SWLS 反应和俄罗斯学生的反应(Tucker et al.，2006)。

从 CFA 的角度来看，我们可以通过比较测量模型的具体参数来评估测量等价。考虑图 12-7，以一组美国被试和一组俄罗斯被试的 SWLS 来说明这些参数。在此图中，λ 值表示每个组内每个题目的因子载荷。例如，λ_{1u}代表美国被试 SWLS 题目 1 的因子载荷，而 λ_{1r}代表俄罗斯被试 SWLS 题目 1 的因子载荷。这些值可以被视为反映每个题目与每个组内评估的潜在变量的相关。也就是说，它们代表了该题目真正反映潜在变量的程度。θ 值表示每个组内每个题目的误差变化，并且它们与每个题目的效度密切相关。三角形和 τ 参数是我们在 CFA 讨论中尚未见到的新参数，它们代表每个题目的截距。正如在这种情况下通常使用的那样，它们代表了我们对具有平均生活满意度的人期望的响应。

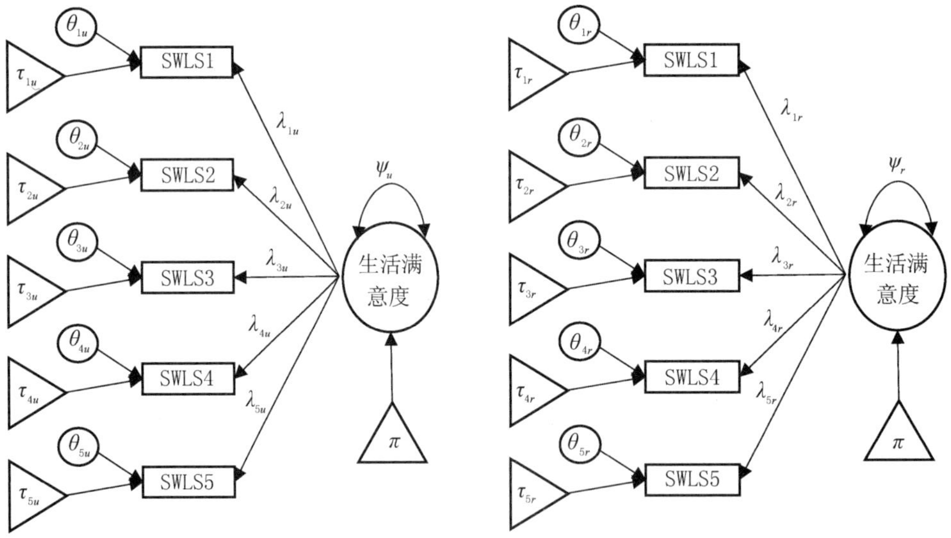

图 12-7 美国样本和俄罗斯样本中生活满意度结构比较的一般 CFA 模型

通过比较组间的这些参数，我们可以评估测量等价。如果不同的组对于一个给定的参数具有相同的值，那么这被看作是该参数等价的证据。例如，如果 SWLS 题目 1 的因子载荷在美国和俄罗斯群组中相同(即如果 $\lambda_{1u}=\lambda_{1r}$)，那么这两个组此参数是等价的。因此，我们可以假设这个题目在两组中都反映出同样的心理特征。反过来，我们会比较各组对这个题目的反应，并从满意度的角度来解释它们。

但是，如果不同的组对参数具有不同的值，则这是作为该参数缺乏等价的证据(即作为构想偏差存在的证据，因为参数在各组之间变化)。例如，如果 SWLS 题目 1 的因子载荷在美国和俄罗斯群组中不相同(即，如果 $\lambda_{1u} \neq \lambda_{1r}$)，则这两个群组对于该参数不是等价的。这意味着题目 1 与美国被试潜变量的关系不同于其与俄罗斯被试潜变量的关系。在极端情况下，这可能意味着该题目反映了两组中的不同潜变量。也就是说，这可能意味着美国被试对题目 1 的解释和回应方式，与俄罗斯被试对题目的解释和回应方式涉及不同的心理特征，即快乐或社交性。这样，对该题目的反应在心理上就没有明显的可比性，将这些反应视为两组被试的生活满意度(或者在两组中都显示相同的程度)是错误的。

等价水平：意义和检测

实际上，通常不会逐个参数地检查测量等价。相反，研究人员通常根据参数集比较不同的组的情况，并在不同的 CFA 模型中比较不同的参数集。

正如塔克和她的同事们对 SWLS 的研究所表明的，基于 CFA 的测量等价评估通常涉及最多 4 个测量模型的比较(Meredith，1993；Vandenberg & Lance，2000)。这些模型反映了 4 个逐渐增强的测量等价水平，第一个反映了相对较差的等价(即较大的构想偏差)，第四个反映了良好的等价(即构想偏差很小)。根据所研究的特定参数集，表 12-3 总结了这些模型。

表 12-3　测量等价的 4 个水平

	测量等价水平			
	结构	弱/度量	强/标量	严格
参数在组间等价				
LV 上因子数量和因子载荷(即哪些题目载荷哪些因子)	√	√	√	√
精确的因子载荷(即每个题目的因子载荷在各组之间是相同的)		√	√	√
题目截距(即每个题目的截距在各组间是相同的)			√	√
残差(即每个题目的误差方差在每个组中相同)				√
心理测量的影响				
题目受到每个组中相同 LV 的影响(即题目反映相同的 LV)	√	√	√	√
这些组具有相同的度量单位		√	√	√

续表

	测量等价水平			
	结构	弱/度量	强/标量	严格
各组间没有系统的反应偏差			√	√
题目中的群体差异(即题目协方差，方差和均值)是由于潜变量的群体差异引起的				√
组间合法比较				
潜变量之间的相关		√	√	√
潜变量均值			√	√

注意：LV＝潜变量。

结构等价。测量方差的第一个等级是结构等价，这是最不稳定的等价水平。如果在不同的群体中，因子的数量是相同的并且因子载荷的模式是相同的(即在一个群组中给定因子上加载的题目与其他组相同题目上的载荷一致)，则测验符合结构等价的标准。

如果符合结构等价，则测验用户通常会得出结论，即测验题目可能反映了跨组的相同潜变量。在塔克等人(2006)对 SWLS 的研究中，这意味着 SWLS 确实反映了美国和俄罗斯样本中同样的心理特征(可能是对生活的满意度)。

为了测验结构等价，塔克和她的同事们使用了 CFA 来检查多个组别。在多组别的 CFA (MGCFA)中，研究人员可以一次检查多个组中的测量模型，并可以根据模型的参数对组别进行比较。

使用这种技术，塔克等人测验了图 12-7 中的一维模型，其中每个 SWLS 题目载荷到每个组内的单个潜变量中。在第一个模型中，所有参数的大小允许在组之间有所不同。

他们的结果表明这个模型拟合较好，表明了结构的等价。具体而言，他们报告了以下拟合指数：$\chi^2=5.16$，$p>0.05$，NNFI＝1.04，GFI＝0.98，RMSEA＝0。另外，他们报告了图 12-8a 中的参数估计值。这里注意到，估计了相同的参数集，但允许参数的确切值在各个组之间变化(除了统计执行估计所需的情况外)。例如，题目 3 的因子载荷在两组中都强有力地呈正相关，但它们的确切值在各组之间略有不同：美国样本中 $\lambda_{2u}=0.82$，俄罗斯样本中 $\lambda_{2r}=0.72$。

因此，SWLS 在这些被试群体中似乎至少具有结构等价。这是一个令人鼓舞的初步发现，但结构等价实际上没有提供用测验来比较群体对其项目评估的心理特征的基础。即使一个量表似乎反映了整个组的相同潜变量，这些组仍可能会以阻止有意义的比较的方式做出反应。这促使我们进入下一个等价水平的检验。

弱(或度量)等价。弱(或度量)等价是测量等价的下一个水平，比结构等价更加稳定。如表 12-3 所示，如果在不同群体中因子的数量相同，因子载荷模式相同，甚至进一步确定因子载荷的确切值，则测验满足弱/度量等价的标准。如果弱等价得到满足，那么测验用户可以得出结论：测验的题目可能反映了各个组之间相同的潜变量，并且量表分数处于相同的测量指标上(即两组中 1 个单位的分数差异具有相同的心理含义)。

为了检验弱等价，塔克和她的同事们使用 MGCFA 使各因子间的因子载荷相等。也就是说，他们用统计软件估计每个题目的一个因子载荷，而不是让每个题目(每组一个)估算两个因子载荷。例如，他们将美国组第 1 题的因子载荷限制为等于俄罗斯组中第 1 题的因子载荷($\lambda_{1u}=\lambda_{1r}$)将美国组第 2 题的因子载荷限制为等于俄罗斯第 2 题的因子载荷($\lambda_{2u}=\lambda_{2r}$)，等等。

用这些受到限制模型产生的结果将与不包括这些约束的第一组结果进行比较。如果实际上，各组之间的因子载荷相当不同，那么与第一个模型相比，这些新的限制将导致模型拟合的显著下降。这样的结果将表明 SWLS 不符合弱测量等价的标准。但是，如果因子载荷实际上在各组之间相似，那么与第一个模型相比，这个限制不会导致模型拟合的显著下降。

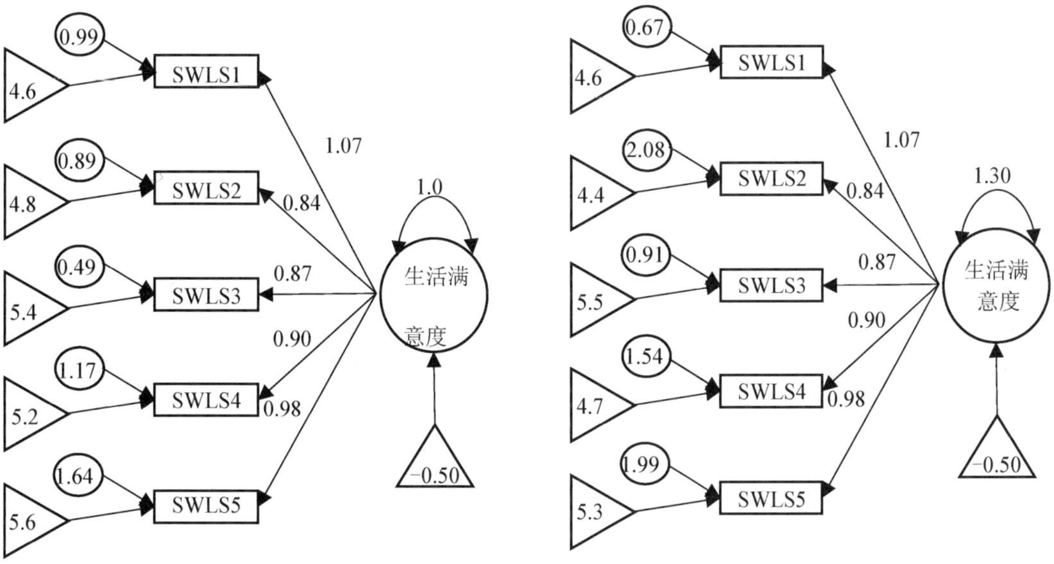

图 12-8a　美国样本和俄罗斯样本的测量等价分析结果（Tucker et al.，2006）

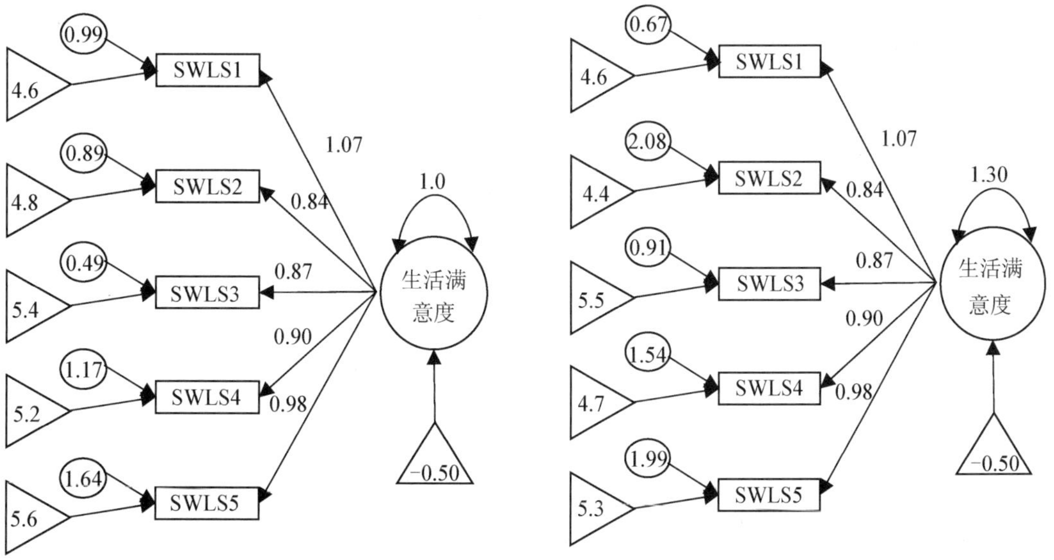

图 12-8b　塔克等人弱测量等价模型的参数估计（Tucker et al.，2006）

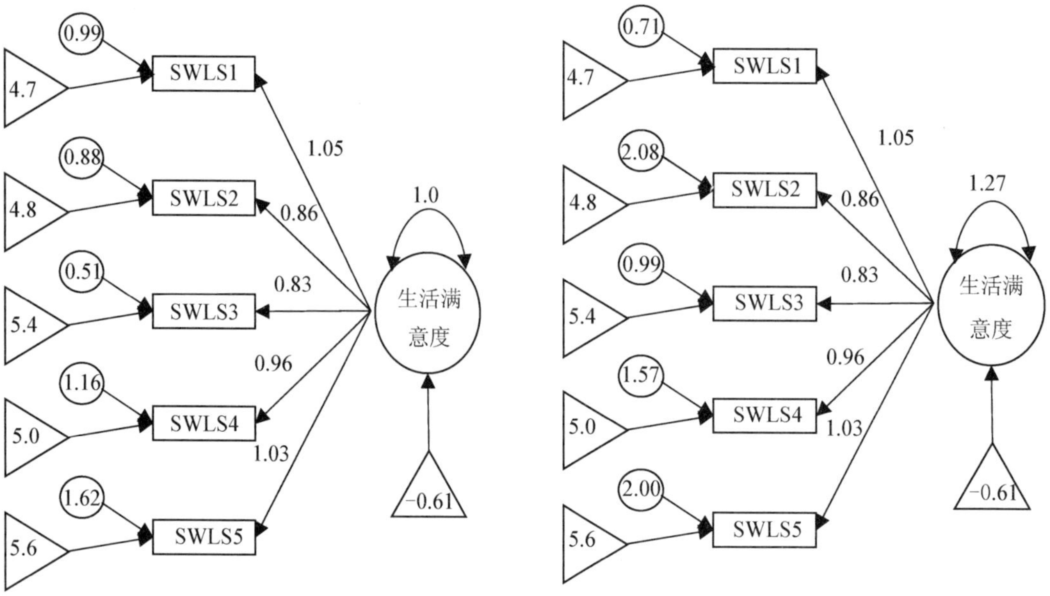

图 12-8c　塔克等人强测量等价模型的参数估计（2006）

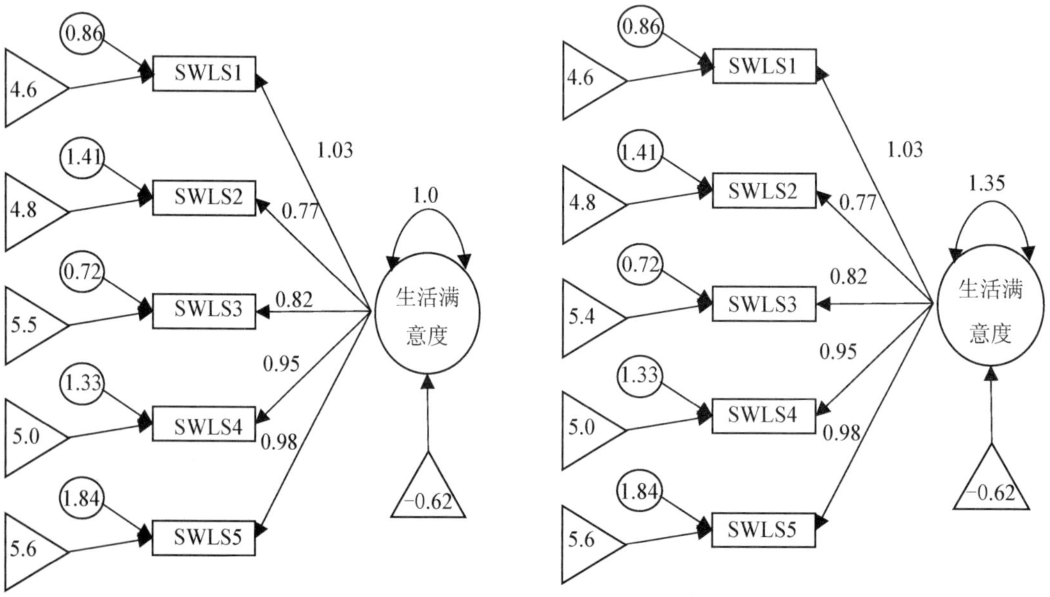

图 12-8d　塔克等人严格测量等价模型的参数估计（2006）

例如，再次考虑在此过程的第一步中获得的题目 3 的结果(结构等价)。在这一步中，两组的因子载荷分别估算，再看图 12-8a，我们看到美国样本中的题目 3 的 $\lambda_{3u}=0.82$ 的因子载荷在俄罗斯的样本中有所不同 $\lambda_{3r}=0.72$。在测验弱/度量等价时，塔克等人就限制它们相等。也就是说，他们用统计数据包估计两组中第 3 题的因子载荷。问题是，这个限制有多大问题？两个单独估计的载荷值显然略有不同(0.82 和 0.72)，但可能没有那么不同，以至于单个值对这两个值的反映都很差。如果单独估计的载荷彼此显著不同，那么弱等价模型(其具有限制条件)将比结构等价模型(其不具有约束条件)拟合更差。然而，如果单独估计的荷载没有显著不同(即，如果它们足够相似)，那么弱等价模型几乎可以和结构等价模型拟合一样好。

在限制所有因子载荷在各组之间相等之后，塔克等人(2006 年)发现，弱测量模型与结构等价模型拟合情况差不多。拟合指数较好($\chi^2_{(14)}=15.03$，$p>0.05$，NNFI=0.99，GFI=0.95，RMSEA=0.02)，而且它们只比结构模型中的结果略差，参数估计如图 12-8b 所示。请注意，这两组的因子载荷是相同的，反映了强加的约束是成立的。但是，所有其他参数因组不同。

总的来说，这些结果表明 SWLS 满足美国和俄罗斯样本至少弱/度量等价的标准。这表明基于潜变量之间相关的分析是合理的，这是很好的。然而，弱/度量等价对于一些分析来说是不够的。为了正确比较群体差异，需要更稳健的等价水平(Schmitt & Kuljanin，2008)。

强(或标量)等价。强或标量等价是测量等价的下一个等级，它比弱/度量等价更稳健。如表 12-3 所示，如果跨组的因子数相同，因子载荷模式相同，因子载荷的确切值相同，则测验满足强/标量等价的标准，并且现在，甚至更远，题目截距是相同的。题目的“截距”是指潜变量为“零”(通常被标量以便意味着某人对潜变量的平均数)的人给出的平均响应。

如果强大的等价得到满足，则测验用户可以得出结论，如果来自不同组的两个人具有相同水平的潜变量，那么他们将对这些题目做出相同的响应。缺乏强/标量等价通常被解释为表示某种基于群体的偏见，使得题目相对“更容易”，以便一个群体回答得更好(即使群体具有相同的潜变量水平)。

为了测验强/标量等价，塔克和她的同事们使用 MGCFA 来限制因子载荷和截距在各组之间相等。用这些约束分析模型产生的结果将与从弱/度量模型获得的结果进行比较。如果强/标量模型比弱/度量模型更差，那么研究人员会得出结论，该测验不符合强/标量等价的标准。

在限制因子载荷和截距在各组之间相等之后，塔克等人(2006)发现强/标量测量模型几乎与弱/度量等价模型一样。拟合指数较好($\chi^2_{(18)}=23.30$，$p>0.05$，NNFI=0.97，GFI=0.94，RMSEA=0.06)，而且它们只比弱度/度量模型稍差，参数估计见图 12-8c。请注意，这两个因子的载荷和截距是相同的，反映了强加的约束条件也是成立的。但是，这些题目的残差在不同组之间各不相同。

总体而言，这些结果表明，SWLS 至少符合美国和俄罗斯群体强/标量等价的标准。根据大多数消息来源，这表明基于群体的分析是合理的，并且可以根据潜变量(在这种情况下，对生活的满意度)来解释。可以检查最后一个测量等价水平，与方差中的组间差异相关。

严格的等价。严格的测量等价是最严格和最有力的。如表 12-3 所示，如果在不同群体中因子数量相同，因子载荷模式相同，因子载荷的确切值相同，则题目截距相同，甚至更进一步，题目的独特误差方差是相同的，就符合严格等价标准。题目的独特误差方差是指题目中与潜变量变化无关的变异性。

为了检验严格的等价，塔克和她的同事们将组间因子载荷，截距和独特的误差方差限制为水平一致。用这些约束分析模型产生的结果将与从强/标量模型获得的结果进行比较。如果严格模型比强/标量模型更糟糕，那么研究人员会认为该测验不符合严格等价的标准。

在做出所有限制之后，塔克等人(2006)发现严格测量模型与SWLS数据拟合不如与强/标量模型拟合好，但也不是太差($\chi^2_{(23)}=41.41$，$p<0.05$，NNFI＝0.92，GFI＝0.91，RMSEA＝0.10)，重要的是，这两个模型之间的卡方差异本身是显著的(41.41－23.30＝18.11，df＝5，$p<0.05$)。基于这种总体发现，塔克等人得出的结论是，SWLS数据“勉强满足”严格等价的标准。请参见图12-8d以了解参数估计值，并注意它们在所有组中都是相同的。

总之，塔克等人(2006)得出的结论是，SWLS量表或多或少地满足了测量等价最严格的形式以严格等价。他们在发现它似乎符合所有标准，以及在找到与严格等价有关的最后一组标准的混合证据(等价独特误差方差)之后，得出结论。根据这种调查结果，他们得出结论，“美国和俄罗斯学生群体的SWLS相对不受测量偏差的影响”。他们的证据表明，研究人员可以根据相关性，均值和差异比较美国和俄罗斯学生对SWLS题目的反应，这些可以给出潜变量群体差异的合理近似值。

遗憾的是，事情并不总是如此。例如，塔克等人(2006年)还审查了美国和俄罗斯被试(平均年龄大约40岁)的非学生群体。比较这两个样本，塔克和她的同事发现，即使是最低级别的等价——结构等价——SWLS也不能满足标准。基于此，他们得出结论，“美国和俄罗斯群体的SWLS评分不具可比性”。他们继续推测这些群体缺乏等价的原因，但无法确定这些群体为什么对SWLS的反应不是恒定的。

总而言之，CFA是一个非常有用的工具，用于检查各组间测验响应中潜在构想偏差的程度和性质。根据测量等价，这对于特定类型的组的比较和可解释性具有重要意义。在对测验分数进行比较之前，研究人员确定测验确实是以相同的方式在各个组中反映相同的结构，这一点很重要。如果不这样做，研究人员就有可能误解他们可能会进行的许多分析的结果(例如，比较组平均分数)。

总　结

CFA是一种有用且越来越易于使用的工具，可用于心理测验的开发和/或评估。它在评估测验的维度，信度和效度时提供了强大的功能和灵活性，并且相对于其他统计技术(例如，EFA和回归)和指数(例如，α系数)具有重要的优势。可以肯定的是，这需要比其他一些心理测量工具有更多地思考和仔细地关注。然而，它的重要优势及其增加的可用性使其成为检验心理测量质量的非常有用的工具。

推荐阅读

有关CFA和(密切相关的)结构方程建模的可访问性和详细描述，请参见

Brown，T. A.(2015). *Confirmatory factor analysis for applied research* (2nd ed.). New

York，NY：Guilford.

Hoyle，R. H.（2011）. *Structural equation modeling for social and personality psychology*. London，England：Sage.

本文提供了探索性结构方程模型的描述，该模型融合了 EFA 和 CFA：

Asparouhov，T. & Muthén，B.（2009）. Exploratory structural equation modeling. *Structural Equation Modeling*，16，397-438.

关于 CFA 拟合指数的讨论，包括信度对这些指数解释的影响，可以参见

Hu，L. T. & Bentler，P. M.（1999）. Cutoff criteria for fit indexes in covariance structure analysis：Conventional criteria versus new alternatives. *Structural Equation Modeling*，6，1-55.

McNeish，D.，An，J. & Hancock，G. R.（in press）. The thorny relation between measurement quality and fit index cutoffs in latent variable models. Journal of Personality Assessment.

以下文章详细描述了许多估计信度的方法，重点是通过验证性因素分析获得的方法：

Bentler，P. M.（in press）. Specificity-enhanced reliability coefficients. *Psychological Methods*. doi：10.1037/met0000092.

关于使用验证性因素分析，通过诸如 ω 等指数来估计信度的描述，参见

Raykov，T.（2004b）. Behavioral scale reliability and measurement invariance evaluation using latent variable modeling. *Behavior Therapy*，35，299-331.

以下著作介绍了使用验证性因素分析评估测量等价的方法：

Meredith，W.（1993）. Measurement invariance，factor analysis，and factorial invariance. *Psychometrika*，58，525-543.

Vandenberg，R. J. & Lance，C. E.（2000）. A review and synthesis of the measurement invariance literature：Suggestions，practices，and recommendations for organizational research. *Organizational Research Methods*，3，4-70.

第13章 概化理论

约翰逊博士是一名发展心理学家，主要研究青少年攻击性。她的很多研究都要测量青少年的攻击性。她在测量被试的攻击性时有不同的方法，有时要求被试完成攻击性自陈问卷，或者请被试的朋友来对被试的攻击性进行评级，有时她不采用问卷而是通过直接观察被试的行为来进行测量。

例如，约翰逊博士让被试与异性陌生人聊天5分钟，聊天过程进行录像。然后，研究助手迪奥斯观看录像带，判断每个被试行为的攻击水平。因为测量目标和很多方面有关系，所以判断被试的攻击性包括3个维度：敌对、愤怒、好斗。约翰逊博士的目标是量化被试之间所表现出的攻击性的差异。

这种行为测验方案与我们在讲信度的章节中描述的经典测量理论(CTT)相符。约翰逊博士的方法相对简单，只有一个潜在的测量误差源。通过这种设计，约翰逊博士可以使用CTT来测量项目差异对测量误差的影响程度。如第6章所述，她可以比较3个项目之间与测量误差有关的差异程度，可以计算α系数来估计攻击性3个方面的信度。此外，如第7章所述，她可以使用像斯皮尔曼—布朗这样的公式来估计项目增减时测量的信度。

但约翰逊博士可能会担心这个简单的测验方案不太好用，尤其是担心只用一名观察者来提供行为评级太过主观。作为一个独特的个体，迪奥斯有自己思考和解释行为的方式，包括解释和攻击性有关的行为。例如，迪奥斯可能倾向于认为讽刺(sarcasm)也是相当具有攻击性的。

如果一个被试发表了一个讽刺性的评论，那么迪奥斯可能会把这个评论解释为具有攻击性的，但是很多其他人可能会把它解释为是幽默的。

为了弥补这种方法的不足，约翰逊博士决定招聘肯和蒂姆也作为助手，让他们观看录像带并对被试的目标进行评价。在这个设计中，每个观察者将独立地对每个被试的行为在这3个项目上进行评分。然后，约翰逊博士将所有3位观察者提供的评分相结合，形成被试的总攻击性分数，她希望这种方法能够将每个观察者对行为的独特解释被其他观察者的解释所抵消。

虽然CTT对概念化和评估某些测验方案的质量很有用，但它对约翰逊博士改进后的测验方案并不适用。改进后的测验方案比原来的策略更为复杂，因为它包含两个“侧面”(facets)，会在获得的项目和观察者评级中产生差异。虽然她原来的测验方案中包括多个项目，但只有一个观察者，她的改进方法里却包括多个项目和多个观察者，而项目和观察者作为测量过程的两个侧面。

测验方案的不同侧面可能对测量质量有不同的影响。例如，这3个项目可能都能用于攻击性测量，但是不同的观察者在他们的评分中意见不一致。

这种潜在差异很重要，但CTT却不能简单有效地将测量过程的多个侧面区分开来。而概化理论(generalizability theory，G理论)的方法却能够做到这一点，使我们分离多个侧面的影响并相应地调整测验方案。

在这一章中，我们叙述了基于概化理论的心理测量分析的逻辑和过程(Cronbach，Gleser，Nanda & Rajaratnam，1972)。首先，我们会介绍G理论的一些基本概念，并与CTT进行区分。其次，我们会介绍两个G理论分析的例子，讲解其基本原理、计算和过程解释。第一个例子比较简单，目的是介绍G理论分析的过程，并说明它与CTT的相似之处。第二个例子比较复杂，它说明了G理论的灵活性。最后，我们将基于G理论描述影响分析过程和解释的几个问题。

多个测量侧面

作为一个心理测量框架，G理论非常适用于复杂的测验方案——测验方案中有多个影响测量分数的测量侧面。这是G理论和CTT间的一个基本区别。

一组分数的方差能够由测验方案的许多不同侧面产生，而这些测量侧面又可能影响测量的质量。例如，约翰逊博士担心项目的数量，观察者的数量，以及这两个侧面相结合共同影响测量质量。

回想第5章，从CTT的角度来看，一个测验的观察分数的总方差被分解成两部分：真分数方差和误差方差(见式5-3)。在CTT中，误差方差概括了所有误差，是整体的(Brennan，R. L.，2001；Cronbach et al.，1972)。也就是说，CTT不能区分诸如项目和观察者等多个方面的影响，不能指明具体哪种误差或在总误差中各种误差的相对大小如何——它们都被汇集成一个“测量误差”。约翰逊博士改进的测验方案里，每个目标被试会产生9个评级——由3个观察者对3个项目进行评价。从CTT的角度来看，这9个评级只能当作是一个包括9个项目的攻击测验。

相比之下，从G理论的角度来看，一个测验观察分数的总体方差可以分解成由多个分量或者侧面构成，这取决于测验方案的设计。也许最重要的是，测量误差可以分成许多侧面。也就是说，G 理论可以用来研究测验方案的不同侧面对整体测验质量的影响。

我们之所以想要区分各种测量误差的来源，有许多理论和实践的原因。例如，约翰逊博士可能希望区分和理解观察者之间的差异以及项目之间的差异，将其作为改进的测验方案中分离的，以及潜在协同的测量误差来源。

理论上讲，约翰逊博士可能对于教师对学生攻击性行为的看法感兴趣。因此，她会进行一项研究，让一些观察者观看青少年互动并评估他们的攻击性。对于这项研究，她感兴趣的是观察者对攻击性的不同认识，希望将其从这些项目间的差异中分离出来。

或者，从实际出发，约翰逊博士可能想要将测量中项目和观察者作为不同测量侧面进行分离。例如，她可能计划进行大规模的攻击性研究，准备一个有效而可靠的方法来测量攻击行为。她是要让 1 名观察者只使用 1 个项目来评估每个被试呢，还是应该招聘 2 名观察者，3 名观察者或 10 名观察者？每名观察者是否应该使用 1 个项目、2 个项目或者 20 个项目对被试进行评分？2 名观察者使用 10 个项目评价和 5 名观察者只使用 2 个项目相比，哪个更好？就所需的时间和金钱而言，多个观察者可能比多个项目更昂贵——每多一名观察者(例如，3 到 5 名观察者)可能比每名观察者单纯地对多个项目进行评分(例如，3 到 5 项)更昂贵和耗时。但是，她还不知道添加(或删除)观察者或项目会造成什么影响和后果。也许，增加更多的观察者将大大提高攻击性的总体测量水平，但项目的增加对测量水平的改善较少。

为了评价各种测验方案对于大规模研究的潜在影响，约翰逊博士用 3 个项目和 3 名观察者进行了小的预研究。约翰逊博士用 G 理论来检验预研究的数据，评价不同数量观察者和项目组合后的心理测验质量(例如，2 名观察者 4 个项目或 3 名观察者 2 个项目)。也就是说，她可以用她预研究中的信息来估计其他种组合的心理测量质量。考虑到这些信息以及增加观察者或项目的实际成本，可以帮助她优化大规模研究中的测验方案，提高其效率和质量。

在 G 理论的语言中，测验方案的每个因素都被称为一个侧面，不同测验方案部分地由其测量侧面的数量来定义。约翰逊博士开始的测验方案是 1 名观察者在一个时间点、在一种情境下评定 3 个项目。该测验方案中包括多个项目，“项目”被认为是测验中唯一的“侧面”。也就是说，每个项目可能有自己独特的评分方式，可以用 G 理论来分析评价项目之间的影响差异。这种设计的测验方案的其他特征并未划分为多个水平或形式——有 3 个不同的项目，但只有一名观察者(即迪奥斯)，只有一种情境(即与对面的异性陌生人对话)，只有一个时间点。因为在原始设计中只有一名观察者，约翰逊博士无法评价观察者之间的差异。同样，由于原始设计中只有一种情境，约翰逊博士无法评价情境之间的差异。然而，由于设计中包含了 3 个不同的项目，约翰逊博士可以评价项目之间的差异——在反映哪些被试评分高和哪些评分低的情况下，不同项目在多大程度上相互一致。测验方案只有一个特征(即项目)的多个水平，约翰逊博士的原始设计是一个单侧面设计。

复杂的测验方案有多个侧面。约翰逊博士的改进方案中包括几个不同的项目和几名不同的观察者(即，迪奥斯、肯和蒂姆)。这种改进方案是一个双侧面设计，约翰逊博士不仅能就被试的评价得分评价不同项目间彼此一致的程度，而且能评价不同观察者之间彼此一致的程度。这种改进方案会产生几个有趣和潜在重要的心理测量问题，我们将在后面说明。

对于更为复杂的设计，约翰逊博士可能会在两种情境下观察被试：①与异性陌生人交谈；②与同性陌生人交谈。对于这项研究，她可能会要求3名观察者分别对这两种情境中的3个项目进行评分。这种复杂的设计有3个侧面——项目、观察者和情境。而且，这3个侧面的设计将产生比双侧面设计更多有趣和潜在重要问题。

概化、 全域和方差构成

顾名思义，概括性(概化)是G理论的核心。简言之，评价测量质量的根据是：从(a)基于有限数量的观测分数到(b)基于几乎无限数量的观测分数的推断能力。

当一个心理或行为变量被测量时，只能得到有限的观察分数。例如，约翰逊博士原来的测验方案只包括3个项目：敌对的、好斗的和愤怒的。从G理论的角度来看，重要问题是一个测量中包含的有限数量的观测得分所能代表从大"全域"中得到的分数的程度。

从某种意义上说，约翰逊博士的3个攻击性项目是来自全部反映攻击性行为的项目集中的一个样本。她的"攻击性"测量中可能包含许多其他的行为项目(例如，对抗、敌对、好斗等)，不同项目对她的研究可能影响不同。因此，她需要判断研究中包含的具体项目可能(或不可能)代表许多其他可以用来测量攻击性的项目的程度。尽管约翰逊博士只使用了3个项目，但是她想要假设这3个项目产生的分数能够"代表"或"概括化"或"一致"所有可能的"攻击"项目所得的分数。

这样，如第5章所述，G理论就可以被看作是域抽样理论的扩展。第5章讨论中描述了一个项目域的概念，且信度源于此概念。同样，G理论是基于项目(或其他测验方案)概念基础上建立的，信度是我们能从一小部分项目集概化得到一个分数，这个分数是能从整个项目全域得到的分数。

再举一个例子，奥运花样滑冰等体能竞赛的成绩。在目前的奥运花样滑冰得分系统中，只有9名裁判对参赛者进行评分。根据水平和资格选出9名裁判，我们可以把他们看作是来自世界各地大批合格裁判的一小部分。此外，从G理论的角度来看，9名裁判所打分数应该能够代表所有合格裁判观察和评价表现所打分数。也就是说，我们希望这些分数可以归结为9个恰好担任裁判的人的特质认知之外的东西(并不是由于这些裁判本身的特质影响了得分)。

之前对信度的讨论中(第5至第7章)，我们强调了一致性的概念，这也可以看作是G理论中的一个重要概念。在前面的章节中，我们讨论了观察分数与真分数间一致性的信度，表明信度是根据测试项目间的一致性来估计的。从G理论的角度来看，约翰逊博士对3项攻击性测量得分与整个攻击项目全域的得分之间的一致性感兴趣。约翰逊博士尤其对个体测验得分的方差与其"全域"分数方差的一致程度感兴趣。

在G理论分析中，概化估计基于方差分量，这些分量代表了设计中每个因素在“全域”中差异的程度(Shavelson & Webb，1991)。例如，一个方差分量表示所观察的目标被试来源——一个大集合(即所有人)中人与人之间的变异性。为了更深入地了解方差分量，假设被试在整个攻击项目全域中的每个攻击项目上有一个得分。这个假设的分数是被试的“全域分数”，因为它基于整个项目。现在想象一下，所有人中的每个人都得到了一个全域得分(均基于整个攻击项目全域)，方差分量是所有人全域分数的方差。

方差大小对测量设计和水平有重要意义。具体来说，侧面方差的大小表示该侧面对观察分数影响的程度。如果一个侧面的方差比较大，那么这个侧面对分数的影响就比较大。也就是说，如果一个侧面的方差很大，那么这个侧面的不同水平往往会产生不同的分数。

想象一下，约翰逊博士发现，预研究中的“项目”侧面有一个相对较大的变异。更具体地说，这表明这3个项目引起的评级大不相同。由于某些原因，“有敌意的”可能被评价为低于“好斗的”，也许“愤怒的”得分比其他两个项目高得多。无论如何，“项目”侧面的大方差表示这些项目彼此之间并不十分一致——它们似乎与攻击性指标有所不同(例如，3种项目解释不同)。

进一步来说，方差对于测验方案的心理测量质量具有重要意义。例如，如果约翰逊博士的分析发现项目侧面会产生相对较大的估计方差，那么她可能会担心在她的测量设计中只使用3个项目的可行性。正如刚刚提到的那样，一个大的方差意味着项目彼此之间的强烈差异。而且由于她的3个项目彼此之间不完全一致，那么这3个项目也就不能完全符合另外的攻击项目集。因此，她会担心3个特定项目的得分不能很好地概化不同的攻击项目集得分或整个攻击项目集的得分。

此外，这可能使她觉得使用少量项目并不能产生概化分数。换句话说，只使用3个项目(任意3个项目)的得分与使用不同的3个项目或与使用所有可能的项目所得到的“全域”分数(理论上讲)有很大差异。这就产生了一些问题，比如“如果3个原始项目不好，那么可以用哪3个项目呢？有3个就够了吗?”也许她需要使用更多的项目，以便更接近可能的项目全域。

如下所述，我们主要关注方差的相对大小。也就是说，在估计概化能力和心理测量质量时，当一些方差大于其他方差，我们的结果受到的影响最大。正如我们在第3章中提到的，方差项的绝对大小本质上是模棱两可的，因为它取决于效应量的大小和测量的规模。我们在第3章中提到的简单方差统计量也适用于G理论中的“方差分量”。

G理论可以用于多种分析，但基本的G理论分析分为两阶段。第一阶段称为G研究，第二阶段称为D研究。

在G研究阶段，对测验方案收集上来的数据进行方差分量的估计，分析各种误差来源。在这个阶段，确定最能强烈影响观察分数方差(从而影响概括性)的侧面，并估计它们的影响。例如，约翰逊博士估计目标被试之间的差异、项目之间的差异、观察者之间的差异，以及这些侧面之间相互作用的方式(例如，观察者使用不同项目的程度)影响对目标被试的评级。这个阶段通常被称为G研究，用来确定各个侧面可能影响评级的概括性/概括化程度(Marcoulides，1996)。

在 D 研究阶段，G 研究的结果数据可以用来估计各侧面各种组合的概括能力(进一步考察不同测验设计条件下的概括力系数的变化状况)。因为这些估计是决定未来测验方案的基础，所以第二步通常被称为 D 研究(Marcoulides，1996)。例如，约翰逊博士可以根据对行为的观察进行攻击性判断，进行 D 研究，估计获得 0.8 概化能力所需要的项目和观察者的数量。增加观察者数量比较困难也很昂贵，因此，她可能会采用少数观察者的设计来估计获得特定概化能力所需的项目数量。在这些估计的基础上，她可以分析、比较各种可能的测验方案，结合可能的实际条件，优选实际测验方案。

概化理论分析的实施和解释：单侧面设计

第一个例子用以说明 G 理论分析简单测验方法的逻辑、计算和解释。这里关注约翰逊博士的原始设计，即一名观察者使用 3 个项目对每个被试进行评价。

这是一个单侧面设计，因为只有一个因素，这个因素具有多个水平，水平间有系统性差异。也就是说，“项目”是一个侧面，因为设计包括几个项目。测验方法中没有其他系统变化的因素——只有 1 名观察者、1 种情境、1 个时间点等(注意：按照惯例，虽有多个被试，但被试不算一个“侧面”)。CTT 同样适用于此例。因此，此例将展示如何同时用 G 理论和 CTT 检验简单的测验方法——单侧面设计。

想象一下，约翰逊博士收集了表 13-1 中的数据。在这个例子中，迪奥斯观察 5 个目标被试，在每个被试与攻击相关的 3 个项目下进行评分。评分采取 10 分制，高分表示更大的攻击性。为了获得每个目标的整体攻击性分数，约翰逊博士对每个目标被试的 3 个项目评分做平均。

约翰逊博士希望这些整体攻击性分数间的差异可以概括/代表整个攻击性项目全被评分时所获得的“全域分数”。如前所述，G 理论分析的一个关键目标是估计这种概括性。高度概括意味着基于 3 个项目的分数可能与基于所有可能的攻击项目的分数类似。而且，这意味着 3 个项目间差异很小，这些差异不会产生太多的测量误差。开始分析前，我们必须检查影响评分的因素，从而评估分数的心理测量质量(分解总体方差)。

表 13-1 G 理论单侧面设计数据实例：5 个被试 3 个项目的评级情况

被试	项目			
	敌对的	愤怒的	好斗的	均值
安	3	3	3	3.0
鲍勃	1	1	2	1.3
卡罗琳	3	3	4	3.3
德鲁	3	5	5	4.3
埃莉诺	3	7	6	5.3
项目均值	2.60	3.80	4.00	—

第一阶段：G 研究

在 G 理论分析的第一阶段(G 研究阶段)，研究人员要估计每个影响评分的因素的方差分量。通常情况下，研究人员可以使用所有流行的统计软件包进行方差分析(ANOVA)(替代方差分解程序，如 SAS 的 VARCOMP 或 SPSS 的 VARCOMP 程序，也可以产生这些值)。

方差分析是一个统计程序，通常用于实验研究。方差分析的目的是检验一组分数内的变异性(例如，被试行为的评分)，并将测量里各个侧面(例如，目标被试、项目)相关的变异性程度进行梳理和分解。

约翰逊博士用 ANOVA 来检验在 3 个项目上，5 个被试的 15 个评级内(5 个被试 3 个项目)的变异性，结果如表 13-2 所示。方差分析能把评级数据分解为相关效应，并估计出每个效应的方差分量。

单侧面设计下，3 个因素可能会影响评级分布的变异。第一个影响因素是目标被试在攻击性平均水平上的差异程度。注意表 13-1 中 3 个项目的均值，安的平均攻击性分数(3.0)低于德鲁(4.3)。表明安一般情况下不如德鲁具有攻击性。目标被试平均攻击性得分间的差异反映了目标被试攻击性的差异程度。在其他条件相同的情况下，目标被试间差异越大，测量质量越好。正如前面关于相关和信度的章节所讨论的，被试间的差异是衡量测验过程的关键。实质上，这个“目标”因素是约翰逊博士希望通过测验方法获得的。

第二个影响因素是项目在平均攻击性水平上的差异程度。表 13-1 显示，对所有目标被试而言，“敌对的”的平均评级(2.60)低于“好斗的”(4.00)。项目均值间的差异反映项目引起评分差异的程度。因此，15 个等级存在差异，有一部分是因为这些项目本身引起的。

表 13-2　实例数据：行为观察的方差和概括性结果

效应	自由度	平方和	均方	方差分量
目标	4	27.067	6.767	1.967
项目	2	5.733	2.867	0.400
残差	8	6.933	0.867	0.867
总计	14	39.733	—	3.233

第三个影响因素是测量误差。约翰逊博士的目标是发现被试间清晰一致的差异，但评级结果表明，这些差异在整个项目中有些不一致。注意表 13-1 安与德鲁在“敌对的”项目的评级一样，但在“愤怒的”项的评级安低于德鲁。那么，谁更具攻击性？是根据“敌对的”项目所表明的，安和德鲁攻击性相同？还是根据“愤怒的”项目所表明的，德鲁更具有攻击性？两个项目间的不一致掩盖了安和德鲁间的差异，所以是测量误差。

对于单侧面设计，方差分析产生两个主效应和一个残差(或误差)项。大多数实验中用 ANOVA，是对效应进行显著性检验；然而，方差分析的 G 理论并不需要显著性检验。事实上，方差分析的结果中，只有均方对 G 理论有用，因为它们能够估计出方差分量。

表 13-2 是方差分析的结果，表 13-3 是此设计中估算方差分量的公式(幸运的是，统计软件可以为你估计这些方差分量)。另外，表 13-2 给出了方差分量(σ^2)的估计值和每个效应的方差比例(方差分量除以方差分量的总和)。例如，目标效应的方差分量是：

$$\sigma_t^2 = \frac{Ms_t - MS_{Res}}{n_i}$$

$$= \frac{6.767 - 0.867}{3}$$

$$= 1.967$$

结果表明每个侧面影响攻击性评级的程度。如前所述，方差分量的绝对大小难以解释，因为它取决于效应的大小和测量的规模。因此，与其他效应的方差分量相比，或者将其看作总变异的比例时，效应的方差分量通常最有意义。之后会一一说明设计中每个效应的值的含义和用法。

表 13-3 目标项目模型中方差分量估计公式

效应	公式
目标	$\sigma_t^2 = \frac{MS_t - MS_{Res}}{n^i}$
项目	$\sigma_i^2 = \frac{MS_i - MS_{Res}}{n^t}$
残差	$\sigma_{Res}^2 = MS_{Res}$

最关注的主效应是目标主效应。这种效应反映了在所有项目的平均下，目标引起的平均评分的差异程度。如表 13-2 所示，目标效应的估计方差分量是所有效应的最大方差分量(1.967)。事实上，目标均值间的差异占评级变异的 60%以上：

$$\frac{1.967}{1.967 + 0.4 + 0.867} = 0.608$$

“目标方差分量效应量相对较大”(与本分析中的其他方差分量相比)对于约翰逊博士来说是个好消息，她主要关注测量目标被试间的差异。目标效应本质上是她想要检测的“信号”，而其方差分量相对较大表明其信号强烈。

如果目标效应是约翰逊博士想要检测的信号，那么我们还需要考虑可能掩盖该信号的噪声。基于 G 理论分析，可以做出两种决策，二者处理噪声/错误的方式不同。为了使事情简单明了，现在只关注“相对”决策，这些决策与 CTT 中定义的测量误差和信度紧密相关。相对决策(也被称为规范参考决策)涉及目标被试或被试间的相对顺序。哪些目标更具攻击性，而哪些攻击性小？例如，如果认为一组学生的前 15%能加入荣誉学会，即对学生的排名感兴趣，其录取决策的依据是学生的成绩。在本章末尾，我们将简要讨论其他类型的决策，即所谓的“绝对”或标准参考决策。

在单侧面设计中，残差效应是潜在的掩盖目标效应信号的噪声。如果测验方法好，那么一个项目上得分相对较高的目标被试也应该在其他项目上得分相对较高。更具体地说，如果目标之间差异明显，项目能够很好地反映行为，评级不受目标、观察者或测验情境随机状态的影响，那么目标被试间的差异在项目间明显一致。遗憾的是，约翰逊博士在某种程度上发现了不一致现象，表明噪声掩盖了一个信号。

具体而言，项目间不一致的来源有 3 种。第一，目标被试之间可能没有明显的差异(即信号微弱)。第二，有 1 个或多个项目不能很好反映行为。第三，评估可能受到测验情境下随机的影响。最后两种可能性(项目和随机效应)构成残差效应的方差分量。在约翰逊博士的数据中，相比目标效应的方差分量，残差效应 $\sigma_{Res}^2=0.867$ 较小，仅反映 27%的方差。

为了更全面地理解 G 理论的逻辑，需要考察项目主效应，并考虑为什么在检测目标被试间的差异时，它不属于误差来源。项目的方差分量表示一些项目引起的平均评分高于其他项目的程度。如表 13-1 所示，项目的平均评分(均值)在 2.6 到 4.0 间变化。然而，由于约翰逊博士主要关心目标被试间的差异，主要的心理测量问题是“项目间是否与目标的相对顺序一致”。事实上，项目引起的平均评分的差异和“项目间是否与目标的相对顺序一致”这个问题无关。两个项目均值可能会有很大不同，但是在目标得分相对较高还是得分相对较低的问题上，这两个项目之间却完全一致。因此，根据约翰逊博士检测目标差异的能力，项目的主效应无须视为残差。

第二阶段：D 研究

G 理论分析的第二阶段是 D 研究，为选择实际测验方案提供决策依据。如前所述，测量者应尽量使其测验方案的质量和效率最大化，但这些目标有些相互矛盾。

一方面，约翰逊博士应该需要足够多的项目确保研究具有高度的概括性。如前面第 7 章所述，在其他条件相同的情况下，项目数越多，信度越高。如此看来，约翰逊博士应在测验方案中包含大量项目。

另一方面，她想使她的测验过程保持高效。实现这一目标的一个办法就是尽可能简化程序，让观察者操作起来更简单。即测验中项目尽可能少，以简化观察者的评级过程，使测量攻击所需的时间最小化，也可以省钱。于是，这就与我们以上提到的方案相矛盾了。

通过进行 D 研究分析，约翰逊博士能够估计不同测验方法的心理测量质量，其结果可以帮她找出最佳测验方案进行大规模研究。需要多少项目才能达到特定的心理测量质量水平呢？有了这些信息，约翰逊博士可以更好地平衡心理测量质量和效率。

通过 D 研究，测验实施者估计各种测验方法的“概化系数”。如果约翰逊博士对目标被试间个体差异感兴趣，那么她应当关注“相对”概化系数。如前所述，概化系数类似于 CTT 中的信度，代表观测到的目标被试间的差异与获得几乎全部数量观察结果(项目全域观察结果)的差异相一致的程度。与 α 系数相似，概化系数的范围为 0 到 1.0。实际上，一些特定类型的概化能力等于某些测量设计的 α 系数。约翰逊博士在她的单侧面设计中，估计不同数量项目下的概化系数。

概念上讲，概化系数表示信号与噪声的比率。当测量被试之间的心理或行为差异时，测验实施者本质上是要检测可能被噪声(即随机误差和测验方法的其他特定方面)遮蔽的信号(即被试间差异)。信号强度和噪声量这两个因素影响检测信号的能力。概化系数可以被看作是：

$$G系数=\frac{信号}{信号+噪声}$$

测验实施者用从G研究分析阶段获得的方差分量来估计概化系数。如前所述，目标效应的方差分量代表约翰逊博士试图检测的信号，残差的方差分量表示可能掩蔽信号的噪声。更具体地说，为得到特定测验方法的概化系数(ρ^2)的估计，她计算出测验方法的项目数量加权方差分量比率：

$$\rho_t^2=\frac{\sigma_t^2}{\sigma_t^2+\frac{\sigma_{Res}^2}{n_i'}} \quad (式13\text{-}1)$$

在这个公式中，ρ_t^2是目标间差异的相对G系数，σ_t^2是目标效应的估计方差分量，σ_{Res}^2是残差项的估计方差分量，n_i'是项目数量。例如，约翰逊博士可以用G研究中的方差分量(见表13-2)来估计三项目的攻击测量法的相对G系数：

$$\rho_t^2=\frac{1.967}{1.976+\frac{0.867}{3}}$$

$$=0.872。$$

G系数较大(高于0.8)表明，三项目的攻击测量法可行，具有高度概括性。实际上，单侧面设计中的目标差异的概化系数完全等于α系数(通过计算表13-1中的数据可证明)。

虽然三项目的攻击测量法具有高度概括性，但约翰逊博士可能想用更多或更少的项目来评估其他测验方法。表13-4是不同数量项目所估计的相对G系数。如，两个项目的相对G系数为：

$$\rho_t^2=\frac{1.967}{1.967+\frac{0.867}{2}}$$

$$=0.819。$$

表13-4和图13-1显示了约翰逊博士D研究的结果。项目数量越多，概化能力越强，这种增加趋势在3～4个项目后开始平稳。在这些结果的基础上，约翰逊博士可能会认为3个项目足以保证心理测量质量，增加第四项或第五项并不值得其观察者花费额外的时间和努力。

总而言之，这个例子说明G理论适用于单侧面测验方法。这里，我们提供了一个单侧面设计的例子，用相对简单的例子说明G理论的一些基本方面，并证明单侧面设计中，G理论的相对G系数等同于CTT。但这个例子并没有显示出G理论的真正实力。G理论和CTT间的关键区别是G理论可以容纳测量误差的多个侧面。在下一个例子中会讲到。

表 13-4 单侧面设计 D 研究结果：用方差分量估计的概化系数

项目(n_i')	系数	
	相对(ρ_t^2)	绝对(ϕ_t^2)
1	0.69	0.61
2	0.82	0.76
3	0.87	0.82
4	0.90	0.86
5	0.92	0.89
6	0.93	0.90
7	0.94	0.92

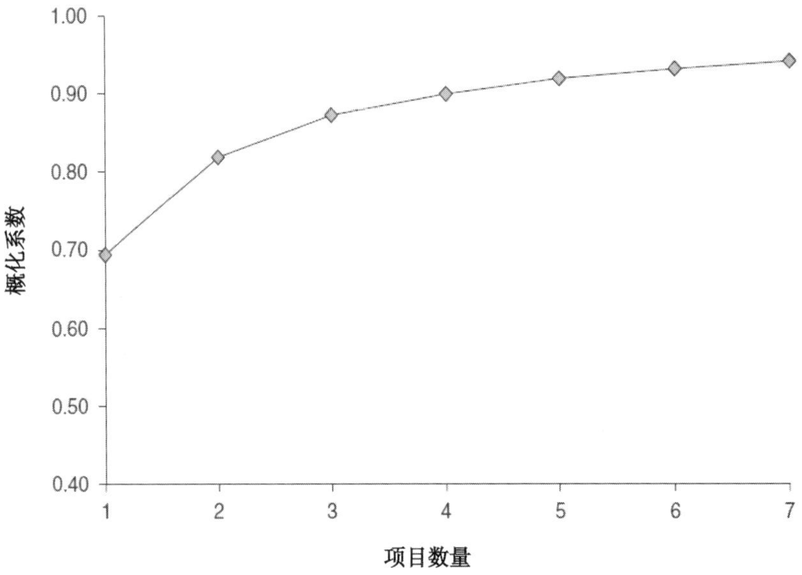

图 13-1 单侧面设计：相关概化系数(G)和项目数的函数

概化理论分析的实施和解释： 双侧面设计

G 理论能够同时检验测验方案的多个侧面，能够很好地替代 CTT。许多测验方案可能依赖于不止一个测量侧面，且各个侧面可能会不同程度地影响心理测量质量。G 理论可以区分这些影响。

回想一下，约翰逊博士的改进方案中要求几个观察者对几个项目的目标被试进行评分。这种改进是因为任何一个观察者都有独特的方式来感知和解释目标的行为。事实上，上述的单侧面设计有局限性，因为所有的评级都由观察者迪奥斯完成。

虽然上面的例子表明迪奥斯的评级似乎具有很好的概括性，但约翰逊博士可能仍有顾虑。具体而言，上述例子中的概括性表明，如果迪奥斯本人使用了不同的项目集(或更大的项目集)，那么从迪奥斯对这3个项目进行评分得到的分数能够归结为可能获得的分数。然而，如果是不同的观察者提供评级分数的话，它不会提供任何信息。也就是说，单侧面设计中相对好的概括性并不能提供迪奥斯的评级对其他观察者评级(或大批观察者的评级)的概括性程度。

如果迪奥斯解释被试的行为表现异于常人或是对于反映攻击的行为看法特殊，那么迪奥斯对一些项目的评价应归结为自身独特的特质评级，根本不能概括其他观察者的评级。遗憾的是，约翰逊博士无法知道迪奥斯是否是一个非常好的观察者，而且，她同样无法知道任意两个(或更多)观察者对目标的评级是否一致。

考虑到这些，约翰逊博士又招募了2名观察者来观察这5名目标被试，并对3个攻击性项目进行评分。有了这些信息，她可以检查评级在各个项目之间以及各个观察者之间的综合程度。利用这些信息来确定用多少项目、多少观察者才能获得对攻击性的最优测量。

表13-5列出了约翰逊博士从这个研究中获得的数据。在这个例子中，3名观察者使用相同的3个项目对5个目标被试进行评价。观察者对每个目标的每个项目进行评分，使用1到10级评分，其中高评分表示攻击性更强。同样，约翰逊博士要对每个目标被试的所有评级进行平均。而且，她希望攻击性分数的差异是可以概括的。

表13-5　G理论双侧面设计数据实例：3名观察者在3个项目下对5名被试做评价

目标	肯			迪奥斯			蒂姆			目标均值
	敌对的	愤怒的	好斗的	敌对的	愤怒的	好斗的	敌对的	愤怒的	好斗的	
安	2	2	2	3	3	3	3	5	1	2.67
鲍勃	1	3	2	1	1	2	4	5	3	2.44
卡罗琳	2	3	3	3	3	4	5	7	3	3.67
德鲁	5	8	6	3	5	5	7	7	6	5.78
埃莉诺	8	7	9	3	7	6	4	7	9	6.67

改进的设计包括两个侧面——项目和观察者。因此，约翰逊博士希望能够跨两个“全域”进行概括。在单侧面设计中，她希望3个项目得到的分数可概括所有可用来测量攻击的项目得到的分数。此外，她希望从3名观察者那里得到的分数可概括一大批观察者提供的攻击性评分。也就是说，她希望平均分数能够概括项目全域和观察者全域。

多侧面设测计的分析如同单侧面设计。第一，进行G研究，估计与测验方法相关的每个效应的方差分量。在多侧面设计中，通常用方差分析估计方差分量。第二，进行D研究，估计各种测验方法的概化系数。多侧面设计的G系数仍通过方差分量的信噪比来估计。

双侧面设计和单侧面设计虽有很多共同之处，但二者也存在区别。不同之处在于影响数据变异性的分量的复杂性不同。设计中每添加一个侧面，就会添加一些分量。以约翰逊博士的研究为例，单侧面设计包括3个分量，分别是目标、项目和残差。但是，双侧面设计包含7个分量，三侧面设计包含16个分量，等等。这种额外的复杂性增加了G系数的“噪声”或误差因素的复杂性。在本章的这一节中，我们以一个双侧面设计为例来阐释更复杂设计的逻辑。

阶段一：G研究

同样，用方差分析估计影响评级的每个因素的方差分量。约翰逊博士进行方差分析来看45个评级(5目标×3项目×3观察者)内的变异性，结果如表13-6。她对3种主效应(目标被试之间的差异、观察者之间的差异和项目之间的差异)间的交互作用以及随机误差影响评级的程度感兴趣。表13-7列出了本设计中方差分量的估计公式，表13-6列出了每种效应方差分量和方差比例的估计。

表13-6 实例数据：行为观察的ANOVA和概化结果

效应	自由度	平方和	均方	方差分量	方差比
目标	4	128.533	32.133	3.233	0.544
项目	2	12.044	6.022	0.289	0.049
观察者	2	19.244	9.622	0.439	0.074
目标×项目	8	12.400	1.550	0.044	0.007
目标×观察者	8	23.200	2.900	0.494	0.083
项目×观察者	4	6.222	1.556	0.028	0.005
残差	16	22.667	1.417	1.4170	0.238
合计	44	224.311	—	5.944	1.000

表13-7 目标×观察者×项目模型中方差分量估计公式

效应	公式
目标	$\sigma_t^2=\dfrac{MS_t-MS_{to}-MS_{ti}+MS_{Res}}{n_o n_i}$
项目	$\sigma_i^2=\dfrac{MS_i-MS_{ti}-MS_{oi}+MS_{Res}}{n_t n_o}$
观察者	$\sigma_o^2=\dfrac{MS_o-MS_{to}-MS_{oi}+MS_{Res}}{n_t n_i}$
目标×项目	$\sigma_{ti}^2=\dfrac{MS_{ti}-MS_{Res}}{n_o}$
目标×观察者	$\sigma_{to}^2=\dfrac{MS_{to}-MS_{Res}}{n_i}$
项目×观察者	$\sigma_{oi}^2=\dfrac{MS_{oi}-MS_{Res}}{n_t}=$
残差	$\sigma_{Res}^2=MS_{Res}$

结果揭示了每种效应对攻击性评级的影响程度，表13-8给出了每种效应的解释和实例。用“相对概括性”测量目标攻击性的个体差异时，主要看4个效应——一个效应代表要检测的信号，3个是掩蔽信号的噪声。表13-9说明了这些影响的均值。

表 13-8 概化理论分析的解释和举例

效应	解释(……的程度)	举例
目标(T)	目标引起的平均评分差异，3 名观察者和 3 个项目间的平均	目标 X 的平均评分比目标 Y 高
项目(I)	项目引起的平均评分差异，5 个目标和 3 个项目间的平均	项目 1 的平均评分比项目 2 高
观察者(O)	观察者引起的平均评分差异，5 个目标和 3 个项目间的平均	观察者 A 的平均评分比观察者 B 高
目标×项目[a]	就观察者的平均评分而言，目标在项目间排名顺序不同	项目 1 中，目标 X 比目标 Y 评分高；但项目 2 中，目标 X 比目标 Y 评分低
目标× 观察者[a]	就 2 个项目的平均评分而言，目标在观察者间排名顺序不同	观察者 A 评价目标 X 比目标 Y 高，但是观察者 B 评价目标 X 比目标 Y 低
项目×观察者	就目标的平均评分而言，项目在观察者间排名顺序不同	观察者 A 评价项目 1 比项目 2 高，但是观察者 B 评价项目 1 比项目 2 低
残差[a]	评分方差与上述任何效应无关	—

[a] 注：这些术语是目标效应相对概括性“误差”。

表 13-9 评价等级均值

主效应					
目标	均值	观察者	均值	项目	均值
安	2.67	肯	4.20	敌对的	3.60
鲍勃	2.44	迪奥斯	3.47	愤怒的	4.87
卡罗琳	3.67	蒂姆	5.07	好斗的	4.27
德鲁	5.78				
埃莉诺	6.67				

交互作用											
目标× 观察者				目标× 项目				观察者× 项目			
目标	肯	迪奥斯	蒂姆	目标	敌对	愤怒	好斗	目标	敌对	愤怒	好斗
安	2.00	3.00	3.00	安	3.0	3.33	2.00	肯	3.6	4.6	4.4
鲍勃	2.00	1.33	4.00	鲍勃	2.0	3.0	2.33	迪奥斯	2.6	3.8	4.0
卡罗琳	2.67	3.33	5.00	卡罗琳	3.0	4.33	3.33	蒂姆	4.6	6.2	4.4
德鲁	6.33	4.33	6.67	德鲁	5.0	6.67	5.67				
埃莉诺	8.00	5.33	6.67	埃莉诺	5.0	7.0	8.0				

最关注的仍是目标的主效应。如表 13-8 所示，这种效应反映了目标在不同观察者和项目之间得到平均评分的差异程度。目标的主效应反映了目标被试平均数的差异，范围是 2.44 到 6.67(见表 13-9)。如表 13-6 所示，目标效应的估计方差分量是所有方差分量中最大的：

$$\sigma_t^2 = \frac{MS_t - MS_{ti} - MS_{to} + MS_{Res}}{n_i n_o}$$

$$=\frac{32.133-1.550-2.900+1.417}{3\times 3}$$

$$=3.233。$$

事实上，在所有 45 个评级中，目标均值间的差异占变异性的 50%以上，这表明信号相对较强。这对约翰逊博士来说是个好消息，她就想测量目标被试之间的差异。计算的概化系数将反映目标被试在项目和观察者之间的差异程度。

就测量目标被试之间的差异而言，测量误差(即噪声)包括 3 个效应。这些效应包含在目标效应(MS_{ti}、MS_{to}和MS_{Res})方差分量的分子中，将影响目标效应的概化系数。首先，目标×项目的交互作用反映了目标在不同项目中评分不同的程度。交互作用较大表明目标在项目间表现不一致，可能会混淆目标之间的差异。表 13-6 显示，约翰逊博士的数据中目标×项目交互作用相对较小(方差不到 1%)，如表 13-9 均值所示。例如，在这 3 个项目上，德鲁的得分明显高于卡罗琳。德鲁的平均敌意分数(三个观察者评分的均值)比卡罗琳高 2 分(即 5－3＝2)，他的平均愤怒得分比卡罗琳高 2.34 分，他的平均好斗得分比卡罗琳高 2.34 分。因此，德鲁和卡罗琳间的区别在 3 个项目中一致。换句话说，目标间的差异在所有项目中都是可以概括的，约翰逊博士得出结论：小的目标×项目效应几乎没有产生“噪声”。

此例中第二个误差来源是目标×观察者的交互作用，反映了观察者对目标评分不同的程度。表 13-9 中目标×观察者的均值说明了这种效应。例如，3 个观察者对安和鲍勃的判断彼此不一致。迪奥斯认为安比鲍勃更有攻击性，但肯认为两者没有什么区别，而蒂姆认为安比鲍勃攻击性更弱。具体来说，迪奥斯对安的平均评分是 3.00(三项均值)，对鲍勃的平均评分是 1.33。相比之下，肯对安的平均评分是 2.00，对鲍勃的平均评分是鲍勃。蒂姆对安的平均评分是 3.00，对鲍勃的平均评分是 4.00。

如果约翰逊博士的目的是看安和鲍勃之间的差异，那么观察者对安和鲍勃间差异的判断是不一致的。这个例子中测量的主要目标是获得目标被试攻击性分数间的差异(即获得攻击性个体差异的概化测量)，目标×观察者效应会造成误差，较大的误差效应表明目标被试间的差异在观察者间不一致。如表 13-6 所示，目标×观察者交互约占评分变异性的 8%。

误差的第三个来源是残差项，代表测量中可能产生噪声的两个因素。由于观察者在每种情境下，对每个目标的每个项目只提供一个评分，约翰逊博士不能将目标、观察者和项目间的三者交互与纯粹的“误差”方差区分开来。这两个分量都是测量误差，会导致观察者和项目中的目标排名不一致。如表 13-6 所示，残差占评分效度的 24%。

为理解完整，我们有必要讨论其余 3 个效应。这些效应不属于测量误差，因为它们不会影响目标的评分排序。观察者的主效应表明一些观察者的平均评分高于其他观察者的程度——一些观察者比其他观察者评价人们具有更高或更低攻击性的程度。

如表 13-9 所示，观察者的平均评分(目标和项目间平均)为 3.5 到 5.1，表明迪奥斯对目标被试的评价总体上低于蒂姆。观察者总体攻击性评分的差异与观察者的目标评分相对排序是否一致无关。因此，约翰逊博士探索目标差异时，观察者主效应不是误差。请注意，前面讨论的目标×观察者交互作用表明目标差异在观察者间的不一致程度(视为测量误差)，但从统计学和概念上来说，在所有的目标上，这与一些观察者的评分高于其他观察者是分离的/无关的。

正如所描述的单侧面设计，项目的主效应表明一些项目比其他项目引发更高平均评分的程度。如表 13-9 所示，项目的平均评分(目标和观察者间平均)为 3.6 到 4.9。同样，这些项目所引发的攻击性等级差异与这些项目是否在目标评分的相对排序方面一致无关。因此，约翰逊博士探索目标差异时，项目的主效应不是误差。

最后，“项目×观察者”交互作用表明观察者在项目平均排序上的差异程度。迪奥斯对“愤怒的”的平均评分(3.80)低于她对“好斗的”的平均评分(4.00)，但肯的评级则相反——“愤怒的”的平均评分(4.60)高于“好斗的”的平均评分(4.40；见表 13-9)。因此，得出观察者对这些项目的理解方式不同。虽然迪奥斯和肯似乎在总体上对两个项目的评分不同，但这种差异并不影响目标被试间的具体差异。因此，观察者间的交互作用不属于测量误差。

G 理论对测量误差的区分使得约翰逊博士能够理解和解释目标的平均分数(即测量攻击性的个体差异)受测验方法的每个侧面(观察者和项目)的影响程度。然后，她可以用表 13-6 中的方差分量来决定观察者的数量和未来研究中使用的项目数量。

阶段二：D 研究

如单侧面设计所述，相对概化系数类似于 CTT 的信度。可被看作是信号和噪声的比例：

$$G\text{ 系数}=\frac{\text{信号}}{\text{信号}+\text{噪声}}$$

单侧面和双侧面设计的唯一区别就是噪声的构成不同。更具体地说，特定测验方法的相对 G 系数这样计算：

$$\rho_t^2=\frac{\sigma_t^2}{\sigma_t^2+\frac{\sigma_{ti}^2}{n'_t}+\frac{\sigma_{to}^2}{n'_o}+\frac{\sigma_{Res}^2}{n'_t n'_o}} \qquad (\text{式 } 13\text{-}2)$$

该公式中，ρ_t^2 是目标间差异的相对 G 系数，σ_t^2 是目标效应的估计方差分量(即待检测的“信号”)。等式的其余因素是可能模糊信号的“噪声”。具体来说，σ_{ti}^2 是目标×项目效应的估计方差分量，σ_{to}^2 是目标×观察者效应的估计方差分量，σ_{Res}^2 是残差项的估计方差分量，n'_i 是项目数量，n'_o 是观察者数量。

例如，约翰逊博士使用方差分量来估计一个测量方案(2 名观察者 1 个项目)的概括性：

$$\rho_t^2=\frac{3.233}{3.233+\frac{0.044}{1}+\frac{0.494}{2}+\frac{1.417}{1\times2}}$$

$$=0.764$$

表明得到的是中等程度的概括性，她可能会考虑增加观察者人数和/或项目数。例如，估计 2 个观察者和 2 个项目的概化系数大约是 0.84：

$$\rho_t^2 = \frac{3.233}{3.233 + \frac{0.044}{2} + \frac{0.494}{2} + \frac{1.417}{2 \times 2}}$$

$$= 0.838$$

式 13-2 揭示了概化理论分析相比于 CTT 在测量上的核心优势。从 CTT 的角度来看，误差是无差别的，不能测量观察者和项目的单独影响，即不能有效分离误差来源。然而，G 理论(即式 13-2 以及估计方差分量)可以估计各种观察者和项目组合下的心理测量质量。系统地测验不同观察者数量和项目数量的组合情况，能估计出不同测验方案的概括性。而且，增加观察者和/或项目会增加实际成本，G 理论分析可以优化测量方案，提高效率和质量。

为阐释清楚这个分析过程，表 13-10 和图 13-2 给出了各种观察者和项目组合的 G 系数估计。这些估计值都是使用表 13-6 中的方差分量，再通过式 13-2 计算得到的。

这些值能够说明两个方面。其一，约翰逊博士可以找到合适的观察者和项目数组合以产生特定信度。如，有哪几种观察者和项目的组合可以得到 0.80 信度。具体而言，1 个项目 3 名观察者，5 个项目 1 名观察者和 2 个项目 2 名观察者这几种组合能够得到 0.80 的信度。所以，如果她想要最小信度为 0.80，那么约翰逊博士就可以权衡这 3 种组合的成本和效果。其二，约翰逊博士可以看到增加观察者和/或项目数量后信度的变化(最小增量)。

表 13-10　双侧面 D 研究结果：方差分量估计 G 系数

		系数	
项目(n_i')	观察者(n_o')	相对(ρ_t^2)	绝对(ϕ_t^2)
1	1	0.62	0.54
1	3	0.83	0.74
1	5	0.88	0.80
3	1	0.77	0.68
3	3	0.91	0.85
3	5	0.94	0.89
5	1	0.80	0.71
5	3	0.92	0.87
5	5	0.95	0.91
7	1	0.82	0.73
7	3	0.93	0.88
7	5	0.96	0.92

例如，考虑用 5 名观察者而不是 3 名，图 13-2 表明，从 3 到 5 名观察者增加的信度不多，但增加观察者需要招聘，培训和监督等成本。这些信息有助于选择进行测量的有效策略。

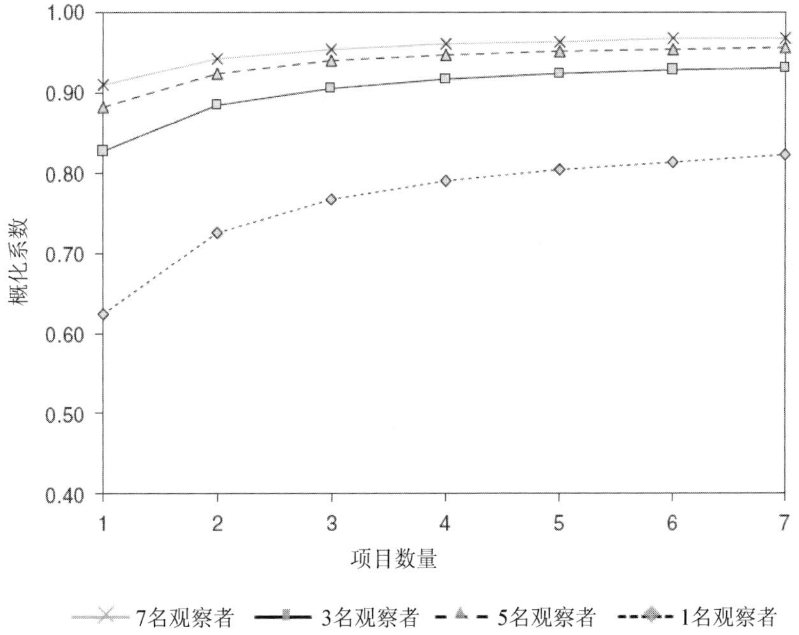

图 13-2 双侧面设计：项目和观察者数量的相对 G 系数

其他测量设计

此讨论中的例子包括单侧面设计和双侧面设计，但是 G 理论的使用不仅限于这两种测量设计。G 理论分析还至少有 4 种不同的设计，设计差异取决于测量方案的设计和分数的用途。

侧面数量

正如两个例子所说明的那样，测量设计可以有不同的侧面。在某些研究和实践领域，单侧面设计使用很普遍。

例如，自我报告式人格问卷是一个单侧面测量设计，其中项目是唯一的侧面。此外，一些单侧面设计中，G 理论相当于 CTT。然而，很多情况下，多侧面设计可能更有用。从实际情况出发，约翰逊博士可以将多个观察者和多个项目作为测量方案的两个侧面。测量方案也可以更复杂，有 2 个或 3 个侧面。

如本章所述，侧面数量影响分析中的效应数量。更大、更复杂的设计涉及更多效应，从而产生更多的方差分量。方差分量用于估计 G 系数，提供影响分数因素的信息。除了效应的复杂性，不同数量侧面中，G 理论的基本逻辑和过程是相似的。

随机侧面 VS. 固定侧面

G 理论分析中，每个侧面要不是随机的，要不就是固定的。这种选择由进行分析个人决定，每个侧面都要确定是随即还是固定的。

本章所讲的逻辑和例子都是G理论分析常见的随机侧面。还记得约翰逊博士双侧面设计中的项目侧面吗？我们提到，约翰逊博士把所选3个项目看作是项目全域(所有可以反映攻击的项目)的代表。从某种意义上说，这3个项目是来自这个观察全域的随机样本。也就是说，项目全域中未被挑选为观察样本的项目可以同等程度地替换观察样本。约翰逊博士认为这些项目是可交换的或者是作为一个项目全域的随机样本，这个项目侧面是随机的。

其他测量设计可能包括固定侧面。如果在进行G理论分析时，观察样本等于观察全域，则认为侧面是固定的。例如，约翰逊博士可能确实只对她研究中使用的3个项目感兴趣，而没有把它们概念化为是一些更广泛的项目集的代表。如果她认为这些项目不能被其他项目替代(即如果她不把这些项目当作从攻击项目的全域中随机选出的话)，那么此时“项目”是一个固定侧面。另外，如果分析中包括侧面的所有条件，则为固定侧面。例如，发展心理学家想让生物学上的父母完成问卷来评估儿童的攻击性。此时，“生物学上的父母”是测量设计的一个侧面，心理学家想要对父母双方所评价的情况进行概括。然而，母亲和父亲已是整个“生物学上的父母”，所以心理学家无法将母亲和父亲推广到一个更大的父母全域。也就是说，父母侧面的全域只包括母亲和父亲两个条件。而且由于心理学家的研究只包括两种可能的情况，整个全域已经在其研究中表现出来，所以这个属于固定侧面。

G理论分析中，进行分析的人必须考虑设计中固定侧面与随机侧面的差异。对于多侧面研究，可以设计成“混合”研究，其中有一个或多个固定侧面，一个或多个随机侧面。例如，发展心理学家让父母评价孩子的攻击性是一个混合的双侧面设计。正如所讨论的那样，父母侧面是固定的。然而，如果每组父母对孩子的3个项目进行评估，这3个项目是从一系列潜在的攻击性项目中随机选择的，那么项目侧面是随机的。有一个固定侧面和一个随机侧面组成的设计是一个混合设计。

虽然固定侧面和随机侧面间差异比较微妙，但它对所进行的分析和心理测量结果有重要意义。这种差异对测量结果至少有两方面的影响。

其一，随机效应和固定效应间的区别会影响个人评估表面心理测量质量。例如，基于两个观察者一个项目的设计，重新计算约翰逊博士设计中的概化系数(对于目标效应)。此前，假设所有侧面都是随机侧面，估计系数是$\rho_t^2=0.76$。假设项目侧面是固定的，而观察者侧面是随机的，重新估计这个系数。根据布伦南(1992)提出的术语，结果表明在这个混合设计中，目标效应的概化系数是$\rho_t^2=0.77$。也就是说，混合模型中的估计G系数比完全随机模型中的G系数要大。这里的差别虽然很小(0.77比0.76)，但也有可能是相当大的。此外，两种模型差异的方向是典型的——混合模型的概括性大于随机模型的概括性。

其二，随机效应和固定效应间的区别能使测验使用者对其测量的质量进行扩大/广义或缩小/的狭义概括。当把一个侧面当作随机侧面时，测验使用者将这个侧面的因素作为一个扩大全域因素的随机样本进行概念化。例如，如果约翰逊博士把“项目”当作一个随机侧面，那么她将特定项目概念化为从用来测量攻击性的项目全域中抽取出来的。因此，她试图广义地概括——从特定项目到广泛的项目全域。相反，当把一个侧面视为固定侧面时，测验使用者以更狭义的方式概念化该侧面因素，只关注这些侧面，而不考虑更大的项目集合。例如，如果约翰逊博士把“项目”视为固定侧面，那么她只对其选择的特定项目感兴趣。因此，她是想要用相同的项目评估一个测验分数可能推广到另一个测验分数的程度。

总而言之，是由测验使用者来决定一个既定侧面属于固定还是随机。也就是说，这个问题没有正确或不正确之分。虽然大多数测验方案可能会根据随机效应进行概念化，但任何特定的测量方案都可以包含一个或多个固定效应。

交叉设计 VS. 嵌套设计

G理论分析中，测量设计根据侧面间的关系可以分为交叉设计或嵌套设计。这是G研究(以及更一般的方差分析)研究设计的一个重要特征，因为它对估计的效应有影响。我们的双侧面实例反映了两种交叉的效应，这在G理论的许多应用中是常见的。在这个设计中，3名观察者分别对3个项目进行评分。也就是说，对观察者侧面和项目侧面每个可能的组合进行评分。当对所有可能的两个侧面的组合收集数据时，这些侧面就是交叉的(某一侧面的所有水平在另一侧面所有水平下被观察)。

相反，当研究中不包括两个侧面所有可能的组合时就是嵌套设计。例如，约翰逊博士进行一项研究，让每个观察者对不同的项目评分——迪奥斯使用吝啬、争吵和愤怒；肯可能使用敌对、好战和交战；而蒂姆可能会使用对抗性、好斗性和敌对。在这种情况下，有9个项目，但每个观察者只用其中3个。因此，设计中未展现项目和观察者所有可能的组合，我们就说项目嵌套在观察者中(某一侧面的不同水平在另一侧面不同水平下被观察)。

交叉和嵌套的问题很重要，因为它决定G理论分析中要估计哪些效应，也影响测量方案对心理测量质量的表现。例如，在前面所述的双侧面设计中，侧面是交叉的，要估计7个效应——3个主效应、3个双向交互和1个残差项。但是，如果项目嵌套在观察者中，则只能估计5种效应。这种设计差异使得G系数的计算方式也不同，从而导致分析后得出的结论不同。在此不对这个问题进行充分讨论，我们认为重要的是要认识到交叉设计和嵌套设计间的区别，并认识到这种不同会影响G理论分析。

相对决策 VS. 绝对决策

如前所述，G理论可做出两种决策。我们的例子主要关注的是与被试相对次序有关的“相对”决策。同样，如果认为一组学生的前15％能加入荣誉学会，即对学生的排名感兴趣，其录取决策的依据是学生的成绩。用来做出相对决策的测试通常被称为“常模参照测验(Brennan, R. L., 2001)。

相反，“绝对”决策是基于个人分数的绝对水平。例如，想加入美国陆军的个人必须进行军事办事职业倾向综合测验(ASVAB)的考察，这种测验考察十个不同领域的知识和能力(注：这些领域包括数学能力、阅读能力和空间能力等)。这不是一个智力测验，而是帮助你检测自己最适合陆军的哪些工作领域。

陆军的招募网站告知“大于等于 31 分才可参军。”据推测，31 分以下会失去成为一名新兵的资格，大于等于 31 分才有机会参军。因此，陆军根据新兵在 ASVAB 上的绝对得分作决策，而不是按照一定比例招兵。用来作出绝对决策的测试通常被称为“标准参照测验”(Brennan, R. L., 2001)。

估计心理测量质量时，相对决策和绝对决策间的差异很重要，它影响“噪声”或误差的出现方式。也就是说，影响计算概化系数时造成误差的方差分量的数量。一般来说，相对决策中的误差方差(所有与测量目标有关的交互效应方差之和)要比绝对决策(除了目标主效应外，所有效应方差之和)中的少，因此相对决策的概化系数较大。

前面所举的单侧面设计例子中，绝对误差方差(绝对决策的误差方差)比相对误差方差(相对决策的误差方差)多一个分量。具体而言，单侧面设计中的绝对决策的概化系数(ϕ_t^2，有时称为可靠性指标)这样计算：

$$\phi_t^2=\frac{\sigma_t^2}{\sigma_t^2+\frac{\sigma_i^2}{n_i'}+\frac{\sigma_{Res}^2}{n_i'}}$$

注意这个公式包括项目效应的方差分量，而相对决策的概化系数中没有这个分量(见式 13-1)。基于 3 个项目的测量方案，估计的绝对概化系数为 0.823 $\left(=\frac{1.967}{1.967+\frac{0.400}{3}+\frac{0.867}{3}}\right)$。

这个系数比相对决策的估计系数略低($\rho_t^2=0.87$)。表 13-4 中最后一行给出了不同数量项目的绝对概化系数。

前面所举的双侧面设计例子中，绝对误差方差比相对误差方差多 3 个分量。具体而言，双侧面设计中绝对决策的概化系数这样计算：

$$\rho_t^2=\frac{\sigma_t^2}{\sigma_t^2+\frac{\sigma_i^2}{n_i'}+\frac{\sigma_o^2}{n_o'}+\frac{\sigma_{ti}^2}{n_i'}+\frac{\sigma_o^2}{n_o'}+\frac{\sigma_{io}^2}{n_i'n_o'}+\frac{\sigma_{Res}^2}{n_i'n_o'}}$$

注意，这个公式包括项目效应的方差分量、观察者效应和项目×观察者交互作用，均不包含在相对决策的概化系数中(见式 13-2)。基于 2 个项目和 2 名观察者的测量方案，绝对决策的估计概化系数为 0.76 $\left(=\frac{3.233}{3.233+\frac{0.289}{2}+\frac{0.439}{2}+\frac{0.044}{2}+\frac{0.494}{2}+\frac{0.028}{2}+\frac{1.417}{2\times2}}\right)$。

这个系数略低于相对决策估计的系数($\rho_t^2=0.84$)。表 13-10 中最后一行显示了双侧面例子中不同项目数量的绝对概化系数。

值得注意的是，在大多数研究背景下，研究者更对“相对”决策感兴趣。也就是说，他们更想理解测验中被试分数的相对差异——为什么一些人得分相对较高，一些人得分相对较低。研究人员通常对被试在测试中的绝对分数不感兴趣。例如，他们不太想知道安为什么平均攻击得分为 2.67，为什么德鲁的平均分为 5.78(见表 13-5)。相反，他们更感兴趣的是为什么安的攻击性得分比德鲁少 3 分——什么使她的分数更小，他们的分数差异意味着什么。因此，研究人员通常会对“相对”角度和 G 系数感兴趣。

总之，相对决策和绝对决策间的差异可能会对 G 系数大小有影响。通过以不同方式定义误差，相对决策和绝对决策中误差方差的方差分量不同，反过来影响所得到的概化系数。知道这种差异存在的原因或计算的准确公式不重要，重要的是要意识到二者的差异，绝对决策通常误差更大、概括性更低。

总　结

G 理论从两个方面扩展了传统理解心理测量质量的观点。其一，它扩展了信度概念，包括多个侧面能系统影响测验方案的质量。其二，它提供统计工具来估计每个侧面的影响，能优化测量设计，提高测验效率和质量。

本章简要介绍了典型的 G 理论设计——随机侧面、交叉设计、相对决策。也简要讨论了其他设计中 G 理论的逻辑、计算和解释。总之，在心理测量学中，G 理论以一个灵活而强大的视角，大大扩展了 CTT。

与 CTT 和 IRT(参见第 14 章)相比，G 理论未被广泛使用。但它在各个领域都非常有用，诸如人格测验(Arterberry，Martens，Cadigan & Rohrer，2014；Vispoel，Morris & Kilinc，in press-a)，医学研究(Preuss，2013；Prion，Gilbert & Haerling，2016；Wu et al.，2016)，运动心理学(Coussens，Rees & Freeman，2015；Wickel & Welk，2010)，教育评估(Briesch，Chafouleas & Johnson，2016；Gugiu，Gugiu & Baldus，2012)，听力知觉(Mahoney，McFarland，Carpenter，Rizvi & Cacace，2013)，当然还有行为观察(Mahoney，McFarland，Carpenter，Rizvi & Cacace，2013)。因此，G 理论是心理测量学中不可或缺的一部分。

推荐阅读

G 理论经典著作：

Cronbach，L. J.，Gleser，G. C.，Nanda，H. & Rajaratnam，N.（1972）. *The dependability of behavioral measurements*：*Theory of generalizability for scores and profiles*. New York，NY：John Wiley.

杰出的心理测量学家 Lee Cronbach 对信度理论和近 50 年广泛使用的 α 系数做了评论。以下这篇评论和 G 理论从一个更全面的角度来理解信度：

Cronbach，L. J. & Shavelson，R. J.（2004）. My current thoughts on coefficient alpha and successor procedures. *Educational and Psychological Measurement*, 64, 391-418.

另一篇关于 G 理论的讨论比较技术性，但写得清晰明了：

Brennan, R. L. (2001). *Generalizability theory*. New York, NY: Springer-Verlag.

以下这篇文献中对 G 理论的概念介绍被广泛使用：

Shavelson, R. J. & Webb, N. M. (1991). *Generalizability theory: A primer*. Newbury Park, CA: Sage.

以下这篇文献详细描述了如何使用概化理论进行人格测量：

Vispoel, W. P., Morris, C. A. & Kilinc, M. (in press). Practical applications of generalizability theory for designing, evaluating, and improving psychological assessments. *Journal of Personality Assessment*.

最近一篇文章阐述了 G 理论的价值及其与 CTT 和验证性因素分析的联系：

Vispoel, W. P., Morris, C. A. & Kilinc, M. (in press). Applications of generalizability theory and their relations to classical test theory and structural equation modeling. *Psychological Methods*.

第 14 章

项目反应理论和 Rasch 模型

尽管 IRT 理论脉络历史悠久(例如，Lord，1953；Rasch，1960)，但 IRT 在行为科学领域出现完整的概念体系以及严谨的分析测量，出现时间还比较短，是一种较新的现代测量学理论，IRT 的出现对经典测量理论(CTT)进行了补充和完善，虽然 IRT 比 CTT 计算复杂，但支持者认为复杂性带来的学习不易足以被其众多优点所抵消。

本章我们将对 IRT 进行概述，旨在以相对容易的方式阐释 IRT 的概念基础。在当代心理测量的许多领域，IRT 在测验开发和评估中越来越重要。因此，对于希望熟悉测验发展和心理测量学方法最前沿的读者来说，IRT 是一个重要的话题。当然，我们不会过多讨论 IRT 的复杂性以及所有涉及内容。事实上，IRT 在技术上可能相当复杂，并一直处于发展状态，范围不断增加。相反，我们的目标是以相对直白和概念性的方式对 IRT 一些最基本的概念进行讲解。

我们将介绍一些 IRT 中最基本的概念，包括项目参数，测量模型和测验信息。以实例阐释这些概念，希望能够提高读者对 IRT 的整体把握。最后，我们会讨论 IRT 在心理测验中的应用方式，以证明这种新兴心理测量方法的广度和适用性。

测验项目反应的影响因素

IRT 的核心是一种心理测验方法，强调一个人对特定测验项目的反应受到个人能力和项目质量的影响。基于此观点，IRT 是一种获取个体、项目和测验信息的程序。IRT 的支持者指出，这些程序产生的信息优于 CTT 产生的信息。正如我们将展示的，有各种形式的 IRT 来代表不同程度的复杂性或对各种测验的适用性。这样看来，IRT 确实灵活且应用广泛。

想象一下，苏茜需要一个测量数学能力的 5 个项目的测验。根据 IRT 最基本的形式，苏茜对测验第 1 项做出正确回答的可能性受到两方面的影响。如果苏茜具有较高的数学能力，那么她有很大的可能性回答正确。另外，如果项目 1 很难，那么苏茜答对的可能性就较低。因此，她对项目 1 正确反应的可能性受到她的数学能力和项目 1 难度的影响。这个逻辑可以扩展到各种心理测量中去，但是 IRT 的基本形式表明一个人对一个项目的反应受到个体特质水平(例如，苏茜的数学能力)和项目难度等级的影响。更复杂的 IRT 形式包括影响个体对项目反应的其他因素(或参数)。

被试特质水平决定项目反应

其中影响个体对某个项目做出特定反应的一个因素是该项目所测量的个体的心理特质水平。例如，具有高水平数学能力的人比数学能力低的人更可能对数学题目做出正确的反应。同样，外向性较高的人比外向性较低的人更可能赞同一项衡量外向性的项目。一个工作满意度较高的员工比一个工作满意度较低的员工更可能认可一个衡量工作满意度的项目。

项目难度决定项目反应

一个项目的难度是影响个体做出反应的另一个因素。难度高的数学题目比难度低的数学题目(即简单题目)更难做出正确回答。例如，“10000 的平方根是多少?”比“2＋2 等于几”更不可能正确回答。同样，高难度的外向性题目将比难度较低的外向性题目更难被认可。

起初，对于某些心理属性来说，“难度”的概念可能并不直观。例如，在人格量表中讨论“难度”可能会很奇怪，但能在调查问卷中找到两个假设项目来衡量外倾性，“我喜欢与朋友交谈”，“我喜欢在观众面前讲话”。假设这两个项目均能够很好地测量外倾性，则第一项在某种意义上比第二项更容易被认可。也就是说，更多的人可能会说与朋友谈话比在大众面前说话更愉快。同样，调查工作满意度时，“我的工作还好”的说法可能比“我的工作是我生命中最好的东西”的说法“更容易”被认同。

尽管在 IRT 分析中他们是不同的问题，但是特质水平和项目难度却是有内在联系的，项目难度是根据特质水平构思的。具体而言，难度较高的项目需要相对较高的特质水平才能得到正确回答，而简单的项目只需要较低的特质水平就能回答正确。回到之前的两个数学题目，可能有九年级数学能力的学生才能有机会答对平方根问题。相反，只需要二年级数学能力就有很大机会正确回答简单加法题目。因此，该题目难度可以用相关特质水平来描述(例如，数学能力)。

特质水平与难度之间的关系对于理解人格量表或态度问卷中项目难度特别有用。回想一下前面提到的外倾性题目，“我喜欢与朋友交谈”，“我喜欢在观众面前讲话”。我们认为第一个题目比第二个更容易。换句话说，第一题外倾性水平较低，但第二题似乎需要更高水平的外倾性才能获得认可。也就是说，即使是相当内向的人(即外倾性程度相对较低的人)也可能同意“喜欢与朋友交谈”的说法。相比之下，一个人可能需要非常外向才会同意他或她喜欢在大众面前发表言论。

在 IRT 分析中，特质水平和项目难度是得分的标准化指标，因而均值为 0、标准差为 1。

因此，特质水平为 0 的人具有特质的平均水平，特征水平为 1.5 的人的特质水平高于平均水平 1.5 个标准差。类似地，难度级别为 0 的项目是平均项目，难度级别为 1.5 的项目是相对较难的项目。

在 IRT 中，项目难度由特质水平表示。具体而言，对于我们之前所讲的大多数例子而言，项目难度表示被试具有正确回答该项目的概率为 0.5 的特质水平。如果某个项目的难度为 0，那么具有平均特质水平的人(即特质水平为 0 的人)将有 50∶50 的概率答对该项目。对于同一项目(即难度为 0 的项目)，特质水平高的人(即特质水平大于 0)将有更高的机会答对该项目，而特质水平低的人(即特质水平小于 0)有较低的概率答对该项目。更一般地说，更高难度表明被试需要更高的特质水平才能有 50∶50 的概率正确回答这个项目。例如，如果一个项目的难度为 1.5，那么特质水平为 1.5 的人(即特质水平大于 1.5 个标准差)有 50∶50 的概率答对这个项目。同样，较低难度水平表明仅有相对低的特质水平的人就有一半的机会答对项目。

项目区分度决定项目反应

测验项目在难度方面可能存在差异(有些项目比其他项目更难)，那么，在区分高低特质水平上也可能会有差异。这种项目特征被称为项目区分度，类似于 CTT 中的题总相关(Embretson & Reise，2000)。

项目区分度值表示项目与测验所测量的特质之间的相关性。区分度为正值的项目至少与被测量的基本特质一致，并且相对较大的区分度值(例如 3.5 和 0.5)表明项目与潜在特质之间一致性相对较强。相反，区分度值为 0 的项目与被测量的潜在特质无关，而区分度为负值的项目与潜在特质呈负相关(即高特质答对该项目的可能性较低)。因此，通常期望项目具有较大区分度正值。

为什么有些项目区分度较好，有些则较差？来看下面这两道题，这可能是数学考试中的题目：

①3 蒲式耳(bushels)有多少配克(pecks)？(a)12 (b)24

②10 的 10 倍是多少？(a)10 (b)100

来看第一道题，被试正确回答这个问题需要什么能力？为正确回答这个问题，学生需要有足够的数学能力来进行乘法运算。但是，这个题目还需要额外了解配克对蒲式耳的换算。这个项目除了基本的数学能力之外还需要一些东西，这意味着它与数学能力并不是非常相关。换句话说，仅具有高水平数学能力是不足以做出正确回答的。学生可能知道 4 乘以 3 等于多少，但如果不知道 1 蒲式耳相当于 4 配克，他或她可能就没机会答对这个题。因此，这个题目的区分度可能较低，因为它与数学能力测验评估的基本特征呈弱相关。换句话说，这个题目并不能很好地区分数学能力相对较高的学生与数学能力较低的学生。即使苏茜正确地回答了这个问题，而约翰尼回答错误，我们也可能没信心得出苏茜确实比约翰尼数学能力更高的结论——或许约翰尼是有数学能力的，但他根本不知道 1 蒲式耳相当于 4 配克(参见我们在第 8 章中关于“构建——无关内容”的讨论)。

现在来看第二题。被试想要回答正确需要什么？这个题需要能够进行乘法运算，无需额外知识或能力。唯一与正确答题相关的特质就是数学能力。因此，它是一个更“纯粹”的数学题目，它与数学能力基本特质的相关比第一题更强。因此，有相对较高的区分度值。换句话说，这个题目能够很好地把数学能力较高的人从数学能力相对较低的人中区分出来。也就是说，如果苏茜正确地回答了这个问题，而约翰尼回答错误，那么我们就有相当大的把握认为苏茜的数学能力比约翰尼要高。

猜测

猜测与可能影响被试对某些类型的测试项目反应的第三个项目属性有关。对于诸如多项选择题或判断题等知识或能力的考试，一些考生可能会猜测那些他们不知道题目的正确答案。参加这样的测试时，被试可以根据猜测和概率正确回答一些问题。

因此，IRT 中有一个猜测分量来说明这种可能性，这与被试纯粹根据机会正确回答一个项目的概率有关。例如，对于正误题的猜测分量说明有 50％的可能性靠猜测答对题目。类似地，多项选择题的猜测分量取决于可选答案的数量——如果有 4 个选项，则猜测分量说明有 25％的可能性靠猜测答对题目。这个属性主要与知识、技能、能力或成就的测验有关，而不是人格或态度测量。也就是说，这与有正确或不正确的项目相关。因此，只有对这类型的项目进行测量时才会考虑。

IRT 测量模型

从 IRT 的角度来看，我们可以确认影响个体以特定方式对特定项目做出反应的可能性的分量。一个测量模型表达结果(例如，人对特定项目的反应)和影响结果的分量(例如，人的特质和/或项目的质量)之间的联系。就具有特定特质水平的人将以特定方式对特定项目做出反应的可能性而言，IRT 模型将以数学方式表达这些联系。

从 IRT 的角度来看，已经发展出各种模型，并且这些模型在至少两个方面彼此不同。测量模型之间的一个重要区别在于包含在模型中的项目特征或参数。也就是说，一些模型是仅考虑一个参数，而其他更复杂的模型考虑两个或更多参数。测量模型之间的第二个重要区别在于反应选项格式。例如，某些模型用于两级记分项目，如正/误，是/否，或正确/不正确的项目。其他模型用于具有两个以上反应选项的项目(即多项选择题)，例如李克特类型的项目，5 个选项反映一致性水平。

在本节中，我们将介绍一些更常用的 IRT 测量模型，旨在传达模型的基本逻辑和意义，进一步阐明心理测量学中 IRT 的逻辑和性质。

单参数 logistic 模型(或 Rasch 模型)

最简单的 IRT 模型通常被称为 Rasch 模型或单参数 logistic 模型(1PL)。根据这个模型，一个人对一个两级记分项目的反应(即正/误、真/假、同意/不同意)取决于个体的特质水平和一个项目特征或参数——项目难度之间的比较。

根据 Rasch 模型原理，特定个体对特定题目做出特定反应的概率可以用个体能力与该题目难度的一个简单函数来表示，通常为(Embretson & Reise，2000)：

$$P(X_{is}=1 \mid \theta_s,\ \beta_i=\frac{e(\theta_s-\beta_i)}{1+e(\theta_s-\beta_i)}。 \qquad (式\ 14\text{-}1)$$

式中：

P 是指概率。这里它指的是一个“条件”概率，如下所述。

X_{is} 是指被试 s 对项目 i 做出的特定回答(X)。更具体地说，“$X_{is}=1$”是指“正确的”反应或对题目的认可。

θ_s 指被试 s 的特质水平。

β_i 是指项目 i 的难度。

e 是在许多计算器上找到的自然对数(即 $e=2.7182818\cdots$)的基础。

所以 $P(X_{is}=1 \mid \theta_s,\ \beta_i)$ 是指被试对项目 i 正确回答的概率(P)。竖线表示这是“有条件的”概率。也就是说，这表明被试正确反应该项目的可能性取决于被试的特质水平(θ_s)和项目的难度(β_i)。如前所述，在 IRT 分析中，特质水平和项目难度通常按照标准化的度量标准来衡量，因此它们均值为 0，标准差为 1。

来看两个数学考试的例子。高于平均水平的数学能力的人(如数学能力水平比平均数高 1 个标准差，$\theta_s=1$)能够答对难度相对低的项目(比如 $\beta_i=-5$)的概率是多少？将这些参数值输入 1PL 方程(式 14-1)中，我们得到：

$$P(X_{is}=1 \mid 1,\ -0.5)=\frac{e(1-(-0.05))}{1+e(1-(-0.5))}=\frac{4.48}{1+4.48}=0.82$$

这些计算表明，个体正确回答该项目的概率为 0.82。换句话说，这个人有很大的可能性(即大于 80%的机会)能答对。比较直观，因为是具有高水平能力的人对难度相对低的项目做出反应。

现在，低于平均水平数学能力的人(比如数学能力水平低于均值 1.39 个标准差，$\theta_s=-1.39$)答对一个低难度项目(比如 $\beta_i=-1.61$)的概率是多少？再次在 1PL 模型(公式 14-1)中输入这些值，我们得到：

$$P(X_{is}=1 \mid -1.39,\ -1.61)=\frac{e(-1.39-(-1.61))}{1+e(-1.39-(-1.61))}=0.56$$

表明个体正确回答该项目的概率是 0.56。换句话说，这个人有 50∶50 以上的机会能够答对。结果很直白，因为个体特质水平($\theta=-1.39$)仅略高于项目难度水平($\beta=-1.61$)。回想一下，项目难度代表一个人有一半的机会正确回答。在目前的例子中，个体特质水平略高于该项目的难度水平，所以正确回答该项目的概率略高于 0.5。

总之，式 14-1 表示的是 1PL 模型。这个模型旨在反映被试特质水平，项目难度水平和正确回答两级记分项目的概率之间的关系。

这些模型是 IRT 的基础，它们为测量和心理测验奠定了重要基础。例如，根据这些模型中定义的数学关系，以及实际对一组项目的一系列反应(多个被试)，我们可以估计模型中参数的值。也就是说，我们可以使用专门的软件来估计每个人的特质水平和每个项目的难度水平(注意，我们只是为了说明上述例子而假定这些值)。事实上，这是一些当代高风险测验的评分方式。另外，一旦我们知道(或者至少有一次我们已经估计了)被试的特质水平和项目的难度水平，我们就可以估计出每个被试正确回答每个项目的概率。这些信息是 IRT 基于测验及其项目进行心理测评的根源。我们将在后面详细介绍这些问题——评分、项目参数的估计、测验的心理测评等。

概述 1PL 和其他这样的模型的目的是想传达一些 IRT 的基本思想。也就是说，要理解如何使用基于 IRT 的程序来创建分数、评估项目、设计测验等，重要的是要理解其基本思想，即在项目的特定特征、人的特征以及反应可能性间建立数学联系。一旦这个基本概念清晰了，一旦你对所提出的各种模型有了一定的了解，IRT 的使用和含义就会变得更加清晰。

回到 1PL，这是一个相对简单的模型。它只适用于两级记分项目，只包含一个项目参数——项目难度。其他 IRT 测量模型更复杂，因为它们包括其他项目参数。就估计被试的特质水平和被试正确回答每个项目的可能性而言，这样的模型可能比 1PL 更好。

双参数 logistic 模型

稍微更复杂的 IRT 模型被称为双参数 logistic 模型(2PL)，因为它包含两个项目参数。根据 2PL 模型，个体对一个两级记分项目的反应是由个体的特质水平、项目难度和项目区分度决定的。因此，2PL 与 1PL 或 Rasch 模型之间的区别是多了项目区分度参数。这可以表示为(Embretson & Reise，2000)：

$$P(X_{is}=1 \mid \theta_s,\ \beta_i,\ \alpha_i)=\frac{e[\alpha i(\theta_s-\beta_i)]}{1+e[\alpha_i(\theta_s-\beta_i)]}。\qquad（式 14-2）$$

其中 α_i 是项目 i 的区分度，其中较高的值表示区分项目更多(所有其他项均按上述 1PL 模型定义)。因此，2PL 模型阐述被试正确回答项目的概率取决于被试的特质水平(θ_s)、项目的难度(β_i)和项目区分度(α)。

再考虑一下“3 蒲式耳有多少配克”和“10 的 10 倍是多少”。让我们假设这两个题目在数学能力方面有相同的难度，要求有 50：50 的正确回答率(比如 $\beta=-5$)。不过，假设他们有不同的区分度值，如前所述(比如 $\alpha_1=0.5$ 和 $\alpha_2=2$)。

考虑第一个题的两个潜在反应。高于平均水平的数学能力(比如说数学能力水平高于均值 1

个标准差，$\theta=1$)的苏茜答对第 1 题的概率是多少？在 2PL 模型(式 14-2)中输入苏茜的特质水平和两个项目参数，我们发现苏茜有 68%的机会答对第一题：

$$P(X_{is}=1\mid 1,\ -0.5,\ 0.5)=\frac{e[0.5(1-(-0.5))]}{1+e[0.5(1-(-0.5))]}=\frac{2.12}{1+2.12}=0.68\text{。}$$

那么，仅具有平均数学能力水平($\theta=0$)的约翰尼答对第一题的概率是多少？再次使用 2PL 模型，我们看到约翰尼的可能性略低于 56%：

$$P(X_{is}=1\mid 0,\ -0.5,\ 0.5)=\frac{e[0.5(0-(-0.5))]}{1+e[0.5(0-(-0.5))]}=\frac{1.28}{1+1.28}=0.56\text{。}$$

花点时间注意下不同之处。苏茜的数学能力水平远高于约翰尼，但是她答对这个问题的概率仅略高于约翰尼(即 0.68 和 0.56)。特质水平差异相对较大(一个完整的标准差)，但正确回答项目的可能性相对较小。因此，这个项目似乎并不能很好地反映两个被试之间的差异——人们在特质水平方面差别很大，但他们在正确回答项目的可能性方面差别不大。答对此项目的概率的差异并没有清楚地反映他们的特质水平的差异。也就是说，这个项目在不同特质水平的人之间没有很强的区别。

现在，我们来看第二题。回想一下，第二题在 $\alpha_2=2$ 时具有较大的区分度值。苏茜和约翰尼答对第二题的概率是多少？再次使用 2PL，我们得到以下结果：

苏茜：$P(X_{is}=1\mid 1,\ -0.5,\ 2)=\dfrac{e[2-(1-(-0.5))]}{1+e[1(1-(-0.5))]}=\dfrac{20.09}{1+20.09}=0.95$；

约翰尼：$P(X_{is}=1\mid 0,\ -0.5,\ 2)=\dfrac{e[2(0-(-0.5))]}{1+e[2-(0-(-0.5))]}=\dfrac{2.72}{1+2.72}=0.73$。

花点时间考虑第 2 题的差异。对于这个题，苏茜的正确回答率为 0.95，约翰尼只有 0.73。回想一下，学生的特质水平(即数学能力)的差异是 1 个标准差，然而(与第一题不同)，苏茜答对第二题的概率明显高于约翰尼。之前对于第一题，答对的概率差异只有 0.12(0.68 和 0.56)。然而，对于第二题来说，答对的概率差异更大，相差 0.22(0.95 和 0.73)。因此，与第一题相比，我们看到第二题(具有较高区分度值)能够对不同特质水平的个体做出区分。这种类型的信息可以用来选择测验项目，应选择具有更大区分度值的项目。

正如 2PL 模型是 Rasch 模型(即 1PL 模型)的扩展一样，其他模型也是 2PL 模型的扩展。三参数 logistic 模型(3PL)就是添加了另一个项目参数。接下来我们就来谈谈。

三参数 logistic 模型

早些时候，我们提到猜测是一个可能影响某些类型测试反应的方面。例如，知识的多项选择测验为被试提供了数量有限的选项，答卷者必须选出正确的那个。

对于这样的测验，即使一个人在选择的时候随机猜测，她或他也有可能有一定比例选出正确的答案。例如，一道有 4 个反应选项的多项选择题。只要随机选择 4 个选项中的一个，就有 0.25 的概率答对。因此，0.25 是答对该题的最低可能性。也就是说，即使某个特质(或知识)

水平非常低的人，对于有 4 个选择的多项选择项，答对的可能性至少为 0.25。当然，随着被试特质水平的提高，他或她选择正确答案的概率开始增加，高于纯粹的“随机机会”水平 0.25。因此，0.25 是该项目的反应概率的“下限”或“较低渐近线”。

从 IRT 的角度来看，这种猜测的下限调整可以被纳入测量模型中。三参数 logistic 模型(或3PL)就是这样做的。3PL 可以看作是 2PL 的变体，如前所述(式 14-2)。3PL 的等式为：

$$P(X_{is}=1 \mid \theta_s, \beta_i, \alpha_i, c_i)=c_i+(1-c_i)\frac{e[\alpha_i(\theta_s-\beta_i)]}{1+e[\alpha_i(\theta_s-\beta_i)]}。\quad (式\ 14\text{-}3)$$

其中 c_i 是指答对项目 i 的概率下限(所有其他项均按上述 1PL 和 2PL 模型定义)。因此，3PL 模型指出，被试答对项目的概率取决于被试的特质水平(θ_s)，项目的难度(β_i)，项目区分度(α_i)以及表示仅凭猜测答对项目可能性的“猜测参数”。作为一项技术，3PL 的难度参数(β_i)不再是某人具有答对该项目概率为 0.5 的特质水平，相反，现在是某人具有$\frac{1+c}{2}$答对该项目机会的特质水平——是随机猜测概率和 1.0 概率间的中点。

为说明 3PL，让我们想象一个人在做历史考试的多选题，“谁第一个登上月球?”并假设选项是(a)Neil Armstrong，(b)Buzz Aldrin，(c)Yuri Gargarin，(d)John Glenn。假设此题的难度$\beta=-0.5$，区分度 $\alpha=1.2$。此外，由于有 4 个反应选项，我们假设猜测参数是 $c=0.25$(即$\frac{1}{4}=0.25$)。

一个“历史知识”掌握较少的个体，如 $\theta=-2.5$，答对的概率是多少?

$$P(X_{is}=1 \mid -2.5, 0.5, 1.2, 0.25)=0.25+(1-0.25)\frac{e[1.2(-2.5-0.5)]}{1+e[1.2(-2.5-0.5)]}$$

$$=0.27$$

根据 3PL 和这些参数值，个体将有 27%的机会选对。请注意，这比纯粹的猜测要好一些。没有猜测调节的话，概率将只有 0.027。显然，在只有 4 种可能选择的多选题目下，这样的概率(答对的机会几乎为 0)是没有意义的。希望这可以证明 3PL 的逻辑。

总之，1PL，2PL 和 3PL 模型是 IRT 测量模型，区别在于模型中的项目参数的数量有所不同。然而，所有这些模型都是针对具有两级记分反应结果的项目而设计的(例如，正确/不正确或同意/不同意)。即使是知识的多项选择测验，最初提供了多种选项，最终的答案也是两级记分的——也就是说，选择的答案是正确的还是错误的? 如前所述，IRT 测量模型至少有一种相互区别的方式——就反应选项的格式而言，特别是在反应选项的数量方面。

等级反应模型

行为科学中的许多测验，问卷和量表都是有两个以上的选项。也就是说，许多测验不能归结为对错，正误或者同意与不同意的两级记分区分。

例如，许多人格问卷包括自我相关的陈述(例如，“我喜欢与朋友交谈”)，设定有 3 个或更多选项(例如，非常不同意、不同意、中等、同意、非常同意)。这些项目被称为多级计分项目，它们的 IRT 模型与两级记分项目的不同。诸如等级反应模型(GRM；Samejima，1969)，部分评分模型(Masters，1982)和称名反应模型(Thissen，Cai & Bock，2010)等模型都是多元 IRT 模型。

尽管多项式模型在反应选项方面有所不同，但它们依赖于与两级记分项目设计模型相同的一般原则。也就是说，它们反映了一个人对项目的反应是由个人的特质水平和项目属性(如困难和歧视)决定的。

但是，这些模型也比两级记分模型更复杂。例如，GRM 为每个项目产生几个难度参数，而如前所述，以前的模型仅包括一个难度参数。此外，称名反应模型每个项目包括几个区分度参数。

我们接下来会简要介绍一下 GRM，原因有二：第一，它能够代表这些更复杂的模型，当作一个范例，从而将可能的见解扩展到 IRT。也就是说，对 IRT 的理解其中就要熟悉多级计分项目模型的逻辑，而 GRM 是一个很好的工具；第二，在一些心理学领域，GRM 可能是最常用的 IRT 模型，特别是在人格和精神病理学测量方面(Preston，Reise，Cai & Hays，2011)。因此，一些读者在 IRT 的许多应用中很可能会遇到这种模型。

从某种意义上说，GRM 最初是根据一些二分反应区别来定义多元项目的。一般来说，如果有 m 个选项或类别，则有 $m-1$ 个区别(distinctions)。例如，仍是那个人格问卷的项目，例如“我喜欢与朋友交谈”，这个问题可能有 5 个选项(例如，非常不同意、不同意、中等、同意、非常同意)。对于这样一个项目，有 4 个可能的区别：①非常不同意和不同意的区别；②不同意和中等的区别；③中等和同意的区别；④同意和非常同意的区别。

根据 GRM，这些两级记分差异可以表示如下：

$$P(X_{is} \geqslant j \mid \theta_s, \beta_{ij}, \alpha_i = \frac{e[\alpha_i(\theta_s - \beta_{ij})]}{1 + e[\alpha_i(\theta_s - \beta_{ij})]}。 \quad (式 14\text{-}4)$$

其中 j 表示特定的反应选项，β_{ij} 是项目 i 上反应选项 j 的难度参数，其他参数定义如前。$P(X_{is} \geqslant j \mid \theta_s, \beta_{ij}, \alpha_i)$ 是指特质水平为 s 的人在项目 i 上选择选项 j 或更高选项的概率(这取决于人的特质水平，项目 i 选项 j 的相对反应难度，以及项目 i 的区分度值)。因为有 $m-1$ 个两级记分反应差异，每个项目有 $m-1$ 个难度参数(β_{ij})。但请注意，GRM 包含每个项目仅有单个区分度参数(α_i)。

例如，我们可以使用我们的统计软件来分析对“我喜欢与朋友交谈”项目的回答，并找到以下(估计的)难度参数：$\beta_1 = -1.78$，$\beta_2 = -57$，$\beta_3 = 0.45$，$\beta_4 = 1.53$，$\alpha = 2.32$。这些参数指的是每个相关二分反应的难度。也就是说，每个都代表着特质水平(即 θ)从等级中的一个选项移动到下一个“更高”的选项。例如，第一个难度参数(β_1)显示特质水平为 -1.78 的人有 50%的概率回答高于非常反对(即回答不同意或更同意)。类似地，β_4 表明特质水平为 1.53 的人将有 50%的可能回答高于同意(即回答非常同意)。

当然，可以针对具有特定特质水平的人计算反应概率，表示该人选择每个反应类别的概率。例如，一个外倾性平均水平($\theta_s=0$)的人，即特质大概属于会选“我喜欢与朋友交谈”项目的人，会有如下的反应概率。

选择不同意或更高(即选高于非常不同意的选项)：

$$P(X_{is}\geqslant dissgree \mid 0,\ -1.78,\ 2.32)=\frac{e\{2.32[0-(-1.78)]\}}{1+e\{2.32[0-(-1.78)]\}}=0.98。$$

选择中等或更高(即选高于不同意的选项)：

$$P(X_{is}\geqslant neutral \mid 0,\ -0.57,\ 2.32)=\frac{e\{2.32[0-(-0.57)]\}}{1+e\{2.32[0-(-0.57)]\}}=0.79。$$

选择同意或更高(即选高于中等)：

$$P(X_{is}\geqslant agree \mid 0,\ 0.45,\ 2.32)=\frac{e\{2.32[0-(-0.45)]\}}{1+e\{2.32[0-(-0.45)]\}}=0.26$$

选择非常同意(即选高于同意)：

$$P(X_{is}\geqslant strongly\ agree \mid 0,\ 1.53,\ 2.32)=\frac{e\{2.32[0-(-1.53)]\}}{1+e\{2.32[0-(-1.53)]\}}=0.03$$

花点时间关注一下这些概率，特别是随着反应选项变得更加积极/正面(即选项中更“困难”的选择)时，选择概率变小。我们看到，直观地讲，一个具有平均特质水平的人很有可能选择非常不同意及以上。也就是说，当被问及是否喜欢与朋友交谈时，一个外倾性处于平均水平的人更可能会选非常不同意外的答案。我们进一步看到，这个人将有近 80%的可能选择不同意之上的选项(即选择中性或更高)。更进一步讲，这些概率会越来越小，因为这些选项反映了更赞同该项目(即因为它们反映了更为极端的外倾性水平)。

使用这些值，我们可以估计一个人在回答这个项目时选择特定选项的概率。也就是说，等式 14-4 可被看作是反映一个人在特定的反应选择范围内(例如，不同意或更高，同意或更高等)回答的概率。现在可以使用这些值来查找该人将对项目作出特定反应的可能性(例如，不同意、同意、强烈同意等)，通过计算两个相邻“范围”概率间的差异来完成，就像刚刚讨论的那样：

$$P(X_{is}\geqslant j \mid \theta_s,\ \beta_{ij},\ \alpha_i)=P(X_{is}\geqslant j-1 \mid \theta_s,\ \beta_{ij},\ \alpha_i)-P(X_{is}\geqslant j \mid \theta_s,\ \beta_{ij},\ \alpha_i)。$$

(式 14-5)

在这个等式中，j 表示一个反应选项(例如，不同意)，$j-1$ 表示 j 之前相邻的选项(例如：非常不同意)。因此，根据之前从式 14-4 中计算出的概率，我们可以使用式 14-5 来估计外倾性平均水平($\theta_s=0$)的人之后的概率：

选择非常不同意的概率$=1-0.98=0.02$(注意：在非常不同意或更高的范围内选择的概率为 1.0，因为该范围包括整个反应选项)。

选择不同意的概率$=0.98-0.79=0.19$。

选择中等的概率$=0.79-0.26=0.53$。

选择同意的概率＝0.26－0.03＝0.23。

选择非常同意的概率＝0.03－0＝0.03(注意：选择非常同意以上的概率为 0，因为没有此选项)。

当然，具有不同特质水平的人对不同选项有不同的反应概率。低特质水平的人相对更可能选择较低选项(例如，非常不同意或不同意)，表明不太认可该特性。相比之下，特质水平较高的人较有可能选较高选项，如同意或非常同意。使用上面的公式，我们可以用 GRM 来估计特定特质水平的反应概率。

得到参数估计：以 1PL 为例

您可能想知道我们是如何得到特征水平、项目难度和项目区分度的估计的，而这些估计值被用于上一节所述的公式中。纯粹是为了那些前面的例子，我们直接假设了那些值的相关情况。

然而，在现实的研究和应用中，没有关于这些值的直接信息。事实上，我们首先要做 IRT 分析的主要原因之一就是为了获取这些信息。也就是说，我们要通过 IRT 分析来获得个人特质水平和项目难度或区分度的估计值。

这种类型的信息一般是通过使用专门的统计软件来分析个体对一系列项目的反应。事实上，诸如 PARSCALE，BILOG，MUTLTILOG，SAS 的“irt”程序，Mplus 和诸如“ltm”和“mirt”的 R 软件包等能使研究人员进行 IRT 分析。虽然这些软件包的早期版本不太好用，但更新的版本还不错。与其他多变量统计程序一样，基于 IRT 的参数估计实际计算时是很复杂的。不过，“手动”操作一下相对简单的 IRT 分析实例可能会让您更深入地了解该过程，从而更深入地了解 IRT。

表 14-1 列出了 6 个人在数学能力测验中对 5 个假设题目的反应。在这些数据中，“1”代表正确答案，“0”代表错误答案。这样一个小的数据集不代表“现实世界”IRT 的使用。理想情况下，我们会有一个非常大的数据集，包括许多应试者和许多项目。这里用一个小的数据集来尽可能简单说明 IRT 分析。

IRT 分析的一个重要步骤是选择一个合适的测量模型。注意：这里的例子中，反应是两级记分——正确/错误。因此，我们选择一个适合两级记分结果的模型(例如，1PL、2PL、3PL)。模型范围缩小后，再选择一个包含我们所感兴趣参数的模型。涉及的一个超前问题是评估哪个模型最“拟合”(见下一节)。也就是说，我们可以通过分析来确定针对特定的数据集，应该用哪个特定的模型。从这一点上讲，我们将使用 Rasch 模型(1PL 模型)作为分析这些数据的度量模型，因为它最简单。

表 14-1　IRT 例子原始数据：假设五个题目的数学能力测验

人	题目 1	题目 2	题目 3	题目 4	题目 5
1	1	0	0	0	0
2	1	1	0	1	0
3	1	1	1	0	0
4	1	1	0	1	0
5	1	1	1	0	1
6	0	0	1	0	0

注：IRT＝项目反应理论。

从这些数据中能够获得几种信息。回想一下我们之前对 1PL(式 14-1)的描述，这个模型包括了项目反应的两个决定因素——被试的特质水平和项目的难度水平。我们首先来看被试的信息，估计出 6 位参加测验的人的特质水平，然后估计此项目的难度。正如我们在下面解释的那样，通常是通过一系列迭代步骤进行估计。首先估计特质参数和项目参数，然后反复修改，直到估计尽可能精确。

通过两个步骤初步估计特质水平。首先，确定每个被试正确回答项目的比例。对于被试讲，正确率就是他或她正确回答的项目数量除以他或她所回答的项目总数。如表 14-1 所示，被试 5 正确回答了 5 项中的 4 项(4/5)，因此她的正确率为 0.8。表 14-2 呈现了每个被试的正确率。接下来算出正确率和错误率的自然对数比，以得到特质水平的初始估计值：

$$\theta_s=\ln\left(\frac{Ps}{1-Ps}\right)。\qquad（式 14-6）$$

其中 Ps 是被试 5 的正确率。

分析表明被试 5 具有相对较高的特质水平：

$$\theta_s=\ln\left(\frac{0.8}{1-0.8}\right)=1.39。$$

这个初始估计表明被试 5 的特质水平比平均数高 1.4 个标准差。

项目难度的初步估计也是两步。首先，确定每个项目答对的比例。对于一个项目，答对的比例就是答对该项目的回答者数量除以答此项目的总人数。例如，6 个回答者中有 5 个答对了第一项，所以第一项答对的比例是 5/6＝0.83。表 14-2 列出了每个项目的答对的比例。计算答错比例与答对比例的自然对数来得到项目难度的估计：

$$\beta_i=\ln\left(\frac{1-P_i}{P_i}\right)。$$

其中 P_i 是项目 i 答对的比例。

初步估计表明，项目 1 难度相对较低：

$$\beta_i=\ln\left(\frac{1-0.83}{0.83}\right)=-1.61$$

这个值表明，即使是一个数学能力水平相对较低的人(即特质水平低于平均数 1.5 个标准差以上)，也会有 50∶50 的概率答对这个项目。表 14-2 给出了每个项目的难度估计。

如上所述，表 14-2 提供了能力水平和项目难度的初步估计。我们也注意到，这些初步估计是通过迭代的方法进行的，理想情况下最终能够得到准确的估计。进行这一系列步骤有几种方法，但它们都有一个基本框架。

表 14-2 IRT 示例：项目难度估计和人员特征水平估计

人	题目 1	题目 2	题目 3	题目 4	题目 5	正确率	特质水平
1	1	0	0	0	0	0.20	−1.39
2	1	1	0	1	0	0.6	0.41
3	1	1	1	0	0	0.6	0.41
4	1	1	0	1	0	0.6	0.41
5	1	1	1	0	1	0.8	1.39
6	0	0	1	0	0	0.20	−1.39
正确率	0.83	0.67	0.5	0.33	0.17	—	—
难度	−1.61	−0.69	0	0.69	1.61	—	—

注：IRT＝项目反应理论。

在这个框架中，每一个修正步骤都是通过一组子步骤来进行的。第一个子步骤是使用初始估计(特质水平和项目难度参数)来计算概率。也就是说，统计软件会计算每个人答对每个项目的概率。考虑个体 1(特质水平初始估计为 $\theta=-1.39$)正确答对项目 1(难度初始估计为−1.61)的估计概率。将这些初始估计值输入到 1PL 模型(式 14-1)中，我们得到概率为 $0.56\left(\frac{e[-1.39-(-1.61)]}{1+e[-1.39-(-1.61)]}\right)$。

也就是说，根据 1PL 模型和我们的初步估计，可以预测，被试 1 有(略)大于 50∶50 的机会答对项目 1。表 14-3 列出了所有 30 个概率——6 个人在 5 个项目上每一个答对的概率。

修订过程中的第二个子步骤是将这些反应概率与实际反应进行比较。再来看刚刚被试 1 对项目 1 的反应，我们在表 14-1 中看到，这个人确实答对了项目 1。答对的预测概率大于 50∶50，这似乎与她实际上答对此项目的事实相符。这种一致性表明初始估计相当准确。

然而，比较表 14-1(所有真实反映)和整个表 14-3(所有预测的答对概率)，我们看到了不一致。例如，根据我们对特质水平和项目难度的初步估计，被试 6 只有 20%的机会答对项目 3。然而，事实上，这个人确实答对了这个项目。因此，这个人答对了我们希望她答错的一个项目(根据初始估计)。同样，我们的初步估计也会导致我们期望被试 5 有相当大的可能答对项目 4(表 14-3 中的概率＝0.67，大于 50∶50)。但是，这个人却答错了此题。总之，我们最初的预测与一些实际反应一致，但也有和实际的反应不一致的地方。

表 14-3 IRT 示例：反应概率、初始项目难度估计和人员特征水平估计(来自表 14-2)

人	题目 1	题目 2	题目 3	题目 4	题目 5
1	0.56	0.33	0.20	0.11	0.05
2	0.88	0.75	0.6	0.43	0.23
3	0.88	0.75	0.6	0.43	0.23
4	0.88	0.75	0.6	0.43	0.23
5	0.95	0.89	0.8	0.67	0.44
6	0.56	0.33	0.20	0.11	0.05

特质水平和项目难度的初步估计将根据总体的一致性和不一致性进行修改。也就是说，我们的统计软件会以一种理想的方式调整估计值，从而增加总体的一致性模式，减少不一致的数量(和幅度)。有许多统计方法可以做这样的"调整"，但是所有这些方法都是通过调整估计值，重新计算概率来确定一致和不一致的(预测概率和实际反应间)以及重新进行估计的。这一过程一直持续到达到预定的结论点。

而且同样地，这个过程在计算上很复杂，要进行完整说明需要花费大量时间。本部分旨在提供一个相对直观的 IRT 关键概念(如被试特质水平和项目特征)估计背后的逻辑。

模型拟合

到目前为止，我们主要是在解释一些 IRT 的核心测量模型和这些模型的核心概念。施测者可以选择其中一个模型，通过统计软件将其应用于来自大批被试的项目反应，以实现多个目标。施测者可能会为了各种目标这样做，比如为每个被试估算测验(或特质)分数，或者得到关于每个项目和/或整个测验的心理测量信息。

然而，在相信这些信息前，施测者必须明确自己选择的模型确实适合所收集的数据(反应)。之前，我们在两级记分项目对比多级项目以及模型中项目参数的数量方面，描述了每个模型的一般逻辑和目的。然而，模型的适当性或"拟合度"比这更复杂。

对模型拟合的探讨远远超出了本章的范围。本章中我们的目标是让读者理解模型拟合在 IRT 分析及其一般逻辑中的重要性，IRT 的使用和解释应该在这个问题上进行。对更多细节感兴趣的读者可以参考之后相关来源(Chernyshenko，Stark，Chan，Drasgow & Williams，2001；Maydeu-Olivares，2015)。

在考虑模型拟合时，关键的问题是一个既定的测量模型能否很好地反映对一些项目的实际反应。例如，假设贝丝对一系列项目作答，答对了所有简单的项目，答错了中等难度的项目，但也答对了两个非常难的项目。从 IRT 的角度看，这种反应模式没什么意义。贝丝答对简单项目却答错中等难度的项目(根据 IRT 模型)会使我们猜测她的特质水平相对较低。

然而，她还答对两个非常难的项目，这表明她具有高特质水平！因此，贝丝的特质水平高低尚不清楚。因此，她的实际反应模式似乎与我们所期待的以及基于 1PL 或 2PL 等 IRT 模型所预期的并不符合。根据这些模型，答错中等难度项目的人根本不可能答对非常难的项目，但贝丝做到了。因此，我们可以说她的反应模式不适合 IRT 模式。也许很多被试表现出的模式与 1PL 或 2PL 所预测的不同。这时，这个模型与样本的反应就不是很拟合。

正如我们在前一节中所描述的，统计软件试图找到预测反应模式和实际反应模式间估计值的最大一致性。事实上，是通过对特质水平和项目参数尽可能准确地估计和重新估计来进行迭代。

因此，在进行 IRT 分析时，我们的统计软件确实会计算出每个人的特质水平(和项目难度水平)的估计值，但是我们能相信这些估计值吗？这是得到的最终估计值吗？软件基于 1PL 算出贝丝的特质水平估计——可能介于最低和最高之间。但考虑到她的反应模式，这个结果可靠吗？如果实际反应与 1PL 不同，那或许我们不能用 1PL 来估计这些反应的特质水平。

考虑到这些问题，施测者必须得到、检验并考虑关于特定 IRT 模型与他们正在分析的实际项目反应间的“拟合性”信息。基于 IRT 分析时，施测者应在关注这些分析提供的其他信息之前，考虑评估模型拟合的各种方式。我们在第 12 章中所指的一些指数也适用于 IRT 情境——卡方、近似误差均方根(RMSEA)等。然而，IRT 可用的指数较少(Chernyshenko et al.，2001)，并不是所有指数都能从 IRT 的统计软件中得到。

如果“拟合指数”表明该模型与实际反应不相符，那么施测者应谨慎解释该模型得到的其他信息(例如：个体特质估计、项目难度估计等)。很可能这些信息没有心理学上的意义。也就是说，拟合度低的模型提供的信息足以说明某些问题，但对其他目的和要求意义不大(Maydeu-Olivares，2015)，且拟合不好模型带来的问题有多严重还是不太清楚的(Sinharay & Haberman，2014)。

但是，如果拟合指数表明模型与实际反应间的拟合性很好，那么施测者可以继续解释其余信息，因为这些信息在心理上是有意义、有用的。这样看来，IRT 中的模型拟合问题与验证性因素分析相关的模型拟合(见第 12 章)非常相似。有了“拟合不错”的证据后，施测者可继续检查项目参数(难度和区分度)、项目特征曲线、项目信息曲线、测验信息曲线等。我们将在下一节介绍相关内容。

项目和测验信息

总的来说，作为心理测量方法，IRT 能提供一些项目和测验的信息。在 IRT 分析中，各种项目特征相结合来反映整个测验的特征。这样，诸如难度和区分度的项目特征可以用来评估项目，并最大限度地提高测验的整体质量。

项目特征曲线

使用 IRT 的心理测量学家经常检查“项目特征曲线”来表现和评估测验项目的特征。项目特征曲线(见图 14-1)反映了特质水平范围内个体可能答对每个项目的概率。图 14-1 中的项目特性曲线是通过之前数学测验(见表 14-2)中 5 个题目的 1PL 分析画出来的。对于项目特征曲线，x 轴指能力/特质水平范围，y 轴指 0 到 1.0 的概率。

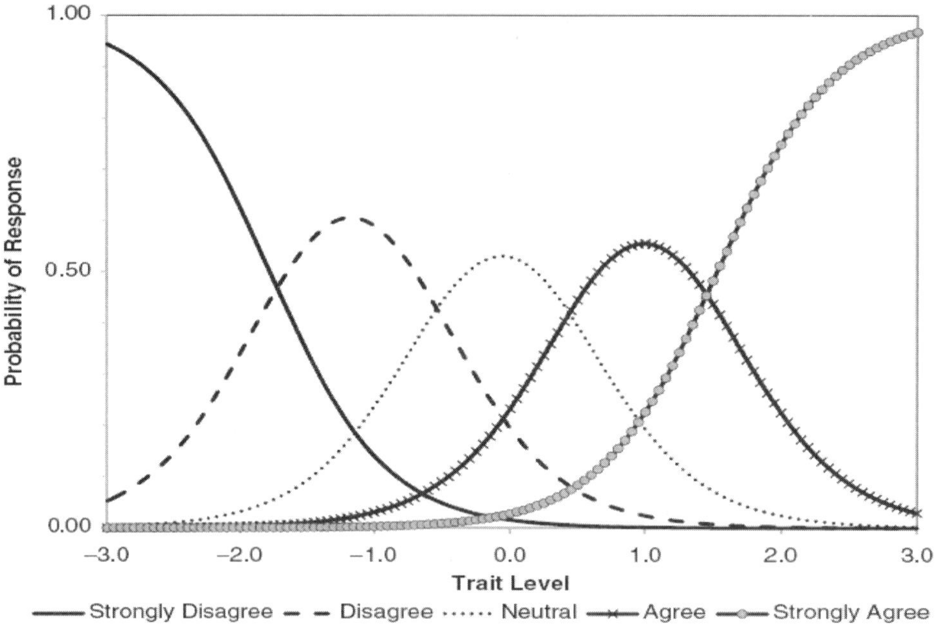

图 14-1　项目特征曲线

每个项目都有一条曲线，我们可以检查一个项目的曲线，以找出具有特定特质/能力水平的人答对该项目的可能性。花点时间来研究第 1 个项目的曲线。数学能力处于平均水平的人答对这个项目的概率是多少？为了回答这个问题，直接找项目 1 曲线上 x 轴“0”之上的点(项目特征曲线中特质/能力水平以 Z 分数为单位，所以 0 代表平均特质/能力水平)，并且我们看到这一点在 y 轴上的在 0.8 和 0.9 之间。从其他曲线看，数学能力处于平均水平的人，答对项目 2 的概率为 0.65，答对项目 3 的概率为 0.5，答对项目 5 的概率仅为 0.17。

因此，项目特征曲线能反映任何特质/能力水平的个体答对任何项目的可能性。注意 x 轴上从左到右的曲线顺序，这反映了它们的难度级别。在图 14-1 中，项目 1(最左边的曲线)是最简单的项目，项目 5(最右边的曲线)是最难的项目。

项目特征曲线是基于数学模型绘制的。例如，图 14-1 中的曲线基于 1PL 或 Rasch 模型的公式(式 14-1)得到的。为绘制一个项目的项目特征曲线，我们可以重复使用一个模型来计算许多特质/能力水平答对的概率。也就是说，通过在模型中输入一个项目的难度和特定的特质水平(比如−3.0)，就可以得到具有特定特质水平的人答对该项目的概率。然后，我们可以在模型中输入不同特质水平(比如−2.9)，得到不同特质水平的人答对这个项目的概率。所有都计算出来后，简单地画出我们得到的概率。连接这些概率的线就是项目的特性曲线。针对表 14-1 中 5 道题的每个项目进行了计算。为了得到图 14-1，使用 Excel 计算 305 个项目的概率(每个项目 61 个概率，每个概率代表不同特质/能力水平)，并将这些点绘制到曲线上。

图 14-1 中的曲线是基于最简单的模型——1PL 模型——绘制的。该模型仅包括一个项目参数(即难度)，且仅具有两种选择(即两级记分项目)的项目。如前所述，其他模型用于更复杂的测量。

例如，回忆一下，GRM 是针对具有两个以上反应选项的项目而设计的，其中包括难度和区分度参数。基于这个模型的分析每个测验项目会产生更复杂的特性曲线。也就是说，每个项目都有几条曲线，每个曲线对应一个反应选项。每条曲线反映了任何特质水平的人选择一个特定答案的概率。

为说明这一点，我们绘制了之前用来说明 GRM 项目的项目特性曲线(“我喜欢与朋友交谈”)。回想一下，它有 5 个选项和以下参数估计：$\beta_1=-1.78$，$\beta_2=-57$，$\beta_3=0.45$，$\beta_4=1.53$，$\alpha=2.32$。基于这些值，我们计算了各种特质水平的反应概率，并且 5 个反应选项中的每一项都进行这一步。图 14-2 所呈现的就是这个项目的曲线。

如图 14-2 所示，每个反应选项都有自己的曲线，表示具有特定特质水平的人答对该选项的概率。注意，随着从图中左侧到右侧，一条曲线到另一条曲线的移动，同意水平在增加。也就是说，非常不同意在最左边，而非常同意在最右边。分析所产生的 4 个难度参数(β 值)带来了曲线的这种排序。

基于 GRM，每个项目都有自己的一组反应曲线，如图 14-2 所示。这些项目特征曲线可以从视觉上直观反映每个项目的反应倾向。虽然测验开发者和用户对这种倾向感兴趣，但他们通常更关注每个项目和整个测验的心理测量质量。为检验这一点，他们评估与信度密切相关的项目信息和测验信息。

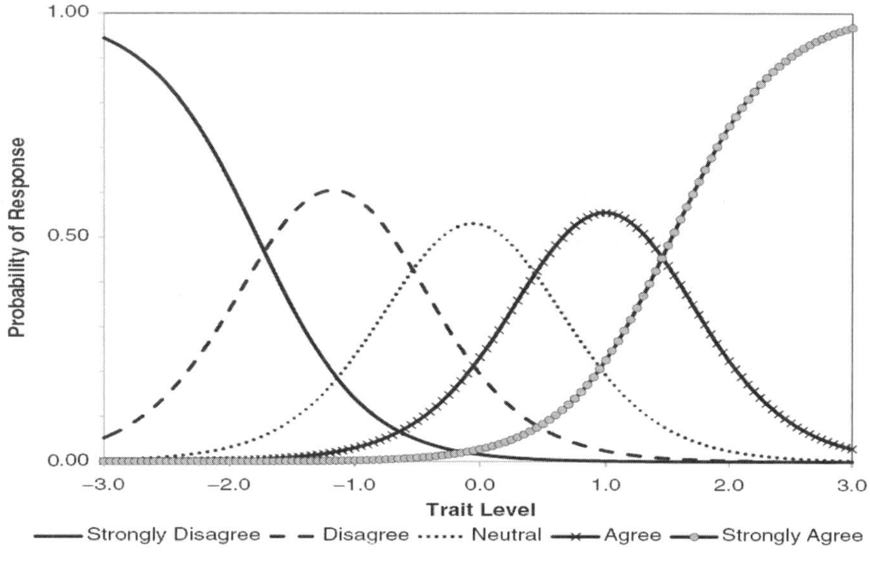

图 14-2 基于等级反应模型的项目特征曲线

项目信息和测验信息

从 CTT 的角度看，信度是测验要考虑的重要心理概念。回顾第 5 章和第 6 章，我们能够表达和估计测验的信度。例如，计算 α 系数作为测验的估计。需注意的是，我们只计算一个测验的一个信度估计值，这个估计值表明测验观察分数与真实分数的相关程度。CTT 与 IRT 的一个重要区别就是特定测验只有一个信度。

从 IRT 的角度看，一项测验并不是只有“信度”，相反，测验的心理质量对某些人来说比其他人更强。也就是说，测验在某些特质水平上反映的信息比其他特质水平更好。这是 IRT 和 CTT 之间的一个重要区别，下面进行解释。

想象一下，伊丽莎白、希瑟、克里斯和拉赫纳这 4 个人有不同特质。我们可以把他们相对“真实”的特质水平看作是连续的。

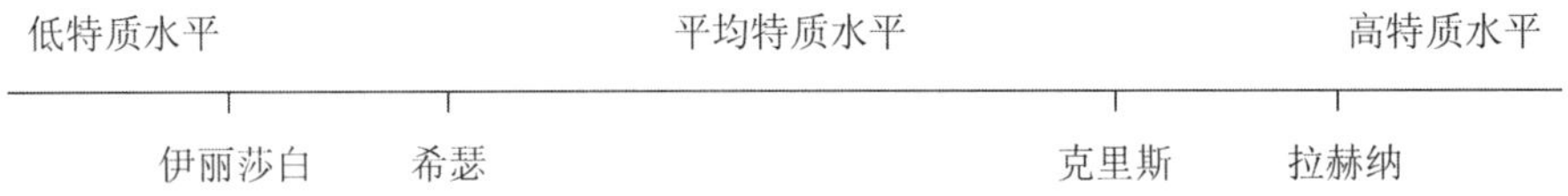

从潜在的心理特质来看，伊丽莎白和希瑟都低于均值，之间差异相对小。相反，克里斯和拉赫纳特质水平相对较高，而他们之间的差异同样较小。

正如我们在本书中反复强调的那样，心理测验的目的是探察心理变异。实际上，大多数心理测验都旨在区分特质水平高的人和低特质水平的人。从 IRT 的角度看，一项测验能够准确地测出不同特质水平个体间的差异时，这项测验就能够为我们提供“良好的信息”。

即使测验的心理测量质量一般，也应能够反映出特质水平间的巨大差异。例如，上述 4 人，一个中等心理测量质量的测验应该能够最起码区分低于特质分数均值的两人和高于特质分数均值的两人。也就是说，伊丽莎白和希瑟的得分低于克里斯和拉赫纳，即使这个测验心理测量质量一般。

然而，如果我们想要反映受测者之间更小更细微的差异，就需要一个心理测量特性较好的测验。例如，如果我们想要发现伊丽莎白和希瑟间的差异，或者想知道克里斯的特质水平和拉赫纳的特质水平是否不同，那么测验就要对特质水平的差异非常敏感。

此外，重要的是，IRT 使一种测验能够很好地反映某些特质水平的差异而不看其他特质水平。例如，测验可能更好地反映克里斯和拉赫纳间的差异，而不是伊丽莎白和希瑟间的差异。也就是说，测验在高特质水平上反映的信息比低特质水平更好。

一个测验如何提供不同特质水平的信息？例如，为什么一个测验能够区分性格水平相对较高的人，却不能区别特质水平相对较低的人呢？想象一下数学能力测验里的两道题：

①10000 开平方是多少？

②求解这个方程中的 x：$56=4x^2+3y-14$。

与一些题目相比，两题都需要相对较高的数学能力。如果伊丽莎白和希瑟的数学能力水平较低(比如说他们俩会加减，希瑟可能比伊丽莎白做得好一点)，那么他们都答不对这个题。因此，伊丽莎白和希瑟在两题中得分相同，测验区分不出两人的能力。相比之下，克里斯和拉赫纳具有较高的数学能力，每个人都能最少答对一个题。但拉赫纳的能力比克里斯高一点，她可能会同时答对两题，但是克里斯可能只答对一题。因此，克里斯和拉赫纳可能会有不同分数。

考虑到这种反应模式，测验可以反映其中一些差异。也就是说，测验可以区分高特质水平(克里斯和拉赫纳，至少答对一个题)与低特质水平的人(即伊丽莎白和希瑟，他们两题都答不上来)。另外，可对高特质水平的人进行区分(即答对一个问题的克里斯，答对两个问题的拉赫纳)。然而，测验并没有区分低特质水平的人。也就是说，由于伊丽莎白和希瑟获得了相同的分数(可能为“0”，因为都未答对)，这个测验并不能反映希瑟比伊丽莎白实际上特质水平更高。

总之，如果一个测验的项目在某些特质水平比其他特质水平上，表现出更强烈的特征(例如项目难度水平)，则测验的心理测量质量可能因特质水平不同而不同。例如，数学测验的两道题目难度都较高，那就不能提供低特质水平的人的相关信息。

我们可以使用 IRT 探察各种特质水平的测验的心理测量质量，分两步进行。首先，评估各种特质水平中每个项目的心理测量质量。计算多种特质水平上每个项目答对的概率(如前面讨论的项目特征曲线所示)，用这些概率来计算同一范围特质水平的信息量。对于 1PL(Rasch)模型，项目信息可以这样(Embretson & Reise，2000)计算：

$$I(\theta)=P_i(\theta)[1-P_i(\theta)]。$$

其中 $I(\theta)$是特定特质水平(θ)的项目信息值，$P_i(\theta)$是具有特定特质的被试答对该项目的概率。例如，表 14-2 中的第 1 项的估计难度为－1.61。特质水平低于均值 3 个标准差的人答对题目 1 的概率为 0.2(请参阅计算 Rasch 模型概率的公式)。因此，对于低于均值 3 个标准差的特质水平($\theta=-3$)，题目 1 的信息值为 0.16[＝0.2×(1－0.2)]。

相比之下，高于均值 3 个标准差的特质水平($\theta=3$)在题 1 上的信息值仅为 0.01。

更高的信息值表示更高的心理测量质量。因此，题目 1 在低特质水平比在高特质水平上有更好的心理测量质量。也就是说，特质水平低的人比特质水平高的人更易区别(可能是因为几乎所有特质水平高的人都会答对此题)。表 14-4 是算出的 7 个特质水平上每个项目的概率值和信息值。如果算出更多特质水平的信息值，就可以画出项目信息曲线了。

图 14-3a 展示了 5 道题目的数学测验中每个题的项目信息曲线。解释图时需要考虑几个重要问题。第一，曲线高度表示项目提供的信息量——较高的曲线表示较高的心理测量质量。第二，曲线上的最高点表示特质水平处于项目提供最多信息的点上。事实上，一个项目提供了与其难度水平相对应的特质水平的最多信息。

表 14-4　IRT 示例：项目反应正确率，项目信息和各特质水平的测验信息

P(X=1｜θ)正确回答的概率						信息					
特质水平	题目 1	题目 2	题目 3	题目 4	题目 5	题目 1	题目 2	题目 3	题目 4	题目 5	测验
−3	0.20	0.09	0.05	0.02	0.01	0.16	0.08	0.05	0.02	0.01	0.32
−2	0.4	0.21	0.12	0.06	0.03	0.24	0.17	0.10	0.06	0.03	0.6
−1	0.65	0.42	0.27	0.16	0.07	0.23	0.24	0.20	0.13	0.06	0.86
0	0.83	0.67	0.5	0.33	0.17	0.14	0.22	0.25	0.22	0.14	0.97
1	0.93	0.84	0.73	0.58	0.35	0.06	0.13	0.20	0.24	0.23	0.86
2	0.97	0.94	0.88	0.79	0.6	0.03	0.06	0.10	0.17	0.24	0.6
3	0.99	0.98	0.95	0.91	0.8	0.01	0.02	0.05	0.08	0.16	0.32

注：IRT=项目反应理论。

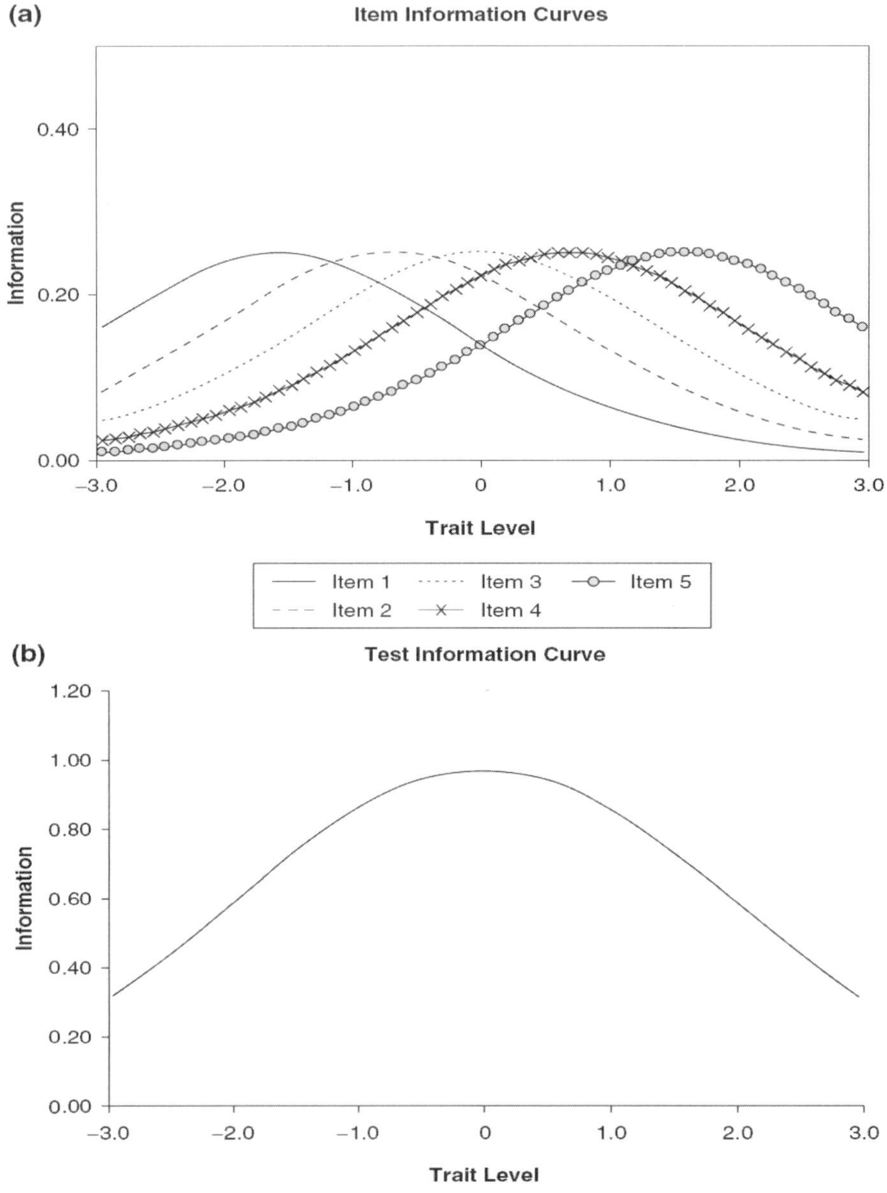

图 14-3　测验信息曲线和项目信息曲线

例如，题目1(最简单)提供了一个特质水平为－1.61的最佳信息，这是其难度水平。然而，这个题目并没有提供高于平均特征水平的特征信息。最后，这些题目提供良好信息(good information)的点通常是不同的。例如，题目1提供了相对较低特质水平上的良好信息，题目3提供了平均特质水平上的良好信息，题目5在较高特质水平上提供了良好信息。

当然，我们实际使用心理测验时，更关心的是整个测验的质量，而不是单个项目的质量。因此，我们可以结合项目信息值来获得测验信息值。具体而言，可以将特定特质水平的项目信息值相加以获得该特质水平的测验信息值。表14-4提供了5个题目的数学能力测验在7个特质水平上的信息值，例如，平均特质水平($\theta=0$)的测验信息分数就是这个特质水平的项目信息值的总和：

$$0.97=0.14+0.22+0.25+0.22+0.14。$$

而且，如果计算出许多特质水平的测验信息分数，就可以将测验结果绘制在测验信息曲线中，如图14-3b所示。

测验信息曲线能够说明测验在不同特质水平上提供的不同信息质量的程度。注意，假设测验提供了平均特质水平的最佳信息，而在更极端的特质水平上提供了极少信息。也就是说，我们的测验很好地区分了特质水平在均值1或2个标准差内的人。相比之下，不能很好区分特质水平低于或超过平均水平2个标准差以上的人。

正如我们所描述的，图14-3a展示了最简单的IRT模型——1PL或Rasch模型的项目信息曲线。同样，这个模型只包含一个类型的项目参数，即项目难度。因此，我们看到这些项目可以提供不同特质水平的最大信息量。也就是说，这些项目的难度各不相同，并且每个项目在其特定难度水平上都具有最佳心理测量质量。

但是，正如我们所描述的，一些IRT模型包含多个项目参数。例如，2PL和GRM包括每个项目的难度和区分度参数。当然，项目信息和测验信息也可以基于这些模型进行估计。

尽管这些复杂模型的项目信息背后的逻辑相同，但其计算更为复杂。因此，我们不深入研究这些复杂的计算，但是会展示和描述基于这些模型的项目信息曲线(感兴趣的读者可以参考Fraley，Waller & Brennan，2000，看2PL的项目信息模型)。可以进一步帮助熟悉IRT作为一种灵活的心理测量方法的使用。

对于既有难度又有区分度项目参数的模型，项目信息曲线以两种方式变化。首先，正如我们在1PL模型中看到的那样，曲线可以根据位置变化。也就是说，我们可以在其最大信息出现点的特质水平上变化，反映在曲线在x轴的不同点“达到顶点”。

其次，项目信息曲线也可以根据高度而变化。也就是说，它们提供的信息量可能会有所不同，这一点可以从曲线在y轴不同点上“达到顶点”体现出来。

例如，图14-4给出了从诸如2PL或GRM的模型中得到的3个项目信息曲线。注意，曲线在位置和高度方面都有所不同。从图中我们可以看到，题目2是最简单的(其最大信息出现在平均特质水平之下约1个标准差处)，而题目3是最难的(最大信息出现在高于平均特质水平约

1个标准差处)。我们也看到，题目1有着迄今为止最好的心理测量质量。也就是说，它的曲线在信息轴上比其他两个项目高得多。事实上，题目3提供的信息很少，即使在最高水平也没什么信息量。

诸如图14-4之类的数据能为有兴趣进行测验开发和评估的人提供有用的心理测量信息。也就是说，从中可以直观看出需要修改或删除的项目。例如，图14-4表明，题目3几乎没有提供任何特质水平的有用信息。基于这一发现，我们可以考虑放弃这个项目，或者至少仔细检查一下，看它为什么不太好(例如措辞不佳，有和构想无关的变异等)。

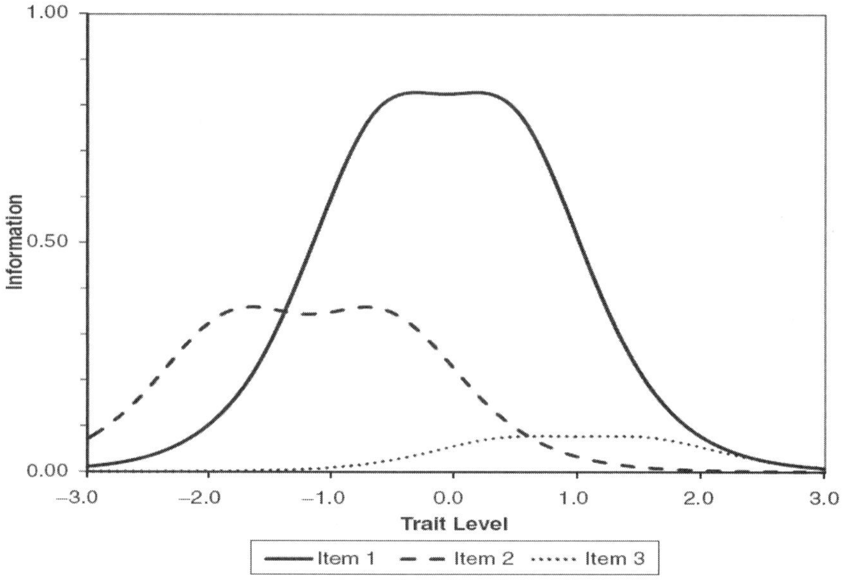

图14-4　项目信息曲线示例，基于含区分度参数的测量模型

注：2PL＝双参数逻辑模型；GRM＝等级反应模型。

最后，如果我们决定放弃题目3，可能会用另一个题(或几道题)替代它，以提供高特质水平的良好信息。尽管题目1提供了一些特质水平的良好信息，但希望提供信息的项目能够区分高于平均特质水平1到3个标准差的人群。因此，项目信息曲线可以在项目、测验和测验开发方面提供有用信息。

总之，再来看看IRT和CTT在测验信度方面的差异。从CTT的角度看，一个测验有一个信度，可以使用α系数等指数进行估计。从IRT的角度看，一个测验的心理测量质量可能因特质水平而异。这是测验理论的两种方法间一个重要但可能被忽略的差异。

IRT的应用

IRT从理论视角切入，作为工具在许多心理测量领域被大量应用。项目难度和区分度可能是最直观应用于能力测量中的。事实上，大学委员会早已经使用IRT作为SAT的基础。此外，有几个州将IRT作为公立学校系统中成就测验的基础。除了应用于能力测验之外，IRT还被应用于诸如态度测量(Strong，Breen & Lejuez，2004)和人格特征测量中(Chernyshenko et al.，2001；Fraley et al.，2000；Kashdan et al.，2009)。

测验开发和改进

IRT 的基本应用是对项目和测验的心理测量特性进行评估和改进。测验开发者能用项目性信息来选择反映一定范围特质水平且具有强区分能力的项目。在 IRT 分析的指导下，这样的选择能在一系列特质水平上创建出具有强心理特性的测验。

例如，弗雷利等人(2000)用 IRT 来检验与成人依恋有关的 4 种量表(共 12 个分量表)的心理测量特性。通过计算和绘制每个子量表的测验信息曲线，弗雷利和他的同事们发现，一个“亲密关系体验量表”(ECR；K. A. Brennan，Clark & Shaver，1998)提供了比其他量表更多的信息水平。进一步，弗雷利和他的同事用 IRT 来指导和评估对 ECR 量表的修订。修订后的 ECR 量表比原来的量表总体测验信息质量更好。值得注意的是，是在不增加项目数量的情况下使测验信息增加的。

项目功能差异

在本书前面(第 11 章)，我们讨论了测验偏差。可以从 IRT 的角度，来分析评估项目功能差异(DIF)的存在和性质。当一组中的项目属性与另一组中的项目属性不同时，会出现项目功能差异。例如，当一个特定项目有一个男性难度水平和一个不同的女性难度水平时，就存在 DIF。换句话说，DIF 的存在意味着男性和女性具有相同特质水平但答对项目的概率不同。组间存在 DIF 表明，这些组在项目间的比较没有意义。

例如，史密斯和赖斯(1998)用多维人格问卷(MPQ；Tellegen，1982)的“压力反应量表”来研究男性和女性 DIF 的存在和性质。“压力反应量表”评估消极情绪体验(如内疚和焦虑)的倾向，以前的研究表明，男性和女性在此量表上往往有不同表现。史密斯和赖斯认为，这种差异可能反映了这种特质的真实性别差异，或者可能是由该量表的 DIF 产生的。他们的分析表明，虽然女性似乎压力反应的特质水平更高，但在一些项目上仍存在 DIF。此外，他们的分析了那些有 DIF 的项目有趣的心理意义。史密斯和赖斯指出，女性更容易认可“自我评估时情绪脆弱和敏感性”有关的项目，但男性更容易认可“一般的神经紧张，无法解释的喜怒无常，烦躁，挫折和紧张”这些相关项目。史密斯和赖斯的结论是，这个用来测量消极情绪的量表在“女性 DIF 类项目”过多时，会显示出较大的性别差异，而当“男性 DIF 类项目”过多时，性别差异较小。这可以为重大心理测量的发展和解释提供参考。

个人拟合

IRT 另一个有趣的应用是被称为个人拟合(Person Fit)的现象(Ferrando，2015；Meijer & Sijtsma，2001)。当进行心理测验时，我们可能会发现某人与典型的反应相比，反应模式很不同。来看两道和测量友好有关的项目。

①我喜欢我的朋友；

②我愿意借给朋友尽可能多的钱，当他们需要的时候。

大多数人可能会赞同第一个项目(即这是一个“容易”项目)。相反，较少人同意第二个项目。尽管我们大多数人都喜欢我们的朋友，并愿意帮助他们，但并不是所有人都愿意借给他们“尽可能多的钱”。当然，这些愿意借钱给朋友的人也很可能会说“喜欢我们的朋友”(即认可第一个项目)。

也就是说，很容易找到一个人愿意借钱给她的朋友，并且她也喜欢朋友，但是很难找到一个愿意借钱给朋友却不喜欢朋友的人。这对项目有四种可能的反应模式，其中对3种模式有直接解释。

模式	项目1	项目2	解释
1	不同意	不同意	不友好的人
2	同意	不同意	中等友好的人
3	同意	同意	很友好的人
4	不同意	同意	模糊解释

对个人拟合的分析是去找出反应模式与任何预期反应模式都不同的个体。虽然有几种方法能分析个人拟合度(Ferrando，2015；Meijer & Sijtsma，2001)，但总体思路是IRT可以用来估计项目的特征，然后识别对项目反应不符合这些参数的人。例如，IRT分析可能表明，上述第一个项难度较低(即不需要认可很高的友好度)，而第二个项难度较高。找到一个同意难度高的项目但不同意简单项目的人是很奇怪的。

有几种可能的原因来解释为什么个人拟合较差。个人拟合较差可能表明作弊，随机反应，低动机，测验的文化偏差，故意虚假陈述，甚至评分或管理错误(Schmitt，Chan，Sacco，McFarland & Jennings，1999)。此外，在人格评估时，个人拟合较差表明一个人的人格是独特的，因为它产生的反应不符合“典型预期”(Reise & Waller，1993)。

计算机自适应测验

通常与IRT相关的另一个应用称为计算机自适应测验(CAT；Davey & Pitoniak，2006；Wainer et al.，2000)。CAT是一种计算机化的测验管理方法，旨在准确有效地评估个人特质水平。计算机自适应测验使用大量题库，用IRT获得关于项目的心理测量性质信息。例如，测验管理员可以建立一个包括300个项目的题库，并进行研究以估计每个项目的难度水平。回想一下，项目难度与特质水平有关——项目的难度水平是需要被试具有一定特质水平，使得有0.5的概率答对项目。有关项目难度的信息被输入电脑数据库中。

当一个人开始测验时，计算机呈现针对平均特质水平(即难度接近于0)的难度的项目。从这一点来说，计算机使测验和个人的表面特质水平相匹配。如果个人在开始测验时答对很多，则计算机会搜索其项目数据库并选择难度级别高于平均水平的项目呈现给个人。相反，个人在开始测验时答错很多，则计算机搜索其项目数据库并选择难度级别低于平均水平的项目来呈现。注意，这两个人可能会接受两个几乎完全不同的测验。

随着个人继续参加考试，计算机会继续针对个人特质水平选择项目。计算机追踪个体对已知难度的特定项目的反应。通过跟踪这些信息，计算机不断重新认识个体的特质水平。当计算机能够通过足够项目对个体特征水平做出最终估计时，就结束测验。

有趣的是，计算机自适应测验的准确性和效率是通过对不同的个体进行不同的测验得到的。起初似乎违反直觉，但也要考虑适应性测验的目的。适应性测验的目的是为了有效针对每个人的具体特质水平提供项目。也就是说，它只提供帮助估计每个考生特质水平的项目。如果一个人的能力水平很高，那么就没有必要要求其回答简单问题。同样，如果一个人的能力水平较低，那么我们就不要求其去做难题。因此，CAT 项目不是为每个人提供相同的 300 个题目的测验，而是为每个人提供其所需要的项目，以确定他或她的特质水平——可能少于 300 个。理想情况下，这种测验方法对被试来说效率更高，反感更少。

计算机自适应测验主要用于能力、知识和成就测验。例如，全国护理委员会(NCSBN)负责管理美国各地护士的执照标准。获得执照需要进行测验，使用已知难度的近 2000 个项目的题库和 CAT 管理流程来呈现项目和分数。NCSBN 网站向申请人保证，与传统纸笔考试形式相比，“CAT 能够通过将项目针对到考生能力上，使用更少的项目来产生更稳定的考试成绩”(NCSBN，2017)。同样，仅在 2016 年，全球商学院就有超过 25 万名申请者参加美国管理学研究生入学考试(GMAT；GMAC，2016)，而且在撰写本文时，主要也是通过计算机自适应测验进行管理。为了解释测验的适应性，GMAT 网站通知考生：“GMAT 考试是计算机自适应测验，意味着会根据考生能力水平为考生选择每个问题。因此 GMAT 分数是对个人能力极其精确的衡量标准。比纸质测验中每个人都回答相同问题更有效。”显然，CAT 是 IRT 的实际应用，使用正越来越多。

总　结

总之，IRT 是一种心理测量方法，相比传统的 CTT 有几个优点。IRT 包括各种统计模型，这些模型代表着项目反应、考生特质水平和一系列项目特征之间的联系。项目特征的知识(如项目难度和项目区分度)能够表明心理测验的发展、解释和改进。

尽管 IRT 的分析在计算上是复杂的，但已有专门的软件进行分析，并且该软件使用变得越来越方便。对此的持续研究和应用将进一步揭示 IRT 相比于 CTT 的实际优势。

推荐阅读

针对心理学的 IRT 中的各种问题，请看下面这本书：

Embretson，S. E. & Reise，S. (2000). *Item response theory for psychologists*. Mahwah，NJ：Lawrence Erlbaum.

下面这本书从另一种角度介绍 IRT 概念：

Hambleton，R. K.，Swaminathan，H. & Rogers，H. J. (1991). *Fundamentals of item response theory*. Newbury Park，CA：Sage.

了解 IRT 发展史中的经典源头，请阅读：

Lord，F. M. (1953). The relation of test score to the trait underlying the test. *Educational and Psychological Measurement*，13，517-548.

下面此文讲解使用 IRT 分析人格测验时的一些问题和难点：

Reise，S. P. & Henson，J. M. (2003). A discussion of modern versus traditional psychometrics as applied to personality assessment scales. *Journal of Personality Assessment*，81，93-103.

该参考文献对涉及 Rasch 模型(1PL)的许多问题进行了深入彻底地探讨：

Bond，T. G. & Fox，C. M. (2001). *Applying the Rasch model：Fundamental measurement in the human sciences*. Mahwah，NJ：Lawrence Erlbaum.

下面是一个用 IRT 分析心理学数据的实例：

Fraley，R. C.，Waller，N. G. & Brennan，K. A. (2000). An item-response theory analysis of self-report measures of adult attachment. *Journal of Personality and Social Psychology*，78，350-365.

IRT 技术和深入性问题，包括模型拟合、人拟合，请参阅：

Reise，S. P. & Revicki，D. A. (Eds.). (2013). *Handbook of item response theory modeling：Applications to typical performance assessment*. New York，NY：Routledge.

下面这本书中详细介绍了一些计算机自适应测验中的问题：

Wainer，H.，Dorans，N.，Flaugher，R.，Mislevy，R.，Green，B.，Steinberg，L. & Thissen，D. (2000). *Computerized adaptive testing：A primer (2nd ed.)*. Hillsdale，NJ：Lawrence Erlbaum.

参考文献

高觉敷.(1985).*中国心理学史*.北京：人民教育出版社.

郑日昌.(1999).*心理测量学*.北京：人民教育出版社.

张厚粲，余嘉元.(2012).中国的心理测量发展史.*心理科学*，(3)，4-11.

戴忠恒.(1990).*教育统计、测量与评价*.北京：中国科学技术出版社.

程家福，王仁富，武恒.(2001).简论我国心理测量的历史、现状与趋势.*合肥工业大学学报：社会科学版*，*15*(S1)，102-105.

Abelson, R. P. (1985). A variance explanation paradox: When a little is a lot. *Psychological Bulletin*, *97*, 129-133.

Aguinis, H., Culpepper, S. A., & Pierce, C. A. (2010). Revival of test bias research in preemployment testing. *Journal of Applied Psychology*, *95*, 648-680.

Allen, M. J., & Yen, W. M. (1979). *Introduction to measurement theory*. Monterey, CA: Brooks/Cole.

Alliger, G. M., & Dwight, S. A. (2000). A meta-analytic investigation of the susceptibility of integrity tests to coaching and faking. *Educational and Psychological Measurement*, *60*, 59-72.

American Association of Medical Colleges. (2015). *What's on the MCAT Exam? Psychological, social, and biological foundations of behavior*. Retrieved from https://students-residents.aamc.org/applying-medical-school/article/mcat-2015-psbb-overview/

American Educational Research Association, American Psychological Association, and National Council on Measurement in Education. (2014). *Standards for educational and psychological testing*. Washington, DC: American Educational Research Association.

American Psychiatric Association. (2013). *Diagnostic and statistical manual of mental disorders* (5th ed.). Washington, DC: Author.

American Psychological Association. (n. d.). *Psychological assessment: Journal description*. Retrieved from http://www.apa.org/journals/pas/description.html

Anderson, C. A., & Dill, K. E. (2000). Video games and aggressive thoughts, feelings, and behavior in the laboratory and in life. *Journal of Personality and Social Psychology*, *78*, 772-790.

Angoff, W. H. (1988). Validity: An emerging concept. In H. Wainer & H. I. Braun (Eds.), *Test validity*(pp. 19-32). Hillsdale, NJ: Lawrence Erlbaum.

Armor, D. J. (1974). Theta reliability and factor scaling. In H. L. Costner (Ed.), *Sociological methodology*(pp. 17-50). San Francisco, CA: Jossey-Bass.

Arterberry, B. J., Martens, M. P., Cadigan, J. M., & Rohrer, D. (2014). Application of generalizability theory to the Big Five inventory. *Personality and Individual Differences*, *69*, 98-103.

Asparouhov, T., & Muthén, B. (2009). Exploratory structural equation modeling. *Structural Equation Modeling*, 16, 397-438.

Atkinson, L. (1991). Three standard errors of measurement and the Wechsler Memory Scale Revised. *Psychological Assessment: A Journal of Consulting and Clinical Psychology*, *3*, 136-138.

Ayre, C., & Scally, A. J. (2014). Critical values for Lawshe's content validity ratio: Revisiting the original methods of calculation. *Measurement and Evaluation in Counseling and Development*, *47*, 79-86.

Bachman, J. G., & O'Malley, P. M. (1984). Yea-saying, nay-saying, and going to extremes: Black-White differences in response style. *Public Opinion Quarterly*, *48*, 491-509.

Baer, R. A., & Miller, J. (2002). Underreporting of psychopathology on the MMPI-2: A metaanalytic review. *Psychological Assessment*, *14*, 16-26.

Baer, R. A., Wetter, M. W., & Berry, D. T. R. (1992). Detection of underreporting of psychopathology on the MMPI: A meta-analysis. *Clinical Psychology Review*, *12*, 509-525.

Bartholomew, D. J. (1996). *The statistical approach to social measurement*. New York, NY: Academic Press.

Bartholow, B. D., Sestir, M. A., & Davis, E. B. (2005). Correlates and consequences of exposure to video game violence: Hostile personality, empathy, and aggressive behavior. *Personality and Social Psychology Bulletin*, *31*, 1573-1586.

Beck, A. T., Steer, R. A., & Brown, G. K. (1996). *Beck Depression Inventory II (BDI-II)*. San Antonio, TX: Harcourt Assessment.

Bentler, P. M. (in press). Specificity-enhanced reliability coefficients. *Psychological Methods*. doi: 10. 1037/met0000092

Bentler, P. M., Jackson, D. N., & Messick, S. (1971). Identification of content and style: A two-dimensional interpretation of acquiescence. *Psychological Bulletin*, *76*, 186-204.

Berry, D. T. R., Baer, R. A., Rinaldo, J. C., & Wetter, M. W. (2002). Assessment of malingering. In J. N. Butcher (Ed.), *Clinical personality assessment* (2nd ed., pp. 269-302). New York, NY: Oxford University Press.

Binks, P. G., Gouvier, W. D., & Waters, W. F. (1997). Malingering detection with the dot counting test. *Archives of Clinical Neuropsychology*, *12*, 41-46.

Blanton, H., & Jaccard, J. (2006). Arbitrary metrics in psychology. *American Psychologist*, *61*, 27-41.

Block, J. (1965). *The challenge of response sets: Unconfounding meaning, acquescence and social desirability in the MMPI*. New York, NY: Appleton-Century-Crofts.

Böckenholt, U. (2012). Modeling multiple response processes in judgment and choice. *Psychological Methods*, *17*, 665-678.

Böckenholt, U. (2017). Measuring response styles in Likert items. *Psychological Methods*, *22*, 69-83.

Böckenholt, Y., & Meiser, T. (2016). Response style analysis with threshold and multi-process IRT models: A review and tutorial. *British Journal of Mathematical and Statistical Psychology*, *70*, 159-181.

Bollen, K. A., & Lennox, R. (1991). Conventional wisdom on measurement: A structural equation perspective. *Psychological Bulletin*, *110*, 305-314.

Bolt, D. M., & Newton, J. R. (2011). Multiscale measurement of extreme response style. *Educational and Psychological Measurement*, *71*, 814-833.

Bonett, D. G., & Wright, T. A. (2015). Cronbach's alpha reliability: Interval estimation, hypothesis testing, and sample size planning. *Journal of Organizational Behavior*, *36*, 3-15.

Boone, K. B., Lu, P., Back, C., King, C., Lee, A., Philpott, L., ... Warner-Chacon, K. (2002). Sensitivity and specificity of the Rey Dot Counting Test in patients with suspect effort and various clinical samples. *Archives of Clinical Neuropsychology*, *17*, 625-642.

Bornstein, R. F. (2011). Toward a process-focused model of test score validity: Improving psychological assessment in science and practice. *Psychological Assessment*, *23*, 532-544.

Borsboom, D., Mellenbergh, G. J., & Van Heerden, J. (2004). The concept of validity. *Psychological Review*, *111*, 1061-1071.

Bosco, F. A., Aguinis, H., Singh, K., Field, J. G., & Pierce, C. A. (2015). Correlational effect size benchmarks. *Journal of Applied Psychology*, 100(2), 431-449.

Brennan, K. A., Clark, C. L., & Shaver, P. R. (1998). Self-report measurement of adult attachment: An integrative overview. In J. A. Simpson & W. S. Rholes (Eds.), *Attachment theory and close relationships* (pp. 46-76). Reading, MA: Addison-Wesley.

Brennan, R. L. (1972). A generalized upper-lower item discrimination index. *Educational and Psychological Measurement*, *32*, 289-303.

Brennan, R. L. (1992). Generalizability theory. *Educational Measurement: Issues and Practice*, *11*, 27-34.

Brennan, R. L. (2001). *Generalizability theory*. New York, NY: Springer-Verlag.

Briesch, A. M., Chafouleas, S. M., & Johnson, A. (2016). Use of generalizability theory within K-12 school-based assessment: A critical review and analysis of the empirical literature. *Applied Measurement in Education*, *29*, 83-107.

Brogden, H. E., & Taylor, E. K. (1950). The dollar criterion: Applying cost accounting concepts to criterion selection. *Personnel Psychology*, *3*, 133-154.

Brown, T. A. (2015). *Confirmatory factor analysis for applied research* (2nd ed.). New

York, NY: Guilford.

Burns, R. C. (1987). *Kinetic house-tree-person drawings (K-H-T-P): An interpretative manual*. New York, NY: Brunner-Routledge.

Butcher, J. N., Atlis, M., & Fang, L. (2000). The effects of altered instructions on the MMPI-2 profiles of college students who are not motivated to distort their responses. *Journal of Personality Assessment*, *74*, 492-501.

Butcher, J. N., Dahlstrom, W. G., Graham, J. R., Tellegen, A., & Kaemmer, B. (1989). *Minnesota Multiphasic Personality Inventory-2 (MMPI-2): Manual for administration and scoring*. Minneapolis: University of Minnesota Press.

Butcher, J. N., Morfitt, R. C., Rouse, S. V., & Holden, R. R. (1997). Reducing MMPI-2 defensiveness: The effect of specialized instructions on retest validity in a job applicant sample. *Journal of Personality Assessment*, *68*, 385-401.

Byrne, B. M. (2006). *Structural equation modeling with EQS* (2nd ed.). Mahwah, NJ: Lawrence Erlbaum.

Byrne, B. M. (2012). *Structural equation modeling with Mplus: Basic concepts, applications, and programming*. New York, NY: Routledge.

Byrne, B. M. (2016). *Structural equation modeling with AMOS: Basic concepts, applications, and programming* (3rd ed.). New York, NY: Routledge.

Cady, V. M. (1923). *The estimation of juvenile incorrigibility* (Journal of Delinquency Monograph Series, No. 2). Whittier, CA: California Bureau of Juvenile Research, Whittier State School.

Campbell, D. T., & Fiske, D. W. (1959). Convergent and discriminant validation by the multitrait-multimethod matrix. *Psychological Bulletin*, *56*, 81-104.

Castillo-Díaz, M., & Padilla, J. L. (2013). How cognitive interviewing can provide validity evidence of the response processes to scale items. *Social Indicators Research*, *114*, 963-975.

Castro-Schilo, L., & Grimm, K. J. (in press). Using residualized change versus difference score for longitudinal research. *Journal of Social and Personal Relationships*.

Cattell, R. B., & Baggaley, A. R. (1960). The salient variable similarity index for factor matching. *British Journal of Statistical Psychology*, *13*, 33-46.

Chafouleas, S. M., Briesch, A. M., Riley-Tillman, T. C., Christ, T. C., Black, A. C., & Kilgus, S. P. (2010). An investigation of the generalizability and dependability of Direct ehavior Rating Single Item Scales (DBR-SIS) to measure academic engagement and disruptive behavior of middle school students. *Journal of School Psychology*, *48*, 219-246.

Chaplin, W. F. (1997). Personality, interactive relations, and applied psychology. In R. Hogan, J. Johnson, & S. Briggs (Eds.), *Handbook of personality psychology* (pp. 873-890). San Diego, CA: Academic Press.

Charek, D. B., Meyer, G. M., & Mihura, J. L. (2016). The impact of an ego depletion manipulation on performance-based and self-report assessment measures. *Assessment*, *23*, 637-649.

Charles, E. P. (2005). The correction for attenuation due to measurement error: Clarifying concepts, and creating confidence sets. *Psychological Methods*, *10*, 206-226.

Chen, F. F., West, S. G., & Sousa, K. H. (2006). A comparison of bifactor and second-order models of quality-of-life. *Multivariate Behavioral Research*, *41*, 189-225.

Chernyshenko, O. S., Stark, S., Chan, K. Y., Drasgow, F., & Williams, B. A. (2001). Examining the fit of IRT models to personality items. *Multivariate Behavioral Research*, *36*, 523-562.

Church, A. T., & Burke, P. J. (1994). Exploratory and confirmatory tests of the Big Five and Tellegen's three-and four-dimensional models. *Journal of Personality and Social Psychology*, *66*, 93-114.

Cizek, G. J. (2012). Defining and distinguishing validity: Interpretations of score meaning and justifications of test use. *Psychological Methods*, *17*, 31-43.

Cleary, T. A. (1968). Test bias: Prediction of grades of Negro and White students in integrated colleges. *Journal of Educational Measurement*, *5*, 115-124.

Cloud, J., & Vaughn, G. M. (1970). Using balanced scales to control acquiescence. *Sociometry*, *33*, 193-202.

Cohen, B. H. (2001). *Explaining psychological statistics* (2nd ed.). New York, NY: John Wiley.

Cohen, J. (1988). *Statistical power analysis for the behavioral sciences* (2nd ed.). Hillsdale, NJ: Lawrence Erlbaum.

Cohen, J. (1990). Things I have learned (so far). *American Psychologist*, *45*, 1304-1312.

College Board. (2009). *The program handbook (2009-2010)*. Retrieved form http://www.collegeboard.com/prod_downloads/sat/sat-program-handbook.pdf

Coombs, C. H. (1950). Psychological scaling without a unit of measurement. *Psychological Review*, *57*, 15-158.

Coopersmith, S. (1981). The antecedents of self-esteem. Palo Alto, CA: Consulting Psychologists Press. (Original work published 1967)

Cortina, J. M. (1993). What is coefficient alpha? An examination of theory and applications. *Journal of Applied Psychology*, *78*, 98-104.

Costa, P. T., & McCrae, R. R. (1992). *Revised NEO Personality Inventory (NEO-PI-R) and NEO Five-Factor Inventory (NEO-FFI) professional manual*. Odessa, FL: Psychological Assessment Resources.

Costello, A. B., & Osborne, J. W. (2005). Best practices in exploratory factor analysis: Four recommendations for getting the most from your analysis. *Practical Assessment, Research & Evaluation*, *10*(7), 1-9.

Couch, A., & Keniston, K. (1960). Yea-sayers and nay-sayers: Agreeing response set as a personality variable. *Journal of Abnormal and Social Psychology*, *20*, 151-174.

Coussens, A. H., Rees, T., & Freeman, P. (2015). Applying generalizability theory to examine the antecedents of perceived coach support. *Journal of Sport and Exercise Psychology*, *37*, 51-62.

Credé, M. (2010). Random responding as a threat to the validity of effect size estimates in correlational research. *Educational and Psychological Measurement*, *70*, 596-612.

Crocker, L., & Algina, J. (1986). *Introduction to classical and modern test theory*. New York, NY: Holt, Rinehart & Winston.

Cronbach, L. J. (1942). Studies of acquiescence as a factor in the true-false test. *Journal of Educational Psychology*, *33*, 410-415.

Cronbach, L. J. (1946). Response sets and test validity. *Educational and Psychological Measurement*, *6*, 475-494.

Cronbach, L. J. (1950). Further evidence on response sets and test design. *Educational and Psychological Measurement*, *10*, 3-31.

Cronbach, L. J. (1960). *Essentials of psychological testing* (2nd ed.). New York, NY: Harper & Row.

Cronbach, L. J. (1988). Five perspectives on the validity argument. In H. Wainer & H. I. Braun (Eds.), *Test validity* (pp. 3-18). Hillsdale, NJ: Lawrence Erlbaum.

Cronbach, L. J., & Furby, L. (1970). How should we measure "change"— or should we? *Psychological Bulletin*, *74*, 414-417.

Cronbach, L. J., Gleser, G. C., Nanda, H., & Rajaratnam, N. (1972). *The dependability of behavioral measurements: Theory of generalizability for scores and profiles*. New York, NY: John Wiley.

Cronbach, L. J., & Meehl, P. E. (1955). Construct validity in psychological tests. *Psychological Bulletin*, *51*, 281 302.

Cronbach, L. J., & Shavelson, R. J. (2004). My current thoughts on coefficient alpha and successor procedures. *Educational and Psychological Measurement*, *64*, 391-418.

Crowne, D. P., & Marlowe, D. (1960). A new scale of social desirability independent of psychopathology. *Journal of Consulting Psychology*, *24*, 349-354.

Cumming, G. (2014). The new statistics: Why and how. *Psychological Science*, *25*, 7-29.

D'Andrade, R., & Dart, J. (1990). The interpretation of *r versus* r^2 or why percent of variance accounted for is a poor measure of size of effect. *Journal of Quantitative Anthropology*, *2*, 47-59.

Danner, D., & Rammstedt, B. (2016). Facets of acquiescence: Agreeing with negations is not the same as accepting inconsistency. *Journal of Research in Personality*, *65*, 120-129.

Davey, T., & Pitoniak, M. J. (2006). Designing computerized adaptive tests. In S. M. Downing & T. M. Haladyna (Eds.), *Handbook of test development* (pp. 543-573). Mahwah, NJ: Lawrence Erlbaum.

De la Torre, G. G., Perez, M. J., Ramallo, M. A., Randolph, C., & Gonzlez-Villegas, M. B. (2016). Screening of cognitive impairment in schizophrenia: Reliability, sensitivity, and specificity of the Repeatable Battery for the Assessment of Neuropsychological Status in a Spanish sample. *Assessment*, *23*, 221-231.

Diamantopoulos, A., & Siguaw, J. A. (2000). *Introducing LISREL: A guide for the uninitiated*. London, England: Sage.

Diamantopoulos, A., & Winklhofer, H. M. (2001). Index construction with formative indicators: An alternative to scale development. *Journal of Marketing Research*, *38*, 269-277.

Diener, E., Emmons, R. A., Larsen, R. J., & Griffin, S. (1985). The Satisfaction With Life Scale. *Journal of Personality Assessment*, *49*, 71-75.

Donnellan, M. B., Ackerman, R. A., & Brecheen, C. (2016). Extending structural analyses of the Rosenberg Self-Esteem Scale to consider criterion-related validity: Can composite self-esteem scores be good enough? *Journal of Personality Assessment*, *98*, 169-177.

Donovan, J. J., Dwight, S. A., & Hurtz, G. M. (2003). An assessment of the prevalence, severity, and verifiability of entry-level applicant faking using the randomized response technique. *Human Performance*, *16*, 81-106.

Dudek, F. J. (1979). The continuing misinterpretation of the standard error of measurement. *Psychological Bulletin*, *86*, 335-337.

Dunlap, W. P., Burke, M. J., & Greer, T. (1995). The effect of skew on the magnitude of product-moment correlations. *Journal of General Psychology*, *122*, 365-377.

Educational Testing Service. (2016). *About the test collection at ETS*. Retrieved from http: //www. ets. org/test _ link/about

Edwards, J. R. (1994). Regression analysis as an alternative to difference scores. *Journal of Management*, *20*, 683-689.

Edwards, J. R. (1995). Alternatives to difference scores as dependent variables in the study of congruence in organizational research. *Organizational Behavior and Human Decision Processes*, *64*, 307-324.

Edwards, J. R. (2010). The fallacy of formative measurement. *Organizational Research Methods*, *14(2)*, 370-388.

Edwards, J. R., & Bagozzi, R. P. (2000). On the nature and direction of relationships between constructs and measures. *Psychological Methods*, *5*, 155-174.

Eid, M., Nussbeck, F. W., Geiser, C., Cole, D. A., Gollwitzer, M., & Lischetzke, T. (2008). Structural equation modeling of multitrait-multimethod data: Different models for different types of methods. *Psychological Methods*, *13*, 230-253.

Eid, M., & Rauber, M. (2000). Detecting measurement invariance in organizational surveys. *European Journal of Psychological Assessment*, *16*, 20-30.

Eigenhuis, A., Kamphuis, J. H., & Noordhof, A. (in press). Personality in general and clinical samples: Measurement invariance of the multidimensional personality questionnaire. *Psychological Assessment*.

Ekman, P., & Friesen, W. V. (1978). *Facial action coding system: A technique for the measurement of facial movement*. Palo Alto, CA: Consulting Psychologists Press.

Embretson, S. E. (1983). Construct validity: Construct representation versus nomothetic span. *Psychological Bulletin*, *93*, 179-197.

Embretson, S. E. (2016). Understanding examinees' responses to items: Implications for measuremet. *Educational Measuremet : Issues and Practice*, *35*, 6-22.

Embretson, S., & Gorin, J. (2001). Improving construct validity with cognitive psychology principles. *Journal of Educational Measurement*, *38*, 343-368.

Embretson, S. E., & Reise, S. (2000). *Item response theory for psychologists*. Mahwah, NJ: Lawrence Erlbaum.

Epstein, S. (1979). The stability of behavior: I. On predicting most of the people much of the time. *Journal of Personality and Social Psychology*, *7*, 1097-1126.

Equal Employment Opportunity Commission, Civil Service Commission, Department of Labor, & Department of Justice. (1978). *Uniform guidelines on employee selection procedures. Federal Register*, *43*(166), 38295-38309.

Fabrigar, L. R., & Wegener, D. T. (2012). *Exploratory factor analysis*. New York, NY: Oxford University Press.

Fabrigar, L. R., Wegener, D. T., MacCallum, R. C., & Strahan, E. J. (1999). Evaluating the use of exploratory factor analysis in psychological research. *Psychological Methods*, *4*, 272-299.

Feldt, L. S. (1969). A test of the hypothesis that Cronbach s alpha or Kuder Richardson coefficient is the same for two tests. *Psychometrika*, *34*, 363-373.

Feldt, L. S., & Brennan, R. L. (1989). Reliability. In R. L. Linn (Ed.), *Educational measurement* (3rd ed., pp. 105-146). New York, NY: Macmillan.

Feldt, L. S., Woodruff, D. J., & Salih, F. A. (1987). Statistical inference for coefficient alpha. *Applied Psychological Measurement*, *11*, 93-103.

Ferguson, C. J. (2009). An effect size primer: A guide for clinicians and researchers. *Professional Psychology: Research and Practice*, *40*(5), 532-538.

Ferrando, P. J. (2015). Assessing person fit in typical-response measures. In S. P. Reise & D. A. Revicki (Eds.), *Handbook of item response theory modeling: Applications to typical performance assessment* (pp. 128-155). New York, NY: Routledge.

Fink, A. M., & Butcher, J. M. (1972). Reducing objections to personality inventories with special instructions. *Educational and Psychological Measurement*, *32*, 631-639.

Fischer, F. T., Schult, J., & Hell, B. (2013). Sex-specific differential prediction of college admission tests: A meta-analysis. *Journal of Educational Psychology*, *105*, 478-488.

Fletcher, T. D. (2010). psychometric: Applied psychometric theory. R package version 2. 2. Retrieved from https://CRAN. R-project. org/package=psychometric

Floyd, F. J., & Widaman, K. F. (1995). Factor analysis in the development and refinement of clinical assessment instruments. *Psychological Assessment*, *7*, 286-299.

Foley, B. P. (2016). Getting lucky: How guessing threatens the validity of performance classifications. *Practical Assessment, Research & Evaluation*, *21* (3). Retrieved from http://pareonline. net/getvn. asp? v=21&n=3

Fox, J. (2006). Structural equation modeling with the sem package in R. *Structural Equation Modeling*, *13*, 465-486.

Fraley, R. C., Waller, N. G., & Brennan, K. A. (2000). An item-response theory analysis of self-report measures of adult attachment. *Journal of Personality and Social Psychology*, *78*, 350-365.

Furr, R. M. (2011). *Scale construction and psychometrics for social and personality psychology*. London, England: Sage.

Furr, R. M., & Funder, D. C. (2007). Behavioral observation. In R. Robins, C. Fraley, & R. Krueger (Eds.), *Handbook of research methods in personality psychology* (pp. 273-

291). New York, NY: Guilford.

Furr, R. M., Reimer, B., & Bellis, F. A. (2004). *Development and validation of the Impression Motivation and Efficacy Scale (IME)* (Unpublished technical report). Wake Forest University.

Gaito, J. (1980). Measurement scales and statistics: Resurgence of an old misconception. *Psychological Bulletin*, *87*, 564-567.

Gebhardt, K., Bender, R., Bower, G., Dressler, A., Faber, S. M., Filippenko, A. V., ... Tremaine, S. (2000). A relationship between nuclear black hole mass and galaxy velocity dispersion. *Astrophysical Journal*, *539*, L13-L16.

Geiser, S., & Santilices, M. (2007). *Validity of high-school grades in predicting student success beyond the freshman year*. Berkeley: University of California, Center for Studies in Higher Education.

Geiser, S., & Studley, R. (2001, October). *UC and the SAT: Predictive validity and differential impact of the SAT I and SAT II at the University of California*. Oakland: University of California Office of the President. (Available at http: //www. ucop. edu/sas/research/ researchandplanning/)

Ghiselli, E. E., Campbell, J. P., & Zedeck, S. (1981). *Measurement theory for the behavioral sciences*. San Francisco: W. H. Freeman.

Gignac, G., & Szodorai, E. T. (2016). Effect size guidelines for individual differences researchers. *Personality and Individual Differences*, *102*, 74-78.

Glaros, A. G., & Kline, R. B. (1988). Understanding the accuracy of tests with cutting scores: The sensitivity, specificity, and predictive value model. *Journal of Clinical Psychology*, *44*, 1013-1023.

Goldberg, L. R., Johnson, J. A., Eber, H. W., Hogan, R., Ashton, M. C., Cloninger, C. R., & Gough, H. C. (2006). The International Personality Item Pool and the future of publicdomain personality measures. *Journal of Research in Personality*, *40*, 84-96.

Gollwitzer, M., Christ, O., & Lemmer, G. (2014). Individual differences make a difference: On the use and the psychometric properties of difference scores in social psychology. *European Journal of Social Psychology*, *44*, 673-682.

Gough, H. G. (1965). Conceptual analysis of psychological test scores and other diagnostic variables. *Journal of Abnormal Psychology*, *70*, 294-302.

Graduate Management Admission Council. (2016). *Profile of GMAT ® Testing: Citizenship.* Retrieved from http: //www. gmac. com/market-intelligence-and-research/research-library/gmat-test-taker-data/gmat-profile-citizenship-ty-2012-ty-2016. aspx

Graduate Management Admission Council. (n. d.). *About the GMAT ® Exam.* Retrieved from http: //www. gmac. com/gmat-other-assessments/about-the-gmat-exam. aspx

Graham, J. R. (1990). *MMPI-2: Assessing personality and psychopathology*. New York, NY: Oxford University Press.

Green, P. E., & Rao, V. R. (1971). Conjoint measurement for quantifying judgmental data. *Journal of Marketing Research*, *8*, 355-363.

Green, S. B., & Yang, Y. (2009). Commentary on coefficient alpha: A cautionary tale.

Psychometrika, *74*, 121-135.

Greenleaf, E. A. (1992). Measuring extreme response style. *Public Opinion Quarterly*, *56*, 328-351.

Griffin, D., Murray, S., & Gonzalez, R. (1999). Difference score correlations in relationship research: A conceptual primer. *Personal Relationships*, *6*, 505-518.

Griggs v. Duke Power Company. (1971). 401 U. S. 424.

Guggenmoos-Holzmannt, I., & van Houwelingen, H. C. (2000). The (in) validity of sensitivity and specificity. *Statistics in Medicine*, *19*, 1783-1792.

Guilford, J. P. (1954). *Psychometric methods*. New York, NY: McGraw-Hill.

Gugiu, M. R., Gugiu, P. C., & Baldus, R. (2012). Utilizing generalizability theory to investigate the reliability of the grades assigned to undergraduate research papers. *Journal of Multi Disciplinary Evaluation*, *8*, 26-40.

Gulliksen, H. (1950). *Theory of mental tests*. New York, NY: John Wiley.

Gutheil, T. G. (2003). Reflections on coaching by attorneys. *Journal of the American Academy of Psychiatry and the Law*, *31*(1), 6-9.

Hahn, J. (2005). Faking bad and faking good by college students on the Korean MMPI-2. *Journal of Personality Assessment*, *85*, 65-73.

Hartley, A. G., & Furr, R. M. (in press). A profile-based framework for factorial similarity and the congruence coefficient. *Journal of Personality Assessment*.

Hartley, A. G., Furr, R. M., Helzer, E., Jayawickreme, E., Velasquez, K., & Fleeson, W. (2016). Morality s centrality in liking, respecting, and understanding others. *Social Psychological and Personality Science*, *7*, 648-657.

Harvey, R. J., Billings, R. S., & Nilan, K. J. (1985). Confirmatory factor analysis of the job diagnostic survey: Good news and bad news. *Journal of Applied Psychology*, *70*, 461-468.

Haynes, S. N., Richard, D. C. S., & Kubany, E. S. (1995). Content validity in psychological assessment: A functional approach to concepts and methods. *Psychological Assessment*, *7*, 238-247.

Hayton, J. C., Allen, D. G., & Scarpello, V. G. (2004). Factor retention decisions in exploratory factor analysis: A tutorial on parallel analysis. *Organizational Research Methods*, *7*, 191-205.

Hemphill, J. F. (2003). Interpreting the magnitude of correlation coefficients. *American Psychologist*, *58*, 78-79.

Herszenhorn, D. M. (2006, May 5). As test-taking grows, test-makers grow rarer. *New York Times*. Retrieved from http://www.nytimes.com/2006/05/05/education/05testers.html? pagewanted=1&_r=2

Heuckeroth, S. A., & Furr, R. M. (2017). *Quantifying construct validity: Explanation, illustration, and the QCV function*. Manuscript in preparation.

Hill, R. W., Huelsman, T. J., Furr, R. M., Kibler, J., Vicente, B. B., & Kennedy, C. (2004). A new measure of perfectionism: The Perfectionism Inventory (PI). *Journal of Personality Assessment*, *82*, 80-91.

Hogan, J., Barrett, P., & Hogan, R. (2007). Personality measurement, faking, and employment selection. *Journal of Applied Psychology*, *92*(5), 1270-1285.

Holden, R. R., Wheeler, S., & Marjanovic, Z. (2012). When does random responding distort self-report personality assessment? An example with the NEO PI-R. *Personality and Individual Differences*, *52*, 15-20.

Hopwood, C. J., & Donnellan, M. B. (2010). How should the internal structure of personality inventories be evaluated? *Personality and Social Psychology Review*, *14*, 332-346.

Howell, D. C. (1997). *Statistical methods for psychology* (4th ed.). Belmont, CA: Duxbury.

Howell, R. D., Breivik, E., & Wilcox, J. B. (2007). Reconsidering formative measurement. *Psychological Methods*, *12*, 205-218.

Hoyle, R. H. (2011). *Structural equation modeling for social and personality psychology*. London, England: Sage.

Hsu, L. M. (2004). Biases of success rate differences shown in binomial effect size displays. *Psychological Methods*, *9*, 183-197.

Hu, L. T., & Bentler, P. M. (1999). Cutoff criteria for fit indexes in covariance structure analysis: Conventional criteria versus new alternatives. *Structural Equation Modeling*, *6*, 1-55.

Hubley, A. M., & Zumbo, B. D. (2011). Validity and the consequences of test interpretation and use. *Social Indicators Research*, *103*, 219-230.

Hubley, A. M., & Zumbo, B. D. (in press). Response processes in the context of validity: Setting the stage. In B. D. Zumbo & A. M. Hubley (Eds.), *Understanding and investigating response processes: Advances in validation research*. New York, NY: Springer.

Hunter, J. E., Schmidt, F. L., & Le, H. (2006). Implications of direct and indirect range restriction for meta-analysis methods and findings. *Journal of Applied Psychology*, *91*, 594-612.

Idaszak, R. I., & Drasgow, F. (1987). A revision of the Job Diagnostic Survey: Elimination of a measurement artifact. *Journal of Applied Psychology*, *72*, 69-74.

Ivie, J. L., & Embretson, S. E. (2010). Cognitive process modeling of spatial ability: The assembling objects task. *Intelligence*, *38*, 324-335.

Jain, U., & Agrawal, L. (1977). Generality of extreme response style. *Journal of Psychological Researches*, *21*, 67-72.

Jensen, A. R. (1980). *Bias in mental testing*. New York, NY: Free Press.

Jensen, A. R. (1998). *The g factor*. Westport, CT: Praeger.

Jensen, A. R. (2005). Mental chronometry and the unification of differential psychology. In R. J. Sternberg & J. E. Pretz (Eds.), *Cognition and intelligence: Identifying the mechanisms of the mind* (pp. 26-50). Cambridge, England: Cambridge University Press.

John, O. P., & Robins, R. W. (1993). Determinants of interjudge agreement on personality traits: The Big Five domains, observability, evaluativeness, and the unique perspective of the self. *Journal of Personality*, *61*, 521-551.

Johnson, J. A. (2014, April 27). Acquiescence and social desirability: Psychometric bogeymen. *Psychology Today*. Retrieved from https://www.psychologytoday.com/blog/cui-bono/201404/acquiescence-and-social-desirability-psychometric-bogeymen

Johnson, T. S., Engstrom, J. L., & Gelhar, D. K. (1997). Intra-and interexaminer reliability of anthropometric measurements of term infants. *Journal of Pediatric Gastroenterology & Nutrition*, *24*, 497-505.

Johnson, T. S., Engstrom, J. L., Haney, S. L., & Mulcrone, S. L. (1999). Reliability of three length measurement techniques in term infants. *Pediatric Nursing*, *25*, 13-17.

Jones, L. V., & Thissen, D. (2007). A history and overview of psychometrics. In C. R. Rao & S. Sinharay (Eds.), *Handbook of statistics*, *26*: *Psychometrics* (pp. 1-27). Amsterdam: North Holland.

Kaller, C. P., Unterrainer, J. M., & Stahl, C. (2012). Assessing planning ability with the Tower of London task: Psychometric properties of a structurally balanced problem set. *Psychological Assessment*, *24*(1), 46-53.

Kane, M. T. (2013). Validating the interpretations and uses of test scores. *Journal of Educa tional Measurement*, *50*, 1-73.

Karstoft, K. I., Andersen, B., Bertelsen, M., & Madsen, T. (2014). Diagnostic accuracy of the Posttraumatic Stress Disorder Checklist civilian version in a representative military sample. *Psychological Assessment*, *26*(1), 321-325.

Kashdan, T. B., Gallagher, M. W., Silvia, P., Breen, W. E., Terhar, D., & Steger, M. F. (2009). The Curiosity and Exploration Inventory-II: Development, factor structure, and initial psychometrics. *Journal of Research in Personality*, *43*, 987-998.

Keiser, H., Sackett, P., Kuncel, N., & Brothen, T. (2016). Why women perform better in college than admission scores would predict: Exploring the roles of conscientiousness and course-taking patterns. *Journal of Applied Psychology*, *101*, 569-581.

Kelley, K., & Pornprasertmanit, S. (2016). Confidence intervals for population reliability coefficients: Evaluation of methods, recommendations, and software for composite measures. *Psychological Methods*, *21*, 69-92.

Kenny, D. A. (1995). The multitrait-multimethod matrix: Design, analysis, and conceptual issues. In P. Shrout & S. T. Fiske (Eds.), *Personality research*, *methods*, *and theory*: *A festschrift honoring Donald W. Fiske* (pp. 111-124). Hillsdale, NJ: Lawrence Erlbaum.

Khorramdel, L., & von Davier, M. (2014). Measuring response styles across the Big Five: A multiscale extension of an approach using multinomial processing trees. *Multivariate Behavioral Research*, *49*, 161-177.

Kline, R. B. (2010). *Principles and practice of structural equation modeling* (3rd ed.). New York, NY: Guilford.

Koller, I., Levenson, M. R., & Glück, J. (2017). What do you think you are measuring? A mixed-methods procedure for assessing the content validity of test items and theorybased scaling. *Frontiers in Psychology*, *8*, 1-20.

Knapp, T. R. (2005). *The reliability of measuring instruments* (3rd ed.). Retrieved from http://www.tomswebpage.net/images/reliability.doc

Knowles, E. S., & Condon, C. A. (1999). Why people say "yes": A dual-process theory of acquiescence. *Journal of Personality and Social Psychology*, *77*, 379-386.

Knowles, E. S., & Nathan, K. (1997). Acquiescent responding in self-reports: Social concern or cognitive style. *Journal of Research in Personality*, *31*, 293-301.

Kobrin, J. L., Patterson, B. F., Shaw, E. J., Mattern, K. D., & Barbuti, S. M. (2008). *Differential validity and prediction of the SAT*. New York, NY: The College Board. Retrieved from https://research.collegeboard.org/publications/content/2012/05/validity-sat-predicting-first-year-college-grade-point-average

Kokkinos, C. M., & Markos, A. (2017). The Big Five Questionnaire for Children (BFQ-C): Factorial invariance across sex and age in a Greek sample of preadolescents. *European Journal of Psychological Assessment*, *33*, 129-133.

Kromrey, J. D., Romano, J., & Hibbard, S. T. (2008). *ALPHA_CI: A SAS® macro for computing confidence intervals for coefficient alpha*. Retrieved from http://www2.sas.com/proceedings/forum2008/230-2008.pdf

Krosnick, J. A. (1999). Survey research. *Annual Review of Psychology*, *50*, 537-567.

Laird, R. D., & Weims, C. F. (2011). The equivalence of regression models using difference scores and models using separate scores for each informant: Implications for the study of informant discrepancies. *Psychological Assessment*, *23*, 388-397.

Lawshe, C. H. (1975). A quantitative approach to content validity. *Personnel Psychology*, *28*, 563-575.

Leary, M. R. (1983). Social anxiousness: The construct and its measurement. *Journal of Personality Assessment*, *47*, 66-75.

Leary, M. R., Kelly, K. M., Cottrell, C. A., & Schreindorfer, L. S. (2013). Individual differences in the need to belong: Mapping the nomological network. *Journal of Personality Assessment*, *95*, 610-624.

Lee, K., & Ashton, M. C. (in press). Psychometric properties of the HEXACO-100. *Assessment*.

Lees-Haley, P. R. (1996). Alice in validity land, or the dangerous consequences of consequential validity. *American Psychologist*, *51*, 981-983.

Lelkes, Y., Krosnick, J. A., Marx, D. M., Judd, C. M., & Park, B. (2012). Complete anonymity compromises the accuracy of self-reports. *Journal of Experimental Social Psychology*, *48*, 1291-1299.

Lentz, T. F. (1938). Acquiescence as a factor in the measurement of personality. *Psychological Bulletin*, *35*, 659.

Lezak, M. D. (1995). *Neuropsychological assessment* (3rd ed.). New York, NY: Oxford University Press.

Lissitz, R. W., & Samuelsen, K. (2007). A suggested change in terminology and emphasis regarding validity and education. *Educational Researcher*, *36*, 437-448.

Loken, E., & Gelman, A. (2017). Measurement error and the replication crisis. *Science*, *355* (6325), 584-585.

Lönnqvist, J. E., Paunonen, S. V., Tuulio-Henriksson, A., Lnnqvist, J., & Verkasalo, M.

(2007). Substance and style in socially desirable responding. *Journal of Personality*, *75*, 291-322.

Loong, T. -W. (2003). Understanding sensitivity and specificity with the right side of the brain. *British Medical Journal*, *327*, 716-719.

Lord, F. M. (1953). On the statistical treatment of football numbers. *American Psychologist*, *8*, 750-751.

Lord, F. M. (1956). The measurement of growth. *Educational and Psychological Measurement*, *46*, 421-437.

Lord, F. M. (1962). Elementary models for measuring change. In C. W. Harris (Ed.), *Problems in measuring change*(pp. 21 38). Madison: University of Wisconsin Press.

Lord, F. M., & Novick, M. R. (1968). *Statistical theories of mental test scores*. Reading, MA: Addison-Wesley.

Luce, R. D., & Tukey, J. W. (1964). Simultaneous conjoint measurement: A new type of fundamental measurement. *Journal of Mathematical Psychology*, *1*, 1-27.

Lüscher, M., & Scott, I. (1969). *The Lüscher Color Test*. New York, NY: Washington Square Press.

Magnusson, D. (1967). *Test theory*. Reading, MA: Addison-Wesley.

Mahoney, M. J., McFarland, D. J., Carpenter, M. S., Rizvi, S., & Cacace, A. T. (2013). Reliability of broadband middle-ear power reflectance in younger and older adults: Application of generalizability theory. *American Journal of Audiology*, *22*, 241-251.

Marcoulides, G. A. (1996). Estimating variance components in generalizability theory: The covariance structure analysis approach. *Structural Equation Modeling*, *3*, 290-299.

Markey, P. M., Markey, C. N., & French, J. E. (2015). Violent video games and real world violence: Rhetoric versus data. *Psychology of Popular Media Culture*, *4*, 277-295.

Markus, K., & Borsboom, D. (2013). *Frontiers of validity theory: Measurement, causation, and meaning*. New York, NY: Routledge.

Marsh, H. W., & Grayson, D. (1995). Latent variable models of multitrait-multimethod data. In R. H. Hoyle (Ed.), *Structural equation modeling: Concepts, issues, and applications* (pp. 177 198). Thousand Oaks, CA: Sage.

Marsh, H. W., Muthén, B., Asparouhov, T., Ldtke, O., Robitzsch, A., Morin, A. J. S., & Trautwein, U. (2009). Exploratory structural equation modeling, integrating CFA and EFA: Application to students' evaluations of university teaching. *Structural Equation Modeling*, *16*, 439-476.

Masters, G. N. (1982). A Rasch model for partial credit scoring. *Psychometrika*, *47*, 149-174.

Mattern, K. D., & Patterson, B. F. (2013). Test of slope and intercept bias in college admissions: A response to Aguinis, Culpepper, and Pierce (2010). *Journal of Applied Psychology*, *98*, 134-147.

Maxwell, S. E., & Delaney, H. D. (2004). *Designing experiments and analyzing data: A model comparison perspective* (2nd ed.). Mahwah, NJ: Lawrence Erlbaum.

Maydeu-Olivares, A. (2015). Evaluating fit in IRT models. In S. P. Reise & D. A. Revicki (Eds.), *Handbook of item response theory modeling: Applications to typical performance*

assessment (pp. 111-127). New York, NY: Routledge.
McArdle, J. J. (1996). Current directions in structural factor analysis. *Current Directions in Psychological Science*, *5*, 10-17.
McCrae, R. R., & Costa, P. T., Jr. (1983). Social desirability scales: More substance than style. *Journal of Consulting and Clinical Psychology*, *51*, 882-888.
McCrae, R. R., & Costa, P. T., Jr. (2010). *NEO Inventories for the NEO Personality Inventory-3 NEO Five-Factor Inventroy-3, and NEO Personality Inventory-Revised: Professional manual*. Lutz, FL: PAR.
McDonald, R. P. (1999). *Test theory: A unified treatment*. Mahwah, NJ: Lawrence Erlbaum.
McGrath, R. E., & Meyer, G. J. (2006). When effect sizes disagree: The case of *r* and *d*. *Psychological Methods*, *11*, 386-401.
McGrath, R. E., Mitchell, M., Kim, B. H., & Hough, L. (2010). Evidence for response bias as a source of error variance in applied assessment. *Psychological Bulletin*, *136*, 450-470.
McLarnon, M. J. W., Goffin, R. D., Schneider, T. J., & Johnston, N. G. (2016). To be or not to be: Exploring the nature of positively and negatively keyed personality items in highstakes testing. *Journal of Personality Assessment*, *98*, 480-490.
McNeish, D. (in press). Thanks coefficient alpha, we'll take it from here. *Psychological Methods*.
McNeish, D., An, J., & Hancock, G. R. (in press). The thorny relation between measurement quality and fit index cutoffs in latent variable models. *Journal of Personality Assessment*.
Mehrens, W. A. (1997). The consequences of consequential validity. *Educational Measurement: Issues and Practice*, *16*, 16-18.
Meijer, R. R., & Sijtsma, K. (2001). Methodology review: Evaluating person fit. *Applied Psychological Measurement*, *25*, 107-135.
Meindl, P., Jayawickreme, E., Furr, R. M., & Fleeson, W. (2015). A foundation beam for studying morality from a personological point of view: Are individual differences in moral behaviors and thoughts consistent? *Journal of Research in Personality*, *59*, 81-92.
Meisenberg, G., & Williams, A. (2008). Are acquiescent and extreme response styles related to low intelligence and education? *Personality and Individual Differences*, *44*, 1539-1550.
Meredith, W. (1993). Measurement invariance, factor analysis, and factorial invariance. *Psychometrika*, *58*, 525-543.
Merrens, M. (1970). Generality and stability of extreme response style. *Psychological Reports*, *27*, 802.
Messick, S. (1989). Validity. In R. L. Linn (Ed.), *Educational measurement* (3rd ed., pp. 13-103). New York, NY: Macmillan.
Meyers, L. S., Gamst, G., & Guarino, A. (2017). *Applied multivariate research: Design and interpretation* (3rd ed.). Thousand Oaks, CA: Sage.
Michell, J. (1986). Measurement scales and statistics: A clash of paradigms. *Psychological*

Bulletin, *100*, 398-407.

Michell, J. (1990). *An introduction to the logic of psychological measurement*. Hillsdale, NJ: Lawrence Erlbaum.

Mihura, J. L., Dumitrascu, N., Roy, M., & Meyer, G. J. (in press). The centrality of the response process in construct validity: An illustration via the Rorschach space response. *Journal of Personality Assessment*.

Miller, L. A., & Lovler, R. L. (2016). *Foundations of psychological testing: A practical approach* (5th ed.). Thousand Oaks, CA: Sage.

Miller, M. B. (1995). Coefficient alpha: A basic introduction from the perspectives of classical test theory and structural equation modeling. *Structural Equation Modeling*, *2*, 255-273.

Millsap, R. E., & Everson, H. (1991). Confirmatory measurement model comparisons using latent means. *Multivariate Behavioral Research*, *26*, 479-497.

Mislevy, R. J. (1986). Recent developments in the factor analysis of categorical data. *Journal of Educational Statistics*, *11*, 3-31.

Mittenberg, W., Patton, C., Canyock, E. M., & Condit, D. C. (2002). Base rates of malingering and symptom exaggeration. *Journal of Clinical and Experimental Neuropsychology*, *24*, 1094-1102.

Morell, L., & Tan, R. J. B. (2009). Validating for use and interpretation: A mixed methods contribution illustrated. *Journal of Mixed Methods Research*, *3*, 242-264.

Moss, P. A. (1998). The role of consequences in validity theory. *Educational Measurement: Issues and Practice*, *17*, 6-12.

Mosteller, F., & Tukey, J. W. (1977). *Data analysis and regression: A second course in statistics*. Reading, MA: Addison-Wesley.

Mulaik, S. A. (2009). *Foundations of factor analysis* (2nd ed.). Boca Raton, FL: CRC Press Taylor and Francis.

Muthén, L. K., & Muthén, B. O. (1998 2015). *Mplus user's guide* (7th ed.). Los Angeles, CA: Muthén & Muthén.

Myers, W., Hall, R., Marshall, R., Tolou-Shams, M., & Wooten, K. (2016). Frequency and detection of malingering in homicide defendants undergoing criminal responsibility evaluations using the Schedule for Nonadaptive and Adaptive Personality (SNAP): A feasibility study. *SAGE Open*, *6*, 2.

N. C. Gen. Stat. & 15A-2005 (2015).

National Center for Fair & Open Testing. (2007, August 20). *SAT I: A faulty instrument for predicting college success*. Retrieved from http://www.fairtest.org/satvalidity.html

National Council of State Boards of Nursing. (2017). *2017 NCLEX ® Examination Candidate Bulletin*. Retrieved from https://www.ncsbn.org/089900_2017_Bulletin_Proof2.pdf

National Survey of Student Engagement. (2010). A guide to contextualizing your NSSE data: Cognitive interviews and focus groups. Retrieved from http://nsse.indiana.edu/pdf/Cognitive_interviews_facilitation_guide.pdf

Nave, C. S., & Furr, R. M. (2006, January). *Development and validation of a social motivation/ social efficacy scale*. Poster presented at the 7th annual meeting of the Society for Personality and Social Psychology, Palm Springs, CA.

Netemeyer, R. G., Bearden, W. O., & Sharma, S. (2003). *Scaling procedures: Issues and applications*. Thousand Oaks, CA: Sage.

Newman, I., Lim, J., & Pineda., F. (2013). Content validity using a mixed methods approach: Its application and development through the use of a table of specifications methodology. *Journal of Mixed Methods Research*, *7*, 243-260.

Nimon, K., Zientek, L. R., & Henson, R. K. (2012). The assumption of a reliable instrument and other pitfalls to avoid when considering the reliability of data. *Frontiers in Psychology*, *3*, 102.

No Child Left Behind: How to end "teaching to the test"[Editorial]. (2015, February 5). *Los Angeles Times*. Retrieved from http://www.latimes.com/opinion/editorials/la-ed-testing-no-child-left-behind-20150223-story.html

Nunnally, J. C., & Bernstein, I. H. (1994). *Psychometric theory* (3rd ed.). New York, NY: McGraw-Hill.

O'Brien, E. J., & Epstein, S. (1988). *MSEI: Multidimensional Self-Esteem Inventory*. Odessa, FL: Psychological Assessment Resources.

Ones, D. S., Viswesvaran, C., & Reiss, A. D. (1996). The role of social desirability in personality testing for personnel selection: The red herring. *Journal of Applied Psychology*, *81*, 660-679.

O'Rourke, N., & Hatcher, L. (2013). *A step-by-step approach to using the SAS system for factor analysis and structural equation modeling* (2nd ed.). Cary, NC: SAS Institute.

Osborne, J. W., & Blanchard, M. R. (2011). Random responding from participants is a threat to the validity of social science research results. *Frontiers in Psychology*, *1*, 220.

Osburn, H. G. (2000). Coefficient alpha and related internal consistency reliability coefficients. *Psychological Methods*, *5*, 343-355.

Ozer, D. J. (1985). Correlation and the coefficient of determination. *Psychological Bulletin*, *97*, 307-315.

Ozer, D. J. (1989). Construct validity in personality assessment. In D. Buss & N. Cantor (Eds.), *Personality psychology: Recent trends and emerging directions* (pp. 225-234). New York, NY: Springer-Verlag.

Padilla, J. L., & Benítez, I. (2014). Validity evidence based on response processes. *Psicothema*, *26*, 136-144.

Padilla, M. A., & Veprinsky, A. (2012). Correlation attenuation due to measurement error: A new approach using the bootstrap procedure. *Educational and Psychological Measurement*, *72*, 827-846.

Parker, A. M., & Stone, E. R. (2014). Identifying the effects of unjustified confidence versus overconfidence: Lessons learned from two analytic methods. *Journal of Behavioral Decision Making*, *27*, 134-145.

Paulhus, D. L. (1991). Measurement and control of response bias. In J. P. Robinson, P. R. Shaver, & L. S. Wrightsman (Eds.), *Measures of personality and social psychological* attitudes (pp. 17-59). New York, NY: Academic Press.

Paulhus, D. L. (2002). Socially desirable responding: The evolution of a construct. In H. Braun, D. N. Jackson, & D. E. Wiley (Eds.), *The role of constructs in psychological and educational measurement* (pp. 67-88). Hillsdale, NJ: Lawrence Erlbaum.

Pewsner, D., Battaglia, M., Minder, C., Marx, A., Bucher, H. C., & Egger, M. (2004). Ruling a diagnosis in or out with "SpPIn" and "SnNOut": A note of caution. *BMJ*, *329*, 209-213.

Picco, R. D., & Dzindolet, M. T. (1994). Examining the Lscher Color Test. *Perceptual and Motor Skills*, *79*, 1555-1558.

Piedmont, R. L., McCrae, R. R., Riemann, R., & Angleitner, A. (2000). On the invalidity of validity scales: Evidence from self-reports and observer ratings in volunteer samples. *Journal of Personality and Social Psychology*, *78*, 582-593.

Plieninger, H., & Meiser, T. (2014). Validity of multiprocess IRT models for separating content and response styles. *Educational and Psychological Measurement*, *74*, 875-899.

Podsakoff, P. M., MacKenzie, S. B., Lee, J. -Y., & Podsakoff, N. P. (2003). Common method biases in behavioral research: A critical review of the literature and recommended remedies. *Journal of Applied Psychology*, *88*, 879-903.

Popham, W. J. (1997). Consequential validity: Right concern, wrong concept. *Educational Measurement: Issues and Practice*, *16*, 9-13.

Preston, K., Reise, S., Cai, L., & Hays, R. D. (2011). Using the nominal response model to evaluate response category discrimination in the PROMIS emotional distress item pools. *Educational and Psychological Measurement*, *71*, 523-550.

Preuss, R. A. (2013). Using generalizability theory to develop clinical assessment protocols. *Physical Therapy*, *93*, 562-569.

Prion, S. K., Gilbert, G. E., & Haerling, K. A. (2016). Generalizability theory: An introduction with application to simulation evaluation. *Clinical Simulation in Nursing*, *12*, 546-554.

Rammstedt, B., Danner, D., & Bosnjak, M. (2017). Acquiescence response styles: A ultilevel model explaining individual-level and country-level differences. *Personality and Indi vidual Differences*, *107*, 190-194.

Rammstedt, B., & Farmer, R. F. (2013). The impact of acquiescence on the evaluation of personality structure. *Psychological Assessment*, *25*, 1137-1145.

Rasch, G. (1960). *Probabilistic models for some intelligence and attainment tests.* Copenhagen: Danish Institute for Educational Reseachr.

Ray, J. J. (1983). Reviving the problem of acquiescent response bias. *Journal of Social Psychology*, *121*, 81-96.

Raykov, T. (2001). Estimation of congeneric scale reliability using covariance structure analysis with nonlinear constraints. *British Journal of Mathematical and Statistical Psychology*, *54*, 315-323.

Raykov, T. (2002). Examining group differences in reliability of multiple-component instruments. *British Journal of Mathematical and Statistical Psychology*, *55*, 145-158.

Raykov, T. (2004a). Point and interval estimation of reliability for multiple-component measuring instruments via linear constraint covariance structure modeling. *Structural Equation Modeling: A Multidisciplinary Journal*, *11*, 342-356.

Raykov, T. (2004b). Behavioral scale reliability and measurement invariance evaluation using latent variable modeling. *Behavior Therapy*, *35*, 299 331.

Raykov, T., & Marcoulides, G. A. (2011). *Introduction to psychometric theory*. New York, NY: Routledge, Taylor & Francis Publishers.

Reise, S. P., Moore, T. M., & Haviland, M. G. (2010). Bifactor models and rotations: Exploring the extent to which multidimensional data yield univocal scale scores. *Journal of Personality Assessment*, *92*, 544-559.

Reise, S. P., & Revicki, D. A. (Eds.). (2013). *Handbook of item response theory modeling: Applications to typical performance assessment*. New York, NY: Routledge.

Reise, S. P., & Waller, N. G. (1993). Traitedness and the assessment of response pattern scalability. *Journal of Personality and Social Psychology*, *65*, 143-151.

Reise, S. P., Waller, N. G., & Comrey, A. L. (2000). Factor analysis and scale revision. *Psychological Assessment*, *12*, 287-297.

Revelle, W. (2016). *psych: Procedures for personality and psychological research*. Evanston, IL: Northwestern University. Retrieved from https: //CRAN. R-project. org/package= psych Version = 1. 6. 9

Revelle, W., & Zinbarg, R. E. (2009). Coefficients alpha, beta, omega and the glb: Comments on Sijtsma. *Psychometrika*, *74*(1), 145-154.

Reynolds, C. R., & Suzuki, L. (2013). Bias in psychological assessment: An empirical review and recommendations. In J. R. Graham, J. A. Naglieri, & I. B. Weiner (Eds.), *Handbook of psychology: Vol. 10. Assessment psychology* (2nd ed., pp. 82-113). Hoboken, NJ: John Wiley.

Rodgers, H. J. (1997). Guessing in multiple choice tests. In J. P. Keeves (Ed.), *Educational research, methodology, and measurement: An international handbook* (2nd ed., pp. 766-771). Tarrytown, NY: Elsevier Science.

Rodriguez, A., Reise, S. P., & Haviland, M. G. (2016). Applying bifactor statistical indices in the evaluation of psychological measures. *Journal of Personality Assessment*, *98*, 223-237.

Rogers, R. (Ed.). (2008). *Clinical assessment of malingering and deception* (3rd ed.). New York, NY: Guilford.

Rogers, R., Sewell, K. W., Martin, M. A., & Vitacco, M. (2003). Detection of feigned mental disorders: A meta-analysis of the MMPI-2 and malingering. *Assessment*, *10*, 160-177.

Rogosa, D. R. (1995). Myths and methods: Myths about longitudinal research, plus supplemental questions. In J. M. Gottman (Ed.), *The analysis of change* (pp. 3-65). Hillsdale, NJ: Lawrence Erlbaum.

Rohling, M. L., Larrabee, G. J., Greiffenstein, M. F., Ben-Porath, Y. S., Lees-Haley, P., Green, P., & Greve, K. W. (2011). A misleading review of response bias: Comment on

McGrath, Mitchell, Kim, & Hough (2010). *Psychological Bulletin*, *137*, 708-712.

Roid, G. (2003). *Stanford-Binet Intelligence Scales* (5th ed., Technical Manual). Itasca, IL: Riverside.

Rorer, L. G. (1965). The great response-style myth. *Psychological Bulletin*, *63*, 129-156.

Rosenberg, M. (1989). *Society and the adolescent self-image* (Rev. ed.). Middletown, CT: Wesleyan University Press.

Rosenthal, R., Rosnow, R. L., & Rubin, D. B. (2000). *Contrasts and effect sizes in behavioral research: A correlational approach*. New York, NY: Cambridge University Press.

Rosenthal, R., & Rubin, D. B. (1982). A simple, general purpose display of magnitude of experimental effect. *Journal of Educational Psychology*, *74*, 166-169.

Rosseel, Y. (2012). lavaan: An R package for structural equation modeling. *Journal of Statistical Software*, *48*, 1-36.

Sackett, P. R., Schmitt, N., Ellingson, J. E., & Kabin, M. B. (2001). High-stakes testing in employment, credentialing, and higher education: Prospects in a post-affirmative-action world. *American Psychologist*, *56*, 302-318.

Sackett, P. R., & Yang, H. (2000). Correction for range restriction: An expanded typology. *Journal of Applied Psychology*, *85*, 112-118.

Samejima, F. (1969). Estimation of latent ability using a response pattern of graded scores. *Psychometric Monograph*, *34* (4, Pt. 2, No. 17).

Satisfaction With Life Scale (SWLS). (2016, December 30). Retrieved from https://internal.psychology.illinois.edu/~ediener/SWLS.html

Sawilowsky, S. S. (2000). Psychometrics vs. datametrics: Comment on Vacha-Haase's "Reliability Generalization" method and some *EPM* editorial policies. *Educational and Psychological Measurement*, *60*, 157-173.

Schmidt, F. L. (1988). Validity generalization and the future of criterion-related validity. In H. Wainer & H. Braun (Eds.), *Test validity* (pp. 173-189). Hillsdale, NJ: Lawrence Erlbaum.

Schmidt, F. L., & Hunter, J. E. (1977). Development of a general solution to the problem of validity generalization. *Journal of Applied Psychology*, *62*, 529-540.

Schmidt, F. L., Hunter, J. E., Pearlman, K., & Hirsh, H. R. (1985). Forty questions about validity generalization and meta-analysis. *Personnel Psychology*, *38*, 697-798.

Schmidt, F. L., Oh, I. -S., & Le, H. (2006). Increasing the accuracy of corrections for range restriction: Implications for selection procedure validities and other research results. *Personnel Psychology*, *59*, 281-305.

Schmitt, N. (1996). Uses and abuses of coefficient alpha. *Psychological Assessment*, *8*, 350-353.

Schmitt, N., Chan, D., Sacco, J. M., McFarland, L. A., & Jennings, D. (1999). Correlates of person fit and effect of person fit on test validity. *Applied Psychological Measurement*, *23*, 41-53.

Schmitt, N., & Kuljanin, G. (2008). Measuring invariance: Review of practice and *implications*. *Human Resource Management Review*, *18*, 210-222.

Schwarz, N. (1999). Self-reports: How the questions shape the answers. *American Psychologist*, *54*, 93-105.

Seife, C. (2000). *Zero: The biography of a dangerous idea*. New York, NY: Penguin.

Shaffer, J. A., DeGeest, D., & Li, A. (2016). Tackling the problem of construct proliferation: A guide to assessing the discriminant validity of conceptually related constructs. *Organizational Research Methods*, *19*(1), 80-110.

Shavelson, R. J., & Webb, N. M. (1991). *Generalizability theory: A primer*. Newbury Park, CA: Sage.

Shaw, E. (2015). *An SAT validity primer*. College Board Research. Retrieved from http: //files. eric. ed. gov/fulltext/ED558085. pdf

Shepard, L. A. (1993). Evaluating test validity. In L. Darling-Hammond (Ed.), *Review of research in education* (Vol. 19, pp. 405-450). Washington, DC: American Educational Research Association.

Shepard, L. A. (1997). The centrality of test use and consequences for test validity. *Educational Measurement: Issues and Practice*, *16*, 5-8, 13, 24.

Sijtsma, K. (2009). On the use, the misuse, and the very limited usefulness of Cronbach's alpha. *Psychometrika*, *74*, 107-120.

Sinharay, S., & Haberman, S. J. (2014). How often is the misfit of item response theory models practically significant? *Educational Measurement: Issues and Practice*, *33*(1), 23-35.

Sireci, S. G. (2016). On the validity of useless tests. *Assessment in Education: Principles, Policy & Practice*, *23*, 226-235.

Smith, G. T. (2005). On construct validity: Issues of method and measurement. *Psychological Assessment*, *17*, 396-408.

Smith, L. L., & Reise, S. P. (1998). Gender differences on negative affectivity: An IRT study of differential item functioning on the Multidimensional Personality Questionnaire Stress Reaction Scale. *Journal of Personality and Social Psychology*, *75*, 1350-1362.

Smith, P. B. (2004). Acquiescence response bias as an aspect of cultural communication style. *Journal of Cross-Cultural Psychology*, *35*, 50-61.

Soares, J. (2008, September 24). *Open letter to faculty on Wake Forest's new admissions policy with annotated bibliography*. Retrieved from http: //www. wfu. edu/wowf/2008/sat-act/soares/

Spencer, S. J., Steele, C. M., & Quinn, D. M. (1999). Stereotype threat and women's math performance. *Journal of Experimental Social Psychology*, *35*, 4-28.

Spielberger, C. D. (1983). *Manual for the State-Trait Anxiety Inventory (STAI)*. Palo Alto, CA: Consulting Psychologists Press.

Stevens, S. S. (1946). On the theory of scales of measurement. *Science*, *1103*, 677-680.

Stevens, S. S. (1951). Mathematics, measurement, and psychophysics. In S. S. Stevens (Ed.), *Handbook of experimental psychology* (pp. 1-49). New York, NY: John Wiley.

Strong, D. R., Breen, R., & Lejuez, C. W. (2004). Using item response theory to examine gambling affinity as an underlying vulnerability across a continuum of gambling involvement. *Personality and Individual Differences*, *36*, 1515-1529.

Subica, A. M., Fowler, J. C., Elhai, J. D., Frueh, B. C., Sharp, C., Kelly, E. L., & Allen, J. G. (2014). Factor structure and diagnostic validity of the Beck Depression Inventory-II with adult clinical inpatients: Comparison to a gold standard diagnostic interview. *Psychological Assessment*, *26*, 1106-1115.

Tate, E. B. (2006). *Moderating effects of mindfulness on self-regulatory failures produced by loss of control and ego-threat* (Unpublished master's thesis). Wake Forest University, Winston-Salem, NC.

Taylor, H. C., & Russell, J. T. (1939). The relationship of validity coefficients to the practical effectiveness of tests in selection: Discussion and tables. *Journal of Applied Psychology*, *23*, 565-578.

Tellegen, A. (1982). *Brief manual of the Multidimensional Personality Questionnaire* (Unpublished manuscript). University of Minnesota.

Tellegen, A., & Waller, N. G. (2008). Exploring personality through test construction: Development of the Multidimensional Personality Questionnaire. In G. J. Boyle, G. Matthews, & D. H. Saklofske (Eds.), *The SAGE handbook of personality theory and assessment*: *Vol. 2. Personality measurement and testing* (pp. 261-292). London, England: Sage.

Thissen, D., Cai, L., & Bock, R. D. (2010). The nominal categories item response model. In M. L. Nering & R. Ostini (Eds.), *Handbook of polytomous item response theory models*: *Development and applications* (pp. 43-75). New York, NY: Taylor & Francis.

Thompson, B. (2004). *Exploratory and confirmatory factor analysis*: *Understanding concepts and applications*. Washington, DC: American Psychological Association.

Thorndike, E. L. (1918). The nature, purpose, and general methods of measurements of educational products. In *The seventeenth yearbook of the National Society for the Study of Education*(pp. 16-24). Bloomington, IL: Public School.

Thorndike, R. L. (1949). *Personnel selection*: *Test and measurement techniques*. New York, NY: John Wiley.

Thorndike, R. L. (1971). Concepts of cultural fairness. *Journal of Educational Measurement*, *8*, 63-70.

Thorndike, R. M. (2005). *Measurement and evaluation in psychology and education* (7th ed.). Upper Saddle River, NJ: Pearson Education.

Thorndike, R. M., & Thorndike-Christ, T. M. (2010). *Measurement and evaluation in psychology and education* (8th ed.). Boston, MA: Pearson Education.

Tucker, K. I., Ozer, D. J., Lyubomirsky, S., & Boehm, J. K. (2006). Testing for measurement invariance in the Satisfaction With Life Scale: A comparison of Russians and North Americans. *Social Indicators Research*, *78*, 341-360.

Tucker, L. (1951). *A method for synthesis of factor analysis studies* (Personnel Research Section Report No. 984). Washington, DC: U. S. Department of the Army.

Tutz, G., & Berger, M. (2016): Response styles in rating scales: Simultaneous modelling of content-related effects and the tendency to middle or extreme categories. *Journal of Educational and Behavioral Statistics*, *41*, 239-268.

UC Office of the President. (n. d.). *Supporting documents for UC and the SAT: Predictive validity and differential impact of the SAT I and SAT II at the University of California* (Regressions. rtf). Retrieved from http://www. ucop. edu/sas/research/researchandplanning/ supporting. htm

U. S. Figure Skating. (2012). *International Judging System (IJS)*. Retrieved from http://www. usfsa. org/New_Judging. asp? id=289

Uziel, L. (2010). Rethinking social desirability scales: From impression management to interpersonally oriented self-control. *Perspectives on Psychological Science*, *5*, 243-262.

Uziel, L. (2014). Impression management ("lie") scales are associated with interpersonally oriented self-control, not other-deception. *Journal of Personality*, *82*, 200-212.

Vacha-Haase, T. (1998). Reliability generalization: Exploring variance in measurement error affecting score reliability across studies. *Educational and Psychological Measurement*, *58*, 6-20.

Vacha-Haase, T., Kogan, L., Tani, C. R., & Woodall, R. A. (2001). Reliability generalization: Exploring reliability coefficients of MMPI clinical scales scores. *Educational and Psychological Measurement*, *61*, 45-59.

Vance, R. J., & Colella, A. (1990). The utility of utility analysis. *Human Performance*, *3*, 123-139.

Vandenberg, R. J., & Lance, C. E. (2000). A review and synthesis of the measurement invariance literature: Suggestions, practices, and recommendations for organizational research. *Organizational Research Methods*, *3*, 4-70.

Van Herk, H., Poortinga, Y. H., & Verhallen, T. M. M. (2004). Response styles in rating scales: Evidence of method bias in data from six EU countries. *Journal of Cross-Cultural Psychology*, *35*, 346-360.

Vispoel, W. P., Morris, C. A., & Kilinc, M. (in press-a). Practical applications of generalizability theory for designing, evaluating, and improving psychological assessments. *Journal of Personality Assessment*.

Vispoel, W. P., Morris, C. A., & Kilinc, M. (in press-b). Applications of generalizability theory and their relations to classical test theory and structural equation modeling. *Psychological Methods*, *26*.

Viswesvaran, C., & Ones, D. S. (1999). Meta-analysis of fakability estimates: Implications for personality measurement. *Educational and Psychological Measurement*, *59*, 197-210.

Viswesvaran, C., Ones, D. S., & Hough, L. M. (2001). Do impression management scales in personality inventories predict managerial job performance ratings? *International Journal of Selection and Assessment*, *9*, 277-289.

Wainer, H., Dorans, N., Flaugher, R., Mislevy, R., Green, B., Steinberg, L., & Thissen, D. (2000). *Computerized adaptive testing: A primer* (2nd ed.). Hillsdale, NJ: Lawrence Erlbaum.

Walker, C. (2011). What s the DIF? Why differential item functioning analyses are an important part of instrument development and validation. *Journal of Psychoeducational Assessment*, *29*, 364-376.

Watson, D., Clark, L., & Tellegen, A. (1988). Development and validation of brief measures of positive and negative affect: The PANAS scales. *Journal of Personality and Social Psychology*, *54*, 1063-1070.

Wechsler, D. (2003a). *WISC-IV administrative and scoring manual*. San Antonio, TX: Psychological Corporation.

Wechsler, D. (2003b). *WISC-IV technical and interpretive manual*. San Antonio, TX: Psychological Corporation.

Westen, D., & Rosenthal, R. (2003). Quantifying construct validity: Two simple measures. *Journal of Personality and Social Psychology*, *84*, 608-618.

Westen, D., & Rosenthal, R. (2005). Improving construct validity: Cronbach, Meehl, and Neurath's ship. *Psychological Assessment*, *17*, 409-412.

Wetter, M. W., & Corrigan, S. K. (1995). Providing information to clients about psychological tests: A survey of attorneys' and law students' attitudes. *Professional Psychology: Research and Practice*, *26*, 474-477.

Wetzel, E., Carstensen, C. H., & Böhnke, J. R. (2013). Consistency of extreme response style and non-extreme response style across traits. *Journal of Research in Personality*, *47*, 178-189.

Wetzel, E., Lüdtke, O., Zettler, I., & Bohnke, J. R. (2016). The stability of extreme response style and acquiescence over 8 years. *Assessment*, *23*, 279-291.

Wickel, E. E., & Welk, G. J. (2010). Applying generalizability theory to estimate habitual activity levels. *Medicine & Science in Sports & Exercise*, *42*, 1528-1534.

Widaman, K. F. (1985). Hierarchically nested covariance structure models for multitrait multimethod data. *Applied Psychological Measurement*, *9*, 1-26.

Wilkinson, L., & APA Task Force on Statistical Inference. (1999). Statistical methods in psychology journals: Guidelines and explanations. *American Psychologist*, *54*, 594-604.

Wood, A. M., Linley, P. A., Maltby, J., Baliousis, M., & Joseph, S. (2008). The authentic personality: A theoretical and empirical conceptualization, and the development of the Authenticity Scale. *Journal of Counseling Psychology*, *55*, 385-399.

Wren, D., & Barbera, J. (2013). Gathering evidence for validity during the design, development, and qualitative evaluation of Thermochemistry Concet Inventory items. *Journal of Chemical Education*, *90*, 1590-1601.

Wright, B. D. (1997). A history of social science measurement. *Educational Measurement: Issues and Practice*, *16*, 33-45.

Wu, J., Hu, L., Zhang, G., Liang, Q., Meng, Q., & Wan, C. (2016). Development and validation of the nasopharyngeal cancer scale among the system of quality of life instruments for cancer patients (QLICP-NA V2. 0): Combined classical test theory and generalizability theory. *Quality of Life Research*, *25*, 2087-2100.

Youngjohn, J. R. (1995). Confirmed attorney coaching prior to neuropsychological evaluation. *Assessment*, *2*, 279-283.

Zettler, I., Lang, J. W. B., Hülsheger, U. R., & Hilbig, B. E. (2016). Dissociating indifferent, directional, and extreme responding in personality data: Applying the three-process model to self- and observer reports. *Journal of Personality*, *84*, 461-472.

Ziegler, M., & Hagemann, D. (2015). Testing the unidimensionality of items. *European Journal of Psychological Assessment*, *31*, 231-237.

Zimmerman, D. W., & Williams, R. H. (1982). Gain scores in research can be highly reliable. *Journal of Educational Measurement*, *19*, 149-154.

Zimmerman, D. W., & Williams, R. H. (2003). A new look at the influence of guessing on the reliability of multiple-choice tests. *Applied Psychological Measurement*, *27*, 357-371.

Zinbarg, R. E., Revelle, W., Yovel, I., & Li, W. (2005). Cronbach's alpha, Revelle's beta, McDonald's omega: Their relations with each and two alternative conceptualizations of reliability. *Psychometrika*, *70*, 123-133.

Zumbo, B. D. (1999a). The simple difference score as an inherently poor measure of change: Some reality, much mythology. In B. Thompson (Ed.), *Advances in social science methodology* (Vol. 5, pp. 269-304). Greenwich, CT: JAI Press.

Zumbo, B. D. (1999b). *A handbook on the theory and methods of differential item functioning (DIF): Logistic regression modeling as a unitary framework for binary and Likert-type (ordinal) item scores*. Ottawa, Canada: Directorate of Human Resources Research and Evaluation, Department of National Defense.

Zumbo, B. D., & Hubley, A. M. (Eds.). (in press). *Understanding and investigating response processes in validation research*. New York, NY: Springer.

专业术语

绝对性决策
Absolute decisions
绝对 0 点
Absolute zero
学业成就
Academic achievement
接受外部影响
Accepting external influence
默认反应偏差
Acquiescence response bias
可加性
Additivity
校正的真分数估计(值)
Adjusted true score estimate
青少年的攻击性
Aggression in adolescents
赤池信息量准则
Akaike information criterion(AIC)
α(α)
Alpha
复本信度
Alternate forms reliability
美国大学入学考试
American College Testing(ACT)
美国教育研究协会
American Educational Research Association
美国精神病学会
American Psychiatric Association
美国心理学会
American Psychological Association(APA)
测验灵敏度及特异性分析
Analysis of test sensitivity and specificity
方差分析
Analysis of variance(ANOVA)
焦虑
Anxiety/anxiousness
应用行为科学实践
Applied behavioral practice
任意性
Arbitrariness

假定零点
Arbitrary zero
面积变换
Area transformations
算数平均数
Arithmetic mean
军队职业倾向测验
Armed Services Vocational Aptitude Battery (ASVAB)
评估
Assessment
构想间相关
Associations between constructs
变量间相关
Associations between variables
测量间相关性观测值的减弱
Attenuation of observed associations between measures
测验属性
Attributes of tests
真实性量表
Authenticity Scale
真实反应
Authentic living
项目间的平均相关
Average interitem correlation
平衡化量表
Balanced scales
棒球例子
Baseball example
成套测验
Battery
贝克抑郁量表
Beck Depression Inventory(BDI)
行为
Behavior
行为实践
Behavioral practice
行为学研究
Behavioral research
行为科学研究事业
Behavioral research careers
行为样本
Behavioral samples
行为抽样
Behavioral sampling
偏差效应
Bias effect
BILOG 软件
BILOG software
二项变量题目
Binary items
二项式效应量
Binomial effect size display(BESD)
简式社会赞许性量表
Brief Inventory of Desirable Responding (BIDR)
威廉・布朗
Brown, William
成套测验
Bundled tests
加州心理量表
California Psychological Inventory(CPI)
基数值
Cardinal values
随意或随机反应
Careless or random responding

滞后问题
Carryover problem
分类数据
Categorical data
集中趋势
Central tendency
卡方值
Chi-square index
经典测量理论
Classical test theory(CTT)
α(α)系数
Coefficient alpha
信度系数
Coefficient of reliability
概化系数
Coefficients of generalizability
认知障碍
Cognitive impairment
认知表现及控制感剥夺
Cognitive performance and control Deprivation
科恩 d 值
Cohen's d
解释相关的科恩准则
Cohen's guidelines for interpretation of correlations
大学委员会
College Board
色彩心理学
Color psychology
共同回归方程
Common regression equation
比较拟合指数
Comparative fit index(CFI)
合成分数
Composite scores
复合变量、方差和协方差
Composite variables，variance and covariance
计算机自适应测验
Computerized adaptive testing
概念的同质性
Conceptual homogeneity
同时效度证据
Concurrent validity evidence
条件概率
Conditional probability
在统计显著性中的置信度
Confidence，in statistical significance
置信区间
Confidence intervals
结构等价
Configural invariance
验证性因素分析
Confirmatory factor analysis(CFA)
同类测验
Congeneric tests
联合测量
Conjoint measurement
结果效度
Consequential validity
一致性
Consistency
构想偏差
Construct bias
构想无关内容
Construct-irrelevant content
构想之间的关联
Constructs，associations between
构想代表性不足
Construct underrepresentation

构想效度
Construct validity
污染效应
Contamination effects
内容效度
Content validity
控制感剥夺在认知表现上的影响
Control deprivation on cognitive performance
聚合效度和区分效度
Convergent and discriminant validity
聚合效度证据
Convergent evidence
转换后的标准分数(标准化分数)
Converted standard scores(standardized scores)
库泊斯密斯自尊调查表
Cooper Smith Self-Esteem Inventory
修正的题总相关
Corrected item-total correlation
衰减校正
Correction for attenuation
相关误差
Correlated errors
相关
Correlation
相关系数
Correlation coefficient
计数
Counting
合格的测验数量
Counts qualifying as measurement
协变性
Covariability
协方差
Covariance
标准测量
Criterion measure
标准参照测验
Criterion referenced test
效标分数偏差
Criterion score bias
效标效度
Criterion validity
克隆巴赫 α 系数
Cronbach's alpha
概化理论中的交叉设计
Crossed designs in G theory
向量积或叉积
Cross-products
交叉效度验证样本
Cross-validation sample
分数线
Cutoff score
死刑
Death penalty
效度的演绎方法
Deductive approach to validity
衰减程度
Degree of attenuation
差异度问题
Degree of difference question
拟合优度
Degree of fit
需求特征
Demand characteristics
因变量
Dependent variable
抑郁
Depression

证据
Evidence
详尽的类别
Exhaustive categories
测验中的期望效应
Expectation effects in testing
亲密关系体验量表(ECR)
Experiences in Close Relationships scales(ECR)
探索性因素分析(EFA)
Exploratory factor analysis(EFA)
探索性结构方程模型
Exploratory structural equation modeling
外部偏差
External bias
测验的外部评价
External evaluation of tests
提取方法
Extraction methods
极端和中度反应偏差
Extreme and moderate response bias
极端反应方式
Extreme response style
极端偏差
Extremity bias
侧面
Facet
G 理论的测量侧面
Facets of measurement in G theory
表面效度
Face validity
面部动作编码系统(FACS)
Facial Action Coding System(FACS)
面部表情
Facial behavior
因素分析
Factor analysis
因子相关矩阵
Factor Correlation Matrix
因子结构
Factorial structure
因子载荷
Factor loadings
因子矩阵
Factor Matrix
因子旋转
Factor rotation
测验公平
Fairness in testing
伪装坏(装好)
Faking bad
伪装好(装坏)
Faking good
假阴性
False negative
假阳性
False positive
家庭收入
Family income
验证性因素分析的拟合指数
Fit indices, in CFA process
G 理论的固定侧面
Fixed facets in G theory
关注的关系
Focused associations
迫选项目
Forced-choice items
性别样本
Gender example

概化系数
Generalizability coefficients
概化理论(G 理论)
Generalizability theory(G theory)
广义斯皮尔曼—布朗公式
Generalized Spearman-Brown formula
整体自尊
Global self-esteem
拟合优度指数(GFI)
Goodness-of-fit index(GFI)
平均学分绩点
GPA
等级反应模型(GRM)
Graded response model(GRM)
美国管理学研究生入学考试
Graduate Management Admissions Test(GMAT)
美国研究生入学考试
Graduate Record Examination(GRE)
G 研究
G studies
猜测
Guessing
领域准则
Guidelines for a field
笔迹分析
Handwriting analysis
异质异法相关
Heterotrait-heteromethod correlations
异质同法相关
Heterotrait-monomethod correlations
HEXACO 人格量表
HEXACO Personality Inventory
分层回归
Hierarchical regression
高阶因子
Higher-order factors
高阶结构
Higher-order structure
房—树—人测验
House-Tree-Person Test
假设构想
Hypothetical construct
身份属性
Identity property
印象管理
Impression management
印象管理量表
Impression Management scale
印象动机
Impression motivation
印象动机量表
Impression Motivation scale
增量拟合指数
Incremental fit index(IFI)
信度指数
Index of reliability
在验证性因素分析中的模型拟合指数
Indices of model fit, in CFA process
个体差异和相关
Individual differences and correlations
效度的归纳方法
Inductive approach to validity
推论统计
Inferential statistics
信息
Information
工具
Instrument

智力测验
Intelligence tests
交往焦虑量表
Interaction Anxiousness scale(IAS)
截距偏差，检测预测偏差
Intercept bias，detecting predictive bias
个体间差异
Interindividual differences
个体间差异分数
Interindividual difference score
内部偏差
Internal bias
内部一致性信度
Internal consistency reliability
测验的内部评价
Internal evaluation of tests
测验的内部结构
Internal structure of test
国际人格项目库
International Personality Item Pool
验证性因素分析结果的解释和报告
Interpretation and reporting CFA output
效度系数的解释
Interpretation of validity coefficients
测验分数的解释
Interpretations of test scores
等距量表
Interval scales
个体内变化的分数
Intraindividual change scores
个体内差异
Intraindividual differences
个体内差异分数
Intraindividual discrepancy score
调查表
Inventory
IQ 测验分数
IQ test score
项目特征曲线(ICC)
Item characteristic curve(ICC)
项目难度
Item difficulty
项目区分度
Item discrimination
项目区分度指数
Item discrimination index
项目—因子相关
Item-factor associations
项目信息
Item information
项目信息曲线
Item information curve
项目—水平的内部一致性
Item-level internal consistency
项目均值
Item mean
项目反应理论
Item response theory(IRT)
题—总相关
Item-total correlation
项目变异
Item variance
工作诊断调查(JDS)
Job Diagnostic Survey(JDS)
工作绩效预测
Job performance prediction
工作满意度问卷
Job satisfaction questionnaire

反方向计分键
Keyed in negative direction
正方向计分键
Keyed in positive direction
库德—理查森 20 公式
Kuder-Richardson 20 formula
潜在变量
Latent variables
法学院入学考试(LSAT)
Law School Admission Test(LSAT)
目标长度
Length of objects
最优拟合线
Line of best fit
Logistic 模型
Logistic models
卢舍尔测验
Luscher test
相关强度
Magnitude of the association
主效应
Main effect
诈病认知障碍
Malingered cognitive impairment
装病
Malingering
马洛—克劳恩社会赞许性量表
Marlowe-Crowne Social Desirability Scale
最大似然因素分析法
Maximum likelihood factor analysis
算术平均数
Mean，arithmetic
测量
Measure
测量
Measurement
心理测量
Psychological measurement
测量误差
Measurement error
测量等价
Measurement invariance
测量模型
Measurement models
测量理论
Measurement theory
测量单位
Measurement units
机械能力倾向测验
Mechanical aptitude test
美国医学院入学考试(MCAT)
Medical College Admission Test(MCAT)
方法变异
Method variance
测度等价
Metric invariance
度量值
Metric values
米隆临床多轴调查表 MCMI)
Millon Clinical Multiaxial Inventory(MCMI)
明尼苏达多项人格调查表
Minnesota Multiphasic Personality Inventory
模型拟合
Model fit
修正指数
Modification indices
同质—异法相关
Monotrait-heteromethod correlations

同质—同法相关
Monotrait-monomethod correlations
多维人格问卷(MPQ)
Multidimensional Personality Questionnaire(MPQ)
多维自尊量调查表(MSEI)
Multidimensional Self-Esteem Inventory(MSEI)
多维测验
Multidimensional tests
MULTILOG 软件
MULTILOG software
多元回归分析
Multiple regression analysis
多元回归方法
Multiple regression approach
多质多法矩阵(MTMMM)
Multitrait-multimethod matrix(MTMMM)
互斥类别
Mutually exclusive categories
美国国家教育发展评估(NAEP)
National Assessment of Education Progress(NAEP)
美国国家公平与开放测试中心(NCFOT)
National Center for Fair and Open Testing(NCFOT)
美国州护理委员会全国理事会(NCSBN)
NationalCouncil of State Boards of Nursing(NCSBN)
美国国家教育计量理事会(NCME)
NationalCouncil on Measurement in Education (NCME)
反对/拒绝偏差
Nay-saying bias
归属需要量表(NTBS)
Need to Belong Scale(NTBS)
负性情感(NA)量表
Negative Affect(NA)scale
反向计分的
Negatively keyed
NEO 大五人格调查表(NEO-FFI)
NEO Five Factor Inventory(NEO-FFI)
NEO 人格调查表(NEO-PI)
NEO Personality Inventory(NEO-PI)
G 理论中的嵌套设计
Nested designs in G theory
神经质量表
Neuroticism scale
纽约时报
The New York Times
噪声
Noise
噪声控制任务
Noise control task
称名反应模型
Nominal response model
称名量表
Nominal scales
定律网络
Nomological network
非正态拟合指数(NNFI)
Nonnormed fit index(NNFI)
非概率抽样
Nonprobability sampling
不一致偏差
Nonuniform bias
正态等值曲线
Normal curve equivalent
正态分布
Normal distribution
正态化变换
Normalization transformations

标准化分数
Normalized scores
常模样本
Normative sample
常模拟合指数
Normed fit index(NFI)
常模参照测验(决策)
Norm referenced test(decision)
一个领域的常模
Norms for a field
北卡罗来纳州议会
North Carolina State General Assembly
数字
Numbers
斜交旋转
Oblique rotations
可观测的行为和不可观测的心理属性
Observable behavior and unobservable psychological attributes
观测到的相关
Observed associations
观测分数效应量
Observed score effect size
观测分数
Observed scores
旁观者效应
Observer bias
欧米伽系数
Omega coefficient
欧米伽指数
Omega Index
单参数 logistic 模型(1PL)
One-parameter logistic model(1PL)
操作性定义
Operational definitions
顺序属性
Order property
顺序量表
Ordinal scales
正交旋转
Orthogonal rotations
结果评分偏差，检验预测偏差
Outcome score bias，detecting predictivebias
结果测验(测量)
Outcome test(measure)
复本信度
Parallel forms reliability
平行测验
Parallel tests
参数估计
Parameter estimates
参数
Parameters
偏执量表
Paranoia scale
父母教育状况
Parental educational status
PARSCALE 软件
PARSCALE software
分部评分模型
Partial credit model
被试反应
Participant reactivity
模式系数
Pattern coefficients
模式矩阵
Pattern Matrix

百分位数等级
Percentile ranks
完美主义量表
Perfectionism Inventory(PI)
人格调查表
Personality inventories
人格测验
Personality tests
个人拟合
Person fit
真分数的点估计
Point estimates of true scores
多点计分的 IRT 模型
Polytomous IRT models
多点计分项目
Polytomous items
正性情感量表
Positive Affect(PA)scale
正性负性情感量表(PANAS)
Positive and Negative Affect Schedule(PANAS)
正向计分键
Positively keyed
检验力测验
Power tests
单个事件的预测性
Predictions of single events
预测偏差
Predictive bias
预测效度证据
Predictive validity evidence
预测测验
Predictor test
主轴因子法
Principal axis factoring(PAF)
主成分分析法
Principal components analysis(PCA)
概率抽样方法
Probability sampling
Promax 斜交旋转
Promax oblique rotation
心理评估
Psychological Assessment
心理测评
Psychological measurement
心理测验
Psychological tests
心理单位与计量单位的比较
Psychological units compared to measurement units
心理测量学
Psychometrics
精神病理学
Psychopathology
量化构想效度
Quantifying construct validity(QCV)
定量值
Quantitative values
数量特征
Quantity property，24-26，32(table)
种族例子：SAT 有偏见吗？
Race example：is SAT biased?
G 理论中随机侧面
Random facets in G theory
随机性假设
Randomness assumption
随机反应
Random responding
随机样本
Random sample

结构化偏差检测的秩效应
Rank order in detection of construct bias
Rasch 模型
Rasch model
等比量表
Ratio scales
原始 alpha 信度估计
Raw alpha reliability estimates
原始分数
Raw scores
反应时
Reaction times
实数
Real numbers
参照样本
Reference sample
回归分析
Regression analysis
趋均数回归
Regression to the mean
G 理论中的相对决策
Relative decisions in G theory
相对概化系数
Relative generalizability coefficients
相对比率
Relative proportions
相对 0 点
Relative zero
信度
Reliability
分半信度估计
split-half estimates of reliability
标准 α 系数
standardized coefficient alpha
重测信度
test-retest reliability
信度系数
Reliability coefficient
信度概化
Reliability generalization
宗教量表
Religiousness scale
参照样本的代表性
Representativeness of reference sample
研究
Research
残余效应
Residual effect
应答者
Respondents
反应偏差
Response bias
反应概率
Response probabilities
效度证据中的反应过程
Response processes in validity evidence
反应定势
Response sets
反应风格
Response styles
限制全距
Restricted range
反向键
Reverse keyed
反向计分
Reverse score
修订版 NEO 人格调查表
Revised NEO Personality Inventory

ρ
rho
近似均方根(RMSEA)
Root mean square error ofapproximation(RMSEA)
残差均方根(RMR)
Root mean square residual(RMR)
罗森伯格自尊量表(RSEI)
Rosenberg Self-Esteem Inventory(RSEI)
因子旋转
Rotation of factors
规则掌握
Rule governed
量表施测规则
Rules as measurement scales
样本同质性
Sample homogeneity
抽样
Sampling
SAS 数据统计包
SAS statistical package
标量等价
Scalar invariance
标量值
Scalar values
量表
Scale
测量的量表
Scales of measurement
测量
Scaling
SAT 分数和 GPA 的散点图
Scatterplots of SAT scores and GPA
日程表
Schedule
科学认识
Scientifically recognized
评分偏差
Score bias
测量中分数灵敏度的挑战
Score sensitivity as challenge in measurement
计分，反应偏差最小化
Scoring，minimizing response bias
碎石图
Scree plots
二阶因子
Second-order factor
自我异化，在真实量表中
Self-alienation，in Authenticity Scale，
自我欺骗
Self-deception
自我欺骗否认量表
Self-Deception Denial scale
自我欺骗增强量表
Self-Deception Enhancement scale
自尊
Self-esteem
测量中的敏感性挑战
Sensitivity as challenge in measurement
相关集合
Sets of correlations
共同方法偏差
Shared method variance
$\sum$ 符号
Sigma symbol
信号
Signal
简单结构
Simple structure

简单事件预测
Single events predictions
情境社交焦虑
Situational social anxiety
分数分布偏差
Skew of distributions of scores
斜交偏差，检测预测偏差
Slope bias，detecting predictive bias
社会赞许反应偏差
Social desirability response bias
社会技能
Social skills
社会经济地位
Socioeconomic status(SES)
Spearman，查尔斯
Spearman，Charles
Spearman-Brown 分半公式
Spearman-Brown split-half(prophecy)
斯皮尔曼等级秩序相关系数
Spearman's rank-order correlation coefficient
速度测验
Speeded tests
拼写能力
Spelling ability
分半信度估计
Split-half estimates of reliability
SPSS 软件
SPSS software
相关系数的平方
Squared correlations
多重相关系数的平方
Squared multiple correlation，
稳定系数
Stability coefficient，
标准差
Standard deviation
标准差单位
Standard deviation units
估计标准误
Standard error of estimate
测量标准误
Standard error of measurement
标准化 α 系数
Standardized coefficient alpha
标准化残差均方根
Standardized root mean square residual
标准分数
Standardized scores
标准测量
Standard measures
标准正态曲线
Standard normal curve
标准正态分布
Standard normal distribution
标准分数
Standardized scores
教育与心理测验的标准化
Standards for Educational and Psychological Testing
斯坦福—比奈量表
Stanford-Binet
九级计分
Stanines
状态—特质焦虑量表
State-Trait Anxiety Inventory(STAI)Trait
统计显著性
Statistical significance
统计软件
Statistical software

严等价

Strict invariance[①]

强等价

Strong invariance

结构方程模型

Structural equation modeling(SEM)

结构系数

Structure coefficients

结构矩阵

Structure Matrix

分测验

Subtests

总和符号

Summation notation

平方和

Sum of squares

饶舌

Talkativeness

目标效应

Target effect

τ 等价

Tau equivalence

泰勒—罗素表

Taylor-Russell tables

测验

Test

测验偏差

Test bias

测验结构与优化

Test construction and refinement

测验内容

Test content

测验维度

Test dimensionality

测验公平

Test fairness

测验信息

Test information

测验信息曲线

Test information curve

测试

testing

测试内容

Testing context

测验项目

Test items

测验长度

Test length

测验常模

Test norms

重测相关系数

Test-retest correlation coefficient

重测间隔

Test-retest interval

重测信度

Test-retest reliability

测试分数偏差

Test score bias

测试分数

Test scores

测试灵敏度和特异性

Test sensitivity and specificity

---

① 赖泽(Reise，1993)提出的运用均数与协方差结构分析(MACS)来解决均数差异比较问题，分为 4 个水平的等价：形等价(Configural invariance)、弱等价(Weak invariance)、强等价(Strong invariance)和严等价(Strict invariance)。

热化学概念调查表
Thermochemistry Concept Inventory，
三参数 logistic 模型
Three-parameter logistic model
时间
Time
限制时间测试
Time-limited tests
测验总分
Total test score
应答者的特质水平
Trait level of respondents
特质方差
Trait variance
TRIN 量表
TRIN scale
真联系
True associations
真负性
True negative
真正性
True positive
真分数
True score
真分数置信区间
True score confidence intervals
真分数效应量
True score effect size
真分数异质性
True score heterogeneity
信度的真分数理论
True score theory of reliability
塔克—路易斯指数
Tucker-Lewis Index(TLI)
双参数 logistic 模型
Two-parameter logistic model(2PL)
单维测验
Unidimensional tests
一致性偏见
Uniform bias
单位正态分布
Unit normal distribution
单位大小
Unit size
测量单位
Units of measurement
全域分数
Universe scores
概化理论中的全域
Universes in generalizability theory
加利福利亚大学
University of California(UC)
不可观测的心理特质和可观测的行为
Unobservable psychological attributes and observable behavior
效用分析
Utility analysis
验证过程
Validation process
效度
Validity
效度系数
Validity coefficients
效度证据
Validity evidence
效度概化
Validity generalization

效度量表
Validity scales
变异性
Variability
变量
Variables
方差/变异
Variance
方差分量/变异成分
Variance components
方差—协方差矩阵
Variance-covariance matrix
解释效度系数的方差
Variance explained interpretation of validity coefficients
偏差样例中方差的解释值
Variance-explained values in bias example
方差最大正交旋转
Varimax orthogonal rotation
电子游戏暴力
Video game violence
VRIN 量表
VRIN scale
弱等价
Weak invariance
韦氏儿童智力量表
Wechsler Intelligence Scale for Children (WISC-IV)
工作记忆
Working memory
说"是"偏差
Yea-saying bias
零
Zero(number)
Z 分数
Z scores

易混淆术语翻译参考

测量(Measurement)，测验(Test)，评量(Assessment)，评鉴(Evaluation)(余民宁，2011)

Assessment(评估)：就是估计个体身上是否存在某一种或者几种个人特征，这些个人特征的量如何。(张厚粲，黎坚，2005；孙健敏，何华敏，2013)

Measurement(测量)：确定或标记某些实体或构想的量的过程，也指用数值来标记物体或者事件的过程(张厚粲，黎坚，2005；骆方，孙晓敏，2009；余民宁，2011；孙健敏，2012)。

Evaluation(评价)：通过综合测验分数，观察和报告，并对受测者行为的优点、价值做出判断。

Test(测验)：任何用来评估个体的行为或表现的工具。

Linking(链接)：基于项目反应理论方法的两个测验的等值，通过将一种形式的测验题目参数转换成第二种形式的题目参数，两个测验上的相应的参数就会在同一个数量标度上。(张厚粲，黎坚，2005；孙健敏，2012；罗照盛，2012)

Construct(构想)：一个测验所测量的变量或概念(张厚粲，黎坚，2005；骆方，孙晓敏，2009)；结构，构想效度(金瑜，2004)；建构，建构效度(余民宁，2011；孙健敏，何华敏，2013)。

Equating：测验等值化(金瑜，2004)；测验等化(余民宁，2011)；测验等值(郑日昌，孙大强，2008；罗照盛，2012；丁树良，罗非，涂冬波，2012；张厚粲，黎坚，2005)。

Scaling，中文翻译有很多名称，比较常见的有：计分方法(张厚粲，2005)；度量方式(余民宁，2009)；量尺化(欧沧和，2009)；量表化(谢小庆，2008；罗照盛，2012))；计分方式(郑日昌，2016)。综合参考既往文献，本书中文版根据上下文情境将 Scaling 译为心理度量(或心理度量方式)。

维度，单维和多维度。(康春花，辛涛，2010；丁树良，罗非，涂冬波，2012)

称名量表，顺序量表，等距量表，比率量表。（张厚粲，黎坚，2005；骆方，孙晓敏，2009；戴海崎，张峰，陈雪枫，2011）

命名量表，顺序量表，等距量表，比率量表。（郑日昌，孙大强，2008）

称名尺度，顺序尺度，定距尺度，比率尺度。（孙健敏，何华敏，2013）